植被与生态遥感

Vegetation and Ecological Remote Sensing

张佳华　张国平　王培娟 等 著

科 学 出 版 社
北 京

内 容 简 介

本书是一部系统介绍植被和生态科学与遥感科学交叉领域研究的学术专著，在内容和结构上力求反映国际前沿和热点。主要内容包括：植被与生态遥感原理与信息源，植被和生态参数遥感反演，植被水分和生态干旱遥感，农业植被面积估算与植被生物量遥感，植被与土地分类遥感，气候-植被生态相互作用遥感，植被退化与土壤风力侵蚀定量模型，土壤风力侵蚀遥感与影响。

本书可供从事遥感、植被、生态、气候、水文、环境、规划、气象和防灾减灾等专业的科研人员和高等院校师生参考。

图书在版编目(CIP)数据

植被与生态遥感／张佳华等著. —北京：科学出版社，2010
ISBN 978-7-03-029685-6

Ⅰ.①植… Ⅱ.①张… Ⅲ.①遥感技术-应用-植被-生态学-研究
Ⅳ.①Q948.1

中国版本图书馆 CIP 数据核字（2010）第 237776 号

责任编辑：赵 峰 赵 冰／责任校对：郑金红
责任印制：吴兆东／封面设计：耕者设计工作室

科学出版社出版
北京东黄城根北街 16 号
邮政编码：100717
http://www.sciencep.com

北京天宇星印刷厂印刷
科学出版社发行 各地新华书店经销

*

2010 年 11 月第 一 版 开本：787×1092 1/16
2025 年 1 月第九次印刷 印张：23 3/4
字数：571 000

定价：99.00 元

（如有印装质量问题，我社负责调换）

前　　言

植被生态系统研究的是生态系统中植物与环境的相互作用关系，包括生物与大气圈、水圈、土壤圈的能量交换与物质循环过程。植被生态系统是连接地球圈层（大气－陆地－海洋等）的重要部分，在影响全球变化中扮演着重要角色，且对粮食安全、社会健康发展等具有不可替代的支撑作用，开展植被与生态遥感研究是遥感和资源环境领域的重要前沿课题。深入研究植被结构和参数遥感反演技术、植被第一性生产力遥感、植被水分与干旱过程遥感以及植被生态与气候的相互作用具有重要的学术价值和现实意义。

当今全球的植被覆盖受到人为活动的严重破坏，土地覆盖/土地利用的动态变化迅速，打破了地表的生态平衡，使得生态安全受到严重挑战，部分地域已造成不可逆转的退化过程。因此，从人类的生存环境看，由于影响气候变化的地表过程越来越复杂，有必要对植被覆盖、土地利用/变化、生态退化和荒漠化进行大范围、长期、动态、综合的监测。

粮食安全是关系人类生存和经济可持续发展的重要条件，由于我国耕地面积不断减少，保护18亿亩①耕地红线尤为重要，迫切需要开展卫星遥感的农业用地监测和提取技术研究。而大面积、动态、及时遥感作物估产技术将为各级政府的农业生产管理、粮食安全政策等提供重要的参考。

当前，空间遥感技术的发展为植被和生态过程研究提供了强有力的工具。目前全球主要的卫星系列包括陆地、资源、气象、海洋卫星等。它们已用于分析植被过程中的地表辐射能量收支、地表温度和湿度的变化、植被覆盖和土地退化、植被生物量和净初级生产量（net primary productivity，NPP）、植被结构和生态参数、地表生态过程、土地利用和农用植被提取等。其中遥感反演的植被生态的许多参数不仅为气候模式提供了精确的陆面特征参数，也为模型模拟预测结果的验证提供了依据。全球陆地观测系统（GTOS）、国际地圈生物圈计划（IGBP）、全球气候观测系统（GCOS）等卫星观测手段处于十分突出的地位。随着遥感技术的进一步发展，它在植被生态过程研究中将发挥越来越重要的作用。利用多种遥感数据获取植被生态参数和空间信息，进而可对陆面植被生态过程进行系统研究。

本书共分9章：第1章介绍多源遥感研究在植被与生态应用和信息源；第2章阐述利用遥感技术、地理信息系统结合生态模拟对植被结构参数中叶面积指数（LAI）反演，作物三维结构和遥感虚拟建模，植被气孔导度反演；第3章阐述了利用高光谱和多角度遥感，结合辐射传输模型对植被水分的定量提取以及植被干旱的空间分布；第4

① 1亩≈666.7m^2

章研究了多源遥感技术对农用植被面积提取技术；第5章研究了植被生物量和生产力估算的遥感技术，基于生态过程模型对植被（森林、农田、草地）进行了NPP估算；第6章针对宏观土地覆盖遥感分类的现状，研究利用TM、MODIS、ASTER和NOAA/AVHRR等遥感数据并且结合多光谱多时相和地表反射率等开展土地覆盖遥感分类和特征提取；第7章研究了在全球和东亚季风区域植被与气候变化（降水、温度）的关系，分析了大尺度植被-大气相互作用，特别强调季风东亚区域和高寒生态区植被动态的气候响应；第8章详细研究中国植被退化和风力侵蚀的卫星遥感建模和评估技术，利用遥感技术、GIS和土壤风力侵蚀模型，开展了青藏高原和内蒙古植被退化与土壤风力侵蚀遥感研究；第9章介绍了基于遥感与GIS的中国绿洲生态地区的耕地和沙地动态变化的监测和评估等。

本书编写分工如下：第1章为张佳华、姚凤梅、徐祥德；第2章为张佳华、姚延娟、谢东辉、王长耀；第3章为张佳华、李莉、姚凤梅；第4章为张国平、许文波；第5章为王培娟、张佳华；第6章为姚凤梅、张佳华、李莉、张景、郭文娟；第7章为张佳华、姚凤梅、郑凌云、符淙斌、Limin Yang；第8章为张国平、张佳华；第9章为张国平。由张佳华、王培娟、邵小路负责统稿，并得到符淙斌院士、李小文院士、丁一汇院士、徐祥德院士、王长耀研究员、刘纪远研究员、赵英时教授、田庆久教授等的指导和帮助，在此一并感谢！

本书是一部较为完整的植被生态科学与遥感科学交叉领域的学术专著，在内容和结构上力求反映国际前沿和特点。内容除基本原理和方法介绍外，还给出具体的应用。本书是作者及其研究团队多年的科研积累，体现了对植被和生态遥感的总体理解和把握，并得到“863”计划项目课题“遥感光合-地面观测的高光谱多角度技术提取冬小麦/夏玉米作物水分胁迫信息研究”（2006AA10Z213）、国家自然科学基金“遥感联合地面试验定量反演不同覆盖条件下作物水分信号”（40771147）、全球变化研究国家重大科学研究计划课题“全球变化影响下主要作物的脆弱性及评价指标”（2010CB951302）等项目的部分资助。

植被与生态遥感是生态学与遥感科学的重要交叉领域，对全球变化、生态环境动态和植被-大气相互作用的前沿科学问题具有重要参考价值。期待本书的出版对推进我国植被和生态科学与遥感科学交叉领域的发展作出更大的贡献。

由于作者的能力和掌握的材料有限，本书难免会有不妥之处，敬请专家和同行批评指正。

作　者

2010年8月于北京

目　　录

Contents

第1章 绪　　论

1.1 植被生态系统在全球气候系统的作用

广义的陆地生态系统包括大气圈、生物圈、水圈、土壤圈和岩石圈，是地球生态系统中的重要组成部分。而植被生态系统研究的是生态系统中植物与环境的相互作用，包括生物与大气圈、水圈、土壤圈的能量交换与物质循环的过程。其中能量交换是植被生态系统中一切植物、动物和微生物生命活动的动力。植被生态系统的能量在各组分中稳定地流动，在初级生产力、次级生产力、消费者等的各营养级呈能流金字塔（energy flow pyramid）分布。植被生态系统的物质循环主要是生物地球化学循环（bio-geochemical cycles），包括水循环、碳循环、氮循环、磷循环、硫循环等。生态系统各要素通过生物地球化学循环相互联系、相互作用。

当今全球尺度的植被覆盖受到人为活动的严重破坏，土地覆盖/土地利用动态变化迅速，打破了地表原有的生态平衡，超过了生态系统恢复的阈值，部分地域已形成不可逆转的退化过程。因此从人类的生存环境看，由于影响气候变化的陆面过程越来越复杂，有必要对植被生态过程进行大范围、动态、长期综合的监测，进而深入研究植被生态过程与气候的相互作用机理。

陆地表面（land surface）占整个地球表面的29%，是气候系统不可分割的重要部分。陆面不仅包括陆面覆盖类型，同时也包括其分布的地域特征、气候类型和地形地势等。陆面的面积虽然很小，但在地球的北半球却有较高比例。虽然在全球尺度上，陆面对大气的加热比海洋小，但是因陆面是直接加热本地的大气，故它对陆地表面气候的影响作用较之海洋表面更大、更直接。目前，气象、气候学家对陆面过程的研究越来越多，一方面陆面在调节大气组成和影响气候变化方面起着十分重要的作用，另一方面由大气组成、气候或土地利用变化引起的陆面过程的变化会反过来影响大气和气候变化。利用全球大气环流模式（general circulation model，GCM），如果不采用陆面过程-大气耦合的方案就难以对未来气候的高分辨率、高精度进行预测。而陆面过程就是指发生在地表面和土壤圈中控制地-气之间的能量、水分、动量和物质交换的过程。在能量交换中主要包括发生在土壤-植被-大气之间的辐射过程（短波直射、散射、反射、透射和长波辐射），CO_2、CH_4、N_2O 和 SO_2 等温室气体的释放和吸收（孙菽芬，2005；张强等，2009）。

陆面过程和植被生态系统分属于不同的科学范畴，但又互相涵盖，事实上研究和建立气候系统中的陆面过程模式，大部分是和研究地球系统中植被生态系统的能量交换和物质循环相互关联。研究植被生态系统中能量、水分交换和物质循环机理，对研究陆面过程的土壤－植被－大气的相互作用起重要的推动作用。植被生态系统中植被对气候的响应以及与气候系统的相互关系研究，可以改进陆面模式，更真实地模拟地表的状况和与大气圈的相互作用（丁一汇等，2005；Zeng et al.，2008）。

1.1.1 植被生态与气候系统的关系

1. 植被对气候系统的反馈效应

在植被影响气候系统的反馈效应中有三个特征最为明显，分别为潜热和显热之间净辐射的分配、反射率影响辐射能的净吸收及表面粗糙长度影响 SVAT 的动量、热量和物质交换。

首先，植被影响地－气的潜热和显热交换。植被－土壤系统控制地面蒸腾蒸发，影响区域水文循环、大气湿度和气候条件。陆地蒸腾蒸发占全球降水量的 15% 和地面降水量的 65%。在巴西亚马孙河流域，50% 以上的降雨依靠植物蒸腾，若除去森林，降雨可减少 30%。植被的蒸腾蒸发可减少辐射向显热的转化，增加空气湿度，提高最低气温，降低最高气温，利用 GCM-NCAR 模型模拟结果也证明了这一点。这样可有效地起到稳定气候的作用。

一般情况下，大气孔阻力为空气动力学阻力的 10（气孔开张）~50 倍（气孔闭合）时，植物通过叶片气孔腔的开闭调节蒸腾和水分散失。植物利用辐射能将底物 CO_2 和 H_2O 合成糖类，并释放出 O_2。CO_2 通过湍流运动进入气孔，在这一个过程中，要保证气孔的开放，一是要使叶片总的水分保持平衡，二是要气孔各细胞渗透压有梯度。前者表现为气孔的开张必须保证有足够的植物组织水分，若水分亏缺，则引起气孔关闭，这是由于蒸腾需求超过植株对土壤水分的吸收，因而使叶片含水量下降，气孔为能维持其紧张度所致。热量交换包括土壤－植被－大气连续体（soil-vegetation-atmosphere continuum，SVAC）之间的潜热和感热交换（也即净辐射的再分配）。地表的动量交换包括地面对风的摩擦和植被的阻挡作用等。其他如地面水文过程中包括大气降水、植被水分的蒸腾、凝结、地表蒸发和径流以及冰雪的融化和冻结等过程。地下水文过程包括地面水的渗流和深层水的上吸、植物根系吸水和壤中流等。地表（土壤－植被）与大气的物质交换，包括气体、气溶胶和烟雾的向上输送、大气悬浮物和温室气体的沉降。植被－土壤－大气之间通过生物地球循环过程实现了 C、N、P、S 等元素的交换、吸收、固定和流失等。

2. 植被生态对陆面过程的影响

陆地植被生态系统通过与大气之间的能量、物质和水汽交换，与气候系统相互作用、相互影响。首先，气候变化改变了植被生长发育的物理环境，导致生态系统的生产力、格局分布以及生态系统中物流、能流的改变。这些变化影响了地表辐射收支、蒸腾蒸发和各种温室气体的释放，反过来又改变了气候状况。植被生态系统对气候过程的反馈首先是通过植被生物物理过程如地－气之间的辐射、热量、动量和水汽交换对气候系统产生影响；其次是通过生物地球化学循环过程如 C、N、P、S 等元素在 SVAT 之间的转换，同时它们又控制着 CO_2 释放。空气干旱，但土壤水分供应良好时，由于气孔周围蒸腾作用强，失水速度快，也将引起气孔关闭。事实上，气孔在叶肉细胞尚未明显失水的前提下及时关闭，对保持叶内水分平衡一分重要。

大气 CO_2 的浓度可影响气孔的开闭，增加 CO_2 浓度可显著降低气孔水汽传导率和蒸腾速率。全球 GCM 模式预测，大气 CO_2 浓度增加一倍可使植被气孔导度降低 20%，蒸腾速率降低 5%，陆面平均温度升高 0.2℃。

植被冠层通过潜热和感热交换引起地表净辐射重新分配的公式为

$$R_n - H - \lambda E - G - D = S \tag{1.1}$$

式中：R_n 为植被冠层截获的净辐射（W/m^2）；H 为冠层层顶垂直向上的感热通量（W/m^2）；λE 为冠层层顶垂直向上的潜热通量（W/m^2）；G 为由地表进入土壤层的热通量（W/m^2）；D 为因平流作用而在水平方向上净输出的能量（W/m^2）；S 为植被冠层内净储存的能量（W/m^2）（包括光合作用和热存储量）。

在一般情况下，取 $R_n = C + \lambda E$ 是合理的。其中，λ 为汽化潜能，E 为垂直方向水汽通量。

3. 地表植被反射率的反馈效应

虽然近年来，由于气候学家的高度重视，地表植被反射率的研究日益增多。但就反射率与气候模式的联结以及对气候变化响应方面的研究还不够深入。

地表反射率 α 是反映陆面对太阳短波辐射反射特性的物理量。一般定为白色光的半球空间的入射与反射通量的比率。它对地表的净辐射通量及陆面的能量收支极为重要。地面反射率受多种因素影响，并依赖于波长，如太阳天顶角、植被种类及季相、植被结构和叶特性等、土壤的颜色温度和水分、冰雪的结构、状态和压实度。此外陆面的反射率还有较大的纬度和季节变化，1 月它由在高纬度的 0.8 可降到低纬度的 0.2，沙漠地区约为 0.3，而 7 月北半球的反射率变化不明显，最大值在沙漠地区，最小值则在针叶林区。此外地形因素也影响着反射率的变化。反射率在陆面辐射收支的作用以下式表示为

$$R_n = (1-\alpha)S\downarrow - \sigma\varepsilon_s T_s^4 + \sigma\varepsilon_a T_a^4 - \sigma(1-\varepsilon_s)T_a^4 \tag{1.2}$$

式中：R_n 为冠层上方向下的净辐射通量；S 为向下的太阳短波辐射通量；α 为地表反射率；σ 为斯特番常数；ε_s 为地表比辐射率；T_s 为地表温度；ε_a 为空气比辐射率；T_a 为空气温度。

植物叶片的反射、透射和吸收与种类、生育期、病虫害和入射波长有关。Ross（1975）求算出平均绿叶在光合有效辐射（PAR）波段、近红外辐射（NIR）波段和总短波辐射波段内的反射、透射和吸收系数（表 1.1）。

冠层内的净辐射通量可由下式给出：

$$R_n(L) = R_n(0)\exp(-kL) \tag{1.3}$$

式中：$R_n(L)$ 为冠层内 L 处的净辐射通量；k 为消光系数，变化范围为 0.2～0.6；L 为叶面积指数。

表 1.1　平均绿叶在可见光近红外区和总短波辐射中的反射、透射和吸收系数

过程	可见光区	近红外区	总短波辐射区
反射 α_L	0.09	0.51	0.30
透射 t_L	0.06	0.34	0.20
散射 w	0.15	0.85	0.50
吸收 a	0.85	0.15	0.50

表 1.2 为不同地面的反射率特征和比辐射率。

表 1.2　不同地面的反射率特征和比辐射率

地表类型	特性	反射率	比辐射率
土壤	暗的、湿润 明的、干燥	0.02～0.40	0.90～0.98
沙漠	明的、干燥	0.20～0.45	0.84～0.91
草地	长的（1.0m） 短的（0.02m）	0.16～0.26	0.90～0.95
农作物		0.18～0.25	0.90～0.99
果树		0.15～0.20	0.90～0.99
森林			
落叶树	落叶时 长叶时	0.15～0.20	0.97～0.98
针叶树		0.05～0.15	0.97～0.99
水面	天顶角小 天顶角大	0.03～0.10 0.10～1.00	0.92～0.97 0.92～0.97
雪	旧雪 新雪	0.40～0.95	0.82～0.99
冰面	海冰 冰河	0.30～0.45 0.20～0.40	0.92～0.97

从上面分析看，植物叶片的吸收光谱与叶间的多重辐射使植被冠层在可见光范围内有很高的吸收峰，在近红外波段，反射率主要受胞间水分和结构的影响。不同植物的吸收光谱也不同，常绿叶对辐射有较强的吸收，随着落叶的增加、植被的减少，反射率会大幅度下降。森林对辐射的反射率一般为 0.15，而草地和农作物则高达 0.25。湿润、富含有机质的土壤反射率为 0.1 左右，而沙漠土壤平均为 0.33 左右。研究表明，在热带地区，由于森林砍伐，反射率每增加 0.1，蒸发和降水量减少 20%，同时近地面空气温度升高，湿度下降。气候变暖使森林向北极冻原扩展。森林反射率大大小于冻原，尤其在冰冻的季节，因此森林向北极推移的结果会反过来加速气候变暖。Platridge

利用年平均降水量和植被类型之间的关系以及每一类型反射率的范围分析了降水－反射对气候的反馈。假设温度增加4℃而降水增加10%，他计算出了植被和全球反射率的变化。结果也表明，增大反射率对全球变暖有十分明显的正反馈作用。

在GCM和RCM中，地面反射率经常是给定的，但不同方案的陆面过程是不一样的。现在比较好的方法是利用遥感信息来反演陆面的地表反射率，但存在着卫星和地面的标定问题，精度也有待进一步提高。

4. 粗糙长度（Z_0）对气候的反馈效应

粗糙长度可以认为是冠层从气流中吸收动量的效率尺度。可采用冠层高度 H 来计算，Z_0 估算的经验公式见表1.3。

表1.3　Z_0 估算的经验公式

经验公式	植被类型	参考文献
$Z_0=0.31(H-d)$ $d=0.56H$	小麦	Legg和long（1975）
$Z_0=0.33(H-d)^{1.3}$ $d=0.63H^{1.3}$	玉米	Jacobs和van Boxel（1988）
$Z_0=0.30(H-d)$ $d=0.59H$	松树林	

注：表中的 d 为零平面位移高度。

另一个重要公式是

$$Z_0=\begin{cases}Z_{0s}+0.28Hx^{1/2} & 0\leqslant x\leqslant 0.2\\ 0.3H(1-d/H) & 0.2<x\leqslant 2\end{cases}\tag{1.4}$$

$$x=0.2L$$

式中：H 为作物高度；Z_{0s} 为土壤表面粗糙度；L 为叶面积指数。

植被能显著提高地面粗糙度和对界面气流和阻滞力，降低热量和水汽交换通量。植被阻滞力与其高度和密度成正比。由于植物的粗糙性，植被冠层具有拦截降水的作用，从而减少地面得到的降水，这样可减少感热通量，增加蒸发量。此外，植物的根系可以接触较多的水分，通过叶冠—茎—根—根尖—土壤的水势梯度，把土壤水分向地面和近冠层运输，这样也使得蒸腾增加，而地表蒸发减少。

植物根系的厚度和密度决定着土壤水分的蒸发量，经验模式也显示了根部密度、土壤水分密度和蒸发率之间的联系。

一个土壤水运动方程加上植物根系吸水项，即会得到根系吸水的土壤水运动方程为

$$\frac{\partial\theta}{\partial t}=\nabla\cdot(K\nabla\Phi)-S\tag{1.5}$$

式中：S 为植物根系吸水速率，表示单位时间内根系从单位体积土壤中吸收的水量［$m^3/(m^3\cdot s)$］。影响 S 的因素包括土壤和植物两个方面，其中单位体积土壤的根长是

根系吸水特性的一个主要因子。另外，由于土壤、植物和大气间处于动态的、相互联系的过程中，大气条件也决定了植物吸水速率的最大值。

在土壤水分未成为限制因素时，根系吸水速率的大小由大气条件决定。植物因素主要决定植物持续吸水的时间和控制吸水速率在土壤剖面上的相对强度。

5. 植被－大气－土壤间物质交换的反馈效应

首先大气本身就是生物地球化学循环的产物，它与生态系统之间存在活跃的气体和微粒交换。植被生态系统又是 CO_2、CH_4 和 N_2O 等温室气体的源和汇。全球植被和土壤共储存 2200Gt 有机碳，是大气碳储量的 3 倍。植被光合作用每年固定 55Gt CO_2，土壤微生物分解释放大致相当的 CO_2 到大气中。全球湿地每年将释放 150Tg 的甲烷，占每年大气总甲烷来源的 25%，陆地生态系统每年还释放 50～60Tg 氮氧的 NH^+ 化合物，它们在大气中产生复杂的化学反应，并影响大气辐射平衡。森林采伐每年释放到大气中 1.5Gt CO_2。

在氮循环中增加固定氮的植物，土壤氮汇和氮矿化明显增加，此外木本植物产生的木质素和半纤维素含量高的叶子具有若干年的半衰期，而草本和叶片的半衰期不到一年。结果林区土壤有很高的有机质含量，有较高的离子交换力，使得 N、K、Ca、Mg 等矿质元素增加。

植被与大气之间最主要的物质交换是碳循环，植被冠层碳同化过程是 CO_2 和 H_2O 合成生成有机碳的过程，植被的呼吸过程包括光呼吸和暗呼吸（用以生长和维持生命）。

由确定植物的 NPP（净初级生产力）可以了解不同植被类型的 NPP 的差异，如果减去土壤呼吸，便可以计算生态系统的 NEP（净生产系统生产力），植被 NEP 因植被类型、季相、经向、纬向差异和地形条件所产生的差异十分明显。

6. 陆面植被和气候相互作用

陆面植被和气候的相互作用包括长期和短期相互作用。

1）陆面植被和气候的短期相互作用。日间大气边界层的垂直结构依赖于净辐射在显热和潜热的分配以及地热条件。一个较深的边界层，当辐射能量的大部分被认为是感热通量时，因为感热通量在陆面产生湍流，将增加对流边界层（CBL）的流动量，允许其发展用以抵抗大气干扰的稳定度。当植被存在时，叶导度对大气状态的响应可以在生物圈和大气圈中呈快速反馈。在白天，云量显著地降低短波辐射时，这种情形对于气孔来说，可以在几分钟内得到开放/闭合。当地表土壤变干时，深层的土壤由于土壤水向上输送也逐渐变干，这种过程在大气圈的反馈时间可能在数天到几个星期。但当植被水分缺乏受胁迫时，为了减少水分丧失，气孔将关闭，所以大部分的净辐射被认为是感热通量，降水则代表了短期反馈而且能迅速补充土壤水分，同时为植被提供水分。

2）陆面和气候的长期相互作用。若从季节尺度来考虑，陆面和气候的长期相互作用包括从春天到夏天增加叶面积指数，并将调整显热和潜热的比例。一个重要的陆面对大气的作用是陆面反照率的改变。如 Sahel 地区的干旱化会使大部分的太阳辐射被反射进入天空。对于数年的变化可包括有物种竞争和土壤各库有机物质的转运，这将和长期的大气变化相关联。这种关联可通过自然植被演替、人类活动的干扰以及突变的气候事件如森林火灾和飓风的袭击而发生。

综上所述，陆面对气候的基本反馈分为以下三类。①辐射反馈：通过地表温度对向上长波辐射的影响，改变可利用能量；②物理反馈：包括植被生态生理过程和近地层相互作用，通过地表温度、湿度和土壤水的可利用性反映出来；③空气动力反馈：稳定大气的湍流输送，改变水热交换。

1.1.2　陆面过程模式发展历程

全球大气环流模式和区域气候模式都需要以陆 – 气的能量交换作为近边界条件（lower boundary condition），这一条件可以用陆面过程模式（LSM）来实现。LSM 能提供诸如温度、湿度、土壤湿润度、雪盖和径流等陆面信息。最早开始陆面过程研究的是 Manabe（1969）和 Deardorff（1978），结合 Budyko（1956）的简单的“Bucket”模式，Manabe 首先在 GCM 中加入了陆面的水动力过程。基于 Monteith（1965）的微气象理论，Deardorff（1978）提出了更为详细的能代表陆面过程的模式，这一工作是基于每日陆面能量平衡和地表植物与近地面大气相互作用的影响而展开的。

在此之后国际上开展了更为复杂的 LSM 研究工作，如 Dickinson 等（1986）的 BATS 模式（Biosphere-Atmosphere Transfer Scheme）、Sellers 等（1986）的 SiB 模式（the Simple Biosphere Model）以及后来的 BEST 模式（The Bare Essentials of Surface Transfer）（Cogley et al.，1990；Pitman et al.，1991）、CLASS 模式（Canadian land surface scheme；Verseghy，1991；Verseghy et al.，1993），GISS（Goddard institute for space Studies；Abramoponlos et al.，1988）、LSX（land-surface-transfer scheme，Bonan，1994；Pollard and Thompson，1995）、LSM（Bonan，1996）、BASE（the best approximation of surface exchanges；Desborough and Pitman，1998）相继出现，但它们在结构和机理上几乎与 BATS 和 SiB 相似。

其他几类模式基于 Deardorff 的思路，但引入了更为简单的经验模式，如 SSiB（simple SiB；Xue et al.，1991）、ISBA（Interactions between soil biosphere atmosphere；Noilhan and Planton，1989）、CSIRO（Common wealth scientific and industrial researh origination；Kowalczyk et al.，1991）、CAPS（Coupled atmosphere plant snow；Kim and Ek，1995）、SECHIBA（Ducoudre et al.，1993）和 ECMWF（Viterbo and Beljaars，1995）等。

1. 第一代模式

第一代陆面模式称为简单的 Bucket 模式（Manabe，1969），通过降水来填充，通过蒸发来排空。由于未考虑植被因素，所以在蒸腾和蒸发之间没有区别。当水桶满了之后，多余的降水则以径流/排水形式损失，由于它的简单性和可模拟性，这种陆面模式一直被沿用。如 Delworth 和 Manabe（1989）、Manabe 和 Stouffer（1996）等。

研究表明，由于这类方案产生直接的土壤湿度贡献，所以模拟会过高估计蒸发，不能对由于降水差异引起的地表湿度变化（体积含水量）做出快速的响应，因此对过早变干土壤的模拟结果均比观测结果大。

这样看来，这类陆面模式仅使用少量的地面特征参数，如反射率、粗糙度和土壤温度（平均值）。这些参数的使用虽然改善了气候模式对地面蒸发、显潜热交换、水汽水平汇集和对流降雨的估计，但这些方案仅把地面与大气之间的能量和水汽交换作为彼此独立的纯物理过程。因此，它们虽然显示了这些地面特征对辐射平衡、热量交换和蒸发的重要影响，但却不能真实地估计它们的反馈效应。

2. 第二代模式

进入20世纪80年代以来，陆面过程方案最重要的变化是在大气和土壤层之间增加了植被层，即生物学过程，用以研究生物物理过程对显、潜热交换和蒸腾、蒸发的作用，即这种模式包括植被对不同波段辐射的吸收和反射。

第二代模式研究降雨的截留和湍流动量交换的影响，同时利用气孔传导和水势动量理论描述 SVAT 的水动力过程。地理科学的发展、大规模的资源调查和生态学研究，提供了较为精确的土地利用、植被分布和土壤类型的数据库。这些数据包括地表植被覆盖类型、地表反射率、粗糙长度和土壤的理化特性等。

有关植被的能量和湿度平衡包括植被对降水的截留、再蒸发、下滴、根物对水的向上抽吸、上层和整层土壤中的湿度分布、气孔阻力和蒸腾等。

最典型的工作是 BATS（Dickinson and Henderson-Sellers，1988）和 SiB（Sellers et al.，1986）的工作。从数值试验表明，两个方案都能较好地模拟陆面的感热、潜热、辐射量等情形，Henderson-Sellers 等（1993）利用 GISS－GCM 模拟研究了巴西亚马孙热带雨林变成草原的情形，结果表明，地表反射率、粗糙度、土壤含水量的改变将使降水减少 0.5～0.7mm/d，蒸发和天空云量也有明显减少。Dickinson 和 Henderson-Sellers（1988）利用 BATS 和 NCAR 的通用气候模式（CCM）对热带森林砍伐作了进一步模拟，结果显示，若将热带雨林改为草原，地表空气温度和土壤湿度变化幅度为 4～5℃，降水异常近 0.5～1.0mm/d。

第二代模式通过引入植被层使能量收支和水量平衡的过程更合理。但植被生态系统除生物物理过程外，还包括物质吸收、同化、分解等生理生化过程，而且 SVAT 中明显地有生物地球化学循环过程，这些过程的机理性更强，而且产生不同系统的耦合。所以第二代模式有待进一步发展。

3. 第三代模式

20世纪80年代末到90年代初，由于对全球变化的普遍关注，第三代模式得以迅速发展。首先发展的生物化学机理模型，系统模拟了植物的光合生理过程，建立了 CO_2 同化、气孔传导、蒸腾蒸发和光合作用等耦合过程。这在 Sellers 等（1996b）的 SiB_2 模式中最为明显，Sellers 等吸取了 Farquhar 等（1980）和 Collatz 等（1991）对 C3、C4

植物的光合生理过程的模式，引入了 Ball（1988）的气孔导度与光合强度以及 CO_2 内外压差的关系等发展的 SiB_2 模式，更加真实地描述了碳循环的历程和能量、水量的收支情形。其次由于考虑到温室气体的排放和碳的源汇问题在全球气候变化中的重要性，一系列的生物地球化学循环模型出现，这类模型包括 C、N、P、S 等元素在 SVAT 的交换吸收和转运过程，同时可模拟对温室气体的排放估计。更新全球尺度的碳源碳汇，解决“C miss”的问题。再者生物地理模型也得到长足发展，该类模型应用植物对气候的适应过程和资源竞争能力来模拟气候变化对植被的影响。据预测，随气候变化、温带落叶林和寒带针叶林将北移，热带落叶林代替部分常绿阔叶林，C4 植物北移而 C3 植物分布向南扩展。这些结果将导致陆地生态系统固定更多的 CO_2。但在这个过程中，一些植物类型将衰退消亡，另一些将变为优势种。生态系统会暂时释放大量 CO_2，加速大气 CO_2 浓度升高和全球变暖。

4. 陆面过程模式的进一步发展

为改进 LSM 模式，Dai 等（2003）以 LSM、BATS、IAP94 等为基础，发展了新一代通用陆面过程模式（common land model，CoLM），并利用全球不同气候带的不同下垫面类型的野外观测试验结果进行了大量的验证，结果显示 CoLM 对俄罗斯草地、巴西亚马孙雨林等典型下垫面陆 – 气相互作用具有较好的模拟能力（Dai，2005）。以 CoLM 为基础，在综合了 NCAR-LSM 在碳循环、动态植被和河流汇流过程的改进，同时基于遥感数据表达的植被功能类型（PFT）代替生物群落类型，并在植被反照率、冠层尺度、叶生理过程、土壤水含量对光合作用的限制等方面做了改进后，NCAR 于 2002 年推出了 CLM2.0（community land model），主要将其用于和 CAM2.0、CCM3 的后续版本（NCAR community atmosphere model）以及 CCSM2.0（NCAR community climate system model）相耦合，作为其中的陆面分量。2004 年，NCAR CLM 正式推出了该模式的 3.0 版本（Oleson et al.，2004）。

陆面过程模式已在研究全球的能量、动量、水热、物质交换中起到了重要的作用，但是，现有的陆面过程模式对有些过程的描述算法还过于简单，而且模拟的移植性也受到怀疑。一个重要原因是，多数生物地理模型、生物物理模型和生物地球化学模型仅能用于气候 – 生态平衡态研究，即分析从一种平衡态到另一种平衡态，生态系统能量平衡、水汽交换及碳循环，还不能模拟它们相互作用的动态过程。另外，现有的模型往往把陆面生态系统的功能和结构变化相互割裂开来，而事实上，生态系统对全球环境的变化响应包括功能和结构两个方面的效果。因此研究更加真实的动力学模型是重要的发展方向。其他诸如对冰雪过程的详细描述，对人类活动引起土地覆盖/土地利用变化的深入探讨，对各种胁迫因子导致生态系统功能异常的认识等（如干旱、洪水、火灾、虫害等）。这样陆面过程参数化方案将逐渐发展。

动态植被模型（DVM）目前尚处于初始阶段，现有的观测资料以及 DVM 还过于粗糙，其各类植被的生理、物理等参数有很大的不确定性，生消规律、相互竞争规律、斑块和大范围之间的相互作用等也远未弄清楚，需要大为改进（曾庆存等，2008）。

值得注意的是，直到目前为止，仍没有一个完善的陆面过程参数化方案耦合大气模式来精确地模拟气候现象。今后是将朝着更加细致地刻画生物圈、陆地水动力学、光化学和生物地球化学过程的方向发展一个包罗万象的“全能”模式，还是针对某些特定的气候问题来研究“局部”模式，提高模式的分辨率，是值得进一步考虑的问题。

1.2 植被与生态遥感研究

近年来，研究控制地表和土壤圈之间的能量、水分、动量和物质交换的植被生态过程越来越受到人们的重视，许多陆面过程模式（如 BATS、SiB2）已将植被生态过程作为重要部分，耦合到气候模式，如大气环流模式和区域气候模式，此类研究受到越来越广泛的重视。空间遥感技术的发展为陆面植被过程研究提供了强有力的工具（Dickinson，1995；Hall et al.，1995；Sellers et al.，1996b）。定量化遥感的发展使遥感数据在次网格参数化方面的应用不断完善。它们已用于分析陆面植被过程中的地表辐射能量收支、地表温度和湿度的变化、植被覆盖和土地退化、植被生物量和净初级生产量、植被结构和生态参数、地表生态过程、土地利用和农用植被提取等。其中遥感反演的诸多植被生态参数不仅为气候模式提供了精确的陆面特征参数，也为模型模拟结果的验证提供了依据。在全球气候观测系统（GCOS）、全球陆地观测系统（GTOS）、国际地圈生物圈计划（IGBP）等的研究中，卫星观测手段处于十分突出的地位。随着遥感技术的进一步发展，它在植被生态过程研究中将发挥越来越重要的作用，利用多种遥感数据获取植被生态参数和空间信息，对陆面植被生态过程的参数化方案进行改进已成为陆面过程研究的热点课题。

1.2.1 遥感应用于植被与生态研究的主要信息源

目前全球主要的卫星系列包括气象、海洋、陆地和资源卫星等。已发射的气象卫星主要有美国的 TIROS、NOAA 系列卫星、GOES、前苏联的 METEOR、欧洲的 METEOSAT、日本的 GMS、ADEOS、中国的 FY-1、FY-2、FY-3 等上百颗卫星，通过极轨和静止卫星获取不同时间和分辨率的大气温度、压、风、云量及分布、水汽、大气微量气体变化（Rao，1994；董超华等，2001；赵英时，2003）。现有的如 GMS 等静止卫星能提供连续的全球云覆盖和温度数据，我国 FY-2 静止气象卫星携带的多通道扫描辐射计（VISSR），具有可见光（0.5 ~ 1.05μm）、红外（10.5 ~ 12.5μm）和水汽（6.2 ~ 7.6μm）三个光谱探测波段，能够提供地球上空白天可见光展宽云图及昼夜红外云图、中国陆、海立体云图、水汽分布图、云导风、海温、射出长波辐射、云参数（云顶温度、云高、云量）等，可同时对地球、大气系统的现象、快速变化的气象如台风、寒潮、暴雨等灾害性天气进行实时、连续的观测和监视，GOES 卫星的 CO_2 通道和水汽通道的辐射资料、大气特性层和特定层上的云导风资料用于同化系统可使数值预报在北美地区提高 0 ~ 4 天的可用预报时效等等。

利用 NOAA/AVHRR 数据已经开发了全球面积覆盖（GAC）的 NOAA/AVHRR 产

品（Townshend，1992）、全球植被指数数据（GVI）（Gutman，1994）、美国地球资源观测系统（EROS）8km×8km的探路者数据（James and Kalluri，1994）、全球10km×10km网格的土地覆盖类型图（Defries and Townshend，1994）、全球10km×10km网格的地表生物物理量数据集（Sellers et al.，1996b）、全球1km分辨率的地表覆盖数据集（Loveland et al.，2000）及全球0.5°～1.0°网格的地表生物物理数据集（Los et al.，2000）。NOAA/AVHRR数据对于研究陆－气相互作用、生态系统动态、水文循环的意义重大。

陆地资源卫星包括美国LANDSAT、法国的SPOT、加拿大的Radarsat、中巴资源卫星CBERS等。在空间分辨率上，陆地卫星LANDSAT从4波段80m地面分辨率的MSS发展为7波段30m地面分辨率的TM，而成像光谱仪在1.2～2.4μm的波谱域以10nm的波段宽度划分成128个波段，达到了8～10m地面分辨率。同时成像光谱仪在取得影像信息的同时，对影像中任意一个像元均可取得连续的光谱数据。其中，中分辨率成像光谱仪（MODIS）是被动式成像分光辐射计，共有490个探测器，分布在36个光谱波段，从0.4μm（可见光）到14.4μm（热红外）全光谱覆盖，具有可见光250m和热红外500～1000m空间分辨率。最大空间分辨率可达250m，扫描宽度2330km，提供反映陆地表面状况、云边界、云特性、海洋水色、浮游植物、生物地理、化学、大气中水汽、气溶胶、地表温度、云顶温度、大气温度、臭氧和云顶高度等特征的信息。可用于对陆表、生物圈、固态地球、大气和海洋进行长期全球观测。

除了光学遥感器外，其他如微波、激光传感器也得到发展，如激光雷达通过观测激光器后向散射的辐射量来测定大气成分的垂直分布，可以进行边界层结构、风廓线、云和雾、平流层气溶胶和某些气体分子、水汽、温度水平和垂直分布的测量（周秀骥等，1991）。合成孔径雷达（SAR）利用从卫星向旁斜方向的扇形波来发射短脉冲电波，通过距离选通脉冲得到轨道直角方向的一维图像。SAR观测的主要地球物理和生物物理参数包括水文、植被冠层、土地覆盖、土壤水分等信息（郭华东等，2000；金亚秋，2005），SAR多极化、多波段、多入射角的高分辨率微波图像对于气候观测和陆面参数的反演研究具有重要意义。微波辐射计遥感原理是根据一切物质均辐射由其性质（辐射率）和其状态（温度T）所确定的电磁波。其辐射能量E表示为

$$E = \varepsilon B(T) = \varepsilon \cdot \frac{2\pi hc^2}{\lambda^5} \cdot \frac{1}{\exp(ch/\lambda KT) - 1} \tag{1.6}$$

式中：$B(T)$为普朗克函数；$h = 6.6262 \times 10^{-34}\,\mathrm{J \cdot s}$，是普朗克常数；$K = 1.3806 \times 10^{-23}\,\mathrm{J/K}$，是玻尔兹曼常数；$c$为光速；$\lambda$为观测波长。辐射率$\varepsilon$不仅与极化波、观测波长等观测条件有关而且依存于目标的温度、组成成分（包括含水率）等介质特性和表面粗糙度等物理形态的有关性质。为此，通过观测微波辐射可以掌握其物理的温度、含水率、海上的风（依赖于粗糙度）、盐分浓度等特性。其他的主动型微波传感器如微波高度仪（TOPEX）、降雨雷达（TRMM）等和被动式的微波辐射计（SMMR，HMMR）、傅里叶光谱仪等在云、雨、大气成分的探测方面发挥越来越大的作用。目前，EOS的Aqua卫星对地观测仪器包括大气红外探测器（AIRS，包括Vis/NIR：4；IR：2378）、先进的微波探测器（AMSU，0.3～1.3cm）、湿度探测器（HSB，0.16～

0.20cm)、先进 EOS 微波扫描辐射计(AMSR-E, 0.34 ~4.35cm)、中分辨率成像光谱仪(MODIS)以及云和地球辐射能量系统(CERES)等。

1.2.2 遥感信息在植被与生态研究中的应用

遥感信息通过定标、定位、纠正和反演计算,成为反映气候和环境的定量参数和时空信息,具有覆盖全球、高时空分辨率和探测资料均一等优势,尤其在地面观测站点稀少的海洋和地理环境复杂的边远区域,气象卫星通过高分辨率、多波段遥感,可以动态、大面积地获得大气、气候和环境、生态信息,不仅大大改善资料的覆盖区,而且弥补常规地面气象台站分布不均、均一性不足和连续性差的缺点。在气候模型的陆面过程模式中,遥感信息既可以作为初始变量或边界条件,又可以用于检验模型的有效性。主要信息包括能量、水分、土壤参数、地表状况、近地面气象参数和植被参数等。

1. 影响植被生态的能量和水量平衡参数

最重要的能量信息包括地表反照率、入射太阳辐射、光合有效辐射(PAR)等信息。地表反照率是影响陆-气辐射收支的重要参数。反照率在 GCM 或 RCM 模式中常被用于作为输入变量,遥感信息已开展了不同分辨率的地表反照率反演研究,在利用二向性反射特征函数(Bidirectional reflectance distribution function, BRDF)反演全球地表反照率有了很大的发展(李小文和王锦地,1995;2001;田国良等,2000;Csiszar and Gutman,1999;Lucht et al.,2000;Strugnell,2001),BRDF 定义为

$$f(\theta_i,\phi_i,\theta_r,\phi_r) = \frac{\mathrm{d}L(\theta_r,\phi_r)}{\mathrm{d}E(\theta_i,\phi_i)} \tag{1.7}$$

式中:$\mathrm{d}L(\theta_r, \phi_r)$ 为反射方向的辐射率;$\mathrm{d}E(\theta_i, \phi_i)$ 为入射方向的辐照度;θ_r、ϕ_r 分别为反射方向的天顶角和方位角;θ_i、ϕ_i 分别为入射方向的天顶角和方位角。入射角为 z 时间的地表反照率与 BRDF 的关系为(田国良等,2000;李小文等,2001)

$$\rho(z) = \frac{1}{\pi}\int_{2\pi}\int_{1/\pi} f(z,\theta_r,\phi_r)\cos\theta_r\sin\theta_r\mathrm{d}\theta_r\mathrm{d}\phi_r \tag{1.8}$$

目前 BRDF 计算模型多采用核驱动模型,包括有统计先验模型、辐射传输模型、几何光学模型和混合模型 4 类。MODIS 数据出现后,其空间分辨率和反演精度都有了很大提高(刘玉洁和杨忠东,2001)。入射的太阳辐射是影响全球能量平衡和光合速度的重要参数,如果大气状况已知,则可从光学遥感的模型中加以计算,但这一变量的遥感精确反演仍存在困难,主要原因是计算大气中气体和气溶胶的贡献方面影响还很不确定(包括对 0.2 ~4.0μm 太阳辐射的吸收和散射)(Bishop et al.,1997)。近年来,在获取气溶胶的有效半径和 Angstrom 指数方面出现了利用卫星多通道来计算的方法(Ignatov and Nalli,2002),此外,MODIS 携带蓝光通道,由于其地表反照率低,气溶胶散射强,可提供将陆地上气溶胶光学厚度计算扩展到其他地表上的可能性。PAR(0.4 ~0.7μm)的计算一般依赖于入射太阳辐射加以求取,或者通过绿色植被冠层吸

收辐射比（FPAR）和 PAR 的关系反推 PAR 值，直接计算方法还没有出现（Goward and Huemmrich，1992）。净长波辐射通过净地表的温度场和四维同化的数据（4DDA）计算向上和向下的辐射通量，然后计算 NLR。

降水作为陆面过程模式中计算水量平衡的重要输入变量，但因时间及区域变化大而很难精确测定。目前，主被动的微波遥感成为获取降水资料的有效办法，包括有星载的降雨雷达（TRMM）、星载的 SAR 资料和特殊微波传感器（SSM/I）的资料，利用微波的亮度温度推算降雨强度时所用的模型随降雨的时期和季节变化很大（Ferraro et al.，1996；Cheng et al.，2001）。国内目前也尝试利用双线偏振多普勒雷达测量降水（刘黎平等，2002）。蒸散是影响陆面水分平衡的重要信息，现在通过地面实验和生物物理相关模型及运用地面气象资料和遥感信息来解决地表蒸散的求算，直接的遥感反演还没有出现（Norman et al.，1995；Choudhury，1997）。由于模型需经多种相关计算和参数的输入，所以大尺度的计算结果并不理想。我国目前发展的多源和多层的遥感蒸散模式，在提高精度方面有了较大的进步（张仁华等，2002）。

2. 生态过程土壤参数

影响陆面水热平衡的输入变量包括土壤孔隙率、水阻、导水率特别是垂直廓线，还有地表温、湿度。地表温度是地表与大气间决定能量和物质交换最重要的环境参数，由于受大气状况、地表粗糙度和地形等影响，其精度仍然不高（Goetz，1997；Wan and Dozier，1996）。主要方法包括目前开发的一系列地表温度劈窗反演方法（Price，1984；Ulivieri et al.，1994；Van de Griend and Owe，1998），如低纬度地区的地表温度反演公式为（Price，1984）：

$$T_s = [T_4 + 3.33(T_4 - T_5)][(7.6 - \varepsilon_4)/6.6\} - 0.26T_5\Delta\varepsilon] \quad (1.9)$$

式中：T_4、T_5 分别为 NOAA-AVHRR 第 4、5 通道的亮温。我国最新的研究可由卫星辐射测量反演陆面温度，在不需要预先给定通道地面比辐射率的情况下，同时确定地面温度和比辐射率（汪宏七等，2000；张佳华等，2009）。对于地表湿度，可借助遥感信息如 NOAA/AVHRR、GMS 和微波来计算（Ceccato et al.，2002；Sano et al.，1999；Lipton et al.，2003），利用 AMSU、AMSR、SSM/I 等提取地表湿度的方法逐渐得到应用和发展（Weng et al.，2000；Charles et al.，2003；金亚秋，2005）。

3. 近地面气象参数

陆面模式输入的近地面气象参数包括云量和类型、风速，也包括皮肤辐射亮温、红外比辐射率。目前 GCM 模式还不能准确地对云进行参数化，利用卫星遥感数据可为 GCM 提供空间和时间尺度上更为精确的云量、云类、云顶高度/温度、云相态、云光学厚度、云中水含量等，从而改进 GCM 中云的参数化质量，最终提高模式的质量。风速的遥感反演包括卫星的云迹风和云导风产品、微波成像仪、多普勒雷达、激光测风雷达、风廓线仪以及 GPS 提供的三维风场（强风暴实验室，1997；董超华等，2001）。皮肤辐射亮温、红外比辐射率主要通过 NOAA-AVHRR 和 MODIS 反演（Valor and Vicente，1996；Wan and Li，1997；Xu et al.，1998）。

4. 地表冰雪覆盖参数

冰雪覆盖是影响气候系统的一个重要因素，其季节和年际变化对大气环流有着重要影响，利用遥感监测冰雪覆盖的分布及其动态，不仅有助于了解冰冻圈、大气圈、水圈的相互作用，揭示冰雪覆盖对气候系统的响应机制，为气候系统模式研究提供地基及常规观测手段难以获取的重要变量和参数，我国在卫星遥感反演冰雪方面取得了很大的进展（刘玉洁等，1998）。卫星上的可见光/近红外成像仪可提供白天无云区高空间、时间分辨率雪盖数据。目前 MODIS 可直接提供冰雪产品（Strugnell，2001），SAR、SMMR 可制作大范围的积雪深度图（Kwok et al.，1995）。被动微波仪器（如 SSM/I、AMSR）将提供全天候的、全天的雪盖监测，并可用于估算大约深达 80cm 厚的干雪厚度（张佳华等，2008）。高分辨率微波辐射计（HMMR）可以提供如积雪范围等重要参数。

5. 植被生态地表粗糙度和地形参数

有关地表粗糙度和地形的作用，在计算蒸散和感热通量时，需要空气动力学阻抗，而计算空气动力学阻抗则依赖于地表粗糙度（Z）的信息，Z 可粗略地解释为冠层从气流中吸收动量的效率尺率。可通过冠层的有效高度来加以求取，关系为

$$Z = a(\mathrm{LAI}/F_c) - b \tag{1.10}$$

式中：LAI 为叶面积指数；F_c 为冠层覆盖度；a、b 为系数（张佳华等，2000a）。对动量通量来说，地形影响次网格尺度的气压阻力变化十分明显。其次如地表径流、地形、坡度等均对水量平衡产生影响，数字高程模型（DEM）以足够的垂直分辨率给出次网格的地形参数，地形对热量－水分平衡的再分配。高大地形对气流有阻碍作用，对于寒潮和热浪运动有相当大的屏蔽作用，中小地形对气温的影响包括由于坡地方位不同所引起的日照和辐射条件的差异，导致地温和气温都有明显的差异。

6. 植被特征、结构和生态参数

植被特征、结构和生态参数包括地表植被类型、植被季节动态、植被指数、叶面积指数、植被的地表生物量和净初级生产力等。现在 AVHRR 已有覆盖全球的遥感数据，需要建立以 LANDSAT、SPOT 数据为主的数据网加强对陆面植被特征的解释能力。其他如被动式微波传感器用来探测半干旱区的植被，EOS-MODIS 在植被指数和 LAI 反演方面起到重要作用（张佳华和符淙斌，2002）。

植被季节动态（周期和季相）反映植被与气候响应的综合信息，气候条件又反映在该植被所处的纬度、海陆位置和地形条件（海拔）等因素，因而不同植被所处的纬度、海陆位置和地形条件等因素使不同植被类型差异明显，也引起植物种群间增长和竞争发生变异。遥感信息高时间分辨率有利于植被季节动态、光合作用强弱的监测。目前主要通过对植被指数的计算来获取植被季节生长信息（张佳华和符淙斌，2002；Zhang et al.，2002；Moulin et al.，1997）。

对于能真实描述气候变化、物质循环和水文过程的全球模式，必须有真实的现存

植被分类图，每个网格要有对应的土地覆盖类型。GCM、RCM 和数值天气预报（NWP）模式中要求的地表粗糙度、反射率、潜热和显热通量等，也依赖于地表覆盖分类。有人认为，在全球尺度上，植被的特征差异是控制水分、能量和 CO_2 通量的最重要条件。基于遥感数据的植被分类方案，是遥感应用最典型的例子（Running et al.，1995）。遥感信息分类具有快速、大面积、动态的特点，但是基于地表植被反射辐射特征的组合而作为分类标准，往往会产生很大误差。主要原因是目前在解决同谱异物和混合像元等问题方面的能力还有待进一步提高。其次，NOAA/AVHRR 数据在全球尺度上，往往难以得到长时期无云的资料。其他如聚类分析和统计分析方法结合人工解译仍然是大尺度分类的基本方法。随着对分类精度要求的提高，新的方法如神经网络、分类树、多元数据专家系统和计算机模拟识别技术等在不断发展。目前 MODIS 数据可更精确地对地表植被进行分类（刘玉洁和杨忠东，2001）。另外，EOS 传感器发射的用于二向性反射函数（BRDF）分析的多角度成像光谱仪（MISR），通过 BRDF 模型反演来确定地表植被的结构参数。除了普通的 GVI 数据库外，一些新的植被指数已开始出现，目的是消除大气和土壤背景对 NDVI 的影响，包括全球环境监测指数（GEMI）（Pinty and Verstraete，1992）、土壤调整植被指数（SAVI）（Huete，1988）、修正土壤调整植被指数（MSAVI）（Qi et al.，1994）、最优土壤调整植被指数（OSAVI）（Steven，1998）和抗大气干扰植被指数（ARVI）（Kaufman and Tanre，1992）等。这些新的产品将有利于遥感数据的全球分类。近年来发展的陆面模式的地－气物质交换、C/N 循环方案中依赖于对陆地的生物量和 NPP 计算。生物量和 NPP 受多种因素影响，包括气候、地形、土壤、植被和微生物特性、自然干扰和人类活动影响等。利用遥感信息耦合植被生理/生态和生物地球化学模式已逐渐发展起来（Goetz et al.，2000；Woodward et al.，1995；张佳华等，2000b）。

1.2.3 植被与生态遥感的发展方向

1. 遥感信息源传感器发展方向

在遥感信息源方面，成像光谱仪和合成孔径雷达正成为新的发展方向。成像光谱仪可从几十甚至几百个谱段获得精细的光谱信息，结合实验室的光谱数据库可直接对地表、植物、水的性质与结构进行分析。合成孔径雷达则能穿透云雾，甚至对部分植被和土壤进行全天候全天时观测，并能通过多频、多极化、多入射角等手段提高对目标的识别能力。今后 5 年，美国的卫星发射计划将会为预报服务每天提供 200GB 量级的卫星资料。美国极轨业务环境卫星（NPOSS）等卫星平台搭载的观测仪器将会提供数千通道的观测数据（目前 GEOS-1 只有 18 个通道）。中国的 FY-3 极轨卫星已经发射，FY-4 静止气象卫星计划于 2013 年发射。同时多角度测量、测高和成像技术亦正逐步走向实用，目标探测将由二维向三维拓展。以前的单方向遥感只能获取地物一个方向的投影，缺乏同时推断一个像元的地物波谱及其三维结构，使定量遥感的发展非常困难。而多角度对地观测通过对地物多个方向的观察，可获取地物的三维结构参数。

二向性反射特征即反射不仅具有方向性且依赖于入射方向。由于地物的二向性反射分布函数载有其结构信息，多角度遥感具有反演地物表面亚像元尺度上结构参数的潜力（李小文等，2001）。我国研制成功的机载多角度多光谱成像系统由多角度多光谱成像仪、数据预处理系统组成，专用于提取机载多角度系统获取数据中地面目标的多角度信息，进行多角度数据的开发和应用。

今后，我国将继续发展资源、气象系列卫星，以保证自主资源、气象卫星遥感数据的连续性。在确定后继星遥感器技术指标时，要综合考虑像元分辨率、辐射分辨率和成像质量。我国应加速研制合成孔径雷达、高光谱分辨率、高空间分辨率等先进遥感器，还要积极研制小型遥感卫星，加强国际合作，不断提高我国资源卫星的研制与应用水平。此外，地基遥感的发展具有广阔的前景，如地基微波计、UHF 风廓线仪、激光雷达等。GPS 信号延迟可推测大气液态水，利用 GPS 掩星法可获取大气温度和水汽廓线，地基遥感可提高常规要素观测的时间及空间密度，提高数值预报初始场的质量。

2. 加强植被生态过程的外场观测实验

含有植被生态过程的陆面过程模式发展在很大程度上受到可用数据的限制，没有大量可信的植被生态过程数据来初始化和测试模式，陆面过程模式是难以获得长足发展的。目前获得这些数据最好的方法是开发有效的遥感反演算法获取陆面和大气状态数据。应当加强遥感信息作为陆面过程参数化信息源的植被生态过程外场试验，目前许多全球性的研究计划都把遥感信息获取列为主要的研究计划，如 FIFE、HAPEX、ISLSCP 和 BOREAL 等国际研究项目都进行了这方面的研究，结果已显示遥感信息对揭示不同时间和空间尺度陆面过程的能量、水分、动量和物质循环以及植被生态过程的生物地球化学循环起到重要作用。可以相信，随着未来新一代的遥感探测器的问世和定量遥感应用模型的完善，遥感在全球变化、陆面植被生态过程的研究领域将发挥更重要的作用。我国应当重点加强在陆面过程植被生态过程的外场观测实验，以提高遥感信息反演产品的精度。在地面建立遥感卫星辐射校正场，与经过校正场上空的遥感卫星进行同步测量后，将相对更准确的植被生态过程地面观测值与遥感卫星的植被生态过程观测值进行比对，可对星上遥感仪器实现辐射校正。

3. 提高遥感在陆面植被生态参数化反演精度

遥感在陆面植被生态参数化的应用研究中，应考虑到气候系统模式和多圈层模式中对植被生态反演参数精度的要求越来越高。重点要研究植被 - 大气地球辐射平衡以及同气候的关系，地球辐射收支探测仪已经列为我国新一代极轨气象卫星的有效载荷。而同步轨道地球辐射收支探测仪（GERBR）时间分辨率高，时间同一性好，能够快速反映昼夜天气变化状况以及自然和植被生态过程的动态行为。它与极轨卫星上搭载的地球辐射收支探测仪相互补充和验证，从而得到完整、全面的地球辐射数据。多角度成像扫描仪（MISR）数据的出现对解决地表二向性反射反演全球地表反照率起到重要的作用。在陆面物理状态中，目前陆面反照率、植被指数等参数的观测质量相对好些。

主要的差距是土壤湿度方面和植被叶面积指数。两者在影响陆面植被与大气之间的大尺度热量、水汽交换过程，能量、动量和辐射过程，进而对区域气候模式影响十分重要。应提高地表过程中包括土壤湿度和植被叶面积指数在内的土壤和植被参数的精度，并了解地球与大气之间的生物化学过程的关系等。

4. 提高植被生态过程资料信息与常规资料同化技术研究

由于地表的高度非均一性和物理意义的不一致性（如水分，能量的不平衡性），遥感反演参数的精度受到限制。发展四维同化技术（4DD），是指在数据时空分布的基础上、在数值模式动态运行的过程中融合新的观测数据的方法，在数学上主要借助于估计理论、控制论优化方法和误差估计理论，目前美国 NASA GSFC 的水文科学和数据同化中心（DAO）支持陆面数据同化研究，已向全球提供同化数据。四维同化技术主要包括变分（含伴随模型）、滤波和模拟退火等。四维伴随模式同化对于气候模式的四维同化研究以及更好地利用遥感植被生态过程资料来提高预报质量将起到重要作用。陆面数据的获取主要来源于卫星遥感、航空遥感监测、野外调查、台站观测等，这些不同来源的数据在数据标准、精度、分辨率等方面很不统一，因此需要开展多源陆面植被生态过程数据的同化研究（Rodell et al.，2004；徐祥德等，2003）。

5. 加强卫星遥感资料的应用和开发

国际对地观测卫星委员会（CEOS）已经和联合国粮食及农业组织（FAO）、全球气候观测系统（GCOS）、全球海洋观测系统（GOOS）、全球陆地观测系统（GTOS）、国际科协（ICSU）、国际地圈生物圈计划（IGBP）、国际基金集团（IGFA）、政府间海洋委员会（IOC）、联合国环境计划署（UNEP）、联合国教育、科学及文化组织（UNESCO）、世界气候研究计划（WCRP）和世界气象组织（WMO）形成了综合全球观测战略合作组织。由世界气候研究计划（WCRP）和国际全球能量和水分循环试验（GEWEX）联合的协调强化观测期（CEOP）试验目前使用的遥感数据包括从 GMS、METEOSAT、GOES、POES、ADEOS-2、ENVISAT、TRMM、Aqua、Terra 等卫星获取的数据资料（David，2003）。EOS 的数据信息系统（EOSDIS）包括极轨平台的运营管制、数据的处理和深加工、数据的保存、分配，信息管理、数据算法的交换等，需要提高我国在开发和利用这些数据信息开展植被生态过程、动态和影响的评估研究能力。

参考文献

陈述彭．1990. 遥感大辞典．北京：科学出版社

丁一汇，李巧萍，董文杰．2005. 植被变化对中国区域气候影响的数值模拟研究．气象学报，63（50）：614~621

丁一汇，张锦，徐影．2003. 气候系统的演变及其预测．北京：气象出版社

董超华，等，2001. 气象卫星及其应用前景．中国遥感奋进创新二十年学术讨论会

郭华东．2000. 雷达对地观测理论与应用．北京：科学出版社

金亚秋．2005. 空间微波遥感数据验证理论与方法．北京：科学出版社

李小文，汪骏发，王锦地，等．2001. 多角度与热红外对地遥感．北京：科学凸版社

李小文，王锦地．1995. 植被光学遥感模型与植被结构参数化．北京：科学出版社

刘黎平，葛润生，张沛源. 2002. 双线偏振多普勒天气雷达遥测降水强度和液态含水量的方法和精度研究. 大气科学，26（5）：702～710
刘玉洁，王丽波，刘诚，等. 1998. 我国气象卫星积雪监测的新进展. 卫星应用，6（4）：7～12
刘玉洁，杨忠东. 2001. MODIS 遥感信息处理原理与算法. 北京：科学出版社. 144～179
柳钦火，徐兴奎，田国良. 2000. 用于地表能量交换的动态地表特征模式. 遥感学报，Z（4）：121～128
强风暴实验室. 1997. 大气遥感技术论文集. 北京：气象出版社. 1～130
孙菽芬. 2005. 陆面过程的物理、生化机制和参数化模型. 北京：气象出版社. 307
田国良，徐兴奎，柳钦火. 2000. 用于地表能量交换的动态地表特征模式. 遥感学报，4（supp.）：121～128
汪宏七，赵高祥，王立志. 2000. 陆面温度的反演算法和大气订正的影响. 红外与毫米波学报，19（1）：48～52
徐祥德，许健民，王继志，等. 2003. 大气遥感再分析场构造技术与原理. 北京：气象出版社
於琍，曹明奎，陶波. 2008. 基于潜在植被的中国陆地生态系统对气候变化的脆弱性定量评价. 植物生态学报，32（3）：521～530
曾庆存，周广庆，浦一芬，等. 2008. 地球系统动力学模式及模拟研究. 大气科学，32（4）：657～682
张佳华，符淙斌. 2002. 利用卫星反演的叶面积指数研究中国东部植被对东亚季风的响应. 自然科学进展，12（10）：1098～1101
张佳华，符淙斌，王长耀. 2000a. 遥感信息结合植物光合生理特性研究区域作物产量水分胁迫模型. 大气科学，24（5）：683～693
张佳华，李欣，姚凤梅，等. 2009. 基于热红外光谱和微波反演地表温度的研究进展. 光谱学与光谱分析，29（8）：2103～2107
张佳华，王长耀，符淙斌. 2000b. CO_2 倍增下遥感－光合作物产量响应模型的研究与应用. 遥感学报，4（1）：46～50
张佳华，吴杨，姚凤梅. 2008. 卫星遥感藏北积雪分布及影响因子分析. 地球物理学报，51（4）：1013～1021
张强，王胜，张杰. 2009. 干旱区陆面过程和大气边界层研究进展. 地球科学进展，24（11）：1185～1194
张仁华，孙晓敏，朱治林，等. 2002. 以微分热惯量为基础的地表蒸发全遥感信息模型及在甘肃沙坡头地区的验证. 中国科学（D辑），32（12）：1041～1410
赵英时. 2003. 遥感应用分析原理与方法. 北京：科学出版社
周秀骥，陶善昌，姚克亚. 1991. 高等大气物理学. 北京：气象出版社
Abramopoulos F，Rosenweig C，Choudhury B. 1988. Improved ground hydrology calculations for global climate models（GCMs）：soil water movement and evapotranspiration. J of Climate，1（9）：921～941
Ball J T. 1988. An analysis of stomatal conductance. Ph. D. Thesis. Stanford University，Standford，USA
Bishop J K，Rossow W B，Dutton E G. 1997. Surface solar irradiance from the International Satellite Cloud Climatology Project 1983－1991. J Geophy Res，102：6883～6910
Bonan G B. 1996. A land surface model（LSM 1.0）for ecological hydrological，and atmospheric studies：technical description and user's guide，NCAR/TN－417＋STR，NCAR Technical Note，National Center for Atmospheric Research Boulder，Colorado
Bonan G B. 1994. Comparison of two land surface process models using prescribed forcings. J Geophys Res，99：25803～25818
Budyko M I. 1956. The heat balance of the Earth's surface. Leningrad：Gidrometeoizdat. 255
Carbon D. 2003. International Commitment & co-operation：Keys to a successful CEOP，CEOP，Newsletter，（3）：1～2
Ceccato P，Gobron N，Flasse S，et al. 2002. Designing a spectral index to estimate vegetation water content from remote sensing data，Part 1 Theoretical approach. Remote Sens Environ，82：188～197
Charles A L，Huntsville A L，et al. 2003. Soil moisture measurements and modeling for validating AMSR-E soil moisture products. Observing and Understanding the Variability of Water in Weather and Climate（Compact View），The 83rd Annual Meeting Long Beach，CA
Cheng M H，He H Z，Mao D Y，et al. 2001. Study of 1998 heavy rainfall over the Yangtze river basin using TRMM data.

Advance in Atmospheric Physics, 18 (3) : 387 ~ 396

Choudhury B J. 1997. Global pattern of potential evaporation calculated from the Penman-Monteith equation using satellite and assimilated data. Remote Sens Environ, 61: 64 ~ 81

Cogley J G, Pitman A J, Henderson – Sellers A. 1990. A land surface for large scale climate models. Trent University Tech. Note 90p1

Collatz G J, Ball J T, Grivet C, et al. 1991. Physiological and environmental regulation of stomatal conductance, photosynthesis and transpiration: A model that includes a laminar boundary layer. Agric For Meter, 54: 107 ~ 136

Collatz G J, Berry J A, Farquhar G D, et al. 1990. The relationship between the rubisco reaction mechanism and models of leaf photosynthesis. Plant Cell Environment, 13: 219 ~ 225

Collatz G J, Ribas C M, Berry J A. 1992. Coupled photosynthesis-stomatal conductance models for leaves of C4 plants. Aust J Plant Physil, 19: 519 ~ 538

Cosby B J, Horberger G M, Clapp R B, et al. 1984. A statistical exploration of the relationships of soil moisture characteristics to the physical properties of soils. Water Resour Res, 20: 682 ~ 690

Csiszar I, Gutman G. 1999. Mapping global land surface albedo from NOAA AVHRR. J Geophys Res, 104: 6215 ~ 6228

Dai Y J. 2005. The Common Land Model (CoLM) User's Guide

Dai Y J, Zeng X B, Dickinson R E, et al. 2003. The common land model (CLM) . Bull Amer Meteor Soc, 84 (8): 1013 ~ 1023

David C. 2003. International commitment & CO_2 operation: keys to a successful CEOP. CEOP , Newletter, (3) : 1, 2

Deardorff J W. 2003. A parameterization of ground-surface moisture content for us in atmosphere prediction models. J App Meteorol, 16: 1182 ~ 1185

Deardorff J W. 1978. Efficient prediction of ground surface temperature and moisture with inclusion of a layer of vegetation. J Geophys Res, 83: 1889 ~ 1903

Defries R S, Townshend J R G. 1994. NDVI-derived land cover classifications at a global scale. International Journal of Remote Sensing, 15 (17): 3567 ~ 3586

Delworth T L, Manabe S. 1989. The influence of soil wetness on near-surface atmospheric variability. J of Climate, 2: 1447 ~ 1462

Desborough C E, Pitman A J. 1998. The BASE land surface model. Global Plant Change, 19: 3 ~ 18

Dickinson R E. 1995. Land Processes in Climate Models. Remote Sens Environ, 51: 27 ~ 38

Dickinson R E, Henderson-Sellers A. 1988. Modelling tropical deforestation: A study of GCM land-surface parameterization. Quart J Roy Meteor Soc, 144 (B): 439 ~ 462

Dickinson R E, Henderson-Sellers A, Kennedy P J, et al. 1986. Biosphere Atmosphere Transfer Scheme (BATS) for the NCAR Community Climate Model, NCAR Tech. Note, NCAR TN275 + STR, 69

DucoudreN I, Laval K, Perrier A. 1993. SECHIBA a new set of parameterizations of the hydrologic exchanges at the land/atmosphere interface within the LMD atmospheric general circulation model. J of Climate, 6: 248 ~ 273

Farquhar G D, Caemmerer S V, Berry L A. 1980. A biochemical model of photosynthetic CO_2 fixation in leaves of C3 species. Planta, 149: 78 ~ 90

Farquhar G D. 1979. Models describing the kinetics of Ribulose biphosphate carboxylase-oxygenase. Archives of Biochemistry and Biophysics, 193 (2): 456 ~ 468

Ferraro R R, Weng F Z, Grody N C, et al. 1996. An eight year (1987 ~ 1994) time series of rainfall, clouds, water vapor, snow cover, and sea ice derived from SSM/I measurement. Bull Amer Meteor Soc, 77: 891 ~ 906

Goetz S J. 1997. Multi-sensor analysis of NDVI, surface temperature and biophysical variable at a mixed grassland site. International Journal of Remote Sensing, 18: 71 ~ 94

Goetz S J, Prince S D, Small J, et al. 2000. Interannual variability of global terrestrial primary production: Results of a model driven with satellite observations. J Geophys Res, 105: 20077 ~ 20091

Goward S N, Huemmrich K F. 1992. Vegetation canopy PAR absorbance and the normalized difference vegetation index: an assessment using the SAIL model. Remote Sens Environ, 39: 119 ~ 140

Gutman G G. 1994. Global data on land surface parameters from NOAA AVHRR for use in numerical climate models. J of Climate, 7: 669 ~ 680

Hall F G, Townshend J R, Engman E T. 1995. Status of remote sensing algorithms for estimation of land surface state parameters. Remote Sens Environ, 51 (1): 138 ~ 156

Henderson-Sellers A. 1993. A Factorial Assessment of the sensitivity of the BATS land-surface parameterization scheme. J of Climate, (6): 227 ~ 247

Henderson-Sellers A, Dickinson R E, Durbridge T B, et al. 1993. Tropical deforestation: modeling local-to regional-scale climate change. J Geophys Res, 98: 7289 ~ 7315

Houghton J T, Jenkins G J, Ephraums J J. 1990. IPCC, Climate Change. The IPCC Scientific Assessment, Cambridge Unv. Press: 365

Huete A R. 1988. A soil adjusted vegetation index (SAVI) . Remote Sens Environ, 25: 295 ~ 309

Ignatov A, Nalli N. 2002. Aerosol retrievals from multi-year multi-satellite AVHRR Pathfinder atmosphere (PATMOS) dataset for correcting remotely sensed sea surface temperatures. Journal of Atmospheric and Oceanic Technology, 19: 1986 ~ 2008

Jacobs A F G, van Boxel J H. 1988. Changes of the displacement height and roughness length of maize during a growing season. Agric For Meteorol, 42: 53 ~ 62

James M, Kalluri S. 1994. The pathfinder AVHRR land data set: An improved coarse resolution data set for terrestrial monitoring. International Journal of Remote Sensing, 15 (17): 3347 ~ 3364

Kaufman Y J, Tanre D. 1992. Atmospherically resistant vegetation index (ARVI) for EOS-MODIS. IEEE Tans Geos Remote Sensing, 30 (2): 231 ~ 248

Kim J, Ek M. 1995. A simulation of the surface energy budget and soil water content over the hydrologic atmospheric pilot experiments-modelisation du Bilan Hydrique forest site. J Geophys Res, 10: 20845 ~ 20854

Kowalczyk E A, Garratt J R, Krummel P B A, et al. 1991. Soil-canopy scheme for use in numerical model of the atmosphere-1D stand alone model. CSIRO, DAR, Technical Paper. 32: 59

Kwok R, Nghiem S V, Yueh S H, et al. 1995. Retrieval of thin ice thickness from multifrequency polarimetric SAR data. Remote Sens Environ, 51: 361 ~ 374

Legg B J, Long I F. 1975. Tubulent diffusion within a wheat canopy: II. Quart. J Roy Meteor Soc, 101: 611 ~ 628

Lipton A E, Lexington M A, Moncet J L, et al. 2003. Retrieval of water vapor over land surfaces from microwave measurements, The 83rd Annual Meeting Long Beach, CA

Lipton A E, Moncet J L, Galantowicz J F, et al. 2003. Retrieval of water vapor over land surfaces from microwave measurements. Preprints, Twelfth Conf. on Satellite Meteorology and Oceanography, 9 ~ 13 Feb., Long Beach, CA. Amer. Meteor. Soc., Boston, MA

Los S O, Collatz G J, Sellers P J, et al. 2000. A global 9-Year Biophysical Land surface Dataset from NOAA AVHRR data. J Hydrometeorol, 1: 183 ~ 199

Loveland T R, Reed B C, Brown J F, et al. 2000. Development of a Global Land Cover Characteristics Database and IGBP DISC over from 1-km AVHRR Data. Int J of Remote Sens, 21: 1303 ~ 1330

Lucht W, Strahler A H. 2000. An algorithm for the retrieval of albedo from space using semiempirical BRDF models. IEEE T Geosci Rem Sens, 38: 977 ~ 998

Manabe S. 1969. Climate and the ocean circulation: 1, The atmospheric circulation and the hydrology of the earth's surface. Mon Wea Rev, 97: 939 ~ 805

Manabe S, Stouffer R J. 1996. Low-frequency variability of surface air temperature in a 1000-year integration a coupled atmosphere-ocean ~ land surface model. J of Climate, 9: 376 ~ 393

Mintz Y. 1984. The sensitivity of numerically simulated climates to land-surface boundary condition. *In*: Houghton J T. The Global Climate. Cambridge: Cambridge University Press. 79 ~ 105

Monteith J L. 1965. Evaporation and environment. 19th Symposia of the Society for Experimental Biology. Cambridge: University Press. 205 ~ 234

Moulin S, Kergoat L, Viovy N, et al. 1997. Global-scale assessment of vegetation phenology using NOAA/AVHRR satellite measurements. J of Climate, 10: 1154 ~ 1170

Noilhan J, Planon S. 1989. A simple parameterization of land-surface processes for meteorological models. Mon We Rev, 117: 536 ~ 550

Norman J M, Kustas W P, Humes K S. 1995. A two-source approach for estimating soil and vegetation energy fluxes from observations of directional radiometric surface temperature. Agric For Meteorol, 77: 263 ~ 293

Oleson K W, Dai Y J, Bonan G, et al. 2004. Technical Description of the Community Land Model (CLM) NCAR/TN ~ 461 + STR. Boulder, Colorado

Pinty B, Verstraete M M. 1992. GEMI: A non-linear index to monitor global vegetation from satellites. Vegetation, 10 (1): 15 ~ 20

Pitman A J. 1988. The development and implementation of a new land surface scheme for use in GCMs. Ph D Thesis, Livepool University: 481

Pitman A J, Yang Z L, Cogley J G, et al. 1991. Description of bare essentials of surface transfer for the bureau of meteorology research centre AGCM. Melbourne, Australia: BMRC research report: 32

Pollard D, Thompson S L. 1995. Use of a land-surface-transfer scheme (LSX) in a global climate model: the response to doubling stomatal resistance. Global Plan, 10: 129 ~ 161

Price J C. 1984. Land surface temperature measurements from the split window channels of the NOAA-7AVHRR. J Geophys Res, 89: 7231 ~ 7237

Qi J, Chehbouni A, Huete A R, et al. 1994. Modified soil adjusted vegetation index (MSAVI). Remote Sens Environ, 48: 119 ~ 126

Rao P K. 1994. 气象卫星－系统、资料及其在环境中应用. 许健民译. 北京: 气象出版社

Rodell M, Houder P R, Jambor U, et al. 2004. The global land data assimilation system. Bull Amer Meteor Soc, 85 (3): 381 ~ 394

Running S W, Loverland T R, Pierce L L, et al. 1995. A remote sensing based vegetation classification logic for global land cover analysis. Remote Sens Environ, 51: 39 ~ 48

Sano E E, Moran M S, Huete A R, et al. 1999. C-and multiangle Ku-band SAR data for bare soil moisture estimation in agricultural areas. Remote Sens Environ, 64: 77 ~ 90

Sato N, Sellers P J, Randall D A, et al. 1989. Implementing the Simple Biosphere Model (SiB) in a general circulation models: Methodologies and results. NASA Contractor Report 185509, August 1989: 76

Seller S P J, Berry J A, Collatz G J, et al. 1992. Canopy reflectance, photosynthesis and transpiration. Part III: a reanalysis using enzyme kinetics ~ electron transport models of leaf physiology. Remote Sens Environ, 42: 187 ~ 216

Seller S P J, Bounoua L, Collatz G J, et al. 1996a. Comparison of radioactive and physiological effects of doubled atmospheric CO_2 on climate. Science, 271 (8): 1402 ~ 1406

Sellers P J, Los S O, Tucker C J, et al. 1996b. A revised land surface parameterization (SiB2) for atmospheric GCMs. Part II: The generation of global fields of terrestrial biophysical parameters from satellite data. J of Climate, 9: 706 ~ 737

Sellers P J, Mintz Y, Sud Y C, et al. 1986. A Simple Biosphere model (SiB) for use within general circulation models. J Atmos Sci, 43: 501 ~ 531

Steven M D. 1998. The sensitivity of the OSAVI vegetation index to observational parameter. Remote Sens Environ, 63: 49 ~ 60

Strugnell N C. 2001. A global albedo data set derived from AVHRR data for use in climate simulations. Geophy Res Lett, 28 (1):191 ~ 194

Townshend J R G. 1992. Improved Global Data for Land Applications: A proposal fro a new High Resolution Data Set. IGBP Report 20, International Geosphere Biosphere, Stockholm, Sweden

Ulivieri C, Castronouovo M M, Francioni R, et al. 1994. A split-window algorithm for estimating land surface temperature from satellites. Advances in Space Research, 14: 59 ~ 65

Valor E, Vicente C. 1996. Mapping land surface emissivity from NDVI: Application to European, African, and South American Areas. Remote Sens Environ, 57: 167 ~ 184

Van de Griend A A, Owe M. 1998. On the relationship between thermal emissivity and the normalized difference vegetation index for natural surfaces. Int J of Remote Sens, 14: 1119 ~ 1131

Verseghy D L. 1991. CLASS: a Canadian land surface scheme for GCMs: I soil model. Int. J Climatol, 11: 111 ~ 133

Verseghy D L, McFarlane N A, Lazare M. 1993. CLASS-A Canadian land surface scheme for GCMs II: Vegetation model and coupled runs. Int. J Climatol, 13: 347 ~ 370

Viterbo P, Beljaars A C M. 1995. An improved land surface parameterization scheme in the ECMWF model and its validation. J Climate, 8: 2716 ~ 2748

Wan Z, Dozier J. 1996. A generalized split-window algorithm for retrieving land surface temperature from space. IEEE Trans. Geosci Remote Sens, 34 (4): 892 ~ 905

Wan Z, Li Z L. 1997. Physics-based algorithm for retrieving land-surface emissivity and temperature from EOS/MODIS data, IEEE Trans. Geosci Remote Sens, 35 (4): 980 ~ 996

Weng F, Ferraro R R, Grody N C. 2000. Effects of AMSU-A cross track asymmetry of brightness temperatures on retrieval of atmospheric and surface parameters. Microwave Radiometry and Remote Sensing of the Earth's Surface and Atmosphere Nether lands: 255 ~ 262

Woodward F I, Smith T M, Emanuel W R. 1995. A global land primary productivity and phytogeography model. Global Biogeochem, Cycles, 9: 471 ~ 449

Xue Y, Sellers P J, Kinter J L, et al. 1991. A Simplified Biosphere Model for climate studies. J of Climate, 4: 345 ~ 364

Xue Y, Shukla J. 1991. The influence of land properties on Sahel climate. Part I: Desertification. J of Climate, 6: 2232 ~ 2245

Xu X, Liu Q, Chen J. 1998. Synchronous retrieval of land surface temperature and emissivity. Science in China (Series D), 41 (6): 658 ~ 668

Zeng X D, Zeng X, Barlage M. 2008. Growing temperate shrubs over arid and semiarid regions in the NCAR Dynamic Global Vegetation Model (CLM ~ DGVM). Global Biogeochemical Cycles, 22, GB3003, doi: 10.1029/2007GB003014

Zhang J H, Fu C B, Yan X D. 2002. A Global respondence analysis of LAI versus surface air temperature and precipitation variations. Chinese J of Geophysics, 45 (5): 662 ~ 669

第 2 章 陆地植被参数遥感

2.1 植被叶面积指数遥感

2.1.1 植被叶面积指数研究意义

植被叶面积指数（leaf area index，LAI）可综合表述为单位地表面积中叶子表面积的一半（Chen and Black，1992；Chen et al.，1997a），它是陆面过程中影响陆 - 气交换的一个十分重要的参数，是表征植被冠层结构最基本的参量之一（Chen and Cihlar，1996）。一方面，LAI 直接影响植被的光合作用效率、蒸腾作用效率和能量平衡状态，为植被冠层表面最初能量交换提供定量的结构化信息（李小文和王锦地，1995）；另一方面，LAI 还是指示植被长势最重要的参数之一，会影响到陆面模式中其他一些输入参数，如植被覆盖度、植被绿度等。因此为了更加精确地对陆面过程进行描述，必须准确地获取 LAI 这一参数。为了更加准确地了解我们赖以生存的地球状况，对陆面过程的研究已经从传统的点上研究扩展到了区域尺度甚至全球尺度。在这样的大背景下，传统的 LAI 地面测量所获得的信息已经远不能满足我们研究的需要，需要在更大的尺度上开展更加广泛的研究，卫星遥感技术为这种大尺度的 LAI 数据的获取提供了可行的途径（Liu et al.，1997；Scurlock et al.，1999；Zhang et al.，2004）。

由于地表异质性的影响，通过遥感技术获得的大尺度的 LAI 数据的可信度就大打折扣，因此，高分辨率卫星遥感数据作为地面实测数据和中、低分辨率遥感数据的联系纽带，为大尺度 LAI 遥感反演方法的验证起到了很好的过渡作用。

2.1.2 植被 LAI 获取方法

LAI 的计算主要分为点上 LAI 的计算与面上 LAI 的计算。

1. 点上 LAI 的计算

点上的 LAI 获取可以通过地面实测（Nathalie and Breda，2003），主要有两种方法：一种方法是直接测量的方法；另一种方法是间接测量法。直接测量方法可以为间接测量方法提供定标依据。

直接测量方法或通过测量叶面积的多少或通过形状因子建立的叶子尺寸与面积的关系进行 LAI 的计算。直接测量法包括收获测量法（harvesting）、落叶收集法（litter collection）和异速生长测定法（allometry）。收获测量法是指收获植被并且在有限的区域内测量所有叶子的面积，这种方法被广泛应用于农作物与草原 LAI 的测量，主要适合于冠层结构较小的作物，但这种方法是具有破坏性的，工作量大使得这种方法不能应用于大面积的区域或个体很大的树。对于落叶林来讲，非破坏的方法主要是落叶收集法。另外，林业工作者发展了一种非破坏的方法，就是建立叶面积与树的胸径处或树基处边材面积直径的关系（Makela et al.，1995）。

间接测量方法是指通过测量冠层辐射的透过率，利用辐射传输方程计算 LAI（Ross，1981）。这种方法是基于叶子在冠层内分布的统计与概率的理论（Jones，1992），是一种非破坏性的方法。用于测量透过冠层的辐射量常用的仪器主要有 6 种：第一种为 SunSCAN（Delta-T Devices Ltd.，Cambridge，UK），第二种为 AccuPAR（Decagon Devices，Pullman，USA），这两种仪器在太阳直射的情况下可以使用，用于太阳有效光合辐射的波段；第三种为 LAI-2000（Li-Cor，Lincoln，Nebraska，USA），通过鱼眼光学传感器（fish-eye light sensor），同时测量 5 个天顶角的透过率进行计算；第四种为 DEMON（CSIRO，Canberra，Australia），通过测量很窄的观测角的直射光透过率进行计算，这个仪器需要重复几次测量才可以计算，测量要从早上到中午进行多次，以获得不同天顶角的数据；第五、六种测量仪器主要是考虑了叶子的聚集效应而设计的，包括 TRAC（tracing radiation and architecture of canopies）（Chen et al.，1997a）、MVI（multiband vegetation imager）（Kucharik et al.，1997）。

2. 面上 LAI 的计算

地面手动测量通常只可以获得小范围或区域的值，很难获得大范围的数据，提供不了研究全球变化、气候分析所需要的数据（Running et al.，1989；Chase et al.，1996）。遥感数据具有覆盖范围广、时间与空间分辨率高的特点，通过遥感数据去提取一些重要的生物物理参数如 LAI 有十分重要的意义（Chen and Cihlar，1996；Tian et al.，2002）。

面上 LAI 的计算方法主要有两种：一种用植被指数与 LAI 的关系计算；另一种面上 LAI 的计算方法是通过描述冠层反射率信息与冠层生物物理参数的植被冠层模型（二向反射率分布函数模型（BRDF））来反演（Goel and Deering，1989），BRDF 模型可以将地表的物理属性与遥感所测量的在某个波段、某个角度的信号联系起来。地表的物理属性包括土壤反射率、冠层结构与光谱属性参数、传感器的几何属性信息、入射源（太阳）的几何信息等。模型反演 LAI 方法的优点是其基于一定的物理基础，是独立于植被类型的一种反演方法。2.3 节将对这两种方法进行详细介绍。

2.1.3 LAI 反演模型与方法

叶面积指数的遥感定量方法可以归纳为两类：统计模型法和物理模型法。统计模型法，又称植被指数（VI）方法，主要是通过光谱植被指数，如归一化差值植被指数（NDVI）、比值植被指数（SR）等，以函数的形式建立某种经验关系来估算 LAI；物理模型法是通过模式计算的方法来估算，通过建立辐射传输方程或模式反过来推算其中的输入变量 LAI。这两种方法各有优缺点，统计模型法的优点是简单而易于计算，缺点是 LAI 与 VI 之间的函数关系或方程随着植被类型的不同而改变，对于具体的植被类型我们需要有先验知识来确定函数关系及其系数。物理模型法的优点是它是建立在物理过程的基础上，且不随植被类型而改变，然而，它却需要大量的计算时间，模式或方程的逆向推算并不总是收敛的。

1. 统计模型法

利用遥感定量统计分析叶面积指数的依据是植被冠层的光谱特征（张佳华和符淙斌，1999；张佳华，2001；张佳华等，2002）。绿色植物叶片的叶绿素在光照条件下发生光合作用，强烈吸收可见光，尤其是红光，因此，红光波段反射率包含植冠顶层叶片的大量信息。在近红外波段，植被有很高的反射率、透射率，而吸收率很低，因此，近红外反射率包含冠层内叶片的很多信息（张晓阳和李劲峰，1995）。植被的这种光谱特征与地表其他因子的光学特性存在很大差别，这就是 LAI 遥感定量统计分析的理论依据。统计分析法是以 LAI 为因变量，以光谱数据或其变换形式（如植被指数）作为自变量建立的估算模型，即 $\mathrm{LAI}=f(x)$，其中，x 为光谱反射率或植被指数。部分见于遥感文献中的具体形式如下式所示：

$$\mathrm{LAI} = ax^3 + bx^2 + cx + d \tag{2.1}$$

$$\mathrm{LAI} = a + bx^c \tag{2.2}$$

$$\mathrm{LAI} = -1/2a\ln(1-x) \tag{2.3}$$

$$\mathrm{LAI} = \ln\left[\frac{\mathrm{VI}-\mathrm{VI}_\infty}{\mathrm{VI}_g-\mathrm{VI}_\infty}\right]K_{\mathrm{VI}} \tag{2.4}$$

式中：x 为光谱反射率或植被指数；a、b、c 为系数（Qi et al.，2000）；VI_∞ 为植被指数的渐进无穷值，在 $\mathrm{LAI}>8.0$ 时，总能达到此限；VI_g 为相应裸土的植被指数；K_{VI}为消光系数。

将植被指数作为统计模型的自变量是非常经典的 LAI 遥感定量方法，在多光谱和高光谱领域均有用 VI 估算 LAI 的研究和应用。Xavier 与 Vettorazzi（2004）通过 VI 计算了亚热带农业区的不同地表类型的 LAI；Friedl 等（1994）通过 VI 反演了草地的 LAI；Chen 和 Cihlar（1996）利用 VI 反演了针叶林的 LAI 分布，并且指出有效 LAI 比总的 LAI 与 SR 或 NDVI 建立经验关系要好一些。Chen 等（2004）用 LIDAR 数据计算的 VI 与 LAI 的关系评估了利用 IKONOS 与 TM 图像的针叶林植被覆盖度的反演；Franklin 等（1997）、Kuusk（1998）、Vaesen 等（2001）、Colombo 等（2003）、Fensholt（2004）、Pu 和 Gong（2004）等分别用 VI 与 LAI 的关系，针对不同的遥感数据，计算了 LAI 的空间分布。传统的多光谱植被指数是由红光（R）和近红外（NIR）两个波段得到的。在众多的两波段植被指数中，常用于 LAI 定量计算的是比值植被指数 SR、归一化差值植被指数 NDVI 和垂直植被指数 PVI。SR 被广泛应用的原因之一在于它对植被变化敏感性强，且与生物物理参数的线性关系更加显著，最适用于 LAI 的反演（Chen and Cihlar，1996；Chen et al.，2002）。对于陆地卫星 TM 图像，TM5/TM4 适宜于低叶面积指数区的植被监测，而 TM4/TM3 则对高 LAI 的植物群落更为灵敏。张晓阳从作物冠层对光谱的反射特征出发，推导出利用 PVI 估算 LAI 的理论模式，并应用水稻观测数据加以验证，证实 PVI 估算 LAI 既有较强的理论基础，又可以消除土壤背景的影响。实测数据表明，利用 PVI 模式估算水稻的叶面积指数具有较高的精度和应用价值（张晓阳和李劲峰，1995）。

由于植被的冠层反射率数据与许多因素有关，如土壤属性、植被类型、太阳辐照及大气条件，还有传感器的观测几何角度，所以 LAI 与 VI 之间不存在可以适用于任何地方与任一时间的唯一的关系，即使对于特定的传感器也是如此。通常来讲，这种经验关系是与地点和传感器相关的（Gobron et al.，1997）。VI 与 LAI 的关系式不仅数据表达式有多种形式（线性、指数、对数等），而且这些表达式的经验系数主要依赖于植被类型，这样就需要大量的地面实测数据与相应的遥感数据去建立这种经验关系，并且由于土壤与植被覆盖类型的复杂多样，通过植被指数计算 LAI 的关系表达式常是多种多样（Gobron et al.，1997），具有地域性与尺度性，所以很难将这种经验关系用于大尺度的遥感图像。由于植被指数的局限性，在实际运用时还是应该慎重些（Baret and Guyot，1991）。

2. 物理模型反演法

统计模型分析法形式灵活，但属于经验性的，对不同的数据源需要重新拟合参数，模型需要不断地调整。因此，许多学者致力于研究出具有普适性的 LAI 定量反演模型。

LAI 物理模型建立的基础是植被的非朗伯体特性，即植被对太阳光短波辐射的散射具有各向异性，反映在遥感上就是从地表反射回天空的太阳辐射，卫星观测的结果很大程度上依赖于太阳角和卫星观测角的关系，这种双向反射特性可以用双向反射率分布函数（bi-directional reflectance distribution function，BRDF）来定量表示，这就给 LAI 定量模型的创立提供了理论契机。从 20 世纪 80 年代中期开始，植被双向反射特性研究逐渐成为遥感界十分活跃的研究领域之一，并出现了各种各样的植被双向反射分布函数模型（李小文和王锦地，1995），定量提取 LAI 等生物物理信息成为该类模型的一个重要研究方向。

物理模型是建立在 BRDF 基础上的，具有相当强的物理基础，不依赖于植被的具体类型或背景环境的变化，因而具有普适性。

目前发展起来的植被冠层 BRDF 物理模型根据其理论基础的不同，大致朝三个方向发展：辐射传输模型、几何光学模型、计算机模拟模型。随着这些模型的发展，一些模型互相借鉴，取长补短，又形成了混合模型。当人们发现表面异质性是遥感信息的主要特征时，能模拟异质性场景的方向反射特性的模型又逐渐成为人们关注的热点。根据各模型模拟物理机理的偏重点不同或物理过程数学化的方式不同，可将物理模型分为辐射传输、几何光学模型、混合模型和计算机模拟模型四类，下面分别简单介绍上述几类植被遥感物理模型。

（1）辐射传输模型

辐射传输理论最初是从研究光辐射在大气（包括行星大气）中传输的规律和粒子（包括电子、质子、中子等基本粒子）在介质中的输出规律时总结出来的规律性知识。辐射传输模型偏重于光的电磁波特性，主要适用于水平均匀植被或浑浊介质，Ross 的专著可以说是辐射传输模型的开始，之后 Suits（1972）、Verhoef（1984）、Nilson和Kuusk（1989）、Myneni 等（1995）、Qin 和 Narendra（1995）等都发展了有自己特点的辐射传输模型。基于平行平面的辐射传输模型由于在描述真实世界的准确性和计算的简便性两者中的优势，而迅速应用于植被遥感中（Qin and Gerstl，2000）。SUIT 模型（Suits，1972）是较早的适合于水平均匀植被的辐射传输方程，它的基本特点是把冠层元素（叶子、树干、花、穗等）均投影到水平面与垂直面上，用它们的投影面积去替代任意取向的叶子对光的散射、吸收与透射作用，并假定叶子的反射、散射具有漫反射性质。SUIT 模型计算的二向反射图形显示 $R(\theta)$ 具有明显的“V”形（Verhoef，1984），这显然与观察事实相背离，造成这种背离的直接原因是应用了水平投影与垂直投影去计算散射系数与消光系数。SAIL（scattering by arbitrarily inclined ieaves）模型正是在放弃 SUIT 的这一牵强附会的假定前提下，令叶子在空间任意取向的条件下解 K-M 方程（Kubelka and Munk，1931）而发展起来的模型。SAIL 模型与 SUIT 模型的最大不同之处在于以接近现实的任意角的叶子去代替 SUIT 模型的水平投影与垂直投影，结果表明，奇异的拐点消失，这是对 SUIT 模型的改进。SAIL 模型（Verhoef，1984）是辐射传输模型中比较典型的一个，它求解冠层内的上行和下行散射光强度，并给出任意太阳角、天空散射光和观测角条件下的方向反射率。模型考虑了 LAI、LAD 两个基本结构参数，冠层组分的透射、反射、土壤反射这三个光谱参数。最初的 SAIL 模型（Verhoef，1984）是一维的适合于混浊介质（或连续植被）的辐射传输方程，由于没有考虑冠层的热点与叶片的镜面反射（Kuusk，1995a），SAIL 模型模拟的冠层反射率数据与实际有一定的差距。Nilson 和 Kuusk（1989）在 SAIL 模型基础上考虑了冠层的热点与叶片的镜面反射，从而使模型模拟的数据与实际的多时相与多角度数据都有很好的拟合。Kuusk（1995b）考虑了将冠层的分布服从 Poisson 修正为 Markov，并且证明这种分布建立的模型更合理。

比较经典的辐射传输模型有 SAIL、SUIT、Kuusk 模型（Goel，1988）等。对于某一特定时间的植被冠层而言，一般的辐射传输模型为

$$S = F(\lambda, \theta_s, \psi_s, \theta_v, \psi_v, c) \tag{2.5}$$

式中：S 为叶子或冠层的反射率或透射率；λ 为波长；θ_s 和 ψ_s 分别为太阳天顶角和方位角；θ_v 和 ψ_v 分别为观测天顶角和方位角；c 为一组关于植被冠层的物理特性参数，例如，植被 LAI、叶面指向和分布、植被生长姿态和叶 - 枝 - 花的比例与总量等。

一般辐射传输模型以 LAI 等生物物理、生物化学参数为输入值，得到的输出值是 S。从数学角度看，要求得 LAI，只需得到上述函数的反函数，以 S 为自变量即可得到 LAI 等一系列参数，这就是物理模型反演 LAI 的基本原理。

由于植被冠层的复杂性，陆地植被场景大多情况不能简单假设为分层均匀散射介质，因此在 20 世纪 80 年代，Gastellu-Etchegorry 等（1996）提出了向几何光学逼近的三维辐射传输模型——DART（discrete anisotropic radiative transfer），该模型可以模拟不均匀三维植被冠层场景的辐射传输，而其中的三维场景可以是由叶片、草、水体、土壤等组成的非均匀场景。模型同时考虑了多重散射、地形、热点等影响，是对目前辐射传输模型的完善和发展。

总的来说，辐射传输模型需要提前确定很多物理参数作为输入，例如，叶片的散

射相函数、单次散射反照率、叶面积指数、叶倾角分布、叶形等，它们需要在一定假设条件或者实地测量下得到，而且辐射传输方程的解比较复杂，一般很难得到解析解。

（2）几何光学模型

几何光学模型基于“景合成模型”，即在观测器视场内，一部分是太阳光承照面，另一部分在阴影中，而观测的结果是两者量度的面积加权和。几何光学模型则更侧重于光的粒子特性，假设光线是沿直线传播，即忽略衍射和极化，利于处理两种不同介质边界表面粗糙度大于电磁波波长时的反射、辐射及吸收。单纯 GO 模型（Li and Strahler，1985，1986）通常要求其各面积分量的亮度特征为已知，或能从遥感图像上估计出来，这为实际应用带来了困难，李小文等考虑了不连续植被的间隙率与相互遮阴，几何光学相互遮蔽（geometric-optical mutual shadowing，GOMS）模型是相对较成熟的 GO 模型，GOMS 从宏观的角度出发，把树冠当作椭球体，基于“景合成模型”和 Boolean 原理，从统计角度计算像元内各组分所占的比例和二向反射分布函数（Li and Strahler，1988，1992）。并且李小文等提出了几何光学与辐射传输混合的模型（Li et al.，1995），混合模型解决了组分亮度必须已知的问题。李小文等提出的该模型的反演，有望使我们获得像元内植被的结构、组分光谱等有关信息。陈镜明等研究者在李小文只考虑树冠分布的基础上，考虑了树枝、树叶的分布，针对北方针叶林提出了四尺度、五尺度的几何光学模型（Chen and Leblane，1997；Sylvain and Chen，2000）。

（3）混合模型

通过上面对辐射传输和几何光学模型原理的简单介绍可知，几何光学模型主要抓住了植冠大尺度的结构特征，辐射传输模型则更侧重于冠层内部的结构和多重散射特性，它们各有优缺点。因此有学者提出将两类模型结合，发挥它们的优势，由此得到另一类模型——混合模型。由于几何光学模型和辐射传输模型分别在不同尺度上有各自的优势，Li－Strahler 的几何光学－辐射传输混合模型，将几何光学模型在解释阴影投影面积和地物表面空间相关性上的基本优势和辐射传输在解释均匀介质中多次散射的优势结合起来。针对行播作物，阎广建等建立了双向间隙率模型。该模型以 Kimes 和 Kirchner（1983）的行结构模型和单方向平均间隙率模型为基础，考虑了太阳和观测的双向间隙率，并引入了重叠指数的概念，描述两个方向间隙率的相关（阎广建等，2002）。与此同时，传统的辐射传输也在吸纳几何光学的优点，发展新的模型，Huemmrich（2001）结合 SAIL 模型与 Jasinski 的几何模型，发展了一个新的适合于离散植被的 GeoSail 模型。Verhoef（1984）将 SAIL 模型发展成一个既适用于可见光波段，又适用于热红外波段，适合描述异质性的冠层。

另外，Qin（1993）从辐射传输的角度出发，结合几何光学模型的一些优点，发展了考虑群体结构特征的多组分植被冠层模型。模型中提高了叶面积密度和重叠函数的数学表达公式精度，同时考虑了冠层内叶片的形状和非随机分布等特性，因此该混合模型可以进一步发展为计算非均匀植被冠层的反射率模型。唐世浩等既吸收了 VI 反演 LAI 方法的优点，又利用地物的方向反射特性，对大尺度的 LAI 进行反演，使得反演方法既具有物理基础，又比较简便（唐世浩等，2006），随着卫星遥感其他产品精度的不断提高，该方法的优势逐渐凸显出来。

（4）计算机模拟模型

随着计算机技术的发展，计算机模拟模型越来越为人们所重视，如蒙特卡洛模拟模型（Monte Carlo）（North，1996）、辐射度模型（Radiosity）、光线追踪模型（Ray-tracing）等，比较有代表性的模型有 RAYTRAN（Govaerts and Verstraete，1998）、PARCINOPY（España et al.，1999）等。

以往的模型在求解 BRDF 的方法中，为了便于计算，在建立模型时使用了很多简化假设，这些假设往往忽略冠层表面和内部的精细结构特征，而这些精细结构特征有可能包含植被冠层的重要信息。植被结构真实模型可以尽量细致地模拟目标的各种形态及生长结构特征对光线作用的影响，克服了理论模型中过多简化和假设的缺点。近年来随着遥感技术的提高和计算机计算能力的加强，辐射度模型已经受到越来越多学者的广泛关注。

采用计算机模拟模型研究植被表面反射特征时，通常首先生成随机或真实结构的场景，再用蒙特卡洛方法进行光子跟踪，或是用计算机图形学的方法计算场景的反射。Smith-Oliver 和 Ross-Marshak 模型（Smith and Oliver，1974）以及 Goel 的 DIANA 模型都是计算机模拟模型的代表（Goel et al.，1991），苏理宏等也曾借助于计算机模拟模型（苏理宏等，2002a，2002b）。计算机真实结构模拟由于需要参数太多、计算量大等特点不能直接反演，但其模拟的数据与真实数据接近，当实测数据不足时，可以代替实测数据进行方法分析（Qin and Narendra，1995）。

（5）模型反演方法

a. 常用的反演算法

与通常意义上的光谱变换相比，模型反演具有明确的物理意义，它充分利用了多角度遥感信息，可反演植被冠层的 LAI、LAD 等重要参量，但它要比光谱变换方法复杂得多。如果模型是线性的，那么参数反演通过解方程就可以解决，但遥感的模型通常是非线性的，并且参数比较多，遥感模型反演可表述为给定一方向性反射测量数据集，对应于一互不依赖模型参数集，使得计算出的方向性反射数据与测量数据达到最佳吻合（Privette et al.，1994），所以遥感反演就是最大化或最小化目标函数，最大化的目标函数为模拟数据与实际数据的接近程度函数，最小化的目标函数为模拟数据与实际数据的偏差函数。不同的优化目标函数的办法不同，导致反演方法的不同，最常见的优化目标函数的方法有以下几种：

1）迭代算法。这种方法是通过最小化代价函数来确定最优的模型参数。最常用的数学方法为最小二乘算法，贝叶斯算法因其可以充分利用先验知识而得到广泛应用。迭代算法因其迭代方向不同，模型参数初值不同而反演结果各异。相关的避免局部最小、减少搜索时间等技巧在实际应用中也被开发利用起来。传统的迭代算法反演结果信赖先验知识并且需要大量的运算的特点，使其在应用于大区域的遥感数据反演具有一定的困难。遗传算法（Goldberg，1989）是解决上述问题的方法之一，它的基本概念来自于进化过程中的自然选择。Fang 和 Liang（2003）利用这种算法结合辐射传输方程从 TM 图像上反演出 LAI，结果表明这种算法可以准确地反演出 LAI。

2）查找表。查找表法也是解决传统反演需要大量计算时间的办法之一。这种方法依靠提前计算出大量的模型参数与冠层反射率之间的对应关系，将计算时间用于反演前而不是反演时，从而提高了反演的速度。本方法由于其实用性而被应用于许多领域。目前的 MODIS 与 MISR LAI 产品算法就是用查找表方法（Knyazikhin et al.，1998a，1998b）。

3）混合算法。为了充分利用经验关系算法与物理模型迭代算法的优点，混合算法也得到了广泛应用。这种算法是大量的前向模拟与非参数的反演方法（前向神经网络、局部回归等）的结合。模拟数据用于训练非参数的反演方法。Fang 和 Liang（2005）针对 MODIS 数据应用混合算法进行了 LAI 的反演。

b. 成功反演条件分析

Goel 对基于最小二乘的反演进行了深入的研究，得到了一系列相关的结论。Goel（1988）总结了与反演相关的 4 个要素：①模型参数 M 要小于或等于观测样本数 N，对于非线性模型，要求 $M \ll N$。②模型本身必须是数学可反演的，即对于充足数量的无误差观测，能够唯一地反演出模型参数。Goel 发展了一种简单的实验方法来确定模型的数学可反演性：首先选择一组植被冠层参数 X_i，将 X_i 代入模型计算二向性反射量，再将计算的二向性反射值作为无噪声的原始测量值进行反演计算，得到反演的冠层参数 X'_i，若经多次试验 X_i 与 X'_i 均相等，则可认为模型在一定置信度下是可反演的。并非所有的 BRDF 正向模型均可反演。若经过反演不能唯一地确定植被冠层参数，则该模型的反演可能是不成功的。③模型敏感度，反演模型在有噪声情况下的鲁棒性要求观测数据对模型参数敏感；④利用其他参数的辅助信息，即把不重要或不敏感的参数固定在测量值或估计值。

Verstraete 等（1990）在关于用遥感方法提取生物圈信息的潜力和限制的综述文章中，提出的与反演有关的命题也基本与 Goel 的 1、2、3 要素类似。他们的共同点都是把数据数目大于待反演参数数目作为反演的必要条件，这是与他们用最小二乘法作为反演的基本方法是分不开的。

李小文和王锦地（1995）认为，反演的成功与否，不仅取决于模型本身，还取决于测量数据的类型和数据量以及反演的目标。即使经过证明模型是可数学反演的，但由于我们所获取的测量数据中含有噪声，这将影响到反演参数的精度，因此反演中一个重要的环节就是要决定模型对冠层参数的敏感性。如果计算值随冠层参数的改变变化缓慢，那么就无法对参数值进行精确计算；另一方面如果计算值对冠层参数的变化十分敏感，那么噪声就会导致对冠层参数的错误估算。一种理想的情况是反演过程对感兴趣的参数敏感，但又不十分敏感（Goel，1988）。模型反演的精度还取决于所反演的参数及参数数量。对于“同形态”参数或相关项，我们就不可能对其进行分别反演，例如，两个参数 a、b，始终以 $a \times b$ 的形态出现，那么 a、b 就不能分别反演。为了能提高精度或反演“同形态”参数，必须引入一些辅助参数，通过测量或进行间接计算。首先确定某些次要参数，将这些参量作为已知项代入模型反演敏感的参数，这样可大大提高反演精度。Goel 和 Thompson 使用 SAIL 模型反演，当对所有参数进行反演时，LAI 的误差达 73%，而若给定叶片的反射率、透过率以及土壤的反射率时，LAI 估算的误差为 1.4%（Geol and Thompson，1984c）。

二向性反射的物理模型是将二向反射特征与地表植被结构参数和光谱参数联系起来，因而可用于获取 LAI、反照率等地表参数。物理模型通常是非线性、多参数（常多于7个)，从一般信息量不充分的数据集反演物理模型非常困难。因此，在数据信息量不足的情况下如何扩充信息，以获得可用的、概率意义上的结果，是反演研究中应首先解决的问题。

李小文和王锦地（1994）提出基于知识的反演，强调了地面知识的积累对反演的重要性。在他们对成功反演要素的论述中，不再把数据数量作为反演的必要条件，相应地，他们提出观测数据中的信息量应大于或等于待反演参数。李小文等利用地面测量数据的反演结果建立先验知识库，并用最简化的算法把先验知识应用于AMBRALS（algorithm for MODIS bidirectional reflectance anisotropy of the land surface）反演。先验知识在AMBRALS反演中起的作用：一是判断反演结果的置信度；二是检测和平滑噪声；三是方向采样不足情况下获取合理结果。按照贝叶斯反演理论，先验知识由参数的概率分布函数（joint probability density function，JPDF）表示，若用多维高斯分布来近似，则先验分布函数可用参数的平均值和协方差矩阵描述。Tarantola认为，先验知识是参数空间与数据空间的联合概率分布。

目前由于受模型及反演方法等多种条件的限制，用BRDF物理模型进行参量反演更多的是一种"艺术"，而不是精确的科学（Myneni et al.，1995）。BRDF反演研究的先驱是Goel和他的同事们，其研究成果散见于1983年以后的一系列论文，他们反演了几种一维BRDF模型，如SUIT模型、SAIL模型、Cupid模型，并对模型参数间的关系以及模型的敏感性进行了分析（Goel and Strebel，1983；Goel and Thompson，1984a，1984b，1984c）。李小文和Strahler将不同植被冠层视为不同的几何体，建立了BRDF模型，并用它反演了树冠大小和密度（Li and Strahler，1985）。Antyufeev和Marshak发展了一种混合介质BRDF模型，并成功地使用Monte Carlo方法进行了反演（Antyufeev and Marshak，1990；Marshak and Antyufeev，1991），他们用两个波段的反射率数据反演3种光学和4种冠层结构参量。近来又出现了一种简单分析模型（Kuusk，1995a），其反演主要是为气象模型提供参数，这些模型虽没有一般模型那样具有明确的物理意义，却有很高的计算效率，例如，Kuusk曾使用Nilson Kuusk模型计算二向性反射中的一次散射量，再使用SAIL模型计算多次散射量，NK模型较好地解决了一次散射，经检验发现，新的分析模型比NK模型快50多倍（Kuusk，1995b）。

总之，模型反演是个很有吸引力却又十分棘手的难题，除了上述模型本身的问题外，在实际应用中还存有计算效率的问题。因此反演需要一种具有物理基础精确而又高效的BRDF模型（Myneni et al.，1995），还需要对地表先验知识进行积累，相信随着技术的进一步发展，这将会成为现实。

2.1.4 基于先验知识提高LAI反演的精度

1. LAI反演中引入先验知识的必要性

类似于地球物理学中的反演问题（Tarantola，1987），遥感反演中有太多的未知因素，却只有较少的观测量，因而是不定解问题，如何合理充分地利用先验知识是反演成败的关键，在多角度遥感反演中已引起了国内外学者的关注（Verhoef，1984；Li et al.，1995）。由于先验知识的可信度直接影响反演结果，如何较为客观准确地给出先验预测值及其不确定性至关重要，本节基于我国典型地物标准波谱数据库提取地物波谱先验知识，获得准确的先验知识，用于支持LAI反演。为物理模型反演LAI普遍存在缺少先验知识的状况提供思路，促进遥感走向应用。

针对国家重大行业中的应用需求，研究制定地物波谱获取与分析的技术规范和数据标准，建立典型地物标准波谱数据库。中国典型地物标准波谱数据库中，有小麦、玉米、棉花、水稻、油菜等各种典型地物的全生育期或典型生长阶段的、不同太阳高度角的、不同观测方位角的、不同观测天顶角的波谱数据和配套参数数据，本节正是基于波谱库中配套齐全的数据，提取物理模型反演所需要的组分光谱、结构参数及环境数据，提高了模型反演时对目标参数（本节是叶面积指数）的反演精度。本章从波谱数据库提取模型反演所需要的先验知识，实现了基于SAIL模型的MODIS数据LAI反演。另外，基于TM数据，对MODIS混合像元进行了分解，用纯像元的LAI与实测数据进行对比验证，同时，反演结果与NASA的LAI产品也进行了对比，结果表明使用波谱先验知识可以有效地提高LAI的反演精度。

这里所用的遥感数据是中分辨率成像光谱辐射计（moderate resolution imaging spectroradiometer，MODIS）数据，它是搭载于美国EOS系列卫星上的一个重要遥感传感器，具有36个可见光－红外的光谱波段，空间分辨率为250～1000m。MODIS遥感数据是新一代的卫星遥感信息源，在生态学研究、环境监测、全球气候变化以及农业资源调查等诸多领域都有广泛的用途，有不同的标准产品，如反照率产品、LAI产品，本节也将进行模型反演结果与MODIS的LAI产品的对比分析。

这里研究的对象是8月、9月的玉米，这时的玉米已经封垄，满足SAIL模型所要求的条件，采用SAIL模型进行LAI的反演计算。SAIL模型包括应用中需要的基本参数，关于SAIL模型的验证已比较成熟（Meroni et al.，2004），适合于水平均一的冠层结构，这与玉米生长中后期的冠层结构是一致的，所以本节用SAIL模型反演LAI。遥感反演常因为信息量的不足而称为病态反演，那么在反演方法中如何加入先验知识，以减少反演过程的不确定性就非常关键，本节基于贝叶斯理论进行反演。贝叶斯反演可以充分利用先验知识，从而减少反演过程中的不确定性。本节从波谱数据库引入LAI反演相关的先验知识，采用贝叶斯反演方法进行LAI的反演。

2. 基于波谱库的先验知识的提取

（1）反演时先验知识表达——LAI初值的确定

遥感反演由于是不定解问题，所以反演过程实际是寻找代价函数最小的过程，在最小化代价函数时，有时得不到全局最优点，而会陷入局部极小点（Goel，1988），在实际的反演中，先验LAI正确与否对反演结果的影响非常大（Yao et al.，2008）。为了在反演前有一个较为可靠的LAI的先验知识，减少程序的迭代次数，节省反演时间，需要确定LAI的初值。本节中对每个像元LAI初值的确定采用两种方法：①比较相邻像元的植被覆盖类型是否一样，如果相邻像元的植被覆盖类型是一样的，就将上一个像元反演的 LAI 作为这个像元 LAI 的初值；②如果相邻像元的植被覆盖类型不一样，根据每个像元红光波段与近红外波谱的反射率值，计算这个像元的 NDVI 值，依据不同作物类型 NDVI 与 LAI 关系，在反演前计算一个 LAI 值，将这个值作为模型反演时 LAI 的初值，再用 SAIL 模型进行 LAI 的反演。从我国典型地物波谱数据库中提取有关玉米的冠层波谱数据与相应的 LAI，对所提取的高光谱分辨率数据用 MODIS 的通道响应函数积分，得到与 MODIS 通道响应函数一致的玉米的 NDVI 与 LAI 的关系式，这个关系式可以在反演工作开始前先计算一个 LAI 的初值，图 2. 1 是 NDVI 与 LAI 的关系图示。

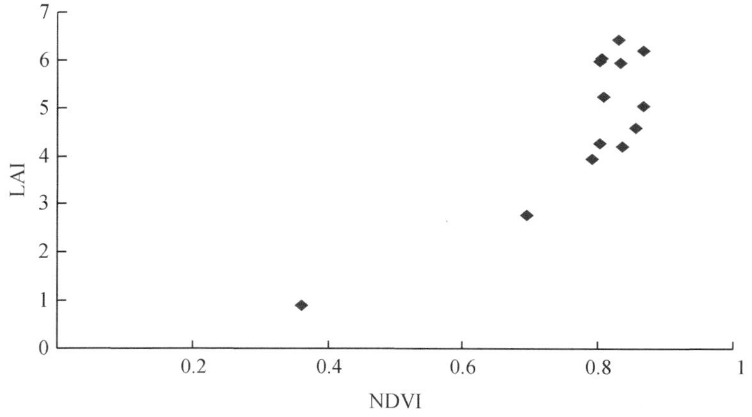

图 2. 1　玉米 NDVI 与 LAI 的散点图

（2）组分光谱数据的确定

由敏感性分析可知，叶片与土壤的光谱属性对 SAIL 模型的影响是很大的，在反演开始之前，一方面由参数的物理意义可确定一些“硬边界”，如反射率不大于 1 等，另一方面是尽可能准确地确定光谱信息，本节采用从我国典型地物波谱知识库中提取叶片与土壤光谱信息（反射率与透过率）作为先验知识，以提高 MODIS 数据的 LAI 反演精度。从波谱库中提取的组分波谱值见表 2. 1。作为对照，假设在没有波谱先验知识的情况下，我们根据常识对组分波谱给出一组缺省值，根据常识确定的组分波谱总体范围是对的，但具体值与实际真值有一定的偏差。根据常识确定的组分波谱也列在表 2. 1 中。

表 2. 1　从波谱库提取的组分波谱与随机确定的组分波谱

日期	波段	土壤反射率	叶片反射率	叶片透过率
2003 年 8 月 11 日	BAND1	0. 1229	0. 0663	0. 0209
	BAND2	0. 1967	0. 4038	0. 5573
	BAND4	0. 0872	0. 1057	0. 1168
2003 年 8 月 31 日	BAND1	0. 1234	0. 0682	0. 0158
	BAND2	0. 2783	0. 4068	0. 5434
	BAND4	0. 1073	0. 1024	0. 0936
常识确定的组分波谱	BAND1	0. 0900	0. 1000	0. 0500
	BAND2	0. 1500	0. 5000	0. 4800
	BAND4	0. 0500	0. 1500	0. 1400

3. 反演结果及验证

本节基于中国典型地物标准波谱数据库，以华北平原为主要示范区，以 MODIS 数据为主要数据源，选择 2003 年夏季的 8 月 11 日、8 月 27 日、9 月 12 日三天的数据，在我国典型地物标准波谱数据库的农作物组分光谱先验知识支持下，开展了华北平原（主要是滦城地区）的玉米叶面积指数反演的方法研究。

对于叶面积指数的验证，本节采用两种方案：方案一为与波谱库实测数据进行对比；方案二为与 NASA 的叶面积指数产品进行对比。从而分析典型地物标准波谱数据库在叶面积指数反演工作中的作用。

将反演结果与实测数据进行对比验证时，考虑到华北平原地块种植的最大特点是地块面积不大，与村庄交叉存在，这样的种植状况对于 MODIS 1000m 尺度像元来说，存在相当数量的混合像元。MODIS 图像反演的结果——像元的叶面积指数并不是真正作物的叶面积指数，而是混合像元的叶面积指数，是作物的叶面积指数与非作物（比如村庄或裸土）的混合。为了将图像反演的叶面积指数与地面实测的叶面积指数进行对比，需要根据 TM 图像计算的植被区域比例进行转化，将混合像元的 LAI 转化为纯植被的 LAI。根据实验区的情况，反演及对比方案为将反演的结果除以农田在一个像元内所占比例，得出纯植被的叶面积指数，将计算的纯植被的叶面积指数与当天实地测量的 LAI 进行对比，从而得出反演误差及精度。

反演时用波谱库所提供先验知识可反演一个叶面积指数，不用波谱库的先验知识可反演一个叶面积指数，两个反演结果对比可以确定波谱库在反演中的作用。

图 2.2 ~ 图 2.4 显示了图像反演的结果与实验点对应的情况。图 2.2 ~ 图 2.4 分别是 2003 年 8 月 11 日、8 月 27 日、9 月 12 日三天六个实验点反演的叶面积指数与实测数据以及 NASA 叶面积指数产品的对比。

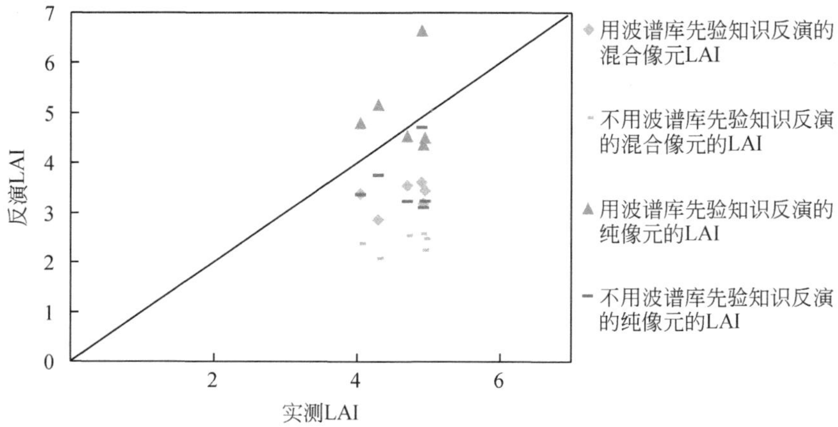

图 2.2　2003 年 8 月 11 日 LAI 反演结果与实测数据的对比

图 2.2 ~ 图 2.4 中，同颜色的各个点对应实际做实验的 6 个点。NASA 的 MODIS 数据 LAI 产品为周合成产品，即用一周内的二向反射数据合成的数据集计算出来的叶面

积指数。包括实验日期在内的 MODIS 数据叶面积指数产品总共有两幅图像，这两幅图像与实测点对应的 LAI 数值在图 2.3、图 2.4 中也有显示。

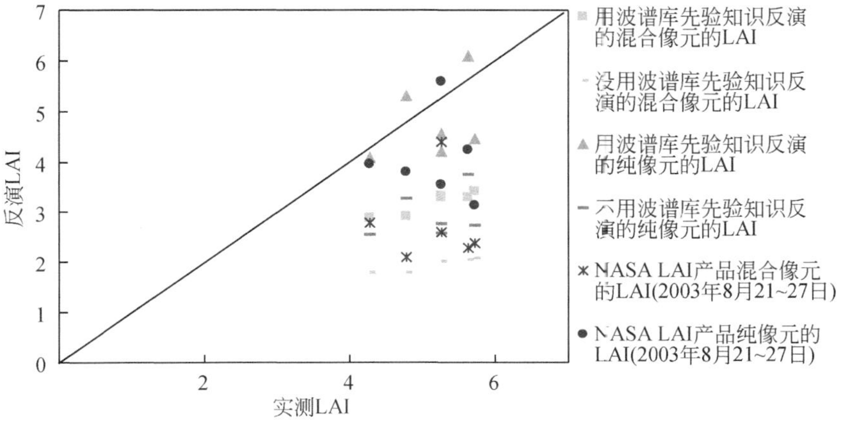

图 2.3　2003 年 8 月 27 日 LAI 反演结果与实测数据及产品的对比

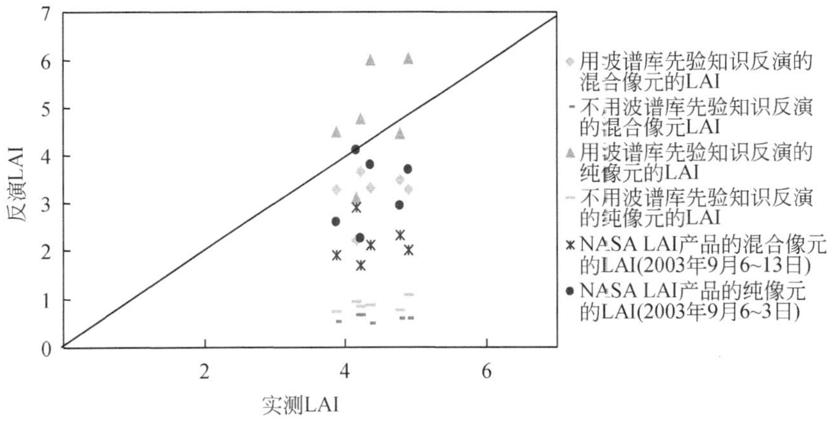

图 2.4　2003 年 9 月 12 日 LAI 反演结果与实测数据及产品的对比

由图 2.2 ~ 图 2.4 可以看出，8 月 11 日实测 LAI 的平均值为 4.64，用波谱库先验知识反演的 LAI 平均值（混合像元）为 3.34，反演精度为 72%，不用波谱库先验知识反演结果（混合像元）的平均值为 2.37，反演精度为 51%。将混合像元转化为纯像元后，用波谱库反演的 LAI 平均值为 5，误差为 0.36，反演精度为 92%，不用波谱库数据反演的 LAI 平均值为 3.55，误差为 1.09，精度为 77%。8 月 31 日实测 LAI 的平均值为 5.145，8 月 27 日用波谱库先验知识反演的 LAI 平均值（混合像元）为 3.195，反演精度为 62%，不用波谱库先验知识反演结果（混合像元）的平均值为 1.96，反演精度为 38%。将混合像元转化为纯像元后，用波谱库先验知识反演的 LAI 平均值为 4.79，反演精度为 93%，不用波谱库先验知识反演的 LAI 平均值为 2.93，精度为 57%。与此对应，8 月 21 ~ 27 日，NASA 的 MODIS 叶面积指数产品的混合像元平均值为 2.77，精度为 54%，转化为纯像元后平均值为 4.05，精度为 78.7%。影响这天反演精度的原因是 8 月 27 日在实验区云覆盖较多，数据质量不太好，所以反演结果较差。9 月 13 日实测 LAI 的平均值为 4.38，9 月 12 日用波谱库先验知识反演的 LAI 平均值（混合像元）为 3.2，反演精度为 73%，不用波谱库先验知识反演结果（混合像元）的平均值为 0.58，反演精度为 13%。将混合像元转化为纯像元后，用波谱库先验知识反演的 LAI 平均值为 4.81，反演精度为 90%，不用波谱库数据先验知识反演的 LAI 平均值为 0.86，精度为 20%。与此对应，9 月 6～13 日，NASA 的 MODIS 叶面积指数产品的混合像元平均值为 2.15，精度为 49%，转化为纯像元后平均值为 3.22，精度为 74%。9 月 12 日数据与 8 月 27 日一样，在实验区云覆盖较多，数据质量不太好。

由图 2.2～图 2.4 可以分析出，将反演结果的混合像元的 LAI 转化为纯像元的 LAI 后，反演的精度得到了很大的提高，不论反演时用不用先验知识，纯像元 LAI 的精度都比混合像元要高，对于 NASA 的叶面积指数产品规律也是一样的，这是说明混合像元中非植被组分对反演的影响是很大的，从另一方面说明，进行 LAI 反演时，要尽量使用纯像元进行反演，这时可以先将混合像元进行分解再用模型进行反演，在结果验证时，不能用反演出的 LAI（混合像元的 LAI）直接与地面实测的 LAI（纯植被的 LAI）进行对比，因为目标是不一样的，对于低空间分辨率的 LAI 的验证，要注意尺度转化。由图 2.2、图 2.3、图 2.4 也可以看出，只有将波谱库的先验知识用于反演 LAI 并且转为纯像元的 LAI，这时的 LAI 与实测 LAI 数据最接近，也就是精度最高。不用波谱库提供的先验知识，用随机提定的先验反演 LAI 时，不论是混合像元还是纯像元，都比实测的值要低，且变化没有规律，与反演所用数据有关，本节中 8 月 11 日结果比 8 月 27 日和 9 月 13 日要好，说明随机确定的先验知识并不可靠，要想得到合理可靠的 LAI，需要用合理的先验知识。与不用波谱库的先验知识进行 LAI 反演相比，可以提高反演精度为 20%～30%，可见波谱库的先验知识对于提高叶面积指数反演精度是很有意义的。

与 MODIS 产品相比，用物理模型（SAIL 模型）反演 MODIS 数据的精度要比产品精度高得多，这是因为 MODIS 叶面积指数产品采用的是半经验模型进行反演，半经验模型对于全球趋势是正确的，但当适用于某个范围时，由于大气纠正、数据订标、地形影响等因素的存在所导致的误差，特定区域的 LAI 产品精度并不很高。另外，本节基于 SAIL 模型实现了用一天的数据反演 LAI，这对非晴天的遥感数据不易获得来讲更有应用价值，在具体的应用中，利用我国典型地物标准波谱数据提供的先验知识，用物理模型反演 LAI 可以取得很高的精度，可以为需要叶面积指数的农业、气象、生态应用提供精度更可靠的输入参数。

2.1.5 叶面积指数反演的模型选择

遥感数据具有覆盖范围广、时间与空间分辨率高的特点，通过遥感数据提取区域范围内的 LAI 有十分重要的意义（Chen and Cihlar，1996；Tian et al.，2002）。计算 LAI

的常用方法之一就是用优化的方法对冠层反射率模型进行反演（Goel，1988；Liang，2004）。然而，对于作物整个生长期不同的冠层结构，需要不同的冠层反射率模型，例如，SAIL模型（Kuusk，1995a；Nilson and Kuusk，1989；Verhoef，1984）和ROW模型（Jackson et al.，1979；Kimes，1983；Yan et al.，2003）分别适用于描述水平均一的植被与成行结构的植被。为了准确反演出整个生长期的LAI，如何选择合适的CR模型？LAI反演的精度有多少？本节对于成行种植的农作物全生长期的LAI进行了反演与不确定性评价。本节主要基于计算机模拟方法（Goel et al.，1991；Qin and Gerstl，2000）的冠层反射率数据，对这两个模型的适用条件进行了分析。另外，基于实验数据，对模型的适用性进行了验证。

1. 叶面积指数反演模型介绍与评价

决定地表参数反演正确与否主要有两个因素：一个是相关的模型是否准确地刻画了目标的物理过程；另一个是反演方法是否可靠可行，叶面积指数反演就是如此。本节的研究对象为整个生长期的玉米，在中国，玉米的种植是成行种植的，在玉米生长的初期，作物表现出来的是成行结构。随着玉米的长大，相邻行的植株逐渐覆盖行与行中间的空地，行的结构特征逐渐消失，呈现的是水平均匀的结构。根据玉米生长的特点，针对玉米整个生长期叶面积指数反演的需要，本节采用的模型在玉米的生长初期为行播模型（Yan et al.，2003；Yao et al.，2005），生长中后期采用适合水平均匀植被的辐射传输模型（SAIL模型）（Verhoef，1984；Nilson and Kussk，1989）。

由于天气原因，要获得实测的各个生长期冠层的二向反射数据是很困难的，用基于真实结构场景的计算机模拟（Goel et al.，1991；Qin and Gerstl，2000）可以提供相对准确的冠层二向反射数据。基于真实结构场景的计算机模拟，是在建立的真实结构三维场景的基础上，运用辐射度法生成整个冠层的二向反射数据。计算机真实结构模拟由于需要参数太多、计算量大等特点不能直接反演，但其模拟的数据与真实数据接近，当实测数据不足时，可以代替实测数据进行方法分析。在本节中，真实场景的冠层根据指定的生长阶段用扩展的L系统生成（Goel and Rozehnal，1992），冠层反射率数据用基于计算机图形学的辐射度模型生成（Qin and Narendra，1995）。

表2.2和表2.3分别列出了用计算机真实场景模拟时的参数设置，包括结构参数7组、叶子光学参数2组、土壤反射率数据4组。根据玉米生长发育的不同阶段，用计算机真实结构模拟时，按照LAI的大小分为7种情况，LAI由小到大依次为0.2、0.5、1.1、1.5、2、2.5、3。其中前两种情况，玉米较小，冠层表现出的是行播结构，第三种情况处于将要封垄的转折点，但还没有封垄，还有一定的行结构。从第四种情况开始，玉米冠层就没有行的特征，冠层表现为水平上是均匀的结构。模拟时的观测角度设置为从前向65°到后向65°之间，每5°一个间隔，观测平面有主平面、垂直主平面、顺垄、垂直垄。将计算机真实结构模拟出来的二向反射数据作为标准数据集，分别用ROW模型与SAIL模型进行LAI的反演工作，反演结果见表2.4。

表 2.2 计算机模拟时植被参数设置

生长阶段	结构参数				叶子光谱参数			
					RED band		NIR band	
	LAI	W/cm	H/cm	S/cm	ρ	τ	ρ	τ
1	0.2	30	25	50	0.079	0.036	0.431	0.530
2	0.5	35	50	50	0.079	0.036	0.431	0.530
3	1.1	48	70	50	0.070	0.025	0.424	0.545
4	1.5	50	80	50	0.070	0.025	0.424	0.545
5	2	50	90	50	0.070	0.025	0.424	0.545
6	2.5	50	110	50	0.070	0.025	0.424	0.545
7	3	50	120	50	0.070	0.025	0.424	0.545

表 2.3 计算机模拟时土壤光谱参数设置

土壤类型	RED band	NIR band
Ⅰ	0.0813	0.1713
Ⅱ	0.1692	0.3024
Ⅲ	0.3015	0.3692
Ⅳ	0.4605	0.5036

表 2.4 基于 ROW 模型与 SAIL 模型的对计算机模拟数据的 LAI 反演结果

真实 LAI	反演 LAI			反演 LAI		
	土壤类型	ROW	SAIL	土壤类型	ROW	SAIL
0.2	Ⅰ	0.194	0.232	Ⅲ	0.206	0.216
0.5		0.487	0.579		0.496	0.537
1.1		0.923	0.951		1.292	0.907
1.5		1.046	1.346		1.771	1.307
2		1.236	1.785		2.428	1.845
2.5		1.832	2.153		1.951	2.244
3		2.399	2.618		2.342	2.686
0.2	Ⅱ	0.195	0.227	Ⅳ	0.206	0.189
0.5		0.488	0.558		0.488	0.474
1.1		1.186	1.067		1.296	0.906
1.5		1.422	1.589		1.788	1.294
2		1.485	1.830		3.181	1.852
2.5		1.587	2.201		3.438	2.260
3		1.965	2.649		1.837	2.703

由表 2.4 可以看出，在作物生长初期，作物还没有封垄，表现为成行结构时，用 ROW 反演的 LAI 精度要比用 SAIL 反演的精度高，当作物呈现为水平均一结构时，SAIL 模型 LAI 反演的精度要比行播模型好得多。这个规律与下垫面光学属性没有关系。很明显，为了进行 LAI 的高精度反演，进行合适的模型选择是很必要的。当作物呈现为成行结构时，用行播模型反演结果精度高，当作物呈现为水平均匀覆盖时，用 SAIL 模型反演精度高。

模型选择的转折点与作物类型、种植密度等因素有关，以玉米为例，玉米的成行结构时间特别短，因为在夏季，玉米在生长初期生长的特别快，很快就由成行结构转变为水平均匀的冠层结构，对于冬小麦就不一样了，中国华北地区的小麦在整个冬季就是成行的结构，只有在第二年的 4 月开始返青成长，于 4 月 20 日前后才开始由成行的结构转变为水平均匀的结构。如果对成行种植的作物整个生育期用同一个模型进行 LAI 的反演，误差将会很大。为了进行 LAI 的高精度反演，对于整个生长期来讲，选择合适的模型是很必要的。

2. 模型选择基于地面数据的验证

（1）地面实验

为了积累先验知识和对典型的行播作物 LAI 验证的需要，我们于 2005 年 5 月 20 日至 8 月 25 日怀来实验场（40°20′N，115°47′E）对玉米整个生育期的各个生长阶段进行地面参数的测量工作。这次实验主要测量玉米冠层的相关生物、物理参数和光谱参数，包括行宽、行高、行间距、LAI、叶倾角、叶子长宽、土壤湿度等参数，光谱参数叶片反射率、叶片透过率、土壤反射率、冠层 BRDF 等以及环境参数（SKYL，天空散射光占太阳总辐射的比例）、能见度等。同步的遥感数据有 TM、MODIS。MODIS 数据主要用于 LAI 的反演，TM 数据作为“桥梁”，用于反演 LAI 的验证工作。

对于玉米，尤其是生长初期的玉米，不能用 LAI-2000 进行 LAI 的测量工作。我们采用直接测量单位地表面积的叶面积总数，再根据 LAI 的定义计算出地块的 LAI。叶面积的测量用 LAI-3000（LI-COR、Lincoln、NE）进行。在整个实验场内均匀随机布点，共选择 7 个点进行地面数据的测量。每个点的布置方案如图 2.5（a）所示，每个点的测量方法为在 $625m^2$ 的区域内按对角线四点式定点法确定 4 个有代表性的测点，每个

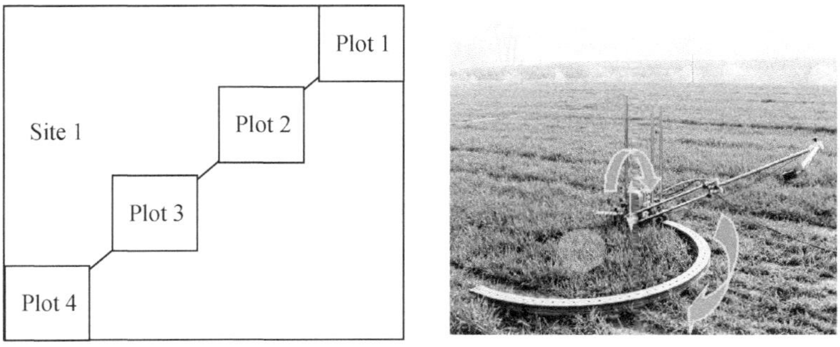

(a) LAI地面实测方案图示　　(b) BRDF测量仪器示意图

图 2.5　LAI 测量方案与 BRDF 测量仪器图示

测点大小为 25 m^2（5m×5m），分别查出每个测点内的实有株数，进而计算出整个 625 m^2面积内的作物株数（N）。同时在每个测点内随机选择玉米 5 棵，用 LAI3000 叶面积仪对每棵玉米的叶面积直接测量，计算出每棵玉米的叶面积（A）。4 个测点每棵玉米叶面积取平均得到整个地块每棵玉米的叶面积，每棵玉米的叶面积乘以样地的总株数，可得样地总的叶面积，总的叶面积除以样地面积可得样地的 LAI（（$N\cdot A$）/625）。

光谱数据用光谱仪（ASD 2000）进行测量，用 ASD 光谱仪与 1800－12S 外积分球构成一分光光度计系统，测量叶片的反射率、透过率等组分参数。ASD 光谱覆盖范围为 350～2500nm，光谱分辨率为 3 nm（可见光波段）和 10nm（短波红外波段），被插值为 1nm。为了与 MODIS 图像反演进行对比分析，对实测波谱数据按 MODIS 第 1、2 波段的波谱响应函数进行积分，得到红光与近红外二个波段的光谱数据。

冠层二向反射的测量是用我们自行设计的多角度观测架进行测量，多角度观测架［图 2.5（b）］为一个半圆形导轨装置，小车在导轨上水平运动（可以进行不同观测方位角的测量），观测臂以小车为轴做旋转运动（可以进行不同观测天顶角的测量），就可以从不同角度观测同一地面视场。作物长高后，可提升观测臂的转轴，以保持观测视场聚焦在冠层高度的平面上。进行多角度观测时，观测臂从－60°（后向）到 60°（前向）匀速转动，停顿两秒后又转回－60°，转动期间辐射计连续采样，这样就得到天顶角－60°～60°的一个剖面（来回），测完一个方位角上的剖面后，改变方位角进行下一个剖面的测量。土壤光谱参数都与 BRDF 观测在同一地块同步进行。

（2）基于地面数据的 LAI 反演与验证

2005 年 5 月 20 日至 8 月 25 日怀来玉米实验共获得两个生长期的地面二向反射数据及相应的配套参数，主要特征表现为：2005 年 6 月 15 日，此时玉米测量地块还处于苗期，此时整个冠层表现为行播结构为主；2005 年 6 月 30 日，此时测量地块的玉米是拔节后不久，冠层表现为行结构基本消失，转向水平均匀结构为主。另外 12 组冠层反射率数据来自于典型地物标准波谱数据库（“863”课题）。其中二向反射数据的观测角度分布规律为从前向 60°到后向 60°，每 10°一个间隔，观测平面有主平面、垂直主平面、顺垄和垂直垄。对 CR 数据分别用 ROW 模型与 SAIL 模型进行 LAI 反演，反演结果在表 2.5 中。当 LAI 比较小时，玉米冠层是行结构，当 LAI 比较大时，玉米冠层是均匀结构。由表 2.5 可以看出，LAI 比较小，ROW 模型表现好些，LAI 比较大，SAIL 反演精度高些。

表 2.5　基于地面实测反射率数据反演的 LAI 与 LAI 真实的比较

观测 LAI	反演 LAI	
	ROW 模型	SAIL 模型
0.098	0.101	0.137
0.230	0.244	0.281
0.240	0.218	0.301
0.362	0.320	0.255

续表

观测 LAI	反演 LAI	
	ROW 模型	SAIL 模型
0.710	0.763	0.608
0.776	0.839	0.555
1.134	0.887	1.041
1.200	1.846	1.122
1.304	1.642	1.435
1.474	1.196	1.319
2.240	1.589	2.517
2.480	1.786	2.739

3. 讨论

冠层反射率数据提供了冠层的生物物理参数与角度光谱辐射测量之间的关系。为了准确地反演 LAI，冠层反射率模型必须与冠层的实际情况一样。然而，真实的物理系统是非常复杂的，任何物理模型都只是对真实系统的近似。对于不同生长期的真实冠层，研究一个完善的模型是很困难的。在本节中，对用于描述玉米不同生长期的 ROW 模型与 SAIL 模型进行了分析。ROW 模型的优点是它考虑了场景中的四组分，所以对于处理成行结构的冠层是成功的。SAIL 模型适合于描述水平均匀的结构冠层。基于模型的敏感性与不确定性分析，对这两个模型进行了对比与评价，结果表明，为了准确描述玉米整个生长期，至少两个模型是需要的，对于早期采用 ROW，中后期则采用 SAIL 模型。这两个模型切换的界限在拔节期前后。本节结果显示，选择不合适模型反演将导致低精度的反演结果。

为了减少 LAI 反演的不确定性，进行高精度的 LAI 反演还有很长的路要走。首先，对于不同生长期的所有地表类型来讲，要进行 LAI 反演，应该选择合适的模型。其次，对于不同的地表类型，应该进行先验知识的积累。另外，还需要调查各种噪声对 LAI 反演不确定性的影响。

2.2 植被三维结构遥感建模

2.2.1 玉米冠层三维结构虚拟建模

夏玉米是我国北方地区主要粮食作物。准确地模拟玉米株型及冠层结构，对深入研究玉米长势、分析冠层光辐射过程有重要的理论意义，也为继续研究其他农作物奠定了基础。我国玉米生长发育的模拟研究起步较晚，但近年来发展迅速。

为了模拟玉米冠层结构，对大田夏玉米进行了实地测量，并对实测数据进行了统计分析。具体测量参数包括株高、叶长宽、叶基高、叶倾角、叶曲线、茎半径等。然后根据 Espana 等（1999）提出的多项式模拟方法，对大量实测的玉米数据进行统计分析，建立玉米各个参数之间的统计关系式。最后利用扩展的 L 系统重建大田夏玉米三维特征和行播结构场景，生成大田玉米场景。此外，为了便于后继分析，对生成的三维玉米冠层场景进行小面元分割，将场景内各组分（叶片、茎等）都用尽量均匀的三角小面元表示，而每个三角小面元的三个顶点则都有确定的三维坐标位置。

作物随季节生长，会受到各种环境因素的影响，通过一系列生态生理过程，茎叶的变化规律也会随之改变。因此，需要在茎叶生长关系式的参数中增加一个时间变量。基于田间大量的实测数据规律，利用统计学原理总结了玉米随季节生长的整体结构特征，根据 Logistic 模型原理，建立了茎叶的生长关系模型，并利用扩展 L 系统生成了一个月的玉米生长变化场景，如图 2.6 所示。图中模拟了从 2007 年 7 月 9 日到 8 月 8 日，每隔 3 天模拟一棵，共一个月的玉米生长植株。

图 2.6　玉米生长序列

玉米属于垄行结构的作物，因此，根据上面生成的生长序列中的基本植株单元，设定具体的玉米在场景中的位置，经过将基本植株单元复制、平移，就可以产生类似于田间的虚拟作物场景。为了避免场景中复制的玉米结构过于单调，更好地模拟真实情况，在生成每一处基本植株单元时加入了随机数，使场景看起来更加栩栩如生。图 2.7 给出了根据玉米生长序列生成的冠层场景。

表 2.6 中给出了图 2.7 中玉米场景相应的冠层结构参数，包括叶面积指数和茎面积指数（SAI）。根据计算的玉米场景的结构参数，给出了玉米冠层 LAI 随玉米生长日期的关系曲线，如图 2.8 所示。其中 7 月 9 日设为第 0 天。可以看到，随玉米的生长变化，其 LAI 与日期之间近似呈指数关系。

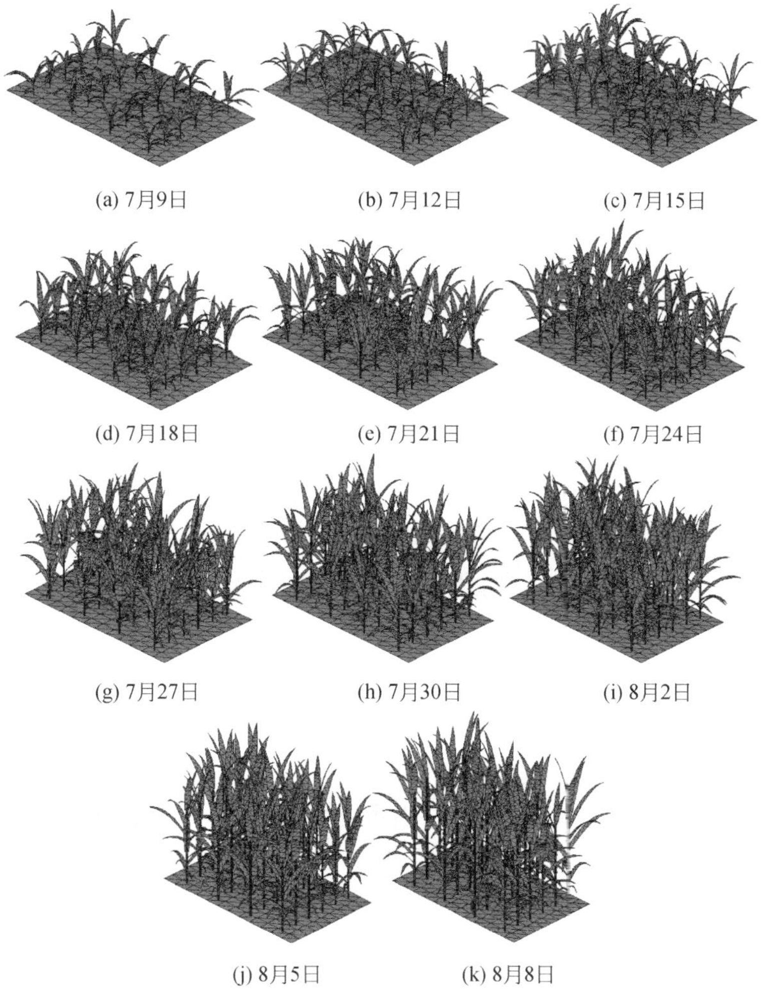

图 2.7　不同时期大田玉米场景（株距 25cm，垄距 60cm）

表 2.6　图 2.8 中玉米场景相应的结构参数

不同时间的结构参数		不同时间的结构参数	
(a) 7－09 LAI＝0.422 887	SAI＝0.028 525 6	(f) 7－24 LAI＝2.045 23	SAI＝0.160 549
(b) 7－12 LAI＝0.567 901	SAI＝0.044 335 7	(g) 7－27 LAI＝2.685 22	SAI＝2.656 28
(c) 7－15 LAI＝0.810 257	SAI＝0.059 343 7	(h) 7－30 LAI＝2.917 7	SAI＝0.336 063
(d) 7－18 LAI＝1.172 63	SAI＝0.082 070 5	(i) 8－02 LAI＝3.149 39	SAI＝0.472 319
(e) 7－21 LAI＝1.693 79	SAI＝0.121 409	(j) 8－05 LAI＝3.272 72	SAI＝0.652 686

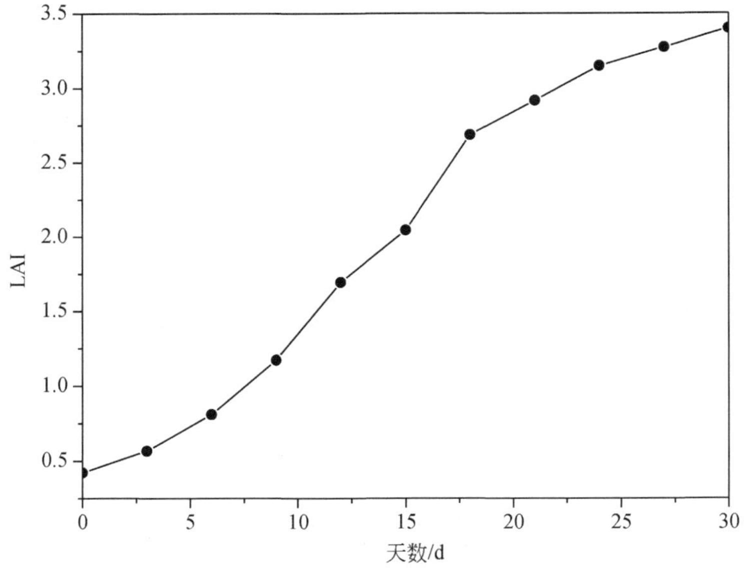

图 2.8　玉米场景的 LAI 随日期的变化

2.2.2　玉米冠层的多角度反射分布

利用室外多角度观测架、光谱仪和偏光棱镜，测量玉米冠层的多角度反射分布，包括无偏、0°偏振和 90°偏振反射率结果。主要测量了玉米冠层垂直垄、主平面和垂直主平面的方向反射率谱。图 2.9 给出了一组主平面观测的玉米冠层近红外波段的方向反射率结果。从图中可以看出，该组数据很好地反映了近红外波段植被冠层的普遍特征，即碗边效应和热点。此外，通过比较无偏、0°偏振和 90°偏振的测量结果，发现这

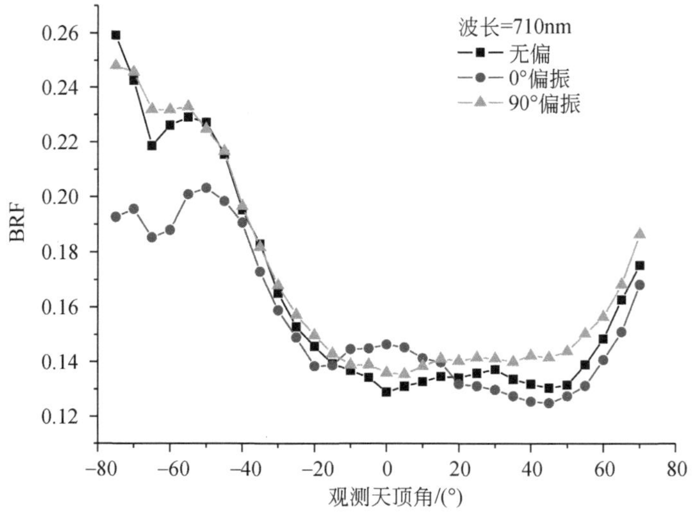

图 2.9　主平面观测的玉米冠层方向反射率（9 月 4 日测量数据）

三条曲线的大致趋势相似，但是幅度略有差异，特别是在热点方向，幅度差异最大。分析认为，这主要是由于在热点方向，叶片镜面反射的贡献最大，因此导致无偏、0°偏振与90°偏振测量结果的差异。进而，可以利用这一差异进行定性和定量的分析。在图2.9中，天顶方向的观测结果与热点方向的观测结果趋势相反，0°偏振的反射率最大，其次是90°偏振，而无偏的反射率最小。这种结果可能是由测量过程中周围环境因素（太阳入射角度、天空浮云、风等）变化引起的。

图2.10给出了在近热点方向和天顶方向观测的反射率谱。从图中可以看到，无偏、0°偏振和90°偏振测量的方向反射率谱趋势相似，但是，在近红外波段三者的幅度差异比较大。而且，三者之间的幅度关系在不同波段、不同观测方向上也不同。

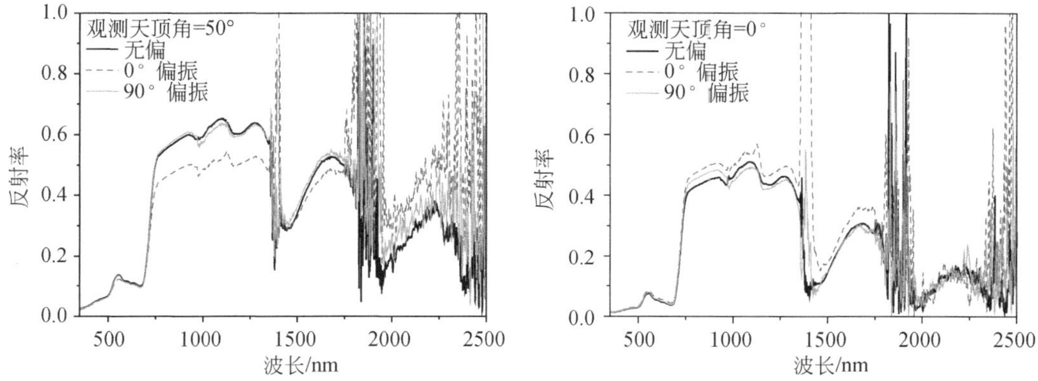

(a) 近热点方向观测　　(b) 天顶方向观测

图2.10　玉米冠层的方向反射率谱

2.2.3　玉米叶片的多角度反射率分布

利用室内多角度观测架、光谱仪和偏光棱镜，测量了玉米叶片的多角度反射率分布。玉米叶片分玉米嫩叶和老叶分别进行测量。嫩叶是指玉米第一片完全展开叶，老叶是相对于嫩叶而言的，选择了从上向下的第七片成熟叶，测量位置都选择叶片中段。同步测量叶片表面无偏、0°偏振和90°偏振的多角度反射率分布情况。具体测量结果如图2.11和图2.12所示。

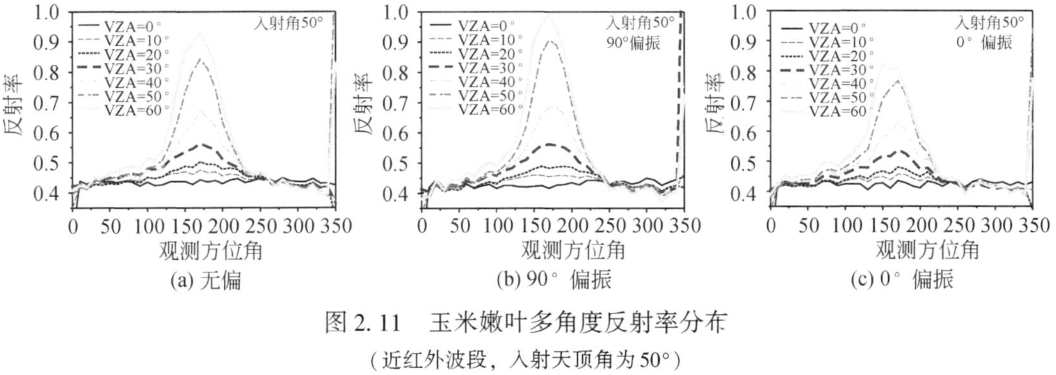

(a) 无偏　　(b) 90° 偏振　　(c) 0° 偏振

图2.11　玉米嫩叶多角度反射率分布

（近红外波段，入射天顶角为50°）

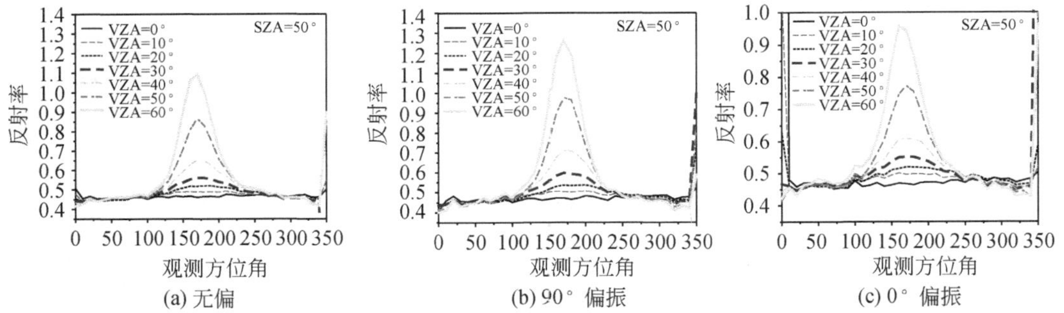

图 2.12　玉米老叶多角度反射率分布

（近红外波段，入射天顶角为 50°）

从图 2.11 和图 2.12 中可以看到，玉米叶片具有明显的非朗伯反射特性，且随入射天顶角度的增大，其镜面反射越强。此外，通过比较玉米老叶和玉米嫩叶的多角度反射率分布，发现玉米老叶的镜面反射值高于玉米嫩叶。这主要是由于成熟的玉米叶表面比玉米嫩叶更光滑，同时透过率更低。

2.2.4　叶片表面 BRDF 建模

叶片是植被冠层中的主要生理器官，对植物的生长发育起着重要的作用，也是影响植被冠层辐射分布的主要因素。叶片的光学特性是影响整个冠层场景反射率的主要因素之一，对单叶反射特性定性、定量的研究是研究冠层反射特性的基础。

目前对叶片的反射率和透过率谱的研究比较多，例如，模拟叶片反射和透射光谱的模型有 PROSPECT、LIBERTY、RAYTRAN 等。此外，叶片随观测角度不同，其反射和透射有一定的方向性，可以用双向散射分布函数（BSDF）来表示。它包括叶片的双向反射分布函数（BRDF）和双向透射分布函数（BTDF）。实验表明，叶片的反射一般是非朗伯性的，而透射则接近朗伯特性。因此，本节只考虑叶片反射的方向性。一般认为，叶片反射的朗伯性主要是由叶内部的多次散射引起的，并且可用朗伯定律来解释和计算。而叶片反射的非朗伯性（镜面反射）是叶表面的结构引起的。若表面比较粗糙，则漫反射分量占优，其反射在各个方向几乎是相同的；若叶片表面比较光滑，则以镜面反射为主。叶片的 BRDF 可以用漫反射分量 $\mathrm{BRDF}_{\mathrm{diff}}^{\mathrm{leaf}}$ 和镜面反射分量 $\mathrm{BRDF}_{\mathrm{spec}}^{\mathrm{leaf}}$ 之和来表示，即

$$\mathrm{BRDF}^{\mathrm{leaf}} = \mathrm{BRDF}_{\mathrm{diff}}^{\mathrm{leaf}} + \mathrm{BRDF}_{\mathrm{spec}}^{\mathrm{leaf}} \tag{2.6}$$

漫反射分量可以用朗伯模型表示，即 $\mathrm{BRDF}_{\mathrm{diff}}^{\mathrm{leaf}} = \dfrac{k_{\mathrm{L}}(\lambda)}{\pi}$。其中，$k_{\mathrm{L}}(\lambda)$ 称为朗伯系数，它随波长变化。如果对式（2.6）两边同时进行半球积分，可以得到叶片的方向 - 半球反射率因子（DHRF），则 $k_{\mathrm{L}}(\lambda)$ 可以近似表示为

$$k_{\mathrm{L}}(\lambda) = \mathrm{DHRF}(\lambda, \theta_i) - \mathrm{DHRF}_{\mathrm{spec}}(\lambda, \theta_i) \tag{2.7}$$

式中：$\mathrm{DHRF}(\lambda, \theta_i)$ 为叶片总的方向 - 半球反射率因子，入射角为 θ_i；$\mathrm{DHRF}_{\mathrm{spec}}$

(λ, θ_i) 为叶片镜面反射分量的方向－半球反射率因子。

因为朗伯系数与入射角度无关，可以设式中所有入射角为0°，即

$$k_L(\lambda) = \text{DHRF}(\lambda, 0°) - \text{DHRF}_{spec}(\lambda, 0°) \tag{2.8}$$

式中：DHRF(λ, 0°) 可以通过积分球测量，或利用 PROSPECT 模型等叶光谱模拟模型计算；$\text{DHRF}_{spec}(\lambda, 0°)$ 可以通过对镜面反射 $\text{BRDF}^{leaf}_{spec}$ 模型在半球方向积分获得，即

$$\text{DHRF}_{spec}(\lambda, 0°) = \int_0^{2\pi}\int_0^{\pi/2} \text{BRDF}^{leaf}_{spec}(\lambda, 0°, \theta_v, \varphi_v)\cos\theta_v \sin\theta_v d\theta_v d\varphi_v \tag{2.9}$$

模拟叶片镜面反射分量的 $\text{BRDF}^{leaf}_{spec}$ 相对复杂。例如，Bousquet 等提出了一个基于 Cook-Torrance 光照模型的三参数物理模型，考虑了叶片表面的粗糙度和折射率对镜面反射分量的影响，并成功地模拟了月桂树、山毛榉、榛树叶片的 BRDF。由于该模型计算过程相对复杂，为了方便，使用了一个经验光照模型——Phong 模型，用于模拟单叶片的镜面反射分布特性。

Phong 模型是一个用于计算表面镜面反射光亮度的经验模型，在计算机图形学中被广泛应用于模拟物体表面的光照。具体形式为

$$I_s = I_1 W(\theta'_i, r)\cos^n\alpha \tag{2.10}$$

式中：I_s 为在观测方向的镜面反射光亮度；I_1 为入射辐射亮度。根据太阳辐射亮度与入射角度的关系，可以推出 $I_1 = L_d \cdot |\cos\theta'_i| / \cos\theta_s$。其中，$L_d$ 为太阳直射光辐射亮度，θ_s 为太阳入射角，θ'_i 为相对于面元的本地入射角。由于叶片在空间有一定的位置与方向，根据设定冠层场景的太阳入射方向与观测方向，相对于面元法线方向，可以很容易地计算本地入射和观测角。n 为镜面高光系数，用来模拟镜面反射光在空间的汇聚程度。该参数与表面粗糙度有关：表面越光滑，n 取值越大，光的汇聚程度越高；相反，表面粗糙时，n 取值较小，其镜面反射呈发散状态。α 为观测方向与镜面反射光线之间的夹角：$\cos\alpha = \cos\theta'_i\cos\theta'_v - \sin\theta'_i\sin\theta'_v\cos\phi$。其中，$\theta'_v$ 为相对于面元的观测天顶角，ϕ 为入射和观测方向之间的相对方位角。

$W(\theta'_i, r)$ 为目标表面镜面反射率，它是本地入射角度的函数，还与空气与介质表面相对的折射率 r 有关，因此可以用菲涅尔函数来表达。当光线垂直入射在面元上时，镜面反射率可以表示为

$$W(\theta'_i, r) = \frac{(r-1)^2}{(r+1)^2} \tag{2.11}$$

当光斜入射到面元上时，镜面反射率表达为

$$W(\theta'_i, r) = \frac{1}{2}\left[\frac{\sin^2(\theta'_i - \theta'_t)}{\sin^2(\theta'_i + \theta'_t)} + \frac{\tan^2(\theta'_i - \theta'_t)}{\tan^2(\theta'_i + \theta'_t)}\right] \tag{2.12}$$

式中：θ'_t为面元本地的折射角度，叶片等介质折射率与角度关系为 $r = \sin\theta'_i / \sin\theta'_t$。

2.2.5 玉米冠层生化参数垂直分布

随着精准农业的发展，利用叶片和冠层光谱进行作物生化特性分析、营养状况估计以及作物估产等方面已经展开了大量的研究。这些研究主要将叶片/冠层光谱与作物

的生化参数之间建立统计关系。但是这种研究比较粗略，一般都把冠层叶片简单的作为一个整体来考虑，而忽视了冠层生化参数的空间分布，特别是沿冠层垂直分布存在较大差异。例如，当作物缺水或缺肥时，首先表现出来的是冠层的下部。因此，人们很早就注意并开始研究作物冠层中生化参数的垂直分布情况，并对几种作物冠层中叶片生化参数的垂直分布进行了初步探讨。

为了加深和提高对玉米冠层生化参数垂直分布的认识，利用计算机图形学技术，在计算机中模拟玉米冠层的真实三维结构场景，并赋予不同叶序的叶片各自的生化参数值。然后，可以根据需要，对三维冠层结构进行任意的分层或分块统计其生化参数的空间分布。为了完成这一过程，首先，模拟建立玉米冠层三维结构场景；其次，测量或反演冠层不同叶序叶片的生化参数；最后，分层或分块统计冠层生化参数的空间分布。

1. 玉米叶片光谱的测量与分析

使用积分球外接 SE590 光谱仪测量了玉米叶片的光谱数据，光谱范围为 368. 4 ~ 1113. 7nm，光谱分辨率为 3nm。从玉米最上面刚刚长出的未展开叶、第一片全展叶到玉米最下面第九片全展叶，共 10 片叶，并分别测量了叶片正面的反射率、透过率光谱，如图 2. 13 所示。

从玉米叶透过率［图 2. 13（a）］和反射率谱［图 2. 13（b）］可以看出，在反射率谱和透过率谱中，叶片从上到下有一个明显的变化规律，在 368 ~ 750nm 附近，从未展开叶向下到第五片叶的反射率和透过率逐渐递减，从第六片叶开始到第九片叶反射率和透过率又逐渐增加。在 750 ~ 1100nm 范围内，反射率和透过率都比较大，但趋势刚好相反，未展开叶到第五片叶的透过率在逐渐降低的时候，其反射率则逐渐增大，从第六片叶开始到第九片叶，透过率逐渐增大的时候，其反射率则逐渐降低。

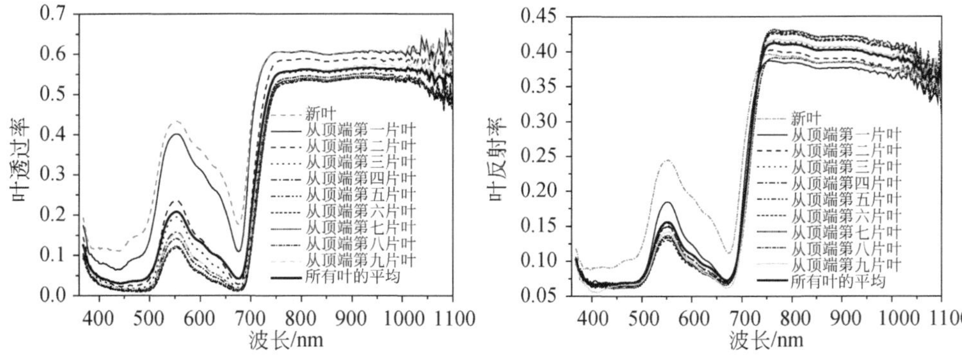

(a) (b)

图 2. 13　玉米叶片反射率和透过率光谱

从总体来看，由于未展开叶与老叶的叶片结构和化学成分的变化，无论是透过率还是反射率谱差别都比较大，差别最大的就是未展开叶和第一片叶，在可见光区，反射率和透过率比其他叶片高很多。剩下的成熟叶片的反射率和透过率谱虽然也略有差别，但是差别相对比较小。尽管如此，根据光谱的差别，可通过建立统计模型或物理模型的方法将叶片的光谱特征与叶片的生化参数之间建立联系，进而获得叶片的生化参数。

由于没有实测玉米各叶片的生化参数，因此，需要利用测量的反射率和透过率光谱来反演叶片生化参数。国内外研究植物生化组分含量与光谱特征之间的关系，主要有两种方法：一种是利用统计分析方法，建立叶片光谱特征指数与生化参数之间的统计关系；另一种是物理模型方法，建立包含叶片生化组分含量的叶片反射、透射、吸收过程的物理模型。而阮伟利等通过比较发现，利用物理模型反演叶片生化组分含量比统计模型的效果要好。其中，PROSPECT 模型是一个相对简单的叶片辐射传输模型，国内外不少学者已经成功将它应用到植被光谱的模拟及其生化组分的反演中，并取得了较好的效果。因此，选择该模型来反演玉米叶片的生化参数。反演结果如表 2.7 所示。

表 2.7　2007 年 7 月 25 日大田玉米叶片生化参数反演结果

叶序（由上向下）	叶片结构参数	叶绿素含量 /(μg/cm^2)	等效水厚度 /(g/cm^2)	干物质含量 /(g/cm^2)
未展开叶	1.0293	10.4594	0.004 000 0	0.001 900 0
第一片叶	1.0000	15.6403	0.006 252 2	0.001 900 0
第二片叶	1.0919	31.6716	0.010 897 0	0.001 900 0
第三片叶	1.2033	34.7996	0.016 844 6	0.002 371 0
第四片叶	1.2815	39.0029	0.016 915 0	0.003 312 9
第五片叶	1.2835	50.0489	0.015 261 0	0.003 198 7
第六片叶	1.2835	50.0489	0.016 105 6	0.003 669 7
第七片叶	1.2893	47.4096	0.013 818 0	0.002 699 2
第八片叶	1.1779	45.6500	0.015 225 8	0.002 553 6
第九片叶	1.1896	42.6197	0.008 469 2	0.001 900 0

通过比较表 2.7 中各参数发现，叶片的叶绿素含量、等效水厚度、干物质含量三个生化参数随着玉米叶序从上而下的变化而变化。也就是说，玉米冠层生化参数具有明显的垂直分层现象。其中，表现最明显的就是叶片的叶绿素含量，最大和最小叶绿素含量的相对差值甚至可以达到 79.1%。

为了便于分析，将各参数按叶序分布情况表示如下。可以看到，叶片生化参数随着叶序的不同呈现有规律的起伏变化：从上至下，从未展开叶到老叶，生化参数先增加后降低。但是，它们形成最大值的位置却不尽相同（图2 14）：叶绿素密度的最大值出现在第五片叶；等效水厚度的最大值则在第三片叶；而干物质含量的最大值则出现在第六片叶。

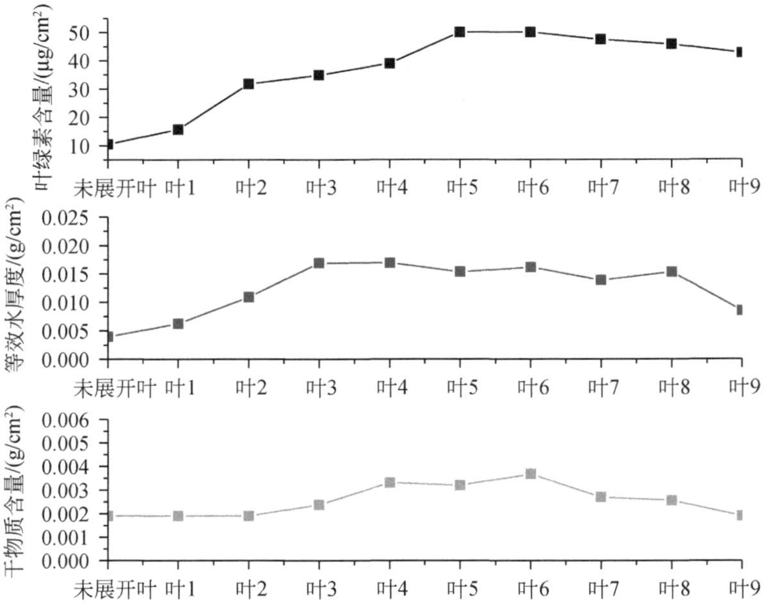

图 2.14　玉米叶片生化参数反演结果

2. 模拟生化参数垂直分布

由于作物冠层结构是三维的，叶片在空间上有自己确定的位置。特别是对于玉米冠层来说，同一高度层次上差异较大，如果仅仅是简单地从一维角度研究玉米冠层叶片生化参数分布，与实际分布情况可能差距较大。为了加深和提高对玉米冠层生化参数垂直分布的认识，利用模拟的玉米冠层真实三维结构场景，并根据反演得到的生化参数值赋予不同叶序的叶片。然后，根据需要，对三维冠层结构进行任意的分层或分块统计其生化参数的空间分布。考虑到目前人们对沿高度垂直分层的情况研究得比较多，因此，本节也采用垂直分层统计的方法来分析生化参数的垂直分布。

由于受到测量方法和实验手段的限制，一般对作物冠层生化参数垂直分布的研究都将分层数局限在 3 ~ 4 层，其中 3 层的居多。使用的计算机模拟三维冠层场景计算冠层生化参数空间分布的方法则不受此限制，它可以根据需要任意分层。具体算法如下：

1）确定分层数 k 和最大株高 H，由此计算每一分层 k 的高度范围 $[H_{k-1}, H_k]$。

2）计算冠层场景中组成叶片的三角小面元的面积 S_i^{leaf}，并计算该小面元的生化参数含量，即 $P_i^{\text{leaf}} \times S_i^{\text{leaf}}$。其中，$P_i^{\text{leaf}}$ 为该叶片的生化参数，本节中它分别代表叶绿素含量、等效水厚度、干物质含量。

3）计算叶片三角小面元的中心点坐标，判断其所在的分层位置。

4）统计每一分层内所有叶片三角小面元的生化参数含量和该层内的总叶面积，二者相除，即得到该层单位叶面积的生化参数值 $P(h)$。具体公式为

$$P(h)=\frac{\sum_{i} P_{i}^{\text{leaf}} \times S_{i}^{\text{leaf}}}{\sum_{i} S_{i}^{\text{leaf}}} \quad H_{k-1}<h \leqslant H_{k} \quad (k=1,2,\cdots,K,\text{表示分层数}) \tag{2.13}$$

根据上述算法过程，分别将生成的三维玉米冠层分为3层、10层和40层，具体结果如图2.15所示。由于玉米冠层贴近地面处没有叶片，因此，当把冠层分为40层时，最下面的几层由于没有叶片，其生化参数定为0。

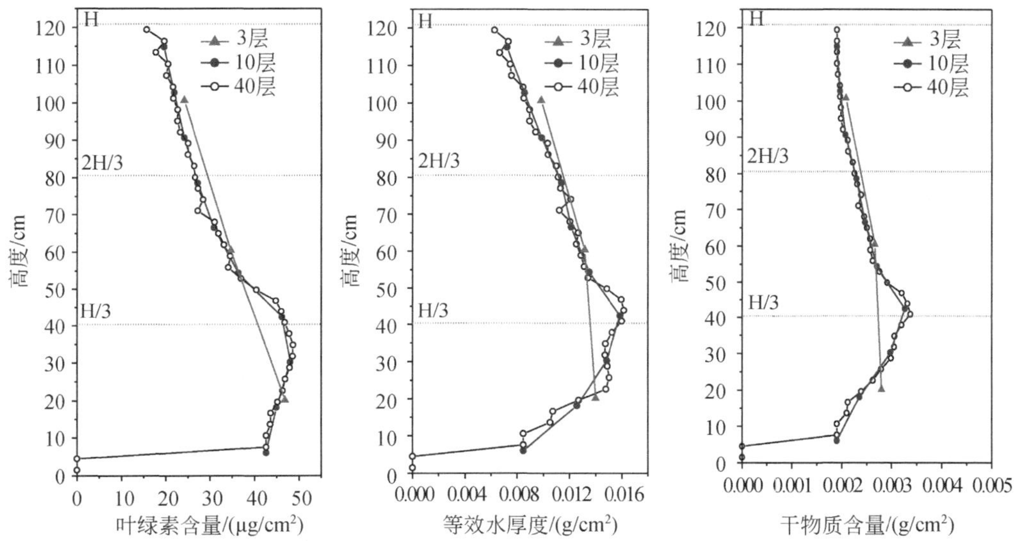

图2.15　2007年7月25日玉米冠层生化参数垂直分布

将玉米冠层分为3层、10层和40层分别模拟了冠层的生化参数垂直分布。从图2.15中可以清楚地看到，当把玉米冠层分为10层和40层时，冠层生化参数的垂直分布具有近似抛物线形式：生化参数从冠层顶部向下增大，在冠层中下部约为1/3处达到最大，然后生化参数开始下降。此外，从图中可见，10层与40层的分布基本一致。也就是说，将玉米冠层分为10层已经能够满足研究冠层生化参数垂直分布的要求。3层是传统分层切片等研究方法常采用的分层层数，当把冠层分为3层时，虽然其生化参数与10层和40层的生化参数分布比较接近，但是，只能看到所有生化参数从上至下是增加的趋势，而没有降低的趋势，这与一般研究生化参数垂直分布的结论基本一致。也就是说，以往的研究分层数太少，无法准确反映冠层生化参数垂直分布的真实情况，其结论必然具有一定片面性。而通过提出的三维结构冠层场景模拟联合叶片光谱的分析方法，既可以降低野外实验的复杂性，减少劳动量和野外作业时间，又可以为细致地描述和分析冠层生化参数的分布状况提供可靠的理论基础。

为了进一步分析冠层生化参数在冠层中的分布情况，在上述基础上，计算并分析了玉米冠层中累积生化参数含量与累积叶面积指数之间的关系。其中，生化参数含量

计算公式为

$$P_s(h) = \frac{\sum_i P_i^{\text{leaf}} \times S_i^{\text{leaf}}}{S_{\text{soil}}} \quad H_k < h \leqslant H \quad (k = 1,2,\cdots,K,\text{表示分层数}) \tag{2.14}$$

式中：S_{soil}为冠层覆盖的总面积；H为冠层最大高度；分子表示冠层从上至下的累积生化参数含量。

与之相对应的累积叶面积指数可根据下式计算：

$$\text{SLAI}(h) = \frac{\sum_i S_i^{\text{leaf}}}{S_{\text{soil}}} \quad H_k < h \leqslant H \quad (k = 1,2,\cdots,K,\text{表示分层数}) \tag{2.15}$$

如图2.16所示，计算得到的累积生化参数含量与累积叶面积指数之间都近似呈线性关系，特别是干物量和水分含量与累积叶面积指数之间的线性相关性甚至达到了0.998以上。

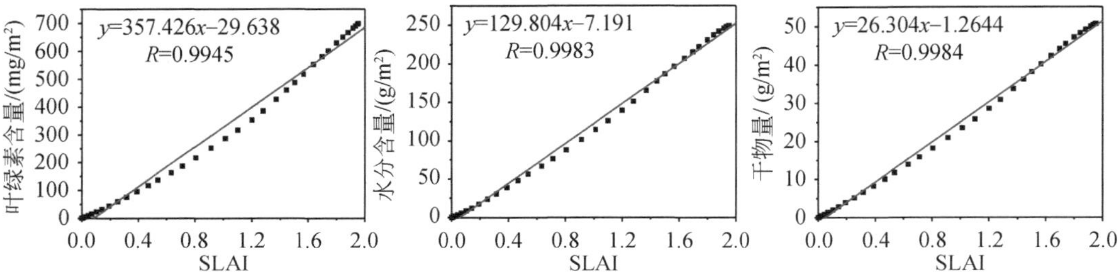

图2.16　累积叶面积指数与累积生化参数之间关系

还可以利用计算机模拟模型模拟冠层的反射光谱，分析不同层次叶片对冠层光谱的影响，进而建立冠层光谱信息与冠层生化参数空间分布的定量关系。

2.3　植被气孔导度遥感

植被叶片气孔的开张程度（常用气孔导度（stomatal conductance）来表示），是决定光合强度和水分蒸腾强度的因素。Eastin和Sullivan（1984）认为，水分胁迫引起光合产物的减少，首先是由于气孔，而不是内部阻力。在适宜条件下，植物叶片气孔导度随生育的进程而不断提高，随着叶片的衰老而下降。一旦受到土壤干旱的影响，植株会发生一系列变化，叶片含水量减少，叶片水势下降，气孔关闭，气孔导度下降，蒸腾相应减少。叶片表面到大气的水分传输是通过蒸腾来完成的。通常叶表面的角质层阻力相当大，气孔蒸腾便成为蒸腾的主要形式，因此气孔导度的参数化估算也是计算蒸散的重要方面。

目前在研究陆面过程的植被－土壤－大气相互作用研究中，地面观测提供了极有价值的资料，但这些有限的台站点观测资料不能给出区域面上有关环境参数的空间分布特征，若需获得台站间的参数分布，则要采用插值的方法得到，这样不可避免地存在某些偏差。而且若需获得更全面完整的资料，就要更多的人力物力，更何况有些在区域气候模式和植被生物量估测模型中极有价值的参数是气象资料无法直接获得的。由于遥感信息的二维空间特性及在卫星扫描观测的图像上可以看出所反演参数在研究区域内的空间分布特征，遥感在估测诸如气孔导度等植被陆面过程参数的精度比常规方法准确。再者利用遥感信息可避免重复繁重的测量样点资料，达到快速、大面积、多时、低投入的效果。遥感卫星资料消除了人为的影响外，物理原理清楚、适用性广、改变了经验模型的局限性，特别是近年来在遥感作物估产和遥感信息反演陆面过程参数以用于改进气候模式中陆面过程方案中起到了重要作用。

一般来说，利用遥感手段研究陆面过程参数和影响植被生长发育的各种生物物理特征是可能的。随着空间遥感技术的发展，卫星系统不断完善，星载的传感器技术不断进步，加之定量化遥感模型的不断建立。这样非接触的、大面积的遥感信息可获得地表的辐射状况和温度状况，可直接提取植被 - 土壤 - 大气系统界面的能量信息，多时相的信息可提供土壤和植被的水分状况信息，多光谱、多角度的遥感资料可反演地表植被的几何结构信息等。

2.3.1 植物气孔运动的影响因子

水分胁迫条件下，气孔响应于空气饱和差或叶水势而改变其导度，从而控制光合作用。对小麦观察试验中，观察到净光合速率与气孔阻力呈线性负相关，高的空气饱和差可引起气孔的关闭。影响气孔导性的环境因子有 5 个，包括太阳辐射（R_n）、叶温（T_c）、空气水汽压饱和差（D_{VP}）、CO_2 浓度（C）和土壤水势（ψ_s）。其中，气孔对太阳辐射的响应分别由对光强及辐射强度的反应来表述。光强是气孔开闭的启动因子，叶片气孔在光下张开，黑暗中关闭（除景天酸代谢植物外）。不同强度的光通过光合作用改变保卫细胞中 CO_2 浓度，或以能荷使保卫细胞的渗透物质（主要是 K）含量发生变化，而通过渗透势的变化来改变保卫细胞与副卫细胞的膨压差，进而调节气孔强度。在未受其他因素限制时，气孔阻力与光强是双曲线函数关系。叶温对气孔导度的影响较复杂，因为叶温既是控制植物生长，也是影响气孔导度的关键因子，叶温可通过影响饱和差去影响气孔导度，也可通过作用于叶片及气孔的生理系列化过程去影响气孔导度。D_{VP}是大气蒸发力的叶片水分状况综合反映，一般认为它对气孔运动有负反馈作用，此外，D_{VP}对气孔还有直接的影响，水汽压差的增加使气孔腔四周细胞的水分蒸发加速，导致保卫细胞水势下降最终使气孔关闭，它与负反馈作用同步的。其他因素如 CO_2 浓度和土壤水势的变化及影响均可通过这三个因子综合反映。

1. 气孔导度计算模拟

依上述分析，气孔导度主要受太阳辐射、空气水汽压饱和差和叶水势的影响，可将冬小麦的气孔导度预测方程进一步写成（卢振民，1992）

$$G_s = f(R_n) \cdot f_D \cdot f\psi_L \tag{2.16}$$

式中：$f(R_n)$ 为气孔导度与净辐射关系的函数；f_D、$f\psi_L$ 分别为气孔导度与空气饱和差及叶水势对气孔导度影响的订正因子。其中气孔导度与净辐射关系的函数可表示为

$$f(R_n) = 2.867 + 0.0277R_n \tag{2.17}$$

式中：R_n 为地表净辐射（W/m^2）。

气孔导度与空气饱和差（D_{VP}）的函数可表示为

$$f_D = 21 - 0.533D_{VP} \tag{2.18}$$

气孔导度与叶水势（ψ_L）的函数表示为

$$f\psi_L = 1/[1 + (\psi_L/q)]^p \tag{2.19}$$

式中：ψ_L 为叶水势；q、p 为经验参数，由实验得出 $q = -31\ 529.0$，$p = 4.85$。由上，将气孔导度写为

$$G_s = (a + bR_n)(21 - cD_{VP})/[1 + (\psi_L/q)^p] \tag{2.20}$$

式中：$a = 2.867$，$b = 0.0277$，$c = 0.053$，$q = -31\ 529.0$，$p = 4.85$。

从冠层总气孔阻力出发计算冠层的气孔导度：

$$G_s = [2.867\text{LAI} + 0.0277(1 - e^{-K\cdot\text{LAI}})R_n/K](1 - 0.0254D_{VP}) \\ /\{1 + [\psi_L/(-31\ 529)]^{4.85}\} \tag{2.21}$$

式中：K 为作物群体消光系数；LAI 为叶面积指数，其他各参数同上。

从冠层总气孔阻力出发计算冠层的气孔导度，下面给出式（2.21）中各参数的求取。

2. 气孔导度模型中各参数求取及结果

（1）气孔导度模型中各参数求取

式（2.21）各参数求取包括净辐射（R_n）、水势（ψ_L）、空气水汽压饱和差（D_{VP}）、叶面积指数（LAI）等。

1）R_n 的求算为

$$R_n = (1 - \alpha)Q + \varepsilon_a\sigma T_a^4 - \varepsilon_s\sigma T_s^4 \tag{2.22}$$

式中：Q 为总辐射，由气象资料获得；$\varepsilon_a\sigma T_a^4$ 为大气长波辐射，ε_a 为空气比辐射率；σ 为 Stefan-Boltzmann 常数，等于 $5.67 \times 10^{-8} W/(m^2 \cdot K^4)$；$\alpha$ 为反照率，对于 NOAA 卫星，α 与 NOAA-AVHRR 第一、二通道反射率的关系（田国良，1990）为

$$\alpha = (0.0168\text{CH1} + 0.1012\text{CH2} + 16.83)/100 \tag{2.23}$$

$$\varepsilon_a = 1.24(e_a/T_a)^{1/7} \tag{2.24}$$

式中：e_a 为气温 T_a 时的实际水汽压（hPa）。$\varepsilon_s\alpha T_s^4$ 为地表长波辐射，T_s 为地表辐射温度，由下式求取（Price，1984）：

$$T_s = T_4 + 3.33 \times (T_4 - T_5) \tag{2.25}$$

2）ψ_L 的求算，见刘昌明（1997）

$$\psi_L = 0.1367(T_c - T_a) - 0.6554D_{VP} - 0.3006 \tag{2.26}$$

式中：$T_c - T_a$ 为叶、气温差；D_{VP} 为空气水汽压饱和差；叶层温度 T_c 的求算依 Kerr（1991），T_c 可表示为

$$T_c = -2.44 + 3.6T_4 - 2.6T_5 \tag{2.27}$$

式中：T_4（10.3~11.3nm）、T_5（11.5~12.5nm）为 NOAA-AVHRR 第4、5 通道亮温，由此可求出 T_c。

T_a 为当时空气温度，由气象资料获得。

3）D_{VP}的求算为

$$D_{VP} = E(T_a) - e(T_a) \tag{2.28}$$

$$E(T_a) = 0.611 \times 10^{\frac{7.5T_a}{237.3+T_a}} \tag{2.29}$$

$$e(T_a) = E(T_a)\mathrm{RH} \tag{2.30}$$

式中：RH 为相对湿度，$\mathrm{RH} = e(T_a)/E(T_a) \times 100\%$，可通过气象资料获得。

4）LAI 求算：冬小麦 LAI 的计算方法为（张佳华等，2000）

$$\mathrm{LAI} = K^{-1} \cdot \ln(1 - f_c)^{-1} \tag{2.31}$$

式中：f_c 为作物冠层覆盖度，Ottle 和 Sucksdorff（1990）采用：

$$f_c = (I_{NDV} - I_{NDVmin})/(I_{NDVmax} - I_{NDVmin}) \tag{2.32}$$

式中：I_{NDVmax}和 I_{NDVmin}分别为作物整个生长季 I_{NDV} 的最大值和最小值（分别取 0.98 和 0.005）。K 为作物群体消光系数，受各生育期影响，杨春虹（1990）取拔节前为 0.28，拔节后为 0.35。

5）归一化差值植被指数（I_{NDV}）的求算

由遥感信息计算的归一化植被指数（I_{NDV}）的公式为

$$I_{NDV} = \frac{\mathrm{CH2} - \mathrm{CH1}}{\mathrm{CH2} + \mathrm{CH1}} \tag{2.33}$$

式中：CH1、CH2 分别为 NOAA 卫星的第一、第二通道的反射率。由此我们求得了式（2.21）的各参数.

（2）气孔导度分布计算成图

模型试验验证选在我国华北平原典型区域（北纬 37°~42°N，东经 113°~118°E）。选取监测冬小麦生育期状况的处于 4 种生育期，分别是处于返青－拔节期（1997 年 3 月 7 日）、拔节－抽穗期（1997 年 4 月 28 日）、开花期（1997 年 5 月 16 日）、成熟期（1997 年 6 月 1 日）这 4 天的 NOAA/AVHRR 值中的 CH1、CH2、CH3、CH4 通道的数据。之所以选择这 4 天，一是它们分别处于不同的生长发育期，以便比较不同生育期的水分状况；二是这 4 天 NOAA/AVHRR 的过境资料基本上无云覆盖，这样就减少了对图像处理所产生的误差。求算 G_S 所需的部分参数经由气象资料得到。依式（2.21）求气孔导度 G_{S1}、G_{S2}、G_{S3}、G_{S4} 分别是处于返青－拔节期（1997 年 3 月 7 日）、拔节－抽穗期（1997 年 4 月 28 日）、开花期（1997 年 5 月 16 日）、成熟期（1997 年 6 月 1 日）的平均像元气孔导度。图 2.17（见书后彩图）为处于冬小麦各生育期的平均像元气孔导度的空间分布。

（3）气孔导度计算的验证

本节主要是对利用遥感信息研究作物气孔的模型研究，尚未取得实时的观测资料。但从上文的研究结果看，基本上与前人的研究结果吻合（董振国和于沪宁，1994）。为了能进一步验证，我们拟采用发展的模型（定为 Model 1）的结果与另一理论模型（定为 Model 2）模拟结果作对比，以求获得模型的部分验证。所采用的模式是 Choudhury

等（1987）发展的求冠层气孔导度的模型，模型表示为

$$G_s = (\mathrm{LAI} + 0.025R_v)/\{1000[1 + (-\psi_L/231)^{5.5}]\} \tag{2.34}$$

式中：G_s、LAI、ψ_L 的意义同上；R_v 为冠层净辐射。$R_v = f_c \times R_n$，f_c 为作物冠层覆盖度，R_n 为净辐射。分别选取北京、石家庄、德州、张家口 4 个站点进行结果比较，结果如图 2.18（a）~（d）所示。

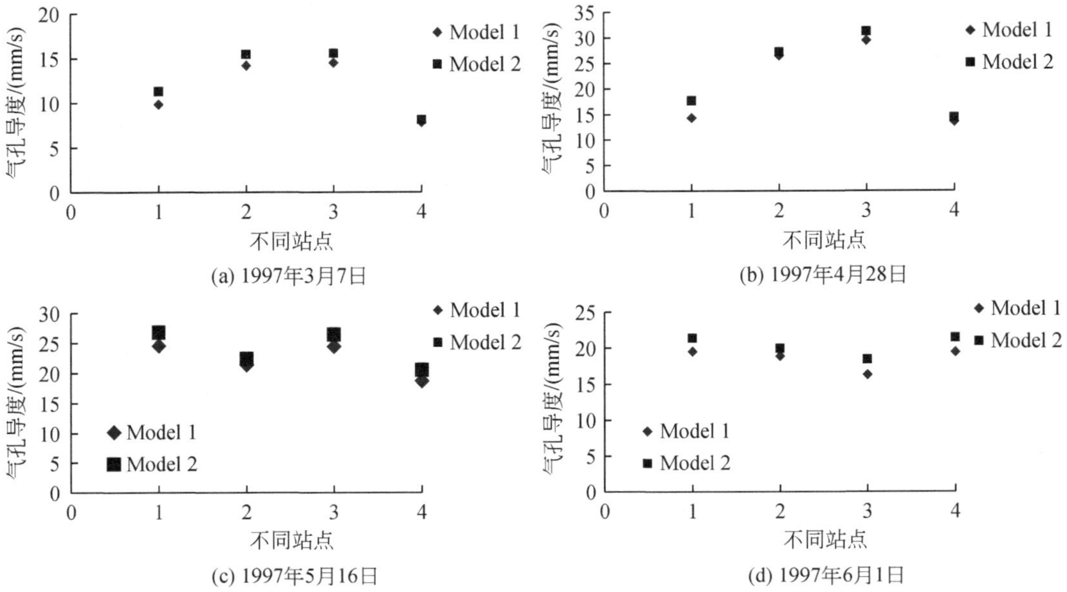

图 2.18　利用两种模型计算的不同台站 1997 年 4 个时期冬小麦气孔导度

图中横坐标代表不同的台站：1 为北京，2 为石家庄，3 为德州，4 为张家口

从模拟计算的结果看，利用遥感信息计算的作物气孔导度的结果 Model 1 与 Model 2 离散点小，表明发展的模型有可比的精度。但更准确可靠的验证方法应是和实际的观测资料作对比。

2.3.2　讨论

气孔的季节变化是由植物生长发育、气候条件（太阳辐射、温度、水汽等微气候）和土壤等因素共同作用的结果。有关气孔导度季节变化的研究较少，而以遥感信息为参数计算气孔导度分布的研究则更少。本节从气象卫星 NOAA 数据获取遥感信息，根据计算气孔导度的半理论半经验公式，估算了冬小麦各生育期的平均气孔导度，并将计算结果扩展为区域尺度范围内的研究。从结果来看，冬小麦返青－拔节前，其气孔导度较低，平均低于 20mm/s，长势较好的南部气孔导度略高于长势较差的西北部。一般来说，土壤水分充分条件下，气孔导度的最高值出现在抽穗至灌浆期，而土壤水分受限制时，气孔导度降低。从 1997 年 4 月下旬至 5 月上旬由于华北地区受干旱影响，其部分地区的气孔导度下降。进入 6 月，降水量增多，华北北部导度上升，但中南部处于收获期，其气孔导度呈下降趋势。对气孔导度分布的结果研究将在遥感－生物量水分胁迫模型中作为显参

加以应用，进一步可对水分胁迫下的作物产量进行分析。利用遥感手段对作物气孔导度的初步研究，由于受遥感信息定量化程度和定量模型发展的影响，其中遥感信息反演的部分参数仍有较大的误差，而且求出的结果需与更多的观测资料作对比。另外本节利用的遥感资料是 NOAA-AVHRR 卫星资料，它的优点是覆盖区域大（地面扫描幅宽达 2400km）、时间分辨率高、资料经济且易于处理等，对于大面积监测地表植被生长状况无疑是有利的，但其空间分辨率较低、像元尺度大，使地表植被特征参数平均化，精度相应下降。在今后的研究中有必要采用空间分辨率更高的 TM 影像、成像光谱仪、微波遥感等资料更细致地研究地表植被状况的差异特征。

参考文献

董振国，于沪宁. 1994. 农田作物层环境生态. 北京：中国农业科学技术出版社. 370 ~ 405

李小文，王锦地. 1995. 植被光学遥感模型与植被结构参数化. 北京：科学出版社

刘昌明. 1997. 土壤－植物－大气系统水分运行的界面过程研究. 地理学报，52（4）：366 ~ 373

卢振民. 1992. 土壤－作物－大气系统（SPAC）水流动态模拟与实验研究. 见：谢贤群. 作物与水分关系研究. 北京：中国科学技术出版社. 287 ~ 323

苏理宏，李小文，王锦地. 2002a. 地表非同温像元发射率的 Monte Carlo 模拟. 自然科学进展，12（4）：446 ~ 448

苏理宏，黄裕霞，李小文. 2002b. 遥感成像机理蒙特卡罗模拟的若干技术. 系统仿真学报，14（1）：37 ~ 40

唐世浩，朱启疆，孙睿. 2006. 基于方向反射率的大尺度叶面积指数反演算法及其验证. 自然科学进展，16（3）：331 ~ 337

田国良，1990. 黄河流域典型地区遥感动态研究. 北京：科学出版社. 161 ~ 177

阎广建，蒋玲梅，王锦地，等. 2002. 行播作物热辐射双向间隙率模型及验证. 中国科学（D 辑），32（10）：857 ~ 863

杨春虹. 1990. 农田小麦光合生产力模拟与分析. 见：中国科学院北京农业生态系统试验站. 农田作物环境实验研究. 北京：气象出版社. 193 ~ 203

张佳华. 2001. 自然植被第一性生产力和作物产量估测模型研究. 上海农业学报，17（3）：83 ~ 89

张佳华，符淙斌. 1999. 生物量估测模型中遥感信息与植被光合参数的关系研究. 测绘学报，28（2）：128 ~ 132

张佳华，符淙斌，王长耀. 2000. 基于遥感信息的华北平原典型区冬小麦气孔导度的时空分布研究. 气象学报，58（3）：347 ~ 354

张佳华，符淙斌，延晓冬，等. 2002. 全球植被叶面积指数对温度和降水的响应研究. 地球物理学报，45（5）：631 ~ 637

张晓阳，李劲峰. 1995. 利用垂直植被指数推算作物叶面积系数的理论模式. 遥感技术与应用，10（3）：13 ~ 18

Antyufeev V S，Marshak A L. 1990. Inversion of Monte Carlo model for estimating vegetation canopy parameters. Remote Sens Environ，33：201 ~ 209

Baret F，Guyot G. 1991. Potentials and limits of vegetation indices for LAI and APAR assessment. Remote Sens Environ，35：161 ~ 173

Chase T N，Pielke R A，Kittel T G F，et al. 1996. Sensitivity of a general circulation model to global changes in leaf area index. J Geophys Res，101（D3）：7393 ~ 7408

Chen J M，Black T A. 1992. Defining leaf area index for non-flat leaves. Plant，Cell and Environment，15：421 ~ 429

Chen J M，Cihlar J. 1996. Retrieving leaf area index of boreal conifer forests using Landsat TM images. Remote Sens Environ，55：153 ~ 162

Chen J M，Rich P M，Gower T S，et al. 1997a. Leaf area index on boreal forests：theory，techniques and measurements. J Geophys Res，102（D24）：29429 ~ 29444

Chen J M，Leblane S G. 1997. A four-scale bidirectional reflectance model based on canopy architecture. IEEE Transactions on Geoscience and Remote Sensing, 35 (5): 1316 ~ 1337

Chen J M, Pavlic G, Brown L, et al. 2002. Derivation and validation of Canada ~ wide coarse ~ resolution leaf area index maps using high-resolution satellite imagery and ground measurement. Remote Sens Environ, 80: 165 ~ 184

Chen X, Lee V, Rowell E, et al. 2004 . Using lidar and effective LAI data to evaluate IKONOS and landsat 7 ETM + vegetation cover estimates in a ponderosa pine forest. Remote Sens Environ, 91: 14 ~ 26

Choudhury B J, Idso S B, Reginato R J. 1987. Analysis of an empirical model for soil heat flux under a growing wheat crop for estimating evaporation by an infrared-temperature-based energy balance equation. Agricultural and Forest Meteorology, 39 (4): 283 ~ 297

Colombo R, Bellingeri D, Fasolini D, et al. 2003. Retrieval of leaf index in different vegetation types using high resolution satellite data. Remote Sen Environ, 86: 120 ~ 131

Eastin J D, Sullivan C Y. 1984. Environmental stress influence on plant persistence, physiology, and production. *In*: Tesar T B. Physiological Basis of Crop Growth and Development. ASA, CSSA, Madison: 201 ~ 238

España M L, Baret F, Aries F, et al. 1999. Modeling maize canopy 3D architecture application to reflectance simulation. Ecological Applications, 122: 25 ~ 43

Fang H, Liang S. 2003. Retrieve LAI from Landsat 7 ETM + data with a neural network method: simulation and validation study. IEEE Transactions on Geosciences and Remote Sensing, 41 (9): 2052 ~ 2062

Fang H, Liang S. 2005. A hybrid inversion method for mapping leaf area index from MODIS data: experiments and application to broadleaf and needleleaf canopies. Remote Sens Environ, 94 (3): 405 ~ 424

Fensholt R. 2004. Earth observation of vegetation status in the Sahelian and Sudanian West Africa: comparison of Terra MODIS and NOAA AVHRR satellite data. International Journal of Remote Sensing, 25 (9): 1641 ~ 1659

Franklin S E, Lavigne M B, Deuling M J, et al. 1997. Estimation of forest leaf area index using remote sensing and GIS data for modeling net primary production. International Journal of Remote Sensing, 18: 3459 ~ 3471

Friedl M A, Michaelsen J, Davis F W, et al. 1994. Estimating grassland biomass and leaf area index using ground and satellite data. International Journal of Remote Sensing, 15: 1401 ~ 1420

Gastellu-Etchegorry J P, Demarez V, Pinel V, et al. 1996. Modeling radiative transfer in heterogeneous 3-D vegetation canopies. Remote Sens Environ, 58: 131 ~ 156

Gobron N, Pinty B, Verstraete M M. 1997. Theoretical limits to the estimation of the leaf area index on the basis of visible and near-infrared remote sensing data. IEEE Transactions on Geoscience and Remote Sensing, 35: 1438 ~ 1445

Goel N S, Strebel D E. 1983. Inversion of vegetation canopy reflectance models for estimating agronomic variables: I: problem definition and initial results using the Suits' model. Remote Sens Environ, 13: 487 ~ 507

Goel N S, Thompson R L. 1984a. Inversion of Vegetation Canopy Reflectance Models for Estimating Agronomic Variables III: Estimation Using Only Canopy Reflectance Data as Illustrated by the Suits Model. Remote Sens Environ, 15: 223 ~ 236

Goel N S, Thompson R L. 1984b. Inversion of Vegetation Canopy Reflectance Models for Estimating Agronomic Variables IV: Total Inversion of the SAIL Model. Remote Sens Environ, 15: 237 ~ 253

Goel N S, Thompson R L. 1984c. Inversion of vegetation canopy reflectance models for estimating agronomic variables V: estimation of LAI and average leaf angle using measured canopy reflectances. Remote Sens Environ, 16: 69 ~ 85

Goel N S. 1988. Models of vegetation canopy reflectance and their use in estimation of biophysical parameters from reflectance data. Remote Sens Rev, 4: 1 ~ 212

Goel N S, Deering D. 1989. Evaluation of a canopy reflectance model for LAI estimation through its inversion. IEEE Transactions on Geoscience and Remote Sensing, GE23: 674 ~ 684

Goel N S, Rozehnal I. 1992. A high-level language for L-systems and its applications, *In*: Rozenberg, G Salomaa A. The Footsteps of L: L-wise studies to the memory of Aristid Lindenmayer 1925 ~ 1989. New York: Springer-Verlag: 231 ~ 251

Goel N S, Rozehnal I, Richard L. 1991. Thompson. A computer graphics based model for scattering from objects of arbitrary shapes in the optical region. Remote Sens Environ, 36: 73 ~ 104

Goldberg D E. 1989. Genetic Algorithms in Search, Optimization and Machine Learning. Boston: Addison ~ Wesley Longman

Publishing CO

Govaerts Y M, Verstraete M M. 1998. Raytran: a montecarlo ray-tracing model to compute light scattering in three-dimensional heterogeneous media. IEEE Transactions on Geoscience and Remote Sensing, 36 (2): 493 ~ 505

Huemmrich K F. 2001. The Geo Sail model: a simple addition to the SAIL model to describe discontinuous canopy reflectance. Remote Sens Environ, 75: 423 ~ 431

Jackson R D, Reginato R J W, Pinter P J, et al. 1979. Plant canopy information extraction from composite scene of row crops. Appl Opt, 18: 3775 ~ 3782

Jones H G. 1992. Plant and microclimate. 2nd edn. Cambridge, UK: Cambridge University Press

Kerr Y. 1991. Corrections thermiques dans l'infrarouge thernique : Cas de l'AVHRR. In Proc. 5th Coll. Physical Measurement and Signatures in Remote Sensing , SP 319, ESA, Paris, pp29 ~ 34.

Kimes D S. 1983. Dynamics of directional reflectance factor distributions for vegetation canopies. Appl Optics, 22: 1364 ~ 1372

Kimes D S, Kirchner J A. 1983. Directional radiometric measurements of row-crop temperatures. International Journal of Remote Sensing, 4 (2): 299 ~ 311

Knyazikhin Y, Martonchik J V, Diner D J, et al. 1998a. Estimation of vegetation canopy leaf area index and fraction of absorbed photosynthetically active radiation from atmosphere-corrected MISR data. J Geophys Res, 103: 32239 ~ 32256

Knyazikhin Y, Martonchik J V, Myneni R B, et al. 1998b. Synergistic algorithm for estimating vegetation canopy leaf area index and fraction of absorbed photosynthetically active radiation form MODIS and MISR data. J Geophys Res, 103: 32257 ~ 32275

Kubelka P, Munk F. 1931. Ein Beitrag Zur Optik der Farbanstriche. Zeitschrift fur technische Physik, 12: 593 ~ 601

Kucharik C J, Norman J M, Murdock L M, et al. 1997. Characterizing canopy nonrandomness with a Multiband Vegetation Imager (MVI) . J Geophys Res, 102 (D24): 29455 ~ 29473

Kuusk A. 1995a. A fast, invertible canopy reflectance model. Remote Sens Environ, 51: 342 ~ 350

Kuusk A. 1995b . A markov chain model of canopy reflectance. Agricultural and Forest Meteorology, 76: 221 ~ 236

Kuusk A. 1998. Monitoring of vegetation parameters on large areas by the inversion of a canopy reflectance model. International Journal of Remote Sensing, 19 (15): 2893 ~ 2905

Li X, Strahler A H. 1985. Geometric-optical modeling of a conifer forest canopy. IEEE Transactions on Geoscience and Remote Sensing, 23 (5): 705 ~ 721

Li X, Strahler A H. 1986. Geometric-optical bidirectional reflectance modeling of a conifer forest canopy. IEEE Transactions on Geoscience and Remote Sensing, 24 (6): 906 ~ 919

Li X, Strahler A H. 1988. Modeling the gap probability of a discontinuous vegetation canopy. IEEE Transactions on Geoscience and Remote Sensing, 26 (2): 161 ~ 170

Li X, Strahler A H. 1992. Geometric-optical bidirectional reflectance modeling of the discrete crown vegetation canopy: effect of crown shape and mutual shadowing. IEEE Transactions on Geoscience and Remote Sensing, 30 (2): 276 ~ 292

Li X, Strahler A H, Curtis E W. 1995. A hybrid geometric optical-radiative transfer approach for modeling albedo and directional reflectance of discontinuous canopies. IEEE Transactions on Geoscience and Remote Sensing, 33 (2): 466 ~ 480

Liang S. 2004. Quantitative remote sensing of land surfaces. New York: John Wiley & Sons, Inc

Liu J, Chen J M, Cihlar J, et al. 1997. A process-based boreal ecosystem productivity simulator using remote sensing inputs. Remote Sens Environ, 62: 158 ~ 175

Makela A, Virtanen K, Nikinmaa E. 1995. The effects of ring width, stem position and density on the relationship between foliage biomass and sapwood area in Scots Pine. Canadian Journal of Forest Research, 25: 970 ~ 977

Marshak A, Antyufeev V. 1991. Monte Carlo method for transport equation in plant canopy and its inversion. *In*: Proc. 5th lnt. Colloquium on Phys. Measures and Signatures in Remote Sensing, Corchevel, France, ESA SP 319: 435 ~ 438

Meroni M, Colombo R, Panigada C. 2004. Inversion of a radiative transfer model with hyperspectral observations for LAI mapping in poplar plantations. Remote Sens Environ, 92: 195 ~ 206

Myneni R B, Maggion S, Iaquinta J, et al. 1995. Optical remote sensing of vegetation modeling, caveats, and algorithms. Remote Sens Environ, 51: 169 ~ 188

Nathalie J, Breda J. 2003. Ground-based measurements of leaf area index: a review of methods, instruments and current controversies. Journal of Experimental Botany, 54 (392): 2403 ~ 2417.

Nilson T, Kuusk A. 1989. A reflectance model for the homogeneous plant canopy and it inversion. Remote Sens Environ, 27 (2): 157 ~ 167

North P R J. 1996. Three-dimensional forest light interaction model using a Monte Carlo method. IEEE Transactions on Geoscience and Remote Sensing, 34 (4): 946 ~ 956

Ottle C, Sucksdorff Y. 1990. Application of satellite remote sensing to estimate a real evapotranspiration over a watershed. J of Hydrology, 121 (1 - 4): 321 ~ 333

Price J C. 1984. Land surface temperature measurements from the split window channels of the NOAA 7 advanced very high resolution radiometer. J Geophys Res, 89 (P5): 7231 ~ 7237

Privette J L, Myneni R B, Tucker C J, et al. 1994. Invertibility of a 1 - D discrete ordinates canopy reflectance model. Remote Sens Environ, 48: 89 ~ 105

Pu R, Gong P. 2004. Wavelet transform applied to EO-1 hyperspectral data for forest LAI and crown closure mapping. Remote Sens Environ, 91: 212 ~ 224

Qi J, Kerr Y H, Moran M S, et al. 2000. Leaf area index estimates using remotely sensed data and BRDF models in a semiarid region. Remote Sens Environ, 73: 18 ~ 30

Qin W. 1993. Modeling bidirectional reflectance of multicomponent vegetation canopies. Remote Sens Environ, 46: 235 ~ 245

Qin W, Narendra S G. 1995. An evaluation of hotspot models for vegetation canopies. Remote Sens Revi, 13: 121 ~ 159

Qin W, Gerstl S A W. 2000. 3- D scene modeling of semi- desert vegetation cover and its radiation regime. Remote Sens Environ, 74: 145 ~ 162

Ross J. 1981. The Radiation Regime and Architecture of Plant Stands. The Hague, the Netherlands: Dr Junk W Publ

Running S W, Nemani R R, Peterson D L, et al. 1989. Mapping regional forest evapotranspiration and photosynthesis by coupling satellite data with ecosystem simulation. Ecology, 70: 1090 ~ 1101

Scurlock J M O, Cramer W, Olson J, et al. 1999. Terrestrial NPP: Toward a consistent data set for global model evaluation. Ecological Applications, 9 (3): 913 ~ 919

Smith J A, Oliver R E. 1974. Effects of changing canopy directional reflectance on feature selection. J Applied Optics, 13: 1599 ~ 1604

Suits G H. 1972. The calculation of the directional reflectance of a vegetative canopy. Remote Sens Environ, 2: 117 ~ 125

Sylvain G L, Chen J M. 2000. A windows graphic user interface (GUI) for the five-scale model for fast BRDF simulations. Remote Sens Rev, 19: 293 ~ 305

Tarantola A. 1987. Inverse problem theory: Methods for data fitting and model parameter estimation. New York: Elsevier Science Publishing Company Inc

Tian Y, Woodcock C E, Wang Y, et al. 2002. Multiscale analysis and validation of the MODIS LAI product I. Uncertainty assessment. Remote Sens Environ, 83: 414 ~ 430

Vaesen K, Gilliams S, Nackaerts K, et al. 2001. Ground- measured spectral signatures as indicators of ground cover and leaf area index: the case of paddy rice. Field Crops Research, 69: 13 ~ 25

Verhoef W. 1984. Light scattering by leaf layers with application to canopy reflectance modeling: the SAIL model. Remote Sens Environ, 16: 125 ~ 141

Verstraete M M, Pinty B, Dickinson R E. 1990. A physical model of the bidirectional reflectance of vegetation canopies I. theory. J Geophys Res, 95 (8): 11755 ~ 11765

Xavier A C, Vettorazzi C A. 2004. Mapping leaf area index through spectral vegetation indices in a subtropical watershed. International Journal of Remote Sensing, 25 (9): 1661 ~ 1672

Yan G J, Jiang L M, Wang J D, et al. 2003. Thermal bi- directional gap probability model for row crop canopies and validation. Science in China (Series D), 46 (12): 1241 ~ 1249

Yao Y J, Liu Q H, Liu Q, et al. 2008. LAI retrievals and uncertainty evaluations for typical row-planted Crops at Different Growth Stages. Remote Sens Environ, 112 (1): 94 ~ 106

Zhang J H, Yao F M, Fu C, et al. 2004. Study on response of ecosystem to the East Asian monsoon in eastern China using LAI data derived from remote sensing information. Progress in Natural Sciences, 14 (3): 77 ~ 81

第3章　植被水分和干旱遥感

本章着重从作物（植被）水分遥感研究出发，主要目标是利用多种遥感数据有效提取作物在低覆盖条件下（前生育期）的冠层叶片水分信息。主要进行了以下研究：测定了不同水分处理下、不同植被覆盖程度的冬小麦多角度观测冠层光谱曲线和相关农学参数；对PROSAIL模型选择合适的参数进行敏感性研究，并处理田间试验实测数据；将实测数据与模拟数据进行比较，分析二者拟合的程度；构建并计算一系列试图去除土壤背景影响的植被水分指数，并将指数分别与FMC、EWT做相关分析，然后对结果分别进行比较；利用观测数据通过PROSAIL模型模拟大量的MODIS、MISR光谱数据，生成各个水分指数，建立其与植被水分FMC的统计关系模型；最后根据MODIS和MISR影像数据进行华北平原冬小麦冠层叶片含水量信息制图。

3.1　引　　言

一般农作物如稻类、麦类、玉米等在生育期的前期（如返青、拔节）都处于低植被覆盖的条件，因为在这个时期植株矮小、叶片小、地表裸露土壤较多、植被覆盖率较低，但对于农作物而言这个时期却是关键的生长期阶段，是作物生长、干物质积累和产量形成的重要时期。农业部门通常利用遥感技术来监测该时主要农作物的面积、长势、灾害和产量等农情信息，以帮助确立作物耕种的有效措施，例如，其中的作物水分信息可帮助确定作物的灌溉措施。当作物缺乏水分时，可能会影响植株的生长发育和产量，甚至会造成死亡和作物失收，而且同一作物在不同的生长发育时期对水分的需要量有很大差别，在作物的生育前期，作物的茎、叶等开始迅速发育，消耗水量最多，植株代谢很强烈，这个时期植株对水分的不足特别敏感（潘瑞炽，2004），所以提取该时期作物水分信息甚为重要，以帮助在农业上正确且迅速地判断主要作物生育前期的生长状况和大面积灌溉所需要的水量，以进行干旱评估和合理的灌溉。

近20年来，利用定量遥感等技术快速且大量地获取遥感影像并进行植被冠层水分含量的遥感反演已经得到极大发展，但是针对作物各个生育期尤其是处于生育前期的冠层（低覆盖条件下）水分含量的遥感反演相对较少。

3.1.1　植被水分信息提取方法的研究

多年来，对植被水分遥感反演的研究国内外已经积累了大量的相关处理技术和付诸检验的应用模型。初期研究是利用统计方法，在叶片和冠层尺度上建立反射率数据与水分（表征叶水分含量的参数，如等价水厚度 EWT 等）之间的统计关系。随后引入了物理模型，建立植被指数，以期在理论基础上探讨植被水分与植物光谱特征的内在联系以及分析光在植被冠层中的辐射传输过程（辐射传输模型的理论基础是辐射传输理论和冠层平均透射理论），并将光谱的遥感物理机理与植物生理过程有机结合，建立基于机理分析的遥感监测模型，实现植被水分的反演，提高监测精度。

1. 利用植被水分指数提取植被水分信息的研究

国外最初研究者探讨了水分含量对叶片反射率的影响并确定了在短波红外谱段内对水分信息敏感性最大的关键波段，但发现只利用短波红外波段对整个冠层或者植物的水分进行监测是不够的（Michio and Tsuyoshi，1989；Carter，1991；Danson et al.，1992），随后研究者们将研究尺度从叶片上推至冠层，对遥感影像数据进行数学方法处理（如最小二乘法波谱匹配）以及建立归一化水分指数 NDWI［NDWI =（R860 - R1240）/（R860 + R1240）］和水分指数 WI（WI = R900nm/R970nm），获取植被冠层水分信息（以等价水厚度等形式表现），利用地面实测数据验证的结果表明，近红外波段的液态水吸收波段对冠层水分含量估计具有一定的适用性，而且所建立的水分指数可以较为灵敏地反映冠层水分含量（Gao and Goetz，1995；Gao，1996；Penuelas et al.，1996，1997；Roberts et al.，1997；Ustin et al.，1998；Dawson et al.，1999）。学者们研究发现，短波红外对叶片等价水厚度十分敏感，但也较容易受到叶片干物质含量和叶片结构参数的影响，所以要将近红外与短波红外结合，建立各个不同的植被指数，结果表明，该方法可以成功地估计叶片的等价水厚度 EWT（Serrano et al.，2000；Ceccato et al.，2001；Champagne et al.，2003）；在众多指数研究中，NDWI 和 WI 被认为是对叶片和冠层水分最为敏感的指数，但比较验证表明，这两个指数对叶片水分含量和等价水厚度的监测能力有所不同（Danson and Bowyer，2004；Chen et al.，2005）。此外利用 MODIS 多波段数据生成 NDWI 分析地表反射率与叶片水分含量 FMC 之间的关系，结果也表明此方法对近实时地监测叶片水含量有潜在的实用性（Hao and Qu，2007；Zhang and Guo，2006）。

国内研究者们主要的研究方法是：在叶片尺度上，根据田间观测数据，采用光谱归一化技术建立小麦叶片相对水分含量与叶片特定波段光谱特征吸收峰深度和吸收面积之间的线性回归方程，提出了间接利用光谱反射率来反映小麦叶片水分状态的方法（田庆久等，2000；王纪华等，2000，2001）。或者利用新建植被指数 *R*（610，560）/ND（810，610）和原有的比值植被指数（R810/R460）建立作物冠层反射特性与作物叶片和植株的水分关系，结果表明，这两指数可以反映作物的水分信息，但是这指数应用建立在地面实测数据基础上，所以若要广泛应用还需进一步研究（田永超等，2004，2005）。再有是通过测定多种田间试验条件下作物叶片的反射和吸收光谱，证明 1400 ~ 1600nm 波段的光谱可以很好地用来反演水分状况，建立与叶片水分之间的关系（周顺利等，2006；吉海彦等，2007）。此外还可利用 945nm 和 975nm 波长处的叶片光谱反射率差，并用 Beer 定律推导出 975nm 处的辐射等价水厚度（REWT）的计算公式，利用实测数据建立叶片的 REWT 和 EWT 的统计模型，证明 REWT 约是 EWT 的 3.3 倍

（刘良云等，2007）。这种方法具有较强的机理性，算法简单，而且由于验证数据种类多，该统计模型的通用性好，但是该方法和试验都是建立在叶片水平上的，若要推广到冠层遥感应用上模型的系数会发生变化。

2. 利用辐射传输模型提取植被水分信息的研究

自从20世纪60年代开始研究辐射传输模型以来，学者们发展建立了一系列数学模型，用于描述和模拟光辐射在植物群丛中的传播。植被冠层模型如SUITS模型、SAIL模型和FICR模型等（Suits，1972；Verhoef，1984；Kuusk，1995），植被叶片模型如PROSPECT模型、LIBERTY模型、LEAFMOD模型等（Jacquemoud et al.，1995；Dawson et al.，1998；Ganapol et al.，1998），还有近年来利用计算机模拟的光线跟踪法建立的Raytracing模型（Govaerts et al.，1998）也是叶片层次模型发展的一个新方向。这些模型的广泛实践和应用，使得研究者们可以对植被冠层和叶片的光学特性进行恰当的模拟，获得叶片结构和生化组分的信息（叶绿素、氮素含量、干物质含量、水分含量等）。国内外的研究者们提出并实践验证通过将模型与模型或者模型与植被指数结合起来获取植被水分含量信息的综合方法，也获得了较大的发展。

研究表明，模型与模型的结合如PROSAIL模型和PROKUUSK模型都可以成功地在400～2500nm波段内反演反射率以获取冠层参数（如植被水分信息）（Jacquemoud，1993）。将IAPI（Iaquinta and Pinty，1994）和NADI（Gobron et al.，1997）两个模型分别与PROSPECT模型结合所得的模型（Jacquemoud et al.，2000）比较，表现出与前述模型在模拟反射率和参数敏感性方面有同样良好的一致性。从理论上来说，这些模型都能实现利用由冠层光谱测量所获得的数据来估计叶片生化参数如水分含量、叶面积指数等。除进行理论研究外，研究者们也在实际中应用模型耦合方法证明使用辐射传输模型可以较好地估测植被水分含量，利用高光谱数据和多光谱数据等反演植被水分含量均可得到较好结果，并验证了这些模型的可行性（Jacquemoud et al.，1995，1996；Biard and Baret，1997；Zarco－Tejada et al.，2001，2003；李云梅等，2003；颜春燕等，2004；Riaño et al.，2005）。模型与植被指数结合，如基于模型建立的全球植被水分指数（GVMI）和短波红外垂直失水指数（SPSI）均可在考虑不同地表植被覆盖条件下反映植被的水分信息，但是土壤背景影响没能彻底消除，应进一步加强研究，以提高不同地表植被覆盖条件下信息的提取精度（Ceccato et al.，2002；阿布都瓦斯提等，2007）。

由此可见，目前植被水分含量监测的研究主要集中在以下方面：①根据实测数据来确定适合于反映叶片或冠层水分含量信息的光谱区间或者光谱敏感波段，以其自身或者是变化形式按统计关系等数学方法来直接反映水分信息，这种统计关系很简便，参数数量少，适用性也较强，但是有其潜在的缺陷：它的理论基础不完备，参数之间缺乏必要的逻辑关系，必然会对遥感定量应用的精度产生影响，而且缺乏广泛的普适性。②建立能够反映冠层水分信息的植被水分指数，直接反映水分信息或者是与水分信息之间有一定的数学函数关系，例如，对植被指数与水分信息参数进行回归分析，生成估算的经验式，包括有线性、幂函数、对数形式等。这两类方法应用得较广，因为形式简单、计算方便，但是它们的形式不固定，原因是针对冠层利用遥感数据使用经验方法，会出现大量的干扰因素，这些干扰因素包括不同的观测规范、地面粗糙的冠层结构、复杂地表类型和复杂的大气环境等，而卫星监测得到的反射率值，是冠层叶片、土壤背景与大气介质的植被混合信息，最主要的原因还是方法中参数的生态学原理并非十分清楚，所以有待进一步的研究发展。③通过叶片或冠层辐射传输模型获得叶片或冠层的水分信息，或将二者耦合实现将研究尺度从叶片上推至冠层以及根据模型建立更有效的植被指数等，这类模型方法辐射传输过程清楚，物理意义相对比较明确，而且适用范围不会局限于有限的植被种类，在模型允许的假设范围内可以实现在任意时间、地点予以应用，这是相较于前述两类方法的优势，但同时也受到关于模型的精度及反演算法的限制，相对非常耗时，而且对于地面验证模型结果方面还有一定的难度，所以推广至大范围应用时还需要进一步改进。

3.1.2 低覆盖条件下植被冠层水分信息提取方法的研究进展

在上述研究中，研究区域多为植被较为丰富、地面植被覆盖较高的地表状况，多以较理想的环境条件进行讨论，但是后续研究发现，所得到研究方法若应用到植被覆盖较低的、环境条件较差的区域，其结果会受到很多干扰因素的影响，尤其是明显的土壤背景因素，那么反映植被信息的准确度即会大幅下降。所以如何在原有研究方法的基础上尽量减小或者是有效去除外界因素的影响成为研究的重点，即在低覆盖条件下，如何在受到土壤背景明显影响的植被冠层中更为准确地提取水分信息。

1. 利用冠层生理参数间接提取低覆盖植被水分信息的研究

相比较而言，叶片水分含量信息的获取，可以通过野外实际单体测量达到，而冠层水分含量信息则很难直接测量获取。学者们探讨了利用已获取的较为准确的相关植被生理生化参数来间接地估算植被冠层水分含量信息。Dawson 等（1999）在不同程度的植被覆盖条件和不同的叶面积指数条件下通过对叶片水分含量 FMC 上推尺度获取冠层水分含量信息，其中包括利用到比重叶面积（specific leaf area，SLA）、叶面积指数、相应植被的冠层覆盖率等相关参数来进行计算的方法。利用该研究区域相应的实测数据验证获得不错的结果，但是该方法所涉及的 SLA 并不是固定不变的，而是根据物种种类和物候状态变化的。所以此方法适用于具有该参数先验数据的研究区域，且研究区域内物种应尽量少以减小该参数的影响。其后，Ceccato 等（2002）在利用辐射传输耦合模型进行全球敏感性分析的基础上，将近红外波段和短波红外波段结合成功地构建了全球植被水分指数 GVMI，并且探讨了不同叶面积指数条件下水分信息与光谱之间的关系，从而利用叶面积指数对植被的水分信息等效水厚度 EWT 作了修正。通过实测数据验证结果表明，该方法在叶面积指数等于或大于 2 的条件下才更适合于反演获取植被水分信息，获得较高的准确度。这说明利用相关生理参数来间接估算植被水分含量信息，可能会出现的问题包括对所研究区域的冠层生理生化参数的预先获取以及所要求的适用的环境条件。这类型的方法应用受到地域的限制，而且对于低覆盖条件植被区域，需要较为准确地判断其植被的覆盖程度。

2. 利用含调整因子植被指数或模型提取低覆盖植被水分信息的研究

对于低覆盖条件下的植被而言，土壤的 BRDF 对于冠层光谱可能起着非常重要的作用，因此在估算低覆盖植被冠层水分信息时主要是去除其土壤背景信息，若利用的是经验模型，会首先且较多采用可以去除土壤影响的植被指数来尝试实现更突出植被的信息。

由于土壤在近红波段的反射通常是可见波段的 2 倍，土壤的背景辐射会影响到与红波段、近红波段有关的植被指数，一般的如归一化植被指数（Deering，1978）、转换植被指数（TVI）（Rouse et al.，1973）等都没有考虑外在因素，尤其是土壤背景的影响，辨识能力明显下降，不适于应用在低覆盖植被区域。而如垂直植被指数（PVI）则有所不同，PVI 是在植被指数的基础上采用"土壤线"发展而来，受土壤亮度的影响较小，可以去除部分土壤的影响，但只在植被覆盖较低时表现比较好，随着叶面积指数增加就会变得对土壤背景很敏感，对植被就不会有太强的敏感性了，比较适用于低覆盖度植被区域，如作物发育处于早－中期的农田。此外研究者们提出了包括校正因子或常量的替代公式生成的植被指数，用以估测背景辐射的变化或者减弱背景辐射的影响以利于提取其植被水分信息，如土壤调整植被指数（SAVI）（Huete，1988）、转换型土壤调整植被指数（TSAVI）（Baret et al.，1989）、校正转换型土壤调整植被指数（ATSAVI）（Baret and Guyot，1991）、修改型土壤调整植被指数（MSAVI）（Qi et al.，1994）和优化型土壤调整植被指数（OSAVI）（Rondeaux et al.，1996）等。其中 SAVI 是建立了一个可适当描述土壤－植被系统的"简单模型"的植被指数，也确实降低了土壤背景的影响，但同时也降低了与植被覆盖度的相关性，极为可能丢失一部分植被信号，而且其中的调节因子 L 是随着植被盖度与土壤类型而变化的，不能完全正确表现植被的状况。转换型土壤调整植被指数（TSAVI）和校正转换型土壤调整植被指数（ATSAVI）是 SAVI 的转换形式，也源于土壤线且都考虑了土壤背景的有关参数，而且后者通过附加一个"x"值（也为调节因子），将土壤背景亮度的影响减小，所以更宜于低覆盖条件植被的指示应用。进一步改进发展的修改型土壤调整植被指数（MSAVI）比 SAVI 更好地考虑了土壤因素的变化情况，而且也不需要具有目标研究区的先验知识，非常适合于地表植被覆盖低的区域的研究。优化型土壤调整植被指数（OSAVI）则是通过模型模拟来获得优化值并已经证明适用于在全范围内，即高或低植被覆盖度都能较有效地减少土壤噪声影响。Jiang 等（2006）通过在红光－近红外光谱平面上的三角分析，为降低土壤背景对角度型植被指数 θ_{NDVI} 的影响提出了一个基于 SAVI 的角度型植被指数 θ_{SAVI}，并利用实验观测光谱数据对 θ_{NDVI}、θ_{SAVI}、NDVI 和 SAVI 这四个植被指数的性能进行了分析与比较，结果表明，θ_{SAVI} 不仅土壤背景影响较小，而且线性也比较好，更适合于对低覆盖植被冠层信息的提取。此外研究者们利用实测数据对多个植被指数进行比较验证以判断其应用性，结果表明 SAVI、TSAVI 和 MSAVI 比 NDVI 更能减小因土壤亮度而造成的对植被冠层信息估算的误差。MSAVI 在监测低植被覆盖度时效果并非最佳，但随着植被覆盖度的增加，逐渐表现出一定的优势，其适用于覆盖条件不至最低且逐渐会发生变化的植被区域（Purevdorj et al.，1998；Leprieur et al.，

1998；薛利红等，2004；李映雪等，2006）。但是红波段及近红波段对水分信息并不非常敏感，所以利用这两个波段构建的上述植被指数很少直接应用于提取低覆盖条件下植被的水分信息，而是通过对原有的指数变化成一定的数学形式或者是采用对水分信息敏感的短波红外波段来实现。沈艳等（2005）基于 LOPEX'93 数据库利用所构造的土壤可调节水分指数和比值指数 Ratio975 的改进型光谱指数能用来提取一定范围内不同叶面积指数条件下不同冠层水分含量的冠层水分信息，能获得较高的精度。

利用各种形式的植被指数直接提取低覆盖植被冠层信息时，可能因其他各种外界环境因素影响而不能准确地反映出来。可以将由原始反射率数据或者是生成植被指数后分别与冠层信息参数建立简单的或者相对复杂的统计关系，生成适用于该条件的经验统计模型。Edwards 等（1999）研究证明，在植被较为稀疏、土壤反射率高的情况下，植被指数与植被覆盖率之间的关系不是固定的，它随地点而变，只利用简单的指数统计方法建立的经验模型并不是完全通用的方法，而只能针对特定地区、特定时期进行讨论。这种统计模型虽然在数学表达上既简单又有一定程度的准确性，但是它的特点就是所研究的植被冠层信息和指数之间的关系并不是源于对条件或者是对背景等的假设，也不是基于植被生物物理的规律和原理，而完全是基于研究者根据实测数据所认为的数据的变化特点与某一种特定的数学关系形式所表达的关系比较接近或几乎一致而建立的。

所以在提取低覆盖植被冠层水分信息时常会用辐射传输模型，如 Ustin 等（1998）利用 HFBA 模型在 960nm 吸收波段反演等价水厚度取得成功，但对于 LAI 值过低的冠层，由于土壤和阴影对稀疏植被的影响，该方法可信度不高。考虑到低覆盖植被中土壤背景的影响，可以通过与植被指数结合或者是耦合一些用以描述土壤的二向性反射光谱特征的经验模型或机理模型及其他的一些模型等，来实现对植被 - 土壤混合光谱的分离，达到尽可能去除土壤背景的影响。颜春燕等（2005）利用多项式表达与叶片模型 PROSPECT 的耦合，建立了冠层生化参量反演模型，并利用两种冠层模型模拟低覆盖植被冠层多角度光谱数据，然后以多项式表达结合 PROSPECT 模型反演，以提取水分含量和叶绿素含量等生化参量，都取得了理想的结果。且在此基础之上，再利用实测的作物冠层多角度光谱数据验证，也获得了较为准确的叶绿素含量反演结果，说明多项式分析提供了不依赖于特定冠层模型而反演低覆盖植被冠层生化参量的一条新思路。沈艳等（2005）在冠层层次上利用 PROSEPECT + SAIL 耦合模型模拟不同叶面积指数和不同水分含量条件下的冠层光谱，提出用近红外和短波红外波段反射率构造土壤可调节水分指数（SAWI），结果表明，此指数与其他指数相比明显地剔除了土壤背景的影响，更为准确地提取了冠层水分信息。阿布都瓦斯提·吾拉木等（2007）利用 PROSPECT 叶片模型、Lillesaeter 和 SAILH 冠层模型、地气模型 6S、并结合 ETM + 数据，提出了基于 NIR-SWIR 光谱特征空间的用于植被水分监测的短波红外垂直失水指数（SPSI），结果证明，SPSI 和实测的 FMC 有较高的相关性，能在叶子严重缺水而失水后可以指示，但没能完全排除土壤背景的干扰，在植被覆盖度越高时模型反演的结果才越为可靠。

3.1.3 提取植被水分信息研究存在的问题和可能的发展方向

及时准确监测或者是诊断植被冠层和叶片的含水量既可以反映植被的生理生态状况，因势制宜，扭转其恶化趋势，加强优势生长，也还可以为近年来提出的“火势模型”提供输入参数。通过对叶片层次提取水分信息的研究可知，用光谱植被指数或者是模型在叶片层次建立含水量的模型是切实可行的，但是在冠层层次上，低覆盖植被更强烈地受到土壤背景因素的影响，仅简单地将某种光谱植被指数与含水量在某特定区域进行实验所获取的观测数据上建立起相关关系，用来表示所提取的冠层含水量信息时，往往效果不甚理想（张佳华等，2007）。对于植被冠层水分信息的提取，多为关注如何确定对水分信息敏感的波段，如何对光谱反射率等进行形式变化以表现植被水分状况，或者是利用模型上推研究尺度，虽稍有考虑在提取水分信息时受到土壤背景的影响，但均没有能够实现既完全有效去除土壤背景的影响，又能够以简单易算的表达方式来推广使用，尤其是针对低覆盖植被（草地或者是稀疏农田等）。所以要将之前的研究有机结合起来，一方面是植被冠层水分信息的准确提取，另一方面是去除土壤背景的影响，以二者的优势生成既能去除土壤背景影响又能有效准确提取植被冠层水分信息的方式或者方法，并且能达到形式简单、计算方便、适用性强这些目标。

在研究模型反演时也发现利用模型仍然不能完全消除土壤噪声，且模型数据获取不易，地面验证数据量不够，具有一定的局限性，所以数据类型的应用对结果有很大的影响，最初为多光谱数据，发展至使用高光谱数据，可以从众多窄波段中筛选出对植物生化成分光谱差异极明显的波段，也可以通过重组综合波段，更充分地利用植被的光谱信息，更便于去除土壤背景的影响，来实现提高精度的目的。逐渐发展应用多角度遥感数据，对地表的方向反射特性也做了更多更细致的刻画，具有对地物对象从多个方向上观测所获取的几何特征，获得大量立体结构信息，丰富目标的观测数据，为植被定量遥感提供了更新更优的途径。可见，对于低覆盖植被而言，在原有研究方法的基础上，有机结合使用多角度遥感数据，可以改善单独的光谱信息对植被轮廓描述差的状况，有利于去除土壤背景的影响，对植被组成的空间分布、种类、各种冠层信息以及它们随时间变化进行研究。

以现有的研究基础而言，其发展趋势可能如下：一是建立起去除土壤背景影响的植被水分指数，关键是要有一定的理论基础，确定对水分信息敏感的光谱波段或者是区间，确定土壤影响因子等；二是在耦合模型方面，配合更优算法的发展，进行植被冠层水分信息的反演研究；再者就是多种数据结合，尤其是多角度遥感数据的应用，将之与前二者结合可以发挥多角度的优势，获取更多立体几何信息等，用于指数或者是模型的反演。

3.1.4 多角度遥感的发展研究

单方向、单时相的遥感只能得到地面目标一个时间、一个方向的投影，缺乏足够的信息来推断目标的空间动态结构，使得定量遥感变得非常困难。与此相比，多角度——多时相对地观测通过对地物目标动态、多个方向的观察，能够丰富目标的观测信息，为定量遥感提供更新更优的途径。近年来，对于多角度遥感，Asner 等（1998）认为，光谱信息与多角度信息相结合，可以进一步提高某些生态参数的反演精度。多角度观测是当前遥感发展的一个重要方向，它为气溶胶类型、云的形态和云高、土地覆盖类型等自然景观特征参数的反演提供了条件，同时也为许多重要的气候、环境、生态问题提供了有用的信息（Diner et al.，1999）。当前研究中，可以用于多角度遥感的卫星传感器包括法国的 POLDER（Polarization and Directionality of the Earth's Reflectance）传感器、美国的 MODIS-N（Moderate Resolution Imaging Spectrometer-Nadir）和 MISR（Multi-angle Imaging Spectro-Radiometer）以及欧洲共同体的 VEG（Vegetation）等。

目前在植被遥感方面，学者们对多角度遥感的应用进行了研究，主要包括：通过几何光学模型反演组分光谱；与多光谱数据结合进行生化参量反演；与辐射传输模型（如 PROSPECT 模型）结合，建立冠层生化参量反演模型等。例如，唐世浩等（2003）利用多角度和高光谱数据通过几何光学模型（如 GOMS）进行混合像元分解，可以获得比较理想结果。姚延娟等（2005）利用行播作物二向反射模型，将多角度与多光谱数据结合进行行播作物 LAI 反演，实验结果表明，采用多角度、多光谱遥感数据相结合的方法可以有效反演行播作物的 LAI。赵春江等（2006）运用基于多角度光谱信息的光谱指数组合能够较好地反演作物叶绿素含量的垂直分布。颜春燕等（2005）利用多项式表达与叶片模型 PROSPECT 耦合，多项式的系数随观测角度而改变，并建立冠层生化参量反演模型，模拟并反演提取生化参量，也取得了理想的结果。黄文江等（2005）运用波长 800nm 处起身期的冠层反射光谱与该波长处拔节期和起身期冠层反射光谱的比值，并选取 15°、30°和 45°观测天顶角，与可见光和近红外波段（波长）处的二向反射冠层反射光谱数值范围变化进行结合，初步实现作物株型的遥感识别。对于定量遥感而言，选择合适的反演方法也是至关重要的。高峰等（1998）针对多角度遥感的反演提出了一种以 Tarantola 的信息理论为基础，基于知识的分阶段不确定性反演方法，并进行相关实验获得了合理可靠的结果。焦子锑等（2005）研究了基于地面气象台站用反照率表观测的反照率数据、地面和机载多角度遥感数据反演得到的反照率与 MODIS 地面反照率产品做比较的降尺度验证方法。黄俊梅等（2005）对获取草地 BRDF 特性的实验结果证明太阳天顶角不同时，角度采样间隔应当进行相应调整，多角度观测才能更好地发挥其特性。此外，冯晓明和赵英时（2005）提出一种适用于区域尺度的多角度、多波段反射率模型，并采用 MISR 和 MODIS 卫星数据进行验证，并证明较好的适用性。这为多角度、多波段遥感数据用于半干旱草场植被的定量研究提供了新的方法。但是国内外学者在多角度遥感中并没有对生化参量中的水分含量进行更多的研究。

本研究利用 MISR（多角度成像光谱仪）数据源。它具有 4 个光谱通道，分别对应蓝、绿、红及近红外波段，其中心波段分别对应是 446nm、558nm、672nm 和 867nm，空间分辨率有两种模式：275m 和全球低分辨率（1.1km 和 17.6km），特别之处在于有 9 个角度，分别为 0°、±26.1°、±45.6°、±60.0°、±70.5°，可以沿卫星飞行路径方向向前或向后展开，能更细致地反映地表方向反射特性，为遥感基础理论研究与地表参数的精确反演提供条件。

3.2 高光谱与多角度野外作物水分观测

我国自古以来就是一个农业大国，农业的兴衰对国民经济具有十分巨大的影响，但同时我国也地处生存环境脆弱多变的东亚地区，有着尤为突出的环境问题，即水资源短缺问题。对于农业而言，旱灾比其他自然灾害影响的范围更广，历时也长，对农业生产的影响也最大，干旱在农业中是指由土壤供水与作物需水的不平衡造成的异常水分短缺现象，会导致植物生长困难或完全停止，作物减产。新中国成立以来，干旱的受灾面积占总受灾面积的60%~70%，每年减产粮食100亿kg以上，在遭受各种自然灾害的粮食作物减产损失中，旱灾要占一半以上。干旱灾害出现比较频繁，有时持续时间较长。

占国土面积40%的北方干旱地区的扩大与干旱化程度的加重已成为众所关注的问题。华北平原耕地约为1670万hm^2，占全国的17%，粮食产量约占全国的17%，是我国重要的农业经济区，也是我国最大的冬小麦种植区。1999年全国作物受旱面积3000万hm^2，其中成灾1670万hm^2。而华北平原水资源极为短缺，其受灾和成灾面积分别占全国受灾面积和成灾面积的47%和51%。尤其是近年来华北平原连续发生严重干旱，对农业生产带来了极其不利的影响。小麦是我国主要农作物之一，每年产量占全国粮食总产量的23.2%左右，是我国北方人民的主要口粮。因此，小麦丰歉直接关系到国民经济的发展和人民的生活。华北冬小麦区地处暖温带，气候适宜，农业产出约占全国的40%，是我国重要的农业经济区。水是植物体的重要组成部分，在植物生命活动中有着十分重要的生理作用。此外对于农作物而言生育期的前期（如返青、拔节）是关键的生长期阶段，是作物营养生长、干物质积累和产量形成的重要时期。但农作物如稻类、麦类、玉米等在这些时期都处于低植被覆盖的条件，因为在这个时期植株矮小，叶片小，地表裸露土壤较多，植被覆盖率较低，会对监测产生较大的背景噪声。所以我们利用对低覆盖植被条件下的植被水分信息提取来监测农业干旱。为此，我们选定了华北平原冬小麦水分监测为主要的研究对象。

遥感数据具有多源性，如多平台、多波段、多视场、多时相、多角度等。利用遥感数据研究，可以实现大面积同步观测，获取资料信息量大、速度快、周期短，且有受到地面条件限制少等优势，所以我们以遥感作为研究手段。我国在通过遥感监测植物水分来反映干旱信息方面做了大量的工作，取得了一定的成果。传统且常规的方法是利用遥感气象卫星NOAA/AVHRR数据，监测土壤、植物水分及提取植被指数来进行干旱测报。但研究基本是基于作物具有浓密植被或是全覆盖植被条件下进行的，没有更多地研究如何去除土壤背景噪声的影响。所以，本节拟利用（地面、星载）高光谱数据及多角度数据结合地面实验提取低覆盖植被条件下植物水分信息。

3.2.1 技术路线

根据制定的研究目标和研究内容，具体的研究技术路线如图 3.1 所示。

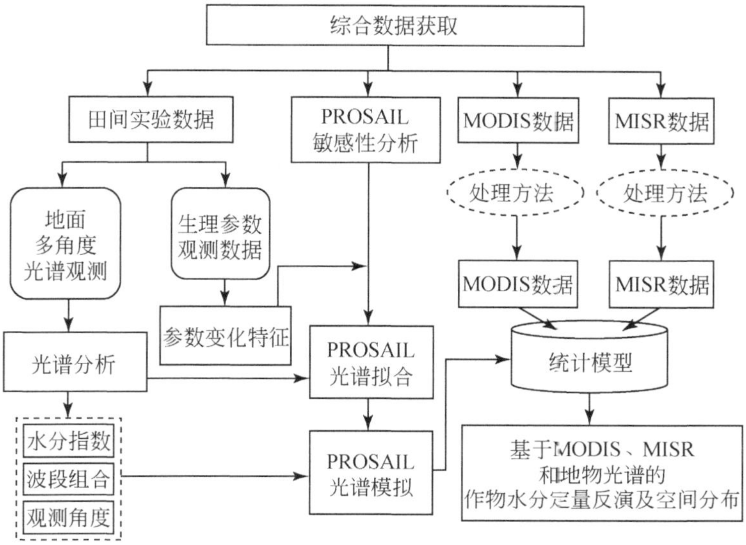

图 3.1 研究技术路线图

3.2.2 研究区域及研究试验基地介绍

1. 研究区域介绍

研究区域位于 111°~123°E、33°~41°N 的华北平原冬小麦种植区，西起太行山脉和豫西山地，东到黄海、渤海和山东丘陵；北至燕山山脉，西南到桐柏山和大别山，东南则延伸到苏、皖北部，与长江中下游平原相连，跨越北京、天津、河北、山东、山西、河南、安徽和江苏等 8 省（直辖市）。华北冬麦区地处暖温带，气候适宜，农业产出约占全国的 40%，主要粮食作物有小麦、水稻、玉米、高粱、谷子和甘薯等，经济作物主要有棉花、花生、芝麻、大豆和烟草等。全区 3/4 以上的土地是海拔不到 100m 的广阔平原，土层深厚，土质肥沃。年均温 8~15℃，冬季寒冷干燥，最冷月（1 月）均温 -6~0℃，≥0℃积温 4100℃，年降水 520~980mm，夏季高温多雨，最热月（7 月）均温 28℃，无霜期 6~8 个月，日照充分，大部分全年平均日照时数 2300~2800h，农作物大多为两年三熟，南部部分区域一年两熟。小麦生育期降水 280mm 左右，旱灾频繁发生。冬小麦种植品种多为冬性或半冬性，一般年份可安全越冬。

2. 研究试验基地

试验在中国气象局河北省固城生态试验基地（以下简称试验基地）进行。试验基地位于华北平原东北部的河北省定兴县固城镇东（39°08′N，115°40′E，海拔 15.2m），占地 15hm^2。基地位于北京南约 100km，距天津约 100km。试验基地地处暖温带大陆性季风气候区，气候温暖，水热同季，年平均气温 12.2℃，年降水量平均 528mm，降水主要集中于 6～9 月，年均日照时数 2264h，近 5 年地下水位保持在 15m 左右。试验基地及其周边地区土壤质地为中性壤土，地势平坦、耕层深厚。试验基地是华北平原北部高产农业区的典型代表，其下垫面为农田所覆盖，主要农作物为冬小麦和夏玉米，为典型的华北农田生态系统。

3.2.3 试验设计及具体操作

1. 试验基地试验小区水分处理

在试验基地大田及小区均种植同一个品种的冬小麦。在人工控制水分试验场，利用其中的 18 个小区（每小区长 4m，宽 2m，四周用水泥墙隔断，墙深度 2m），采用不同水平胁迫处理，设计 5 个水分胁迫的等级，开展对照试验和大田观测。对实验小区进行土壤水分控制（图 3.2）。当有降水发生时，将基地中的大型活动式防雨棚堆放在所有控制小区上方，保证进行水分处理的试验小区不受降水影响；降水停止时，立即将防雨棚堆放至远离小区之处，避免棚的阴影影响。

6	5	4	3	2	1
土壤相对湿度 >70%	土壤相对湿度 60%～70%	土壤相对湿度 50%～60%	土壤相对湿度 40%～50%	土壤相对湿度 <40%	对照（即与大田相同）
土壤相对湿度 >70%	土壤相对湿度 60%～70%	土壤相对湿度 50%～60%	土壤相对湿度 40%～50%	土壤相对湿度 <40%	对照
土壤相对湿度 >70%	土壤相对湿度 60%～70%	土壤相对湿度 50%～60%	土壤相对湿度 40%～50%	土壤相对湿度 <40%	对照

图 3.2 土壤水分控制实验小区示意图

2. 试验具体安排及其操作

（1）光谱测量天气要求

测定光谱曲线要尽量选取晴空无云无风的天气，并与卫星过固城的时间尽量一致，使高空与地面尽可能达到一致。

（2）光谱测量选取训练区

1）小区测定：测定时选择探测器所对范围内的植被是具有代表性的（植株生长既非最好也非最差的情况）。

2）大田测定：将大田试验地段按“田”字形分成相等的 4 个区，作为 4 个重复，各项观测均在 4 个区内进行。在各区内任取多个测点，同样选取有代表性的植株进行测量。

（3）测定项目及所需仪器、试验人员（表 3.1）

1）作物冠层光谱测定：多角度观测混合光谱、纯土壤光谱。

2）作物生理参数测定：叶绿素含量、叶面积、鲜重、干重、叶片含水量。

3）作物结构参数测定：株高、行距、密度。

表 3.1　试验测定项目及仪器、人员安排列表

项目	仪器及设备	人员分配
冬小麦多角度观测混合光谱	多角度观测架（+ASD 野外光谱辐射仪）	4 人（1 人操作、1 人记录数据编号、2 人移动仪器）
纯土壤光谱		
土壤水分	土钻	试验基地工作人员
叶绿素含量	SPAD-502 叶绿素仪	2 人（1 人操作 1 人记录数据）
株高	米尺	
叶片鲜重	电子天平	2 人
叶片干重	烘箱、电子天平	
干物质含量	烘箱、电子天平	
叶面积指数	LI-COR 光电叶面积仪	2 人（操作、记录）
植株密度	米尺	1 人

（4）仪器及设备介绍

1）测量光谱的仪器是 ASD Fieldspec Pro FR（Analytical Spectral Devices，Boulder，CO，US）野外光谱辐射仪，该辐射仪视场角 25°，波长范围 350～2500nm，在 350～1000nm 范围光谱采样间隔 1.4nm，1000～2500nm 范围为 2nm，光谱分辨率 3nm（350～700nm），10nm（1400～2100nm）。伴随使用的多角度观测架，是一个有着圆形可旋转底座的仪器，伸出一个机械手臂似的金属支架，末端连接着光谱仪探头，能在一定的观测平面内从各个角度对实验对象进行观测［图 3.3（a）为野外光谱辐射仪，图 3.3（b）为多角度观测架］。

2）光电叶面积仪：利用光电扫描植物的叶子，从而知道叶子面积的大小［图 3.3（c）］。

3）叶绿素仪：型号 SPAD-502 Chlorophyll Meter Model SPAD-502；SPAD-502 叶绿素仪通过测量叶片在两种波长范围内的透光系数来确定叶片当前叶绿素的相对数量［图 3.3（d）］。

（5）测定方法

1）光谱测定：选择晴朗无云、风力较小的天气，每次测量都要在北京时间 10：00～14：00 完成，以使得视场范围内太阳能够直接照射。实验区内每个测点进行多次重复（20 次左右），每小区测定前进行白板校正。试验分别测定了 2007 年 3 月 24 日、4 月 13 日、4 月 26 日和 5 月 9 日小区（6 种水分处理）和大田的冬小麦冠层光谱反射率，分别对应返青期、拔节期、孕穗期和抽穗期。采用野外光谱辐射仪测定冬小麦冠层光谱反射特征。

(a)野外光谱辐射仪

(b)多角度观测架

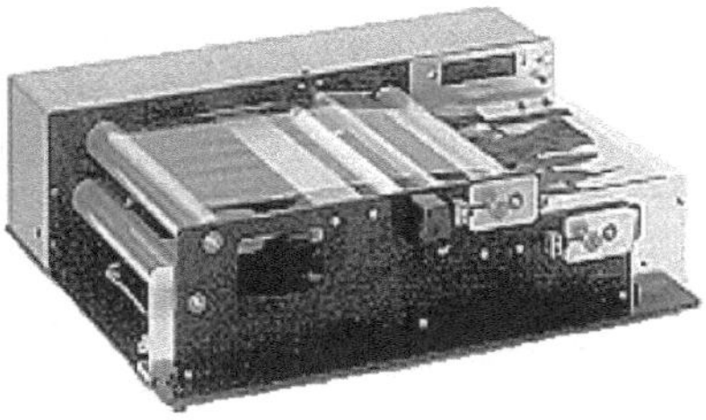

(c)光电叶面积仪

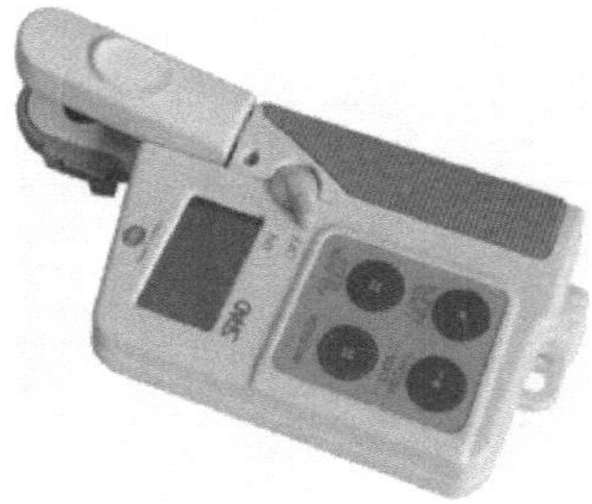

(d)叶绿素仪

图 3.3　试验仪器设备

在第一和第二个生育期（返青期和拔节期），在小区内放置旋转式观测架，传感器探头垂直于观测架臂，探头视场角 25°，与冠层顶相距约 1.2m，每个小区内利用量角器进行多角度测量，其角度范围为 10°～70°、0°及 –70°～–10°，步长为 10°（在拔节期，增加测量了 ±45°、±65°），每个角度重复测定 20 次左右，分别进行主平面和垂直主平面的测量，观测方位角为 4 个，即 0°、90°、180°、270°。前向散射方向的方位角定义为 180°，其余方位角按逆时针计；在主平面，天顶角为正表示前向散射方向，方位角即为 180°，天顶角为负表示后向散射方向，方位角即为 0°；在垂直主平面，天顶角为正则其观测方位角为 90°，天顶角为负观测方位角为 270°。图 3.4 给出观测角度坐标系示意图。

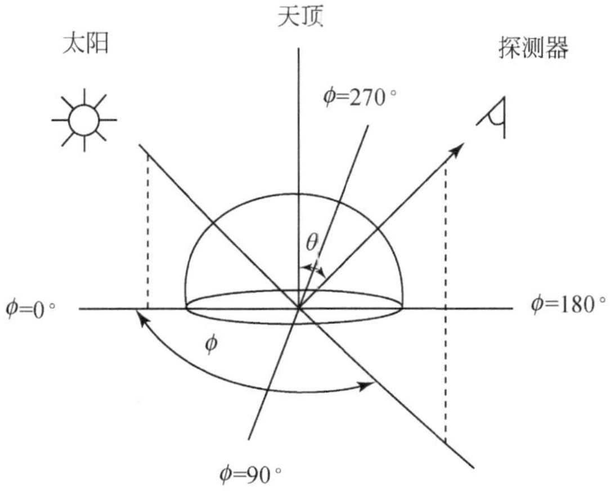

太阳和观测角坐标系

图 3.4　观测角度坐标系示意图

第三和第四个生育期（孕穗期和抽穗期）均只进行了观测角0°的光谱测量。每个小区测定前、后都进行白板校正，即测定白板光谱。白板与被测对象同一水平面放置，以小区所测冬小麦冠层光谱作为太阳光反射光谱，以白板光谱作为太阳辐射光谱，二者相除并乘以白板的室内定标光谱反射率，得到冬小麦冠层光谱反射率值。

2）土壤水分：由该基地工作人员测定，利用土钻法测量。

3）株高：在每个小区每个测点附近，选取长势比较中等（具有代表性）的小麦5茎，利用米尺测量植株高度。

4）叶绿素浓度：在测量株高后，利用SPAD-502叶绿素仪测量冬小麦叶片叶绿素浓度，每茎两叶，每叶测5～8个点，用仪器在叶片的前端和末端各测一次，叶片中间部分视叶片长度等间距测量多次，然后取平均值记录作为每片叶的叶绿素值。每个测点测5株。

5）叶片鲜重：立即把每测点的5株冬小麦连根挖出，装到塑料袋里密封并带回室内数每株茎数。把叶片从小麦植株上轻轻剪取下来，使用1mg感量天平称鲜重，感量天平用玻璃器皿调零，对每茎小麦的叶片测定鲜重，即将所选定的植株叶片放入经过标签及称重的样品袋内称重，减去袋重得到叶片鲜重（每个测点的平均值）（g）。

6）叶片叶面积：用湿布暂时覆盖叶片避免其过多暴露于空气中造成失水，使用LI-COR公司的光电叶面积仪对采样的叶片进行叶面积的测定，测定叶面积过程中，注意清洁传送带表面，尽量保持传送带的干净，及时调整传送带的位置，若传送带表面覆盖上尘土或杂物或者传送带位置偏移时，会影响探测器工作的质量，进而影响数据质量。

7）叶片干重：把叶片放入纸袋封好，放入烘箱连续15h在70～80℃温度下烘干，使用电子天平连袋称重即得连袋干重，减去袋重得叶片干重（g）。

8）茎干干重：每株植株减去叶片后的茎干分别置入另一个纸袋，也放入烘箱中与叶片进行同样处理，并称其重量。

9）小麦行数和每行株数：测量实验地中每个测点中1m长度内的小麦行数（目测，1m行数＝1m/平均行距），测量一行中每米长度内的株数（目测）。大田中的测定方法均与小区的类似。

3.2.4 数据初步处理

对所测量各参数数据进行电子化，按小区（大田中为观测点）为单位来取均值处理。

1. 生理参数数据初步处理

1）小麦平均密度(株数/m^2)＝(行数/m)×(株数/m/行)

2）计算叶面积指数：

单茎叶面积＝5株冬小麦的叶面积/5株冬小麦总茎数

冬小麦地块中1m行数＝1m/平均行间距

每平方米茎数＝1m行数×1m长度的小麦茎数

每平方米叶面积＝单茎叶面积×每平方米茎数

$$叶面积指数 = 叶面积/m^2$$

3）计算叶片相对含水率（FMC）：定义为叶片中含水量与叶片鲜重的比值，也就是叶片水含量占所有叶片鲜重的百分比，是一个没有单位的量纲。

$$叶片相对含水率 = (叶片鲜重 - 叶片干重)/叶片鲜重 \times 100\%$$

4）计算等价水厚度（EWT）：定义为叶片含水量与叶面面积的比值，即单位叶面积的含水量。EWT 的单位是 g/cm^2。

$$叶片等价水厚度 = (叶片鲜重 - 叶片干重)/叶面积 \times 100\%$$

5）计算干物质含量：

$$干物质含量 = 叶片干重 + 茎干干重$$

2. 光谱数据初步处理

对光谱数据进行预处理（筛选、取平均等），按照小区（各测点）、各角度为单位均取平均值作为后续使用。

利用 ASD 光谱仪配套的光谱数据处理软件 ASD ViewSpecPro 进行筛选处理了两期光谱数据（4 月 26 日和 5 月 9 日）：

1）打开 ViewSpecPro 软件，单击 setup→input directory，指定光谱数据的目录，设置好输入目录后，会弹出如下对话框，问是否将输出目录设置和输入目录一致，若要修改输出目录，则修改设置 setup→output directory，确认输出目录。

2）打开输入目录下的光谱数据，根据现场记录选择若干条曲线，单击 view→graph，便可以显示选中的光谱数据的曲线（数目限制≤14）（图 3.5）。

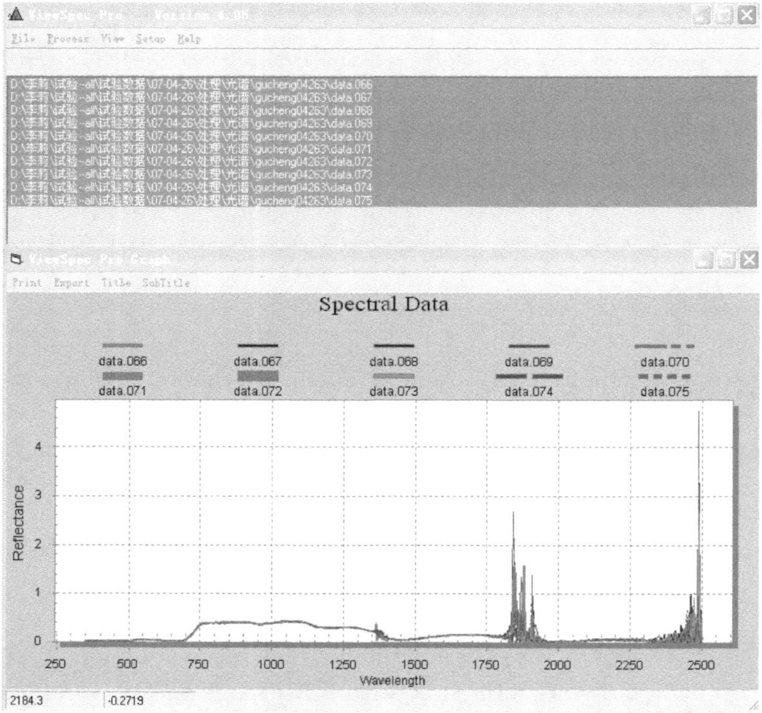

图 3.5　显示光谱曲线示意图

3）根据所得的曲线图，删除有问题的曲线，将其他曲线取平均值。即选中目标曲线，单击 process→statistics，然后点击 OK，程序便会输出平均值光谱，并在程序界面中显示。

4）选中求好平均值的光谱，单击 process→Acsii export，便可以将原来的二进制文件输出为文本文件，从而可以利用 EXCEL 或者其他程序进行后续计算。

3.3 辐射传输模型及多角度分析

对 PROSAIL 模型进行原理介绍，并且对模型中的部分参数（直接反映植被的生化性状）进行敏感性分析，处理田间实测数据（生理参数和植被光谱），并利用模型模拟数据与实际田间测量数据进行比较。

3.3.1 PROSAIL 模型原理介绍

首先对打算应用的 PROSAIL 模型进行原理研究。PROSAIL 模型由叶片模型 PROSPECT 和冠层模型 SAIL 耦合生成的，前人研究中已经大量应用。

1. PROSPECT 模型介绍

叶片模型 PROSPECT 由 Jacquemoud 和 Baret（1990）提出的，它主要描述的是植物叶片在 400～2500nm 光谱范围内的反射和透射光谱特性。该模型是基于 Allen 的平板模型进行改进的一个辐射传输模型，最初的 Allen 平板模型是将植被叶片看作一层紧密且透明的平板，表面平行，并且假设入射光线是各向同性的。后人研究中，根据实际情况对 Allen 的平板模型作了进一步的改进，其改进的部分主要是：

1）叶表面形状在微观尺度上有一定程度的波动起伏，入射光线并非各向同性，而是在一个“立体角”内的入射方向穿透叶片。那么，总的反射率和透过率的公式就可以表示为

$$\rho_{\alpha} = [1 - t_{av}(\alpha,n)] + \frac{t_{av}(90,n)t_{av}(\alpha,n)\theta^2[n^2 - t_{av}(90,n)]}{n^4 - \theta^2[n^2 - t_{av}(90,n)]^2} \tag{3.1}$$

$$\tau_{\alpha} = \frac{t_{av}(90,n)t_{av}(\alpha,n)\theta}{n^4 - \theta^2[n^2 - t_{av}(90,n)]^2} \tag{3.2}$$

式（3.1）和式（3.2）中：α 为定义立体角 Ω 的最大入射角；n 为折射指数；θ 为平板的透过系数；$t_{av}(\alpha, n)$ 为电解板表面的平均透过率，它的表达式相当复杂，但可以精确地计算出来。

2）假设每片叶是由 N 层同性层堆叠而成，由 $N-1$ 层气体空间隔开，而非单层紧密排列的，这样更适用。由于光线的非漫射特性只涉及最顶层，在改进后的模型中，将第一层与其他 $N-1$ 层分开。第一层接收的是 Ω 立体角内的入射光线（入射角为 α），ρ_{α} 和 τ_{α} 即分别为第一层的反射率和透过率，并假设在叶子内部光通量是各向同性的，

ρ_{90}和τ_{90}即分别为内部每层的反射率和透过率。则得到整个 N 层叶片的反射率和透过率为

$$R_{N,\alpha} = \rho_\alpha + \frac{\tau_\alpha \tau_{90} R_{N-1,90}}{1 - \rho_{90} R_{N-1,90}} \tag{3.3}$$

$$T_{N,\alpha} = \frac{\tau_\alpha T_{N-1,90}}{1 - \rho_{90} R_{N-1,90}} \tag{3.4}$$

将之转换至 Stokes 系统则得到最终的 PROSPECT 模型形式

$$\frac{R_{N,90}}{b_{90}^{N} - b_{90}^{-N}} = \frac{T_{N,90}}{a_{90} - a_{90}^{-1}} = \frac{1}{a_{90} b_{90}^{N} - a_{90}^{-1} b_{90}^{-N}} \tag{3.5}$$

其中：

$$a_{90} = (1 + \rho_{90}^2 - \tau_{90}^2 + \delta_{90})/(2\rho_{90}) \tag{3.6}$$

$$b_{90} = (1 - \rho_{90}^2 + \tau_{90}^2 + \delta_{90})/(2\tau_{90}) \tag{3.7}$$

$$\delta_{90} = \sqrt{(\tau_{90}^2 - \rho_{90}^2 - 1)^2 - 4\rho_{90}^2} \tag{3.8}$$

可以看出，这个模型需要 4 个参数：α、n、θ 和 N。在本书中所使用的 PROSPECT 模型是由法国巴黎大学环境开发实验室编制的。此 PROSPECT 模型的输入参数包括叶片结构参数 N、叶绿素含量 Cab、叶片等价水厚度 C_w、叶片干物质含量 C_m、叶片大小和冠层高度比 s_1、水平能见度 vis。PROSPECT 模型的输出参数为叶片反射率 ρ 和叶片透射率 τ。

2. SAIL 模型介绍

SAIL（scattering by arbitrarily inclined leaves）模型是 Verhoef（1984）在 SUIT 模型的基础上发展而来的，是适用于农田作物冠层的最有代表性的辐射传输模型之一，它的主要特点是在水平均匀的假设下考虑了冠层的垂直分层结构和叶倾角分布。此模型可以在太阳光入射方向和观测方向无关的假设下计算光线沿这两个方向的传输，并且用上行辐射通量和下行辐射通量来近似地计算冠层内部散射光的传输。在应用中其基本方程为

$$\begin{cases} \mathrm{d}E_s/\mathrm{d}z = kE_s \\ \mathrm{d}E^-/\mathrm{d}z = -SE_s + \alpha E^- - \sigma E^+ \\ \mathrm{d}E^+/\mathrm{d}z = S'E_s + \alpha E^- \alpha E^+ \\ \mathrm{d}E_0/\mathrm{d}z = wE_s + vE^- + uE^+ - kE_0 \end{cases} \tag{3.9}$$

式中：z 为高度，定义为冠层顶高度，向上为正方向，在冠层内部 z 取负值；E_s 为自上而下的直射辐射通量；E_0 为观测方向的辐射通量 $E_0 = \pi L_0$；E^+ 和 E^- 则分别为上行和下行散射的漫射辐射通量；S 为同向直射辐射转为漫射辐射的转换系数；S' 为反向直射辐射转化为漫射辐射的转换系数；α 为上行（或下行）漫射辐射的削光系数；σ 为散射后上行辐射转化为下行辐射（或相反）的比例即漫射辐射的反向转换系数；w、v、u 分别为太阳直射辐射 E_s、下行散射辐射 E^-、上行散射辐射 E^+ 向观测方向散射的转换系数；k 为光线沿太阳入射方向和观测方向传播时即直接辐射的消光系数。

本节所使用的SAIL模型同样是由法国巴黎大学环境开发实验室编制的。SAIL模型输入参数主要包括太阳天顶角 θ_s、方位角 $\boldsymbol{\Phi}_s$、观测天顶角 θ_v、观测方位角 $\boldsymbol{\Phi}_v$、叶片反射率 ρ_l、叶片透射率 τ_l、土壤反射率 ρ_s、天空散射辐射SKYL、叶面积指数、叶倾角分布（LAD）。SAIL模型的输出参数为植被冠层反射率 ρ。

3. PROSAIL 模型

PROSAIL模型是通过叶片模型PROSPECT的输出参数与冠层模型SAIL输入参数连接起来耦合所得。PROSPECT为叶片模型，包含的是叶片的生化组分信息和叶片的光谱信息；SAIL模型则为冠层模型，包含的是冠层信息，而且同时包含前者中的输出信息—叶片光谱。因此，可以使二者耦合用于进一步的研究。其合成示意图如图3.6所示。

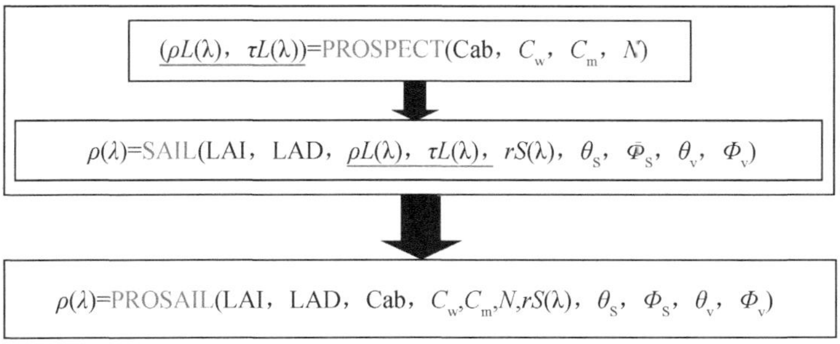

图3.6　合成PROSAIL模型示意图

PROSAIL模型的主要输入参数有传感器类型isat、太阳天顶角Theta_s、太阳方位角Phi_s、观测角Theta_v、叶片结构参数 N、叶绿素含量Cab、叶片等价水厚度 C_w、叶片干物质含量 C_m、叶片大小和冠层高度比 s_l、平均叶倾角 t_l、叶面积指数、水平能见度Vis、土壤反射率 R_{soil}，输出参数为植被冠层反射率 ρ。

3.3.2　选择模型中的部分参数进行敏感性分析

模型中的各个参数均可以表现植被的生理生化特性或者是冠层结构，但是各参数所产生的影响有所不同。为了解模型中各参数对模型输出结果的影响程度，进行了相应的敏感性分析，以便找到模型的敏感因素，作为模型调试的依据。本书参考了2005年和2007年对模型中数个参数进行的冬小麦实测数据，来确定模型参数输入的初值及其可能的变化范围，给定不同的参数来模拟冠层的光谱，以分析冠层光谱随各个参数的变化而变化的基本规律。

在本节中，结合所设定的试验测量项目及研究对象，确定考虑五个参数变量：叶绿素Cab、干物质含量 C_m、水分 C_w、叶面积指数LAI和观测角Theta_v。其取值如表3.2所示。分别进行模拟时，每次改变一个参数，其他的参数固定在参考值处。模型参考值为：Theta_s = 30°，Vis = 30，Vai = 1.5，s_l = 0.25，t_l = 67°，Cab = 30μg/cm²，C_m = 0.01g/cm²，C_w = 0.01cm，LAI = 2，Theta_v = 0°。

表 3.2　模型模拟时参数的取值

参数名称	变化值
叶绿素含量 Cab	15，30，40，50，60
干物质含量 C_m	0.001，0.01，0.03，0.05
水分含量 C_w	0.001，0.01，0.02，0.03，0.04
叶面积指数 LAI	0.1，1，2，4，6
观测天顶角 Theta_ v	20°，40°，60°，－20°，－40°，－60°

所得结果如图 3.7 所示。

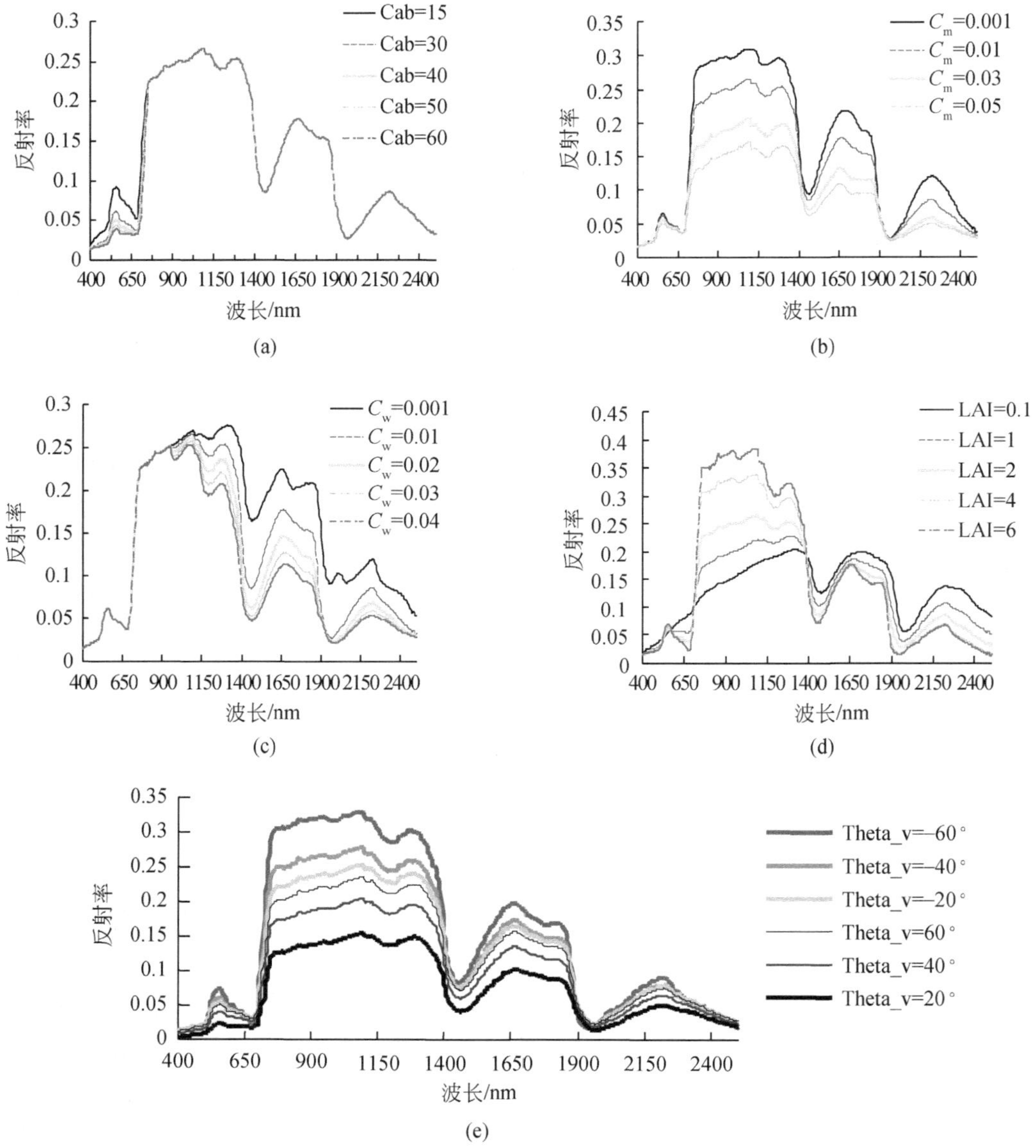

图 3.7　模型各参数变化的结果

图3.7（a）是不同Cab对冠层光谱的影响。当其他参数不变时，随着Cab的升高，在可见光区（400~700nm）冠层的反射率降低，大于700nm以后，随着波长的增大，反射率趋于一致直至重合。这与原有理论一致，在可见光区，光合色素对光线有强吸收，而叶绿素（a、b）在光合色素中占了绝大部分。图3.7（b）是不同C_m对冠层光谱的影响。当其他参数不变时，C_m对冠层光谱的影响与叶绿素的表现情况相反，在可见光区，随着C_m的升高，反射率没有明显变化，但是当波长大于700nm后（近红外区），C_m明显地影响了反射率的大小，随着C_m的增加，反射率降低，在中红外区与在近红外区的情况较为相似。图3.7（c）是不同C_w对冠层光谱的影响。当其他参数不变时，在可见光区及近红外区的前端区域，随着C_w的升高，反射率没有什么明显变化，当波长大于1000nm后，C_w则明显地影响了反射率的大小。其情况为随着C_w的增加，反射率降低。这也与原有理论较为一致，在1200nm左右之后影响反射率的主要因素即是含水量。图3.7（d）是不同LAI对冠层光谱的影响。当其他参数不变时，LAI的变化对冠层光谱的影响比较复杂：在可见光区，影响不明显，接近于一致；在近红外区，影响最为明显，随着LAI的增加，反射率增加；而在中红外区，则与在近红外区的情况相反，随着LAI的增加，反射率降低，但变化的幅度不同。此外，当LAI太小时，模型模拟的正确性会受到较大的影响，其原因可能是当LAI太小，冠层中裸露的土壤太多，冠层光谱中大部分是土壤光谱。图3.7（e）是不同Theta_v对冠层光谱的影响。当其他参数不变时，Theta_v的变化对冠层光谱的影响分析，Theta_v为正即在前向散射方向，随着Theta_v的增加，基本在全波段出现反射率增加的情况；在Theta_v为负即在后向散射方向，随着Theta_v的增加，基本在全波段也出现反射率增加的情况。

3.3.3 田间试验实测数据处理结果

1. 生理生化实测数据处理结果

对田间实测植被生理生化参数数据（叶面积指数、相对含水量、等价水厚度、叶绿素含量）分别按不同生育期、不同水分控制条件处理，所得结果如图3.8所示。

图3.8（a）是不同水分处理条件下LAI随着冬小麦生育期变化的情况。冬小麦返青后，LAI迅速增加，在拔节-孕穗期间达到最大，之后开始下降。图中显示，除了土壤水分大于70%外，其他四个水分条件对LAI有明显的影响，LAI与水分条件的变化趋势基本一致，在四个生育期间，60%~70%水分处理的LAI最大，其余依次是50%~60%、40%~50%、小于40%的水分处理。在返青期，LAI的区别较小，原因是在冬小麦的生育前期，叶片并未完全展开。在抽穗期的后期（如灌浆期），LAI的区别也较小，冬小麦进入生育后期，开始走向衰落，叶片逐渐衰老脱落。图3.8（b）是不同水分处理条件下FMC随着冬小麦的生育期变化的变化情况。图中显示，在冬小麦的四个生育期中，在返青期和抽穗期间，FMC随着土壤水分条件不同相比之下有所区别，基本上FMC随着土壤水分的增大而增大。图3.8（c）是不同水分处理条件下EWT随着冬小麦的生育期变化的变化情况。由于EWT是由叶片的含水量与叶面面积共

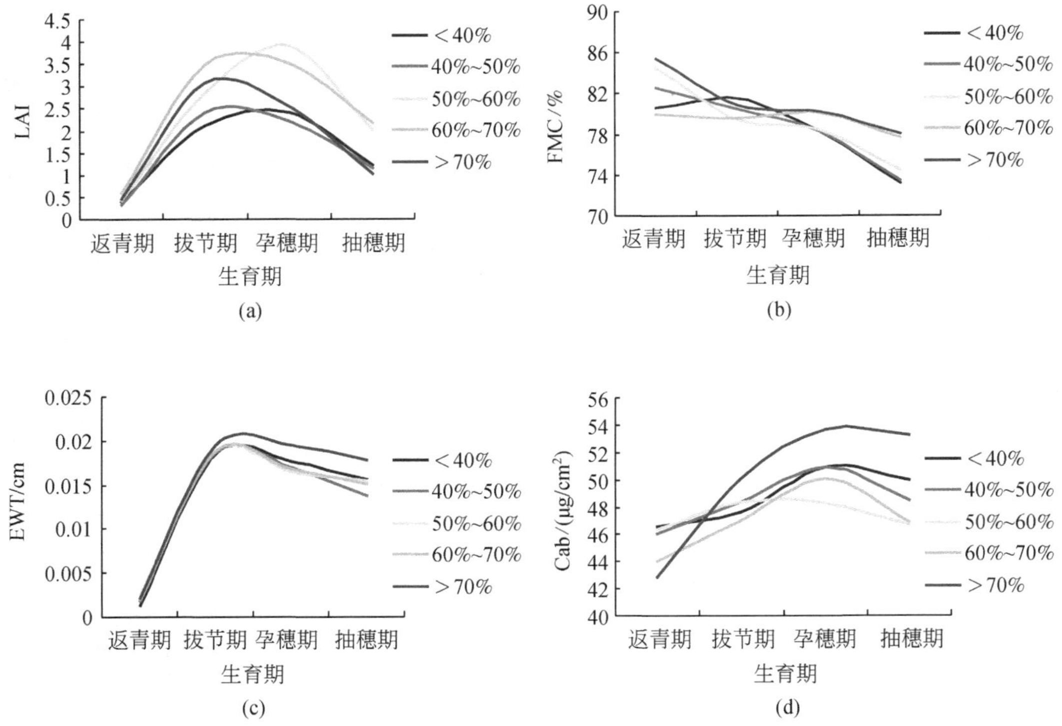

图 3.8　生理生化参数变化的结果

同决定的，所以其变化规律与 FMC 略有不同。EWT 在返青期开始快速增长，在拔节后期达到最大，然后开始缓慢下降。在生育前期（返青期和拔节前期）EWT 随着土壤水分变化不明显，但在生育后期（孕穗期和抽穗期）则有所表现，随着土壤水分的增大而增大。图 3.8（d）是不同水分处理条件下 Cab 随着冬小麦的生育期变化的变化情况。图中显示，Cab 从返青期开始缓慢增长，在孕穗期达到最大，趋于饱和，抽穗末期略有下降趋势。Cab 随着不同土壤水分条件变化并不是十分明显。

2. 植被光谱实测数据处理结果

分别按不同的要素（按主平面与垂直主平面、按不同角度、按不同的波段等）进行分析的结果。以冬小麦返青期与拔节期的各一组数据进行分析（选取数据如表 3.3 所示）。

表 3.3　按主平面与垂直主平面处理的数据列表

类别	1	2	3	4
主平面	-30°~0°~30°	-70°~-40°，40°~70°	0°~70°	-70°~-10°
垂直主平面	-30°~0°~30°	-70°~-40°，40°~70°	0°~70°	-70°~-10°

以上图 3.9（a）~（d）是处理后得到其中的一些结果。初步分析得到结论：在主

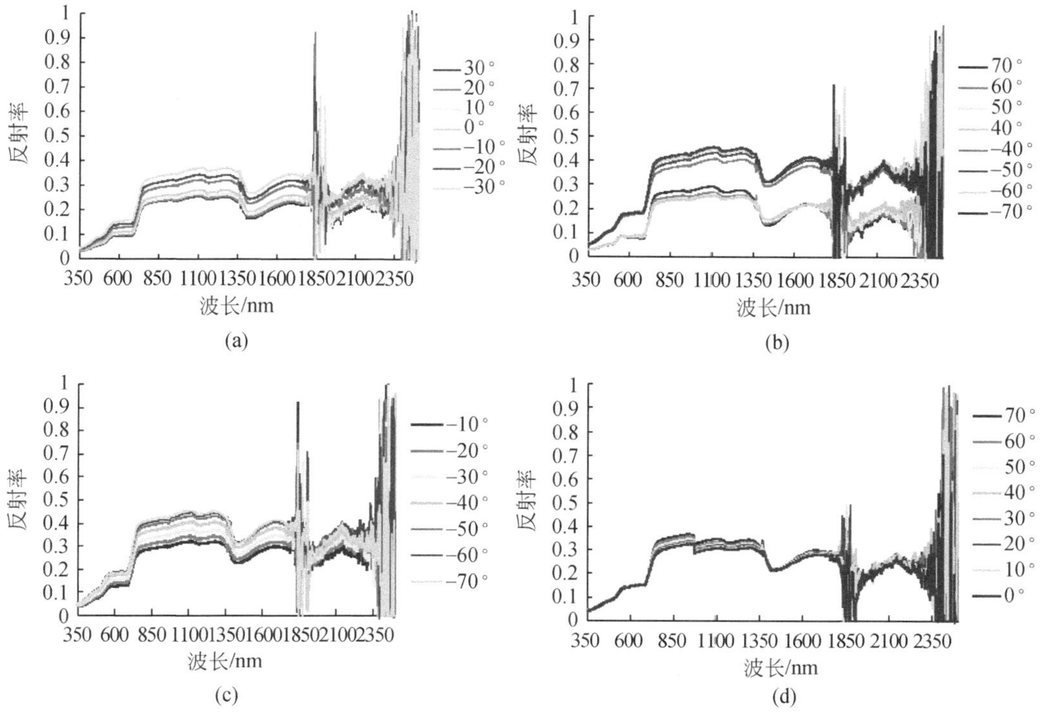

图 3.9　模型各参数变化的结果

平面中，负角（后向）反射率大于正角（前向）反射率。这是因为在后向散射方向，探测器探头与太阳在同一侧，探测的视场所包括的是太阳直接照射到的部分，所以它的反射率大，而在前向散射方向，探测器探头与太阳在异侧，探测的视场还包括未被太阳直接照射到的部分和阴影部分，所以反射率小。当探测器探头从后向散射方向朝前向散射方向变化时，反射率是逐渐变小的。观测天顶角发生了变化，则在视场内冠层的上部植被结构所占的比例随之改变，而且冠层的下部中所包含的植被等造成的阴影部分所占的比例也会发生相应的变化。所以冠层反射率随着观测天顶角的变化而变化。我们的研究对象是冬小麦，可以认为它是一个相对均匀的冠层，当观测天顶角增大时，视场中植被部分（即冠层上部）增加，阴影部分（即冠层下部）减少，所以冠层反射率也增大。即冠层反射率随着观测天顶角度的增加而增大，上述处理的各数据结果基本都支持这个结论。在冬小麦的返青期和拔节期，为低覆盖条件下的植被，地面裸露土壤较多，观测天顶角增大则光谱受到土壤背景的影响会减小。

3. 试验数据 MODIS 中心波段处理

将试验实测的光谱数据，按照 MODIS 中的部分中心波段进行光谱数据处理。在前人研究中，常提取对应 MODIS 的第 2、6 波段的 861nm 和 1627nm 来构建水分指数。我们对 4 月 13 日冬小麦处于拔节期进行的主平面与垂直主平面的光谱测量数据进行处理，提取了其中的 861nm 和 1627nm（对应 MODIS 的第 2、6 波段）的反射率来作图［图 3.10（a）~（d）］。

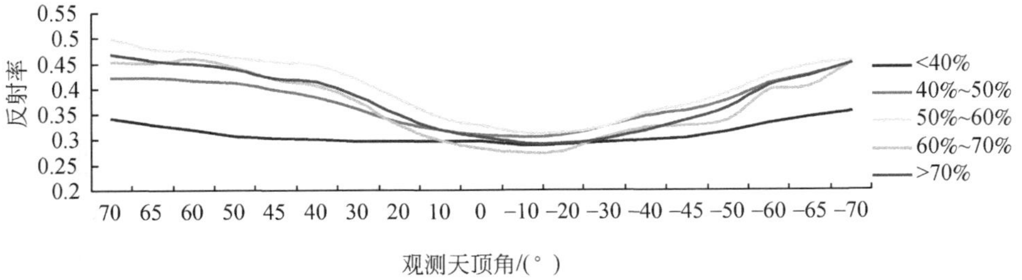

(a) 861nm(主平面)

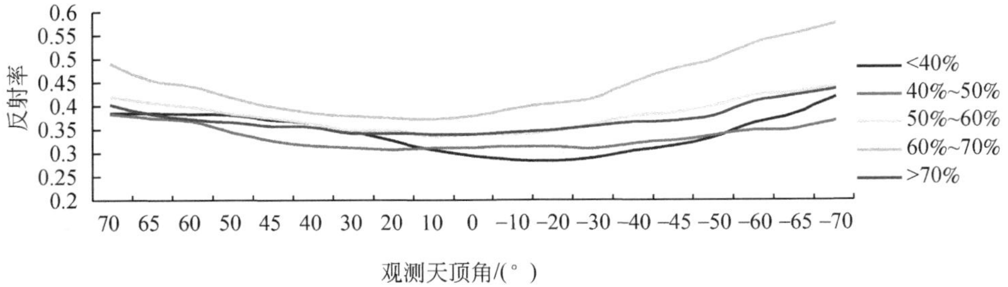

(b) 861nm(垂直主平面)

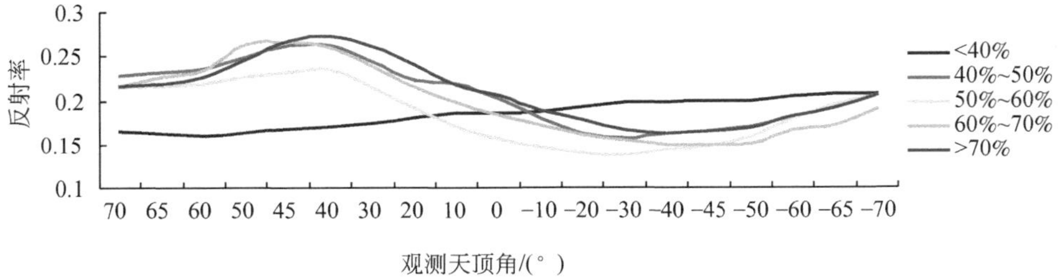

(c) 1627nm(主平面)

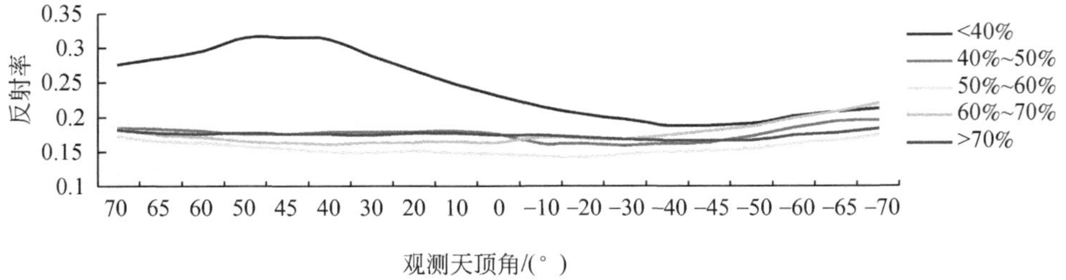

(d) 1627nm(垂直主平面)

图 3.10　实测光谱按 MODIS 波段处理的结果

图 3.10 中显示：在 861nm 和 1627nm 都出现了一定的规律。对于不同水分处理条件而言，在小于 40% 的水分条件下，它的光谱在 861nm 和 1627nm 处不管是主平面还是垂直主平面均与别的水分条件下光谱表现有所不同，是因为小于 40% 的水分条件可能已经会对冬小麦产生明显的胁迫影响，缺水导致植株叶片内部细胞结构改变，整个植株含水量也减少，改变了冬小麦的反射特性。所以在以叶片内部细胞结构为影响光谱决定因素的近红外波段和以叶子含水量为影响光谱决定因素的短波红外波段，光谱表

现出了异常。在近红外波段861nm处，主平面和垂直主平面同样表现出冠层反射率随着观测天顶角的增加而增加的规律，原因如前所述。垂直主平面中在861nm和1627nm波段处，基本表现出冠层反射率曲线是对称的，但光谱曲线本身比较不稳定。这是因为，在冬小麦的拔节期，是低植被覆盖条件，地表未完全被植株叶片所覆盖，裸露地表土壤部分较大，存在着“行效应”，所以观测视场内随着观测角度的变化而观测到的组分有所变化，导致冠层反射率受到土壤背景影响和冠层植被影响的程度有所不同。

4. 利用模型模拟数据与实际田间测量数据进行比较

将田间试验实测数据与根据实际数据（参数）通过PROSAIL模型模拟所得的数据进行比较，分析二者拟合的程度，利用均方根误差和相关系数来评价它们的一致性。对3月24日冬小麦返青期和4月13日冬小麦拔节期的主平面数据进行处理，将其与模型模拟的数据（400～1820nm范围内）进行对比，包括±20°、±30°、±40°、±50°、±60°、±70°等角度数据的对比。判断模拟值与实际值的一致性程度采用：①RMSE均方根误差来检验，RMSE值越小，表明模拟值与实际值拟合的程度越高；②r相关系数来检验，r值越大，模拟值与实际值一致性越高。可得结果：

1）前向散射方向（正角度），分别利用RMSE值和相关系数r值来评价模型模拟和实测之间一致性的结果（图3.11）。

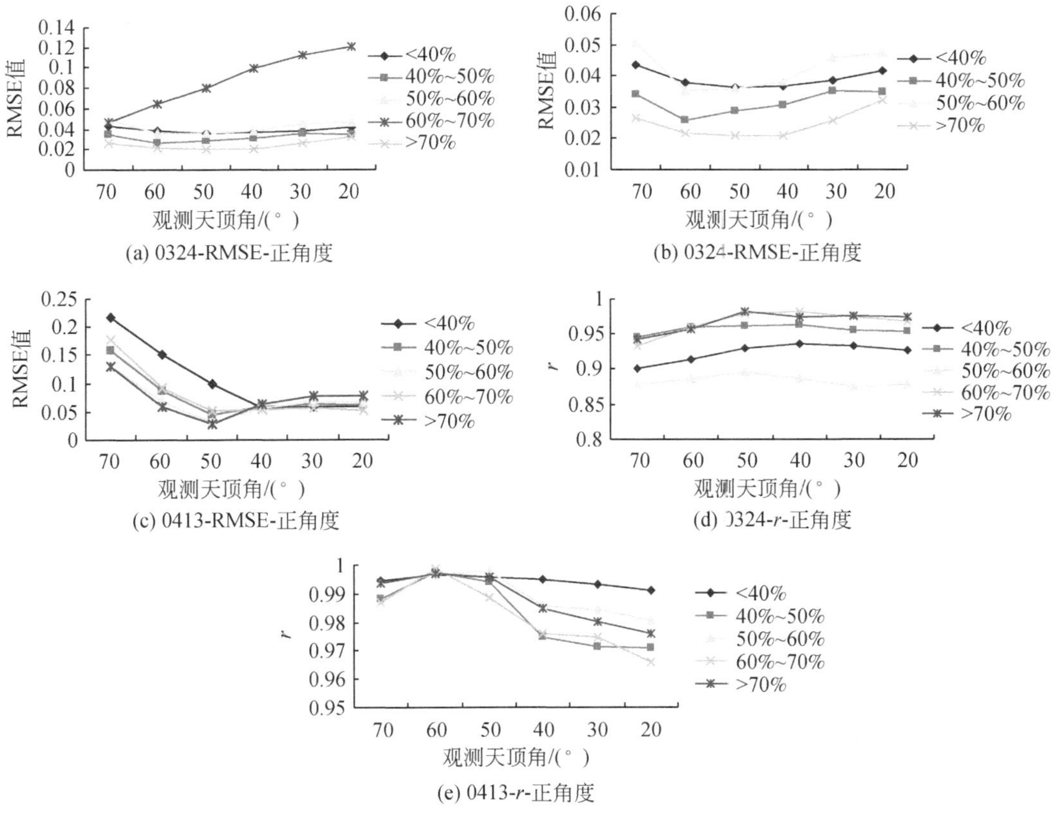

图3.11 前向散射方向（正角度）不同生育期RMSE值和相关系数r值

从图3.11（a）、（b）中看出，其中60%～70%水分条件下的数据有所异常，其他数据则可以用于表现均方根误差值所表示的一致程度，呈现一个“碗状”曲线，RMSE值越小，表明模拟值与实际值一致的程度越高，在“碗底”位置的是中等角度（40°、50°），其RMSE值最低，所以一致的程度相对来说最高。从图3.11（c）中看出，对4月13日的数据同样利用RMSE来衡量模型模拟值和实际值之间一致的程度，可以得到和3月24日结果相近的结果。在中等角度，RMSE值相对来说最小，说明模型模拟的结果与实测的结果最为一致。但由于水分控制条件的状况随着生长季的发展，水分条件实现的程度更佳，RMSE的曲线可能也随之发生变化，不再是两边接近对称的“碗状”曲线，而是在随着从大角度到中等角度，RMSE值随之下降，从中角度至小角度，RMSE值略有上升。

从图3.11（d）、（e）中看出，由相关系数r值来判断模型模拟值和实测值之间一致的程度，得到的曲线表明，与由均方根误差RMSE值来判断模型模拟值和实测值之间一致的程度所得到的结果很相近。相关系数r值越大，表明模拟值与实际值一致的程度越高。图中可看出，根据值的大小来判断，在中等角度，r值相对来说最大，说明模型模拟的结果与实测的结果最为一致。但是在两个生育期，由于水分控制条件实现程度的不同，r值的变化也发生了类似RMSE值变化的情况。在返青期，r值变化的曲线为“微碗状”曲线，其值在中等角度达到最大值，在大角度和小角度的r值都较之小；在拔节期则是在随着从大角度到中等角度，r值随之略有上升，从中角度至小角度，r值有较大幅度的下降，即在中等角度，r值达到最大。

2）后向散射方向（负角度）分别利用RMSE值和相关系数r值来评价模型模拟和实测之间一致性的结果（图3.12）。

从图3.12（a）、（b）中看出，负角度的模型模拟值和实际测量值之间的吻合程度与正角度有所不同。负角度比较的结果是：RMSE值随着观测天顶角度变小有下降的趋势，但是生育期不同，下降的曲线形状略有不同，在3月24日的返青期RMSE值变化的是上凸的幂函数曲线，在4月13日的拔节期RMSE值变化是下凸的幂函数曲线（经函数拟合后证明）。可以认为是角度越小，模型模拟的结果与实测的结果越为一致。

从图3.12（c）～（e）中看出，由相关系数r值来判断模型模拟值和实测值之间一致的程度，得到的曲线表明，与由均方根误差RMSE值来判断模型模拟值和实测值之间一致的程度所得到的结果很相近。r值随着角度的减小有一个增大的趋势，除了在拔节期小于40%的水分条件下的r值曲线外，其他的曲线都可以基本表明，在负角度，角度越小，模型模拟的结果与实测的结果越为一致。冬小麦在返青期和拔节期间（主平面）实际观测所得的反射率光谱与利用PROSAIL模型输入实际相关参数模拟所得的反射率光谱之间有较强的一致性。利用均方根误差RMSE值和相关系数r值共同判断二者的一致性，结果表明，在主平面前向散射方向（正角度），中等角度（40°、50°）处RMSE值相对来说最小，r值相对来说最大，说明模型模拟的结果与实测的结果最为一致。在主平面后向散射方向（负角度），角度越小，RMSE值相对来说越小，r值相对来说越大，模型模拟的结果与实测的结果越为一致。可以认为，结果证明了PROSAIL模型在主平面前向散射方向的中等角度与后向散射方向的小角度可以很好地模拟低覆

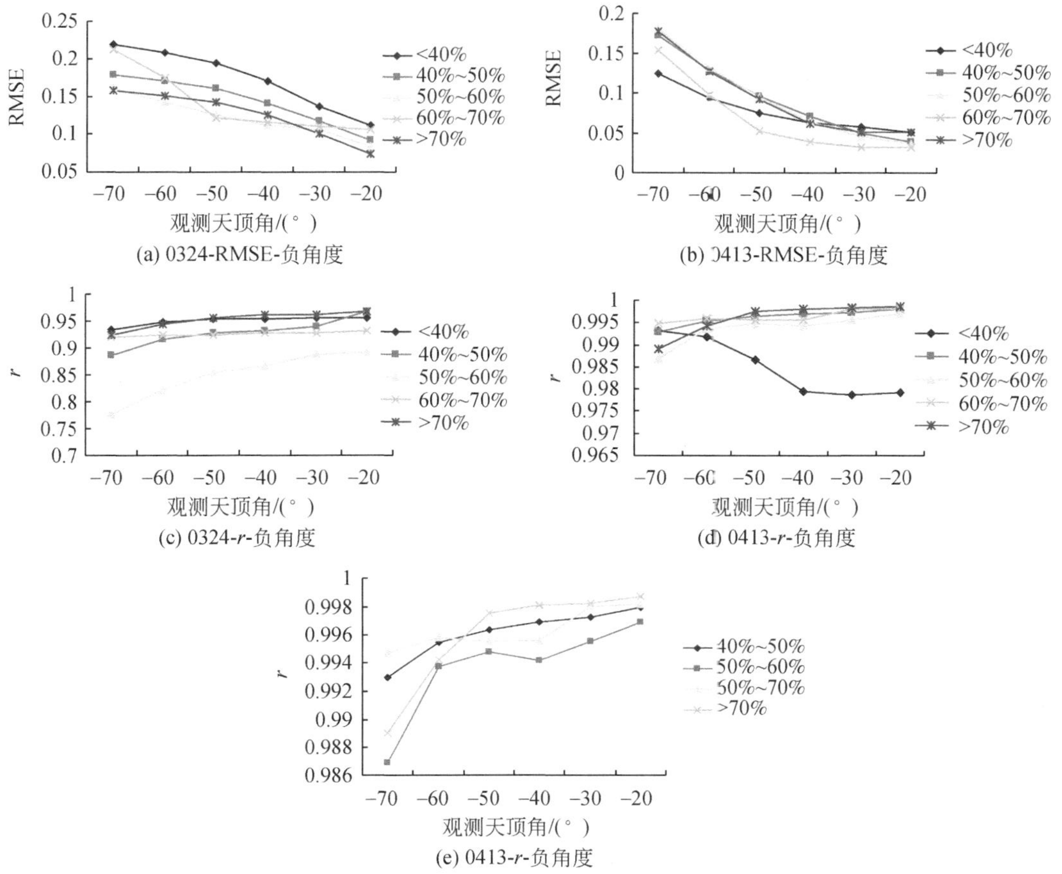

图 3.12 后向散射方向（负角度）不同生育期 RMSE 值和相关系数 r 值

盖条件下植被（农作物前生育期）的反射光谱。以上是在 400 ~ 1820nm 波段范围内进行讨论的，若在 400 ~2500nm 波段范围内则总体检验效果不佳，其原因可能在于在短波红外（1820nm 以后）光谱中所出现的噪声因素使得数据计算的不准确程度增加。

3.3.4 讨论

本节主要是对后续研究中需要的 PROSAIL 模型进行原理及模型参数介绍，并且根据实际实验测量项目和研究的需要，选择模型中的部分参数（直接反映植被的生化性状）进行敏感性分析，结果表明，不同的参数对植被光谱产生的影响不同，分别是：Cab 对可见光波段的光谱产生显著的影响；C_m 对近红波段和中红波段光谱有明显的影响；EWT 则是对短波红外区域波段有显著的影响；LAI 则是对近红波段和短波红外波段都有着影响；Theta_ V 的变化则会对全波段范围内产生影响。对田间试验的数据（生理参数和植被光谱）进行处理，一部分是处理植被生理生化参数数据，结果表明 Cab、FMC、EWT、LAI 各自随着生育期不同、水分条件的不同有着不同的变化趋势。另一部分是处理植被光谱数据，结果表明，主平面测量和垂直主平面测量的结果会有所不同，前向反射率和后向反射率与观测天顶角的大小有着紧密的关系。再有就是将光谱数据按照 MODIS 中心波段进行处理，结果表明，在 861nm 处主平面和垂直主平面，植被冠层反射率是随着观测天顶角的增加而增加的，因为观测角发生变化时冠层反射率受到土壤背景和冠层植被影响的程度有所不同。最后通过模型模拟得到的光谱数据与实测数据相互比较，结果表明，在 400～1820nm 波段范围内，PROSAIL 模型在主平面前向散射方向的中等角度与后向散射方向的小角度可以很好地模拟低覆盖条件下植被（农作物前生育期）的反射光谱。

3.4 去除土壤背景影响的植被水分指数

在遥感图像上，绿色植物的叶子和植被冠层的光谱特性、光谱之间的差异以及变化等可以反映出植被的信息。在不同的光谱通道，植被的一些生理要素或者是特征状态会对光谱产生不同程度的影响，例如，色素吸收会影响可见光波段的光谱反射率，细胞结构则影响近红外波段的光谱反射率，而水汽吸收就影响了短波红外的光谱反射率特性。对于具有极强复杂性的植被而言，只利用单波段或者是多波段数据对比来提取相应的植被信息可能会出现较大的局限性。为此发展了可以改善这种状况的提取植被信息的一种方式——植被指数，亦即选用多个光谱波段数据经过一系列的分析运算，包括如加、减、乘、除等线形/非线性的组合方式，其中没有别的辅助资料，也没有假设条件，即生成某种形式和数值，来指示出植被的生理等状态信息。这种方法是目前常用的获取植被信息的方法之一。

一般的研究区域多为植被较为丰富、地面植被覆盖较高的地表状况，多以较理想的环境条件进行讨论，但是后来发现，所得的研究方法若应用到植被覆盖较低的、环境条件较差的区域，其结果会受到很多干扰因素的影响，尤其是明显的土壤背景因素，由于土壤在近红波段的反射通常是可见波段的 2 倍，土壤的背景辐射会影响到与红波段、近红波段有关的植被指数，一般地，如比值植被指数 RVI、转换植被指数 TVI 等没有考虑土壤背景的影响，辨识能力明显较低，会导致反映植被信息的准确度大幅下降。所以如何在原有研究方法的基础上尽量减小或者是有效去除外界因素的影响成为研究的重点，即如何在低植被覆盖条件下，受到土壤背景明显影响的植被冠层中更为准确地提取植被的信息，如植被水分、叶面积指数、植被覆盖率、生物量、光合有效辐射吸收系数等。后来的研究就提出了许多包括校正因子或常量的替代公式生成的植被指数，用来估测背景辐射的变化或者减弱背景辐射的影响，即一些去除植被影响的植被指数。本书主要探讨的是对植被信息中的植被水分信息的提取。

3.4.1 构建去除土壤背景影响的植被水分指数

1. 常用的去除土壤背景影响的植被指数

在前人的研究中提出了一系列试图去除土壤背景影响的植被指数，主要是利用了对植被的光谱响应十分不同的可见光红波段和近红外波段，通过引入土壤线、增加土壤调节系数等方法来实现。表 3.4 中为常用的去除土壤背景影响的植被指数。

表 3.4 常用的去除土壤背景影响的植被指数

简称	建立者及时间	表达式
PVI	Richardson 和 Wiegand（1977）	$PVI=\frac{NIR-aR-b}{\sqrt{1+a^2}}$
SAVI	Huete（1988）	$SAVI=\left(\frac{NIR-R}{NIR+R+L}\right)(1+L)$
TSAVI	Baret 等（1989）	$TSAVI=[a(NIR-aR-b)]/(aNIR+R-ab)$
MSAVI	Qi 等（1994）	$MSAVI=(2NIR+1)-\sqrt{(2NIR+1)^2-8(NIR-R)}/2$
OSAVI	Rondeaux 等（1996）	$OSAVI=\frac{NIR-R}{NIR+R+X}$
θ_{SAVI}	Jiang 等（2006）	$\theta_{SAVI}=2\arctan(SAVI/1.5)$

注：NIR、R 分别为近红外波段、可见光红波段的反射率数值，a、b 分别为土壤背景线（土壤背景的亮度变化线）的斜率和截距，L 为土壤调节系数，X 为减少土壤背景影响的优化值。

垂直植被指数（perpendicular vegetation index，PVI）是在植被指数的基础上采用“土壤线”发展而来，受土壤亮度的影响较小，可以去除部分土壤的影响，但仅是只在植被覆盖稀疏 LAI 值较低时表现比较好，随着 LAI 值增加就会变得对土壤背景很敏感，对植被不会有太强的敏感性了，比较适用于低覆盖度植被，如作物发育的早－中期阶段。

土壤调整植被指数（soil-adjusted vegetation index，SAVI）是一个可以适当描述土壤－植被系统“简单模型”的植被指数，它确实部分降低了土壤背景的影响，但同时也降低了与植被覆盖度的相关性，极为可能丢失一部分植被信号，且其中的调节因子 L 是随着植被盖度与土壤类型而变化的，不能够完全正确地表现植被的状况。

转换型土壤调整植被指数（transformed soil-adjusted vegetation index，TSAVI）是 SAVI 的转换形式，它源于土壤线而且也考虑了土壤背景的有关参数，将土壤背景亮度的影响减小，所以可能适合于低植被盖度的指示。在前人的研究中，SAVI 和 TSAVI 都表现出不受遥感器类型的限制，可以很好地描述植被覆盖和土壤背景的优势。

修改型土壤调整植被指数（modified soil-adjusted vegetation index，MSAVI），是对 SAVI 更进一步改进发展的指数，比 SAVI 更好地考虑了土壤因素的变化情况，而且也不需要具有目标研究区的先验知识，即不需要获取该区域的土壤参数等，同样适合于地表植被覆盖低的区域的研究。

优化型土壤调整植被指数（optimization of soil-adjusted vegetation index，OSAVI）是通过模型模拟来获得优化值，并已经在前人的研究中证明适用于在全范围内（即高或低植被覆盖度）都能较有效地减少土壤噪声的影响。

基于 SAVI 的角度型植被指数（angle-based vegetation index，θ_{SAVI}）是通过在红

光－近红外光谱平面上的三角分析，为降低土壤背景对角度型植被指数 θ_{NDVI} 的影响所提出的一个基于 SAVI 的角度型植被指数，前人研究的实验结果表明，θ_{SAVI} 不仅土壤背景影响较小，而且线性度也比较好，比较适合于对低覆盖植被冠层信息的提取。

2. 去除土壤背景影响的植被水分指数

针对去除土壤背景影响的植被指数，我们利用对水分比较敏感的短波红外波段代替可见光红波段，将近红外和短波红外波段组合，构建一系列试图去除土壤背景影响的植被水分指数，分别与表 3.4 中各个植被指数对应（表 3.5）。

表 3.5　去除土壤背景影响的植被水分指数

简称	名称	表达式
PWI	垂直植被水分指数	$PWI=\frac{NIR-aSWIR-b}{\sqrt{1+a^2}}$
SAWI	土壤调整植被水分指数	$SAWI=\left(\frac{NIR-SWIR}{NIR+SWIR+L}\right)(1+L)$
TSAWI	转换型土壤调整植被水分指数	$TSAWI=[a(NIR-aSWIR-b)]/(aNIR+SWIR-ab)$
MSAWI	修改型土壤调整植被水分指数	$MSAWI=(2NIR+1)-\sqrt{(2NIR+1)^2-8(NIR-SWIR)}/2$
OSAWI	优化型土壤调整植被水分指数	$OSAWI=\frac{NIR-SWIR}{NIR+SWIR+X}$
θ_{SAWI}	角度型植被水分指数	$\theta_{SAWI}=2\arctan(SAWI/1.5)$

注：NIR、SWIR 分别为近红外波段、短波红外波段的反射率数值，a、b 分别为土壤背景线（土壤背景的亮度变化线）的斜率和截距。L 为土壤调节系数。X 为减少土壤背景影响的优化值。

3. 其他植被指数

除了以上提到原有的和构建的植被指数外，用来提取植被水分信息的植被指数还有以下几个，在前人的研究中都证明了归一化水分指数 NDWI 和简单比值水分指数 SRWI可以比较好地反映植被的水分信息（表 3.6）。

表 3.6　其他植被指数

简称	建立者及时间	表达式
NDVI	Deering（1978）	$NDVI=\frac{NIR-R}{NIR+R}$
NDWI	Gao（1996）	$NDWI(\lambda_1,\lambda_2)=(\rho\lambda_1-\rho\lambda_2)/(\rho\lambda_1+\rho\lambda_2)$
SRWI	Penuelas 等（1996）	$SRWI(\lambda_1,\lambda_2)=\rho\lambda_1/\rho\lambda_2$

注：NIR、R 分别为近红外波段、可见光红波段的反射率数值，λ_1 和 λ_2 为近红外波段，其中包括水吸收带的峰、谷波段。

3.4.2 利用植被指数、水分指数提取水分信息

1. 确定计算各个植被指数的参数

主要是确定在计算各个植被指数和植被水分指数时所需要的参数，包括土壤线参数、土壤调整因子、采用的波段、采用的角度等。

（1）土壤线参数

土壤线是以红光波段为横轴，近红外波段为纵轴，把两波段的光谱反射率值做一个分布图，基本形成与两轴呈近45°的直线，常以 $y = ax + b$ 来表示，其中，x 为红光波谱反射率，y 为近红外波谱反射率，a、b 分别为土壤线的斜率和截距。一般来说，土壤反射率有许多影响因素，但是对于同一个地区、同一种土壤而言，土壤类型才是主要的影响因素，亦即在相同的红光波段和近红外波段组合的情况下，这种土壤的土壤线是固定的，不随时间变化，也不随土壤湿度和太阳高度角等外界因素的变化而变化，而根据不同的土壤类型使得土壤线有不同的 a、b 值。

本次试验中，根据以上理论进行实际测量获得土壤线的数据。在试验小区旁边的空白小区中测量裸露土壤的反射率光谱，与试验小区种植冬小麦的是同一种土壤，分别测量两个测点，每个测点均进行主平面和垂直主平面的测量，每个平面也测量各个角度的光谱（20°、30°、40°、50°、60°、70°、80°、90°、100°、110°、120°、130°、140°、150°、160°），利用其中的红光波段和近红外波段构建二维图，获得该种土壤的土壤线参数 a 和 b 值（各组数据变化幅度微弱，则取数据的平均值为所需的结果）。

（2）土壤调整因子

根据前人研究所得的结果及相关参考文献，上述列表的公式中的土壤调节因子 L 为土壤调节系数（低植被郁闭度时取值 $L=1$），X 为减少土壤背景影响的优化值（取值 $X=0.16$）。

（3）采用的波段

根据先验知识中绿色植物光谱的水分吸收带中心波段、前人研究所获得的敏感波段以及分析本书中的实验所获取的田间数据而得的波段，采用以下波段进行计算植被指数及植被水分指数等：可见光红波段 R 为 645nm、700nm；近红外波段 NIR 为 760nm、855nm、970nm、1075nm、1180nm；短红外波段 SWIR 为 1450nm、1550nm、1600nm、1640nm、1750nm、1950nm、2130nm。

（4）采用的角度

根据3.3节中的分析结果，以 RMSE 值（均方根误差）和 r 值（相关系数）来评价模型模拟结果和实验数据结果一致的程度。在前向散射方向，RMSE 值的最小值和 r 值的最大值均出现于中等角度（40°、50°、60°）；在后向散射方向，RMSE 值的最小值和 r 值的最大值均出现于小角度（−20°、−30°）。所以在计算植被指数及植被水分指数时，采用：垂直方向（垂直天顶）为 0°；正角度（前向散射方向）为 40°、50°、60°；负角度（后向散射方向）为 −20°、−30°。

2. 计算植被指数和植被水分指数及其分别与 FMC、EWT 的相关关系

根据3.4.2节中确立的所需参数，分别计算不同生育期、不同观测角度、不同的植被指数（植被水分指数）与植被水分 FMC 和 EWT 的相关关系，并对结果进行显著性检验，如图3.13所示，即利用冬小麦返青期、40°观测角条件下的光谱数据计算的植被水分指数 SAWI，与实际测量计算所得的植被水分 FMC 之间的相关关系及显著性检验的结果。其他依此类推，即可得到各植被指数、植被水分指数等与植被水分 FMC 和 EWT 的相关关系及显著性检验结果。

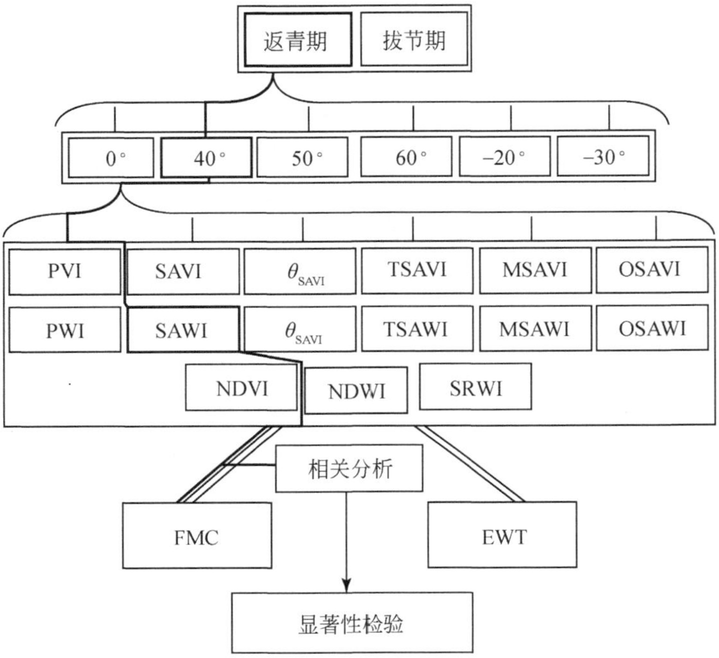

图3.13　植被（水分）指数与植被水分之间的相关关系计算方法

3. FMC 与 EWT 之间的转换关系

利用3.2节的实验中所提及的测量参数行计算相对含水率 FMC 和等价水厚度 EWT，在 PROSAIL 模型应用中的参数 C_w 即利用的是等价水厚度 EWT 的数据。在此

$$\mathrm{EWT} = (F_w - D_w)/A = C_w \tag{3.10}$$

$$D_w/A = C_m \tag{3.11}$$

$$\mathrm{FMC} = (F_w - D_w)/F_w \tag{3.12}$$

式中：F_w 为叶片鲜重；D_w 为叶片干重；A 为叶片面积；C_w、C_m 分别为 PROSAIL 模型中表达水分含量和干物质重量的参数。经过对式（3.10）、式（3.11）、式（3.12）的转换和整理，推出 FMC 和 EWT 的转换式（3.13）：

$$\mathrm{FMC} = \mathrm{EWT}/(\mathrm{EWT} + C_m) \tag{3.13}$$

所以 FMC 和 EWT 之间可以进行相互转换，在后面的研究中可以只讨论其中一个变量而同时得到另一个变量的结果。

4. 植被指数、水分指数及其与 FMC 的相关关系

以冬小麦拔节期的指数/水分指数与 FMC 之间的相关关系结果为例加以说明，经过显著水平为 5% 的显著性检验的结果，有多个植被指数和植被水分指数，包括 θ_{SAVI}、TSAVI、OSAVI、PWI、SAWI、θ_{SAWI}、MSAWI、OSAWI、NDVI、NDWI、SRWI等在各个角度条件下达到一定的显著水平，对其结果分别进行比较分析。

(1) 植被指数之间的比较

主要是针对结果中的植被指数进行相互比较，且以其中相同角度的结果来考虑。结果见表 3.7。

表 3.7　植被指数（-30°）与 FMC 之间的相关系数

植被指数	波长/nm	相关系数
θ_{SAVI}	**760、700**	**-0.688**
TSAVI	760、645	-0.687
	760、700	**-0.710**
	855、700	-0.695
	970、700	-0.696
OSAVI	760、645	-0.679
	760、700	**-0.705**
	855、700	-0.687
	970、700	-0.690

计算的所有植被指数中，在相同的观测角度条件（-30°）下，上表中的三个去除土壤背景影响的植被指数与冬小麦拔节期的 FMC 之间均达到了显著水平为 5% 的相关关系。比较之下，相同的观测角度条件下，由波段 760nm 和 700nm 所组合成的各指数都有比较高的相关系数，其中 TSAVI 相对最高。在各个观测角度中，只在 -30°观测角可同时得到多个与 FMC 的相关性都较大的指数，其中 TSAVI 的相关系数达到了 -0.710。

(2) 植被水分指数之间的比较

主要是针对结果中的植被水分指数进行相互比较，且以其中相同的两个角度的结果来考虑。

计算的所有植被水分指数中，在相同的观测角度条件（60°）下，表 3.8 中的 6 个植被水分指数与冬小麦拔节期的 FMC 之间均达到了显著水平为 5% 的相关关系。比较之下，在相同的观测角度条件下，表中前 4 个植被水分指数，每一个指数在不同波段组合的结果中，由近红波段 760nm 和短波红外波段 2130nm 组成的以及表中后两个植被

水分指数，由近红波段760nm和970nm组成的都与FMC达到较高的相关系数。而且各指数中，水分指数PWI与FMC的相关性最小，其他的去除土壤背景影响的水分指数与FMC的相关系数都比较大，也说明这几个表达式可以稍微改善土壤背景的影响。

表3.8　植被水分指数（60°）与FMC之间的相关系数

植被水分指数	波长/nm	相关系数
PWI	**760、2130**	**-0.691**
SAWI	**760、2130**	**-0.709**
	855、2130	-0.694
	970、2130	-0.700
	1180、2130	-0.700
θ_{SAWI}	**760、2130**	**-0.708**
	855、2130	-0.693
	970、2130	-0.700
	1180、2130	-0.700
MSAWI	**760、2130**	**-0.704**
	855、2130	-0.691
	970、2130	-0.694
NDWI	**760、970**	**±0.759**
	760、855	±0.720
	760、1075	±0.747
	855、1075	±0.742
	970、1075	±0.719
SRWI	**760、970**	**±0.759**
	760、855	±0.720
	760、1075	±0.747
	855、1075	±0.742
	970、1075	±0.719

在进行计算的所有植被水分指数中，在相同的观测角度条件（-30°）下，表3.9中的5个植被水分指数与冬小麦拔节期的FMC之间均达到了5%的显著水平。比较之下，在相同的观测角度条件下，表中前三个植被水分指数，每一个指数由不同波段组合的结果中，由近红波段760nm和短波红外波段1640nm组成的以及表中后两个植被水分指数，由近红波段760nm和855nm组成的都与FMC达到较高的相关系数。此外，两组比较的结果中，相同的指数形式，但是其条件分别是60°和-30°观测角，由不同的波段组合生成的指数与植被FMC相关的结果可得：对于水分指数SAWI和θ_{SAWI}，在60°观测角下利用760nm和2130nm组合波段和在-30°观测角下利用760nm和1640nm组合波段，都可以和FMC达到较高的相关系数，可以用来指示FMC；对于水分指数

NDWI 和 SRWI，在 60°观测角下利用 760nm 和 970nm 组合波段和在 -30°观测角下利用 760nm 和 855nm 组合波段，都可以和 FMC 达到较高的相关系数，可以用来指示 FMC。

表 3.9　植被水分指数（-30°）与 FMC 之间的相关系数

植被水分指数	波长/nm	相关系数
SAWI	760、1600	-0.682
	760、1640	**-0.691**
	760、1750	-0.679
θ_{SAWI}	760、1600	-0.682
	760、1640	**-0.691**
	760、1750	-0.679
OSAWI	760、1600	-0.689
	760、1640	**-0.698**
	760、1750	-0.685
	970、1640	-0.679
NDWI	**760、855**	**±0.793**
	760、970	±0.764
	760、1180	±0.772
	760、1075	±0.746
	855、1075	±0.690
	855、1180	±0.756
	970、1180	±0.756
SRWI	**760、855**	**-0.793**
	855、760	0.792
	760、970	-0.765
	970、760	0.762
	760、1180	-0.776
	1180、760	0.769
	760、1075	-0.744
	1075、760	0.748
	855、1075	-0.688
	1075、855	0.693
	855、1180	-0.758
	1180、855	0.754
	970、1180	-0.758
	1180、970	0.755

(3) 同源指数之间的比较

主要是针对结果中的同源植被指数与水分指数之间进行相互比较，且以其中相同角度的结果来考虑。

针对同源指数（θ_{SAVI}、θ_{SAWI}），同个角度（-30°）所得的结果表明（表 3.9），θ_{SAVI}是通过在红光-近红外光谱平面上的三角分析，为降低土壤背景的影响，所提出的一个基于 SAVI 的角度型植被指数。前人研究表明，θ_{SAVI}土壤背景影响较小，而且线性度也比较好，比较适合于对低覆盖植被冠层信息的提取。将 θ_{SAVI}中的红波段替换为短波红外波段，生成角度型植被指数，用以反映水分信息。在上面的计算结果中，θ_{SAVI}仅有 760nm 和 700nm 的波段组合结果是与 FMC 相关达到 5% 显著水平的；θ_{SAWI}则相对增加了多个波段组合（760nm 分别和 1600nm、1640nm、1750nm 组合），相关性都同样达到了 5% 显著水平，因此可以将该指数的使用范围扩大。

表 3.10 与表 3.11 的结果有相似之处，在表 3.11 中对于同源指数 OSAVI、OSAWI 在-30°观测角条件下的比较结果分析，OSAVI 是通过模型模拟来获得优化值并已经在前人的研究中证明适用于在高或低植被覆盖度都能较有效地减少土壤噪声的影响，本书中的计算结果也体现了 OSAVI 与 FMC 有较高的相关系数，可以在一定程度上反映水分信息；OSAWI 是将 OSAVI 中的红波段以短波红外波段替代，计算的结果中同样是相对增加更多个波段组合，且有较高的相关系数，因此可扩大该指数在反映水分信息方面的应用范围。

表 3.10　同源指数（-30°）与 FMC 之间的相关系数

同源指数	波长/nm	相关系数
θ_{SAVI}	**760**、700	-0.688
θ_{SAWI}	**760**、1600	-0.682
	760、1640	-0.691
	760、1750	-0.679

表 3.11　同源指数（-30°）与 FMC 之间的相关系数

同源指数	波长/nm	相关系数
OSAVI	**760**、645	-0.679
	760、700	-0.705
	855、700	-0.687
	970、700	-0.690
OSAWI	**760**、1600	-0.689
	760、1640	-0.698
	760、1750	-0.685
	970、1640	-0.679

(4) 按观测角度分别进行比较

对结果中各个植被指数或水分指数在相同观测角度条件下进行比较。

相同的观测角度条件下，各植被指数与植被水分指数反映 FMC 的能力有所区别，从表 3.12 的结果可以看出，共有 5 个指数的多个波段组合是在 0°观测角条件下与 FMC 有显著相关。指数 TSAVI 和 OSAVI 都是根据去除土壤背景影响的植被指数 SAVI 发展而来，前者依据土壤线参数调整，后者根据模型获得的优化值调整影响，去除土壤背景影响在前人研究中证明各有其优越性。在 0°观测角下，这两个指数都有能达到与 FMC 显著相关性的相同的波段组合（760nm 和 645nm、1180nm 和 645nm、1180nm 和 700nm）。应用最为广泛的归一化植被指数 NDVI，则有波段组合（1180nm 和 645nm、1180nm 和 700nm）与它们一致，且都达到了 5% 的相关显著水平。另两个植被指数 NDWI 和 SRWI 常用来提取植被水分信息，本次实验数据中有两个波段组合与 FMC 达到 5% 的相关显著水平，分别是 760nm 和 855nm、760nm 和 970nm。上述提及的波段组合中以 1180nm 和 645nm、1180nm 和 700nm、760nm 和 855nm 对应各自使用的指数形式达到较高的相关系数。

表 3.12 植被指数/水分指数（0°）与 FMC 之间的相关系数

植被指数/水分指数	波长/nm	相关系数
TSAVI	**760、645**	**-0.689**
	855、645	-0.683
	970、645	-0.685
	1075、645	-0.680
	1180、645	**-0.710**
	1180、700	**-0.699**
OSAVI	**760、645**	**-0.682**
	760、700	-0.703
	855、700	-0.690
	970、700	-0.701
	1180、645	**-0.704**
	1180、700	**-0.727**
NDVI	**1180、645**	**-0.763**
	1180、700	**-0.762**
NDWI	**760、855**	**±0.760**
	760、970	**±0.701**
SRWI	**760、855**	**±0.759**
	760、970	**±0.701**

从表 3. 13 和表 3. 14 的结果看，在 40°和 50°观测角下，与 FMC 达到显著相关关系的植被水分指数仅有 NDWI 和 SRWI，且均是 760nm 和 855nm 的波段组合。可见在 40°和 50°观测角下可能可以利用水分指数 NDWI 和 SRWI（760nm、855nm）来提取植被的水分信息。

表 3. 13　植被指数/水分指数（40°）与 FMC 之间的相关系数

植被指数/水分指数	波长/nm	相关系数
NDWI	760、855	±0. 755
SRWI	760、855	±0. 755

表 3. 14　植被指数/水分指数（50°）与 FMC 之间的相关系数

植被指数/水分指数	波长/nm	相关系数
NDWI	760、855	±0. 750
SRWI	760、855	±0. 749

从表 3. 15 的结果中可看出，在 60°观测角下，有 6 个植被水分指数与 FMC 达到了 5% 的相关显著水平。其中，SAWI、θ_{SAWI}和 MSAWI 的结果较为相似，有三个相同的波段组合，即 760nm 和 2130nm、855nm 和 2130nm、970nm 和 2130nm，且其相关系数值大小也比较接近。SAWI 和 θ_{SAWI}的结果基本一致，因为 θ_{SAWI}是 SAWI 的简单变形。此外，由 PVI 替换了其中的红波段为短波红外波段生成的 PWI，唯独一次出现了达到 5% 相关显著的结果，也是与 SAWI、θ_{SAWI}和 MSAWI 相同的波段组合（760nm 和 2130nm），但是相对于后三者（虽然在这四者的波段组合中，该组合都有最大相关系数），其相关系数稍小。其原因可能是，PVI 可以减弱土壤背景噪声对植被指数的影响是以土壤线为基准，通过调整红光和近红外波段光谱反射率的比例来实现的。若是改为采用短波红外波段取代红波段生成 PWI，则不再是原来的基准线，这样使得指数本身的意义发生了改变，结果也就需要进一步的考虑。对于另外两个植被水分指数——NDWI 和 SRWI，在 60°观测角下，有同样的波段组合与 FMC 达到几乎相同的相关系数（与 EWT 的相关系数差别较大，但均不显著），且均达到 5% 的显著水平。在 5 个波段组合中，760nm 和 970nm 的组合有最大的相关系数，相对而言，该组合可能更适于在 60°观测角下利用 NDWI 和 SRWI 的指数形式来提取植被水分信息。

表 3. 15　植被指数/水分指数（60°）与 FMC 之间的相关系数

植被指数/水分指数	波长/nm	相关系数
PWI	**760、2130**	**-0. 691**
SAWI	**760、2130**	-0. 709
	855、2130	-0. 694
	970、2130	-0. 700
	1180、2130	-0. 700

续表

植被指数/水分指数	波长/nm	相关系数
θ_{SAWI}	**760、2130**	**-0.708**
	855、2130	-0.693
	970、2130	-0.700
	1180、2130	-0.700
MSAWI	**760、2130**	**-0.704**
	855、2130	-0.691
	970、2130	-0.694
NDWI	**760、970**	**±0.759**
	760、855	±0.720
	760、1075	±0.747
	855、1075	±0.742
	970、1075	±0.719
SRWI	**760、970**	**±0.759**
	760、855	±0.720
	760、1075	±0.747
	855、1075	±0.742
	970、1075	±0.719

表3.16的结果显示，在-20°观测角下，有4个植被水分指数与FMC达到了5%的相关显著水平。TSAVI与OSAVI有5个波段组合是相同的，其中几乎每一个相同的波段组合，TSAVI的相关系数都比OSAVI的小。各自的相关系数最大值所在波段组合不同，TSAVI的相关系数最大值波段组合为1075nm和700nm，OSAVI的则为1180nm和700nm。另两个植被水分指数NDWI和SRWI，在-20°观测角下与FMC作相关分析，有相同的波段组合和相关系数，都达到显著相关，波段组合为760nm和855nm、760nm和970nm，其中以760nm和855nm组合所得的相关系数为最大。

表3.16　植被指数/水分指数（-20°）与FMC之间的相关系数

植被指数/水分指数	波长/nm	相关系数
TSAVI	760、645	-0.684
	760、700	**-0.691**
	855、645	-0.679
	855、700	**-0.685**
	970、645	-0.679
	970、700	**-0.685**
	1075、645	-0.684
	1075、700	**-0.693**
	1180、700	**-0.688**

续表

植被指数/水分指数	波长/nm	相关系数
OSAVI	760、700	-0.699
	855、700	-0.687
	970、700	-0.693
	1075、700	-0.683
	1180、700	**-0.707**
NDWI	760、855	±0.767
	760、970	±0.713
SRWI	760、855	±0.767
	760、970	±0.714

表3.17的结果显示，在-30°观测角下，有9个植被水分指数与FMC达到了5%的相关显著水平。其中TSAVI与OSAVI所得结果的波段组合完全一致（4个），此外，θ_{SAVI}与NDVI都有一个波段组合（即760nm和700nm）与前述两者是一致的，且在这4个指数中，此组合所得的相关系数都为最高值。SAWI、θ_{SAWI}、OSAWI三者所得结果也比较接近，有几乎相同的波段组合（3个），其中760nm和1640nm波段组合获得最大的相关系数。NDWI与SRWI所得的结果中达到5%显著水平的波段组合完全一致（7个），最大相关系数值是波段为760nm和855nm的组合。

表3.17　植被指数/水分指数（-30°）与FMC之间的相关系数

植被指数/水分指数	波长/nm	相关系数
θ_{SAVI}	**760、700**	**-0.688**
TSAVI	760、645	-0.687
	760、700	**-0.710**
	855、700	-0.695
	970、700	-0.696
OSAVI	760、645	-0.679
	760、700	**-0.705**
	855、700	-0.687
	970、700	-0.690
NDVI	1180、700	-0.688
	760、700	**-0.714**
SAWI	760、1600	-0.682
	760、1640	**-0.791**
	760、1750	-0.679

续表

植被指数/水分指数	波长/nm	相关系数
θ_{SAWI}	760、1600	-0.682
	760、1640	**-0.691**
	760、1750	-0.679
OSAWI	760、1600	-0.689
	760、1640	**-0.698**
	760、1750	-0.685
	970、1640	-0.679
NDWI	**760、855**	**±0.793**
	760、970	±0.764
	760、1180	±0.772
	760、1075	±0.746
	855、1075	±0.690
	855、1180	±0.756
	970、1180	±0.756
SRWI	**760、855**	**-0.793**
	855、760	**0.792**
	760、970	-0.765
	970、760	0.762
	760、1180	-0.776
	1180、760	0.769
	760、1075	-0.744
	1075、760	0.748
	855、1075	-0.688
	1075、855	0.693
	855、1180	-0.758
	1180、855	0.754
	970、1180	-0.758
	1180、970	0.755

（5）相同指数不同观测角度的结果分别进行比较

选取其中的具有所有角度结果（均通过显著性检验）的两个指数来比较（表3.18和表3.19）。

表 3.18　植被水分指数（NDWI）与 FMC 之间的相关系数

观测角度/(°)	波长/nm	相关系数
0	760、970	±0.701
	760、855	**±0.760**
40	**760、855**	**±0.755**
50	**760、855**	**±0.750**
60	760、970	±0.759
	760、855	**±0.720**
	760、1075	±0.747
	855、1075	±0.742
	970、1075	±0.719
-20	**760、855**	**±0.767**
	760、970	±0.713
-30	**760、855**	**±0.793**
	760、970	±0.764
	760、1180	±0.772
	760、1075	±0.746
	855、1075	±0.690
	855、1180	±0.756
	970、1180	±0.756

表 3.19　植被水分指数（SRWI）与 FMC 之间的相关系数

观测角度/(°)	波长/nm	相关系数
0	760、855	-0.759
	855、760	**0.762**
	760、970	-0.701
	970、760	**0.701**
40	760、855	-0.755
	855、760	**0.756**
50	760、855	-0.750
	855、760	**0.749**
60	760、970	-0.759
	970、760	**0.759**
	760、855	-0.720
	855、760	**0.719**
	760、1075	-0.747
	1075、760	0.746
	855、1075	-0.742
	1075、855	0.742
	970、1075	-0.719
	1075、970	0.719

续表

观测角度/(°)	波长/nm	相关系数
-20	760、855	-0.767
	855、760	**0.767**
	760、970	-0.713
	970、760	**0.714**
-30	760、855	-0.793
	855、760	**0.792**
	760、970	-0.765
	970、760	**0.762**
	760、1180	-0.776
	1180、760	0.769
	760、1075	-0.744
	1075、760	0.748
	855、1075	-0.688
	1075、855	0.693
	855、1180	-0.758
	1180、855	0.754
	970、1180	-0.758
	1180、970	0.755

植被水分指数NDWI在不同的观测角度均有通过显著性检验的波段组合。6个角度中，有相同的波段组合出现，即760nm和855nm的组合，除了60°观测角的情况，在其他观测角时，此组合都能得到与FMC最大的相关系数值，而760nm和970nm组合在0°、60°、-20°、-30°都有且有比较大的相关系数，此外，在60°和-30°观测角下，结果非常相似，比之其他4个角度，有多个波段组合的结果达到显著相关。

植被水分指数SRWI在不同的观测角度均有通过显著性检验的波段组合。6个角度中，有相同的波段组合出现，即855nm和760nm的组合，除了60°观测角的情况外，在其他观测角时，此组合都能得到与FMC最大的相关系数值，而760nm和970nm组合在0°、60°、-20°、-30°都有且有比较大的相关系数，此外，在60°和-30°观测角下，结果几乎一致，比之其他4个角度，有多个波段组合的结果达到显著相关。

对比NDWI和SRWI的结果，对于这6个角度，都有相同的波段组合的结果是与FMC的相关达到5%的显著水平，它们的相关系数几乎相等，仅在两指数的-30°观测角下，分别为760nm和970nm、760nm和1180nm、760nm和1075nm、855nm和1075nm、855nm和1180nm的波段组合，相关系数略有差别。

3.4.3 讨论

针对去除土壤背景影响的植被指数，我们利用对水分比较敏感的短波红外波段代替可见光红波段，将近红外和短波红外波段组合，构建一系列试图去除土壤背景影响的植被水分指数。在确定了其中所涉及的参数后，计算各个植被指数（PVI、SAVI、θ_{SAVI}、TSAVI、MSAVI、OSAVI）和植被水分指数（PWI、SAWI、θ_{SAWI}、TSAWI、MSAWI、OSAWI等）及NDVI、NDWI和SRWI等，并将这些植被（水分）指数分别与FMC、EWT做相关分析，包括按不同的生育期、不同的观测角度、不同的指数等类别来进行，并探讨了植被水分信息表达方式FMC与EWT之间的转换关系。将植被指数、植被水分指数等与FMC、EWT之间的相关系数分别进行比较，包括植被指数之间的比较、植被水分指数之间的比较、同源指数之间的比较、按观测角度不同进行比较、同一指数不同观测角度之间的比较等，结果均能表明，源于植被指数的一系列去除土壤背景影响的植被水分指数与植被水分信息FMC之间的相关系数几乎都高于原植被指数与FMC之间的相关系数，可以在一定程度上改善提取植被水分的精度。

3.5 卫星遥感数据反演植被水分分布

本节利用统计方法结合辐射传输模型的混合反演方法实现对华北平原冬小麦冠层叶片含水量的信息提取。在统计方面，利用前面研究的结果获取相应的植被指数和植被水分指数、波段组合以及观测角度等。在辐射传输模型方面，已经证明PROSAIL模型对各个参数的敏感性以及PROSAIL模型模拟的地面光谱数据与此次试验数据是可以相互拟合的。此时利用大田的观测数据作为模型的初值，模拟大量的MODIS、MISR光谱数据，生成各个植被指数与植被水分指数，建立其与植被水分FMC的统计关系，并结合2007年4月13日华北平原MODIS和MISR影像数据进行华北平原冬小麦冠层叶片含水量制图。

3.5.1 利用PROSAIL模型模拟MODIS、MISR光谱

PROSAIL模型中的这些输入参数主要是表征研究对象冬小麦的冠层结构特征以及生理生化特征，这些参数都会随着冬小麦生育期的不同而产生一定程度的变化，这些变化特征对模型的模拟及应用很有指导意义。根据试验植被生理参数实际测量的数据确定PROSAIL模型中各个生理参数合适的初值范围，模拟MODIS和MISR的光谱。各个参数中固定的初值是：Theta_ s = 30°；Vis = 30；Vai = 1.5；s_1 = 0.25，t_1 = 67°；Cab = 30μg/cm^2；变化的参数包括：isat，传感器类型参数；C_w，等价水厚度；C_m，干物质含量；LAI，叶面积指数；Theta_ v，观测天顶角；参数初值见表3.20。

表3.20 PROSAIL模型初值列表

参数名称	初值范围
isat	2（MODIS）、5（MISR）
C_w	0.001、0.01、0.02、0.03、0.04
C_m	0.001、0.01、0.03、0.05
LAI	0.5、1、2、4、6
Theta_ v	0°、40°、50°、60°

根据所确定的模型初值，每变化一个参数的赋值时保持其他参数不变，经过PROSAIL模型模拟，获得MODIS和MISR光谱数据共800条。

3.5.2 处理MODIS、MISR数据的方法

1. MODIS简介及其预处理方法

（1）MODIS简介

中分辨率成像光谱仪（MODerate-resolution imaging spectroradiometer，MODIS）是美国地球观测系统（EOS）的第一颗极地轨道环境遥感卫星Terra（EOS-AM1）所载的对地观测仪器之一，是当前世界上新一代“图谱合一”的光学遥感仪器，光谱范围宽，从0.4μm（可见光）到14.4μm（热红外）全光谱覆盖，总共有36个离散光谱波段，多波段数据同时提供了反映陆地、云边界、云特性、海洋水色、浮游植物、生物地理、化学、大气水汽、地表、云顶温度、大气温度、臭氧和云顶高度等特征的信息，亦可以用于对陆表、生物圈、固态地球、大气和海洋进行长期观测，其中有两个通道最高空间分辨率可达250m，大大增强了对地球大范围区域细致观测的能力，5个通道空间分辨率为500 m，29个通道空间分辨率为1km，全球均一分辨率观测。在对地观测过程中，两颗卫星每天可以对我国绝大部分地区每天进行4次观测，每日或每两日可获取一次全球观测数据。波段范围和主要用途可见详细列表（表3.21）。本研究主要使用的是经过定标的MODIS1B数据（表3.22）。

表3.21 MODIS的通道、波段及主要应用

通道	波段宽度（1~19nm通道、20~36μm通道）	信噪比 NEΔT	光谱辐射率	主要用途	分辨率/m
1	620~670	128	21.8	陆地、云边界	250
2	841~876	201	24.7		250
3	459~479	243	35.3	陆地、云特征	500
4	545~565	228	29.0		500
5	1230~1250	74	5.4		500
6	1628~1652	275	7.3		500
7	2105~2135	110	1.0		500
8	405~420	880	44.9	海洋水色、浮游生物、生物地理化学	1000
9	438~448	838	41.9		1000
10	483~493	802	32.1		1000
11	526~536	745	27.9		1000
12	546~556	750	21.0		1000
13	662~672	910	9.5		1000
14	673~683	1087	8.7		1000
15	743~753	586	10.2		1000
16	862~877	516	6.2		1000

续表

通道	波段宽度（1～19nm 通道、20～36μm 通道）	信噪比 NEΔT	光谱辐射率	主要用途	分辨率/m
17	890～920	167	10.0	大气水汽	1000
18	931～941	57	3.6		1000
19	915～965	250	15.0		1000
20	3.660～3.840	0.05	0.45	地球表面	1000
21	3.929～3.989	2.00	2.38		1000
22	3.929～3.989	0.07	0.67	云顶温度	1000
23	4.020～4.080	0.07	0.79		1000
24	4.433～4.498	0.25	0.17	大气温度	1000
25	4.482～4.549	0.25	0.59		1000
26	1.360～1.390	1504	6.00	卷云	1000
27	6.535～6.895	0.25	1.16	水汽	1000
28	7.175～7.475	0.25	2.18		1000
29	8.400～7.700	0.05	9.58		1000
30	9.580～9.880	0.25	3.69	臭氧	1000
31	10.780～11.280	0.05	9.55	地球表面	1000
32	11.770～12.270	0.05	8.94	云顶温度	1000
33	13.185～13.485	0.25	4.52	云顶高度	1000
34	13.485～13.785	0.25	3.76		1000
35	13.785～14.085	0.25	3.11		1000
36	14.085～14.385	0.35	2.08		1000

资料来源：刘玉洁和杨忠东，2001

表 3.22　MODIS 1B 产品概要

产品名称	产品内容
MOD02QKM	定标后 250m 分辨率地球观测数据
MOD02HKM	定标后 500m 分辨率地球观测数据，包括 250m 的两个通道的资料，这两个通道的分辨率被降低到 500m
MOD021KM	定标后 1000m 分辨率地球观测数据，包括 250m 和 500m 的两个通道的资料，所有通道的分辨率均为 1000m
MOD02OBC	星载定标器（OBC）数据和其他工程数据

（2）MODIS 数据预处理方法

使用 MODIS1B 数据需要经过以下处理才能达到使用的标准，主要包括对 MODIS 1B 数据进行 Bowtie 效应校正、辐射校正、几何校正、太阳角度校正等预处理，以获取具有精确地理编码的 MODIS 第 1～7 通道地表反射率。

1）Bowtie 效应校正。Bowtie 效应即“双眼皮”现象，此校正是消除遥感器成像过程中产生的边缘畸变。ENVI 软件的 Bowtie 模块可以实现。

2）辐射校正。进行 Bowtie 效应校正之后就可进行图像的辐射校正，MODIS 的 1B 数据是地表辐射 DN 值，利用式（3.14）使 DN 值转换为地表反射率。具体为

$$RB,T,FS = reflectance\_scales(SIB,T,FS\text{-}reflectance\_offsets) \tag{3.14}$$

式中：RB，T，FS 为反射率（仅应用于反射波段）；SIB，T，FS 为某波段某像素点的计数值；reflectance_ scales 和 reflectance_ offsets 的值可在相应波段数据集的属性域中获得，分别为反射转换尺度和反射偏移量。

3）几何校正。对辐射校正之后的波段数据进行几何校正，利用 ENVI 中的 MODIS 1B 模块“Georeference MODIS 1B”进行几何校正。由于辐射校正的文件不含经纬度信息，因此需要重新选择 *.hdf 文件，设置选择投影以及影像输出分辨率。

4）太阳角度校正。由于太阳天顶角的不同会引起辐射畸变，因此利用式（3.15）对反射率数据进行了太阳天顶角订正。具体为

$$Reflectance = RB,T,FS/\cos(solZ \cdot 0.01 \cdot PI/180.0) \tag{3.15}$$

式中：Reflectance 为经过角度纠正后的反射率；RB、T、FS 为反射率；solZ 为太阳天顶角。

2. MISR 简介及其预处理方法

多角度成像光谱仪（multi-angle imaging spectro radiometer，MISR）是由美国 NASA 的 JPL 喷气实验室设计制造且与前面介绍过的 MODIS 同在 1999 年 12 月发射的 Terra 极轨飞行器上搭载的探测器。每天大约在地方时间上午 10：30 飞经各个轨迹所经的区域，大致按照纬度的不同其回归周期时间范围为 2～9 天。MISR 首次为人类提供了星载多角度观测的地物反射数据，可以更细致地反映地表方向反射特性，对于植被研究，它的多角度可以改善植被监测的精度，还可以进行月、季节以及长周期的变化监测。MISR 数据与 MODIS 数据有所区别，其主要有以下的特点（http：//www-misr. jpl. nasa. gov/introduc-tion. html）：

1）有 4 个光谱通道，分别对应的是蓝、绿、红以及近红外波段，它们的中心波段分别是 446nm、558nm、672nm 和 867nm，带宽分别为 30nm、20nm、20nm 和 60nm。

2）有 9 个角度，分别为 0°、± 26.1°、±45.6°、±60.0°、±70.5°。这 9 个推扫式镜头（图 3.14）分别沿着卫星飞行路径方向向前或向后活动，大约在 7 分钟内可以获得同一个地点 9 个角度的全部图像，这 9 个镜头分别依据方向命名为 An（0°）、Af（26.1°）、Aa（－26.1°）、Bf（45.6°）、Ba（－45.6°）、Cf（60.0°）、Ca（－60.0°）、Df（70.5°）、Da（－70.5°），（a、f、n 分别表示的是后向、前向、天底，A、B、C、D 表示从天底开始逐渐增加的角度的镜头编号），这 9 个镜头的图像覆盖范围大约长度达 20 000km，宽度达 360km 的地表条带（状）。

3）MISR 数据的空间分辨率分为两种模式，275m（像底点空间分辨率为 250m）和全球低分辨率（2×2、1×4、4×4 像元的重采样）。目前提供下载使用的 HDF 格式的数据包括 1.1km 和 17.6km 两种分辨率。

4）辐射精度较高（最大信号为 3%）。仪器灵敏度高，在不改变增益的条件下可以探测景观反射率 0.02%～100% 的变化。

5）配准与辐射定标（绝对与相对）精度高。在发射前和运行中都会进行校正，可以保证 MISR 与 Terra 上的其他传感器、Landsat 等严格地配准和可以进行定量对比。

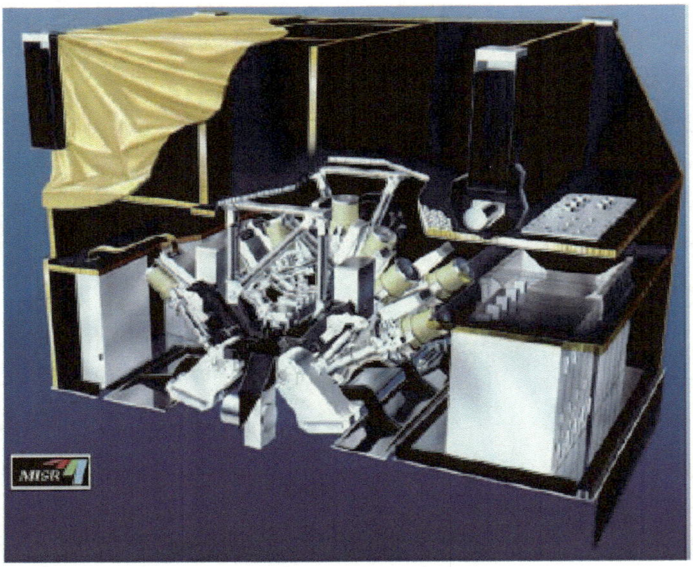

图 3.14　MISR 设备剖面示意图

6）MISR 数据预处理方法。MISR 数据以 HDF 格式存放，每一个文件包都包含数据的原数据描述、索引和原始数据（Data Products Specification of MISR，1999）。其数据产品包括了三个级别（Level 1、Level 2、Level 3），详细介绍参见表 3.23。

表 3.23　MISR 科学数据产品的三个级别

产品名称		产品描述	备注
Level 1	Level 1A	数据格式修正产品	传感器误差的定标纠正产品
	Level 1B1	辐射定标产品	
	Level 1B2	地理投影产品	
Level 2	Level 2 TC	大气层上界/云产品	传感器数据处理所得地球物理测量数据
	Level 2 AS	气溶胶/陆地产品	
Level 3		从 Level 2 处理而来的各种参数的全球图	

读取 MISR 数据可以使用 HDF Explorer 等现成的软件。对于本书而言，采用的数据是经过系统辐射纠正和几何纠正的二级产品（Level 2）中分辨率为 1.1km 的数据（HDF 格式）。每一个 MISR 文件包含着一条轨迹的数据，宽度为 360km，长度为 20 000km，而且它被处理成为 180 个独立的块（block），使用时，需要从中抽取相应区域所需要的块。在使用的这种类型数据中，包括双向反射分布、双向反射因子、半球－方向反射因子、方向－半球反射、双半球反射以及它们的相关参数，还有植被指数 NDVI 和叶面积指数 LAI 的相关参数。

根据研究区域的经纬度通过网络下载获得该数据。根据 NASA 网站（http：//eosweb. larc. nasa. gov/PRODOCS/misr/data. html）的帮助文件，可以通过其轨迹示意图查找相应的轨迹，确定华北平原在 2007 年 4 月 13 日获得的 MISR 数据轨迹，但提供下载的仅有其中的第 120 轨和第 124 轨。再使用 MISR 浏览工具（MISR Browse Tool-可以帮助选取特定区域的 MISR 数据的轨迹和块编号，包括有根据轨道/日期确定工具和以经纬度确定轨迹/块的工具）确定该研究区域位于数据中的第 57 ~ 64 块（57、58、59、60、61、62、63、64）。

确定所要下载的数据以及其中块的编号以后，开始进行数据预处理。

1）读取数据：在网站（http：//eosweb. larc. nasa. gov/PRODOCS/misr/tools/misr_tools. html）中下载读取数据的 IDL 程序，根据研究的需要进行修改，并将之添加至所用的处理数据的遥感软件（本书使用的是 ENVI 软件）中。主要修改的部分包括：设置数据中研究区域对应的（block）块的编号；分别设置所需要的数据中的传感器的镜头编号。读取 MISRL2AS 数据中的 BRF 数据。

2）转换投影：将前一步中所读取的各个 block 数据转换投影，以方便后续处理。投影方式转为 Albers 等面积圆锥投影，投影基准面为 WGS-84。

3）镶嵌、拼接：将 2）中处理好的数据按照 block 及轨迹分别进行镶嵌和拼接，生成待使用的数据（按每个传感器镜头分别进行存储）。在后续研究中，若使用哪个镜头的数据则对之进行进一步的处理。

3.5.3 模拟数据与实测 FMC 统计模型的建立

前面的研究结果显示，本书试验中的数据证明了植被指数和植被水分指数均是与植被水分 FMC 有一定的统计关系。则可以根据第 4 章研究的结果选择合适观测角度的数据，并选择合适的水分指数形式，利用 PROSAIL 模型模拟的 MODIS 数据和 MISR 数据，建立水分指数与植被水分信息之间的统计模型。

3.4 节的结果证明，可选择利用的观测角度包括 0°、60°和 –30°。在可用的植被水分指数中，各个波段组合均包括近红外波段和短波红外波段。但是对应于本研究想要应用的 MISR 波段则不合适，因为 MISR 数据中仅包括蓝、绿、红以及近红外波段，并没有短波红外波段。所以，将来可以在 MODIS 的数据中，将同一区域不同时相的 MODIS数据进行叠加分析，以获取其可能的角度信息，再继续应用已经获得的具有角度信息的植被水分指数。为此，对应于要研究的 MISR 数据，则需要利用其近红波段和红波段建立的植被指数来反映植被水分信息，而对应于 MODIS 数据，虽暂时比较难获取角度信息，但其有多波段的优势，所以需要利用其短波红外波段和近红外波段建立的植被水分指数来反映植被水分信息。在 3.5.1 节中利用 PROSAIL 模型分别模拟了大量的 MODIS 光谱数据和 MISR 光谱数据，本节中打算在数据中挑选相应的波段来建立植被指数和植被水分指数。PROSAIL 模型模拟的 MODIS 数据有 25 个波段，分别选取了其中的第 6、9、20 波段以对应实际的 MODIS 数据中的第 2、5、7 波段。PROSAIL 模型模拟的 MISR 数据有 4 个波段，分别选取了其中的 4、3 波段对应实际的 MISR 数据中的近红外波段和红波段。利用以上的波段分别按照3.4.2节中的植被指数和植被水分指数形式进行计算，计算MODIS数据包括NDWI、SAWI、MSAWI、OSAWI；MISR数据包括NDVI、TSAVI、OSAVI。然后再将所计算的植被指数和植被水分指数分别与植被水分信息FMC、EWT做相关分析（线性和非线性关系），根据其相关系数进行结果分析及挑选用于实际MODIS、MISR数据处理的指数和水分指数。部分计算结果见表3.24。

表3.24 模型模拟数据与植被水分信息的相关系数

数据类型	指数	水分信息	相关关系	R^2
MODIS	NDWI	FMC	$y=0.326x+0.417$	0.487
			$y=0.351e^{0.672x}$	0.491
MODIS	SAWI	FMC	$y=-0.412x+0.663$	0.398
			$y=0.671e^{-0.172x}$	0.396
MODIS	OSAWI	FMC	$y=-0.331x+0.763$	0.517
			$y=0.703e^{-0.235x}$	0.522
MISR-0°	NDVI	FMC	$y=-0.352x+0.634$	0.493
			$y=0.694e^{-0.307x}$	0.440
MISR-60°	TSAVI	FMC	$y=-0.478x+0.791$	0.462
			$y=0.724e^{-0.416x}$	0.465

表3.24中为部分计算结果，已经是具有较高的相关系数的部分。结果中可见，指数关系相对于线性关系而言，虽然部分相关系数基本比线性关系的相关系数稍大，但相关系数之间差别较小，而且表达形式复杂了很多，并没有必然的优势。根据实际应用的需要，选择线性关系表达水分指数和植被水分与FMC之间的关系。多数相关系数较低的原因，可能是在计算指数与水分指数的表达式中涉及的相关参数：①土壤线参数a和b，是通过在实验基地测量所得，尽可能代表了实验区域及其周围相似区域的土壤特性，并不能作为大范围的土壤特性的参数使用；②土壤调整因子X和L，L为土壤调节系数，X为减少土壤背景影响的优化值，它们的取值是通过参看前人研究结果所得，对于本研究或有不足。

3.5.4 利用统计模型对MODIS、MISR制图

用3.5.3节中的结果对MODIS和MISR数据做植被水分信息图。根据表3.24，选择了其中三个植被指数和植被水分指数，即OSAWI、NDVI和TSAVI，并依此对数据进行处理。

1. MODIS 数据后处理及结果

MODIS 数据计算去除土壤背景影响的植被水分指数 OSAWI 后，再利用表 3.24 中的相关方程计算出 FMC。使用的数据是 2007 年 4 月 13 日华北平原 MODIS1B 数据，并经过 3.5.2 节中的预处理，即包括 Bowtie 效应校正、辐射校正、几何校正、太阳角度校正等。其结果如图 3.15（见书后彩图）所示。

2. MISR 数据后处理及结果

MISR 数据计算出 MISR-0°-NDVI 和 MISR-60°-TSAVI 后，再利用表 3.23 中的相关方程计算出 FMC。使用的数据是 2007 年 4 月 13 日华北平原 MISRL2AS 数据，并经过 3.5.2 节中的预处理，包括读取数据、转投影和拼接、镶嵌等。所得结果如图 3.16（a）（0°数据）和图 3.16（b）（60°数据）所示。

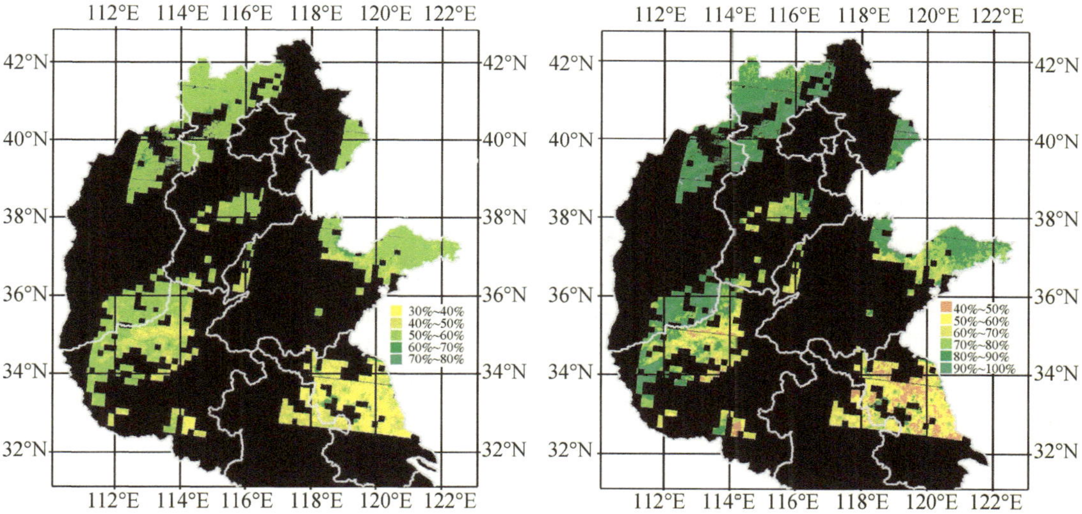

(a)MISR-0°　　(b)MISR-60°

图 3.16　基于 MISR 的华北平原植被水分信息示意图

3.5.5　小结

本章在统计方面选取相应的植被指数和植被水分指数、波段组合以及观测角度等。在辐射传输模型方面已证明 PROSAIL 模型对各个参数的敏感性以及 PROSAIL 模型模拟的地面光谱数据与此次试验数据是可以拟合的，此时利用大田的观测数据作为模型的初值，通过 PROSAIL 模型模拟大量的 MODIS、MISR 光谱数据，选取合适的波段生成各个植被指数与植被水分指数，建立其与植被水分 FMC 的统计关系，并对 2007 年 4 月 13 日华北平原 MODIS 和 MISR 影像数据预处理及计算处理，进行华北平原冬小麦冠层叶片含水量信息制图。

参考文献

阿布都瓦斯提·吾拉木，李召良，秦其明，等.2007. 全覆盖植被冠层水分遥感监测的一种方法：短波红外垂直失水指数. 中国科学（D辑），37（7）：957~965

冯晓明，赵英时.2005. 半干旱草场的多角度多波段反射率遥感模型. 遥感学报，9（4）：337~340

高峰，李小文，夏宗国，等.1998. 基于知识的分阶段不确定性多角度遥感反演. 中国科学（D辑），28（4）：346~350

黄俊梅，乔延利，易维宁，等.2005. 角度采样间隔对获取草地BRDF特性的影响. 量子电子学报，22（4）：653~656

黄文江，王纪华，刘良云，等.2005. 基于多时相和多角度光谱信息的作物株型遥感识别初探. 农业工程学报，21（6）：82~86

吉海彦，王鹏新，严泰来.2007. 冬小麦活体叶片叶绿素和水分含量与反射光谱的模型建立. 光谱学与光谱分析，27（3）：514~516

焦子锑，王锦地，谢里欧，等.2005. 地面和记载多角度观测数据的反照率反演及对MODIS反照率产品的初步验证. 遥感学报，9（1）：64~72

李映雪，朱艳，戴廷波，等.2006. 小麦叶面积指数与冠层反射光谱的定量关系. 应用生态学报，17（8）：1443~1447

李云梅，倪绍祥，王秀珍，等.2003. 水稻冠层垂直反射率模拟. 作物学报，29（3）：397~401

刘良云，王纪华，张永江，等.2007. 叶片辐射等效水厚度计算与叶片水分定量反演研究. 遥感学报，11（3）：289~295

刘玉洁，杨忠东.2001. MODIS遥感信息处理原理与方法. 北京：科学出版社.1~3

潘瑞炽.2004. 植物生理学（第五版）. 北京：高等教育出版社

沈艳，牛铮，颜春燕.2005. 植被叶片及冠层层次含水量估算模型的建立. 应用生态学报，16（7）：1218~1223

唐世浩，朱启疆，李小文，等.2003. 高光谱与多角度数据联合进行混合像元分解研究. 遥感学报，7（3）：182~189

田庆久，宫鹏，赵春江，等.2000. 用光谱反射率诊断小麦水分状况的可行性分析. 科学通报，45（20）：2645~2650

田永超，曹卫星，姜东，等.2005. 不同水氮条件下水稻冠层反射光谱与植株含水率的定量关系. 植物生态学报，29（2）：318~323

田永超，朱艳，曹卫星.2004. 小麦冠层反射光谱与植株水分状况的关系. 应用生态学报，15（11）：2072~2076

王纪华，赵春江，郭晓维，等.2000. 利用遥感方法诊断小麦叶片含水量的研究. 华北农学报，15（4）：68~72

王纪华，赵春江，郭晓维，等.2001. 用光谱反射率诊断小麦叶片水分的研究. 中国农业科学，34（1）：1~4

薛利红，曹卫星，罗卫红，等.2004. 光谱植被指数与水稻叶面积指数相关性的研究. 植物生态学报，28（1）：47~52

颜春燕，刘强，牛铮，等.2004. 植被生化组分的遥感反演方法研究. 遥感学报，8（4）：300~308

颜春燕，刘强，牛铮，等.2005. 冠层光谱的多项式分析及生化参量反演. 中国科学D辑（地球科学）35（9）：881~890

姚延娟，阎广建，王锦地.2005. 多光谱多角度遥感数据综合反演叶面积指数方法研究. 遥感学报，9（2）：117~122

张佳华，郭文娟，姚凤梅.2007. 植被水分遥感监测模型的研究. 应用基础与工程科学学报，15（1）：45~53

赵春江，黄文江，王纪华.2006. 用多角度光谱信息反演冬小麦叶绿素含量垂直分布. 农业工程学报，22（6）：104~109

周顺利，谢瑞芝，蒋海荣.2006. 用反射率、透射率和吸收率分析玉米叶片水分含量时的峰值波长选择. 农业工程学报，22（5）：28~31

A General Introduction to MISR：http：//www-misr. jpl. nasa. gov/introduction. html Data Products Specification of MISR，Jet

Propulsion Laboratory, California Institute of Technology December14, 1999.
Asner G P, Wessman C A, Schimel D S, et al. 1998. Variability in leaf and litter optical properties: Implications for BRDF model inversion using AVHRR, MODIS, and MISR. Remote Sens Environ, (63): 243 ~ 257
Baret F, Guyot G. 1991. Potentials and limits of vegetation indices for LAI and APAR assessment. Remote Sens Environ, 35 (2-3): 161 ~ 173
Baret F, Guyot G, Major D. 1989. TSAVI: a vegetation index which minimizes soil brightness effects on LAI and APAR estimation. *In*: 12th Canadian Symp On Remote Sensing and IGRASS. Vanconver, Canada. 3: 1355 ~ 1358.
Biard F, Baret F. 1997. Crop residue estimation using multiband reflectance. Remote Sens Environ, 59 (3): 530 ~ 536
Carter G A. 1991. Primary and secondary effects of water content of the spectral reflectance of leaves. Am J Bot, 78: 916 ~ 924
Ceccato P, Flasse S, Tarantola S, et al. 2001. Detecting vegetation leaf water content using reflectance in the optical domain. Remote Sens Environ, 77: 22 ~ 33
Ceccato P, Gobron N, Flasse S, et al. 2002. Designing a spectral index to estimate vegetation water content from remote sensing data: Part 1. Theoretical approach. Remote Sens Environ, 82: 188 ~ 197
Champagne C M, Staenz K , Bannari A, et al. 2003. Validation of a hyperspectral curve fitting model for the estimation of plant water content of agricultural canopies. Remote Sens Environ, 87: 148 ~ 160
Chen D Y, Huang J F, Jackson T J. 2005. Vegetation water content estimation for corn and soybeans using spectral indices derived from MODIS near-and short-wave infrared bands. Remote Sens Environ, 98 (2 ~ 3): 225 ~ 236
Danson F M, Bowyer P. 2004. Estimation of fuel moisture content from remotely sensed reflectance. Remote Sens Environ, 92: 309 ~ 321
Danson F M, Steven M D, Malthus T J , et al. 1992. High-spectral resolution data for determining leaf water content. International Journal of Remote Sensing, 13: 461 ~ 470
Dawson T P, Curran P J, North P R J , et al. 1999. The propagation of foliar biochemical absorption features in forest canopy reflectance: a theoretical analysis. Remote Sens Environ, 67: 147 ~ 159
Dawson T P, Curran P J, Plummer S E. 1998. LIBERTY-Modelling the effects of lea f biochemical concentration on reflectance spectra. Remote Sens Environ, 65: 50 ~ 60
Deering D W. 1978. Rangeland reflectance characteristics measured by aircraft and spacecraft sensors. Ph. D. dissertation, Texas A&M University: 338
Diner D J, Asner G P, Davies R, et al. 1999. New directions in earth observing: Scientific applications of multiangle remote sensing. Bulletin of American Meteorological Society, 80 (11): 2209 ~ 2228
Edwards M C, Wellens J, AIEisawi D. 1999. Monitoring the grazing resources of the Badia region, Jordan, using remote sensing. Applied Geography, 19: 385 ~ 398
Ganapol B D, Johnson L F, Hammer C A, et al. 1998. A new within-leaf radiative transfer model. Remote Sens Environ, 63 (2): 182 ~ 193
Gao B C. 1996. NDWI-A normalized difference water index for remote sensing of vegetation liquid water from space. Remote Sens Environ, 58: 257 ~ 266
Gao B C, Goetz A F H. 1995. Retrieval of equivalent water thickness and information related to biochemical components of vegetation canopies from AVIRIS data. Remote Sens Environ, 52: 155 ~ 162
Gobron N, Pinty B, Verstraete M M, et al. 1997. A semidiscrete model for the scattering of light by vegetation. J Geophys Res, 102 (D8): 431 ~ 446
Govaerts Y M, Verstraete M M, Raytrana A. 1998. Monte Carlo ray-tracing model to compute lightscattering in three-dimensional heterogeneous media. Geoscience and Remote Sensing, 36 (2): 493 ~ 505
Hao X J, Qu J J. 2007. Retrieval of real-time live fuel moisture content using MODIS measurements. Remote Sens Environ, 108: 130 ~ 137
Huete A R. 1988. A soil adjusted vegetation index (SAVI) . Remote Sens Environ, 25: 295 ~ 309
Iaquinta J , Pinty B. 1994. Adaptation of a bidirectional reflectance model including the hot spot to an optically thin cano-

py. *In*: Proceedings of the 6th ISPRS International Symposium on Physical Measurements and Signatures in Remote Sensing, Val d'Isère, France, 17 - 21 January 1994, CNES.

Jacquemoud S. 1993. Inversion of the PROSPECT + SAIL canopy reflectance model from AVIRIS equivalent spectra: theoretical study. Remote Sens Environ, 44: 281 ~ 292

Jacquemoud S, Bacour C, Poilvé H, et al. 2000. Comparison of Four Radiative Transfer Models to Simulate Plant Canopies Reflectance: Direct and Inverse Mode. Remote Sens Environ, 74: 471 ~ 481

Jacquemoud S, Baret F. 1990. PROSPECT: A model of leaf optical properties spectra. Remote Sens Environ, 34 (2): 75 ~ 91

Jacquemoud S, Baret F, Andrieu B, et al. 1995. Extraction of vegetation biophysical parameters by inversion of the PROSPECT + SAIL models on sugar beet canopy reflectance data. Application to TM and AVIRIS sensors. Remote Sens Environ, 52: 163 ~ 172

Jacquemoud S, Ustin S L, Verdebout J, et al. 1996. Estimating leaf biochemistry using PROSPECT leaf optical properties model. Remote Sens Environ, 56: 194 ~ 202

Jiang Z Y, Huete A R, Didan K, et al. 2006. An Analysis of Angle-Based With Ratio-Based Vegetation Indices. IEEE Transactions on Geoscience and Remote Sensing, 44 (9): 2506 ~ 2513

Kuusk A. 1995. A Fast, Invertible Canopy Reflectance Model. Remote Sens Environ, 51 (3): 342 ~ 350

Leprieur C, Kerr Y H, Mastorchio S, et al. 2000. Monitoring vegetation cover across semi-arid regions: Comparison of remote observations from various scales. International Journal of Remote Sensing, 21 (2): 281 ~ 300

Michio S, Tsuyoshi A. 1989. Seasonal visible, near-infrared and mid-infrared spectral of rice canopies in relation to LAI and aboveground dry phytomass. Remote Sens Environ, 27: 119 ~ 127

Penuelas J, Filella I, Sweeano L. 1996. Cell wall elasticity and water index (R970 nm/R900 nm) in wheat under different nitrogen availabilities. International Journal of Remote Sensing, 7: 373 ~ 382

Penuelas J, Pinol J, Ogaya R, et al. 1997. Estimation of plant water concentration by the reflectance water index (R900/R970). International Journal of Remote Sensing, 18: 2869 ~ 2875

Purevdorj T, Tateishi R, Ishiyama T, et al. 1998. Relationship between percent vegetation cover and vegetation indices. International Journal of Remote Sensing, 19 (18): 3519 ~ 3535

Qi J, Chehbouui A, Huete A R, et al. 1994. A modified soil adjusted vegetation index. Remote Sens Environ, 48: 119 ~ 126

Riaño D, Vaughan P, Chuvieco E, et al. 2005. Estimation of fuel moisture content by inversion of radiative transfer models to simulate equivalent water thickness and dry matter content: Analysis at leaf and canopy level. IEEE Transactions on Geoscience and Remote Sensing, 43 (4): 819 ~ 826

Richardson A J, Wiegand C L. 1977. Distinguishing vegetation from soil background information. Photogram Engineering of Remote Sensing, 43: 1541 ~ 1552

Roberts D A, Green R O , Adams J B. 1997. Temporal and spatial patterns in vegetation and atmospheric properties from AVIRIS. Remote Sens Environ, 62: 223 ~ 224

Rondeaux G, Steven M, Baret F, et al. 1996. Optimization of Soil adjusted Vegetation Indices. Remote Sens Environ, 55: 95 ~ 107

Rouse J W, Haas R H, Schell J A, et al. 1973. Monitoring vegetation systems in the Great Plains with ETRS. Third ETRS Symposium, NASA SP353, Washington, 1: 309 ~ 317

Serrano L, Ustin S L, Roberts D A, et al. 2000. Deriving water content of chaparral vegetation from AVIRIS data. Remote Sens Environ, 74: 570 ~ 581

Suits G H. 1972. The Calculation of the Directional Reflectance of a Vegetation Canopy. Remote Sens Environ, 2 (2): 117 ~ 125

Ustin S L, Roberts D A, Pinzon J, et al. 1998. Estimating canopy water content of chaparral shrubs using optical methods. Remote Sens Environ, 65: 280 ~ 291

Verhoef W. 1984. Light scattering by leaf layers with application to canopy modeling: the SAIL model. Remote Sens Environ, 16 (2): 125 ~ 141

Zarco-Tejada P J, Miller J R, Noland T L, et al. 2001. Scaling-up and model inversion methods with narrow-band optical indices for chlorophyll content estimation in closed forest canopies with hyperspectral data. IEEE Transactions on Geoscience and Remote Sensing, 39 (7): 1491 ~ 1507

Zarco-Tejada P J, Rueda C A, Ustin S L, et al. 2003. Water content estimation in vegetation with MODIS reflectance data and model inversion methods. Remote Sens Environ, 85: 109 ~ 124

Zhang J H, Guo W J. 2006. Quantitative retrieval of crop water content under different soil moistures levels. Proc. of SPIE. Agriculture and Hydrology Application of Remote Sensing, 64110D-1

第 4 章　农业植被面积遥感估算

大区域农作物种植面积遥感估算是国家粮食安全评价的重要内容。然而遥感数据、研究方法和地面观测样本的构建成为大区域作物种植面积遥感估算中的突出问题。目前的大面积作物遥感提取方法存在空间定位信息不足、地面验证采样体系成本过高、动态变化量提取精度不高这三大问题。本章介绍了发展融合多源遥感信息、背景数据和地表农业气象观测数据的农作物种植面积提取方法，将采样体系建立在规范的定时、定位、多要素的农业气象观测数据之上，针对 MODIS 的 250m 分辨率的数据，建立融合背景数据和遥感数据的混合像元提取方法，在像元尺度上对作物绝对面积进行提取。

为提高面积估算精度，需对以下四个方面进行改进：①高分辨率的耕地数据作为基准进行非耕地剔除；②利用高分辨率的耕地数据作为几何基准，对 MODIS 数据进行二次几何校正，使 250m 波段数据的几何定位精度达到 1 个像元以内；③利用 ETM 数据提取纯像元；④利用农业气象观测数据开展作物区划。经过以上四点改进后，利用混合像元分解算法得到的农业植被面积与统计数据是相当的，例如，此次对河南省 2002 年农业植被进行了种植面积遥感监测实验，与国家统计数据相比，农业植被种植面积的提取精度为 94.75%，能满足农情遥感监测的需要。

高分辨率数据只用来进行纯像元的识别和农业植被估算精度验证，而一些运行化的大面积作物面积估算采用海量的高分辨率数据来提取，高分辨率数据的购置和处理成本高，且各种因素影响难以保证全覆盖。纯像元是相对的，受南北物候差别的影响，纯像元的辐射值在空间上变化较大，利用农业气象的物候观测可以使纯像元辐射值更具有空间代表性。研究结果还表明，长势的差别在混合像元提取过程中有影响，但整体提取精度都在 85% 以上。

4.1　农业植被种植面积遥感进展

4.1.1　国外研究进展

1. 高空间分辨率监督分类

1974 年美国在对本土 9 个实验区的农业植被面积监测中，首次使用了分辨率为 80m 的 LANDSAT 多光谱扫描仪 MSS 数据，根据农业植被的光谱特征观测数据，结合地面观测和航空像片数据，利用监督分类方法，提取农业植被种植面积。在这个过程中，多时相的遥感数据也被应用起来，通过分层监督分类，使农业植被种植面积估算精度大大提高，最终通过利用 MSS 数据，结合大量的地表观测数据，获得 90% 以上的农业植被种植面积识别精度（刘海启，1997）。

随后，通过“大面积作物估产试验”（large area crop inventory experiment），基于高分辨率 MSS 数据的农业植被种植面积估算在全美得到全面应用。第一阶段（1974～1975 年），在美国本土大平原上设置了 9 个小麦估产实验区，开展区内的方法实验；第二阶段（1975～1977 年），对全美的农业植被种植面积进行遥感提取，并进一步扩展到加拿大、苏联和南半球的一些国家；第三阶段（1976 年底至 1978 年），开展了全球范围内的小麦种植面积估算，监测对象也由单一的冬小麦扩大至大麦、玉米、大豆和水稻（刘海启，1997）。阿根廷、澳大利亚、巴西等国也基本采用了 MSS 数据结合地面观测数据进行监督分类的技术路线，对本国的小麦种植面积和其他作物面积进行估算（Moreira et al.，1986）。

随着 LANDSAT 卫星 30m TM 数据的出现，基于高分辨率遥感数据的农业植被监督分类又进入新的发展期（Harris，2003）。空间分辨率的提高，加上多时相分析的应用，农业植被面积提取的精度可达 90% 以上（王乃斌等，1993a）。泰国、印度等一些发展中国家也开展了农业植被面积遥感估算工作。

2. 农业资源信息与高空间分辨率复合提取

多年来，遥感在农业植被面积估算中积累了大量的光谱机理、数据处理如穗帽变换（Kauth and Thomas transform，K-T 变换）等成果，使高空间分辨率监督分类日渐成熟。其中也面临着高分辨率遥感数据的获取周期较长、遥感瞬时信息不足、有些地区多时相数据很难保证等实际问题。这时，需要利用非遥感数据来进一步提高农业植被面积获取精度，大量的光谱观测、土壤、生态观测等数据被引入，作为背景数据，将非耕作区剥离，进而只对作物进行区分，大大提高了作物识别精度（Baban and Luke，2000）。

以美国 20 世纪 80 年代初开展的“农业和资源的空间遥感调查计划”（AGRSTARS）为代表，大量的农业资源调查数据被引入到遥感分类中来，使农业植被提取精度大大高于单纯遥感估算精度（刘海启，1997）。另一个重大项目是欧盟开展的遥感农业监测项目（monitoring agriculture with remote sensing，MARS），该项目引进校正方法对遥感分类后的结果进行修正，将 TM 分类的结果与地面实测的农业植被种植面积间建立回归关系，对单纯的遥感提取结果进行校正，改善了单纯计算机分类的精度（刘海启，1999）。

3. 多空间分辨率信息融合

高空间分辨率卫星资料如 MSS、TM、SPOT 等的应用可以获取高精度的作物种植面积，但资料较难获取且数据成本很高，在经费上难度很大。此外，这些数据重复周期长（MSS：18 天，TM：16 天，SPOT：26 天）且受天气影响较大，对于同一地区，很难得到多时相的数据，这为遥感监测业务带来相当大的困难。低空间分辨率但具有高时间分辨率的气象卫星与高空间分辨率数据的结合应用，成为农业植被面积估算新的发展方向（Barnett and Thompson，1982；Holben，1986；Singh et al.，1992；Bebedetti and Rossini，1993；Bullock，1992；Quarmby et al.，1993；Doraiswanmy and Cook，1995；Philipson and Teng，1988；Rasmussen，1997）。

欧洲最先开展这方面的工作。通过欧盟发起的“遥感在农业统计中应用的试验研究项目”，利用高空间分辨率的 SPOT 数据和高时间分辨率的 AVHRR 系列数据进行融合，再结合地表采样数据，大面积提取农业植被种植面积，并建立了欧盟范围内的农业植被监测系统（Turner and Congalton，1998；刘海启，1999；Murakami et al.，2001）。

美国也开展了高空间分辨率的 SPOT、TM、MSS 数据和高时间分辨率的 AVHRR 之间的比较实验，对比以上数据对农业植被面积监测的能力。

加拿大从 1987 年起，建立了“全球作物监测系统”，使用低空间分辨率的 AVHRR 数据，监测加拿大和苏联的小麦种植面积（Bullock，1992；Doraiswamy and Cook，1995）。

4. 空基遥感与地基观测一体化

20 世纪末以来，全球定位系统的发展带动了遥感与地面观测的一体化进程。加上地理信息系统的发展，使得基于“3S”技术的农业植被种植面积提取又得到提升。卫星观测与地面观测在像元级上配准，并在时间上同步进行，大大丰富了农业植被面积提取的模型。主要表现在以下四个方面：①农业植被遥感提取地面采样技术飞快发展，推动星地一体化观测系统的水平；②更高分辨率，如 TM 升级到 15m 分辨率、SPOT 升级到 2.5m 分辨率，还有新的 1m 甚至亚米级分辨率卫星数据的出现，使得原有的地基采样工作可以直接针对极高分辨率空基遥感数据进行，使得空基采样与地基采样不相上下，拓展了高分辨率遥感数据在更高层次上的应用范围；③气象卫星也向高空间分辨率发展，新的对地观测系统如美国的 EOS 系统，使传统意义上的低空间分辨率数据质量在发生改变，丰富了农业植被面积提取的遥感数据源；④多角度、多光谱以及雷达数据等的应用，突破了传统的农业植被监督分类提取，扩展了农业植被生物学和化学分析的研究范畴，使农作物面积提取正在向不同作物品种这一层次上进行。

4.1.2 国内研究进展

我国从“六五”计划开始，就开展了小麦和水稻种植面积和产量的遥感监测研究。1983 年起农业部先后组织北京近郊小麦及北方 6 省（直辖市）小麦面积监测。1984 年开始，中国气象局组织北方 11 省（直辖市）开展农业植被气象卫星遥感综合监测技术研究，建立了全国农业植被遥感综合监测系统，开展了相关的监测研究，设计了农业植被种植面积测算的业务化方法（侯学增，1986；肖乾广等，1986；张宏名和王家圣，1989；肖淑昭等，1988；肖乾广，1989；李郁竹，1992，1993；王茂新等，1998）。“八五”期间，农业植被种植面积遥感监测被列为国家科技攻关研究的重要内容，在河北、山东、河南、安徽、北京和天津等地开展农业植被种植面积的遥感监测研究（陈沈斌，1993；王乃斌等，1993a；王乃斌等，1993b；黄敬峰和谢国辉，1996；孙九林，1996；熊利亚，1996；王乃斌，1996；陈沈斌和孙九林，1997；千怀遂，1997）。在这期间，农业植被种植面积估算由小区域向大区域扩展，从县级区域扩大到省级、区域级的研究。遥感数据主要采用气象卫星数据，以 NOAA 为主。对于小区域则利用 TM 进行面积提取。对于农业植被面积提取的方法，主要为植被指数法和混合像元分解法（王延颐和 Malingreau，1990；徐希孺等，1990；徐希孺，1991；Zhang et al.，1998；赵庚星等，2001；邹立坤等，2001）。

“九五”期间，我国开展了全国范围内农业植被种植面积的提取研究，并建立了业务化的遥感方法。基于“3S”技术的遥感一体化系统，可以对不同遥感数据源、不同时相、不同分辨率的数据进行处理，在 GPS 采样数据的支持下，建立农业植被种植面积的样区，并通过样区获取的种植成数来估算农业植被种植面积，通过种植成数的估计来估计大区域内的种植面积成为较为普遍和成熟的方法（吴炳方和李强子，2004）。

“十五”期间，农业部建立了全国农业植被种植面积估算的业务化系统，并建立了“全国农业植被面积变化遥感监测抽样外推软件系统”。方法上，该系统采用统计学的分层抽样理论，建立农业植被面积变化的遥感监测外推模型，在全国选取 150 多个县，对这些县进行农业植被种植面积变化的监测，进而外推全国的农业植被种植面积变化（陈仲新等，2000）。

由于农作物套种、混种、南北差异等因素，在农业植被提取过程中，首先面临耕地提取问题。目前有多项研究，包括区域尺度和全国尺度上，应用了大比例尺土地利用数据，提取耕地图斑，只对耕地内的遥感影像进行处理，大大提高了精度（吴炳方，2000）。

近年来随着 EOS/MODIS 卫星资料的广泛应用，一些基于 MODIS 资料的大面积农作物种植面积估算方法也得到进一步完善（韩素芹和刘淑梅，2004；贾建华等，2005）。

总的来说，农业植被种植面积的提取有三个方面的发展：在空间尺度上，经历了从小区域到全国尺度的发展，可对全国农业植被种植面积进行监测；在方法上，从单一的植被指数法到种植成数估算法，并开展统计抽样与农业植被面积动态变化监测的尝试；在数据支持上，引入了高分辨率的耕地数据。

4.2 融合多源遥感和地面观测的农业植被面积遥感

4.2.1 利用 MODIS 数据计算植被指数

MODIS 数据经过利用其自身的定位信息进行校正后（刘闯和葛成辉，2000），还不能满足要求，需要进行几何精校正。图 4.1（a）是没有进行精校正的结果，与图 4.1（b）相比，错位情况还比较突出。通过利用 1：10 万中国土地利用数据，该数据的空间定位精度小于 100m，分析结果表明，MODIS 数据 250 波段数据的几何粗校正后的定位误差大于 250m。将大比例尺土地利用图作为基准，对 MODIS 数据进行几何精校正，可以大大提高几何校正精度（图 4.1）。

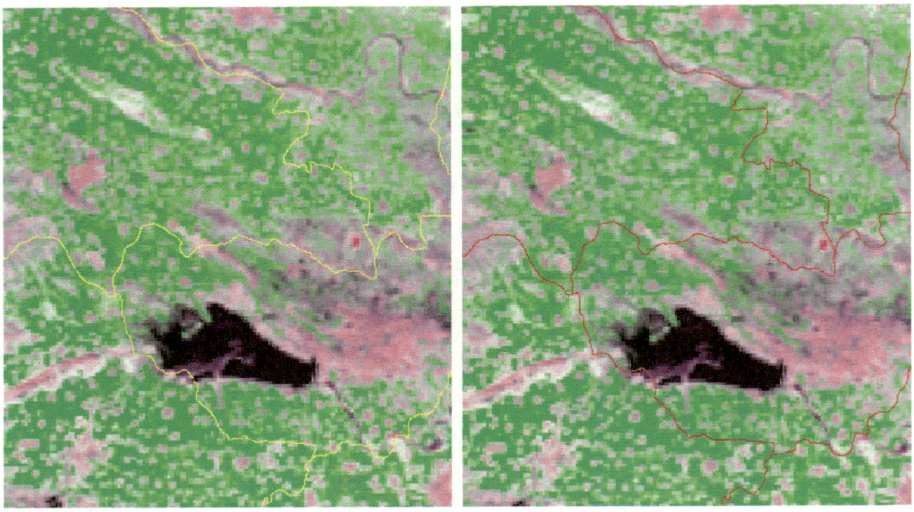

(a) 没有用耕地数据校正的MODIS数据　　(b) 用耕地数据校正过的MODIS数据

图 4.1　利用 1: 10 万中国土地利用数据对 MODIS 数据进行几何精校正

对于植被指数的计算，采用标准的 NDVI 计算方法。虽然 EVI 比 NDVI 效果好。但由于计算 EVI 的参数选择不是独立的，在空间上发生变化，给大区域对比带来困难。所以，目前计算归一化的植被指数，利用它来进行农业植被种植面积提取。对于晴空的数据，计算其植被指数，并对其进行最大值合成，以最大限度地消除大气对数据的影响，再利用 1: 25 万省界数据，切出每个省的数据。

4.2.2　种植区主要农作物物候变化规律分析

研究表明，气候变化会导致作物种植区发生移动（刘耀武等，2001），需要依据最新的农业气象资料建立农业植被种植区主要作物的物候变化时间表，以确定遥感影像选取和开展农业植被面积提取的最佳时相。通过对近 15 年来全国农业气象站点的数据进行处理，统计农业植被在平均状况下的生长时间，建立农业植被种植区主要作物的物候变化时间表（表 4.1）。

表 4.1　农业植被主要产区主要作物的播种和生长时间表（多年平均）

作用	1 月	2 月	3 月	4 月	5 月	6 月	7 月	8 月	9 月	10 月	11 月	12 月
冬小麦	+	+	+	+	+	+	−	−	−	+	+	+
夏玉米						+	+	+	+			
春玉米				+	+	+	+	+	+			
大豆					+	+	+	+	+			
棉花				+	+	+	+	+	+	+		
油菜	+	+	+	+					+	+	+	+
高粱					+	+	+	+	+			
早稻			+	+	+	+	+					
一季稻					+	+	+	+	+			
晚稻							+	+	+	+		

从表4.1可以看出，在中国，冬小麦与油菜有几乎相同的生长过程。在冬小麦主产区，两者在3月底以前均处于生长期内，可与其他植被和裸土地相区分。冬小麦面积提取的重要内容就变为如何区分农业植被、油菜和裸土地。

4.2.3 主要农作物的空间分布

通过利用近15年来各主要农业气象观测站点观测的作物类型的空间分布数据，确定冬小麦种植区域内其他作物的种植情况，分析与冬小麦混合的像元内作物类型。研究结果表明，在一年中，研究地区主要种植的作物为冬小麦、夏玉米、油菜和一季稻。其中，冬小麦主要分布于淮河以北地区，夏玉米主要分布于河北、河南、山东和陕西，油菜主要分布于湖北、安徽和江苏，一季稻则主要分布在湖北、安徽和山东。此外，研究区也有春小麦、春玉米、高粱、大豆和棉花分布。其中河北、山西和陕西三省的北部，以春小麦－高粱，春小麦－春玉米为主要轮作形式，陕西和河北两省北部存在春小麦与大豆的轮作；山西中部和陕西北部，也存在冬小麦与高粱和春玉米的轮作；山西南部以冬小麦和春玉米的轮作为主，也有棉花的种植；陕西中部和南部轮作的作物有夏玉米，在中部有棉花和大豆的分布；在南部则有一季稻的分布（图4.2）。

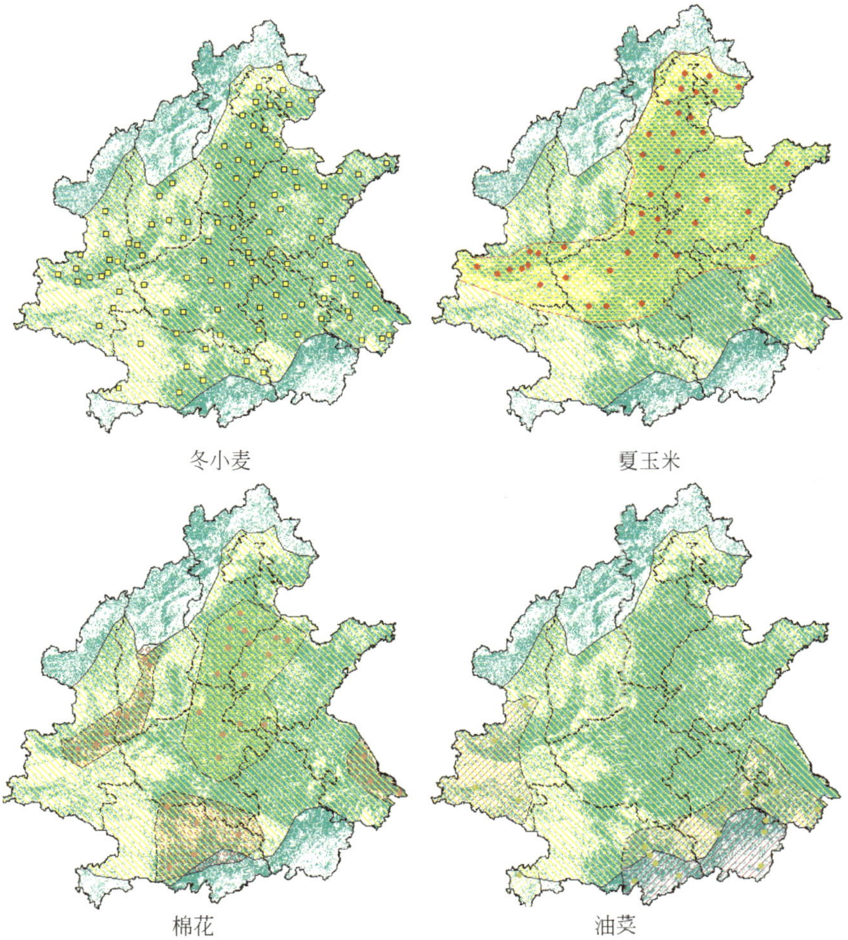

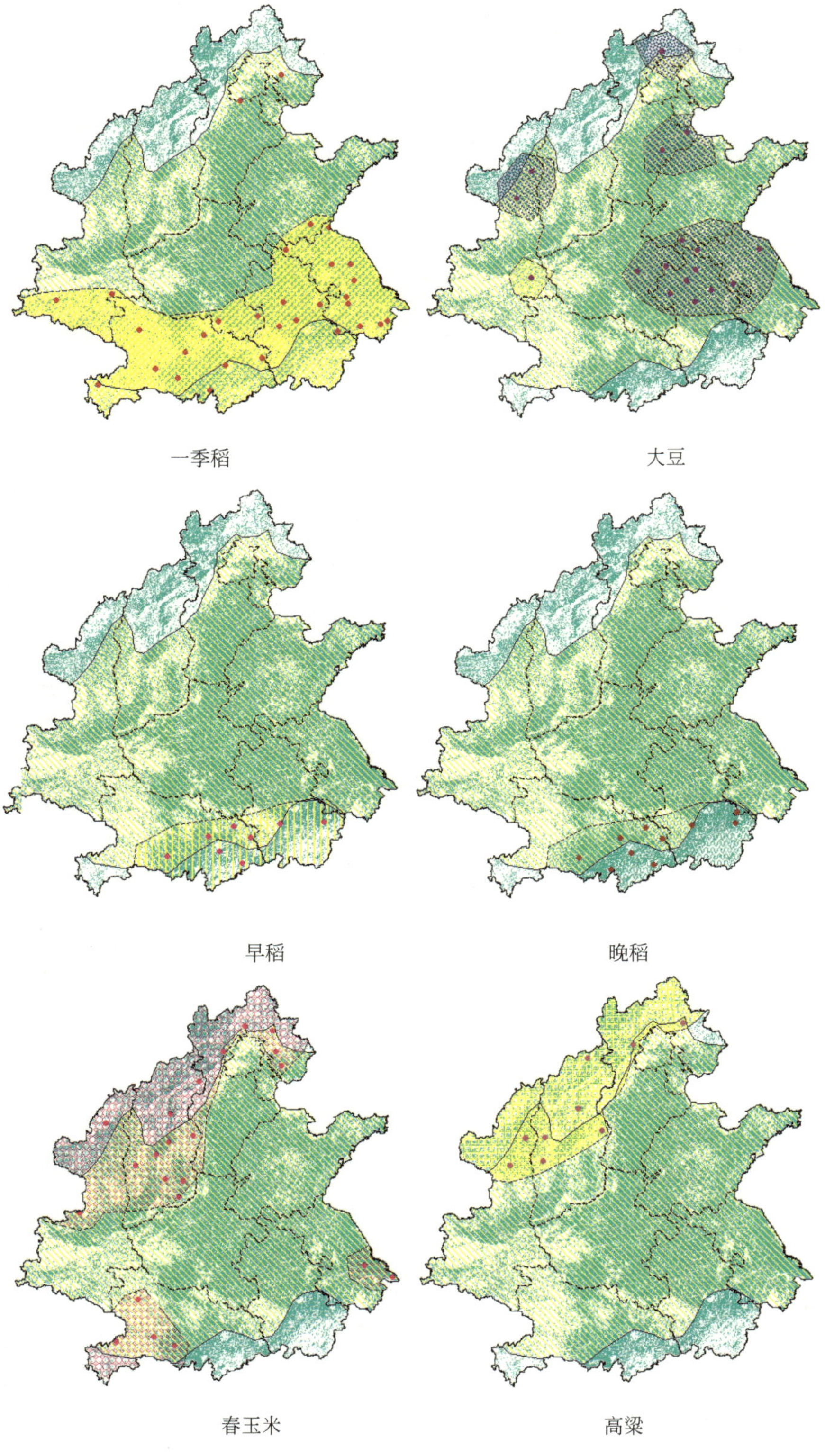

图 4.2　农业植被主产区内各种作物种植空间分布

3～4 月，研究区域内主要的作物种植类型为两种：北部冬小麦播种区、南部冬麦、油菜混合播种区。北部冬小麦播种区主要包括河北、北京、天津、山西、陕西、河南和山东，主要以冬小麦播种为主，地物类型可分为冬小麦、水体、裸土地、城乡建设用地。南部冬小麦油菜混合区主要包括湖北、安徽和江苏三省，以淮河为界，北部为纯冬麦区，南部为混合区。越往南，油菜的种植面积增大，至长江北岸，几乎均以油菜为主，长江以南很少有冬小麦播种，该区主要的地物类型为冬小麦、油菜、裸土地、水体、城乡建设用地。

4.2.4 剔除非耕地

本节利用了 2000 年覆盖全国的 1∶10 万耕地数据。这里所指的耕地是指种植农作物的土地，包括熟耕地、新开荒地、休闲地、轮歇地、草田轮作地；以种植农作物为主的农果、农桑、农林用地；耕种三年以上的滩地和海涂（刘纪远，1996；张国平等，2003）。

在使用 1∶10 万高分辨率耕地空间分布数据时，将其重采样为 100m 栅格，生成 MASK 图像，同时将处理好的 MODIS 数据重采样为 100m 栅格，将两者叠加，剔除非耕地。以下的步骤就只针对耕地区内的 MODIS 数据进行操作（图 4.3）。

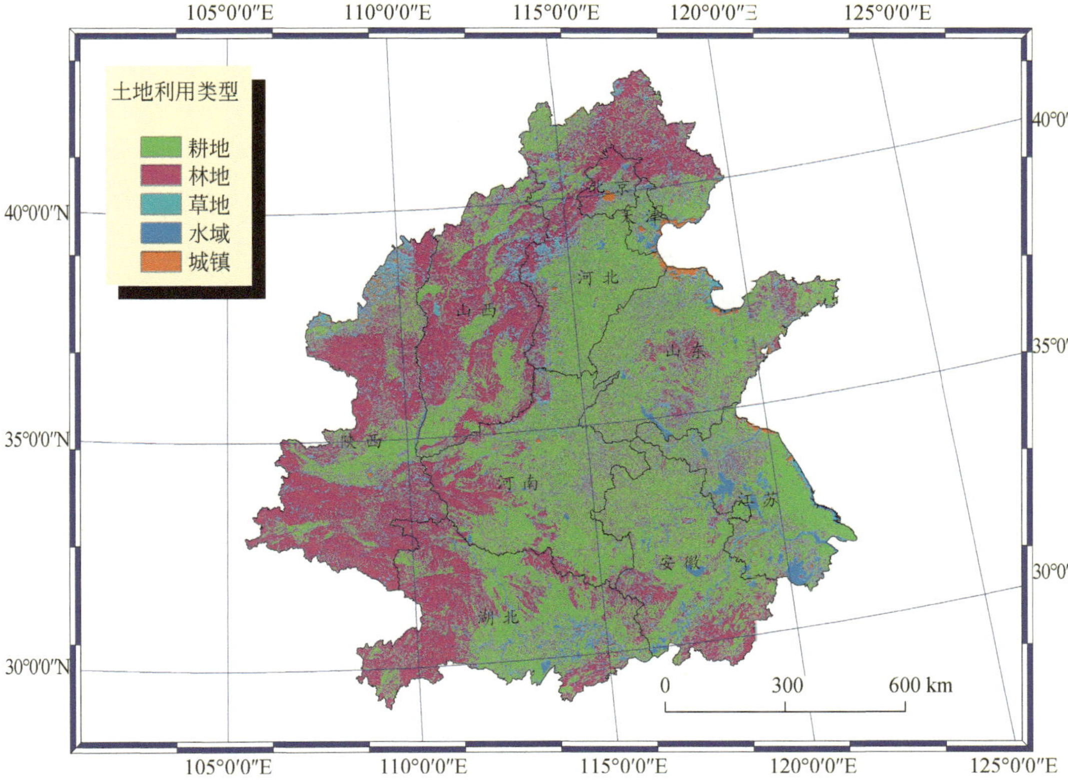

图 4.3 研究区域 2000 年土地利用类型空间分布

以河南省为例说明非耕地的剔除（图 4.4，见书后彩图）。图中绿色区域为耕地区域，蓝色为河流等水体区域，黄色区域为林地、草地、未利用地、城乡建设用地的合并类型。将河南全省耕地矢量数据转化为 100m 栅格数据。耕地数据为 5732 行和 5468 列。将耕地作为 MASK，与 MODIS 数据进行掩模处理，这样所有的后继处理只对耕地图斑进行。水域、林地、草地、未利用地、城乡建设用地将不进行处理。图 4.5 为郑州和开封附近耕地的 MASK 图（蓝色区域为水体，绿色区域为耕地，黄色区域为林地、草地、未利用地、城乡建设用地的合并类型）。

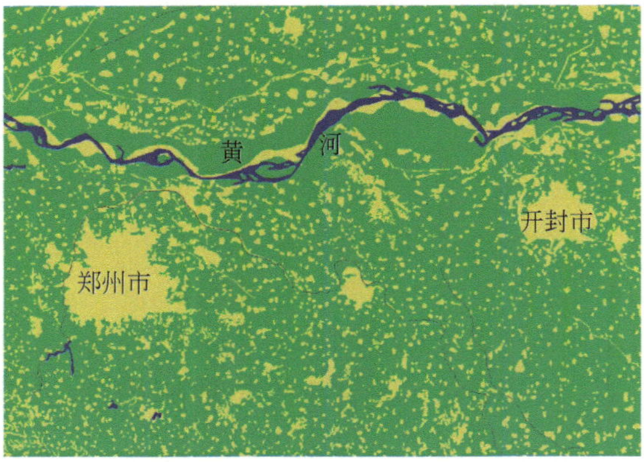

图 4.5　河南省郑州市与开封市附近的耕地图斑分布

4.2.5　农业植被生长期时空分布的确定及农业植被区划

根据农业植被生长变化，提取具有相同时空变化规律的农业植被种植区域作为一个集合，集合内的各项属性相同（图 4.6）。由于同一时期内，农业植被作物发育期的南北差异，所以有必要进行作物区划，将相同种植结构、相同发育期后作物在空间上归为一类。

对于每一个省，将该省内发育期相同的所有像素作为一个集合。对每个重要时期内的作物类型和发育期的空间差异进行分析。在近 15 年农业气象观测数据的基础上，根据农业植被发育期在物候上的差异，以河南省为例，将河南省分为 5 个集合：北部区、中部区、西南区、东部区和南部区（图 4.7）。

4.2.6　主要地物的遥感光谱分析

对于每个集合，利用 TM 影像、野外光谱观测数据、MODIS 数据，确定每个主要地物类型的光谱特征（图 4.8、图 4.9），方法参照童庆禧和张仁华等的研究成果（童庆禧，1990；张仁华和覃文汉，1991）。本节主要考虑每种地物 NDVI 值的分布。

以河南省为例，对于每个集合，均有相应的地物类型分组，对于每种地物，其光谱特征被记录下来。3 月底至 4 月上旬，在河南省耕地图斑内，主要的地物为冬小麦和裸土地，对于农业植被，结合高分辨率遥感影像，提取 MODIS 数据中纯像元的 NDVI 值。对于裸土地，采集耕地图斑内纯裸土地的平均 NDVI 值，建立地物属性表（表 4.2）。

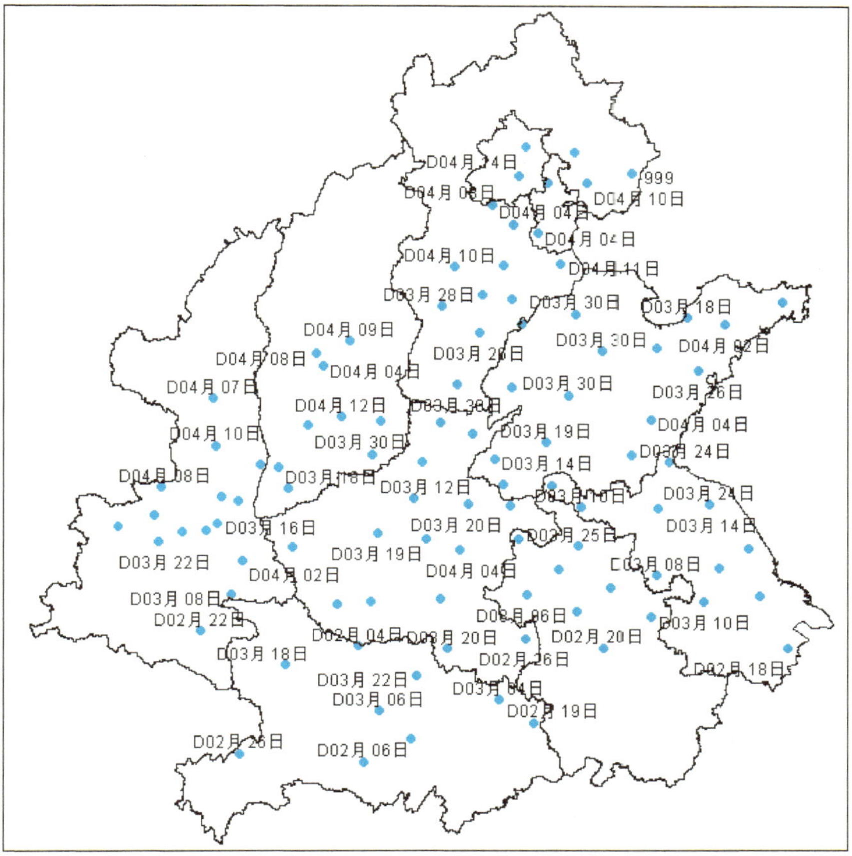

图 4.6　2003 年冬小麦拔节开始日期

图 4.7　河南省冬小麦区划图

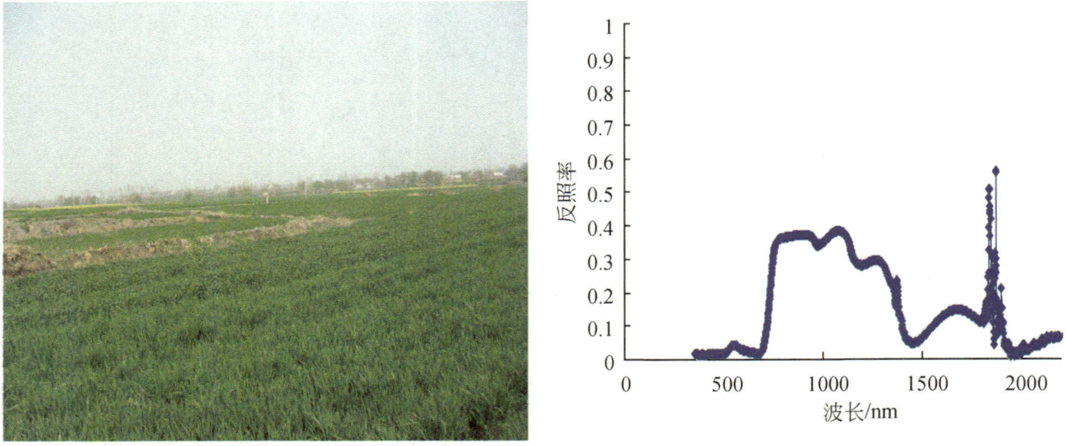

图 4.8 冬小麦拔节期的光谱观测（2003 年 4 月 5 日，安徽风台）

图 4.9 油菜开花普遍期的光谱特征（2003 年 4 月 5 日，安徽长丰）

表 4.2 河南省 2003 年典型地物的 NDVI 值分布

NDVI	北部区	中部区	西南区	东部区	南部区
冬小麦纯像元的 NDVI 值	0.50	0.55	0.55	0.55	0.55
裸土地 NDVI 值	0.18	0.20	0.30	0.26	0.26

4.2.7 利用混合像元法提取农业植被种植面积

根据裸土地、农业植被的光谱特征，利用遥感混合像元分解技术提取 100m 栅格内农业植被的种植面积（项月琴等，1990；徐希孺等，1990；Quarmby et al.，1992；项月琴等，2000；唐世浩等，2003）。计算的方法如下：

设对于任意一个 100m 像元，如果满像元为农业植被，其植被指数值为 N_1；如果满像元为裸土地，其植被指数值为 N_2；对于一个混合像元，其植被指数值为 N_0。设在该像元内，农业植被占的面积比值为 X，即

$$X = \frac{S_w}{S_t} \tag{4.1}$$

式中：S_w 为混合像元内农业植被所占面积；S_t 为像元总面积。

对于混合像元的植被指数值 N_0，有

$$N_0 = N_1X + (1 - X)N_2 \tag{4.2}$$

整理后可得

$$X = \frac{N_0 - N_2}{N_1 - N_2} \tag{4.3}$$

这样，对于每一个集合，当已知农业植被和裸土地的满像元的植被指数时，就可以计算每个像元内农业植被的种植面积，对集合内的所有像元进行统计，就可以计算该集合内的农业植被种植面积，从而计算全省的农业植被种植面积。

在正常情况下，对于混合像元，当像元植被指数越大，农业植被所占面积也越大，当达到 N_1 时，该像元为农业植被满像元。N_1 值为满像元农业植被指数的平均值，在实际状况下，有像元的值大于 N_1 值，这时该像元为农业植被满像元，直接利用阈值法进行判断。而当混合像元的值小于或等于裸土地的值 N_2 时，该像元自动判断为裸土地，没有农业植被。这样，将阈值法与混合像元法结合起来，可以通过图 4. 10 来示意。

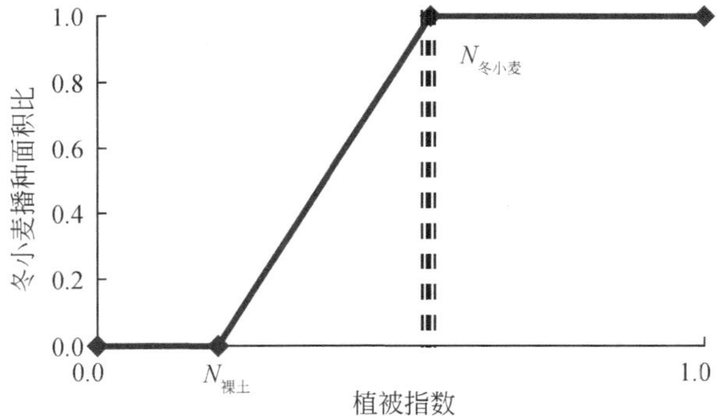

图 4. 10　农业植被混合像元提取示意

在有多种作物同时存在的情况下，以上模型就无法应用，需要建立多元线性方程来进行像元内作物种植面积比的分解模型：

利用获取的纯像素（端元）光谱反射率值 a_C 可建立研究区域 TERRA/MODIS 影像的任意单个像元光谱反射率值的分解方程，$r_N = x_{N,1} \times a_1 + x_{N,2} \times a_2 \cdots + \cdots + x_{N,C} \times a_C$，在该方程中，共有 C 个未知数（对应于研究区域中 C 类作物），需要求解出 C 个未知数，至少需要构成 C 个线性无关方程组成的方程组。因此利用时间序列的 TERRA/MODIS 遥感影像的光谱反射率值组成方程组。对时间序列的要求主要有两个方面：一是时间序列的起始时间和终止时间应该包含在研究区域的一个物候期内；二是至少利用 C 个不同时期的数据。因为在一个物候期内的单个像元，其包含的每类作物面积比恒定不变。建立的方程组形式为：$r_T = X_T \times a_T$，该方程建立在单一像元

多时相数据的基础上。

$$\begin{cases} r_{N,1} = x_{N,1,1} \times a_{1,1} + x_{N,2,1} \times a_{2,1} \cdots + \cdots + x_{N,C,1} \times a_{C,1} \\ r_{N,2} = x_{N,1,2} \times a_{1,2} + x_{N,2,2} \times a_{2,2} \cdots + \cdots + x_{N,C,2} \times a_{C,2} \\ \vdots \\ r_{N,t} = x_{N,1,t} \times a_{1,t} + x_{N,2,t} \times a_{2,t} \cdots + \cdots + x_{N,C,t} \times a_{C,t} \end{cases} \tag{4.4}$$

如上述方程组所示，$r_{N,t}$为像元 N 在时相 t 的光谱反射率值，$x_{N,C}$为像元 N 中类别 C 所占的面积比，$a_{C,t}$为纯净类别 C 在时相 t 时相端元的光谱反射率值。特别需要说明一点 $x_{N,C}$不会随着时相的变化而改变，因为在一个物候期内耕地的耕作模式是不会改变的。可以利用式（4.4）采用最小二乘法求出未知的 $x_{N,C}$。

纯像素（端元）的确定是非常重要的步骤，本研究通过 TM 遥感影像的分析，选定研究区域夏粮作物种植面积提取中纯净像元为三类：冬小麦、油菜、裸地。其他类别主要为非耕地，已经通过土地利用图去除。

4.3 典型区农业植被面积遥感估算

4.3.1 中国冬小麦主产区种植面积提取

在冬小麦主产区中，河南省种植面积最大，其余依次为山东、河北、安徽、江苏、陕西、山西、湖北、天津和北京。以 100m × 100m 的栅格为单元（1hm^2），该单元内农业植被种植面积比率为该单元内的农业植被种植成数或播种比率。统计主产区的播种比率结果如表 4.3 和图 4.11（见书后彩图）所示。

表 4.3　各省（直辖市）冬小麦播种比率的分布状况　　（单位:%）

播种比率	安徽	河南	湖北	江苏	山东	陕西	山西	北京	天津	河北
1 ~ 20	1.89	2.61	7.77	2.94	6.04	7.76	3.44	9.95	4.72	5.50
20 ~ 40	5.62	9.64	17.47	10.96	14.85	12.89	8.21	23.00	11.08	12.15
40 ~ 60	10.50	20.39	18.83	21.90	19.60	12.56	11.14	18.84	14.79	15.47
60 ~ 80	17.64	26.08	16.34	29.54	23.51	13.85	12.81	14.79	17.01	16.78
80 ~ 100	64.36	41.28	39.58	34.66	36.00	52.95	64.39	33.42	52.40	50.10

在 10 个冬小麦主产省（直辖市）中，种植比率大于 80% 的地区均处于 30% 以上（表 4.3、图 4.12），其中以山西、安徽、陕西、天津和河北这 5 个省（直辖市）最大，种植成数大于 80% 的面积大于播种总面积的 50% 以上。这 5 个省（直辖市）冬小麦主要分布于平原地区，且与其他作物较少套种。在河南省，冬小麦播种区主要位于中部地区，北部地区有冬小麦与棉花套种，黄河冲积平原区的土壤盐渍化较为严重，冬小麦种植成数不高，而其南部为冬小麦与油菜混杂种植区，冬小麦种植成数也不高。在

山东省，西部地区存在冬小麦与棉花的套种，加上丘陵地区地形较为破碎，冬小麦的种植比率也不高。在湖北和江苏两省，均有大面积的油菜与冬小麦混杂种植，使整体上冬小麦的种植成数下降。对于北京市，受城乡建设用地快速增长的影响，加上经济作物的大面积种植，冬小麦种植成数最低。

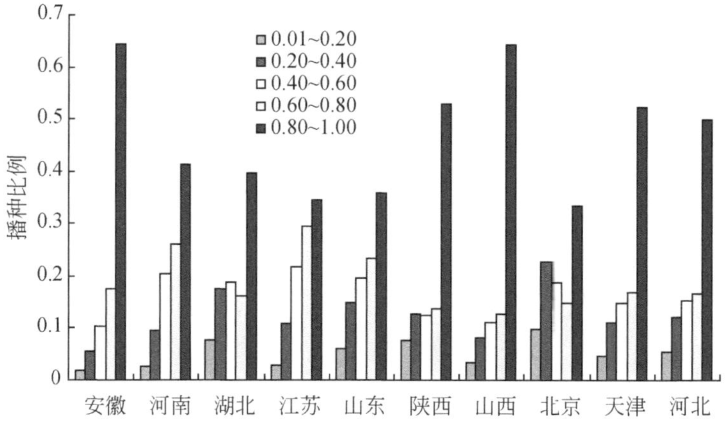

图 4.12　2003 年不同冬小麦播种所占的种植面积比例

从监测的 10 个省（直辖市）来看，2003 年冬小麦种植面积主要分布于 5 个区域。第一个区域为黄河、淮河和海河平原地区，北京、天津、山东、河南、安徽和江苏的大部分播种区均位于该区。作为冬小麦的主产地区，冬小麦的种植成数高，播种比率高，大部分播种区的播种比率均在 80% 以上，且冬小麦与其他作物的套种比例较低；第二个区域为山东丘陵区，冬小麦种植成数较低，播种比率主要为20%~40%；第三个区域为汾渭平原区，冬小麦播种主要集中于汾河和渭河平原，冬麦产区的种植成数高，播种比率几乎均为 80% 以上；第四个区域为江淮丘陵区，乜是冬小麦与油菜交错种植区。主要以安徽和江苏为产区，冬小麦种植的南界为长江，长江以南冬小麦种植比率极小，向北开始增多，至淮河以北达到最大，对于油菜，以淮河为界，淮河北部油菜种植面积可以忽略不计，往南其播种比率开始增加，至长江以南达到最大；第五个区域为江汉平原区，主要以陕西南部地区和湖北省为主产区，湖北省冬小麦播种区主要分布在这里。

采用遥感技术对冬小麦种植面积进行提取，其在方法和技术手段上与传统的统计调查方法有较大差异。一方面，新开垦的荒地、较多的坡耕地和插花地较难在统计数据中体现出来，而利用遥感技术可以将这些耕地统计出来；另一方面，遥感提取的农业植被种植面积中，耕地斑块中的农用道路、地形破碎地区的插花地、田块中的小块水塘较难提取，而在实际的统计数据中可以考虑这些问题。总体上，大量的研究表明，遥感调查的面积数据比公布的统计数据偏大，这在一定程度上不利于两者数据对比。不同年份的这两种结果的对比，其意义可能要小于单纯的统计数据对比或者是不同年份遥感提取结果的对比，后两者可能更有实际意义。

表 4.4 列出了 1981 ~ 2002 年各省（直辖市）冬小麦种植面积的变化状况。近年来，整体上种植面积减少了。尤其是 2000 年以来，冬小麦种植面积比前 2 年减小了

10%左右，减少幅度异常明显。除安徽省没有明显减少外，其他所有省（直辖市）的种植面积均是快速下降，以北京和天津减少的幅度最大，余下的省（直辖市）冬小麦播种的面积下降值也均较大，整体上，近2年比前3年的总种植面积平均值下降近200万 hm^2。

表4.4　1981年以来主产省（直辖市）冬小麦种植面积统计

（单位：万 hm^2）

年份	河北	河南	安徽	北京	湖北	江苏	山东	山西	陕西	天津	合计
1981	249.9	411.8	190.5	17.9	127.4	169.9	351.0	89.8	154.1	16.0	1778.3
1982	222.3	432.4	196.8	17.8	134.2	186.7	334.3	89.7	160.8	12.9	1787.8
1983	233.8	445.3	202.5	18.4	137.5	201.4	358.7	91.4	166.8	14.4	1870.1
1984	235.8	445.6	206.4	19.2	138.5	223.6	380.3	92.9	167.7	15.1	1925.0
1985	236.7	456.8	195.5	18.9	133.1	217.0	395.2	96.6	168.1	13.6	1931.5
1986	245.0	463.8	195.4	18.3	130.6	226.6	421.8	99.6	168.3	13.2	1982.6
1987	234.2	468.8	198.6	18.1	134.9	221.8	400.4	96.3	168.0	12.8	1954.0
1988	241.6	467.5	201.7	18.4	133.1	224.7	405.2	95.3	167.9	13.2	1968.5
1989	245.3	473.3	203.4	18.1	134.1	235.4	399.1	96.8	167.0	13.1	1985.7
1990	250.8	478.3	207.4	18.4	135.2	239.9	414.7	98.2	169.1	13.4	2025.5
1991	252.5	479.7	206.3	18.9	134.7	236.5	419.7	99.3	167.1	14.2	2029.0
1992	253.9	471.3	196.5	19.1	128.8	236.6	402.0	99.0	164.4	14.0	1985.6
1993	252.3	484.0	208.5	17.7	127.1	228.2	415.6	97.8	162.9	13.6	2007.7
1994	245.3	481.8	201.6	16.2	122.5	211.4	404.7	96.3	160.9	11.6	1952.3
1995	249.9	481.4	199.3	17.2	118.0	215.0	401.1	91.7	160.0	13.7	1947.3
1996	258.9	486.8	206.6	17.1	123.0	221.6	403.2	91.9	158.9	14.2	1982.2
1997	272.1	492.7	213.8	17.1	127.7	234.1	403.8	93.5	159.1	14.6	2028.5
1998	276.2	496.4	209.0	17.1	121.1	231.5	398.2	94.8	160.7	14.8	2019.7
1999	272.8	488.5	205.7	16.8	107.4	225.2	400.7	91.2	158.0	13.8	1980.1
2000	271.7	492.2	212.6	12.2	84.5	195.5	374.8	89.0	152.6	12.0	1897.0
2001	258.0	480.2	196.1	7.3	73.6	171.3	354.6	82.1	142.4	10.7	1776.1
2002	243.5	485.6	205.7	4.7	70.0	171.6	339.7	79.7	135.7	9.4	1745.6

将利用遥感技术直接提取的冬小麦种植面积与统计结果进行对比，结果列于表4.5中。从10个省（直辖市）的总体情况看，总的趋势表明，2003年的种植面积比前5年的平均值有所增加，其中河南、安徽、山东和江苏增加明显，而陕西、湖北明显减少，其他地区变化不大。

表 4.5　利用遥感技术直接提取的 2003 年主产省（直辖市）冬小麦种植面积与统计结果的对比

（单位：万 hm^2）

项目	河北	河南	安徽	北京	湖北	江苏	山东	山西	陕西	天津	合计
1998～2002 年平均	264.4	488.6	205.8	11.6	91.3	199.0	373.6	87.3	149.9	12.1	1883.6
遥感方法提取的 2003 年面积	265.5	501.0	224.9	13.6	84.8	215.5	396.8	89.2	133.0	14.5	1938.8
面积差值	1.1	12.4	19.1	2.0	−6.5	16.5	23.2	1.9	−16.9	2.4	55.1

将表4.5中遥感直接提取的面积与前5年统计数据的平均值进行相关分析，结果表明，它们的相关系数为1.00，如图4.13所示。

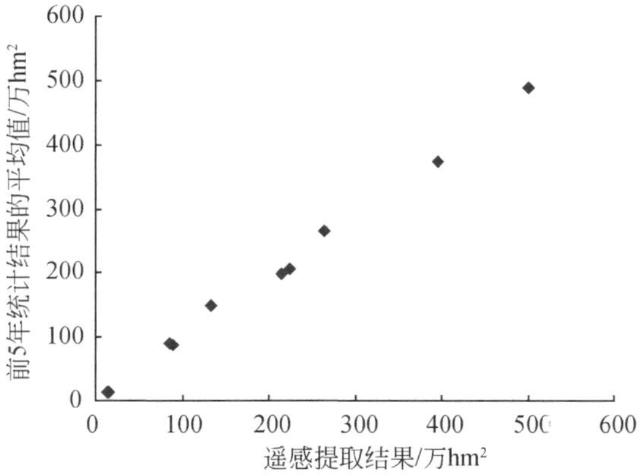

图 4.13　遥感提取结果与统计结果之间的相关分析

以统计数据为应变量 Y，以遥感提取的结果为自变量 X，对两种数据进行线性回归分析，得到

$$Y = 0.96 \times X + 30.6 \tag{4.5}$$

将30.6 万 hm^2 作为遥感方法提取与国家统计局统计结果间的系统偏差，将0.96 作为校正系数，将每个省遥感提取的面积乘以0.96 后，减去30.6hm^2，作为新的面积数据，这个数据即为遥感提取数据的平差结果。结果见表4.6。

表 4.6　平差处理后 2003 年主产省（直辖市）冬小麦种植面积的遥感提取结果

（单位：万 hm^2）

项目	河北	河南	安徽	北京	湖北	江苏	山东	山西	陕西	天津	合计
1998～2002 年平均	264.4	488.6	205.8	11.6	91.3	199.0	373.6	87.3	149.9	12.1	1883.7
遥感提取的 2003 年面积	265.5	501.0	224.9	13.6	84.8	215.5	396.8	89.2	133.0	14.5	1938.8
面积差值	−1.1	−12.4	−19.1	−2.0	6.5	−16.5	−23.2	−1.9	16.9	−2.4	−55.1
平差后的面积	251.8	477.9	212.8	10.0	78.3	203.8	377.9	82.6	124.6	10.9	1830.6

将平差后每个省的结果相加，得到2003 年10 个省（直辖市）冬小麦的播种总面积为1830.6 万 hm^2。如果利用前3 年的数据进行平差，得到新的面积为1810.6 万 hm^2。如果利用前2 年的数据进行平差，得到新面积为1760.9 万 hm^2。在以上三种情况下，平差后的各省（直辖市）2003 年冬小麦种植面积分别列在表4.7 中。

表 4.7　利用不同年份平均结果进行平差后的主产省（直辖市）冬小麦种植面积

（单位：万 hm^2）

时段	河北	河南	安徽	北京	湖北	江苏	山东	山西	陕西	天津	合计
前 5 年	251.8	477.9	212.8	10.0	78.3	203.8	377.9	82.6	124.6	10.9	1830.6
前 3 年	249.1	472.8	210.5	9.8	77.4	201.6	373.8	81.6	123.2	10.7	1810.6
前 2 年	243.3	464.4	205.2	6.9	73.7	196.4	366.6	77.8	118.9	7.7	1760.9

从统计数据（表 4.3）上看，2001 年、2002 年的面积与 2000 年以前（包括 2000 年）相比，相差近 200 万 hm^2，即前后减少了约 10%。所以选取前 5 年的平均结果进行平差处理后，得到的结果应该比较稳定。在本节采用前 5 年统计数据的平均结果进行平差处理，确定的 2003 年冬小麦种植面积为 1830.6 万 hm^2。

4.3.2　河南省主要夏粮作物种植面积提取

1. 监测方法

这里主要使用了 IKONOS、LANDSAT/TM 和 TERRA/MODIS 三种遥感数据源。非遥感数据源主要包括土地利用数据、作物种植结构区划数据、作物物候历数据和野外实地调查数据。利用 2001 年 3 月 21 日获取的 4m 高分辨率遥感影像 IKONOS，进行河南省开封市研究区内的耕地地块图制作，以指导实验样区的野外采样工作，还用于 TM 遥感影像信息提取时样本的选择和精度的验证。利用 2002 年 3 月 19 日获取的 LANDSAT/TM 数据，结合研究区作物种植制度和种植结构特征，进行小范围冬小麦种植面积自动提取。利用 2002 年分辨率为 250m 的 TERRA/MODIS 反射率时间序列数据进行大范围冬小麦种植面积的提取。

首先利用米级高分辨率遥感图像 IKONOS，生成高精度的实验样区耕地地块图，在地块图基础上进行野外实地调查，调查结果用于 LANDSAT 数据分类时训练样本的选择和分类结果精度的检验；其次以 30m 分辨率的 LANDSAT/TM 多光谱数据为主，研究区域作物种植面积遥感监测方法，期望获取高精度的分类结果；最后利用 TERRA/MODIS 的 250m 反射率时间序列数据，通过混合像元线性分解方法形成大区域（省、全国）的冬小麦种植面积遥感监测。

2002 年 4 月 20～26 日在河南省开封市实验区进行作物野外采样工作，主要目的是调查夏粮作物中的冬小麦与油菜。同时对相近时相的 LANDSAT/TM 影像进行分析，以得出 TM 影像中不同光谱在实验区中相对应的地物（图 4.14）。共选取样点 91 个，拍照 144 张。

研究区域内夏季作物种植模式比较单一，主要为冬小麦和油菜，而且地势较为平坦，因此本研究中选用非监督分类后目视解译来提取农业植被种植面积。目视解译的基础是野外采样结果图。

通过开封地区 TM 遥感影像的分析，选定研究区域夏粮作物种植面积提取中纯净像元为三类（冬小麦、油菜、其他）。其他类别为一个概括的概念，包含休耕地、其他小

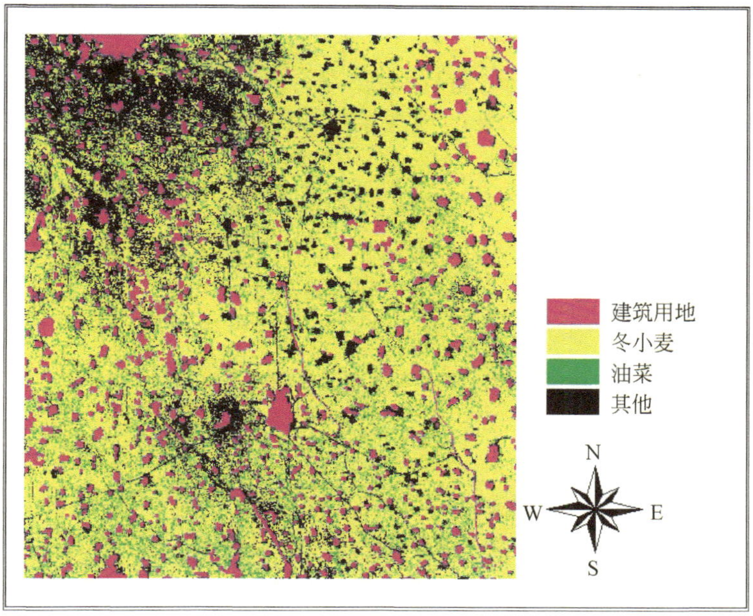

图 4. 14　样区 2002 年 TM 影像分类结具图

规模种植的作物、蔬菜、未去除的建筑等，这是因为监测的主要对象是河南省冬小麦的种植面积，且遥感监测中用到的遥感影像都进行了非耕地的去除。

如图 4. 15 所示，农业植被种植面积监测中，关键技术为混合像元分解。混合像元是客观存在的，如果用传统的统计模式识别方法，会带来作物种植面积提取的误差。在农业植被种植面积遥感监测体系结构建立的基础上，利用 2002 年 TERRA/MODIS/250m 分辨率的反射率数据，结合样区 LANDSAT 数据的分类结果进行了河南省农业植被的种植面积遥感监测。具体的工作流程如图 4. 15 所示。

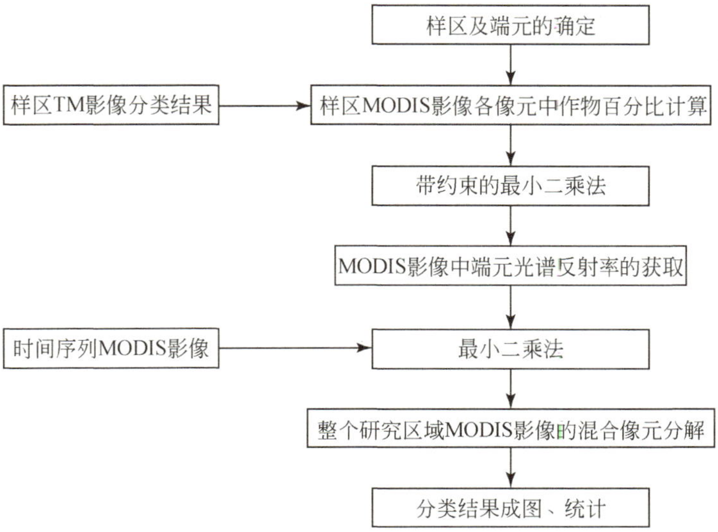

图 4. 15　混合像元分解流程图

端元不同波段不同时相光谱反射率获取的方法很多。在研究区域内，在 TERRA/MODIS 250m 分辨率尺度上，直接从影像上获取各类作物纯净像元的光谱反射率值是不可能的，野外实地的光谱测量又受到仪器设备等的限制。因此本书采用回归分析方法，利用样区较高精度的 LANDSAT 影像的作物分类结果图像，推算各端元光谱反射率值。

由采样区获取的 LANDSAT 遥感影像与 TERRA/MODIS 遥感影像，可确定样区内共有 TERRA/MODIS 数据空间分辨率为 250m 的像元 N 个（本书 2002 年河南冬小麦遥感监测中 N 为 90 000），研究区域具有 C 类作物类型（本节中 C 为 3），a_{iC} 为纯净作物类别 C 在 TERRA/MODIS 影像不同波段 i 的光谱反射值，$x(N,C)$ 为像元 N 中类别 C 所占的面积比，$r(N)$ 为像元 N 在 TERRA/MODIS影像上的光谱反射率值。利用线性混合像元分解模型，可建立方程组：$r(N) = x(N,C) \times a_C$，该方程组建立在单一时相的 MODIS 数据基础上。

样区中 $x(N,C)$ 的值可通过 TM 影像的分类结果统计获取，TM 影像的分类结果图如图 4. 14 所示，分类结果图重编码的目的是生成单一作物类型编码为 1，其余类型编码为 0 的栅格影像，为统计作准备。重采样为 25m 分辨率，是方便生成 250m 分辨率的面积比栅格影像，实际结果表明，30m 重采样为 25m，对分类结果的影响可忽略不计。一个分辨率为 250m 的 MODIS 像元包含 10×10 个重采样后的分类结果像元，采用 10×10 窗口统计方法计算最终得出每个 MODIS 像元中不同作物类型所占的比例，如图 4. 16 所示。

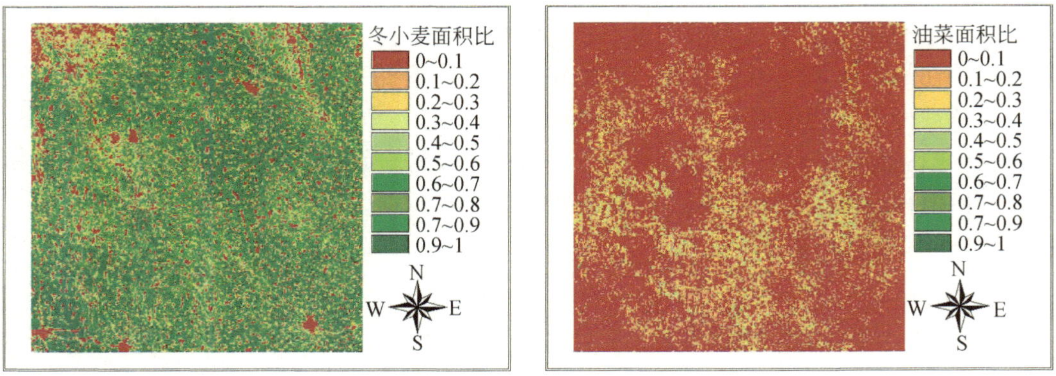

图 4. 16　样区主要作物面积比统计结果图

统计中，夏粮只计算了冬小麦和油菜的面积比，其他这个类别的面积比通过和为 1 的约束条件进行求解。最后利用带约束的最小二乘法求解该矩阵，得出样区中 TERRA/MODIS 数据尺度上各纯净类别的光谱反射值，如表 4. 8 所示求出的光谱反射率值为影像实际光谱反射率值的 10 000 倍。

计算出端元的光谱反射率值，为一理论上的理想值，在研究区域 TERRA/MODIS 影像上很难找到纯净类别的像元，获取到实际端元的光谱反射率值，而且 TERRA/MODIS影像上单一时相的光谱反射率值与计算出的值相等时，并不代表该像元一定是纯净的像元。计算结果的正确性很难给予验证，只能通过最小二乘法求解方法中方程的相关系数好坏予以一定的评价。由表 4. 8 可知，求解方程的相关系数绝大多数都高于0.9。而建立方程的样本点数为300×300，因此可认为求解出的端元的光谱反射率值是可信的。

表4.8　样区2002年夏季三类纯净类别MODIS影像上光谱反射值表

时间	相关系数	冬小麦	油菜	其他
1月3日	0.967	1171.3	1114.88	1278.69
1月10日	0.974	1333.57	1252.83	1469.68
1月23日	0.95	1195.82	1494.26	1389.64
2月5日	0.974	1577.77	1853.46	1786.58
3月7日	0.946	1145.85	1490.78	1524.95
3月19日	0.938	873.4	1092.3	1275.35
3月31日	0.971	991.23	1082.41	1253.65
4月18日	0.927	716.08	878.59	1065.08
5月11日	0.834	615.92	511.83	969.25
6月4日	0.969	1349.04	1158.75	1316.87

2. 监测结果

利用TERRA/MODIS第1波段1~6月10个时相的影像（见表4.8第1列），通过上述方法进行线性混合像元分解，对分解结果进行归一化处理，与行政区划单元图叠加，生成最后的混合像元分解结果如图4.17（见书后彩图）所示。最后统计出各行政单元冬小麦的种植面积。

利用野外调查结果进行TM影像分类结果的精度检验，结果如表4.9所示，冬小麦的提取精度为93.33%，能够满足进一步工作的需要。

表4.9　TM影像分类的精度

作物	冬小麦	油菜	其他	检验点数目	精度/%
冬小麦	42	2	1	45	93.33
油菜	1	21	1	23	91.30

由整个方法流程以及提取结果可知，提取的农业植被种植面积表现为每个MODIS像元中不同作物所占的面积比，因此不能采用常用的混淆矩阵方法进行精度验证。因此利用相同区划单元尺度上（省、直辖市）的国家统计数据进行结果验证和对比分析。

表4.10是本书监测方法提取的河南冬小麦种植面积与2002年农业部统计数据对比分析表，相对误差的计算方法为本书监测方法提取的结果与农业部统计数据的差除以农业部统计数据再乘以100。

表 4.10 本书结果与 2002 年统计数据对比表

地区	本书监测结果/hm^2	农业部统计数据/hm^2	相对误差
郑州市	192 004.7875	189 480	1.33
开封市	282 957.1863	271 920	4.06
洛阳市	245 784.1363	234 240	4.93
平顶山市	208 820.6613	203 980	2.37
安阳市	276 188.9238	261 070	5.79
鹤壁市	77 468.2625	70 700	9.57
新乡市	313 309.5750	304 450	2.91
焦作市	161 652.3988	146 189	10.58
濮阳市	208 768.2625	193 230	8.04
许昌市	208 820.6613	204 130	2.30
漯河市	148 220.6613	130 890	13.24
三门峡市	102 556.4100	97 110	5.61
商丘地区	569 350.8875	554 880	2.61
周口地区	539 103.2863	509 080	5.90
驻马店地区	262 704.7875	251 170	4.59
南阳地区	603 035.0238	582 860	3.46
信阳地区	639 998.4988	583 970	9.59
总计	5 040 744.4110	4 789 349	5.25

参考文献

陈沈斌 . 1993. 小麦、玉米和水稻遥感估产技术试验研究文集 . 北京：中国科学技术出版社

陈沈斌，孙九林 . 1997. 建立我国主要农作物卫星遥感估产运行系统的主要技术环节及解决途径 . 自然资源学报，12（4）：363～369

陈仲新，刘海启，周清波，等 . 2000. 全国冬小麦面积变化遥感监测抽样外推方法的研究 . 农业工程学报，16（5）：126～129

韩素芹，刘淑梅 . 2004. EOS/MODIS 卫星资料在监测冬小麦面积中的应用 . 天津农学院学报，11（2）：26～28

侯学增 . 1986. 京津冀小麦遥感估产试验研究论文集 . 北京：北京科技出版社

黄敬峰，谢国辉 . 1996. 冬小麦气象卫星综合遥感 . 北京：气象出版社

贾建华，刘良云，竟霞，等 . 2005. 基于多时相 MODIS 监测冬小麦的种植面积 . 遥感信息，6：49～51

李纪治，李晓风，马江洪 . 1997. 抽样调查理论与技术应用 . 北京：人民交通出版社

李郁竹 . 1992. 北方冬小麦卫星遥感监测与估产业务系统 . 气象，18（11）：14～16

李郁竹 . 1993. 冬小麦气象卫星遥感动态监测与估产 . 北京：气象出版社

刘闯，葛成辉 . 2000. 美国对地观测系统（EOS）中分辨率成像光谱仪（MODIS）遥感数据的特点与应用 . 遥感信息，3：45～48

刘海启 . 1997. 美国农业遥感技术应用现状简介 . 国土资源遥感，3：56～60

刘海启 . 1999. 欧盟 MARS 计划简介与我国农业遥感应用思路 . 中国农业资源与区划，20（3）：55～57

刘纪远 . 1996. 中国资源环境遥感宏观调查与动态研究 . 北京：中国科学技术出版社

刘纪远，张增祥，庄大方，等 . 2005. 20 世纪 90 年代中国土地利用变化的遥感时空信息研究 . 北京：科学出版社

刘耀武，朱琳，郭兆夏，等.2001. 陕西省冬小麦北移气候分析和区划. 陕西气象，(4)：21~24
千怀遂.1997. 中国小麦遥感估产区划研究. 自然资源学报，12（2）：119~124
孙九林.1996. 中国农作物遥感动态监测与估产. 北京：中国科学技术出版社
唐世浩，朱启疆，李小文，等.2003. 高光谱与多角度数据联合进行混合像元分解研究. 遥感学报，7（3）：182~189
童庆禧.1990. 中国典型地物光谱及其特征分析. 北京：科学出版社
王茂新，裴志远，吴全，等.1998. 用NOAA图像监测冬小麦面积的方法研究. 农业工程学报，14（3）：84~88
王乃斌.1996. 中国冬小麦遥感动态监测与估产. 北京：中国科学技术出版社
王乃斌，覃平，周迎春，等.1993a. 应用TM图像采用模式识别技术自动提取冬小麦种植面积的研究. 遥感技术与应用，8（4）：28~33
王乃斌，周迎春，林跃明，等.1993b. 大面积小麦遥感估产模型的构建与调试方法研究. 环境遥感，8（4）：250~259
王延颐，Malingreau J P. 1990. 应用NOAA/AVHRR对江苏省作物监测的可行性研究. 环境遥感，5（3）：221~227
吴炳方.2000. 全国农情监测与估产的运行化遥感方法. 地理学报，55（1）：25~35
吴炳方，李强子.2004. 基于两个独立抽样框架的农作物种植面积遥感估算方法. 遥感学报，8（6）：551~569
项月琴，王锦地，李小文，等.2000. 二向反射遥感中冬小麦植被组分和土壤特性的季相变化. 遥感学报，4：90~100
项月琴，周允华，崔景芳.1990. 冬小麦群体几何结构的测量、农田作物环境实验研究. 北京：气象出版社
肖乾广.1989. 用NOAA气象卫星的定量资料计算冬小麦种植面积的两种方法. 环境遥感，4（3）：191~196
肖乾广，周嗣松，陈维英，等.1986. 用气象卫星数据对冬小麦进行估产实验. 环境遥感，1（4）：260~269
肖淑昭，孟宪钺，张桂宗，等.1988. NOAA/AVHRR资料在中小尺度地区进行冬小麦估产的应用研究. 环境遥感，3（3）：299~307
熊利亚.1996. 中国农作物遥感动态监测与估产集成系统. 北京：中国科学技术出版社
徐希孺.1991. 环境监测与作物估产的遥感研究论文集. 北京：北京大学出版社
徐希孺，周莲芳，朱晓红.1990. 混合像元的因子分析方法及其在大面积冬小麦种植面积估算中的应用. 科学通报，35（4）：317~320
张国平，刘纪远，张增祥，等.2003. 近10年来中国耕地资源的时空变化分析. 地理学报，58（3）：323~332
张宏名，王家圣.1989. 农作物遥感监测与估产. 北京：北京农业大学出版社
张仁华，覃文汉.1991. 中国地理基础数据，野外定位实验站卷（第四集）·中国北方主要农作物双向反射光谱数据集. 北京：科学出版社
赵庚星，余松烈.2001. 冬小麦遥感估产研究进展. 山东农业大学学报（自然科学版），32（1）：107~111
赵庚星，田文新，张银辉，等.2001. 垦利县冬小麦面积的卫星遥感与分布动态监测技术. 农业工程学报，17（4）：135~139
邹立坤，张建平，姜青珍，等.2001. 冬小麦北移种植的研究进展. 中国农业气象，22（2）：53~57
Baban S M, Luke C. 2000. Mapping agricultural land use using retrospective ground referenced data, satellite sensor imagery and GIS. Int. J Remote Sensing, 21（8）：1757~1762
Barnett T L, Thompson D R. 1982. The use of large-area spectral data in wheat yield estimation. Remote Sens Environ, 12：509~518
Benedetti R, Rossini P. 1993. On the use of NDVI profiles as a tool for agricultural statistics：The case study of wheat yield estimate and forecast in Emilia Romagna. Remote Sens Environ, 45：311~326
Bullock P R. 1992. Operational estimates of western canadian grain production using NOAA/AVHRR LAC data. Canadian Journal of Remote Sensing, 18（4）：23~28
Christian T, Michael S R. 2004. Mapping long-term changes in savannah crop productivity in Senegal through trend analysis of time series of remote sensing data. Agriculture, Ecosystems and Environment, 103（3）：545~560
Doraiswamy P C, Cook P W. 1995. Spring wheat yield assessment using NOAA/AVHRR data. Canadian Journal of Remote Sensing, 11（1）：43~51

Gong P. 1989. Performance and analyses of probabilistic relaxation method for land-cover classification. Remote Sens Environ, 30 (1): 33 ~ 42

Harris R. 2003. Remote sensing of agriculture change in Oman. International Journal of Remote Sensing, 24 (23): 4835 ~ 4852

Holben B N. 1986. Characteristics of maximum-value composite images from temporal AVHRR data. International Journal of Remote Sensing, 11: 1417 ~ 1434

Lau C C, Shiao K H. 1998. Combined use of SPOT and GIS data to detect rice paddies. Proceedings of the 19th Asian Conference on Remote Sensing, Manila, Philippines

Moreira M A, Chen S C, Batista G T. 1986. Wheat-area estimation using digital Landsat MSS data and aerial photographs. International Journal of Remote Sensing, 7: 1109 ~ 1120

Murakami T, Ogawa S, Ishitsuka M, et al. 2001. Crop discrimination with multi-temporal SPOT/HRV data in the Saga Plains, Japan. International Journal of Remote Sensing, 22 (7): 1335 ~ 1348

Murth C S, Raju P V, Badrinath K V. 2003. Classification of Wheat Crop with Multi-temporal Images: Performance of Maximum Likelihood and Artificial Neural Networks. International Journal of Remote Sensing, 24 (23): 4871 ~ 4890

Philipson W R, Teng W L. 1988. Operational interpretation of AVHRR vegetation indices for world crop information. Photogrammetric Engineering and Remote Sensing, 54 (1): 55 ~ 59

Quarmby N A, Milnes M, Hindle T L, et al. 1993. The use of multi-temporal NDVI measurement from AVHRR data for crop yield estimation and prediction. International Journal of Remote Sensing, 14 (2): 199 ~ 210

Quarmby N A, Townshend J R G, Settle J J, et al. 1992. Linear mixture modeling applied to AVHRR data for crop area estimation. International Journal of Remote Sensing, 13 (3): 415 ~ 425

Rasmussen M S. 1997. Operational yield forecast using AVHRR NDVI data: Reduction of environmental and inter-annual variability. International Journal of Remote Sensing, 18 (5): 1059 ~ 1077

Singh R, Goyal R C, Saha S K, et al. 1992. Use of satellite spectral data in crop yield estimation surveys. International Journal of Remote Sensing, 13 (4): 2583 ~ 2592

Turner M D, Congalton R G. 1998. Classification of multi ~ temporal SPOT ~ XS satellite data for mapping rice fields on a West African floodplain. International Journal of Remote Sensing, 19 (1): 21 ~ 41

Zhang L P, Li D R, Tong Q X, et al. 1998. Study of the spectral mixture model of soil and vegetation in Po Yang Lake area. International Journal of Remote Sensing, 19 (11): 2077 ~ 2084

第 5 章　陆地植被生产力遥感

陆地植被生产力不但与人类赖以生存的粮食问题密切相关，而且植被通过固定 CO_2 对大气环境和气候有重要的调节作用。因此，地表植被第一性生产力及生物量的研究一直为全球变化和人类生存环境的研究所重视，特别是涉及农作物产量的估测和预报，被包括 FAO 在内的许多世界组织和研究计划予以重点考虑。20 世纪 80 年代以来，受全球气候变化及卫星遥感技术的发展的影响，植被第一性生产力及生物量的研究和预测向快速、动态和大面积监测方向发展，同时农作物产量遥感估测技术和相关模型也日益发展完善，很大程度上提高了全球范围的生物量和作物产量的估测精度。为了推动对植被第一性生产力和作物产量模型的深入研究，目前植被的第一性生产力和作物估产的模型研究正朝着空间异质模型、全遥感 – 光合机理耦合模型和时空动态一体化方向发展。

研究植被第一性生产力和作物产量时，首先应明确的概念包括自然植被总第一性生产力、净第一性生产力、生物量、农业第一性生产力、作物产量等。总第一性生产力（gross primary productivity，GPP）系指绿色植物在单位时间和单位面积上，自养生物所生产的全部的有机物数量，GPP 除包括植物个体各部分外，还包括生态系统中绿色植物和自养生物各种群用于呼吸作用消耗的有机物数量；净第一性生产力（net primary productivity，NPP）指绿色植物在单位时间和单位面积上所能累积的有机干物质，包括植物的枝、叶和根等生产量及植物枯落部分的数量；生物量（Biomass）指在某一时段内单位面积或体积内所含一个或若干个生物种（或一个生物群落中）所获得的生物个体总量，可用个体总数或重量来表示；农业第一性生产力（APP）指经济产量与生物产量的总和，即指同一作物在一定时期内单位面积的净生产量；作物产量（crop yield）通常分为生物产量和经济产量。生物产量指作物在全生育期内通过光合作用和呼吸作用，即通过物质和能量的转化所生产和累积的各种有机物的总量，计算生物产量时通常不包括根系（块根作物除外）；经济产量是指栽培目的所需要的产品的收获量，即一般所指的产量。

5.1　陆地植被生产力研究意义

工业革命以来，大气中温室气体浓度显著增加，特别是近 100 多年内，大气中 CO_2 浓度已从 280ppm① 增大到现在的 376ppm。CO_2 在大气中浓度的增加已成为重要的全球

① 1ppm = 10^{-6}

性环境问题。CO_2 是地球上最主要的温室气体，它的增温效应已使地球气候发生以全球变暖为主要特征的显著变化（黄秉维，2003；周广胜，2003）。碳是构成生物有机体的最重要成分，与生命活动紧密相关，通过生物的新陈代谢，碳在生物、土壤、大气各圈层间进行循环，使地球的生态环境保持一种动态平衡。在陆地生态系统中，植物叶片通过光合作用吸收 CO_2，固定在生物体内，而森林生态系统作为最主要的陆地生态系统，其固碳能力成为人们关注的焦点。

2005 年 2 月 16 日，旨在遏制全球气候变暖的《京都议定书》正式生效，各个国家都面临着减排温室气体的巨大压力。中国作为发展中国家，虽然目前还没有承担温室气体的减排义务，但是我国仍然面临着强大的压力和挑战。从总量上看，目前我国 CO_2 排放量已位居世界第二，CH_4、N_2O 等温室气体的排放量也居世界前列。1990 ~ 2001 年，我国 CO_2 排放量净增 8. 23 亿 t，占世界同期增加量的 27%，预计到 2020 年，排放量要在 2000 年的基础上增加 1. 32 倍，这个增量要比全世界在 1990 ~ 2001 年的总排放增量还要大。预测表明，到 2025 年前后，我国的 CO_2 排放总量很可能超过美国，居世界第一位。地球是人类共同的家园，中国作为一个负责任的大国，有责任和义务为控制温室气体排放竭尽自己的努力。

在全球碳循环中，大气圈与陆地植物群落间的 CO_2 交换量最大，森林生态系统作为陆地生态系统中最重要的子系统，在地表与大气之间能量、物质和动量交换中扮演着重要角色。目前，在对陆地生物量碳储量的估算中，森林生态系统的碳储量占整个陆地生态系统地上生物量的 75% 以上（耿元波等，2000）。准确地估算森林生态系统的碳储量，在整个陆地生态系统碳循环研究中具有举足轻重的作用，尤其是对陆地生态系统净第一性生产力的估算，更成为科学上研究的热点。植被净第一性生产力，是指绿色植物在单位时间、单位面积上由光合作用所产生的有机物质总量中扣除自养呼吸后的剩余部分。它作为表征植被活力的关键变量，是系统结构和功能的体现，直接反映了植物群落在自然环境条件下的生产能力（陈利军等，2002），也是衡量植被固碳能力的最主要指标，关系到生态系统对 CO_2 引起的温室效应缓解作用的强弱（彭少麟等，2000）。据研究，在假定生态系统的呼吸作用保持恒定的条件下，植被 NPP 每增长 2% 就会净吸收 1Gt（1015t）的 C（碳物质）（Roujean and Breon，1995）。

5. 2 陆地植被生产力研究进展

5. 2. 1 植被净第一性生产力观测研究

对植被净第一性生产力的测算，最早可以追溯到 19 世纪 80 年代 Ebermayer 对德国巴伐利亚森林物质生产力的测定，但是大规模世界范围的测算工作则开始于 20 世纪 60 年代。1984 年，国际地学界就开展了广泛合作，进行地圈 - 生物圈相互作用的研究，并将国际地圈 - 生物圈计划（international geosphere-biosphere programme，IGBP）、全球环境变化国际人文计划（international human dimensions programme on global environmental change, IHDP)、全球气候研究计划(world climate research programme, WCRP)以及国际生物多样性计划(Diversitas)等研究计划共同构成国际全球环境变化研究计划。并且"全球变化与陆地生态系统"(global change and terrestrial ecosystem, GCTE)研究计划也正成为当前国际全球变化研究中最为活跃和不断扩展的项目(张新时等,1997)。

目前,常用的陆地碳通量观测方法主要有箱式法、微气象法和化学法(秦大河和周广胜,2003;于贵瑞,2003)。

箱式法又可分为静态箱式法和动态箱式法。静态箱式法一般用密闭箱扣在被测表面并密封,箱内空气与外界没有任何交换,定量测定箱内被测气体浓度随时间的变化,从而根据定义求取被测表面该种气体的通量。动态箱式法主要针对静态箱式法对于被测表面扰动不足而设计的。其原理是在静态箱相对的两个侧面各开一个小孔,两孔高度不一,一般差5cm,以避免造成箱内气体的直接对流,且尽量保证一定流量(流量大小应尽量使箱内外气压一致,以保证箱体内近地面层空气状况不受明显干扰为准)的气体平稳地流过被测表面,通过测定箱体进出口处的被测气体浓度就可计算被测气体通量。微气象法是通过测量近地面层的湍流状况和被测气体的浓度变化计算被测气体通量的方法。微气象法又可以分为涡度相关法、能量平衡法、空气动力学法和质量平衡法。碱液吸收法是通过化学反应对二氧化碳的吸收进行间接测定的方法,主要用于测定土壤呼吸作用。

涡度相关技术(eddy correlation technique)是对森林、灌木、草地或农田与大气间进行非破坏性的 CO_2 湍流通量测定的微气象学技术。近年来,涡度相关技术的进步,使长期和连续的涡度相关测定成为可能,并已广泛应用于陆地生态系统 CO_2 吸收与排放的测定。世界范围大型的碳通量观测网络如全球通量网络(FLUXNET)项目也于1997年成立。FLUXNET 由 Ameriflux(南北美洲通量网)、EUROFLUX(欧洲通量网)、Medeflux(地中海通量网)、Asiaflux(亚洲通量网)和 Ozflux(大洋洲通量网)等区域性网络系统与一些世界其他地区的独立站点组成(于贵瑞,2003)。目前,FLUXNET 内已经有100个以上的研究小组,主要利用涡度相关技术测定陆地生态系统各种植被与大气间 CO_2、H_2O 和能量通量。中国陆地生态系统通量观测研究网络(ChinaFLUX)是以中国科学院生态系统研究网络为依托,以微气象学的涡度相关技术和箱式/气相色谱法为主要技术手段,来进行典型生态系统与大气间 CO_2 和水热通量长期观测的网络。目前,ChinaFLUX 已经正式启动,拥有6个微气象和16个箱式/气相色谱法观测站,在进行长期通量观测的同时,开展生态系统碳循环和水循环过程的综合研究,并系统收集观测站区的植被、土壤、水文和气象等科学数据(温学发等,2004)。

5.2.2 植被净第一性生产力模型研究

利用计算机模型估算陆地植被的净第一性生产力已成为一种重要而被广泛接受的研究方法,植被净第一性生产力的估算模型主要可以概括为三类,即统计模型(statistical model)、参数模型(parameter model)和过程模型(prccess-based model)。

1. 统计模型（气候相关模型）

统计模型也称为气候相关模型，以 Miami 模型、Thornthwaite Memorial 等模型（Lieth 1975）为代表，利用气候因子（温度、降水等）来估算植被净第一性生产力。由于模型中用到的气象数据比较容易获得，因此该类模型曾得到广泛的应用。典型的估算植被净第一性生产力的统计模型见表 5.1。

表 5.1　典型的 NPP 统计模型

模型名称	参数	模型描述	作者	年份
Miami	温度（T） 降水（P）	$NPP_t = 3000/(1 + e^{1.315 - 0.1996T})$ $NPP_p = 3000 \cdot (1 - e^{-0.000664P})$ $NPP_m = \min(NPP_t, NPP_p)$	Lieth	1975
Thornthwaite Memorial	蒸散（E）	$NPP = 3000[1 - e^{-0.0009695(E-20)}]$	Lieth	1975
Chikugo	辐射干燥度（RDI） 净辐射（R_n）	$NPP = 0.29e^{-0.216(RDI)^2}R_n$	Uchijima 和 Seino	1985

统计模型存在以点带面的缺点，所计算的只能是趋势或潜在的净第一性生产力，不能很好地反映现实的 NPP。

2. 参数模型（光能利用率模型）

参数模型亦称光能利用率模型，是在农作物研究基础上发展起来的模型，以光能利用率理论为基础，贯穿资源平衡的观点，这种观点假定生态过程趋于调整植物特性以响应环境条件，认为植物的生长是资源可利用性的组合体，物种通过生态过程的排序和生理、生化、形态过程的植物驯化相结合，使得所有资源对植物生长有平等限制作用。在资源平衡观点成立的前提下，就可以利用植被所吸收的太阳辐射以及其他调控因子来估算植被净第一性生产力。

Monteith（1972）首先提出用植被所吸收的光合有效辐射 APAR 和光能转化效率 ε 计算作物净初级生产力，且引进了水分、温度、营养胁迫的影响，其表达式为：$NPP = \varepsilon \times APAR$，式中，APAR 可由植被对光合有效辐射的吸收比例 FPAR（光合有效辐射吸收系数）与入射光合有效辐射求得，而 FPAR 可由遥感资料获得，由于 ε 的变化范围比较小，所以可将其近似看作一个常数，这样遥感所监测的 FPAR 可直接用于 NPP 的监测。

然而，在全球范围内将 ε 看为一个常数会引起很大的误差（Monteith，1972），因此，在以后的研究中，多考虑了 ε 随环境条件、植物生物合成途经以及呼吸速率的变化而变化的特点，如 CASA 模型（Potter et al.，1993）等。

参数模型将所有 NPP 调控因子以相对简单的方法组合在一起，模型简单实用，并由遥感获得的 FPAR 直接监测 NPP，因此参数模型一度成为 NPP 模型的一个重要发展方向。但是参数模型不能从机理上解释生产力变化的机制，仅能在生态过程趋于调整植物特性以适应环境条件的前提下，进行模拟和估算，有一定的局限性（冯险峰，2004）。

3. 过程模型（动态模型）

过程模型是在参数模型基础上的引申，根据植物生理、生态学原理来研究植物生产力，时间尺度都比较短，通常以一天或小于一天作为模拟时间步长，如 FOREST-BGC 模型（Running and Coughlan，1988）、BIOME-BGC 模型（Foley，1994）、BEPS 模型（Liu et al.，1997）等，由于过程模型具有坚实的理论基础，因此在大尺度植被净第一性生产力研究和全球碳循环研究中被广泛采用。几种过程模型的主要信息见表 5.2。

表 5.2　几种过程模型的比较

模型名称	覆盖范围	运行步长	空间分辨率	作者	年份
BEPS	区域	1 天	1km × 1km	Liu 等	1997，1999
Forest-BGC	区域	1 天	1° × 1°	Running 和 Coughlan	1988
BIOME-BGC	全球	1 天	1° × 1°	Hunt 等	1996
SiB2	全球	6 分	4° × 5°	Sellers 等	1996a，1996b

但是由于过程模型比较复杂，需要的参数比较多，因此在当前缺乏大多数生态系统参数的条件下，需要对某些参数或模型进行简化（朴世龙等，2001；孙睿和朱启疆，2000）。

利用过程模型，对植物或生态系统的生物物理过程进行模拟，模拟尺度主要有植物器官尺度、个体尺度、冠层尺度和景观、区域尺度乃至全球尺度。基于植物器官和个体尺度的过程模型是景观、区域尺度模型的基础，而区域尺度的过程模型则是植物器官和个体尺度模型的推广，有着更为广阔的现实意义。目前，植物器官（尤其是叶片）和个体尺度动态的生理生态学模型和基于生态系统尺度的内部功能过程模型已经有了相当的研究积累（Baldocchi and Harley，1995；Jeffrey，1994；Kim and Verma，1991；Harley and Baldocchi，1995；Leuning et al.，1995，1998；Sellers et al.，1992，1996a，1996b；Wang and Leuning，1998；Wang，2000；Dai et al.，2004），模型相对比较成熟，而景观和区域尺度生理生态学过程模型相对比较薄弱。

BEPS 模型（Boreal Ecosystem Productivity Simulator）是 Liu 和 Chen 等在 FOREST-BGC 模型的基础上发展起来的遥感机理模型（Liu et al.，1997）。模型最初主要用于模拟加拿大北方森林（boreal forest）生态系统的生产力，而后推而广之，先后由 Matsushita 和 Tamura（2002）、刘明亮（2001）、周宇宇（2004）、冯险峰（2004）等分别用于东亚地区以及中国部分地区的陆地生态系统生产力的模拟。Liu 等对 BEPS 模型进行多次修改和完善，并成功地耦合了碳水过程。这一模型是基于过程的生物地球化学模型，涉及生化、生理和物理等机制，它结合了生态学、生物物理学、植物生理学、气象学和水文学的方法来模拟植物的光合、呼吸、碳的分配、水分平衡和能量平衡关系。这一模型参数较少，其中地表植被的信息来自适时的遥感数据，模型高效、适时而实用（Chen et al.，1999b，2002；Liu et al.，1997）。

5.3 森林植被生产力遥感

5.3.1 森林典型研究区概况

长白山自然保护区位于中国吉林省东南部（127°38′E～128°16′E，41°42′N～42°25′N），具体位置如图5.1所示。所辖区域跨越安图、抚松、长白三县市，总面积达196 465hm²，其中有林地面积16 081hm²，草地5683 hm²，天池水面402 hm²，森林覆盖率87.9%，活立木蓄积4400万m³以上，堪称茫茫500里林海，是一个以森林生态系统为主，并包括高山苔原、高山荒漠、火山地质地貌的自然综合体保护区。受地质变迁及气候的影响，区内海拔从低（720m）到高（2691m），相差约1900 m，保护着典型的温带植被——红松阔叶混交林，包罗了从温带至极地水平上数千千米的植被景观，是欧亚大陆从中温带到寒带主要植被类型的缩影，其完整的森林生态系统是世界上极为珍贵的自然遗产，是自然资源的宝库，也是保护、开发和科学研究的基地。

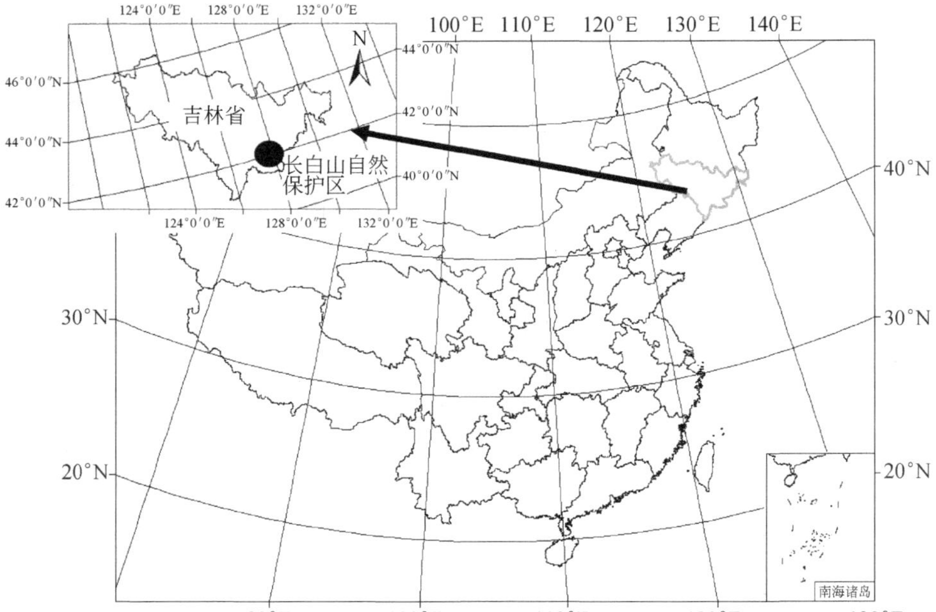

图5.1 长白山自然保护区位置示意图

长白山东临日本海，但因高大的山体阻隔，气候属于受季风影响的温带大陆性山地气候，同时垂直气候带结构明显。本地区是吉林省的低温中心和降水中心，其特点是：冬季漫长凛冽，夏季短暂温暖多雨，春季风大干燥，秋季凉爽多雾。年平均温度3～7℃，日照时间每年2300小时，无霜期一般100天，在海拔较高的地方仅60天，降水很丰富，年平均降水量700～1400mm，其中60%～70%集中在6～9月，在海拔较高的山峰，降水主要以雪的形式存在，冬天雪的厚度一般50cm，有的地方超过70cm。

随着地势、气候的垂直变化，土壤、植被和动物的垂直分布带亦很明显。土壤自下而上依次为山地暗棕色森林土、山地棕色针叶林土、山地生草森林土和山地苔原土。植被由下而上为温带红松阔叶林、寒温带针叶林、亚寒带岳桦林，寒带苔原以至半荒漠植被。

长白山自然保护区随着海拔而变化，海拔720～2600m，可划分为层次鲜明、景观各异的4个垂直景观带。海拔720～1100m，是以红松为主的常绿针叶树和榆树、黄波萝等针叶、阔叶混交林带。红松阔叶林带地势平缓、气候温和湿润，森林下发育着比较好的山地棕色森林土；森林生长茂密、树木种类繁多，形成“长白林海”的壮丽景观。林分结构复杂，灌木和草本植物层次分明，以红松为主的常绿针叶树和落叶阔叶树混交是主要代表类型，在水湿地上生长着成片的落叶林，在长白山北坡局部地带还生长有长白松（美人松）的小片纯林。海拔1100～1700m，土壤主要是山地棕色泰加林土，是暗针叶林带，主要以红松、云杉、冷杉、落叶松等针叶树为主。这里湿冷，冬寒夏凉，常年云遮雾罩；森林结构比较简单，云杉占据优势，树高林密，四季常青。由于林冠遮天蔽日，林下阴暗潮湿，冠木和杂草生长稀疏；本带植物种类比较单纯，野生动物的分布也比较少，东北“三宝”之一的紫貂，集中分布在本带，这是垂直分布带兽类动物的代表种。海拔1700～2000m，是亚高山岳桦林带；本带是暗针叶林带和高山苔原带的过渡带，乔木以岳桦为主，还有云杉、冷杉、落叶松、东北赤杨等。海拔在2000m以上的长白山火山锥体中、上部是高山苔原带，地表覆盖着厚的火山灰、火山砾、浮石等。气候为高山苔原型，湿度大、风力特强、土层脊薄；植被类型为高山苔原，无高大乔木 ，仅有矮小的灌木、多年生的草本植物、地衣、苔藓等；主要植物有牛皮杜鹃、笃斯越橘、松毛翠、大白花地榆、长白景天、圆叶柳等。

5.3.2 植被生产力模型简介

1. BEPS模型的框架

BEPS模型的基础是叶片尺度生理生态模型，其空间分辨率取决于输入数据的空间分辨率，而时间分辨率为混合时间分辨率，在模拟水循环过程、光合作用和呼吸作用过程中以天为尺度，在模拟生态系统生产量的动态过程中以年为尺度。因此输入数据的时间分辨率也不尽相同。

模型模拟了碳循环和水循环过程，而通过以气孔导度模型为主的生理调节子模型将碳、水循环紧密联系在一起。其中碳循环过程主要包括植物的光合作用、呼吸作用、碳分配、净第一性生产力以及土壤呼吸等生理过程。水循环过程主要包括降水、融雪、冠层截留、冠层蒸腾、冠层和土壤蒸发、土壤水分变化等生物物理过程。而在叶片尺度的碳水循环过程中，CO_2和水汽输送的通量取决于气孔导度、边界层导度以及气孔下腔与大气中的CO_2或水汽的浓度差。因此气孔通过其开度来调节植物得到的CO_2及失去的水分，进而影响蒸腾作用和热量平衡。Cowan（1977）认为，植物对环境的适应使得水分利用效率达到最高。即气孔的开度对植物得到 CO_2 和失去水分的调节过程中符合最优控制原则。

BEPS 模型模拟的主要步骤以及所需的输入参数如图 5.2 所示，大体可以分为如下 5 个步骤（Liu et al.，1997）。

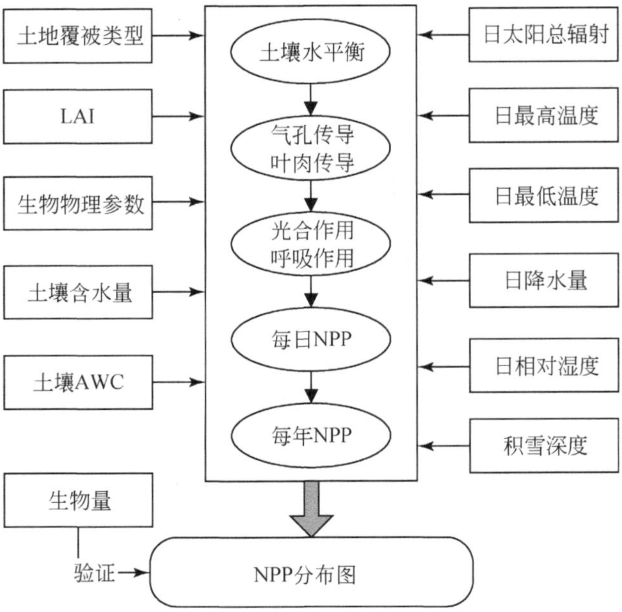

图 5.2　BEPS 模型模拟步骤以及输入数据简图

资料来源：改自 Liu et al.，1997

1）土壤水分平衡模拟。其中考虑了大气降水、冠层截留、穿透降水、林下降水、融雪、雪的升华、土壤蒸发、冠层蒸腾、地表径流及土壤水分等的变化。其中，蒸发是将 Penman-Monteith 公式中的空气动力学阻抗固定为 5.0s/m 来计算的，对于影响冠层气孔导度的最重要的一个因子——土壤含水量，是本步最主要的输出参数。

2）气孔传导过程和叶肉传导过程模拟。利用叶肉传导与太阳辐射、气温以及叶氮含量的关系计算叶肉传导。冠层气孔传导通过其与太阳辐射、气温、饱和差和叶水势（leaf water potenial，LWP）的关系获得。而叶水势是土壤水分含量的函数：

$$LWP = 0.2/(\frac{soil_{water}}{soil_{cap}}) \tag{5.1}$$

式中：$soil_{water}$为土壤含水量；$soil_{cap}$为土壤持水量。

通过这个方程，将碳水过程耦合在一起，植被对环境的限制，尤其是水分胁迫的影响在模型中得到了充分地考虑。

3）光合作用过程和呼吸作用过程模拟，用以计算每日光合作用总量（PSN），这是模型的核心模块：

$$PSN = \frac{\Delta CO_2 \times CC \times CM}{CC + CM} \times LAI \times DayL \tag{5.2}$$

式中：CC 和 CM 分别为冠层气孔和叶肉传导率（m/s）；DayL 为日长（s）；ΔCO_2 为

叶、气间的斜度。

再根据植物叶、干和根等不同部分的维持呼吸系数以及生物量和温度分别计算出叶、干和根部的维持呼吸。

4）每日 NPP 模拟。从每日的光合作用总量中去除维持呼吸的量。

5）全年 NPP 模拟。

$$NPP = \sum_{i=1}^{365} (GPP - R_a) \tag{5.3}$$

式中：NPP、GPP 分别为净第一性生产力和总第一性生产力；R_a 为自养呼吸。

2. BEPS 模型的特点及其在中国应用的不足

（1）BEPS 模型的特点

基于过程的 BEPS 模型与统计模型和参数模型相比，具有如下一些特点（赵英时，2003；Liu et al.，1997）。

1）模型的理论基础完善，模型参数具有明确的物理意义，并对模型的作用机理用数学方法来描述。然而，由于模型的参数多、方程复杂，故忽略或假定了模型中的非主要因素。

2）模型中引入了具有空间分布特征的遥感数据，得到了 NPP 的空间分布图。这种遥感信息源不仅能够在资源管理中提供可视化的信息，而且能够根据土地覆盖类型提高 NPP 的估算精度。

3）通过遥感方法检测出的植被变化信息能够快速地在 NPP 的估算中反映出来。在生态系统中，土地覆盖类型和 LAI 都是动态变化的，及时、准确的遥感信息源在精确的 NPP 计算中是至关重要的。

4）气象数据和环境变量被有机地融入模型中。由于引入了长时间序列和大尺度的空间数据，BEPS 模型能够在大的空间范围内获得 NPP 的季节和年际变化信息，从而有利于研究气候变化对生态系统的影响。

（2）BEPS 模型在中国应用的不足

由于 BEPS 是建立在平坦的立地条件下的过程模型，在建模过程中，并没有考虑到地形对土壤水分以及其他要素的影响，因此将此模型应用到山区时，可能会引入一定的偏差，同时也会增大碳循环和水循环的不确定性（Liu et al.，2002）。随着模型中输入的遥感数据分辨率的提高，地形要素对模型模拟结果的影响也会逐渐加大。对于中国这样一个地形复杂而又多山的国家，植被对山地有特殊的依赖性，利用上述模型，采用高分辨率的遥感数据时，会有诸多的限制因素。因此，为了使 BEPS 模型更精确地估计中国的森林植被净第一性生产力，必须结合我国的自然地理实际情况，考虑高程、坡度和坡向等因素对植被接收太阳辐射的影响，进而考虑植被对净第一性生产力的影响。

在中国这样一个地形复杂而又多山的国家，植被都生长在山区。由于山地内起伏地形的影响，不同坡度和坡向上植被的长势存在着很大的差异，因此，在中国研究植被的生产力，就必须考虑植被生长的海拔、坡度和坡向等因素对其的影响。

3. BEPS 模型中对地形要素的思考与改进

(1) 地形对地表接收到的总入射辐射的影响

地形对辐射的影响是随海拔、坡向、坡度等而异的。就直接辐射与总辐射而言，随着海拔的增加有增强的现象。这是因为高度大，太阳辐射通过空气柱的距离缩短，空气密度小，水汽微尘少，受到大气的吸收、散射等作用而损耗的能量少，因此总辐射和直接辐射增强（周淑贞等，1985）。在平坦地形上，如果忽略地表和大气之间的多次反射，地表总入射辐射可分为两个部分：太阳直接入射辐射和天空下行漫散射辐射（图5.3）。然而，在崎岖的山区，由于地形的影响，到达地表的总入射辐射中又增加了周围地形的反射辐射，在不同的纬度和季节，下垫面上的辐射收支各分量相差很大。对于任意倾斜面上的点，计算地表接收到的太阳入射辐射的复杂性主要来自以下三个方面（Proy et al.，1989；王开存等，2004）：①太阳直接入射辐射的强度与太阳入射光线和地表法线的夹角有关，在崎岖的山区，不同地点的坡度不同，使得太阳的入射方向与坡面法线方向所成的夹角也不同，因此需要逐像元来考虑太阳入射角，同时，处在背阴坡的像元会由于邻近像元的遮蔽，目标点根本无法接收到太阳直接辐射；②天空散射辐射随地表天空视角变化，不同的像元点，由于其所在的高程、坡度、坡向的不同，所能观测到的天空视角也不同，该点接收到的天空散射辐射也不尽相同；③邻近地形的附加辐射，直射辐射的正确计算固然是重要的，但是漫射辐射和地面反射也都占有相当大的比例。在倾斜面的总辐射计算中，应当对以上三个部分同时做出恰当的估计（朱志辉，1981）。地面接收到的辐射的多少，将直接影响到其上生长的植被接收到的光合的强弱，进而影响到植被的长势。因此，为了精确地估计陆地植被的净第一性生产力，必须考虑地形对 NPP 模拟结果的影响，结合研究区的自然地理实际，考虑海拔、坡度、坡向等因素所引起的辐射平衡各分量的差异，同时辐射平衡也是决定崎岖山区的热状况、影响植被生长发育的重要因素，从而影响植被的叶面积指数和净第一性生产力，所以在复杂地形条件下研究植被的生产力时，首先要确定该地区辐射平衡的各个分量（傅抱璞，1964）。复杂地形条件下地表接收到的总入射辐射如图 5.4 所示。

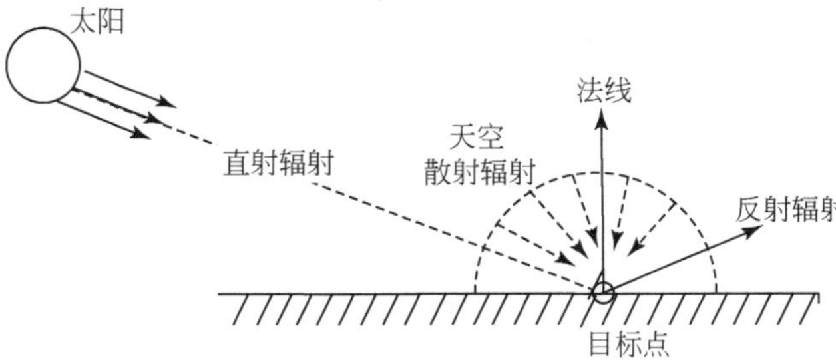

图 5.3　平坦地形条件下的地表接收到的总入射辐射示意图

由上述可知，复杂地形上地表总入射太阳辐射 E^{t} 可表示为

$$E^{t} = E^{t}_{dir} + E^{t}_{dif} + E^{t}_{a} \tag{5.4}$$

式中：E^{t}_{dir} 为地表太阳直接入射辐射；E^{t}_{dif} 为天空散射辐射；E^{t}_{a} 为邻近地形的附加辐射。

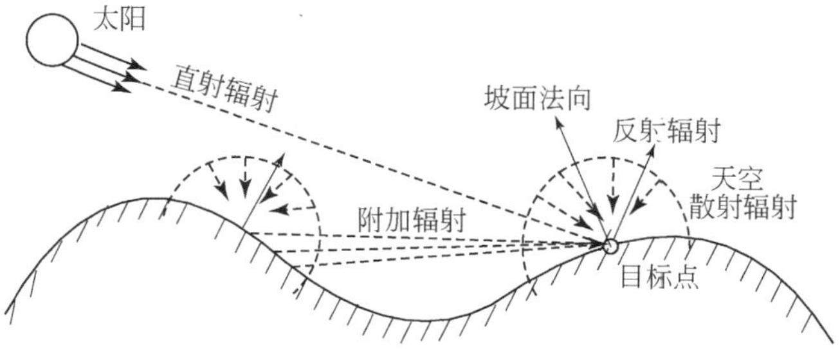

图 5.4　复杂地形条件下地表接收到的总入射辐射示意图

（2）太阳直接入射辐射的计算

在水平地表面上，垂直于太阳光线方向上的太阳直接辐射在大气的传输过程中，由于受到气溶胶、大气等的削弱，可以表示为

$$E_{\mathrm{dir}} = E \times \exp(-\mu) \tag{5.5}$$

式中：E 为每天入射的太阳总辐射；μ 为太阳天顶角的余弦（$\mu=\cos\theta$，θ 为太阳天顶角）。

当地表为倾斜面时，太阳直接辐射与太阳光线和地表法线所成夹角 θ^{t} 的余弦有关，表示为

$$E_{\mathrm{dir}}^{\mathrm{t}} = E_{\mathrm{dir}} \times \cos\theta^{\mathrm{t}} \tag{5.6}$$

$$\cos\theta^{\mathrm{t}} = \cos\theta \times \cos\alpha + \sin\theta \times \sin\alpha \times \cos(\varphi - \beta) \tag{5.7}$$

式中：θ 、φ 分别为太阳的天顶角和方位角；α 、β 分别为倾斜面的坡度和坡向。

计算太阳直射辐射分量时利用的是日总天文辐射与太阳入射角余弦的乘积，如果采用正午时刻的太阳入射角，必然会增大太阳的直射辐射分量。因此，我们假定地表上某一点接收到的太阳直射辐射在一天内呈正弦曲线变化，同时假设该点的日出日落太阳时角互补，采用积分的方法计算等效太阳天顶角 $\hat{\theta}$，进而推算太阳的入射角 η。等效太阳天顶角定义为从日出到日落这个时间段内，能够代表全天太阳天顶角产生的辐射效应某一瞬时的太阳天顶角，其计算如式（5.8）和图 5.5 所示。

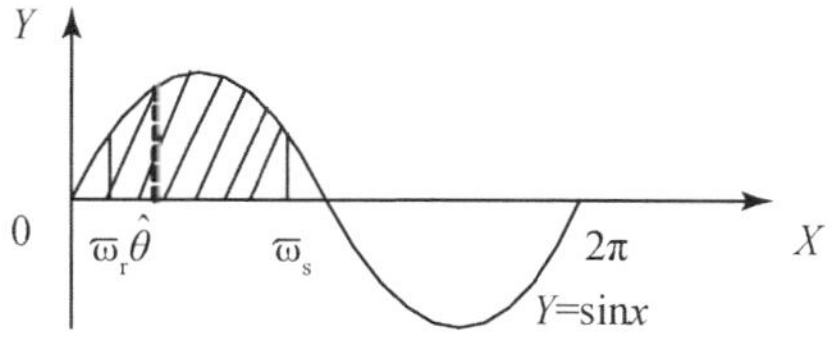

图 5.5　等效太阳天顶角计算示意图

$$\hat{\theta} = \frac{\int_{\varpi_{\mathrm{r}}}^{\varpi_{\mathrm{s}}} \sin x \mathrm{d}x}{\varpi_{\mathrm{s}} - \varpi_{\mathrm{r}}} = -\frac{\cos\varpi_{\mathrm{s}} - \cos\varpi_{\mathrm{r}}}{\varpi_{\mathrm{s}} - \varpi_{\mathrm{r}}} \tag{5.8}$$

根据假设 $\varpi_{\mathrm{s}} = \pi - \varpi_{\mathrm{r}}$，可得

$$\hat{\theta} = \frac{2 \times \cos\varpi_{\mathrm{r}}}{(\pi - 2 \times \varpi_{\mathrm{r}})} \tag{5.9}$$

式中：ϖ_{r}、ϖ_{s} 分别为日出日落太阳时角；$\hat{\theta}$ 为等效太阳天顶角。

利用式（5.10）、式（5.11）和式（5.12）可以计算对应太阳天顶角（$\hat{\theta}$）的太阳方位角 $\hat{\phi}$：

$$\hat{\phi} = \arcsin(-\cos\delta \times \sin t_0 / \sin\hat{\theta}) \tag{5.10}$$

第 5 章　陆地植被生产力遥感

$$t_0 = (t_T - 12) \times 15° \tag{5.11}$$

$$t_T = \bar{t} + d_{time} = t_{normal} + L_c + d_{time} \tag{5.12}$$

式中：δ 为太阳赤纬；t_0 为太阳时角；t_T 为真太阳时；$\bar{t}$ 为地方平均太阳时（地平时）；t_{normal}为地方标准时（时区时），中国以 120°E 地方时为标准，称为北京时；L_c 为经度订正值（取值为每度 4 分钟），如果地方子午圈在标准子午圈的东边，则 L_c 为正，反之为负；d_{time}为时差。

（3）天空散射辐射的计算

复杂地形上的天空散射辐射，由于在大气传输过程中受到大气的散射作用，因而在 2π 空间形成一个辐射源，其计算公式可以表示为

$$E_{dif}^{t} = \int_{\beta=-\pi}^{\pi}\int_{\alpha=0}^{\pi/2} L\left(\frac{\pi}{2} - \theta, \alpha, \beta\right)\cos\eta\sin\alpha \mathrm{d}\alpha\mathrm{d}\beta \tag{5.13}$$

式中：$L\left(\frac{\pi}{2} - \theta, \alpha, \beta\right)$ 为坡度为 α 、坡向为 β 的倾斜面上，当太阳天顶角为 θ 时接收到的向下的入射辐射；η 为倾斜面（α,β）上的太阳入射角。

利用上面的式子，虽然可以准确地计算出倾斜面上的散射辐射，但是由于计算过程过于复杂，因此，在实际的计算中可以采用以下简化的形式：

$$E_{dif}^{t} = E_{dif} \times V_{iso} \tag{5.14}$$

式中：E_{dif}为平坦地形上的天空散射辐射；V_{iso}为各向同性可见因子。在天气晴朗的情况下，散射辐射与直接辐射的比值为 0.1（王开存等，2004），即 $E_{dif} = E_{dir} \times 0.1$。

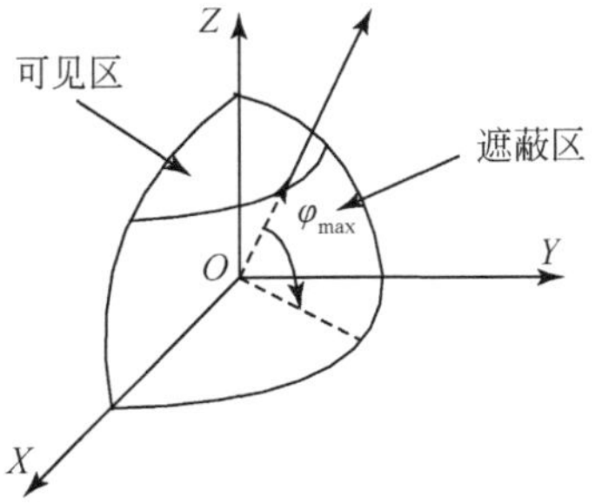

图 5.6　各向同性可见因子计算示意图

各向同性可见因子（V_{iso}）定为坡元半球上可见部分面积与半球面积之比，它代表周围地形遮蔽对各向同性散射的影响（李新等，1999）。

计算各向同性可见因子的算法如下：

把半球 2π 空间划分为 n 等份（n = 8），在每一片“天空”上沿光线在 XY 平面上的投影方向追踪，并依次计算此方向上每一坡元与起点坡元的高度角，找出最大高度角，将找出的最大高度角记为 φ_{max}，φ_{max} 把天空分为上、下两个部分（图 5.6）。

可以证明，未被遮蔽部分所占的“天空”面积比例为

$$k = 1 - \sin\varphi_{max} \tag{5.15}$$

当地面平坦时，$k = 1$；当地面下凹时，$k < 1$；当坡元是孤立山峰等地形时，$k > 1$。因此，各向同性可见因子可表示为

$$V_{iso} = \frac{1}{n}\sum_{i=1}^{n}(1 - \sin\varphi_{max}) \tag{5.16}$$

（4）周围地形反射辐射的计算

一般用解析公式计算坡元邻近地形的附加辐射是不现实的，这是由于在复杂的地形条件下，无法用函数的形式表达坡元周围像元的反射对坡元接收到的辐射的贡献，只能用图解的方法来解决。某一坡元接收到的周围坡元对它的反射辐射中，实际上起

作用的只是它周围的“可见”坡元，假设下垫面为朗伯体，由于只考虑坡元周围较小距离内的地形，因此可以假设从周围地形到计算坡元的反射辐射的削弱为零，坡元 j 的附加辐射可以表示为

$$E_{a,j}^{t} = \sum_{i=1}^{n} F_{ij} \rho_i^{t} (E_{dir}^{t} + E_{dif}^{t}) \tag{5.17}$$

式中：F_{ij} 为地形修正因子，又称为形状因子；ρ_i^t 为坡元 i 的平均反射率；n 为能为坡元 j 提供反射辐射的坡元的数量。

形状因子是一个只与地形有关的纯几何量，在有遮挡关系的环境中，从一个坡元到另一个坡元的形状因子为

$$F_{ij} = \frac{1}{A} \int_{A_j} \int_{A_i} \frac{\cos\varphi_i \cos\varphi_j}{\pi r_{ij}^2} \mathrm{HID} \mathrm{d}A_i \mathrm{d}A_j \tag{5.18}$$

式中：A_i 和 A_j 分别为第 i 个和第 j 个坡元的面积；φ_i 和 φ_j 分别为第 i 个和第 j 个坡元法线与它们连线的夹角；r_{ij} 为第 i 个和第 j 个坡元的距离。HID 取值为 0 或 1，取决于第 i 个坡元能否“看到”第 j 个坡元。

形状因子计算过程可用图 5.7 来表示。

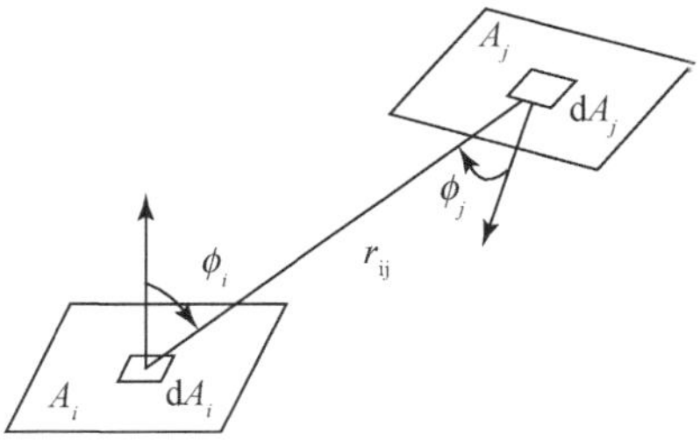

图 5.7　形状因子计算示意图

将式（5.18）的积分计算简化有

$$L_{ji} = (L_j \times \mathrm{d}A_i \times \cos\phi_i \times \mathrm{d}A_j \times \cos\phi_j)/r_{ij}^2 \tag{5.19}$$

式中：L_{ji} 为第 i 个坡元接收到的第 j 个坡元的辐射亮度；L_j 为第 j 个坡元发出的辐射亮度。

由于上面的公式，在寻找能被坡元 i“看到”的坡元 j 时需要大量的计算，因此引入了更加近似的计算因子——地形结构参数因子 C_t，用来表示坡元周围像元的反射对坡元接收到的辐射的贡献。

$$C_t = \frac{1 + \cos\alpha}{2} - V_{iso} \tag{5.20}$$

$$E_a^t = C_t \times \bar{\rho} \times (E_{dir}^t + E_{dif}^t) \tag{5.21}$$

式中：$\bar{\rho}$ 为附近地形的平均地表反射率；α 为坡元的坡度；V_{iso} 为各向同性可见因子。

5.3.3　卫星数据处理

1. 遥感数据源

本研究选取 2002 年 8 月 25 日长白山自然保护区的 LANDSAT ETM + 遥感影像

(30m 分辨率) 作为数据源，选择 2300 行、1600 列的矩形作为研究区域，对上述图像进行了包括几何纠正、辐射定标、大气纠正等预处理，得到地表反射率图像，具体的处理方法和结果精度详见周宇宇（2004）。研究区 ETM + 影像及其 DEM 如图 5.8 和图 5.9 所示。

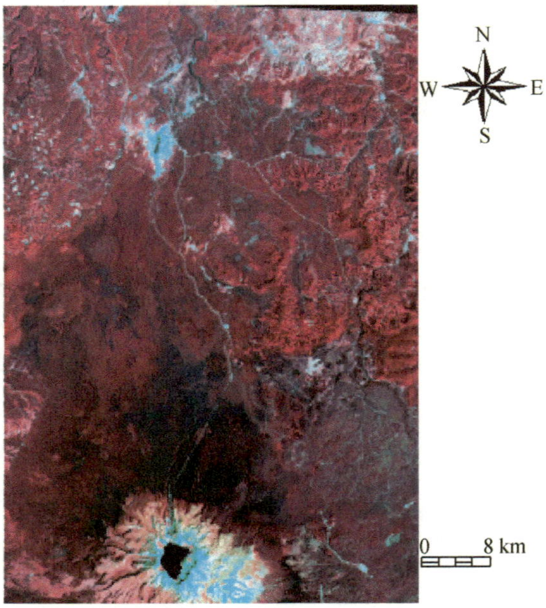

图 5.8　长白山自然保护区 ETM + 遥感影像 4、3、2 波段假彩色合成图

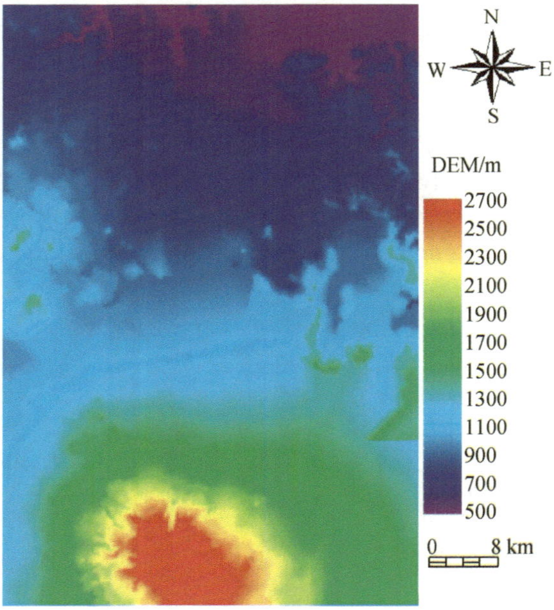

图 5.9　长白山自然保护区 DEM 图

2. 总辐射数据

对 BEPS 模型从理论上进行改进，不仅需要研究区域的遥感数据、地面实测数据和气象数据（包括逐日的最高温度、最低温度、相对湿度、降水量以及总辐射等），还需要与地形有关的栅格化的经度数据、坡度、坡向和各向同性可见因子数据。对遥感数据和地面实测数据的采集和处理方法参见 Sun 等（2004）和周宇宇（2004），对气象数据的处理，是通过对研究区及其邻近区域气象站点的观测资料，结合 DEM 进行空间插值而获得的。然而全国的辐射气象站点很少，研究区域所在吉林省仅有两个辐射台站，仅利用两个台站的辐射数据进行空间插值，其插值的精度远不能满足研究的需要。因此为了获得研究区的逐日总辐射数据，根据前人的研究成果，利用每日的最高温度、最低温度、降水量、研究区的纬度、海拔以及每日的平均温度，逐像元的推算研究区的总辐射（Winslow et al.，2001）。

由于太阳辐射强度随着研究地点、时间的变化而变化，同时，太阳辐射在大气的传输过程中，会受到空气中的大气、水汽等的削弱作用，因此，到达地表的总辐射可表示为

$$E = \tau_{cf} \times f_D \times (1 - f_t \times f_e) \times Q_0 \tag{5.22}$$

式中：E 为入射到地表的太阳总辐射；τ_{cf} 为大气的总透射率；f_D 为不同地区的日长校正因子；f_t 为温度校正因子；f_e 为饱和水汽压差校正因子；Q_0 为大气上界的太阳辐射（天文辐射）。

式（5.22）各项的计算流程如图 5.10（箭头上的标号表示计算过程中用到的公式）所示。

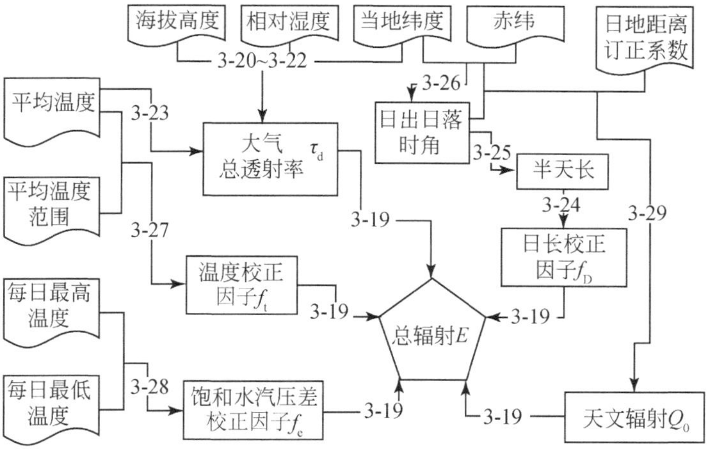

图 5.10 总辐射计算示意图

（1）大气总透射率 τ_{cf}

大气总透射率可分解为以下三个部分：晴天条件下的透射率 τ_0、由大气分子和臭氧等引起的透射率 τ_a 以及水汽透射率 τ_v。因此总透射率可表示为

$$\tau_{cf} = (\tau_0 \times \tau_a \times \tau_v)^z \tag{5.23}$$

$$z = [1 - (2.2569 \times 10^{-5}) \times h]^{5.2553} \tag{5.24}$$

$$\tau_0 = 0.947 - (1.033 \times 10^{-5}) \times \psi^{2.22}, \qquad \phi \leqslant 80^\circ \tag{5.25}$$

$$\tau_v = \begin{cases} 0.9636 - 9.092 \times 10^{-5} \times [(\bar{t} + 30)^{1.8232}], \text{xppt} \leqslant 1.0 \\ [0.765 - 0.1607 \times \lg(C_{\text{xppt}} + 1)] \times 0.9636 - 9.092 \times 10^{-5} \times [(\bar{t} + 30)^{1.8232}], \\ \qquad \text{xppt} > 1.0 \end{cases} \tag{5.26}$$

式中：z 为与当地海拔（h）有关的高程校正因子；h 为当地的高程；ψ 为当地纬度；$\bar{t}$ 为平均温度（℃）；C_{xppt}为相对湿度；τ_a 取 1。

（2）不同地区的日长校正因子f_{D}

$$f_D = [1 - (H - \pi/4)^2/2 \times H^2]^{-1} \tag{5.27}$$

$$H = 12 \times \omega/\pi \tag{5.28}$$

$$\omega = \arccos\left[-\tan\left(\frac{\pi \times \psi}{180}\right) \times \tan\left(\frac{\pi \times \delta}{180}\right)\right] \tag{5.29}$$

式中：H 为半天长；ω 为日出日落时角；ψ 为当地纬度；δ 为赤纬。

（3）温度校正系数f_{t}

$$f_{\text{t}} = 0.7 \times 23.753 \times \Delta\bar{t}/(\bar{t} + 273.16) \tag{5.30}$$

式中：$\Delta\bar{t}$ 为介于最高和最低温度之间的每日平均温度范围；$\bar{t}$ 为每天的平均温度。

（4）饱和水汽压差校正系数f_{e}

$$f_{\text{e}} = \frac{\exp[17.269 \times t_{\min}/(273.3 + t_{\min})]}{\exp[17.269 \times t_{\max}/(273.3 + t_{\max})]} \tag{5.31}$$

式中：$t_{\max}$和 $t_{\min}$分别为每日的最高和最低温度。

（5）大气上界的太阳辐射 Q_0

$$Q_0 = \frac{LI_0}{\pi r^2} \times (\omega \times \sin\psi \times \sin\delta + \cos\psi \times \cos\delta \times \sin\omega) \tag{5.32}$$

$$\delta = \frac{180}{\pi} \times \begin{pmatrix} 0.006\,918 - 0.399\,912 \times \cos(X) + 0.070\,257 \times \sin(X) \\ -0.006\,758 \times \cos(2 \times X) + 0.000\,907 \times \sin(2 \times X) \\ -0.002\,697 \times \cos(3 \times X) + 0.001\,48 \times \sin(3 \times X) \end{pmatrix} \tag{5.33}$$

$$r = \left(\frac{\text{平均日地距离}}{\text{日地距离}}\right)^2 = 1.000\,110 + 0.034\,221 \times \cos(X) + 0.000\,719 \times \cos(2X) + 0.000\,077 \times \sin(2X) \tag{5.34}$$

式中：$X = 2\pi(j_{\text{Day}} - 1/365)$，$j_{\text{Day}}$ 为一年中的第j 天；L 为一天的长度（24h）；I_0 为太阳常数（1367W/m^2）；ψ 为当地纬度；δ 为赤纬；r 为日地距离订正系数。

3. 坡度（α）、坡向（β）数据

设研究区的海拔高度场为 $h(x,y)$，其中 x、y 分别代表东西向和南北向坐标，坐标原点在图的左上角，并规定 x 坐标由西向东为正，y 坐标由北向南为正。从梯度的概念出发，容易推得坡度、坡向的解析表达式为

$$\alpha = \arctan\sqrt{\left(\frac{\partial h}{\partial x}\right)^2 + \left(\frac{\partial h}{\partial y}\right)^2} \tag{5.35}$$

$$\tilde{\beta} = \arctan\left(\frac{\partial h}{\partial y}\Big/\frac{\partial h}{\partial x}\right) \tag{5.36}$$

式中：$\tilde{\beta}$ 为准坡向，由于反正切函数的取值范围为（$-\pi/2$，$\pi/2$），故按照 $\partial h/\partial y$ 和 $\partial h/\partial x$ 的不同情况将 $\tilde{\beta}$ 转换为坡向值 β，分如下 8 种情况（表 5.3）。

表 5.3　坡向（β）值求取的 8 种情况

项目	1	2	3	4	5	6	7	8
$\partial h/\partial y$	>0	>0	<0	<0	≈ 0	>0	≈ 0	<0
$\partial h/\partial x$	>0	<0	<0	>0	>0	≈ 0	<0	≈ 0
β	$\tilde{\beta}-\pi$	$\tilde{\beta}$	$\tilde{\beta}$	$\pi+\tilde{\beta}$	$-\pi$	$\pi/2$	0	$\pi/2$

坡向 β 规定正南方向为 0，沿顺时针方向为正，逆时针方向为负。在实际山区中，由于地形极端复杂，无法给出地形函数 $h(x,y)$ 的数学表达式，故只能利用离散的网格点高度资料，以差分代替微分计算局地平均坡度和坡向。

对任一栅格（i，j），其高程为 $h_{i,j}$，i 和 j 代表栅格所在 DEM 的行和列，读出相邻的（$i-1$，j）、（$i+1$，j）、（i，$j-1$）、（i，$j+1$）4 个栅格点的高程 $h_{i-1,j}$、$h_{i+1,j}$、$h_{i,j-1}$、$h_{i,j+1}$，则 $\partial h/\partial x$ 和 $\partial h/\partial y$ 可以利用差分获得，对于点（i，j），有

$$\frac{\partial h}{\partial x} = \frac{h_{i+1,j} - h_{i-1,j}}{2 \times \Delta h} \tag{5.37}$$

$$\frac{\partial h}{\partial y} = \frac{h_{i,j+1} - h_{i,j-1}}{2 \times \Delta h} \tag{5.38}$$

将上面的计算结果代入式（5.35）和式（5.36），可以计算出离散情况下的坡度和坡向，如图 5.11 和图 5.12 所示。

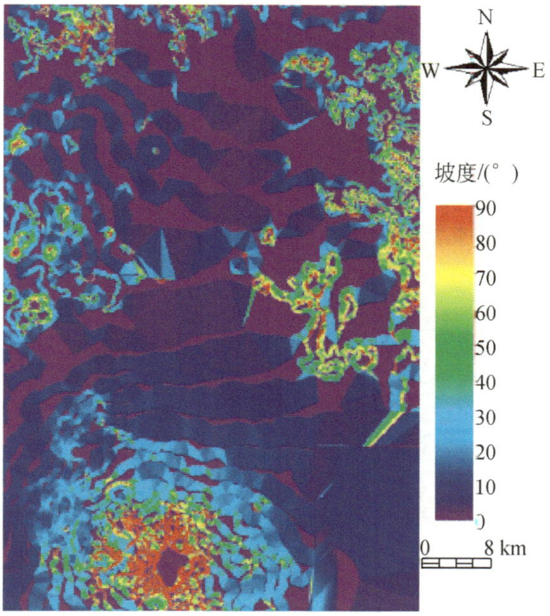

图 5.11　长白山自然保护区坡度数据

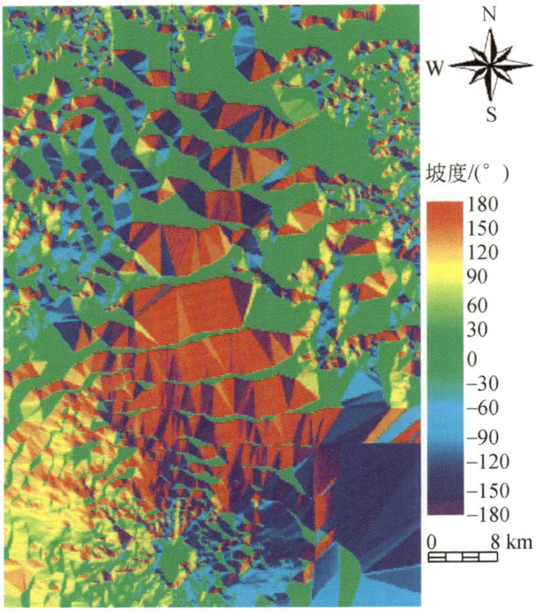

图 5.12　长白山自然保护区坡向数据

4. 各向同性可见因子（V_{iso}）数据

利用式（5.16），对研究区内的任意一点考虑东、南、西、北、东北、东南、西北和西南 8 个方向，计算得到的研究区内各点的各向同性可见因子（$n=8$），其空间分布图如图 5.13 所示。从图中可以看出，研究区的各向同性可见因子在空间上变异性很

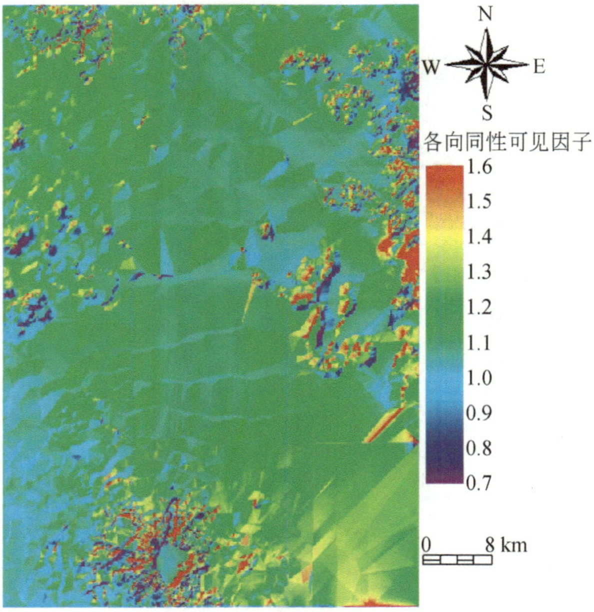

图 5.13　长白山自然保护区各向同性可见因子空间分布图

大，在长白山天池顶部，各向同性可见因子最大，随着海拔的逐渐降低，长白山北坡的各向同性可见因子逐渐减小，东坡的各向同性可见因子比西坡大。这是由于在长白山顶部，基本上是一个孤立的山峰，周围地形的遮蔽效益很小，在山顶的中心，是长白山天池，这里地势低洼，该地区的各向同性可见因子与其周边地区相比，突然骤减，并保持常数值 1，说明该地区是一个低洼的平地。长白山东坡的海拔整体上高于西坡，使得西坡的各向同性可见因子小于东坡。同时，我们还注意到以长白山顶为中心的同心圆弧上，其各向同性可见因子基本上一致，这是由于在计算各向同性可见因子时，DEM 数据的精度限制了最终计算结果的精度，在山坡的某一部分，近似认为海拔相同，使得该地区的各向同性可见因子也相近，在山脚下，也存在着一部分相对孤立的小山峰，使得该点的各向同性可见因子也比较大。从图 5.13 的结果可以看出，该结果与长白山地区的实际情况非常吻合。

5.3.4 模拟结果

1. 模拟结果及其地面验证

为了对复杂地形条件下辐射校正前后的 BEPS 模型的模拟结果进行对比，运行辐射校正前后的 BEPS 模型，模拟结果如图 5.14（见书后彩图）和图 5.15（见书后彩图）所示。

当研究区的坡度比较大时，对应的图 5.14 和图 5.15 的结果差异较大，图 5.14 对应部分明显高于图 5.15。这主要是由于图 5.14 在计算的过程中认为地表是平坦的，其上接收到的总辐射为直射辐射和散射辐射之和。即使在阴影区，由于没有考虑地形的相互遮蔽效应，也将其作为太阳直射区，使得该地区计算的总辐射为直射辐射和漫射辐射的总和，远大于该点实际接收到的漫射辐射和周围地形的反射辐射之和；同时，在非平坦地区接收到的太阳直射辐射，是通过对平坦地区接收到的太阳直射辐射进行了太阳入射角的余弦修正而得到的，因此直射辐射的计算结果会相应减少。由于散射辐射被认为是与直射辐射成正比的，因此散射辐射也随之减小，即使在该地区存在周围像元的反射辐射，其数值也不足以弥补它与相对平坦地区直射辐射和散射辐射的差额，导致该地区接收到的总辐射相对平坦地区减少。由于总辐射的减少，植被的光合作用减弱，从而导致植被的净第一性生产力减少，因此没有经过辐射校正模型的估算结果偏大。

利用地面实测的 NPP 与模型模拟的 NPP 进行对比，结果显示没有经过辐射校正的 BEPS 模拟的 NPP 比实测数据普遍偏高，而经过辐射校正后的 NPP 结果则均匀地分散在 $y=x$ 直线的两侧（图 5.16，其中虚线为 $y=x$）。

利用统计学的理论，计算实测数据和两次模拟数据的算术平均偏差：

$$d = \sum_{i=1}^{n} |\mathrm{NPP}_i^{\mathrm{sim}} - \mathrm{NPP}_i^{\mathrm{obs}}| / (n-1) \tag{5.39}$$

式中：$\mathrm{NPP}_i^{\mathrm{sim}}$ 和 $\mathrm{NPP}_i^{\mathrm{obs}}$ 分别为第 i 个模拟和观测的 NPP 值；n 为总样本数。

两次模拟得到的算术平均偏差分别为 62.8gC/（$\mathrm{m}^2 \cdot \mathrm{a}$）和 44.2gC/（$\mathrm{m}^2 \cdot \mathrm{a}$），可

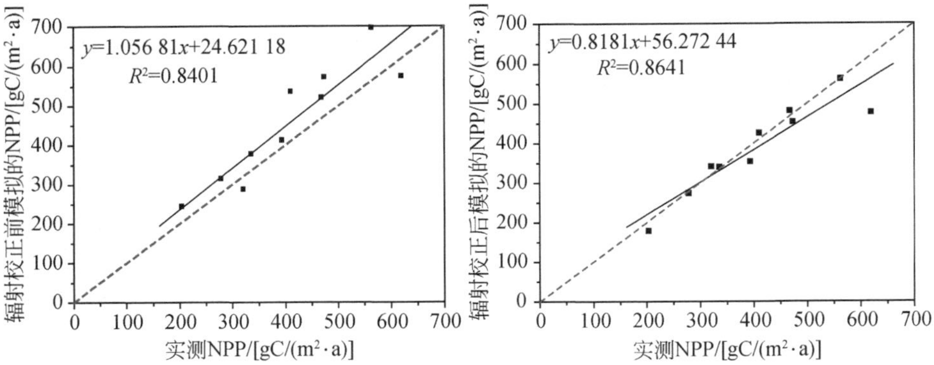

图 5.16　长白山地区辐射校正前后 BEPS 模拟的 NPP 与地面实测结果比较

以看出，经过辐射校正后 NPP 值的偏差明显小于校正前的偏差，说明经过辐射校正的 BEPS 模型在复杂地形条件下，可减少不确定性，提高稳定性。在整个研究区内，对运行得到的辐射校正前后的 NPP 值进行统计，得到如下结果（表 5.4）。根据标准偏差可以看出，经过辐射校正的 NPP 值比没有经过辐射校正的 NPP 值的结果稳定性要好，同时从最大值、平均值、标准偏差以及总 NPP 值等方面可以看到，用没有经过辐射校正的模型进行计算时会过高的估计模拟结果。

表 5.4　辐射校正前后 NPP 模拟结果的统计对比

项目	最小值 /[g C/(m² · a)]	最大值 /[g C/(m² · a)]	平均值 /[g C/(m² · a)]	标准偏差 /[g C/(m² · a)]	总 NPP 值 /(t C/a)
校正前结果	0	797.267	435.748	178.344	1.443×10^6
校正后结果	0	763.853	355.122	147.701	1.176×10^6

2. 不同森林植被类型 NPP 模拟结果的比较

对 2001 年长白山地区不同森林植被类型的 NPP 模拟结果进行对比分析（表 5.5）发现，经过辐射校正后三种主要森林植被类型的 NPP 值均比辐射校正前小，平均值差值最小的针叶林也达到 58gC/（m² · a），占实际生产力的 14.8%，差值最大的阔叶林达到 99 gC/（m² · a），占实际生产力的 29.0%。这说明在复杂地形条件下，如果将地形条件简化为平坦立地，则会过高地估计森林植被的净第一性生产力，其高估的幅度为10%~30%。从植被类型来看，长白山地区的针阔混交林的净第一性生产力最大［410 gC/（m² · a）］，针叶林次之［393 gC/（m² · a）］，阔叶林最小［341 gC/（m² · a）］。这是由于在阔叶林中，包含部分生长在海拔 1800~2100m 的岳桦林，这里气温低，相对湿度较大，植物的生长期较短，因而使得阔叶林的平均净第一性生产力降低。

表 5.5 2001 年长白山地区不同森林植被类型 NPP 模拟结果比较

植被类型	平均 NPP 值/[g C/(m² · a)]			偏差/%
	辐射校正前	辐射校正后	辐射校正前后的差值	
落叶阔叶林	440	341	99	29.0
落叶针叶林	451	393	58	14.8
针阔混交林	500	410	90	22.0

5.4 森林植被 NPP 尺度转换方法

5.4.1 NPP 空间尺度转换方法的必要性

长白山的植物种类非常丰富，目前已知的植物约有 2600 种，既有古老的第三纪植物成分，也有欧洲、西伯利亚的植物种及朝鲜、日本植物区系成分，除此之外，随着冰川移动而南侵的极地植物，在冰川退却后也被保留在长白山的高山冻原上，是北半球整个欧亚东大陆上一个最大的种子基因库。如此多的植物种类按照垂直地带性分布在适合各自生长的土壤及纬度带上，同时多个物种之间又错综复杂的混交在一起，这就给大尺度的遥感应用研究带来了一定的难度。

正是地表的复杂性，增加了粗分辨率遥感数据反演验证的难度。为了验证粗分辨率遥感数据反演的精度，我们通常需要用 2~3 个像元大小的均一地表对反演结果进行验证，在复杂地表条件下，这通常是很难做到的，尤其是在中国这样一个地形复杂的国家，更加增加了验证的难度。而且，即使地表覆盖类型相同，空间变异性也很大。因此，在对低分辨率的遥感数据进行验证时，我们通常需要高分辨率遥感数据的辅助(Liang, 2004)(图 5.17)。

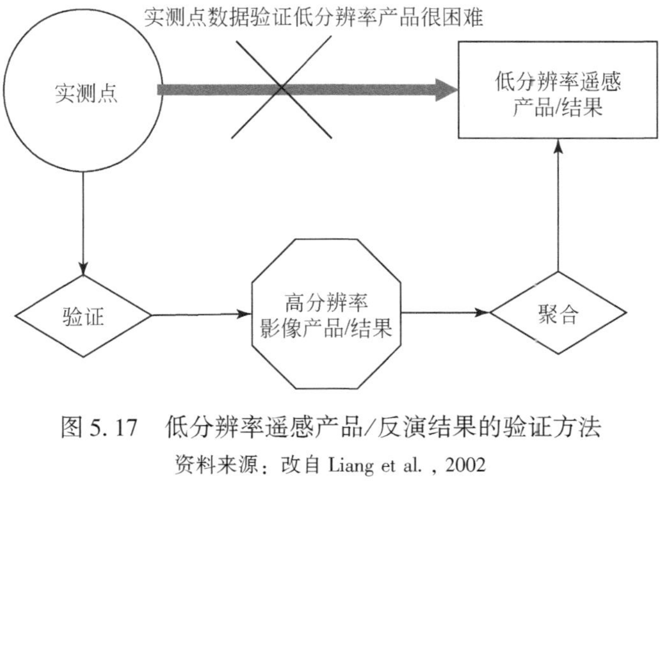

图 5.17 低分辨率遥感产品/反演结果的验证方法

资料来源：改自 Liang et al., 2002

在对生理、物理参数进行反演时，我们是否可以利用高分辨率遥感数据反演的结果，采用聚合的方法得到低分辨率的结果，这个问题可用图 5. 18 来解释（Liang，2004）。

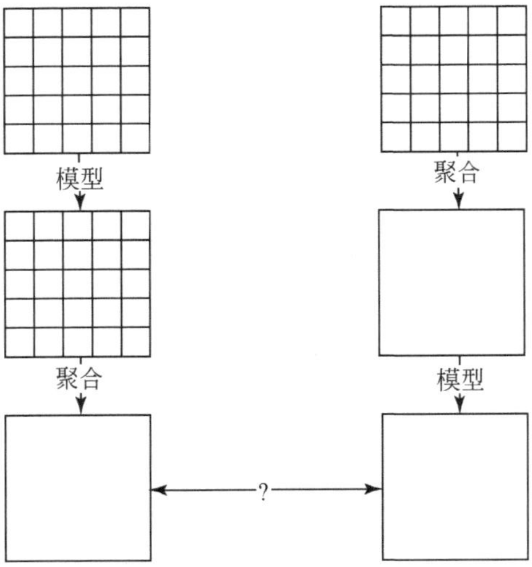

图 5. 18　两种尺度转换方法的解释

资料来源：Liang，2004

从数学的角度来看，假设要反演的变量 Y（如 NPP）在高分辨率遥感数据上是变量 x（如 LAI）的函数：$Y = f(x)$。现在的问题是，下面的方程是否成立：$f(\bar{x}) = \overline{f(x)}$。

式中，$f(x)$ 是利用 LAI(x) 反演 NPP(Y) 的算法。如果 $f(x)$ 是线性的，结果就是对的。然而，在大多数情况下，反演算法都是非线性的，因此，需要进行尺度转换研究。

因此，本章主要研究在长白山这个林分复杂的森林生态系统中，陆地植被净第一性生产力的空间尺度转换方法，为提高大尺度遥感应用的精度奠定理论基础。

5. 4. 2　NPP 的空间尺度转换方法

1. 空间尺度转换方法描述

（1）遥感中的空间尺度转换方法

在现有的地球观测系统中，传感器只能提供若干个离散空间分辨率的遥感数据，无法获得连续变化尺度上的数据。在实际应用中，我们需要的往往是特定空间分辨率的数据，但现有的传感器并不能提供满足这种条件的数据。为了解决这个问题，就需要对现有空间分辨率的数据进行尺度转换，以满足实际应用的需要。

遥感信息的尺度转换包括向上的尺度转换（upscaling）和向下的尺度转换（downscaling）。向上尺度转换是将小尺度（高空间分辨率、小空间范围）的遥感信息转换为大尺度（低空间分辨率、大空间范围）的过程。反之，向下尺度转换是将大尺度（低空间分辨率、大空间范围）的遥感信息转换为小尺度（高空间分辨率、小空间范围）的遥感信息的过程。O'Neill 等（1996）指出，尺度转换问题主要体现在两个方面：一是如何在小尺度上准确描述时空异质性；二是如何实现空间异质性在不同尺度上的整合。由于地表景观空间异质性的非线性与描述空间异质性函数的不确定性，遥感影像在不同尺度上的转换方法存在着很多不足。

遥感信息尺度转换方法是遥感尺度问题研究的难点。在遥感信息分析中，由于常常有多源遥感信息的存在，其空间分辨率一般又各不相同，分析时常常要考虑将其转为相同的分辨率。模型的输入参数可能与原始遥感数据有所不同，这时也需要进行尺度转换。另外，在进行地面定标或验证工作时，也需要在地面观测和遥感信息之间进行尺度转换（Tian et al.，2002a；2002b；柏延臣等，2001；Sanderson et al.，1998）。

常用的遥感信息升尺度转换方法包括基于统计方法、基于地学机理和基于物理含义等几种方法。

基于统计的方法不需要对遥感信息的物理机理有明确了解，可以用于在某些遥感信息机理不十分明确情况下的遥感信息尺度转换。遥感影像分析中常用的基于统计的尺度转换分析方法有局部平均法、中值采样法、中心采样法、简单聚合法、直接外推法、期望值外推法、显式积分法和云梯尺度转换法等。Bian 和 Butler（1999）利用模拟图像，从图像信息均值的保持和标准差保持两个方面比较了几种尺度转换方法。Hay 等（1997）则用 CASA 数据比较了最近邻采样、双线性内插、双三次卷积以及方差加权升尺度转换方法等。柏延臣（2002）提出了利用模拟的传感器在不同分辨率的点扩散函数与原影像进行卷积实现尺度转换，由于它更接近于遥感成像的原理，结果应该更接近于实际成像系统的影像。由于遥感传感器并不是将传感器瞬时视场角内的辐射值作简单的算术平均，而是根据不同的相对位置加权，所以常规的基于统计的尺度转换方法并不符合遥感传感器实际的测量过程。Hay 等（1997）认为，传统的重采样方法如最近邻采样、双线性内插以及立方卷积等方法不适合于遥感数据尺度扩展，提出了应该针对各种特定的遥感信息，发展基于地学机理的尺度转换方法。

基于地学机理的尺度转换模型一般通过建立多个变量的模型来预测低分辨率上某一地学变量的值，因此这种模型常常需要转换变量以外的其他与该变量有物理联系的变量信息。反过来，遥感信息常常作为地学模型的输入数据源，从而可以将各种点上的信息扩展到不同尺度的面上，或将基于点上观测的地学模型扩展为不同空间尺度的空间模型。Hall 等（1992）等比较了采用遥感数据提取的地表辐射温度计算不同空间分辨率地表通量的方法。Wood（1995）结合植被、土壤特性和地形等因子，探讨了从 30m 分辨率的被动微波遥感数据中反演的土壤水分向更低分辨率进行尺度转换的方法。Kustas 和 Kumes（1996）探讨了利用遥感数据对感热通量进行尺度扩展的方法。张仁华等（2001）提出了具有物理基础的将点的气温观测资料扩展到区域尺度的转换方法以及地面粗糙度和辐射温度为基础的地面 2m 高处气温和风速的空间扩展算法。

目前，基于明确物理含义的尺度转换解析表达是遥感学家研究的难点，主要集中在李小文等的研究工作。他在尺度不变、平均地温定义存在的合理前提下，严格推导了 Planck 定律用于非同温黑体平面的尺度修正式及其二阶 Taylor 近似（李小文等，1999），并进一步将其尺度纠正推广到一般的非同温三维结构非黑体表面。在定义三维结构非黑体表面方向平均温度及组分温度方差的基础上，对其热辐射在像元尺度上的方向性和波谱特征建立了概念模型（Li et al.，1999）。最后，在完成了平均混合像元、同温三维结构像元及非同温三维结构像元尺度纠正表述的论证后，得到了对组分温度反演有着指导意义的非同温三维结构像元的尺度纠正因子（李小文等，2000）。一般基于机理的尺度转换方法物理意义明确，尺度转换的精度较高。但许多情况下，由于地学过程的复杂性，各种地学过程的物理过程机理并不十分明确，在这种情况下，不完备的物理模型反而会给尺度转换结果引入很大的误差。

（2）空间异质性

无论何种尺度转换方法，最大的挑战在于遥感信息所反映的地表特性的空间异质性（heterogeneity）。许多在小尺度上表现为均质的地理现象或过程在更大的尺度上可能表现出异质性（柏延臣和王劲峰，2003）。地球系统的空间异质性限制了从一个尺度到另一个尺度的信息转换，这也是需要整合不同尺度上不同传感器遥感数据的重要原因。尺度转换要求标识现象随尺度变化的非线性过程，即找到关键阈值。在阈值之下保持线性变化，跨越阈值产生非线性变化。另外，遥感影像对尺度转换也有帮助。遥感可以提供物理模型向上、向下尺度转换所需要的数据以及验证模型的输出。显然，多尺度遥感数据也为定性理解尺度现象提供物质基础，以帮助理解改变尺度时变量的行为，并推导尺度转换的合适规则。尽管存在许多重采样或尺度转换技术，但真正适合遥感数据的转换方法并不多。向上尺度转换可以理解为将高空间分辨率图像用低分辨率表示的重采样。而理想的转换应趋于压缩高分辨率影像，而把内在的信息保留到低分辨率影像上，可是这一目标与现有的向上尺度综合技术是矛盾的。对遥感数据用经典图像处理的综合往往产生不可解释的数据，结果显示产生严重的偏差（苏理宏等，2001；赵文武等，2002）。

异质性指某种区域变量（景观生态学中指某种格局）在时间和空间分布上的不均匀性及其复杂程度（Kolasa and Pickett，1991）。在遥感中的研究主要集中在空间异质性方面，空间异质性的表现依赖于尺度（粒度及幅度）。这两者的变化对空间异质性的测量和理解有着重要的影响。空间异质性的确定还与数据类型有关：对点格局数据，空间异质性可以根据点密度和最邻近体距离的变异程度来测定；对于类型图，空间异质性可以根据不同地类的组成及其配置的复杂性来测定。而这两者分别包括地类的数目和比例、地类的空间排列、形状及相邻异类之间的对比度、同类之间的连接度等。空间异质性主要强调了特征在空间上的非均匀性及其尺度依赖性。根据空间异质性的变化趋势、自相关程度和各向异性等特征，空间异质性有以下几种表述方法（张颢，2005；柳锦宝，2005；赵英时，2003）。

1）变差图法。在分析遥感中研究区域变量的空间异质性时，变差图分析是常用的方法。以区域某剖线各像素间的平均半方差 $\gamma(h)$ 来度量空间独立像素的差异性。设 $Z(x)$ 是系统某属性 Z 在空间位置 x 处的值，$Z(x)$ 为一区域化随机变量，并满足二阶平稳性假设，h 为两样本点空间分隔距离。以观测步长 h 为横坐标，对应 $\gamma(h)$ 为纵坐标所得的图谱称变差图。

$$\gamma(h) = \frac{1}{2N(h)} \sum_{i=1}^{n-h} [Z(x_i) - Z(x_i + h)]^2 \tag{5.40}$$

式中：N 为采样点对（即空间点 x_i 和 x_i+h）的数目；$Z(x_i)$、$Z(x_i+h)$ 分别为区域化随机变量 $Z(x)$ 在位置 x_i 和 x_i+h 时的取值。

对于具有不同纹理特征的遥感图像，其变差图形状也不相同。按其形状可分为球形、指数形、线形及其复合形状，可分别建立描述它们形状的模型（Webster，1985）。变差图分析难以直接用于解释遥感图像的空间差异与地物之间的联系，因为它们没有将变差图的形状与地物的大小、出现频度等参数联系起来。为此，Jupp 等（1989）在稀疏植被的地表景观基础上建立了两组分盘状模型，并在此基础上推导了描述变差图的几个参数与地物的大小、出现频度等的关系。作为对这一模型的扩展，Woodcock 等（1988）用模拟图像讨论了圆盘半径不同和太阳入射角不为零的情况。在此情况下，尽管地表被分为光照植被、阴影植被、光照地面、阴影地面四种组分，为了适用盘状模型，Woodcock 等将光照植被及阴影部分视为一种组分，而将光照地表仍视为均一背景。由于真实地表特征很难用两种组分就可以表示清楚，故限制了模型的应用。

2）空隙度指数法。空隙度概念始见于曼德布罗特的经典著作（Benoit，1998）。空隙度指数的计算方法为：以不同边长的滑动窗口从研究区的左上角向右或向下滑动，记录每次采样时滑窗内景观组分出现的频度；滑窗滑过整个区域后，对采样数据进行统计，计算不同尺度下的空隙度指数，从而对观测区进行多尺度空间分析（曹辉等，1999）。

$$Z^{(1)} = \sum S[n(s,r)/N(r)] \tag{5.41}$$

$$Z^{(2)} = \sum S^2[n(s,r)/N(r)] \tag{5.42}$$

$$\Lambda(r) = Z^{(2)}/[Z^{(1)}]^2 \tag{5.43}$$

式中：$\Lambda(r)$ 为空隙度指数；$N(r)$ 为 $r\times r$ 滑窗在全区采样的总次数；$n(s,r)$ 为所研究景观组分占 s 个像元的滑窗个数。

空隙度指数高说明各组分空间分布的不均一程度高，反之说明组分空间分布均匀。空隙度指数法可进行连续尺度上景观的空间异质性分析，但此时人们很关注的参数，如不同组分在不同观测尺度下的面积、组分间边界随观测尺度的变化情况等均无法得知。

3）信息熵法。

信息熵法是基于剖线调查进行地表组分异质性分析的一种方法。在待观测区做一条剖线，将其分为若干等长样段，若某一组分在连续样段中同时出现或缺失，则认为它们之间不具有异质性。反之，则认为它们之间存在异质性。对整条剖线上所有连续两个样段进行类似比较，得到该景观组分在当前观测尺度上的异质性信息熵。

$$I = n/(N-1) \tag{5.44}$$

式中：I 为异质性信息熵；n 为观察的异质性次数；N 为样段数。

对样段两两合并，重复以上计算，可得到在新观测尺度上的异质性熵。可以看出，当信息熵指数 I 随尺度的增加趋于 1 时，观测景观表现为宏观异质性分布，趋于 0 时表现为微观异质性分布。

与变差图方法类似，信息熵法也是基于剖线调查，度量的空间异质性程度受剖线数量及位置影响较大，在总体综合程度及连续尺度分析上显得有些不足。

4）尺度方差法。尺度方差分析是于 1972 年发展起来的一种空间等级分析方法

(Moellering and Tobler, 1972)。其最初的目的是确定一个已知巢式等级系统各组织水平的相对变异程度，也就是说，每个组织水平上的空间变异性对整个系统变异性各自独立的贡献（邬建国，2001；Wu et al.，2000）。

$$X_{ijk\cdots z} = \mu + \alpha_i + \beta_{ij} + \cdots + \varpi_{ijk\cdots z} \tag{5.45}$$

式中：$X_{ijk\cdots z}$ 为等级系统最低层次上某组成单元（如一个像元）的取值；μ 为在这一层次上系统的基本组成单元的总体平均值，其余各项分别表示来自各个层次上的影响（α，β，γ，…，表示等级系统的不同层次）。

根据以上模型，可以得到各个层次上总方差的公式（以具有四个层次的等级系统为例，即系统整体→α 层次→β 层次→γ 层次）。

$$SS_{Total} = SS_\alpha + SS_\beta + SS_\gamma \tag{5.46}$$

$$SS_\alpha = \sum_{i=1}^{I}\sum_{j=1}^{J_i}\sum_{k=1}^{K_{ij}}(X_i - \bar{X})^2 \tag{5.47}$$

$$SS_\beta = \sum_{i=1}^{I}\sum_{j=1}^{J_i}\sum_{k=1}^{K_{ij}}(X_{ij} - \bar{X}_i)^2 \tag{5.48}$$

$$SS_\beta = \sum_{i=1}^{I}\sum_{j=1}^{J_i}\sum_{k=1}^{K_{ij}}(X_{ijk} - \bar{X}_{ij})^2 \tag{5.49}$$

研究表明，在描述景观多尺度及等级结构方面，尺度方差法比自相关分析和半方差分析要更稳定。

5）局部方差（local variance method，LVM）。局部方差定义为任意大小滑动窗口铺覆整个图像后，全部滑窗内像元方差的均值。改变滑窗大小得到一系列的图像局部方差，最大方差对应的滑窗为图像中主要组分的运行尺度（Woodcock and Strahler，1987）。

局部方差法可以得到主要组分的运行（特征）尺度，但对于遥感图像而言，数据一经获取，其空间分辨率便已确定。得到主要组分的运行尺度可以用于 Kriging 采样时步长的确定，但用变差图方法同样可以做到。而且也有学者认为，用 LVM 进行升尺度转换时，边界效应会影响平均局部方差的计算（柏延臣和王劲峰，2003）。

6）纹理分析方法。纹理分析方法是一种基于影像像元亮度变化信息的分析方法，它通常是通过标准偏差、方差、协方差、峰度等统计特征来进行量化的。Hu 和 Islam（1997）基于影像的纹理特征，使用多波段的遥感影像，开发了一个计算任意参数的“尺度不变”算法的通用框架。此框架可以简化为如下表达式：

$$P_D - P_L = f(\text{variances}, \text{covariances}) \tag{5.50}$$

式中：P_D 为参数 P 从若干个小像元计算到一个大像元时的校正值（“distributed”）；P_L 为参数 P 从一个大像元通过平均方法计算得到的近似值（“lumped”）；f（variances，covariances）为不同波段 P_D 和 P_L 的方差和协方差的定量表达函数。

理论上，方差和协方差是获得物体表面空间变化最重要的纹理参数，因此，它们可以用来估算尺度效应的影响。然而在实际中，仅能得到像元的信息，无法获取亚像元的纹理特征。基于上述问题，Hu 和 Islam 提出了“尺度不变设想”，假设纹理特征与尺度无关，因此，从高分辨率影像和低分辨率影像中获得的方差、协方差是相同的。显然，这只是一个假设，并不符合现实。同时，基于纹理的方法还没有考虑到混合像元问题。例如，当一个像元是水体和植被的混合物时，由于这两种覆盖类型在亮度上的强烈对比，可能会导致像元的方差变大。因此，上述方法在进行空间异质性分析时，存在着局限性，由此引出了基于结构的分析方法。

7）结构分析方法。结构分析方法是基于影像的面积、分布和特征模式的大小和形状信息来进行空间异质性信息表达的一种方法，它主要是通过覆盖种类、各种地类物体的大小和形状以及覆盖类型的分布模式等信息来进行刻画的。描述尺度效应的结构分析方法可以表示为（Chen，1999a）

$$P_D - P_L = f(\text{subcomponent\_ fractions}) \tag{5.51}$$

式中：P_D和P_L的含义同式（5.50）纹理分析方法中的描述；subcomponent_ fractions 为研究像元中亚像元的面积比例。

在实际应用中，由于覆盖类型的变化，而不是同一覆盖类型的密度变化导致的表面异质性，是尺度转换过程中的难点。在尺度转换的定量评价中，结构分析方法与纹理分析方法相比，具有如下优点：①结构参数是导致遥感信号变化的主要原因，能够更有效地用于尺度转换研究；②在高分辨率的遥感影像中，结构参数（如面积比）比纹理参数更容易获得；③基于结构参数的尺度转换方法在信息反演中是比较简单且易操作的。

在遥感中，主要从各种土地覆盖类型的亚像元信息角度来描述像元的结构参数，结构分析方法已经被成功地用于叶面积指数填图（Chen，1999a）、净第一性生产力填图（Simic et al.，2004；Xu et al.，2004）等。本章主要利用结构分析方法对森林植被净第一性生产力进行尺度转换研究。

2. NPP 的空间尺度转换方法描述

NPP 的空间尺度转换在很大程度上依赖于土地覆盖类型数据，由于土地覆盖类型的空间异质性，在大尺度分析中存在着极大的不确定性。根据上面所述的各种空间异质性的表示方法，本研究中主要采用结构分析方法，其尺度效应校正原理如下所述。

空间尺度转换的结构分析方法使用面积比获得不同分辨率下的表面参数信息。通常情况下，遥感影像的一个像元仅能反映占主导地位的土地覆盖类型信息，而忽视其他覆盖类型的信息，根据占主要成分的覆盖类型来获得表面参数。事实上，在低分辨率遥感影像中，由于空间异质性和混合像元现象的普遍存在，一个像元被划分为一种土地覆盖类型，掩盖了像元内其他土地覆盖类型的信息，从而导致最终结果的不确定性（Chen et al.，2002）。低分辨率上表面参数的计算可以通过高分辨率上相同参数的算术平均来获得，其计算参数和算法通常称为“分布式”（distributed）的参数和算法。同时，通过低分辨率的数据获得的参数通常称为“集总式”（lumped）参数。

在进行尺度效应研究时，通常假定高分辨率数据表示了地表的真实情况，利用该数据计算的“分布式”NPP 是准确的。“集总式”NPP 是低分辨率的遥感数据通过反演或其他方法计算获得的。研究中，假设一个 MODIS 像元（1km×1km）包含 1089 个 TM 像元（30m×30m），由于空间的异质性，1089 个 TM 像元包含多种地表覆盖信息，在 MODIS 像元中被赋予了一个占优势的地表覆盖类型，其余的土地利用类型被忽略。对两个相同区域、不同分辨率的遥感数据，利用相同的模型进行模拟，由于数据空间分辨率的差异，计算结果产生很大的误差。分析误差产生的原因，这主要是由于低分辨率遥感数据中存在大量的混合像元，像元中非主导地位的像元被忽略。对低分辨率遥感数据计算的结果，可以根据高分辨率遥感数据的结果进行尺度效应校正，从而提高低分辨率数据的计算精度。

对低分辨率遥感数据来说，由于植被覆盖类型的差异产生的计算结果的尺度效应可以用下述方法进行尺度效应校正：

$$\mathrm{NPP}_{\mathrm{D}}^{j} = \mathrm{NPP}_{\mathrm{L}}^{j} \times R^{j} \tag{5.52}$$

式中：$\mathrm{NPP}_{\mathrm{D}}^{j}$ 为地表覆盖类型为 j（低分辨率数据）的像元通过分布模式计算的 NPP 结果；$\mathrm{NPP}_{\mathrm{L}}^{j}$ 为地表覆盖类型为 j（低分辨率数据）的像元通过集总模式计算的 NPP 结果；R^{j} 为尺度效应校正因子。

利用模型计算出来的 $\mathrm{NPP}_{\mathrm{D}}^{j}$ 和 $\mathrm{NPP}_{\mathrm{L}}^{j}$，结合式（5.52）可以计算出尺度效应校正因子 R^{j}。根据 R^{j} 和同一低分辨率像元所对应的高分辨率像元中被标记为非主要地表覆盖类型 i 的像元数占总像元数的比例 F_{i}^{j}，计算校正因子和地表覆盖类型比例的回归系数 C_{i}^{j}：

$$R^{j} = 1 - \sum_{i=1}^{n} C_{i}^{j} F_{i}^{j} \tag{5.53}$$

式中：n 为高分辨率像元内非主要地表覆盖类型的数目（$n = \mathrm{classes} - 1$）。

根据上面的关系以及每一个像元内非主要地表覆盖类型的比例，可以计算经过尺度效应校正后的集总模式 NPP：

$$\mathrm{NPP}_{\mathrm{L\_corrected}}^{j} = \mathrm{NPP}_{\mathrm{L}}^{j} \times \left(1 - \sum_{i=1}^{n} C_{i}^{j} F_{i}^{j}\right) \tag{5.54}$$

式中：$\mathrm{NPP}_{\mathrm{L\_corrected}}^{j}$ 为经过尺度效应纠正的集总模式 NPP 的结果。

5.4.3　尺度转换方法在长白山自然保护区的应用

1. 数据预处理

为了研究 BEPS 模型计算的 NPP 结果在 TM（30m 分辨率）和 MODIS（1km 分辨率）两种尺度上的差异，并对其进行尺度转换，在长白山自然保护区分别选取了 2079 行、1584 列的 30m 分辨率 TM 遥感数据和相同的区域 1km 分辨率的遥感数据（30m × 33 = 990m ≈ 1km，63 行 × 33 = 2079，48 列 × 33 = 1584），具体的研究区遥感影像如图 5.19 和图 5.20 所示。

将现有的 30m 分辨率的输入参数文件进行重采样，使其适应 MODIS 尺度数据的运算。在采样的过程中，植被分类数据是从低分辨率的一个像元所包含的若干个高分辨率的像元类别中，找出占主导地位的类别，将其作为低分辨率数据的类别。生物量数据，是根据高分辨率中生物量和叶面积指数之间的回归拟合关系，通过集总算法获得的 LAI 数据计算获得。其余数据都采用像元集总算法（pixel aggregate）对高分辨率的数据进行重采样。

研究区域 TM 和 MODIS 数据的植被分类图如图 5.21 和图 5.22 所示。

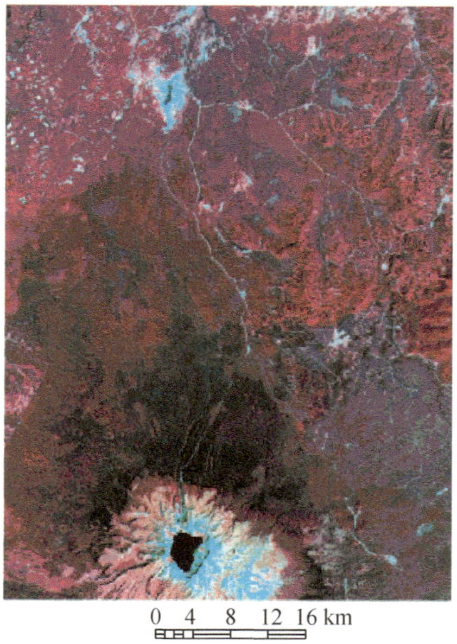

图 5.19　30m 分辨率长白山自然保护区 4、3、2 波段 TM 遥感影像假彩色合成图

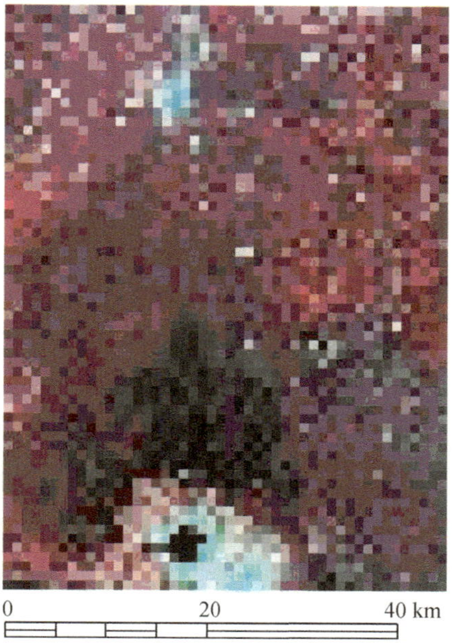

图 5.20　990m（≈1000m）分辨率长白山自然保护区 4、3、2 波段 TM 遥感影像假彩色合成图

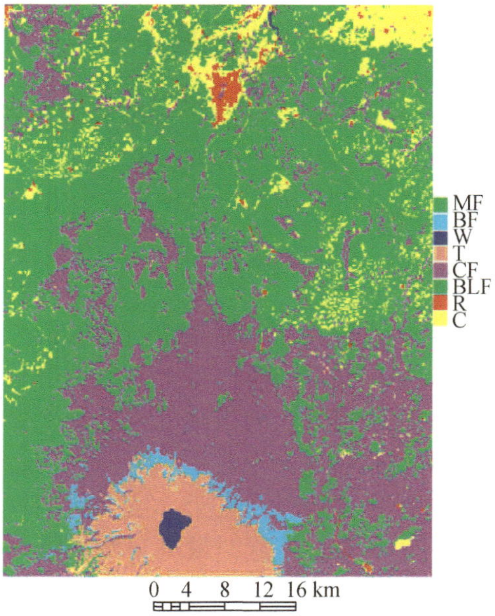

图 5.21　长白山地区 30m 分辨率植被分类图

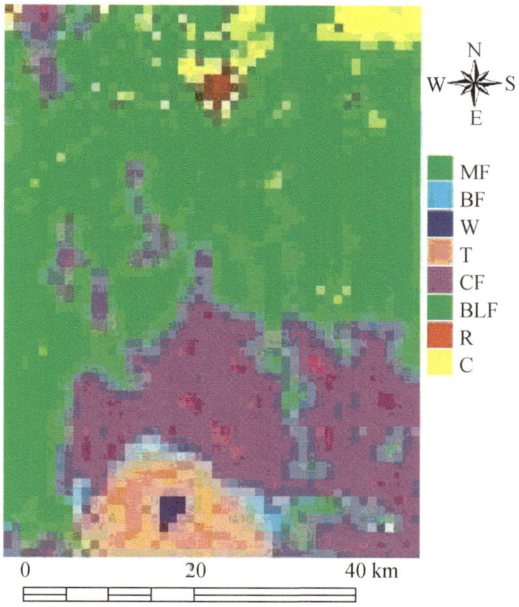

图 5.22　长白山地区 1km 分辨率植被分类图

MF：混交林（mixed forest）；BF：白桦林（birch forest）；W：水体（water）；C：农作物（crop）；R：居民地（resident）；T：苔原（tundra）；CF：针叶林（coniferous forest）；BLF：阔叶林（broadleaf forest）

2. 尺度效应校正结果

利用经过地形修正的 BEPS 模型，分别对 30m 分辨率的 TM 数据和 1km 分辨率的 MODIS 数据，计算不同分辨率下的 NPP。计算结果如图 5.23 和图 5.24 所示。

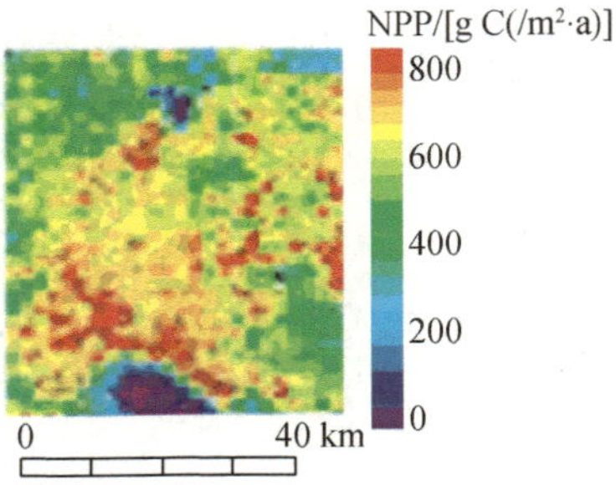

图 5.23　长白山地区分布式尺度转换的 NPP 模拟结果

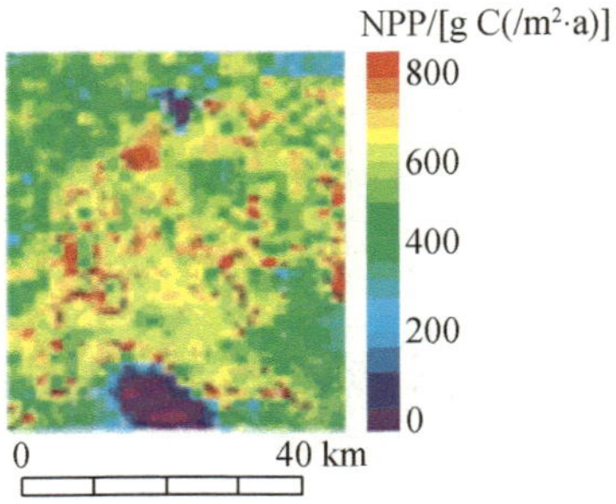

图 5.24　长白山地区聚合式尺度转换的 NPP 模拟结果

从两幅结果图可以明显看出，两种不同分辨率的遥感数据计算的 NPP 结果存在着差异，这是由于 1km 分辨率的数据与 30m 分辨率的数据在输入参数中就存在着差异，这种差异在模型的运算过程中，由于算法的非线性特点，最终的计算结果产生了差异，这就是通常所说的尺度效应。对 BEPS 模型中的输入参数进行逐一分析，可得到如下结果。

（1）叶面积指数数据

本书在研究的过程中，没有从地表反射率开始计算叶面积指数，也就无法研究由于地表反射率在不同空间尺度上的差异所造成的叶面积指数的尺度效应，因此在此忽略从地表反射率到叶面积指数计算过程中的非线性特征而引起的叶面积指数的尺度效应。假设 TM 尺度的叶面积指数数据是准确的，按照叶面积指数的定义（单位面积上所有叶子面积总和的一半）（Chen et al.，1997），将叶面积指数数据由 30m 分辨率重采样到 1km 分辨率。如果忽略地表反射率到叶面积指数过程中的尺度效应，在此部分的计算过程中，不会产生尺度效应问题。因而叶面积指数不会引起最终 NPP 模拟结果的尺度效应，在分析中可以不予考虑。

（2）植被分类数据

植被类型会影响水文过程，不同的植被类型会使得降水量、蒸散量、地表径流等存在很大的差异（Jiang et al.，2004）。由上面的叙述可知，在对植被分类数据进行重采样的过程中，采用面积占优原则，这就会使得在低分辨率上的植被分类数据不能完全涵盖高分辨率数据中的信息。同时，不同的植被类型对 NPP 贡献也是不一样的，它们之间并不存在线性或者非线性的关系。所以说植被分类数据在进行尺度转换的过程中产生了一定程度的误差，该误差会在 BEPS 的计算中进行传递，最终导致低分辨率 NPP 的计算结果与高分辨率 NPP 的计算结果之间的差异，为了消除这种由于不同分辨率数据之间的尺度转换产生的误差，必须进行尺度转换。

（3）生物量数据

模型运行需要的生物量数据是通过地面实测的 LAI 和 Biomass 建立回归关系，而后扩展到整个研究区域的。地面实测的 Biomass 的空间分辨率是 30m×30m，将其扩展到 1km×1km 的尺度时必然会存在着一定程度的差异，但是受到数据获取条件的限制，在此 Biomass 的尺度效应问题不做讨论，近似认为 30m 分辨率下的 LAI 和 Biomass 的关系同样适用于 1km 分辨率。

（4）气象数据

气象数据是通过不同气象台站的散点数据，结合研究区的 DEM 插值而获得，其插值的精度取决于 DEM 数据的分辨率。在利用 30m 和 1km 分辨率的数据进行计算时，都是使用同样分辨率的 DEM 数据，因此气象数据在进行尺度转换的过程中是否存在尺度效应问题取决于 DEM 数据在进行尺度转换的过程中是否存在尺度效应问题。研究中由于受到数据的获取条件限制，只能采用同一分辨率下的 DEM 数据，因此，无法准确地分析 DEM 数据的尺度效应问题。但是根据理论和经验的分析，可以认为在对 DEM 数据进行重采样的过程中，同样存在着尺度效应问题。在高分辨率下一个很小的山峰或者山谷，可能会由于分辨率的降低而被削平或者填充，就是人们通常所说的"削峰填谷"现象，因此需要研究 DEM 数据的尺度效应问题。

（5）土壤有效含水能力数据

土壤有效含水能力（available soil water capacity，AWC），说明排水良好的土壤对植物的给水能力，是土壤的一种固有特性，是通过土壤中粗砂、细砂、黏土和有机质的百分含量，利用经验关系得到的。因此它与遥感影像数据的空间分辨率无关，仅与土壤质地数据的空间分辨率有关。

通过上面的分析可知，NPP 的计算结果在很大程度上依赖于土地覆盖类型，由于土地覆盖类型的空间异质性，在大尺度分析中存在极大的不确定性。利用 5.1 节中讲述的基于结构的空间尺度转化方法对长白山自然保护区森林植被的 NPP 进行空间尺度转换研究，图 5.25 和图 5.26 分别是尺度效应校正前后得到的 NPP 模拟结果。其中，NPP_d 表示该 NPP 是由 30m 分辨率的输入数据计算得到的 NPP 模拟结果，经过降尺度转换得到 1km 分辨率的 NPP 模拟结果（分布式 NPP）。NPP_l 表示该 NPP 是由 1km 分辨率的输入数据计算得到的 NPP 模拟结果（集总式 NPP）。$NPP_{l\text{-corrected}}$表示经过尺度效应校正后的 NPP 模拟结果。

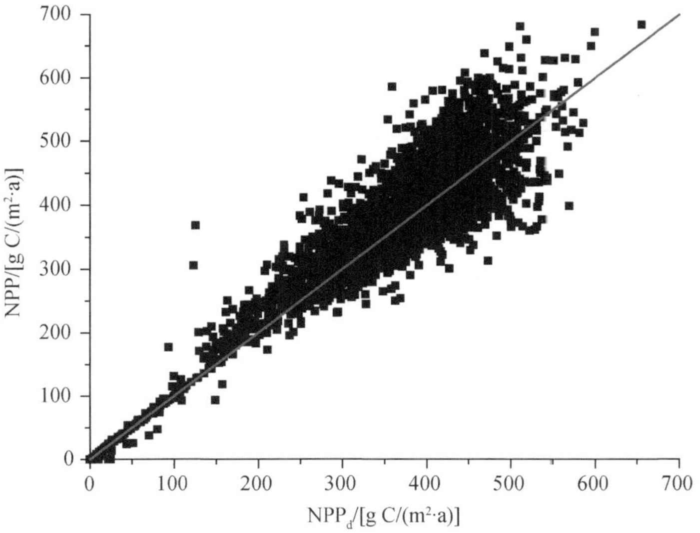

图 5.25　长白山地区尺度效应校正前 NPP 模拟结果的比较

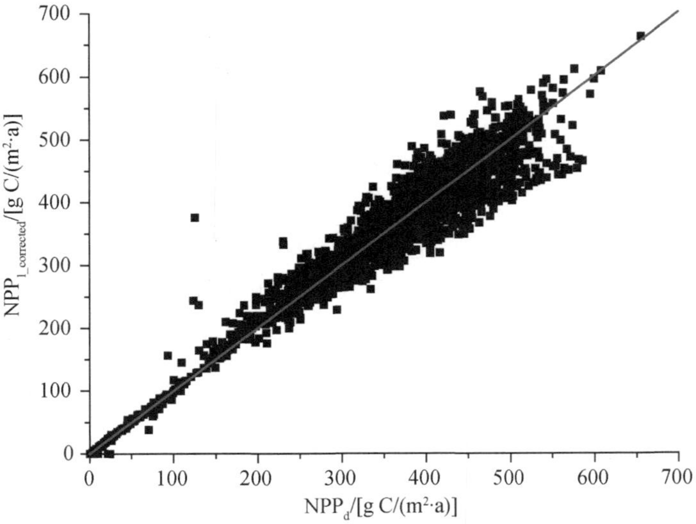

图 5.26　长白山地区尺度效应校正后 NPP 模拟结果的比较

从上面的图示可以看出，经过尺度效应校正后的 NPP 模拟结果，要比没有经过尺度效应校正的结果偏离 $y=x$ 的程度小，这说明利用该方法可以对由于地表覆盖类型引起的尺度效应问题进行尺度效应纠正。

3. 与 MODIS 产品（NPP）的比较

（1）MODIS 的 NPP 产品的算法流程

中分辨率成像光谱辐射计（moderate resolution imaging spectroradiometer，MODIS）是搭载于美国 EOS（Earth Observing System）系列卫星之上的一个重要的遥感传感器。它能够提供 8 天合成的全球总第一性生产力、净光合速率以及全年的净第一性生产力等产品（分辨率为 1km）。MODIS 的 NPP 产品是利用 BIOME-BGC 模型反演得到的（Faith et al.，2003），其计算年净第一性生产力的流程如图 5.27 所示。

MODIS 计算 NPP 产品的核心算法就是确定光合有效辐射的转换系数 ε 来推算每天的总第一性生产力 GPP，然后利用 MOD15 产品光合有效辐射吸收系数（the fraction of photosynthesis active radiation，FPAR）、PAR 和其他气象数据（来自于 DAO，Data Assimulate Office），再从 GPP 中扣除植被的维持呼吸和生长呼吸，就得到每年的 NPP。图 5.27 的算法流程图可以用下面 4 个部分来解释（Faith et al.，2003；Steven et al.，1999）。

（a）计算每天的总第一性生产力 GPP

利用光合有效辐射的转换系数和吸收的光合有效辐射的乘积来计算 GPP（kgC/d）。

$$GPP = \varepsilon \times APAR \tag{5.55}$$

式中：ε 为光合有效辐射的转换系数，与植被类型有关；APAR（absorbed photosynthesis active radiation）为吸收的光合有效辐射，与研究点的地理位置和季节有关。

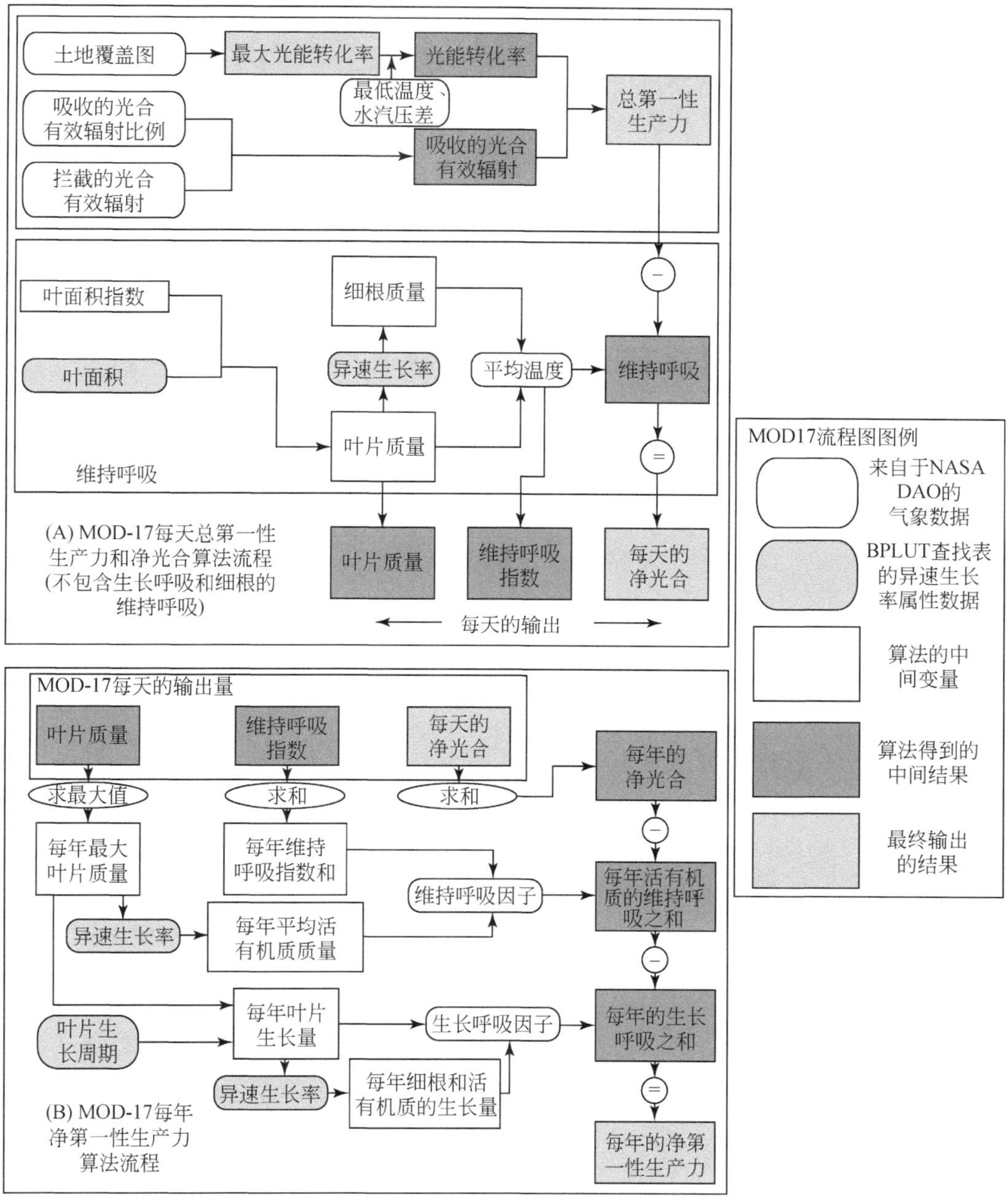

图 5.27 MOD17 的算法流程图

资料来源：MOD17A2/A3 User's Guide

ε 的取值随着植被类型的不同会有很大的差异，主要是由于：①对任意植被，其光合作用很快就用于维持自身的呼吸。对于木本的森林植被，ε 的取值范围大概是 0.2 ~ 1.5gC/MJ，而对于一年生的农作物，ε 大概为 2 gC/MJ。②不同的气候条件导致同一种植被类型的 ε 也会有很大差异。常绿植被，例如，针叶林在非生长期也吸收光合有效辐射，然而温度降到 0℃以下时，由于植物叶片气孔的关闭，光合作用停止。而且，高水汽压差（大于2000Pa）也会使得许多植被的气孔关闭。

为了定量地描述由于生理、生化因素和气候因素导致 ε 的取值范围变化的现象，MODIS 利用一个复杂的生态系统模型——BIOME-BGC 来计算从光合有效辐射到 NPP 的转换系数，最终模拟全球的 NPP。借助查找表，将每一种生态群系类型中代表性植被的叶面积和呼吸系数放在生化参数查找表（Biome Parameter Look-up Table，BPLUT，见附表1）中，该查找表还存储了生态群系的碳储量和生命周期。

利用查找表技术，ε 可以用下面的公式来计算：

$$\varepsilon = \varepsilon_{max} \times \text{TMIN\_ scalar} \times \text{VPD\_ scalar} \tag{5.56}$$

式中：ε_{max} 为光合有效辐射的最大转换系数，可从 BPLUT 中获得；TMIN_ scalar 和 VPD_ scalar分别为每天的最低温度和平均水汽压差标量，数据来源于 DAO 数据集。

吸收的光合有效辐射 APAR 计算式为

$$\text{APAR} = \text{IPAR} \times \text{FPAR} \tag{5.57}$$

式中：IPAR（PAR incident on the vegetation surface）为入射到植被表面的光合有效辐射，可以通过入射的短波辐射 SWRad（shortwave radiation，数据来源于 DAO 数据集）来估算：

$$\text{IPAR} = \text{SWRad} \times 0.45 \tag{5.58}$$

（b）计算每天的维持呼吸和净光合速率

维持呼吸是指活的有机体维持其正常的生化和生理状态所需的能量，其与植物体干物质量成正比，且与温度有关（倪纪恒等，2005）。

净光合速率（PSNnet）是从 GPP 中减去植被的维持呼吸（Maintenance respiration，MR）。

$$\text{PSNnet} = \text{GPP} - \text{Leaf\_ MR} - \text{Froot\_ MR} \tag{5.59}$$

式中：Leaf_ MR（Leaf maintenance respiration，kgC/d）为叶片的维持呼吸，Froot_ MR（the maintenance respiration of the fine root mass，kgC/d）为细根的维持呼吸。它们的计算公式分别为

$$\text{Leaf\_ MR} = \text{Leaf\_ Mass} \times \text{leaf\_ mr\_ base} \times \text{Q10\_ mr}^{[(\text{Tavg}-20.0)/10.0]} \tag{5.60}$$

$$\text{Froot\_ MR} = \text{Fine\_ Root\_ Mass} \times \text{froot\_ mr\_ base} \times \text{Q10\_ mr}^{[(\text{Tavg}-20.0)/10.0]} \tag{5.61}$$

式中：Leaf_ Mass（kg）和 Fine_ Root_ Mass（kg）分别为叶片质量和细根质量，计算公式见式（5.62）和式（5.63）；leaf_ mr_ base［kgC/(kgC · d)］和 froot_ mr_ base［kgC/(kgC · d)］分别为叶片的维持呼吸系数和20℃时单位细根的维持呼吸系数，它们的值可以从 BPLUT 中查到；Tavg 为从 DAO 气象数据集中获得的每天的平均温度（℃）。

$$\text{Leaf\_ Mass} = \text{LAI/SLA} \tag{5.62}$$

$$\text{Fine\_ Root\_ Mass} = \text{Leaf\_ mass} \times \text{froot\_ leaf\_ ratio} \tag{5.63}$$

式中：LAI 为叶面积指数；SLA（specific leaf area，cm^2/kgC）为叶面积；froot_ leaf_ ratio 为细根到叶物质的转换系数（无量纲）。

(c) 计算每年的维持呼吸

为了获得植被每年的维持呼吸，MODIS 在计算 NPP 时有两个假设：①活的、有机质的生物量在全年保持一个常数；②活的、有机质的生物量与每年植被叶片的最大生物量有关。一旦植被活有机质的质量确定了，就可以利用其来估算植被每年的维持呼吸，其计算公式是

$$\text{Livewood\_ MR} = \text{Livewood\_ Mass} \times \text{livewood\_ mr\_ base} \times \text{annsum\_ mrindex} \quad (5.64)$$

式中：Livewood_ MR（the maintenance of livewood，kgC/d）为活有机质的维持呼吸；Livewood_ Mass（the mass of livewood，kgC）为活有机质的质量，其计算公式见式（5.65）；livewood_ mr_ base [kgC/(kgC · d)] 为每天单位活的有机质碳量的维持呼吸，该数据可从 BPLUT 中获得；annsum_ mrindex 为每年维持呼吸项（$Q10\_mr^{[(Tavg-20.0)/10.0]}$）的总和。

$$\text{Livewood\_ Mass} = \text{ann\_ leaf\_ mass\_ max} \times \text{livewood\_ leaf\_ ratio} \quad (5.65)$$

式中：ann_ leaf_ mass_ max（kgC）为任意像元中全年最大的叶片质量，可利用每天的叶片质量计算公式［式（5.62）］来计算获得；livewood_ leaf_ ratio（无量纲）为活的有机质质量和叶片质量的比值，可从 BPLUT 中查找获得。

(d) 计算每年的生长呼吸，得到年总 NPP

生长呼吸是指植物在有机质合成、植物体增长以及新陈代谢活动中消耗的能量，也就是光合产物由 CO_2 转化为 CH_2O 过程中所消耗的光合产物（倪纪恒等，2005）。它由四个部分组成，分别是叶片的生长呼吸（Leaf_ GR，kgC/d）、根的生长呼吸（Froot_ GR，kgC/d）、活的有机质的生长呼吸（Livewood_ GR，kgC/d）和枯枝、朽木的生长呼吸（Deadwood_ GR，kgC/d），它们的计算公式分别为

$$\text{Leaf\_ GR} = \text{ann\_ leaf\_ mass\_ max} \times \text{ann\_ turnover\_ proportion} \times \text{leaf\_ gr\_ base} \quad (5.66)$$

$$\text{Froot\_ GR} = \text{Leaf\_ GR} \times \text{froot\_ leaf\_ gr\_ ratio} \quad (5.67)$$

$$\text{Livewood\_ GR} = \text{Leaf\_ GR} \times \text{livewood\_ leaf\_ gr\_ ratio} \quad (5.68)$$

$$\text{Deadwood\_ GR} = \text{Leaf\_ GR} \times \text{deadwood\_ leaf\_ gr\_ ratio} \quad (5.69)$$

式中：ann_ turnover_ proportion 是每年叶子的更新比例（无量纲）；leaf_ gr_ base [kgC/(kgC · d)] 为叶片的基本生长呼吸；froot_ leaf_ gr_ ratio 为细根和叶片生长呼吸的比值（无量纲）；livewood_ leaf_ gr_ ratio 为活的有机质和叶片生长呼吸的比值（无量纲）；deadwood_ leaf_ gr_ ratio 为枯枝、朽木和叶片生长呼吸的比值（无量纲）。上述参数均可以在 BPLUT 中查到。

根据年总净光合速率和植物的维持呼吸、生长呼吸，可以计算植物的年总净第一性生产力：

$$\text{NPP} = \text{annsum\_ dailyPSNnet} - \text{Livewood\_ MR} - \text{Leaf\_ GR} - \text{Froot\_ GR} - \text{Livewood\_ GR} - \text{Deadwood\_ GR} \quad (5.70)$$

(2) MODIS NPP 算法的特点

MODIS 的 NPP 产品在计算的过程中，利用了 MODIS 本身获得的其他产品，其关系如图 5.28 所示。

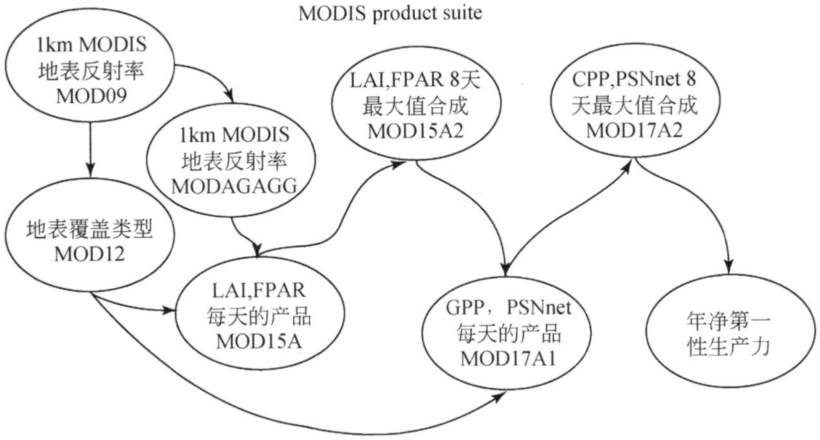

图 5.28　MODIS 地表产品的关系图

资料来源：MOD17A2/A3 Usesr's Guide

MODIS 的净第一性生产力产品在计算过程中使用了 MODIS 自身的土地覆盖分类（MOD12）和叶面积指数、光合有效辐射吸收系数（MOD15）等数据，由于自然地表的异质性，MODIS 自身的土地覆盖分类数据的精度仅为 65%～80%，这也限制了利用该数据计算得到的 NPP 产品的精度。同时，利用 MODIS 产品进行 NPP 计算的过程中，还做了如下三点假设，使得产品的反演精度又有所降低。

1）模型中用到的生化参数（BPLUT）被认为是常数，其数值不随时间和空间的变化而变化。只要其地表覆盖类型相同，无论其生长的气候条件如何，都使用相同的参数。例如，在蒙古国半干旱区的沙漠草地和美国中西部的高草草原，它们的生化参数都使用相同的数值，在加拿大北部的常绿针叶林与温带的常绿针叶林的生化参数也相同。

2）假设 LAI 和 FPAR 在 8 天内保持不变。因为在 NPP 的计算过程中用到的 LAI 和 FPAR 数据来源于 MOD15 算法得到的 8 天合成的结果，这个结果是 8 天内的最大值。这就意味着即使植被的生产力是每天计算的，MOD17 算法必须假设在这 8 天内 LAI 和 FPAR 是不变的。然而 LAI 和 FPAR 是动态变化的，尤其是在热带地区要考虑到云等因素的影响。

3）算法中用到的气象数据是来自 DAO 的 1°×1°的产品，因此模型假设地表在这个分辨率内气象参数是一致的。虽然 NTSG（Numerical Terradynamic Simulation Group）利用美国的地表观测数据验证了 DAO 数据的合理性，但是在全球尺度的可靠性还有待于做进一步的验证。

MODIS 的 NPP 产品在计算过程中的上述特点限制了其产品的应用精度，因而在具体地应用中应该对其精度进行进一步的验证。

（3）BEPS 模拟结果与 MOD17A3 产品的比较

将长白山地区利用 BEPS 模型模拟的结果（分布式、集总式和尺度效应纠正后的结果）与 MODIS 的 NPP 产品进行比较，其结果直方图如图 5.29 所示。

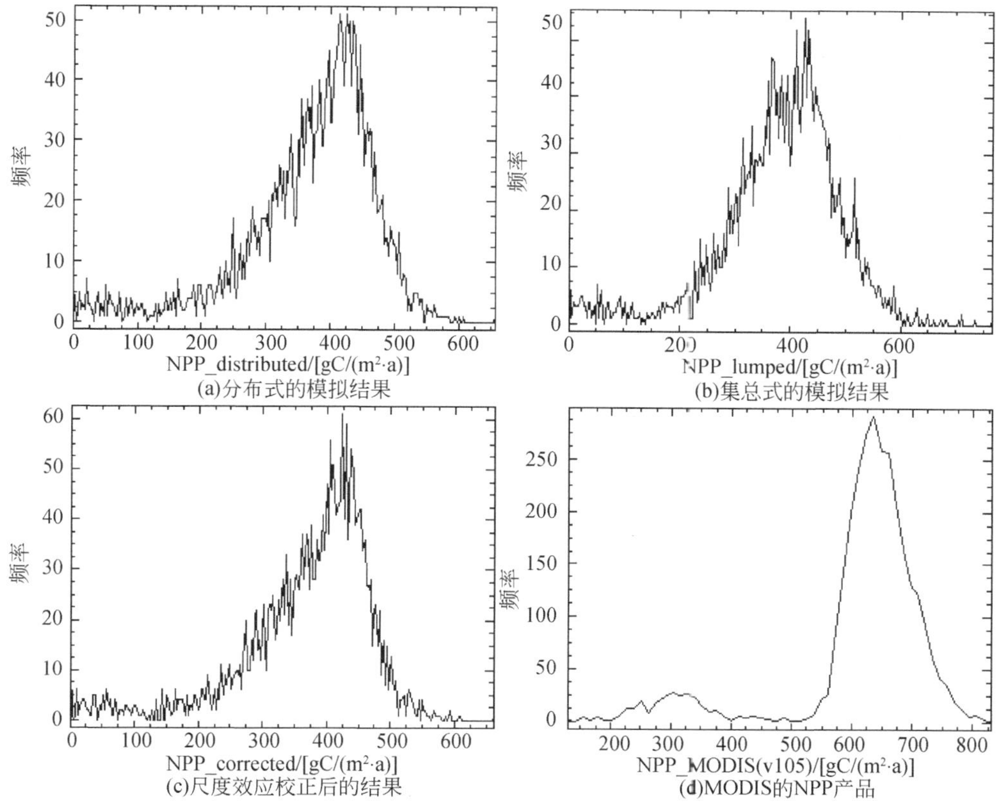

图 5.29　BEPS 模拟结果与 MODIS 的 NPP 产品的对比

从图 5.29 可以看出，在长白山地区，MODIS 的 NPP 产品普遍在 600gC/(m^2·a) 以上，较 BEPS 模拟的结果明显偏大，从 MODIS 的 NPP 产品的计算过程来看，其误差主要来源于以下三个方面。

1）地表覆盖类型的空间异质性导致 MODIS 在计算 NPP 的过程中存在很多的不确定因素，在某些研究区会使得 NPP 产品结果偏大，在某些地区会使得 NPP 产品结果偏小。

2）MOD15 的 FPAR 是 8 天中最大值合成的产品，由于在 8 天内可能会存在阴天或多云等情况，该数值比实际情况偏大，导致 GPP 的结果偏大，从而增大了 NPP。

3）目前，众多专家学者都在质疑的 MOD15 的 LAI 产品偏小，这直接导致植被的维持呼吸和生长呼吸偏小，也会使 NPP 增大。

5.5　作物产量遥感估算

5.5.1　引言

随着人口的增加、气候的波动和可利用土地资源的减少，粮食安全问题一直备受关注。及时、准确地了解一个国家或一个地区的粮食产量和年际变化，对于在国际粮食市场中占有主动权和管理者采取有效管理措施至关重要。目前，作物估产的方法有抽样调查、气象模型、遥感估产、作物生长模型等多种（张佳华等，2000a，2000b，2000c；张佳华，2001）。其中抽样调查与气象模型估产方法相对成熟、稳定，业务应用多年，但由于是统计模型，估产结果仍有相当的不确定性。

由于农作物的叶面积指数是决定作物光合作用速率的重要因子，叶面积指数越高，单位面积的作物穗数就越多或作物截获的光合有效辐射就越大，因此，很多学者利用各种植被指数，如SR、NDVI、TCI、VCI等，与作物的叶面积指数和生物量的正相关关系，建立植被指数与作物产量的线性或非线性估算模型，从而实现对农作物产量的估算和预报。然而，这种建立在植被指数与作物生物量关系基础上的统计模型，当研究区改变时，模型的形式也会随之改变。因此，当研究的对象或研究区域有所变化时，模型的适用性就要重新被检验。随着人们对农作物产量遥感估算认识的不断深入，众多学者又采用作物的净第一性生产力来估算农作物的产量。在对净第一性生产力进行模拟时，大多采用光能利用率模型，然而，这类方法仍然不能跳出统计模型的框架，没有从机理上解释植被生产力的变化机制。因此，近年来一些学者试图从机理上研究农作物的生产力。利用荷兰瓦赫宁根大学开发的WOFOST模型对华北平原冬小麦和浙江水稻的生长过程进行适用性研究，并对模拟结果进行了验证，认为经过区域化后的WOFOST模型能够很好地模拟作物的生长过程。但是该模型在对农作物的光合作用过程进行模拟时，没有考虑到植物叶片酶的活性，使得对叶片光合作用的机理性解释明显欠缺，而且模型的侧重点在于对作物生长过程的模拟，对作物产量的估算没有做更加详尽地讨论。于强等（1998）将作物冠层按叶面积指数划分为若干层次，研究冠层的光合作用，并用玉米冠层的实测资料对模型进行验证，结果表明，该模型对冠层光合作用的理论研究、作物生长的数学模拟等有一定的意义，但是该方法仅是停留在理论模拟阶段，还没有将其付诸于大范围的应用，并且该方法也没有进一步发展，未能最终得到作物的产量。随着人们对作物产量形成机理探讨的深入，将农作物光合和呼吸作用的过程模型和卫星遥感相结合，通过计算农作物的净第一性生产力，实现大范围农作物产量估算和预报，已成为遥感应用重要方向。

5.5.2 数据和方法

1. 研究区简介

华北平原是中国第二大平原。它位于黄河下游，西起太行山脉和豫西山地，东到黄海、渤海和山东丘陵，北起燕山山脉，西南到桐柏山和大别山，东南至苏、皖北部，与长江中下游平原相连，延展在北京市、天津市、河北省、山东省、河南省、安徽省和江苏省等地。面积约30万km^2。主要由黄河、淮河、海河、滦河冲积而成，故又称黄淮海平原。该地区地势低平，大部分海拔在50m以下，东部沿海平原海拔低至10m以下。气候上属暖温带大陆性气候，四季变化明显。南部淮河流域处于向亚热带过渡地区，其气温和降水量都比北部高。平原年均温 8 ~ 15℃，冬季寒冷干燥，最冷月（1 月）均温 0 ~ -6℃，夏季高温多雨，最热月（7 月）均温 28℃，年均降水量为 600 ~ 800mm，无霜期 6 ~ 8 个月，日照充分，大部分全年平均日照时数 2300 ~ 2800 小时，农作物大多为两年三熟，南部一年两熟。主要粮食作物有小麦、水稻、玉米、高粱、谷子和甘薯等，经济作物主要有棉花、花生、芝麻、大豆和烟草等。

由于研究对象是冬小麦，主要集中在该研究区的北部，因此，安徽和江苏两省不包括在本研究范围内，研究区示意图如图 5. 30 所示。

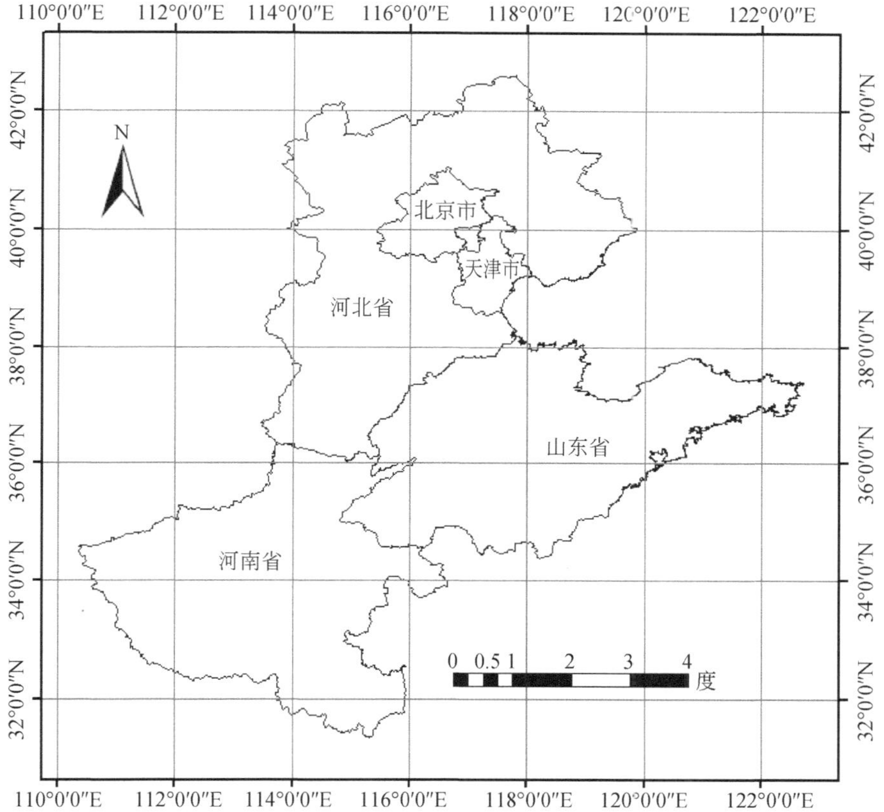

图 5. 30　研究区示意图

2. 遥感光合农作物估产机理模型原理

光合作用是作物生长的根本驱动力，是物质积累和产量形成的基础，其主要因素是光的分布和截获、单叶和冠层的光合作用。对于作物来说，能够被作物叶片吸收用来光合作用的光合有效辐射（PAR）仅占太阳总辐射的 50% 左右。到达作物冠层上方的入射 PAR，一部分被作物吸收，另一部分被作物反射，也有一部分透过作物到达地表，被地表反射或吸收，还有一部分 PAR 直接到达作物冠层内部，到达冠层内部和被地表反射的部分 PAR，在作物冠层内又形成多次反射、散射和吸收，只有被作物吸收的 PAR 才对作物干物质积累有贡献。

遥感光合农作物产量估算模型 RSPCYM（remote sensing-photosynthesis-crop-yield water-stress model）以光合作用为基础，首先，根据农作物冠层自身的特点，假设其水平均一、垂直分层，将农作物冠层分层，得到简化的多层－两片大叶模型；然后，模拟每一层的瞬时光合作用，而后叠加，得到冠层总光合作用速率，再从总光合作用速率中去除自养呼吸，得到农作物某个发育阶段的生物量；最后，根据农作物在收获阶段的生物量和上一年度的收获指数，计算得到农作物的产量。技术路线如图 5.31 所示。

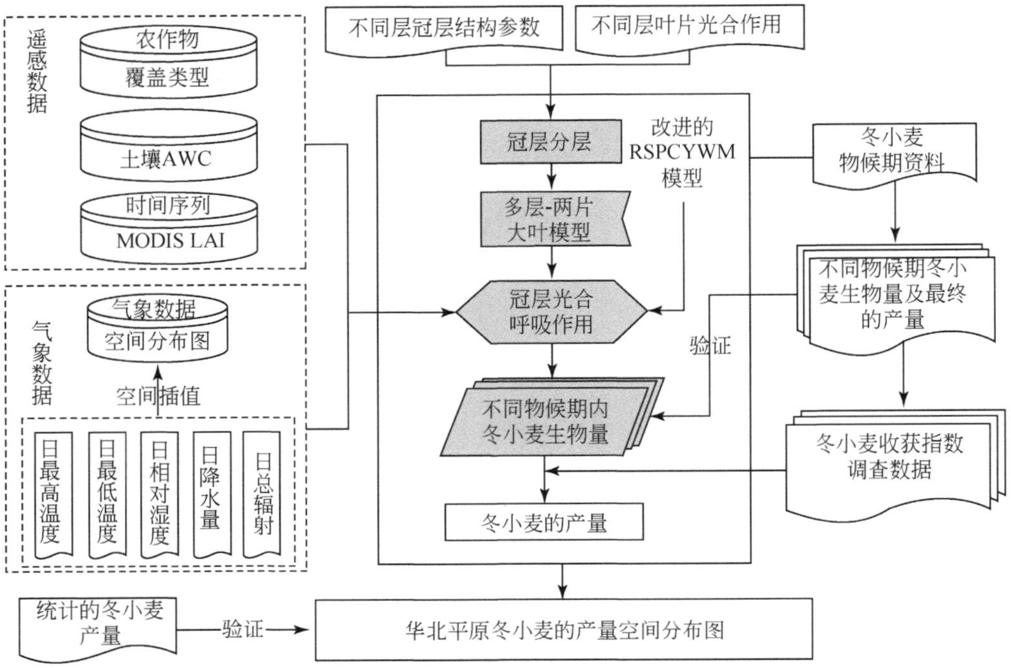

图 5.31　遥感光合农作物产量估算模型技术路线图

农作物光合作用能力的大小除了与自身的结构特点有关外，还取决于农作物接收到的辐射能量的多少以及叶片的气孔导度对自身活动强度的调节能力。因此，模型分为冠层接收的辐射能量、冠层的光合作用能力、气孔导度和生物量到作物产量的转换四个部分，描述农作物生物量的模拟和最终产量的推算过程。

（1）冬小麦冠层接收的辐射能量

根据冬小麦自身的冠层结构特点，在计算冬小麦的光合作用时，可以假设冬小麦冠层具有水平均一、垂直分层的结构特点，由此将冠层垂直地分为若干层，分别计算每一层冠层的光合作用，而后叠加。按照这样的假设，冬小麦冠层的顶层就是受光层，它既可以接收到太阳的直射辐射，又可以接收到散射辐射，而下面的若干层，则只能接收到来自冠层和地表的多次散射和反射辐射。

假定散射光在冠层内传输的过程中，冠层内各层是平行且均质的传输媒介，冠层顶部是辐射的边界，则冠层内部的散射辐射（S_{in}）在太阳天顶角余弦方向（μ）上的辐射传输满足方程：

$$-\mu\frac{\mathrm{d}S_{\mathrm{in}}}{\mathrm{d}L}=-S_{\mathrm{in}}+\frac{\omega}{2}\int_{-1}^{1}S_{\mathrm{in}}(\mu')\mathrm{d}\mu'+\frac{\omega S_0}{2}\times\exp\left(\frac{LG_0}{\mu_0}\right)\tag{5.71}$$

方程的边界条件为

$$S_{\mathrm{in}}(0,\mu)=S_{\mathrm{dif}}\tag{5.72}$$

式中：G_0为单位叶片沿直射辐射方向的投影（无量纲）；ω为叶片的单次散射率（无量纲）；L 为叶面积指数深度（m）；S_0 为垂直入射方向上接收到的直射辐射［μmol/（m^2·s）］；μ 为散射辐射（S_{in}）方向天顶角的余弦；μ_0为入射直射辐射太阳天顶角的余弦。

L 处的水平面上接收的散射辐射通过 $S_{\mathrm{in}}(L,\mu)$，在 μ 方向上积分，即得

$$S_{\mathrm{shade}}(L)=2\int_{0}^{1}S_{\mathrm{in}}(L,\mu)\mu\mathrm{d}\mu\tag{5.73}$$

式中：$S_{\mathrm{shade}}(L)$ 为 L 处遮光叶片接收的散射辐射。

冠层顶层的受光叶接收的光合有效辐射为直接辐射和散射辐射之和。

$$S_{\mathrm{sun}}(0)=S_{\mathrm{shade}}(0)+S_0\mu_0\tag{5.74}$$

（2）冬小麦的光合作用能力

在众多光合作用 CO_2 同化模型中，Farquhar 提出的机理模型最被推崇，它通过两种不同限制条件来描述 C3 植物的瞬时光合作用（Farquhar et al.，1980）。

$$W_{\mathrm{c}}=V_{\mathrm{m}}\frac{C_{\mathrm{i}}-\Gamma}{C_{\mathrm{i}}+K}\tag{5.75}$$

$$W_{\mathrm{j}}=J\frac{C_{\mathrm{i}}-\Gamma}{4.5C_{\mathrm{i}}+10.5\Gamma}\tag{5.76}$$

$$\Gamma=1.92\times10^{-4}\times O_2\times1.75^{\frac{T-25}{10}}\tag{5.77}$$

$$K=K_{\mathrm{c}}\times\frac{(1+O_2)}{K_0}\tag{5.78}$$

式中：W_{c} 和 W_{j} 分别为由 Rubisco 活性限制的光合作用速率和由 RuBP 再生速率限制的光合作用速率［μmol/（m^2·s）］；V_{m} 为最大羧化作用率［μmol/（m^2·s）］；J 为电子传导率［μmol/（m^2·s）］；C_{i} 为细胞间 CO_2 浓度；Γ 为去除暗呼吸的 CO_2 补偿点；K 为酶促反应速度常数；T 为空气温度；K_{c} 为 Rubisco 羧基化的酶促反应速度 Michaelis-Menten 常数（Pa）；K_0 为 Rubisco 氧化的酶促反应速度 Michaelis-Menten 常数（Pa）。

$$K_{\mathrm{c}}=30\times2.1^{(T-25)/10}\tag{5.79}$$

$$K_0=30\,000\times1.2^{(T-25)/10}\tag{5.80}$$

V_{m} 为温度的函数（Collatz et al.，1991）或者是温度与叶的氮含量的函数（Bonan，1995）。

$$\mathrm{V}_{\mathrm{m}}=\mathrm{V}_{\mathrm{m},25}\times2.4^{(T-25)/10}\times f(T)\times f(N)\tag{5.81}$$

式中：$V_{\mathrm{m},25}$为25℃的 V_{m} 值；$f(T)$ 和 $f(N)$ 分别为温度和氮的函数。

$$f(T)=\left[1+\exp\left(\frac{-220\,000+710\times(T+273)}{R_{\mathrm{gas}}\times(T+273)}\right)\right]^{-1}\tag{5.82}$$

$$f(N)=\frac{N}{N_m} \tag{5.83}$$

式中：N 为叶的氮含量；N_m 为最大氮含量。

$$J=J_{max}\frac{PPFD}{PPFD+2.1\times J_{max}} \tag{5.84}$$

$$J_{max}=29.1+1.64\times V_m \tag{5.85}$$

$$A=\min\{W_c, W_j\}-R_d \tag{5.86}$$

$$R_d=0.015V_m \tag{5.87}$$

式中：J 由叶子吸收的光量子通量密度（PPFD）决定；J_{max} 为电子传递的最大光饱和速率；A 为去除叶的暗呼吸后的 CO_2 同化速率。

（3）冬小麦的气孔导度

植被对环境的反应是通过气孔导度决定的，环境因素通常包括光合作用光子通量密度（PPFD）、温度（T）、水汽压亏损（VPD）等，公式为

$$g_s=\max\{g_{max}\times f(PPFD)\times f(T)\times f(VPD), g_{min}\} \tag{5.88}$$

$$f(PPFD)=PPFD\times PPFD_{coef}/(1+PPFD\times PPFD_{coef}) \tag{5.89}$$

$$f(T)=\begin{cases}\ln(T)/\ln(T_{opt}) & T<T_{opt}\\ \cos\left[\frac{\pi}{2}(T-T_{opt})/(T_{range}-T_{opt})\right] & T>T_{opt}\\ 0 & T<1\end{cases} \tag{5.90}$$

$$f(VPD)=\begin{cases}1 & VPD<VPD_{open}\\ (VPD_{close}-VPD)/(VPD_{close}-VPD_{open}) & VPD_{open}<VPD<VPD_{close}\\ 0 & VPD>VPD_{close}\end{cases} \tag{5.91}$$

式中：$g_{s,max}$ 为最大叶气孔导度（m/s）；$g_{s,min}$ 为最小叶气孔导度（m/s）；$f(PPFD)$ 为正午时光量子通量密度对叶气孔导度的影响，PPFD 为正午时的光量子通量密度，$PPFD_{coef}$为 g_s与 PPFD 之间的关系系数；$f(T)$ 为平均温度对叶气孔导度的影响；T_{min} 为气孔开放的最低温度；T_{opt} 为气孔开放的最适温度；T_{range} 为气孔开放的最高温度；$f(VPD)$ 为水汽压差对叶气孔导度的影响；VPD 为水汽压差；VPD_{open}为气孔开放时的水汽压差；VPD_{close}为气孔闭合时的水汽压差；$f(LWP)$ 为叶水势对气孔导度的影响；LWP 为叶水势；LWP_{close}为气孔关闭时的 LWP；LWP_{open}为气孔开放时的 LWP。

（4）生物量到作物产量的转换

利用 RSPCYWM 模型模拟得到的冬小麦收获阶段的生物量既包括冬小麦的经济产量，又包括非经济产量（叶、根、茎等）。对农作物而言，每一年的生物量与其经济产量是成正比的，若已知前一年的单位面积产量（P）和单位面积生物量值，就可以计算出农作物的收获指数（harvest index，HI）：

$$HI=P/Biomass \tag{5.92}$$

假定相邻两年冬小麦的耕作制度不变，就可以由当年的净第一性生产力和去年的收获指数（HI），计算出当年的冬小麦产量：

$$P_t = \mathrm{HI}_{t-1} \times \mathrm{Biomass}_t \tag{5.93}$$

式中：t 为当年，则 $t-1$ 表示前一年。

3. 数据源

（1）遥感数据

RSPCYWM 模型需要的遥感数据主要有土地覆盖类型、时间序列的叶面积指数和土壤可利用水分含量（available water capacity，AWC）数据。

土地覆盖类型利用 MOD12Q1 的 IGBP 地表覆盖分类产品，空间分辨率是 1km。叶面积指数数据采用 MODIS 8 天合成的 MOD15A2 产品，数据的空间分辨率是 1km，时间范围从 2005 年 10 月到 2006 年 6 月。下载的 MOD15A2 产品经过投影转换和镶嵌后，得到研究区 8 天间隔的时间序列 LAI 数据。将土壤质地地图数字化，根据土壤质地代码和水分常数的对应关系，得到土壤 AWC 数据。

（2）气象数据

气象数据（逐日最高温度、逐日最低温度、逐日相对湿度和逐日降水量）主要来自国家气象局信息中心。将下载的研究区气象站点的各气象要素利用 Kriging 空间插值方法得到研究区气象要素的空间分布图。

对于逐日总辐射数据，由于辐射站点数据较少，其空间插值的精度较低，因此根据前人的研究成果，利用每日的最高温度、最低温度、降水量、研究区的纬度、海拔以及每日的平均温度，逐像元地推算研究区的总辐射。

5.5.3 结果与讨论

1. 估产结果

利用 RSPCYWM 模型对华北平原 2006 年冬小麦产量进行了模拟，模拟结果如图 5.32（见书后彩图）所示。图中白色部分表示非冬小麦种植区。从图中可以看出，华北平原冬小麦的产量呈现出南高北低的空间分布格局。北部地区，主要是北京、天津两个直辖市以及河北北部的部分山区，冬小麦的种植面积较小，大多是农户零星种植，种植面积不成规模，因此在利用 MODIS 1km 分辨率的产品进行产量估算时，空间异质性现象严重，使得该区域的产量也相对较低；在河北的南部和山东的大部分地区，冬小麦的产量分布相对比较均匀，大多集中在 5000～8000kg/hm^2；在河南省，由于其纬度相对较低，空气温度较高、农作物接收到的太阳辐射也较多，该区域的冬小麦产量高于华北平原其他地区。

对 RSPCYWM 模型模拟得到的华北平原 2006 年冬小麦产量，利用国家级农业气象站点 2006 年的产量实测资料进行验证。验证过程中，去除研究区中 2006 年冬小麦产量资料的缺测数据，共整理得到河北、河南、天津和山东四省（直辖市）的 17 个农气站点资料，其空间分布图如图 5.33 所示。模拟结果和实测数据的验证结果如图 5.34 所示，从图中可以看出，除山东省的曹县（115.33°E，34.49°N）模拟结果比实测结果偏高外，其他站点的模拟结果均与农气站点的实测结果相接近，总体的复相关系数达到 0.8171。

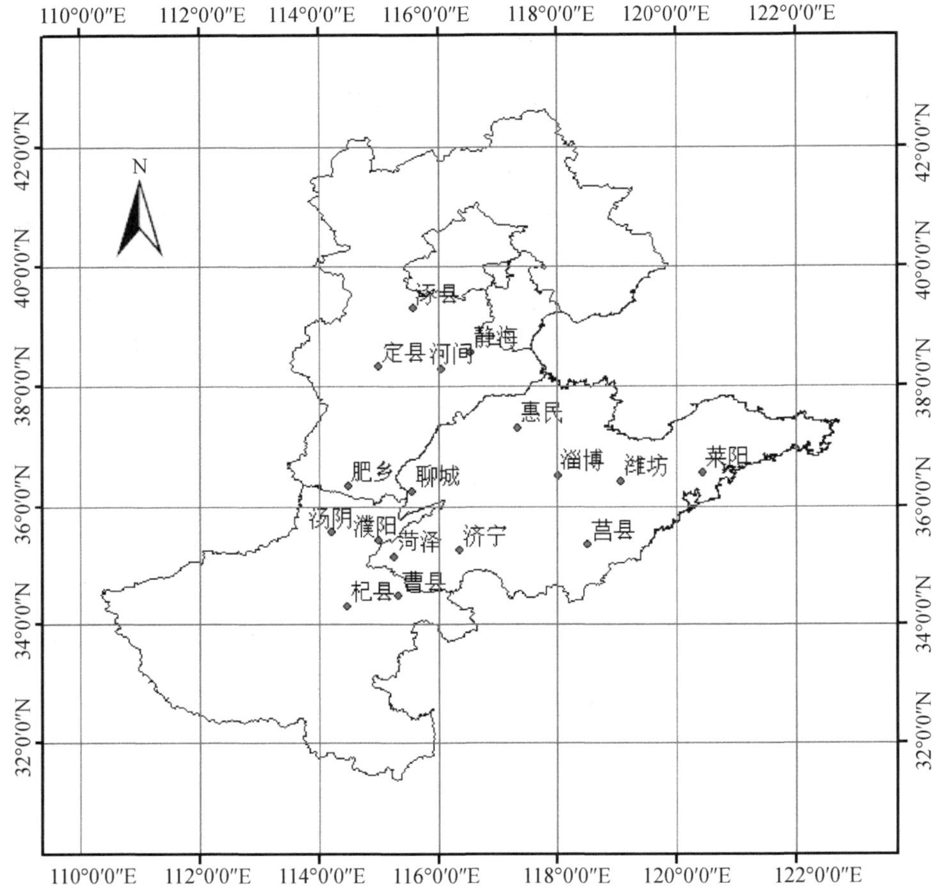

图 5.33　用于冬小麦产量验证的国家级农业气象站点的空间分布图

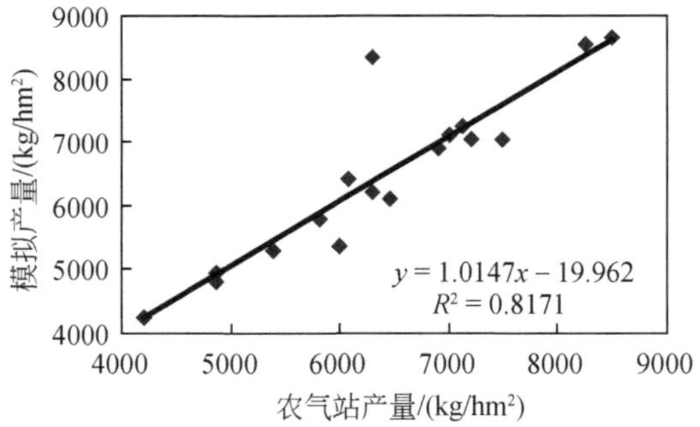

图 5.34　华北平原 2006 年冬小麦实际产量与模拟结果的对比

2. 讨论

1）收获指数。本节在计算时采用的收获指数是中国气象科学研究院固城生态环境实验站 2007 年测量得到的，在整个研究区内，冬小麦的种植品种、田间管理措施等都会对收获指数产生影响。

2）多层－两片大叶模型。在计算冬小麦冠层接收到的辐射时，本书假设冬小麦冠层具有水平均一、垂直分层的结构特点，并进而将冬小麦冠层假设为一个多层－两片大叶的复合体，即将冠层分为若干层后，顶层叶片被认为是一个大而薄的受光叶片，它将下面若干层冠层遮挡起来，阻止其接收太阳直射辐射，因此下面的若干层叶片仅能接收到散射和反射辐射。但是这种假设对冬小麦冠层来说存在着一定的局限性，因为冬小麦冠层的下层也可以接收太阳直射辐射，这样的假设就会减小冠层接收到的总辐射，从而减弱了冠层的光合作用能力，使得最终的冬小麦估产结果偏低，这也与图 5.34 的验证结果相吻合。

3）生长参数。RSPCYWM 模型侧重于对农作物的产量的估算，对农作物生长过程的模拟则比较粗浅，在模拟冬小麦产量时，在冬小麦的整个生育期内，其光合和呼吸作用参数都设置为一个固定值，这与实际情况存在着差别，从这一点上来说，该模型不如作物生长模型。但是其优于作物生长模型之处就是它实现了对作物产量的估算。

4）LAI 数据源的可靠性。模型中用到了 MODIS 8 天合成的 LAI 产品，使得该模型可以忽略对农作物生长细节的模拟，这样，最终模拟结果的精度在很大程度上取决于 LAI 数据的精度。目前，很多科学家都指出 MODIS 的 MOD15A2 产品精度偏低，这也会导致模型的最终结果精度偏低。

5）混合像元问题。本书的研究区是中国的华北平原，跨越了 10 个纬度、13 个经度，对于这样一个大的研究范围，无法获取到一整套时间序列的高分辨率卫星数据，因此低分辨率的 MODIS 数据（1km 分辨率）是实现本区冬小麦估产的最佳数据源。但是中国耕作制度不同于西方国家之处就是中国的农作物都是农户根据自己的实际生活采取的精耕细作的种植方法，$1km^2$ 的土地上，混种几种作物的现象屡见不鲜。因此，即使在华北平原这样的农作物主产区，冬小麦和其他农作物、行道树、道路、村庄混杂的像元占有很大的比例，在利用农气站点的实测资料对估产结果进行验证时，就存在着利用纯的产量数据验证混合像元的模拟结果的问题，如果该像元是农作物和行道树等的混合，模拟得到的结果就会比实测数据偏大；如果该像元是农作物和村庄、道路的混合，模拟得到的结果就会比实测数据偏小。这是将 MODIS 数据应用到中国广大地区时不可避免的一个问题。

6）验证数据的空间分布。收集到的农气站点缺少河南省南部的资料，从模拟的冬小麦产量的空间分布图上看，河南省南部的冬小麦产量比河北和山东两省的大部分地区都偏高，在没有更多的实测数据做验证的前提下，不能判断模型在模拟河南省南部冬小麦产量方面的准确性。

7）冬小麦是我国的主要粮食作物之一，华北平原又是冬小麦的主产区，因此，准确地估算华北平原冬小麦的产量是关系到国计民生的重要问题。本节围绕遥感光合农作物产量估算模型 RSPCYWM，在华北平原冬小麦估产方面展开讨论，得出如下结论：RSPCYWM 模型根据农作物冠层的结构特点，假设其水平均一、垂直分层，利用多层－两片大叶模型模拟冬小麦冠层的光合作用，该假设符合冬小麦冠层实际，具有可操作性，另外收获指数是成功地将冬小麦的净第一性生产力转化为经济产量的纽带。

5.6 高原草地生物量遥感

5.6.1 引言

青藏高原是中国最大的高原，也是世界上最高的高原，素有“世界屋脊”之称。对于这样高海拔地区的草地生态系统，凋落物和地下死根由于温度低而不易分解，生态系统同化的有机碳可以较长时间地储存于地下根系和土壤中，因此高海拔地区的天然草地生态系统是我国一个重要的碳汇，并对我国和全球碳循环产生重要影响。因此，青藏高原由于其独特的地理位置和生态特点，已经成为全球关注的热点地区。

研究草地生态系统的碳源汇分布，最主要的就是研究草地生态系统的光合作用、呼吸作用以及其赖以生存的土壤的呼吸作用。土壤是一个相对稳定的系统，因此对草地生态系统的研究焦点就集中在草地的光合和呼吸作用上，也就是研究草地的净第一性生产力。

对植被净第一性生产力的测算，最早可以追溯到 19 世纪 80 年代 Ebermayer 对德国巴伐利亚森林物质生产力的测定，但是大规模的世界范围的工作则开始于 20 世纪 60 年代。早期对植被净第一性生产力的研究采用站点实测法，主要包括直接收割法、光合作用测定法和 CO_2 测定法等。对于草地生态系统的净第一性生产力多采用直接收割法，即基于站点的测量数据来计算草地植被的 NPP。陈灵芝和林德莱（1982）对英国草原的地上 NPP 进行了测量，并对该区草原生态系统生物量及 NPP 进行了较深入的研究；Sala 等（1988）采用收获法计算了美国中部草地植被的 NPP；胡自治等对甘肃天祝高山草地多种类型草地的生物量和 NPP 采用收获法进行了研究。直接收割法简单易行，精度也较高，因此常被用作检验其他研究方法的基础，但是这种方法费时、费力且具有破坏性，仅能用于小面积调查，对于大尺度草地 NPP 的估算则较难进行。

随着科学技术的发展，利用计算机模型估算陆地植被的净第一性生产力已成为一种重要而被广泛接受的研究方法。Monteith 首先提出用植被所吸收的光合有效辐射（APAR）和光能转化效率 ε 计算植物的净第一性生产力，这样利用遥感所监测的 FPAR（光合有效辐射吸收系数）可直接用于 NPP 的监测。刘岩等利用 MODIS 遥感数据，结合光能利用率模型，估算了内蒙古锡林郭勒半干旱草地的净第一性生产力，并用实测数据对模拟结果进行了验证，R^2 达到了 0.9481。然而，在全球范围内将 ε 看为一个常数会引起很大的误差，因此，在以后的研究中，多考虑了 ε 随环境条件、植物生物合成途径以及呼吸速率的变化而变化的特点，如 CASA 模型等。高清竹等利用 CASA 模型分析了藏北地区草地植被 NPP 及其空间分布变化。李刚等利用改进的 CASA 模型计算了 2003 年内蒙古草地生长季的生产力，并利用 2003 年 7 ~ 8 月的地面实测样方数据对改进后的模型进行验证，结果表明 CASA 模型模拟的结果与地面实测结果基本一致。

上述参数模型将所有 NPP 调控因子以相对简单的方法组合在一起，模型简单实用，并由遥感获得的 FPAR 直接监测 NPP，因此参数模型一度成为 NPP 模型的一个重要发展方向。但是这类模型不能从机理上解释生产力变化的机制，因此具有一定的局限性。于是，在参数模型的基础上引申出了过程模型，如 FOREST-BGC 模型、TEM 模型、BIOME-BGC 模型、BEPS 模型等，这类模型主要根据植物的生理、生态学原理来研究植物生产力。黄敬峰等根据植物光合作用机理和太阳辐射在植物冠层中的传输方程，推导光合作用产物与叶面积指数关系的解析式、叶面积指数与植被指数关系的解析式，通过复合函数求导得到光合作用产物与植被指数关系的解析式，建立草地生产力遥感动力模拟模型，并利用 1992 ~ 1994 年北疆的产草量资料和对应时相的 NOAA/AVHRR 资料建立草地生产力光谱监测模型和卫星遥感监测模型，结果表明，用卫星资料可以准确地监测草地生产力。冯险峰（2004）利用 BEPS 模型模拟中国陆地生态系统的净第一性生产力，也取得了很好的结果。

统计模型和参数模型在模拟植被净第一性生产力的过程中存在着诸多的限制因素，因此本节立足于过程模型（北部生态系统生产力模拟模型），根据草地冠层水平均一、垂直分层的结构特点，将适用于森林生态系统的 BEPS（boreal ecosystem productivity simulator）模型改造为适用于草地生态系统的 GEPS（grassland ecosystem productivity simulator）模型，并在青藏高原进行应用，以验证 GEPS 模拟青藏高原草地 NPP 的适用性。

5.6.2 模型改进

BEPS 模型是 Liu 等（1999）在 FOREST-BGC 模型的基础上发展起来的遥感机理模型。模型最初主要用于模拟加拿大北方森林生态系统的生产力，而后推而广之，先后用于东亚地区以及中国部分地区陆地生态系统生产力的模拟。Liu 等（1997，1999，2002）对 BEPS 模型进行多次修改和完善，并成功地耦合了碳水过程。这一模型是基于过程的生物地球化学模型，涉及生化、生理和物理等机制，它结合了生态学、生物物理学、植物生理学、气象学和水文学的方法来模拟植物的光合、呼吸、碳的分配、水分平衡和能量平衡关系。该模型参数较少，其中地表植被的信息来自适时的遥感数据，模型高效、适时而实用。BEPS 模型在计算森林冠层的光合作用时，将森林树冠区分为光照和遮阴两个部分，这种区分对森林生态系统来说比较恰当，但是，当研究对象由森林生态系统变为草地生态系统时，由于草地自身的结构特点，很难区分光照部分和遮阴部分。因此在 BEPS 模型的基础上，发展了草地生态系统生产力模拟（GEPS）模型。GEPS 模型以光合作用为基础，首先，根据草地冠层自身的特点，假设其水平均一、垂直分层，将草地冠层分为若干层，得到简化的多层 - 两片大叶模型；其次，分别模拟每一层的瞬时光合作用速率，然后叠加，得到冠层总光合作用速率；最后，从总光合作用速率中去除自养呼吸，就得到了草地的净第一性生产力。根据植物体光合作用机理，GEPS 模型可以分为冠层接收的辐射能量、冠层的光合作用能力和气孔导度三个部分。其基本改进方法与本章 5.5 节农作物生产力模型相一致。

5.6.3 研究区概况

青藏高原占地 240 万 km^2，包括西藏和青海的全部、四川西部、新疆南部及甘肃、云南的一部分地区。高原周围大山环绕，南有喜马拉雅山，北有阿尔金山、昆仑山和祁连山，西为喀喇昆仑山，东为横断山脉，高原内还有唐古拉山、冈底斯山、念青唐古拉山等。青藏高原草地面积约 120 万 km^2，占青藏高原陆地面积 48% 以上，大都分布在海拔 4000m 以上，属高寒草甸草原。据统计，我国天然草地面积占陆地面积的 41.4%，其中 85% 以上的有机碳分布于高寒和温带地区。高寒地区草地拥有丰富的碳储量，占全国草地生态系统的 40.11%，这其中 95% 的碳储存在土壤中，约占全国土壤碳储量的 55.16%。根据青藏高原草地的分布特点，本书选取海拔在 3000m 以上的西藏和青海作为研究区域，分析该区域草地生态系统的净第一性生产力。

5.6.4 青藏高原草地 NPP 模拟中的应用

1. 模型的主要输入参数

GEPS 模型在模拟草地生态系统生产力时需要的主要输入参数有两大类：遥感数据和气象数据。

（1）遥感数据

GEPS 模型需要的遥感数据主要有土地覆盖类型、时间序列的叶面积指数和土壤可利用水分含量数据。

土地覆盖类型采用 MOD12Q1 的 IGBP 地表覆盖分类产品，空间分辨率是 1km；叶面积指数数据采用 MODIS 8 天合成的 MOD15A2 产品，数据的空间分辨率是 1km，时间范围是 2006 年的 1～12 月。下载的 MODIS 数据产品经过投影转换和镶嵌后，得到能够覆盖整个研究区的数据集。将土壤质地地图数字化，根据土壤质地代码和水分常数的对应关系，得到土壤 AWC 数据。

（2）气象数据

气象数据（逐旬最高温度、逐旬最低温度、逐旬相对湿度和逐旬降水量）主要来自国家气象局信息中心。将下载的研究区气象站点 2006 年逐旬的各气象要素利用 IDW（inverse distance weighted）空间插值方法内插得到研究区气象要素的空间分布图。

对于总辐射数据，由于辐射站点数据较少，其空间插值的精度较低，因此根据前人的研究成果，利用每旬的最高温度、最低温度、平均温度、降水量、研究区的纬度和海拔，逐像元地推算研究区的总辐射。

2. 结果及分析

(1) 青藏高原草地植被 NPP 的空间分布

利用 GEPS 模型，结合 MODIS 遥感数据和插值后的气象数据，模拟了青藏高原 2006 年草地的净第一性生产力，模拟结果如图 5.35（见书后彩图）所示。

从模拟结果可以看出，青藏高原 2006 年陆地生态系统净第一性生产力的数值范围为 20 ~ 500gC/(m^2 · a)，将其与其他研究的结果进行对比，结果如表 5.6 所示。表 5.6 表明，本研究的结果较孙睿（2000）、朴世龙（2001）、冯险峰（2004）的结果略小，较刘明亮（2001）的结果偏小，较高清竹（2006）、郑凌云（2006）的结果略大。这是因为本节的研究区域是青藏高原，由于区内海拔较高、温度较低及降水较少等自然因素的影响，区内植被的 NPP 会略小于全国的平均水平。同时，与高清竹和郑凌云的藏北地区相比，由于青藏高原存在着东部较好、西部较差的自然地理条件，该区内植被的平均 NPP 结果也表现出东高西低的特点。因此，本书的研究结果能够反映出青藏高原草地净第一性生产力的空间分布特点，具有一定的可信度。

表 5.6　不同研究青藏高原草地 NPP 的模拟结果对比

研究者	模拟模型	模拟时间	模拟区域	草地 NPP/[gC/(m^2 · a)]
孙睿和朱启疆（2000）	光能利用率—过程混合模型	1992 ~ 1993 年	全国	116 ~ 191
刘明亮（2001）	BEPS	1993 ~ 1999 年	全国	271
朴世龙等（2001）	CASA	1997 年	全国	131 ~ 154
冯险峰（2004）	BEPS-China	2001 年	全国	122.6
高清竹等（2006）	CASA	多年平均	藏北地区	48.1
郑凌云（2006）	BEPS	2002 年	那曲地区	62.4
本研究	GEPS	2006 年	青藏高原	109.7

从空间分布上看，青藏高原的净第一性生产力呈现出东高西低的趋势，与植被类型的空间分布息息相关。从图 5.35（见书后彩图）中可以看出年，NPP 的值小于 100 gC/(m^2 · a) 的区域即是高寒草原的主要分布区，大于 100 gC/(m^2 · a) 的是高寒草甸的主要分布区。从这个意义上来看，植被净第一性生产力也可以作为区分植被类型的一个重要因素。

(2) 青藏高原草地 NPP 的季节变化

利用 GEPS 模型，对青藏高原 2006 年逐月的草地净第一性生产力进行计算，结果如图 5.36 所示。从图 5.36 可见，青藏高原草地净第一性生产力的季节变化与当地最高气温、最低气温的季节变化规律基本相同，从 4 月开始，气温逐渐回升，草地的净第一性生产力开始逐步增大，7 ~ 8 月达到最大值。在此之后，随着太阳的南移，气温降低，草地的生长速度放缓，NPP 也随之减小，直到冬季（12 月至次年的 3 月），气温降到最低，草地的净第一性生产力也降到最小值（图 5.37 所示）。

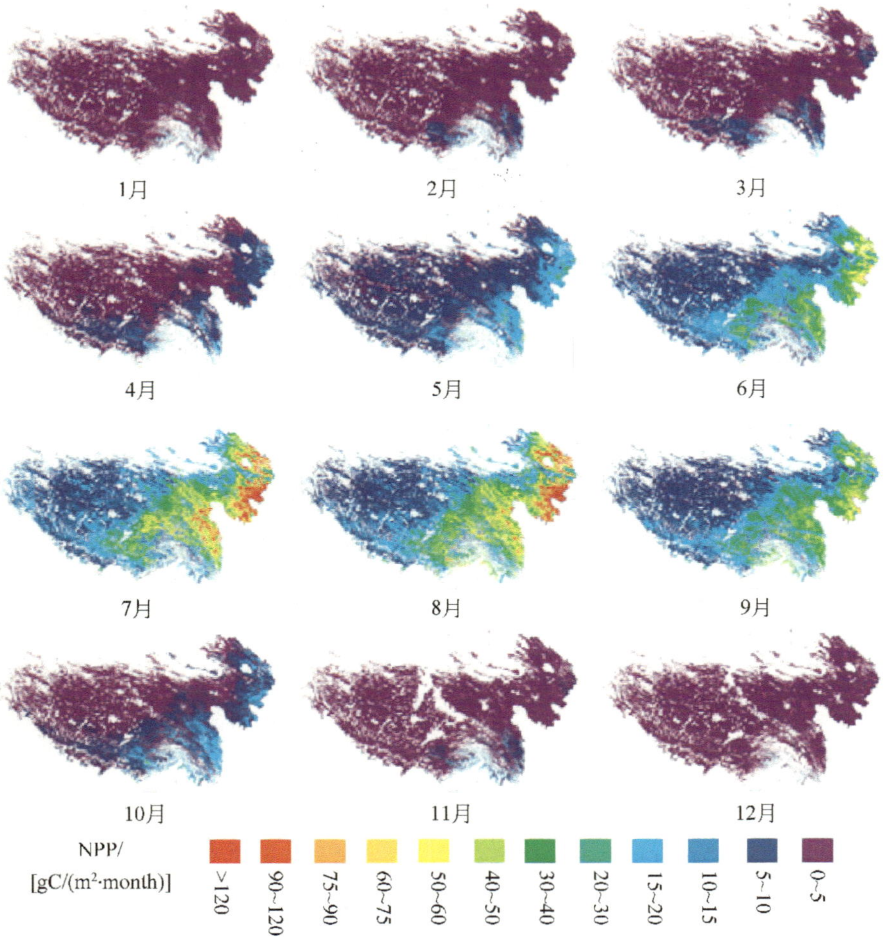

图 5.36　青藏高原 2006 年草地 NPP 季节变化图

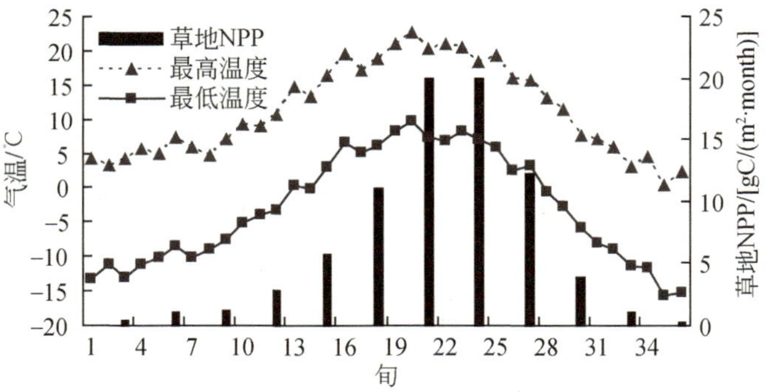

图 5.37　青藏高原 2006 年草地 NPP 与气温的季节变化图

5.6.5 小结

本节以北部生态系统生产力模拟（BEPS）模型为基础，根据草地冠层水平均一、垂直分层的结构特点，将适用于森林生态系统的 BEPS 模型改造为适用于草地生态系统的 GEPS 模型。模型克服了传统的统计模型和光能利用率模型的缺点，从植物生长的生理、生化过程入手，模拟了草地植被的光合和呼吸作用过程，强化了草地植被净第一性生产力模拟的理论基础。最后利用该模型对青藏高原 2006 年草地生态系统的净第一性生产力进行了模拟，模拟结果表明：

1）改进后的 GEPS 模型对青藏高原草地生态系统具有很好的适用性；

2）利用 MODIS 地表覆盖类型产品、8 天合成的叶面积指数产品和青藏高原 2006 年的常规气象观测要素，结合 GEPS 模型，计算了青藏高原 2006 年草地生态系统的净第一性生产力，其数值范围为 20 ~ 500 gC/(m^2 · a)，与其他学者的计算结果相近；

3）青藏高原草地生态系统的净第一性生产力在空间分布图上具有东高西低的趋势。从时间上看，草地 NPP 与气温的变化规律基本相同，随着温度的升高而增大，反之亦然；

4）由于缺乏研究区草地 NPP 的实测资料，本书的模拟结果仅与其他学者的研究结果进行了对比分析，这只能反映研究区草地 NPP 的平均状况，在模拟结果的验证方面略显不足。

参考文献

柏延臣 . 2002. 遥感信息提取的不确定性和尺度效应研究 . 北京：中国科学院地理科学与资源研究所博士学位论文

柏延臣，王劲峰 . 2003. 遥感信息的不确定性研究—分类与尺度效应模型 . 北京：地质出版社

柏延臣，冯学智，李新，等 . 2001. 基于被动微波遥感的青藏高原雪深反演及其结果评价 . 遥感学报，5（3）：161 ~ 165

曹辉，邵楠，郭庆华 . 1999. 珠江三角洲东部常平地区景观异质性研究 . 地理学报，54（3）：255 ~ 261

陈利军，刘高焕，冯险峰 . 2002. 遥感在植被净第一性生产力研究中的应用 . 生态学杂志，21（2）：53 ~ 57

陈灵芝，林德莱 D K. 1982. 英国 Hampsfell 蕨菜草地生态系统的第一性生产量的研究 . 植物生态学与地植物学丛刊，6（2）：105 ~ 119

冯险峰 . 2004. 基于过程的中国陆地生态系统生产力和蒸散遥感研究 . 北京：中国科学院地理科学与资源研究所博士学位论文

傅抱璞 . 1964. 起伏地形中辐射平衡各分量的计算 . 气象学报，34（1）：62 ~ 73

高清竹，江村，李玉娥，等 . 2006. 藏北地区草地退化遥感监测与生态功能区划 . 北京：气象出版社

耿元波，董云社，孟维奇 . 2000. 陆地碳循环研究进展 . 地理科学进展，19（4）：297 ~ 306

黄秉维 . 2003. 关注人类家园 . 北京：商务印书馆

李小文，王锦地，Strahler A H. 1999. 非同温黑体表面上 Planck 定律的尺度效应 . 中国科学（E 辑），29（5）：422 ~ 426

李小文，王锦地，Strahler A H. 2000. 尺度效应及几何光学模型用于尺度纠正 . 中国科学（E 辑），30（增刊）：12 ~ 17

李新，程国栋，陈贤章，等 . 1999. 任意地形条件下太阳辐射模型的改进 . 科学通报，44（9）：993 ~ 998

刘明亮 . 2001. 中国土地利用/土地覆被变化与陆地生态系统植被碳库和生产力研究 . 北京：中国科学院遥感应用研

究所
柳锦宝. 2005. 基于直方变差图的地物面积尺度转换方法研究. 北京：北京师范大学硕士学位论文
倪纪恒，罗卫红，李永秀，等. 2005. 温室番茄叶面积与干物质生产的模拟. 中国农业科学，38（8）：1629～1635
彭少麟，侯爱敏，周国逸. 2000. 气候变化对陆地生态系统第一性生产力的影响研究综述. 地球科学进展，15（6）：717～722
朴世龙，方精云，郭庆华. 2001. 利用 CASA 模型估算我国植被净第一性生产力. 植物生态学报，25（5）：603～608
苏理宏，李小文，黄裕霞. 2001. 遥感尺度问题研究进展. 地球科学进展，16（4）：544～549
孙睿. 1997. 基于 1km 分辨率 AVHRR-NDVI 资料的中国陆地植被净第一性生产力研究. 北京：北京师范大学博士学位论文
孙睿，朱启疆. 2000. 中国陆地植被净第一性生产力及季节变化研究. 地理学报，55（1）：36～45
王开存，周秀骥，刘晶淼. 2004. 复杂地形对计算地表太阳短波辐射的影响. 大气科学，28（4）：625～633
温学发，于贵瑞，孙晓敏. 2004. 基于涡度相关技术估算植被/大气间净 CO_2 交换量中的不确定性. 地球科学进展，19（4）：658～663
邬建国. 2001. 景观生态学——格局、过程、尺度与等级. 北京：高等教育出版社
于贵瑞. 2003. 全球变化与陆地生态系统碳循环和碳蓄积. 北京：气象出版社
于强，王天铎，刘建栋，等. 1998. 玉米株型与冠层光合作用的数学模拟研究 I. 模型与验证. 作物学报，24（1）：7～15
张颢. 2005. 空间异质性及其用于地表参数反演. 北京：北京师范大学博士学位论文
张佳华. 2001. 自然植被第一性生产力和作物产量估测模型研究. 上海农业学报，17（3）：83～89
张佳华，符淙斌，王长耀. 2000a. 基于蒸散为显参遥感~光合水分胁迫作物产量模型的研究. 大气科学，24（4）：683～692
张佳华，王长耀，符淙斌. 2000b. 遥感信息结合光合特性研究作物产量估测模型. 自然资源学报，15（4）：170～175
张佳华，王长耀，符淙斌. 2000c. CO_2 倍增下遥感~光合作物产量响应模型的研究与应用. 遥感学报，4（1）：46～50
张仁华，孙晓敏，刘纪远，等. 2001. 定量遥感反演作物蒸腾和土壤水分利用率的区域分异. 中国科学（D 辑），31（11）：959～968
张新时，周广胜，高琼，等. 1997. 中国全球变化与陆地生态系统关系研究. 地学前缘，4（1～2）：137～144
张永强. 2004. 土壤－植被－大气系统水、热传输机理及区域蒸散模型. 中国科学院地理科学与资源研究所博士学位论文
赵文武，傅伯杰，陈利顶. 2002. 尺度推绎研究中的几点基本问题. 地球科学进展，17（6）：905～911
赵英时. 2003. 遥感应用分析原理与方法. 北京：科学出版社
郑凌云. 2006. 基于卫星遥感与 BEPS 生态模式的藏北草地变化及 NPP 动态研究. 北京：中国气象科学研究院硕士学位论文
周广胜. 2003. 全球碳循环. 北京：气象出版社
周淑贞，张如一，张超，等. 1985. 气象学与气候学. 北京：高等教育出版社
周宇宇. 2004. LAI 反演和 NPP 模拟及地面测量和验证. 北京：北京师范大学硕士学位论文
朱志辉. 1981. 任意方位倾斜面上的总辐射计算. 太阳能学报，2（2）：209～212
Baldocchi D D, Harley P C. 1995. Scaling Carbon Dioxide and Water Vapour Exchange from Leaf to Canopy in a Deciduous Forest. II. Model Testing and Application. Plant, Cell and Environment, 18: 1157～1173
Benoit B M. 1998. 大自然的分形几何学. 陈守吉，凌复华，译. 上海：上海远东出版社
Bian L, Butler R. 1999. Comparing effects of aggregation methods on statistical and spatial properties of simulated spatial data. Photogrammetric Engineering & Remote Sensing, 65 (1): 73～84
Bonan G B. 1995. Land-atmosphere CO_2 exchange simulated by a land surface process model coupled to an atmospheric general circulation model. J Geophys Res, 100: 2817～2831

Chen J M. 1999a. Spatial scaling of a remotely sensed surface parameter by contexture. Remote Sens Environ, 69: 30 ~ 42

Chen J M, Chen W J, Liu J, et al. 2000. Annual carbon balance of canada' s forests during 1895- 1996. Global Biogerchemical Cycle, 14 (3): 839 ~ 849

Chen J M, Liu J, Cihlar J, et al. 1999b. Daily canopy photosynthesis model through temporal and spatial scaling for remote sensing application. Ecological Modelling, 124: 99 ~ 119

Chen J M, Paul M R, Stith T G, et al. 1997. Leaf area index of boreal forests: theory, theory, techniques, and measurements. J Geophys Res, 102 (D24): 29429 ~ 29443

Chen J M, Pavlic G, Brown L, et al. 2002. Derivation and validation of canada-wide coarse-resolution leaf area index maps using high-resolution satellite imagery and ground measurement. Remote Sens Environ, 80: 165 ~ 184

Chen W J, Chen J M, Liu J, et al. 2000. Approaches for reducing uncertainties in regional forest carbon balance. Global Biogeochemical Cycles, 14 (3): 827 ~ 838

Collatz G J, Ball J T, Crivet C, et al. 1991. Physiological and environmental regulation of stomatal conductance, photosynthesis and transpiration: a model that includes a laminar boundary layer. Agricultural and Forest Meteorology, 54: 107 ~ 136

Cowan I P. 1977. Stomatal behavior and environment. Advances in Botanical Research Incorporating Advances in Plant Pathology, 4: 117 ~ 228

Dai Y, Dickinson R E, Wang Y. 2004. A Two-big-leaf model for canopy temperature, photosynthesis and stomatal conductance. J of Climate, 17 (12): 2281 ~ 2299

Faith A H, Reeves M, Votava P, et al. 2003. User' s guide—GPP and NPP (MOD17A2/A3) Products NASA MODIS Land Algorithm. Version 2. 0

Farquhar G D, Vaemmerer S V, Berry J A. 1980. A biochemical model of photosynthetic CO_2 assimilation in leaves of C3 plants. Planta, 147: 78 ~ 90

Foley J A. 1994. Net primary productivity in the terrestrial biosphere: the application of a global model. J Geophys Res, 99 (D10): 20773 ~ 20783

Hall F G, Huemmrich K F, Goetz S J. 1992. Satellite remote sensing of surface energy balance: success, failures and unresolved issues in FIFE. J Geophys Res, 97 (D17): 19061 ~ 19089

Harley P C, Baldocchi D D. 1995. Scaling carbon dioxide and water vapour exchange from leaf to canopy in a deciduous forest. I. leaf model parameterization. Plant, Cell and Environment, 18: 1146 ~ 1156

Hay G J, Niemann K O, Goodenough D G. 1997. Spatial thresholds, image-objects and upscaling: A multi-scale evaluation. Remote Sens Environ, 62: 1 ~ 19

Hunt Jr E R, Piper S C, Nemani R, et al. 1996. Global net carbon exchange and intra-annual atmospheric CO_2 concentrations predicted by and ecosystem process model and three-dimensional atmospheric transport model. Global Biogeochemical Cycles, 10 (3): 431 ~ 456

Hu Z, Islam S. 1997. A framework for analyzing and designing scale invariant remote sensing algorithms. IEEE Transactions on Geoscience and Remote Sensing, 35: 747 ~ 755

Jeffrey S A. 1994. Scaling CO_2-photosynthesis relationships from the leaf to the canopy. Photosynthesis Research, 39: 321 ~ 350

Jiang H, Liu S, Sun P, et al. 2004. The influence of vegetation type on the hydrological process at the landscape scale. Canadian Journal of Remote Sensing, 30 (5): 743 ~ 763

Jupp D L B, Strahler A H, Woodcock C E. 1989. Autocorrelation and regularization in digital images II. Simple image models. IEEE Transactions on Geoscience and Remote Sensing, 27 (3): 247 ~ 258

Kim J, Verma S B. 1991. Modeling canopy photosynthesis: scaling up from a leaf to canopy in a temperate grassland ecosystem. Agricultural and Forest Meteorology, 57: 187 ~ 208

Kolasa J , Pickett S T A. 1991. Ecological Heterogeneity. New York: Springer-Verlag

Kustas W P , Kumes K S. 1996. Sensible heat flux from remotely sensed data at different resolutions. *In*: Stewart J B, Engman

E T, Feddes R A, et al. Scaling Up in Hydrology Using Remote Sensing . New Jersey: John Wiley & Sons. 127 ~ 146

Leuning R, Dunin F X , Wang Y P. 1998. A two-leaf model for canopy Conductance, photosynthesis and partitioning of Available Energy II: Comparison with Measurements. Agricultural and Forest Meteorology, 91: 113 ~ 125

Leuning R, Kelliher F M, De Pury D G G, et al. 1995. Leaf nitrogen, photosynthesis, conductance and transpiration: Scaling from leaves to canopies. Plant, Cell and Environment, 18: 1183 ~ 1200

Liang S. 2004. Quantitative Remote Sensing of Land Surfaces. New Jersey: John Wiley & Sons. INC

Liang S, Fang H, Chen M, et al. 2002. Validating MODIS land surface reflectance and albedo products: Methods and preliminary results. Remote Sens Environ, 83: 149 ~ 162

Lieth H. 1975. Primary Productivity of the Biosphere. New York: Springer-Verlag

Liu J, Chen J M, Cihlar J, et al. 1997. A process-based boreal ecosystem productivity simulator Using remote sensing inputs. Remote Sens Environ, 62: 158 ~ 175

Liu J, Chen J M, Cihlar J, et al. 1999. Net primary productivity distribution in the BOREAS region from a process model using satellite and surface data. J Geophys Res, 104 (22): 27735 ~ 27754

Liu J, Chen J M, Cihlar J, et al. 2002. Net primary productivity mapped for canada at 1-km resolution. Global Ecology & Biogeography, 11: 115 ~ 129

Li X, Strahler A H , Friedl M. 1999. Effective emissivity for non isothermal surface and a conceptual model of its directionality. IEEE Transactions on Geoscience and Remote Sensing, 37 (5): 2508 ~ 2517

Matsushita B, Tamura M. 2002. Integrating remotely sensed data with an ecosystem model to estimate net primary productivity in East Asia. Remote Sens Environ, 81: 58 ~ 66

Moellering H, Tobler W. 1972. Geographical variance. Geogr Anal, 4 (1): 34 ~ 50

Monteith J L. 1972. Solar radiation and productivity in tropical ecosystems. Journal of Applied Ecology, 7: 747 ~ 766

O'Neill R V, Hunsaker C T, Timmins S P, et al. 1996. Scale problems in reporting landscape pattern at the regional scale. Landscape Ecology, 11 (3): 169 ~ 180

Potter C S, Randerson J T, Field C B, et al. 1993. Terrestrial ecosystem production — a process model-based on global satellite and surface data. Global Biogeochemical Cycles, 7 (4): 811 ~ 841

Proy C, Tanre D, Deschamps P Y. 1989. Evaluation of topographic effects in remotely sensed Data. Remote Sens Environ, 30: 21 ~ 32

Roujean J L, Breon F M. 1995. Estimating PAR absorbed by vegetation from bidirectional reflectance measurements. Remote Sens Environ, 51: 375 ~ 384

Running S W, Coughlan J C. 1988. A General model of forest ecosystem processes for regional applications I. Hydrologic balance, canopy gas exchange and primary production processes. Ecological Modelling, 42: 125 ~ 154

Running S W, Nemani R, Glassy J M, et al. 1999. MODIS daily photosynthesis (PSN) and annual net primary production (NPP) product (MOD17) ——Algorithm Theoretical Basis Document (Version 3.0) . 29 April

Sala O E, Parton W J, Joyce L A, et al. 1988. Primary productivity of the central grassland region of the United States. Ecology, 69: 40 ~ 45

Sanderson E W, Zhang M, Ustin S L, et al. 1998. Geostatistical scaling of canopy water content in a California salt marsh. Landscape Ecology, 13: 79 ~ 92

Sellers P J, Berry J A, Collatz G J, et al. 1992. Canopy reflectance, photosynthesis and transpiration. III: A reanalysis using improved leaf models and a new canopy integration scheme. Remote Sens Environ, 42: 187 ~ 216

Sellers P J, Randall D A, Collatz G J, et al. 1996a. A revised land surface parameterization (SiB_2) for atmospheric GCMs Part I: Model formulation. J of Climate, 9: 676 ~ 705

Sellers P J, Randall D A, Collatz G J, et al. 1996b. A revised land surface parameterization (SiB_2) for atmospheric GCMs Part II: The generation of global fields of terrestrial biophysical parameters from satellite data. J of Climate, 9: 706 ~ 737

Simic A, Chen J M, Liu J, et al. 2004. Spatial scaling of net primary productivity using subpixel information. Remote Sens Environ, 93: 246 ~ 258

Sun R, Chen J M, Zhu Q, et al. 2004. Spatial distribution of net primary productivity and evapotranspiration in Changbaishan Natural Reserve, China, using Landsat ETM + data. Canadian Journal of Remote Sensing, 30 (5): 731 ~ 742

Tian Y H, Woodcock C E, Wang Y J, et al. 2002a. Multiscale analysis and validation of the MODIS LAI product I. Uncertainty assessment. Remote Sens Environ, 83: 414 ~ 430

Tian Y H, Woodcock C E, Wang Y J, et al. 2002b. Multiscale analysis and validation of the MODIS LAI product II. Sampling strategy. Remote Sens Environ, 83: 431 ~ 441

Uchijima Z, Seino H. 1985. Agroclimatic evaluation of net primary: productivity of natural vegetation. (1) Chikugo model for evaluating net primary productivity. J Agr Met, 40 (4): 343 ~ 352

Wang Y P. 2000. A refinement to the two-leaf model for calculating canopy photosynthesis. Agricultural and Forest Meteorology, 101: 143 ~ 150

Wang Y P, Leuning R. 1998. A two-leaf model for canopy conductance, photosynthesis and partitioning of available energy I: Model description and comparison with a multi-layered model. Agricultural and Forest Meteorology, 91: 89 ~ 111

Webster R. 1985. Quantitative spatial analysis of soil in the field. Advances in Soil Science, 3: 1 ~ 70

Winslow J C, Raymond H J E, Stephen C P. 2001. A globally applicable model of daily solar irradiance estimated from air temperature and precipitation data. Ecological Modelling, 143: 227 ~ 243

Woodcock C E, Strahler A H. 1987. The factor of scale in remote sensing. Remote Sens Environ, 21: 311 ~ 332

Woodcock C E, Strahler A H, Jupp D L B. 1988. The use of variograms in remote sensing I: Scene models and simulated images. Remote Sens Environ, 25: 323 ~ 348

Wood E F. 1995. Scaling behaviour of hydrological fluxes and variables: empirical studies using a hydrological model and remote sensing. Hydrological Process, 9: 331 ~ 347

Wu J, Jelinski D E, Luck M. 2000. Multiscale analysis of landscape heterogeneity: Scale variance and pattern metrics. Geographic Information Sciences, 6 (1): 6 ~ 19

Xu S, Chen J M, Fernandes R, et al. 2004. Effects of sub pixel water area fraction on mapping leaf area index and modeling net primary productivity in Canada. Canadian Journal of Remote Sensing, 30 (5): 797 ~ 804

第6章　植被与土地覆盖分类及动态评价

6.1　陆面植被覆盖分类遥感

近年来，利用全球及区域模式中耦合陆面过程模式对研究全球及其区域能量、热量、水文过程和物质循环等过程发挥了重要的作用，并且广泛应用于对干旱区气候变化、生态系统和环境变化的研究。在陆面过程模式中，地表植被覆盖分类十分重要，一个能真实描述陆面过程的能量、热量、水文过程和物质循环的全球和区域模式，必须要有一个真实的现存植被分类图，每个网络上都要有一定的土地覆盖相对应。由不同土地覆盖反演出的叶面积指数、粗糙度和地表阻抗等都可以作为模式的输入参数。

6.1.1　陆面植被分类

陆面植被类型的差异表现为植被在光合、呼吸作用和有机物利用方面的差异。大多数研究陆面大气－植被－土壤中的水热交换和物质循环，都必须了解下垫面的地表分类状况，在全球和区域气候模式中，将其作为重要的边界条件。有人认为，在全球尺度上，植被的特征差异是控制水分、能量和 CO_2 通量最重要的条件，这些因素包括植被的生长类型（乔木、灌木还是草本）、乔木的季节特征（常绿的还是落叶的）、生长叶的类型（针叶还是阔叶）、非乔木的光合作用途径（C3 途径还是 C4 途径）、植被生活周期（一年生还是多年生）及干扰的类型和强度（如开垦、种植、火灾等）。

植被生活受到多种因素的影响，环境条件对植被生长有相当大的影响，因此不同生态因子对区别植被类型具有重要意义（中国植被编辑委员会，1995）。根据光对植被生态类型的影响，可以分为阳性植物、阴性植物和耐阴植物。阳性植物是在强光环境中才能生育健壮、在荫蔽和弱光条件下生长不良的植物。在树木中如松、杉、栓皮栎、杨、桦、槐等都属于阳性植物。草原和沙漠植物，以及先叶开花植物和一般的农作物也都是阳性植物。但并非说阴性植物在越暗的地方生长越好，因为光强太弱，达不到阴性植物的光补偿点时，也会影响其正常的生长。阴性植物多生长在潮湿、背阳的地方或生长在密林内，如林下草木等。树种中的铁杉、红豆杉、紫果云杉、柔毛冷杉等都极耐阴。耐阴植物是介于阳性植物和阴性植物之间的植物，既能生长在全日照的光下，也能在荫蔽地生长，如树种中的青冈属、山毛榉、云杉、侧柏、胡桃等。如果根据植物开花过程对日照长度反应的不同，可将植物分为长日照植物、短日照植物、中日照植物和中间型植物等。如果以温度为主导因子，可将植被分为窄温植物、广温植物、适温植物等。

贝尔格根据影响植被分布的年平均温度，最冷、最热月平均温度将全球植被划分为如下5种类型：热带雨林，年均温为24～30℃，最冷月均温在18℃以上；亚热带森林，冬季温暖、最冷月均温在2℃以上，夏季炎热潮湿；温带季风林，1月均温10℃左右，7月均温20～25℃；寒温带针叶林：7月均温10～12℃，年均温在0℃左右；寒带苔原，最热月均温低于10℃，但高于0℃。

若以水分为主导因子，可将植被划分为水生植物和陆生植物，而水生植物可根据其生长环境内水的深浅不同划分为沉水植物、浮水植物和提水植物。陆生植物根据其耐受水分不足及抗旱能力的差异分为湿生植物、中生植物和旱生植物。若以土壤为主导因子，植被生态类型可划分为酸性土、中性土、碱性土植物。碱性土植物根据它们对过量盐类的适应特点不同，可分为聚盐性植物、泌盐性植物和不透盐性植物。此外，长期不合理利用土地与破坏植被，可引起沙漠化，产生沙生植物类型，称为沙生植物。可见，地表植被覆盖分类可以因其分类主导因子的差异而有很大的不同。

植被的种类组成、外貌特征和结构决定植被的类型和差异，从演化形态学的角度可将植被分为木本、半木本、草本、叶状体植物等4类；如以主轴木质化的程度和寿命的长短可分为乔木、灌木、半灌木、多年生草本、一年生草本等；而按体态和发育节律分为落叶、常绿等类型。

6.1.2 陆面植被分类的几种方法

陆面植被分类的研究已经有近一个世纪的历程，最主要的分类是基于植被的特性(如主要生活型或植被种类组成)。环境因子（如土壤或气候因子）也直接或间接地参与植被的分类。

1. 基于地基观测的植被分类

典型的大范围的植被分布图是基于野外观测获得的。但由于野外观测的标准很不一致，同时获得大范围的现存植被状况有相当大的困难，因此这类工作在从局地到区域，再到全球尺度若采用单一的分类系统往往是不可能的。这种标准的差异表现在对植物生理、形态、区系特征和环境特征的分类标准具有广泛的差异性。此外，基于地面观测的资料往往具有资料不连续不完整的缺点，有时不得不采用间接的方法来获得间断区域的植被覆盖信息。这类分类方法具有一个最显著的特点就是真实、而且分辨率很高。Matthews（1983）为了应用的需要，将植被分为178类。而Wilson和Hederson-Sellers（1985）也将植被类型分成一级和二级植被类型共53种。由此可见基于观测资料的植被分类可以十分详尽。

2. 基于生物气候特征的植被分类

众所周知，植被类型的划分包括对现存植被划分和潜在植被划分两类，现存植被划分往往是研究受人类干扰或其他干扰因素影响的植被处于不同演替阶段的分类特征。

基于生物气候特征所划分的植被类型是关于“气候顶级群落”产生的分类图，而不是真实的现存植被分类图。例如，Holdridge（1947）的方案中仅考虑降水、温度、湿度的年平均值，划分的植被类型称为生命地带（life zone）。1964 年，Troll 和 Paften 采用了较详细的气候的季节信息，如冬季最大降水和夏季的湿度等。Box（1981）发展的一个分类系统含有 90 种植被生活型，用以描述地球植被结构的主要类型并基于气候要素来预测每一种植被类型的出现。Prentice 等（1992）也基于平均最冷月的温度、年积温和干旱指数发展了一个全球植被类型的模式。

利用生物气候来划分植被类型最显著的工作是 Holdridge 在 1947 年发表的在 1967 年修订的生命地带分类方法，利用三个生物气候变量来描述气候与大范围植物分布的关系。第一个变量是生物温度（biotemperature），定义为日平均温度大于 0℃ 的值，生物温度的概念在一定程度上反映了生物在大于 0℃（霜冻）的条件下生长，而且与生长度日紧密相关。但以生物温度为 16℃ 划分暖温带和亚热带的标准，多少是基于经验的，并不能在每一类型中得到检验。植物对水分的需求可以用两个参量来分别表示，但二者却不能截然分开，一个是年平均降水量，另一个是潜在蒸散（potential evapotranspiration，PET），其中 PET 很难直接用气象方法得到，在生命地带方案中采用半经验的与平均生物温度相关的函数加以求取。不同的湿度分布区由 PET 和年平均降水量的比值来定义。Box（1981）的模型称为大气候和植物类型，发展基于全球尺度的大气候与植物类型相关联的表达式。Box 认为气候限制植物种类的分布，他把一些分布在海拔较高甚至冰圈的植被也纳入了他的 90 个种类之中。在 Box 的方案中代表气候的生物气候参数有 8 个，如表 6.1 所示。最近工作包括把一些生态机理引入到模型中，根据不同植被类型对寒冷耐受、生长需要热值总量和干燥指数的特殊植物生理响应来反映生物的地理分布（Woodward et al.，1995；Neilson et al.，1992）。但这类工作的最终产品仍然给出的是全球潜在植被。

表 6.1　Box 分类方案中的生物气候参数

符号	名称	符号	名称
T_{max}	最热月的平均温度	MI	湿度指数，定义为 P 与年可能蒸散的比值
T_{min}	最冷月的平均温度	P_{max}	最湿月的平均总降水量
DT	介于 T_{min} 和 T_{max} 之间的范围	P_{min}	最干月的平均总降水量
P	年总降水量	PT_{max}	最热月的平均总降水量

3. 基于遥感信息的植被分类

利用遥感数据进行地表覆盖分类是遥感应用最典型的例子。Landsat 的 MSS 是 80m 的分辨率、Landsat TM 是 30m 的分辨率，而 SPOT 则是 10m 的分辨率。这些遥感数据对真实的地表分类往往具有很高的精度。如果采用 NOAA-AVHRR 的数据，则可对地表植被进行季节变化（seasonal change）和年度变化（annual change）的研究。对于宏观地研究全球陆地植被状态，NOAA-AVHRR 资料非常有效。AVHRR 通道 1（可见光）和通道 2（近红外）数据，根据（Ch2 − Ch1）/（Ch2 + Ch1）计算的 NDVI 对应于植被的绿度。AVHRR 的 IFOV 在星下点约为 1. 1km。它可以一天两次观测到几乎整个地球。美国发布的 GVI 数据是对 AVHRR 数据重采样得到的，它是从一周过境数据中，提取云量最少的一天的数据。GVI 数据按月汇总把相似的像元归纳为一组就可以得到世界植被图，在处理上采用了一年 12 个月的 NDVI 数据进行集群分析。遥感信息分类具有快速、大面积、动态的特点，但是将基于地表植被反射辐射特征的组合而作为分类标准，往往会产生很多误差。主要原因之一是目前对于解决同谱异物和混合像元等问题还有待进一步完善。其次 NOAA-AVHRR 的数据在全球尺度上，往往难以得到长时期无云的资料。Running 等（1995）在研究植物分类中首先提出了分类的三个特征，分别表述为地上活有机体的生育周期、单叶的寿命及叶型。由这三个基本特征可以将植被分类为 6 种。第一个标准，地上活有机体的生育周期用以区分多年生和一年生的地上生物体，这是进行季节气候和碳平衡模拟的关键所在。这一类别把终年都可以呼吸的植被（如森林和具木质化茎的灌丛）与只以种子或地下组织的形式渡过非生长季的一年生农作物及草类区分开来。它也与植物的光合作用和植被高度相关，而后者是气候模型中能量和动量传输方程所需要的地表粗糙度的主要决定因子。第二个标准是叶子寿命，或称常绿或落叶树，是植物碳循环动态的一个极为关键的变量，对季节性反照率和地表的能量也十分重要。确定某种植物冠层是否每年需要重新开始生长或仅需一部分生长，从而关系到生态系统中碳的分配、叶凋落物动态和土壤碳库。Reich 等（1992）认为，冠层导度和最大光合作用速率与叶的寿命有很大关系。因而在一定程度上，全球冠层全体交换的能力可能也和叶寿命有密切的关系。Running 和 Hunt（1993）直接定义了三种生活型的最大气孔导度，分别是常绿针叶林（1. 6mm/s）、落叶阔叶林（2. 5mm/s）和一年生草类（5. 0m/s）。第三类标准是一个简单的叶型或形状，根据叶的光谱和它们的气体交换特性，Running 只定义木本种叶型、针叶（needleleaved）、阔叶（broad-leaved）和草本（grasses）。针叶和草类可能直接代表他们的植被类型。阔叶一类则包括有乔木、灌木、草木和农作物。这一标准也可以在生物地球化学模型中定义一些关键的生态参数。利用叶型区别植被类型，在利用遥感数据时往往要考虑植被冠层的二向性特征。植被冠层不是各向同性的，它们的反射比与遮阴程度随光照方向和视角的变化而变化。一般在具体分类时，不仅要考虑上述的三个标准还要根据植物的气候亚类区分植被类型，如农作物和受干旱限制的沙漠与受温度限制的苔原可以分开，利用 DEM 高程可以区分高海拔常绿针叶林和一年生的灌溉的阔叶农作物。表 6. 2 表示基于遥感信息的植被分类。

表 6. 2　基于遥感信息的植被分类

地表覆盖类型	植物生长茂盛期的最大高度	植物覆盖度	季相	叶型
常绿阔叶林	至少 5m，热带在 8 ~ 10m 最大到 50m（澳洲桉树）	大部分树冠相接，部分不连接但至少大于 40%	常绿，部分在干季叶减少	阔叶树 硬叶树
常绿针叶林	至少 5m，最大到 50m（如北美的红杉）	树冠相接，但至少大于 40%	常绿	针叶或鳞状叶树

续表

地表覆盖类型	植物生长茂盛期的最大高度	植物覆盖度	季相	叶型
高纬度落叶林	至少5m	大部分树冠相接部分不连但至少大于40%	落叶	亚洲北部的针叶树和欧洲及北美洲的阔叶树
苔原	低	呈连续覆盖的苔藓、地衣和草本；分散和斑块分布的矮灌木	不明显	苔藓、地衣、草类
常绿落叶混交林	至少5m（我国长江流域）	树冠相接，但至少大于40%	常绿落叶	常绿叶和落叶混生
落叶阔叶林	至少5m有的达50m	树冠相接，但不连，至少大于50%	干阔叶冷阔叶	阔叶树
森林草原	0.5～2m（草本），至少5m（森林）	10%～40%	常绿或落叶（树）一年生草类	阔叶树及草类
草原	0.5～2m（草本）	森林覆盖度小于10%，地被植物连片或不连	一年生	草或草状植物、禾本类
灌丛和裸地	0.5～5m	散布灌木	常绿或落叶	阔叶硬叶肉质植物

目前全球和区域模式的陆面过程模式大都采用基于遥感信息建立的土地覆盖分类模式，以Dickinson等提出的“生物圈－大气传输方案”（BATS）的陆面过程模式为例，其主要的参数化过程包括：①每一个模式格点输入值，包括地表辐射特征、地表覆盖状况、土壤类型及其他物化参数；②计算土壤、雪、海冰的温度，计算土壤湿度、蒸散和地表及地下水径流；③地表植被覆盖度、混合像元的地表蒸腾，各种地表特征反射率，植被水分收支，拖曳系数，叶温、叶变量参数（包括叶面积指数、叶通量、叶气孔导度）。表6.3表示BATS陆面模式的地表植被分类方案（Dickinson，1993）。

表6.3　BATS陆面模式的地表植物分类方案

编号	类型	编号	类型
1	作物/混合耕作地	10	灌溉农田
2	短草	11	半沙漠
3	常绿针叶林	12	冰帽/冰川
4	阔叶针叶林	13	泥沼或沼泽
5	阔叶阔叶林	14	内陆水域
6	常叶阔叶林	15	海洋
7	高草	16	常绿灌木
8	沙漠	17	阔叶灌木
9	冻原	18	混交林地

表6.4 列出 SiB 和 SiB_2 的地表覆盖分类方案（Sellers et al.，1986，1996）。

表 6.4 SiB 和 SiB_2 的地表覆盖分类方案

SiB		SiB_2	
类型	名称	类型	名称
1	常绿阔叶林	1	常绿阔叶林
2	落叶阔叶林	2	落叶阔叶林
3	针阔混交林	3	针阔混交林
4	常绿针叶林	4	常绿针叶林
5	落叶针叶林	5	落叶针叶林
6	有地被物的阔叶林	6	短生植物/C4 草本
7	地被物	6	短生植物/C4 草本
8	有地被物的阔叶灌木	6	短生植物/C4 草本
9	裸地的阔叶灌木	7	阔叶灌木十裸土
10	矮树及灌木	8	矮树 + 灌木
11	裸地	6	短生植物/C4 草本
12	落叶阔叶林 + 冬小麦	9	农作物/C3 草本

三维的研究全球碳循环和陆面生态过程的 BIOME-BGC（biome biogeo chemical cycles）模式（Hunt et al.，1996）用于模拟植被的光合作用，光呼吸和暗呼吸后的 CO_2 通量，同时可对水循环和氮循环进行模拟。主要从遥感信息得到 NDVI 来反演 LAI，然后利用 LAI 来模拟叶光合作用、光呼吸、暗呼吸和水分收支。表 6.5 列出 BIOME-BGC 中马迪斯的地表覆盖分类。

表 6.5 在 BIOME-BGC 中马迪斯的陆地表面覆盖分类（Mattews，1983）

	植被类型和描述	叶型	寿命
1	热带常绿 红树林	B	E
2	热带/亚热带常绿季节林	B	E
3	亚热带常绿雨林	B	E
4	温带/亚极地常绿雨林	B	E
5	温带常绿阔叶夏绿雨林	B	E
6	常绿阔叶硬叶冬绿雨林	B	E
7	热带/亚热带常绿针叶林	N	E
8	温带/亚极地常绿针叶林	N	E
9	热带/亚热带耐旱落叶林	B	D
10	常绿冷性落叶林	B	D
11	非常绿冷性落叶林	B	D
12	喜旱的森林，林地	S	D
13	常绿阔叶硬叶林地	S	D
14	常绿针叶林地	N	E

续表

	植被类型和描述	叶型	寿命
15	热带/亚热带耐旱林地	B	D
16	冷性落叶林地	N	D
17	常绿阔叶灌草丛、矮灌丛	S	E
18	常绿针叶灌丛小叶灌草丛	S	E
19	干旱灌草丛	S	D
20	冷性落叶亚极地灌草丛	S	D
21	喜旱的灌丛、矮灌丛	S	D
22	北极、高山苔原、苔状沼泽	G	D
23	高、中、短草（10%~40%的林地覆盖）	G	D
24	高、中、短草（小于10%的林地覆盖）	G	D
25	高、中、短草，有灌丛覆盖	G	D
26	高草无林地覆盖	G	D
27	中草无林地覆盖	G	D
28	牧草地 、短草无林地覆盖	G	D
29	沙漠	na	na
30	冰	na	na
31	耕地	G	D

注：N：针叶林；B：阔叶林；S：灌木地；G：草地；D：落叶；E：常绿叶；na：无叶。

4. 全球陆面覆盖的遥感数据库

目前开发的全球陆面覆盖的数据库主要包括：利用NOAA-AVHRR数据开发的全球1km的地表覆盖数据集（Loveland et al. , 1991）；全球10km×10km间距的地表生物理量数据集（Sellers et al. , 1996）；全球10km×10km间距的土地覆盖类型图（Defries and Townshenda, 1994）；全球1km的地表覆盖数据集（Loveland et al. , 2000）；全球0.5°~1.0°网格的地表生物物理数据集（Los et al. , 2000）。图6.1为利用NOAA-AVHRR数据生成的全球GVI分布图。

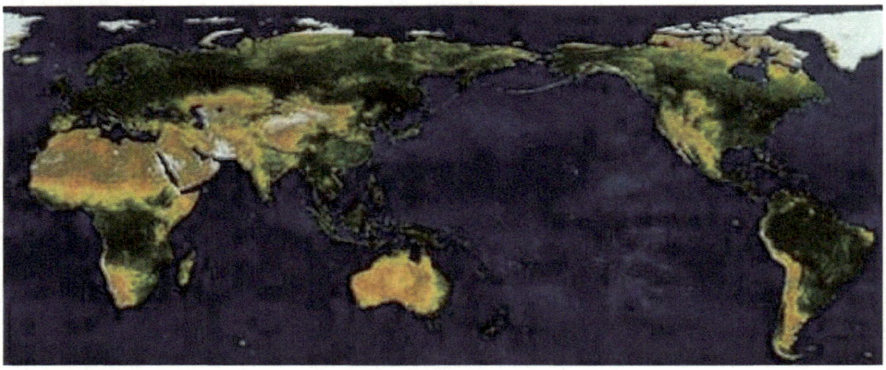

图6.1 利用NOAA-AVHRR数据生成的全球GVI分布图

目前基于遥感数据进行地表分类的方法还有待进一步发展（Zhang et al.，2001）。原来的聚类分析、统计分析的方法结合人工解译仍然是大尺度分类的基本方法。随着对分类精度要求的提高，新的方法如神经网络、分类树、多元数据专家系统和计算机模拟识别等技术在不断发展，利用植被指数如 NDVI、GUI、WI、BI 等进行间接分类识别（Todd and Hoffer，1998）。全球测图（global mapping）是联合国为推动“全球空间数据基础设施”（global spatial data infrastructure，GSDI）建设而开展的一项国际性合作计划项目，开发出包括全球范围的高程、植被、土地利用、土地覆盖、交通网、居民地、水系和行政边界 8 个专题图层的 1∶100 万的数字地理数据集（Feeney et al.，1994）。目前随着卫星遥感技术的发展，使得 EOS/MODIS 能更精确地对地表植被进行分类（Muchoney et al.，2000）。另外，EOS 的传感器将发射用于分析 BRDF 的 MISR（多角度成像光谱仪），将有利于二向性反射的分析。除了普通的 GVI 数据库外，一些新的植被指数已开始出现，目的是消除大气和土壤背景对 NDVI 的影响，包括全球环境植被指数（global environment monitoring index，GEMI）、SAVI（土壤调整植被指数）、抗大气植被指数（atmospherically resistant vegetation index，ARVI）等。国际对地观测卫星委员会（CEOS）已经和联合国粮农组织（FAO）、全球气候观测系统（GCOS）、全球海洋观测系统（GOOS）、全球陆地观测系统（GTOS）等形成了综合全球观测战略合作组织。由世界气候研究计划（WCRP）和全球能量和水分循环试验（GEWEX）联合的协调并强化观测期（CEOP）试验，目前的遥感数据包括有从 GMS、METEOSAT、GOES、POES、ADEOS-2、ENVISAT、TRMM、Aqua、Terra 等卫星获取的数据资料。这些新的产品将有利于遥感数据的全球分类。

利用 NASA Goddard DAAC 的 ISLSCP 的遥感资料对全球地表和植被进行分类（图 6.2），栅格数据的基本设计是：

ARRAY(I,J)
I = 1 IS CENTERED AT 179.5W
I INCREASES EASTERED AT 89.5N
J = 1 IS CENTERED AT 89.5N
J INCREASES SOUTHWARD BY 1 DEGREE
ARRAY (-180,180)

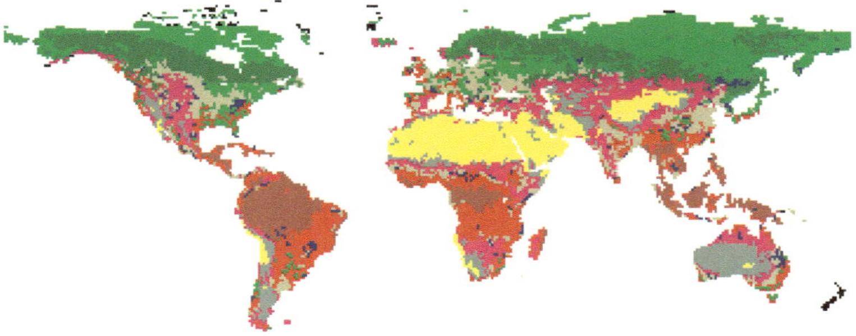

图 6.2 利用遥感数据生成的全球植被分类图

上图将全球地表覆盖分为：水域；常绿阔叶林；落叶阔叶林及林地；针、阔混交林及林地；针叶林及林地；高纬度的阔叶林及林地；C4 草原和灌木；C4 草地；灌木和裸地；苔原；沙漠和裸地；耕地；雪盖；C3 灌木；C3 草原

6.2 基于 MODIS 遥感数据的土地覆盖分类与评价

6.2.1 引言

土地覆盖对于地球生态系统过程的物质和能量交换起着非常重要的作用，是全球变化和碳循环模拟、气候模拟等研究的重要内容（刘纪远，1996）。土地覆盖类型识别作为土地覆盖和利用变化研究的核心内容，是地气物质、能量传输模型，陆地生态系统过程及机制研究的关键输入参数（Defries and Townshenda，1994）。因此全球及区域范围的土地覆盖研究必然要借助遥感方法，而且准确地从遥感影像中通过分类方法获取土地覆盖信息已成为一项基础性的重要课题（刘凤仙等，2006）。近年来随着遥感技术不断发展，遥感分辨率已有很大提高，出现了适应于不同研究尺度的传感器，这些不同类型的遥感资料具有不同的信息提取精度。同时适合于不同尺度土地资源调查的各种遥感数据也相继出现。研究表明，中空间分辨率、高时间分辨率的 MODIS 数据为大尺度的土地资源调查提供了良好的数据源（刘爱霞等，2006）。

该数据不仅提供了地表覆盖的概貌，还提供了许多特征信息，如季节性信息、植被光和能量的信息等，可以进行长时间的积累，并提供土地覆盖变化的信息（潘耀忠等，2000）。MODIS 传感器提供的图像数据较 NOAA/AVHRR 数据而言在光谱性能、空间分辨率、数据质量等方面有了很大改善，在全球及区域尺度上的土地监测和制图上受到各方面用户和遥感研究者的积极关注与使用，已逐渐成为 NOAA/AVHRR 的替代产品，并使传统方法中的时间序列 NDVI 数据和新的空间光谱信息结合，提高区域土地覆盖制图的精度（刘勇洪和牛铮，2004）。

近十几年在对大中尺度土地覆盖分类的研究中几乎无一例外地用到了由遥感数据生成的 NDVI，为了提高分类精度，除了植被指数特征外，在许多土地覆盖制图中还利用了其他特征信息，例如，Gopal 等（1999）在全球1°×1°分辨率制图中加入的纬度信息能明显提高分类精度。Hansen 等（2000）在全球 1km 分辨率土地覆盖制图中，加入了 AVHRR 数据的所有反射率和热红外波段信息。Wen 和 Tateishi（2001）在亚洲区域30″×30″分辨率制图中，则加入了地表温度（T_s）与 NDVI 的比值特征和数字高程影像 DEM 特征。相应地，国内也开展了中国及区域尺度上的土地覆盖及植被制图研究。例如，潘耀忠等（2000）对中国区域的土地覆盖制图也采用了 AVHRR-NDVI 作为主要的遥感分类特征，而卢玲等（2003）在对中国西北地区采用 SPOT-VEGETATION 产品 NDVI特征结合水体指数 NDWI 特征进行制图，得到较好效果。因此，利用多分类特征参与分类是提高分类精度的有效方法。基于此出发点，张景等（2010）利用 MODIS 遥感数据多光谱、多时相优势并结合其他分类特征，对土地覆盖遥感分类特征的分类精度进行了比较和评价。

6.2.2 遥感分类特征

分类特征是指参与土地覆盖遥感分类运算的数据，其数据源可以是遥感特征信息，也可以是非遥感特征信息，如高程、气温等因子。土地覆盖分类过程十分复杂，选取适合的分类特征以及对这些特征的综合应用对分类精度的提高有重要意义（刘勇洪等，2006）。通常有光谱维、时间维、空间维和其他的分类特征，以下从这几个方面简要论述。

1. 基于光谱维的分类特征

目前，多光谱遥感数据比较丰富，高光谱遥感也取得了一定进展。它们所反映的不同波段的地物波谱响应特性可以有效识别地物，通过不同波段组合或图像运算突出专题信息，提取土地覆盖类型。一般用户经过纠正和处理将传感器所记录的亮度值转化为表征地物电磁波谱特性的地表反射率或亮度温度。地表反射率是常用的一种光谱维分类特征，它是波长的函数。

2. 基于时间维的分类特征

土地覆盖中的地物类型会随时间发生变化，特别是具有明显季相节律和物候差异的植被与农作物。虽然单一时相的遥感数据不能很好的区分出的土地覆盖类型，但可以通过多时相数据的对比分析、变化检测加以识别。基于时间序列的分类特征有植被指数和叶面积指数。植被指数在一定程度上反映了不同植被类型的生物特性如生物量、覆盖度等，最常用的是 NDVI 和 EVI。

其中，NDVI 为最广泛应用的植被指数，被定义为近红外波段与红波段的差值与这两个波段的和之比。NDVI 具体的表达式为

$$\mathrm{NDVI}=\frac{\mathrm{NIR}-R}{\mathrm{NIR}+R}=\frac{\mathrm{Ref2}-\mathrm{Ref1}}{\mathrm{Ref2}+\mathrm{Ref1}} \tag{6.1}$$

式中：Ref 为 MODIS 的波谱通道，下文中的其他表达式也分别用 MODIS 对应的通道表示出来。研究表明，NDVI 时序数列可以有效提高分类精度。对于 NDVI 时序数列分类方面的研究很多，2004 年 Tucker 等研究表明，归一化植被指数实际反映了植被生物量、覆盖度和叶绿素含量三个方面的生物物理化学性质，利用不同时相条件下的 NDVI 序列可以比较准确地反映植被生长季相的变化规律，这已成为利用遥感数据进行大区域范围植被和土地覆盖制图的基本思路（刘爱霞等，2006）。

另外，为了克服 NDVI 高植被区易饱和、低植被区易受土壤背景影响的缺点，研究者们针对 MODIS 数据的特点，发展了一种基于 MODIS 数据的新植被指数，称为增强型植被指数（enhanced vegetation index，EVI），用 MODIS 数据表达为

$$\mathrm{EVI}=\frac{2.5(\mathrm{NIR}-R)}{\mathrm{NIR}+6.0\mathrm{NIR}+7.5\mathrm{BLU}+1}=\frac{2.5(\mathrm{Ref2}-\mathrm{Ref1})}{\mathrm{Ref2}+6.0\mathrm{Ref1}+7.5\mathrm{Ref3}+1} \tag{6.2}$$

NDVI 与 EVI 值均为 $-1\sim1$，对一般地物来说，水体 < 建筑 < 草地 < 林地，因此在宏观范围内，对不同土地覆盖类型有较好的识别（刘勇洪和牛铮，2004）。

3. 基于空间维的分类特征

空间维的分类特征主要是纹理特征，可以通过线性、非线性模型提取这些信息，如利用统计分析方法、马尔可夫随机场模型、小波分析、神经网络和灰度矩阵等方法进行特征提取。纹理分析可以帮助抑制异物同谱、同物异谱现象的发生。对于空间复杂、光谱混合的遥感影像，如果空间属性也参与分类，那么分类的精度就可以得到提高。纹理分析的方法结合常规的分类方法，有助于提高遥感影像最终的分类精度，从而可以更好地理解遥感影像，并从遥感数据中提取各种有用的专题信息。

灰度共生矩阵法是建立在估计图像的二阶组合条件概率密度函数基础上的。灰度共生矩阵不能直接应用，但各种特征是基于它计算而来的，主要可分为：①表达可视纹理的特征：局部平稳（homogeneity）、对比度（contrast）、非相似性（dissimilarity）；②基于信息理论的特征：熵（entropy）；③三种基于统计的特征：均值（mean）、变异（variance）、能量（角二阶矩，angular second moment）；④基于相关度的特征：相关（correlation）（刘勇洪和牛铮，2004）。李金莲等（2006）以太湖流域西苕溪上游安吉地区的 SPOT5 影像为试验区，得到的分类结果表明：将纹理分析方法应用于图像分类中可区分光谱混淆的地物，光谱与纹理特征结合得到的分类精度高于单纯依靠光谱特征进行分类和单纯依靠纹理分类的分类精度。

4. 其他分类特征

在遥感图像处理中将遥感图像数据与数字高程模型（DEM）融合，可以用来提高遥感对土地覆盖、森林覆盖等的分类精度，除了 DEM 外，其他分类特征如土壤亮度指数、地表温度、湿度指数和水体指数参与分类也能提高土地覆盖分类结果的精度（宫攀等，2006；刘勇洪和牛铮，2004）。

6.2.3 试验研究

1. 研究区概况

研究区域位于北纬 38°~44°，东经 111°~118°，包含北京、天津、河北、山西和内蒙古部分区域，总面积约 33.6 万 km^2。研究区地表形态主要由内蒙古高原、华北平原和太行山三大部分组成，属于暖温带和温带大陆性季风气候，除内蒙古地区地域差异巨大、冬季寒冷漫长、夏季凉爽宜人以外，其他区域夏季炎热多雨，冬季寒冷干燥，春、秋短促，一年四季分明，年平均气温 3~15℃，年降水量 750mm 以下，由东向西递减。

研究区域处于农牧交错带。南部属于华北平原，分布着大面积的农田，包含北京、天津等重要的大都市，有较为典型的城镇类型；北部的浑善达克沙地生态环境极为脆弱，沙漠化比较严重；内蒙古与山西、河北交界处农田扩展严重，土地覆盖类型比较复杂。图 6.3 指出了研究区在中国的具体位置，并给出了利用 MODIS 反射率中的 2 通道（近红外波段）、1 通道（红光波段）、4 通道（绿光波段）合成的标准假彩色图像，该图从宏观上反映了研究区域的土地覆盖情况。

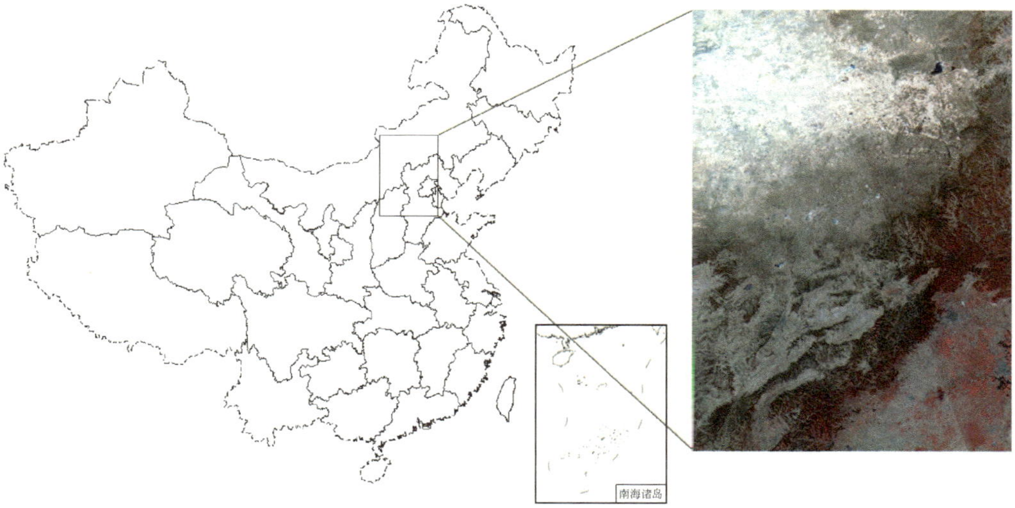

图 6.3 研究区位置与 MODIS 标准假彩色图像

2. 数据来源及预处理

为获取较优的分类特征，本节分别从土地覆盖类型的光谱特征、时相特征、空间特征和地形特征进行选择。

1）8 天合成的 MODIS 反射率产品 MOD09Q1（1 ~ 2 波段 250m 分辨率）和 MOD09A1（3 ~ 7 波段 500m 分辨率）数据，代表各类别的反射率波谱特征。选用 2005 年 10 月 8 日 ~2005 年 10 月 15 日，为地物类别光谱差异较大的秋季。

MODIS 提供了常见的对地观测的 7 个光学反射率波段，而且由于谱带更窄，大气效应减弱，数据质量更佳。为提高分类精度，全部 7 个反射率波段均参与分类试验。所选用 MODIS 波段的技术参数见表 6.6。

表 6.6 MODIS 第 1 ~ 7 波段技术参数及光谱范围与 TM 对应波谱比较

MODIS 第 1 ~ 7 波段/μm	空间分辨率/m	波段区间	对应 TM 波段
0.62 ~ 0.67	250	红光波段	TM3
0.841 ~ 0.876	250	近红外波段	TM4
0.459 ~ 0.479	500	蓝光波段	TM1
0.545 ~ 0.565	500	绿光波段	TM2
1.230 ~ 1.250	500	短波红外波段	
1.628 ~ 1.652	500	短波红外波段	TM5
2.105 ~ 2.135	500m	短波红外波段	TM7

2）16天合成的MODIS植被指数数据MOD13Q1，分辨率为250m，其计算基于8天合成的反射率数据MOD09产品，有效地消除了大气和云的影响。选用2005年1月1日~1月16日、4月7日~4月22日、7月12日~7月27日、8月29日~9月13日，为代表四季的4个时相。

3）考虑到本区各类别在地形上的差异，地形特征选用了30弧秒分辨率的SRTM DEM数据。

4）辅助数据：选取两景Landsat ETM+数据、2004年的MODIS土地利用/土地覆盖变化产品MOD12、《中国地图集》、1∶100万《中国植被图》和1∶400万《土地利用图》作为辅助判读资料来选取样本。

通过MODIS产品处理软件MRT对MOD09A1的第3、4、5、6、7，5个波段和MOD09Q1的第1、2两个波段以及MOD13Q1的NDVI与EVI两个波段进行镶嵌、地理几何校正与重采样，采样方法选取双线性内插法。本研究的投影采用的是双标准纬线等面积割圆锥投影（ALBERS），分辨率统一为250m，文件保存格式为Geo Tif。具体参数如下：第一标准纬线，25°00′00″N；第二标准纬线，47°00′00″N；中央经线，105°00′00″E；坐标原点，0.0°。

5）椭球体：Krosovsky（长半轴6 378 245m，短半轴6 356 863m，扁率1∶298.30）。

6）纬向偏移：0。

此外对DEM数据也要进行地理几何校正与重采样，投影体系和采样方法同上。

经过以上处理最终产生250m分辨率的遥感影像数据包括地表反射率（7个波段）、植被指数（NDVI和EVI各4个波段）、DEM（1个波段）。

3. 样本选取

土地覆盖分类体系应综合考虑调查比例尺的大小、精度、遥感资料可辨性、区域特点、实用性和系统性（赵庚星等，2000）。基于对研究区的了解，针对研究区域的自然地理特性，根据所选遥感数据的判读分析以及试验研究的目的，本研究将该区域土地覆盖类型分为6种：农田、林地、草原、荒漠、城市、水体。

我们知道分类系统的合理选取影响分类的精度，同时训练数据的质量也在很大程度上影响着制图精度。由于缺乏相应区域的地面实际样本，为最大限度地保证选取样本的代表性，以遥感影像目视解译为主，结合30m分辨率的Landsat ETM+数据、MODIS土地利用/土地覆盖变化数据、《中国地图集》、1∶100万《中国植被图》和1∶400万《土地利用图》，在遥感影像图上选出各类有代表性的样区。为了对分类结果进行评价，把选取的样本随机分为两部分，70%用于分类，30%用于精度评价。各类别样区及样点数见表6.7。

4. 分类特征选择及处理

本研究选择的分类特征包括地表反射率（MODIS波段1~7）、两种植被指数（NDVI和EVI）、DEM以及两种纹理特征（协同性或局部平稳homogeneity、熵entropy）。有研究表明精度评价的分类方法对分类精度有很大的影响。目前遥感图像的分类技术远远跟不上遥感技术本身的发展。尽管不同学者从不同角度提出了很多分类方法，但没有哪一种是普适的、高效的（费鲜芸和高祥伟，2002）。为进行不同分类特征的评价与比较，本节采用的分类方法为监督分类中的最大似然法（maximum likelihood estimation，MLC），它作为大尺度土地覆盖遥感分类的主导方法，有严密的统计理论基础，假定训练区地物的光谱特征和自然界大部分随机现象一样，近似服从正态分布，根据训练样本的均植和方差来评价其他像元和训练类别之间的相似性。

表 6.7　各类别样区及样点数

土地覆盖类型	总体样区数	总体样本数	训练样本数（用于分类）	验证样本数（用于精度评价）
农田	24	3019	2114	905
林地	17	1678	1174	504
草原	21	2731	1912	819
荒漠	26	3859	2701	1158
城镇	16	2665	1866	799
水体	19	1730	1211	519

（1）植被指数

为了试验两种植被指数 NDVI 与 EVI 对分类效果的差异，我们分别用基于 70% 的训练样本对 4 个时相的 NDVI 和 EVI 进行了最大似然分类，并利用 30% 的验证样本对分类结果进行混淆矩阵分析。表 6.8、表 6.9 是统计所得的混淆矩阵。

表 6.8　用植被指数 EVI 分类后的混淆矩阵

分类特征（EVI）	类别	验证样本						
		农田	林地	草原	荒漠	城镇	水体	总和
分类结果图	农田	520	36	12	10	45	3	626
	林地	207	459	20	0	3	0	689
	草原	141	6	618	82	13	0	860
	荒漠	31	0	169	1006	137	0	1343
	城镇	6	3	0	60	597	2	668
	水体	0	0	0	0	4	514	518
	总和	905	504	819	1158	799	519	4704

注：总体精度：（520 + 459 + 618 + 1006 + 597 + 514）/4704 = 78.95%。

表 6.9　用植被指数 NDVI 分类后的混淆矩阵

分类特征（NDVI）	类别	验证样本						
		农田	林地	草原	荒漠	城镇	水体	总和
分类结果图	农田	736	30	52	5	27	1	851
	林地	61	474	0	0	0	0	535
	草原	91	0	670	27	49	0	837
	荒漠	3	0	86	1088	62	0	1239
	城镇	14	0	11	38	661	0	724
	水体	0	0	0	0	0	518	518
	总和	905	504	819	1158	799	519	4704

注：总体精度：（736 +474 +670 +1088 +661 +518）/4704 =88. 16%。

从表中可以看出，NDVI 特征分类效果稍好于 EVI，因此从中选取 EVI 特征分类参与下面分类。

（2）纹理特征提取

纹理特征可以通过地表反射率提取出来。先将反射率数据通过主成分分析选择信息量最集中的第一主分量进行纹理分析，分析方法采用基于滑动窗口的方法。刘勇洪和牛铮 2004 进行了 3 × 3、5 × 5 直到 13 × 13 大小的窗口下各种纹理特征对分类精度影响的试验，研究发现，不同滑动窗口的大小分类效果不一样，9 ×9 窗口大小下的各种纹理特征（除 mean 特征外）对提高分类精度明显，同时，在同一窗口下不同的纹理特征参数分类效果表现也不一样。因此本节选取 9 ×9 滑动窗口，提取 homogeneity 和 entropy 两种纹理特征参与分类试验。

这样，经过以上特征选择与提取，我们从分析结果中选取了地表反射率的 7 个波段（以下用 Ref 1 ~7 表示）、NDVI（4 个时相）、DEM、homogeneity 和 entropy 共 14 个参数作为研究区的土地覆盖分类特征。

6.2.4　精度评价与比较

本研究利用上文得到的 6 种分类特征（14 个波段），进行宏观土地覆盖分类，对所选的不同分类特征组合的精度进行分析，其中反射率 1 ~7 波段简记为 Ref，纹理特征 homogeneity 简记为 Homo。表 6.10 列出了各种特征组合对每种土地覆盖类型的分类精度和总体精度。

表 6.10　在 Ref1 ~7 影像中加入不同特征组合后的分类精度　（单位:%）

类别	不同分类特征组合下的分类精度								
	Ref	Ref + NDVI	Ref + DEM	Ref + Homo	Ref + Entropy	Ref + NDVI + DEM	Ref + NDVI + Homo	Ref + NDVI + Entropy	Ref + NDVI + DEM + Entropy
农田	83.43	89.61	86.19	83.31	85.64	91.82	89.83	90.50	92.49
林地	96.43	98.81	98.21	96.83	97.82	99.01	98.81	99.21	99.40
草原	90.48	94.87	92.43	89.50	88.64	93.16	95.12	94.26	92.92
荒漠	95.60	99.48	97.15	97.24	97.50	99.65	99.57	99.65	99.57
城镇	99.00	99.62	99.25	99.00	99.12	99.62	99.62	99.62	99.62
水体	99.23	99.81	99.23	99.81	99.81	99.81	99.81	99.81	99.81
总体精度	93.43	96.77	94.92	93.75	94.24	96.96	95.875	96.92	97.07

由表6.9分析可得：仅用7个波段的地表反射率光谱信息，就可得到比利用4个代表时相的植被指数NDVI进行最大似然法分类高得多的分类结果，两者总体分类精度分别为93.43%，88.16%，这充分显示了多光谱信息在宏观土地覆盖分类上的优势。但反射率特征（Ref1 ~7）下的农田、草原分类精度相对偏低，而加入多时相的NDVI（Ref1 ~7 + NDVI）明显能提高这两者的分类精度（农田从83.43%提高到89.61%，草原从90.48%提高到94.87%），显示了多时相在土地覆盖分类中的优势。可能是由于本节所选用的植被指数只有4个时相，所以分类效果较差。如果有较多时相，分类精度会大大提高。同样，在Ref1 ~7影像中分别加入DEM，homogeneity和entropy也明显改善了分类结果，只是对分类精度增加的贡献大小不同而已。NDVI在分类精度的增加上贡献最大，分类总体精度达到96.77%，增加了3%，主要体现在农田、草原、荒漠类别精度的增加上；其次是DEM和Entropy也贡献了近1%。这说明不同分类特征对不同地物而言其分类效果不同，各有优劣。研究表明依次增加分类特征，总体分类精度也不断提高，从Ref1 ~7 + Homogeneity组合的总体分类精度93.75%到Ref1 ~7 + NDVI + Homogeneity组合的96.88%，较最初的Ref1 ~7分类精度93.43%提高了3.4%；从Ref1 ~7 + NDVI + DEM组合的总体分类精度96.96%到Ref1 ~7 + NDVI + DEM + Entropy组合的97.07%，较最初的Ref1 ~7分类精度提高了近4%。

另一方面，加入某些分类特征虽增加了总体分类精度，却并没有增加个别类别的分类精度，甚至降低了个别类别的制图精度。例如，在Ref1 ~7中加入Homogeneity特征，没有增加城镇的分类精度（分类精度均为99.00%），反而降低了农田、草原的分类精度（农田由83.43%降至83.31%，草原由90.48%降至89.50%）。

本节只给出了利用Ref、NDVI、DEM、Entropy得到的精度最高的土地覆盖分类结果，如图6.4（见书后彩图）所示。

6.3 基于TM数据的土地覆盖分类——以城市为例

6.3.1 引言

城市地域空间扩展是衡量城市化水平的主要测度指标（汪小钦等，2000），研究城市化就要研究城市空间扩展。城市环境特征之一是各种土地利用类型以不同方式分布于整个城市，应用遥感来研究城市环境时最重要的就是了解对象城市所具有的特征，并因地制宜选择合适的研究方法（周成虎等，1999；郭文娟和张佳华，2005）。Zha等（2003）通过分析南京市TM影像的特点，提出了NDBI的概念［NDBI =（TM5 − TM4）/（TM5 + TM4）］，并将其用于城市分类，获得高达92.6%的精度。彭光雄等（2006）曾利用归一化植被指数和归一化水体指数设定合适的阈值，以长沙市和常德市为实验区域提取植被和水体信息。杨存建和周成虎（2000）曾用谱间结构阈值法从TM图像上半自动地提取居民地信息。但是阈值法只注意了水体的某些波段的光谱特征而忽略了其他波段，而且将众多阈值同时调整到恰当点不仅很费时费力也难达到很高精度（梁益同和胡江林，2001）。要比较简便而又准确地监测城市土地利用变化应该采用综合的方法，如将图像分类、植被指数与二值法等方法结合进行研究提取城市如土地类型变化信息，这样既可相互验证结果，又可互补不足。

南宁市位于广西南部，是华南沿海和西南腹地两大经济区的结合部以及东南亚经济圈的连接点，是环北部湾沿岸的重要经济中心，也是新崛起的大西南出海通道枢纽城市，地理位置十分重要。其城市扩展的状况对于城市发展的政策制定而言十分重要，一直以来从空间上对南宁市城市建成区扩展的过程和驱动力进行研究还比较薄弱。对于南宁市城市扩展的有关研究方面，吴兴国（1999）分析了南宁市城市化进程对城市气候环境变化的影响；胡浩和温长生（2004）研究了南宁市城市空间扩展与当地房地产业开发的关系；而利用高分辨率的卫星遥感资料对该地区城市发展和土地利用动态的研究却很少。

本节采用Landsat陆地卫星资料，结合气象数据、经济数据等对南宁市1990~2000年土地利用动态变化、城市扩张及其驱动力进行分析研究，并讨论城市扩张对城市降水的影响。选取TM和ETM+的5、4、3波段合成遥感图像进行研究区土地类型分类，并利用其中的4、3波段提取南宁市两时相TM和ETM+的NDVI［NDVI = DN（NIR − DNR）/DN（NIR + DNR）］及其差值，生成各类土地利用面积动态变化矩阵、城镇增加二值图，结合以分析南宁市土地利用的变化状况和城市扩张。结果表明：10年间南宁市城镇范围向其周围呈辐射状迅速扩大，且向各方向扩展的程度基本接近；最大的地物转换类型是旱地转化为城市交通用地，为27.62%，其次为城镇用地及交通用地的转换。分析城市扩展的驱动力表明，人口增长、经济（GDP）的迅速发展、交通建设等对城市的扩展起到了重要作用。城市扩张与降水之间呈现负相关关系：城市的扩展导致道路面积增加，可能导致城市降水的减少。本节研究为城市规划、城市减灾防灾及制订城市的发展政策等方面提供了科学依据。

6.3.2 研究区概况和数据处理

南宁市位于北纬22°13′~23°32′，东经107°45′~108°51′，地处北回归线南侧，属湿润的亚热带季风气候，年均温在21.6°C左右，年均降水量达1304.2mm，平均相对湿度为79%。南宁市地形是以邕江广大河谷为中心的盆地形态，平均海拔74~79m。南宁市地貌为平地、低山、石山、丘陵、台地5种类型，其中平地是南宁市面积最大的地貌类型。南宁市主要河流属珠江流域西江水系，较大的郁江（在南宁及邕宁县境内称邕江）河道全长116.4km，为南宁市重要饮用水水源河流，流域面积73 728km^2。南宁市天然植被有季雨林、常绿阔叶林、竹林、灌木林等。自然土壤多为赤红壤，局部区域有紫色土、石灰土分布。

研究数据包括该地区1990年9月16日的TM图像和2000年12月24日的ETM+图像，相应时相的气象台站数据、辖区图、市区地图、中国植被图集及相关图片等，以及《中国城市统计年鉴》(1991~2001年）和相关经济数据。

通过相关分析进行波段选取，TM和ETM+均选择波段5、4、3并配以红（R）、绿（G）、蓝（B）三种颜色生成假彩色合成图像，以进行下一步的处理：①根据对研究区的先验知识，选取应用最为广泛的归一化差值植被指数［$NDVI=(DN_{NIR}-DN_R)/(DN_{NIR}+DN_R)$］（Deering，1978）来实现对南宁市植被状态信息的表达。对两个时相的数据分别利用4、3波段提取NDVI，并取后一时相的NDVI与前一时相的NDVI的差值。②对遥感图像进行锐化处理（HSV锐化、PC锐化）。再根据上述相关数据资料对其进行监督分类，分类主要分为7类：林地、草地、耕地－旱地、耕地－水田、城镇用地、交通用地、水体；并对分类结果进行后处理，具体步骤：分别处理分类结果，生成7个类别的二值图；将生成的TM的7个二值图数据分别与ETM+的分类图做减法运算，并采用掩膜（band math)，获取结果生成土地利用动态变化矩阵；将TM及ETM+数据的城镇用地二值图利用掩膜进行计算，生成城镇用地增加－二值图。生成土地利用动态变化矩阵，以及城镇用地增加－二值图。③对1990~2000年南宁市的降水资料与城市道路面积数据进行相关分析。

6.3.3 结果与分析

1. 南宁城市NDVI及其差值分析

对所选取数据的5、4、3波段进行的NDVI提取等处理的结果如表6.11所示。

表6.11 NDVI统计结果

项目	最小值	最大值	平均值	负值像元数占总像元数的百分比/%	正值像元数占总像元数的百分比/%
TM-NDVI	-0.459	0.729	0.303	6.7998	93.2002
ETM+-NDVI	-0.654	0.653	0.113	27.0061	72.9939
NDVI差值	-1.070	0.839	-0.190	90.9144	9.0856

由图6.5 1990年（a）和2000年（b）两个时相的NDVI数值结果图得出，色调越浅，NDVI值越大，色调越深，NDVI值越小；1990年9月16日均温29.4℃，日照9.4h（此前一周条件相近），2000年12月24日均温11.2℃，日照9.2h，（此前一周18～20日均温都较高约为20℃，处于降温初期），从图像来看，符合自然季节规律，1990年图像总体色调更浅，NDVI值更高，2000年图像色调较深，NDVI值稍低；图像中部NDVI值较低的色调深的部分有所扩大。参考表6.11中ETM+-NDVI图中负值像元数占总像元数百分比达到了27%，远大于TM-NDVI图中的6.8%。NDVI两个时相的数值变化，其色调深浅反映NDVI变化的程度［图6.5（c）］。色调

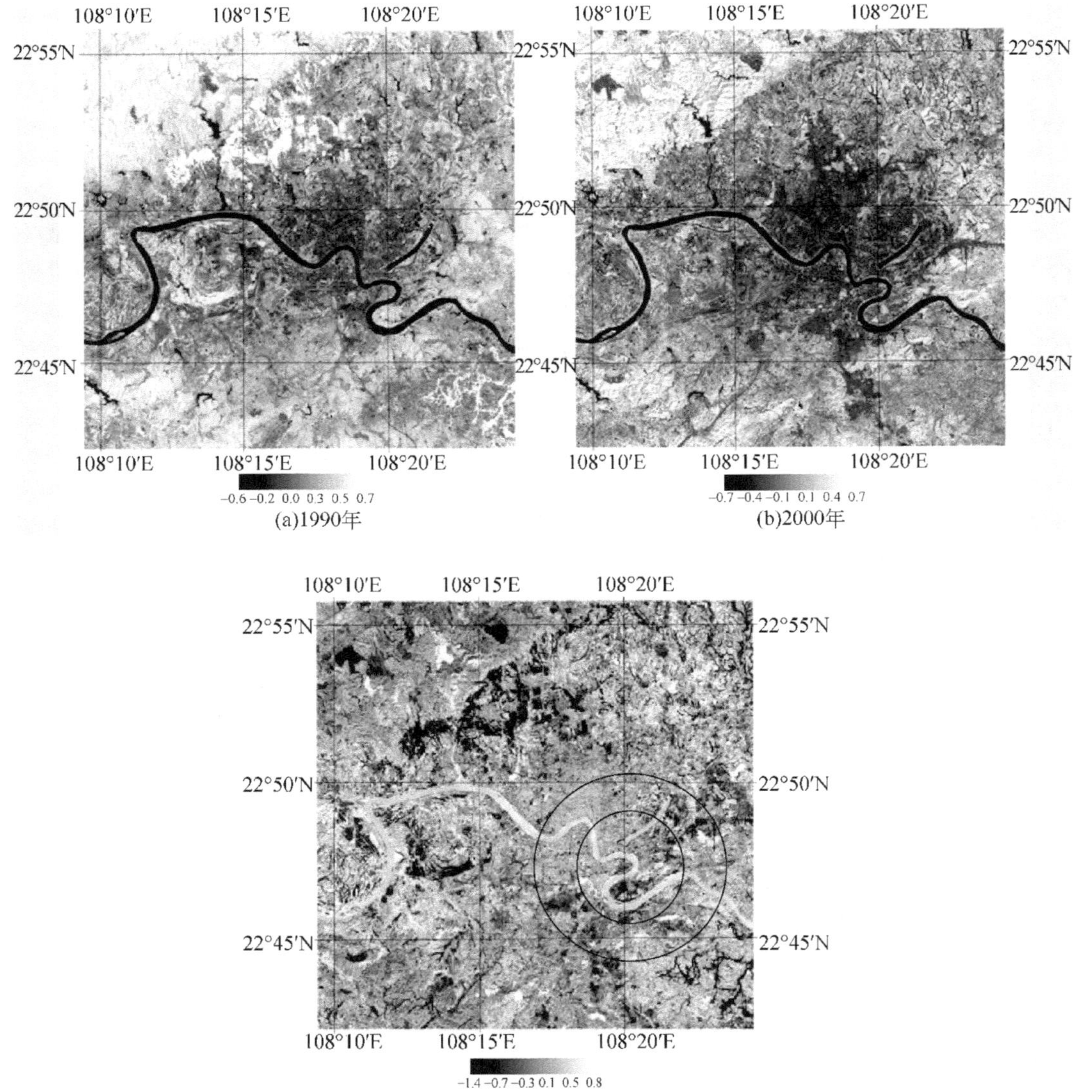

(a)1990年

(b)2000年

(c)南宁市NDVI差值(黑色小圈内为1990年的城区，大圈内为2000年城区)

图6.5　1990、2000年南宁市NDVI（TM/ETM+/差值）的结果

越深，表明 NDVI 值变化得越大。参考表 6. 11，NDVI 差值下降的像元占到 90. 9144% 。最为明显的是：①图像左上部分有一不规则带，其 NDVI 值剧减；②环绕图像中心部分有不规则带的 NDVI 值下降的区域；③均可再结合分类确定变化地物的种类。值得注意的是，NDVI 值下降并不完全是植被生长季相变化的影响，还包括其他地物类型变化带来的影响。

2. 南宁城市土地利用动态变化检测分析

进行非监督分类所得结果较不理想：ETM + 数据的分类结果呈现出较大程度的细碎（由于非监督分类能够识别独特的、覆盖量小的类别；南宁市地物种类丰富且混合出现），只有大面积的水体轮廓清晰，且仅隐约能够辨别城镇的大致范围；TM 数据的分类结果略微清晰，比前者细碎程度降低，但仍然不足以正确辨别地物。为此再进行监督分类，所得结果中利用最大似然法分类的结果较好。结果分别如图 6. 6、图 6. 7（见书后彩图）所示，图中白色圆圈为南宁市城镇基本范围。分类后将 2000 年与 1990 年数据进行比较：南宁市远郊地区林地并没有明显变化（左上方、左下方）；但是草地面积有明显的减少（左上方），同时环绕城市外围（右上方、右中方、左中方）都有增加；耕地（主要是旱地）变化也较为明显，除了右下方外，其他地方的耕地都大面积减少；城市内部的水体基本没有变化，但是在城郊（右上方）有小型枝状水系出现；城镇用地在原来基础上向外扩张，密度变大；最为明显的是交通用地的增加（右中方、左下方），均出现了较大型的公路。

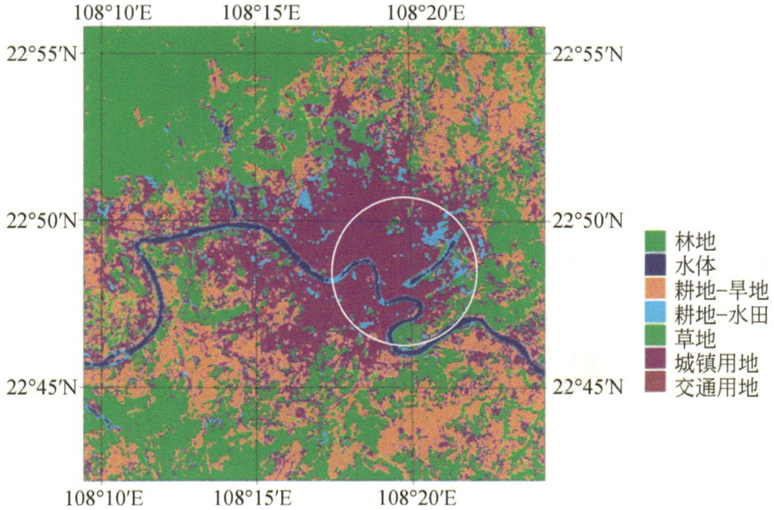

图 6. 6　1990 年南宁市城市土地利用 TM 数据最大似然法分类结果

由分类结果再进行波段计算处理并生成土地利用动态变化矩阵以及城镇用地增加 - 二值图（表 6. 12 和图 6. 8）。

表 6.12　1990～2001 年南宁市土地利用面积百分比动态变化矩阵　（单位：%）

土地利用		2000 年						
		林地	水体	旱地	水田	草地	城镇	交通
1990 年	林地	49.51	0.85	14.73	1.04	16.87	9.03	7.97
	水体	0.03	95.29	0.34	0.33	0.18	3.23	0.60
	旱地	11.91	0.96	34.39	1.72	25.91	11.24	13.87
	水田	5.38	**32.67**	3.37	2.51	3.01	**40.86**	12.20
	草地	15.46	0.97	26.22	2.85	29.03	11.45	14.02
	城镇	7.11	1.93	8.16	3.23	10.41	54.17	**14.99**
	交通	3.99	1.31	**27.62**	3.23	17.71	**22.70**	23.44

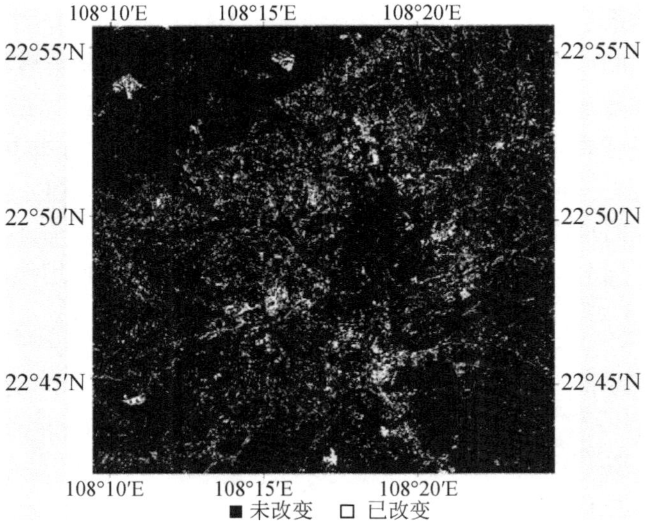

图 6.8　1990～2000 年南宁市城镇用地增加——二值图

根据先前的分类资料，图 6.5 和图 6.8 清楚显示：图 6.5（c）中处于城市范围内的 NDVI 值的变化也体现了城市扩展的结果。图 6.5（c）中所示黑色小圈区域内是 1990 年大致城区区域，黑色大圈为 2000 年大致城区区域。大圈与小圈之间的环状区域颜色有别于环内外，正是城市向外呈辐射状扩展的区域。城市发展和扩展，城区内的建筑增多，地表类型发生了较大的变化，才会使得 NDVI 值也发生了相应的变化。可以与图 6.7 进行相应的对比：图 6.8 为城镇变化的二值图，所以图中仅显示城镇用地这一类别的特征，图像中间的西北方向不规则区域，其色调较浅；居于中部色调较深的是 1990 年城区的范围，在其外围色调较浅的部分（图中白色斑状区域）正是 2000 年城镇增加扩大的区域。两个结果可以相互印证结论。此外，图 6.5（c）中城区外围（大圈外）的西北区域有一不规则带，其 NDVI 值剧减，是草地转化为其他用地类型（图 6.8 中也有所体现）。

参照表 6.12 数据：水体没有太大的变化，但是显示有水田转换成水体（32.67%），其原因有可能是分类误差，由于后一个时相（2000 年 12 月）已经处于冬季，晚稻已经成熟和收割，则水田中就会体现出水体的特征，在图像显示中会被分类为水体；根据气候资料，南宁市冬季温暖，许多植物经冬不凋，植被减少得比较少；各类地物主要是转换成城镇用地和交通用地，表 6.12 中显示转换为城镇的比例都比较高（40.86%，22.70%等），而多类地物转化为交通用地的比例普遍超过 10%，这也符合城市发展和扩展所必然产生的结果，城镇用地和交通用地都增加了；另外由于规划发展要求，城镇及交通用地也有部分转换成为耕地；南宁市处于发展阶段，地物状态变化比较大，卫星资料图像上也反映出混合象元特征明显，市郊地物分布零碎。

3. 南宁市城市降水数据与道路面积数据分析

从国家气象信息中心获得南宁市气象站 1990～2000 年的年平均降水量资料分析［图 6.9(a)］，由图可见，1990～2000 年，南宁市的年平均降水量是逐渐减小的，且从 1997 年起下降趋势非常明显。此外，对从《中国城市统计年鉴》（1991～2001 年）中获取的年实际铺设道路面积进行分析［图 6.9(b)］，由图可见，1990～2000 年，南宁市的年实际铺设道路面积是逐渐增加的，而且从 1997 年起增长趋势非常明显。对其进行相关分析可得降水量与道路面积之间的相关系数为 -0.368 39。因此，降水量的变化与该城市中道路面积的变化是有一定的关系的。分析影响降水量变化的一个可能的原因是：城市进行了扩张，有植被的土地很多被转化为沥青土地、道路和建筑，从而改变了地表植被对降水的截留量；有部分则破坏了土壤结构，促使这些土壤压实和结皮，从而导致入渗速率和土壤蓄水含量有所降低；城市扩张导致增加的道路面积，由于路面硬化不透水，不利于雨水渗透入地，地面径流就会增加；而且硬化的路面蒸发量相对于有植被地表是减小的，对局地的水循环产生了一定的影响，也有可能使降水量减小。这与 Robert 等（2007）研究的结果（城市变大，会出现降水量减小的现象）比较一致。

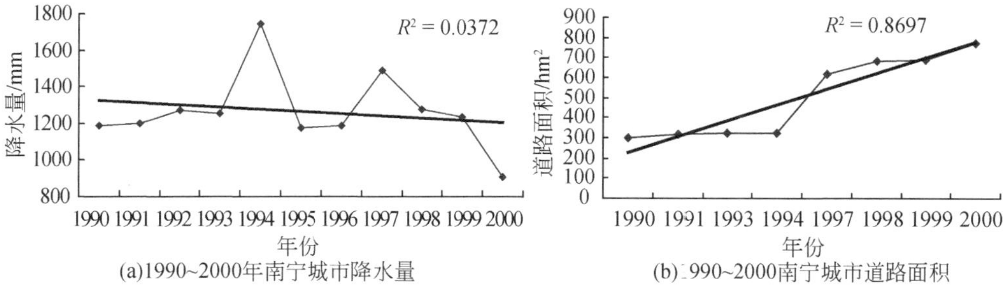

(a)1990~2000年南宁城市降水量　　(b)1990~2000南宁城市道路面积

图 6.9　1990～2000 年南宁城市年平均降水量和年道路面积变化情况

6.3.4　城市土地覆盖扩展的驱动力分析

由以上研究结果可看出，南宁市作为广西的首府，1990～2000 年城市发生了明显的扩展。一般而言，城市的扩展是多种因素综合作用所产生的结果，但不同的城市有着不同的“本底”情况，处于不同的时期，各影响因素产生的作用影响程度有所不同。在这其中，城市规划及发展政策作为最主要的影响因素，在城市的发展中起了主导作用，因为它们决定了这个亟待发展的城市在地理空间、文化空间的变化趋势，当然，它们也是比较难以定量分析的城市扩展的影响因子。但就某一个特定时期而言，在一个规划阶段内，城市的地理扩展主要是受到人口、经济、城市基建等基本因素的持续地影响。南宁市在1990年前，由于种种原因，发展相对缓慢，从1990年之后得以迅速成长，本研究正是南宁市1990～2000年的“初成长期”。所以本节主要讨论以下几个方面。

1. 人口和GDP对南宁城市扩张的影响

城市扩展的速度绝大部分取决于人口增长、文化经济发展的变化。人口增长必将导致粮食需求量的增加，也就产生扩大播种面积的影响，同时城乡居民用地、城市交通建设、水利水电建设等自然也就相应增加。1990～2000年，2000年南宁市区人口为136万人，全市区总人口比1990年增加了28.6万人，年平均增长达到2.4%。而经济高速发展也会带来城市人口扩张，收入水平增高，城市基建投资增加，并形成一个循环增长的趋势。从《中国城市统计年鉴》中获得关于南宁市区人口、城市GDP的数据可见其增长趋势，与城市扩张的趋势比较一致（图6.10），都有着较高的增长率。经济的快速发展，且大量外资的注入，进一步加快了城市化的进程。所以，对于南宁市而言，在经济迅速发展的过程中产生的连锁影响，成为城市扩张的直接驱动力和影响因素。

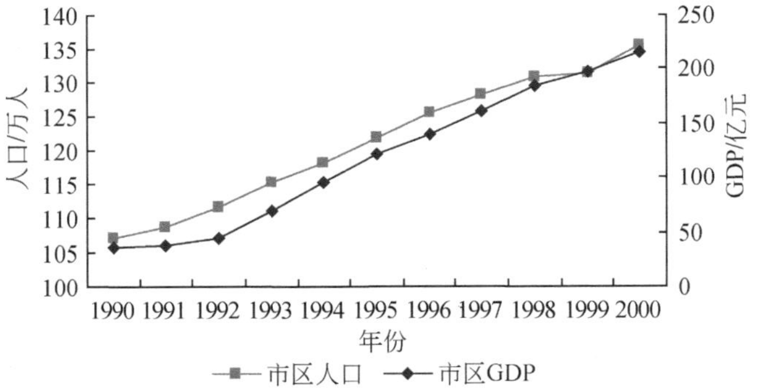

图6.10 1990～2000年南宁市市区人口和市区GDP的变化情况

2. 交通建设和城市绿化对南宁城市扩张的影响

南宁市地理位置优越，具有得天独厚的区位优势和地缘优势，其快速发展具有一定的必然性。南宁市在1990～2000年大力加强城市交通基础设施建设，1990年城市道路面积只有298hm^2，而2000年已经达到了773hm^2，其年均增长率高达10%［图6.11(a)］；由研究中分类结果可知，在城市外围的西南部、东部均出现了较为明显的公路群，根据广西公路局所提供的信息显示，西南方向为机场高速，东向为柳南高速和桂海高速。南宁市为配合自身的地理优势，积极打造相应的交通系统。公路方面已建成或待建的南宁至各邻省首府的高速公路连接，可以与贯通越南南北的 1 号公路、芒街—海防公路连接，构成中国与老挝、柬埔寨、泰国等国之间的公路网；铁路方面，南宁市是西南地区重要的铁路枢纽城市，粤桂线等多条铁路在南宁市交汇，与正在修建的泛亚铁路联网，经过南防线、南凭线可以直达广西沿海三大港口，直通越南、柬埔寨、马来西亚、新加坡；河运方面，南宁市是广西第二大内河运输城市，通航里程达 444km，千吨级船舶从南宁可直达港澳地区；航空方面，南宁市已拥有国际国内航线数十条。因此，交通建设的发展成为城市扩张的一个重要的驱动力。南宁市根据其本身的优势和特性发展第三产业，定位于生态绿色发展，并且在扩张城市的同时考虑了城市的有效规划，积极建设城市绿化，城市绿化面积从 1990 年的 2187hm^2 增长到 2000 年的 4611hm^2 [图 6.11(b)]。城市内绿化面积的增加，导致城市扩张产生的建筑建设用地相应地向原来城区的外围发展，从而可见，城市绿化同时也是城市扩张的一个驱动力（李莉和张佳华，2008）。

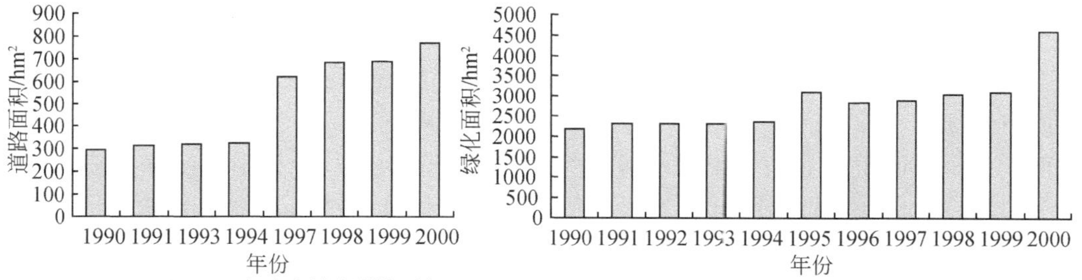

(a)1990~2000年南宁城市道路面积　(b)1990~2000年南宁城市绿化面积

图 6.11　1990 ~ 2000 年南宁市城市道路面积和城市绿化面积的变化情况

6.4　基于 ASTER 遥感数据的土地利用分类

6.4.1　引言

遥感技术已经较成功地被应用于土地利用和土地覆盖变化方面，其中分类方法是一个重要环节。图像分类的总目的是将图像中每个像元根据其在不同波段的光谱亮度、空间结构特征或者其他信息，按照某种规则或算法划分为不同的类别。根据分类过程中人工参与程度分为监督分类、非监督分类以及两者结合的混合分类等。在实际分类中，并不存在一个单一“正确”的分类形式。选择哪种方法取决于图像特征、应用要求和能利用的计算机软硬件环境（赵英时，2003）。刘咏梅等（2003）运用传统的监督与非监督分类相结合的方法，对黄土丘陵沟壑地区坡耕地进行了图像分类，取得了良好的分类效果。张彤等（2004）利用 SPOT 遥感数据，采用监督分类方法，并对监督分类结果进行人机交互目视解译纠正，得到精度较高的崇明岛东部海岸带的景观图。张佳华和王长耀（1998）分析了基于遥感与GIS对景观异质的制图。Flygare（1997）利用TM图像成功地采用了监督分类方法对Mexico郊区进行分类。朱建华等（2000）用TM多光谱遥感图像对16类数据进行了有效的监督分类。

ASTER的主要目的是深入了解地球表面或近地面以及较低大气层发生的各种局部和区域尺度过程，其中包括地表和大气的相互作用（李静，1997）。ASTER影像在冰川、水文、城市扩展、火山预报、蒸散/地表温度、地质6个方面有着广阔的应用前景（http：//www. spatialdata. com. cn/telemetry/aster/apply. asp）。在ASTER影像的解译应用方面，王春兰和陈健飞（2004）利用ASTER高光谱影像成功地提取了地面人工建筑物信息；刘志武等（2003）成功地运用ASTER遥感数据对地表类型进行了分类。本节使用2001年7月26日ASTER数据对南京城郊土地利用信息进行分类。

6.4.2 研究区和数据处理

南京位于北纬31°14′~32°36′，东经118°22′~119°14′，地处长江下游，东接富饶的长江三角洲，南靠宁镇丘陵，西倚皖赣山区，北连江淮平原，地理位置十分优越。南京四周低山盘曲，山环水绕，自然风貌独特。气势磅礴的长江自西向东横穿市区，辖内有秦淮河、滁河、玄武湖、莫愁湖、石臼湖、固城湖等，流域水网纵横交织，水域面积占全市面积的11.4%，水资源极为丰富。岗峦起伏的宁镇山地由东向西形成三个分支切近城市边缘楔入城区，溧水县境内有茅山山脉，江浦县境内有老山山脉。低山丘陵占全市面积的64.5%，是华东低山丘陵集中的主要区域之一。南京地区属亚热带湿润气候，温暖宜人，四季分明，雨量充沛。年平均气温为15.4℃，年均降水量为1106mm。

2001年7月26日南京地区ASTER多光谱波段数据，本研究选取南京市东北郊1011×972的子区作为研究区。重采样过程中选取ASTER可见光–近红外1、2、3N、4、5、6、8通道数据组合，1、2、3N通道空间分辨率为15m；4、5、6、8通道空间分辨率为30m。

1. ASTER遥感数据特征

1999年12月美国发射了地球观测系统（earth observing system，OES）的第一颗卫星，Terra（advanced spaceborne thermal emission and reflect ion radiometer，ASTER）是其上搭载的5种探测仪器之一。ASTER有三个光学系统，即可见光和近红外辐射仪（visible and near infrared，VNIR）、短波红外辐射仪（shortwave infrared，SWIR）和热红外辐射仪（thermal infrared，TIR），分别在14个波段成像，具有较高的空间分辨率和光谱分辨率。另外ASTER装备一个后视近红外波段（3B），可以进行立体观测。ASTER数据基本性能参数见表6.13。与SPOT/HRV、TM、JERS/OPS相比较，ASTER数据相关性能得到很大改善：①提高基高比（从0.3提高到0.6），改善表面高度的精度；②增加SWIR区域的波段，增强表面岩性制图能力；③在TIR区加入5个波段，生成精确的表面温度和发射率。通过改善辐射分辨率和精度，从而提高解译能力。

表 6.13　ASTER 数据基本性能参数

子系统	波段	波谱范围/μm	地面分辨率/m
VNIR	1	0.52 ~ 0.60	15
	2	0.63 ~ 0.69	
	3N	0.78 ~ 0.86	
	3B	0.78 ~ 0.86	
SWIR	4	1.600 ~ 1.700	30
	5	2.145 ~ 2.185	
	6	2.185 ~ 2.225	
	7	2.235 ~ 2.285	
	8	2.295 ~ 2.365	
	9	2.360 ~ 2.430	
TIR	10	8.125 ~ 8.825	90
	11	8.475 ~ 8.825	
	12	8.925 ~ 9.275	
	13	10.25 ~ 10.95	
	14	10.95 ~ 11.65	

2. 波段选取

在遥感图像分类以前，通常需要进行特征选择和特征提取（朱述龙和张占奎，2003）。在进行波段选取时，理论上来说是以进行统计特征分析、主成分分析和相关分析为主，但在实际操作中更注重人的视觉效果，视觉效果好、容易判读就可以。同时可借鉴各种分析结果，对多光谱遥感数据进行基本的单元和多元统计分析，为显示和分析遥感数据提供许多必要的有用信息。

单元统计主要包括计算各波段的峰值、中值、均值、方差、亮度值范围等。峰值是出现频率最高的亮度值；均值是整个图像亮度值的算术平均值，是普遍应用的描述各波段中心趋势的值；亮度值范围和方差可以描述图像中亮度值的离散程度；方差是所有像元亮度值和均值之差的平均平方值，其平方根值为标准差。其标准差越小，图像中像元亮度值就越集中于某个中心值；标准差是普遍应用于数字图像处理的一个统计值，如线性对比增强、最大似然法等。从单元统计来看，波段 1、2、3、4 的均值较高，标准差较大，所含信息量比较大，波段 1、2、3 的特征值很高，对地物特性有明显的反映。单元统计结果见表 6.14。

表 6.14　单波段信息

波段	最小值	最大值	均值	标准差	特征值
1	55	255	78.648 269	11.291 888	825.664 886
2	28	251	45.314 458	11.649 936	295.994 248
3	23	226	74.507 961	24.443 192	52.498 995
4	10	136	38.180 465	12.455 214	4.133 105
5	11	99	26.163 612	7.126 657	3.309 006
6	9	137	24.938 962	8.202 715	0.998 764
7	8	109	20.222 271	7.027 735	0.693 566

通常图像中每个像元在不同波段上的亮度值变化是可以预测的。如果一个波段上的亮度值和另一个波段上的亮度值毫无关系，一个波段上的亮度的增减不影响另一波段上的值，则这两个波段是相互独立的。但是这种情况在一般图像中并不常见，多数图像中各波段之间是相关的，因此需要用一些统计值来定量地表示其相关的程度，协方差就是这样的统计值。由于协方差的大小常会受所用的测量单位影响，为了既检查各波段间相关性的大小，又不受测量单位影响，通常将两波段之间的协方差除以各波段的标准差，得到其相关系数。相关系数一般介于 -1 和 1 之间，如果两波段的相关系数大于 0，则说明一个波段的亮度值增加会引起另一个波段上亮度值的增加，相关系数越接近 1，这种依赖性越明显。反之，如果相关系数小于 0，则一个波段上亮度值增加会引起另一个波段上亮度值的减小。

多波段之间，从相关系数可以知道，波段 1 和波段 3 之间相关系数小，信息量大；波段 3 和波段 2 之间相关系数小，信息量大（表 6.15）。

表 6.15　相关矩阵

波段	波段 1	波段 2	波段 3	波段 4	波段 5	波段 6	波段 7
1	1.000 000	0.963 661	0.200 576	0.458 400	0.650 572	0.679 010	0.711 940
2	0.963 661	1.000 000	0.154 493	0.482 741	0.699 817	0.727 337	0.764 524
3	0.200 576	0.154 493	1.000 000	0.805 146	0.590 986	0.575 259	0.505 085
4	0.458 400	0.482 741	0.805 146	1.000 000	0.915 940	0.906 387	0.861 915
5	0.650 572	0.699 817	0.590 986	0.915 940	1.000 000	0.982 924	0.973 399
6	0.679 010	0.727 337	0.575 259	0.906 387	0.982 924	1.000 000	0.983 279
7	0.711 940	0.764 524	0.505 085	0.861 915	0.973 399	0.983 279	1.000 000

在进行统计特征分析的同时，还选取不同波段组合，并也注重其视觉效果。对波段 3、2、1［图 6.12（a）］，波段 4、3、1［图 6.12（b）］，波段 7、5、1，波段 5、4、3 等不同组合的结果进行分析、比较，最终确定波段 3、2、1（RGB）的组合效果最佳。

(a)波段3、2、1组合　　　　(b)波段4、3、1组合

图6.12　波段间组合

3. 图像增强

为了突出图像中相关的专题信息，提高图像的视觉效果，使分析者能更容易地识别图像内容，并从图像中提取更有用的定量化信息，可以通过直方图拉伸、2%线性增强、图像锐化等多种方法进行改进。对多种方法比较发现，经过2%线性增强和锐化处理后（图6.13，见书后彩图）的图像纹理清晰，地物轮廓清楚，比未增强的图像更利于训练区的选取。

4. 专题提取

由于图像中的水体类别较多，道路纷杂，用穗帽变换进行专题提取，变换后效果比较明显（图6.14，见书后彩图），选取训练区的时候借鉴穗帽变换结果，可以减少分类误差，提高像元纯度。

6.4.3　图像判读分类

1. 建立各类训练区

一般地，对于训练样区的选择，可先进行非监督分类，分出大的类别，本节中图像使用非监督分类分出7类。但非监督分类的效果并不尽如人意，因此还要进行监督分类。本节在分析南京地区的地物情况后，确定12类地物来进行分类。

使用ENVI图像处理软件进行监督分类包括以下内容。

1）选取训练样区。训练样区的选取是监督分类的关键，因此，同一类别训练样本是均质的，不能包含其他类别，也不能是和其他类别之间的边界或混合像元；其大小、形状和位置必须是能同时在图像和实地中容易识别和定位的。在实际的样区选取操作中，经过多次选取和分类，发现尽可能多选类别，各类别地物训练区选得越多，效果越好，因为这样可以减少分类误差。

2）选完训练区进行保存之后，就可以进行监督分类。通过对波谱角和最大似然法的分类结果比较发现，最大似然法中的分类效果更好。

3）做完第一次监督分类后，由于选取训练区时人为误差，样本可能不纯，需要利用ENVI中的七维散点图进行各类别的像元提纯。在ENVI软件中，打开遥感影像之后，Image窗口中选择“Tools”下拉菜单中的“Region of Intrest”，再选择“Region of Intrest”中的“Export rois to n-D visuallizer”命令，根据提示，通过训练区的选择就可以看到散点图窗口，选取波段数即维数，并操作使用，开始提纯像元，获得新的训练区。提纯之后用对新的训练区再次进行监督分类，并与第一次的监督分类结果比较。如果效果不好，说明训练区的选取精度不够，还要不断进行步骤1）、2）和3）。

2. 建立解译标志

城镇：因为图像是南京郊县，所以大面积的地物是农田，城镇面积较小，而且居民点零散的分布着，城镇的主干道比较明显，城镇颜色为桃红色；道路：线状，黄色；农田：分布较广，其间有田间小路纵横交错，作物不同，农田颜色也不同，分出两种农田，颜色分别为深绿和浅绿；湖泊：有一面积较大的湖泊分布在图像的右下角，青绿色，小块不规则的湖泊颜色略有差异；河流：线状，较宽，但有两条大的河流比较明显，颜色深紫色或浅紫色，支流弯曲无规则；养殖场：形状呈均匀条块状，排列紧密，比较规则，蓝色；水塘：由于是郊县，分布着很多水塘，形状各异，颜色也存在差异，相对来说深蓝色水塘较少，大多为青色水塘，分布少，但很均匀。

3. 分类后处理

分类后处理一般进行聚类分析、类别删除和类别合并。本节中聚类分析的结果把图像中的细节部分忽略了，效果并不理想，因此仍保留原分类结果。

6.4.4 结果分析

本节利用南京地区2001年7月26日的ASTER图像，图中水稻大面积均匀分布，农田2零星分布，该时节水稻拔节已经长出约30cm；由于是郊县地区，因此水塘和养殖场大面积零散地分布；田间小路纵横交错，水塘和养殖场间也分布着小路，而且小路上又覆盖着植被，所以在分类时，训练区选择很困难，纯像元很难获取，由于图像本身的问题造成分类精度降低。用监督分类时，训练区的选取很重要，实际操作时要选很多次训练区。尤其对于居民点的选取，要把其中的道路单独选取出来。同时为了避免错分居民点周围的植被，对植被要尽量多地选取训练区。图中水塘视觉效果看起来明显不同，但实际选取水塘的训练样本时，像元很难提纯，很容易错分。对农田进行划分时，由于大面积均匀分布水稻的，比较容易选取。但其他类别的农田分布不规则，夹杂在各种地物之间，而且形状各异，难以选取，很容易被错分，如由于居民点和道路交错在一起，很难划分，城市和道路区分效果比较差，在图像上表现为原本是线状的道路变成了块状。

由于未进行实地考察，精度评价指标很难确定，只能通过目视解译进行人为的精度评价。成果图中道路的划分仍然不够理想，线状的道路在图中部分地区变为块状；城镇的具体形状难以选取，效果不够理想；但农田和水体的分类比较成功。

本节对非监督分类和监督分类方法的结合使用，比较成功地对南京城郊土地利用信息进行了分类（图 6.15）。该方法可借鉴的地方是用 2% 线性增强和锐化处理后的图像，利用穗帽变换进行专题提取，更利于训练区的选取。同时，多次进行监督分类，在一定程度上提高了分类的精度。

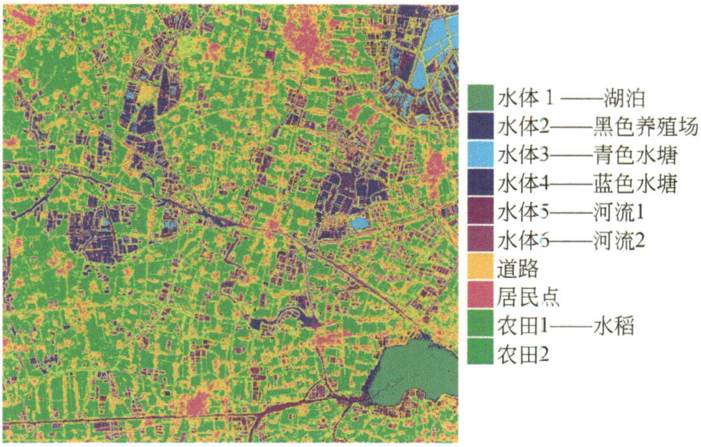

图 6.15　南京郊区土地利用分类图

6.5 小　　结

陆面植被类型的差异表现为植被在光合、呼吸和有机物利用方面的差异。大多数对陆面大气 - 植被 - 土壤中的水热交换和物质循环的研究，都必须了解下垫面的地表分类状况，在全球和区域气候模式中，将其作为重要的边界条件。有人认为，在全球尺度上，植被的特征差异是控制水分、能量和 CO_2 通量最重要的条件，这些因素包括植被的生长类型（乔木、灌木还是草本）、乔木的季节特征（常绿的还是落叶的）、生长叶的类型（针叶还是阔叶）、非乔木的光合作用途径（C3 途径还是 C4 途径）、植被生活周期（一年生的还是多年生的）及干扰的类型和强度（如开垦、种植、火灾等）。

遥感土地覆盖分类是一个极其复杂的综合的过程。不同的分类特征和提取方法各有优缺点，要根据覆盖区域的特点、应用目的和精度要求来选取分类特征，而且将多种分类特征结合能够有效提高分类精度。选择分别代表地表反射率、植被覆盖、地面高程、地表纹理等重要的地物特征因子参与宏观土地覆盖分类，表明分类特征的加入能明显改善分类精度；不同的分类特征对个别类型的分类精度影响不同，各有优劣；

分类特征的加入也并不一定提高某些类别的分类精度，但将多种分类特征结合能够有效提高区域尺度土地覆盖分类的总体精度。

通过详细的分类步骤、证明人工目视解译和计算机监督分类两者结合，是一种提高分类精度的有效方法。遥感分类方法和如何提高遥感数据计算机自动分类的精度一直是遥感技术研究的重要领域。在目前的遥感技术水平条件下，应综合利用各种现有多时相、多源遥感数据，在GIS支持下，充分发挥人工智能优势，提高遥感数据分类精度。

参考文献

费鲜芸，高祥伟. 2002. 土地利用/土地覆盖遥感分类研究综述. 山东农业大学学报（自然科学版），33（3）：391～394

宫攀，唐华俊，陈仲新，等. 2006. 基于MODIS LST修正NDVI时序数列的土地覆盖分类. 资源科学，28（4）：106～110

郭文娟，张佳华. 2005. 利用ASTER遥感资料提取南京城郊土地利用信息的研究. 农业工程学报，21（9）：62～66

胡浩，温长生. 2004. 城市空间扩展与房地产业开发关系研究——以南宁市为例. 西北大学学报（自然科学版），34（6）：731～734

李金莲，刘晓玫，李恒鹏. 2006. SPOT5影像纹理特征提取与土地利用信息识别方法. 遥感学报，10（6）：926～933

李静. 1997. ASTER项目简介. 遥感技术与应用，1：68～70

李莉，张佳华. 2008. 基于卫星数据提取南宁城市扩张信息及驱动力研究分析. 气象研究与应用，29（3）：24～29

梁益同，胡江林. 2001. NOAA卫星图像水体信息神经网络识别方法的探讨. 应用气象学报，12（1）：85～90

刘爱霞，王静，吕春艳. 2006. 基于MODIS数据的北京西北部地区土地覆盖分类研究. 地理科学进展，25（2）：96～103

刘凤仙，王荣静，张玮. 2006. 华北地区基于MODIS的地表覆盖监测方法研究——以建筑用地为例. 甘肃农业，（6）：367

刘纪远. 1996. 中国资源环境遥感宏观调查与动态研究. 北京：中国科学技术出版社

刘咏梅，杨勤科，温仲明. 2003. 地形复杂地区遥感图像分类方法应用研究——以黄土丘陵沟壑地区坡耕地遥感调查为例. 水土保持通报，23（4）：30～32

刘勇洪，牛铮. 2004. 基于MODIS遥感数据的宏观土地覆盖特征分类方法与精度分析研究. 遥感技术与应用，19（4）：217～224

刘勇洪，牛铮，徐永明，等. 2006. 基于MODIS数据设计的中国土地覆盖分类系统与应用研究. 农业工程学报，22（5）：99～105

刘志武，党安荣，雷志栋，等. 2003. 利用ASTER遥感数据反演陆面温度的算法及应用研究. 地理科学进展，22（5）：507～515

卢玲，李新，董庆罕，等. 2003. SPOT VEGETATION中国西北地区土地覆盖制图与验证. 遥感学报，7（5）：214～220

潘耀忠，李晓兵，何春阳. 2000. 中国土地覆盖综合分类研究——基于NOAA/AVHRR和HoldridgePE. 第四纪研究，20（3）：270～281

彭光雄，徐兵，沈蔚，等. 2006. TM图像的城镇用地信息提取方法研究. 遥感技术与应用，21（1）：31～36

汪小钦，徐涵秋，陈崇成. 2000. 福清市城市时空扩展的遥感监测及其动力机制. 福州大学学报（自然科学版），2（4）：28～31

王春兰，陈健飞. 2004. ASTER高光谱影像提取地面人工建筑物信息的应用. 地球信息科学，2：109～111

吴兴国. 1999. 南宁城市化进程对小气候环境变化影响的分析. 广西气象，20（2）：26～28

杨存建，周成虎. 2000. TM影像的居民地信息提取方法研究. 遥感学报，4（2）：146～150

张佳华，王长耀. 1998. 景观信息流及GIS对脆弱生态异质性制图的分析. 中国图象图形学报，3（2）：129～132

张景，姚凤梅，徐明 . 2010. 基于 MODIS 的土地覆盖遥感分类特征的评价与比较 . 地理科学，30（2）：248 ~ 253
张彤，梅安新，蔡永立 . 2004. SPOT 遥感数据在崇明东滩景观分类研究中的应用 . 城市环境与城市生态，17（2）：45 ~ 47
赵庚星，李玉环，徐春达. 2000. 遥感和 GIS 支持的土地利用动态监测研究——以黄河三角洲利县为例. 应用生态学报，11（4）：573 ~ 576
赵英时 . 2003. 遥感应用分析原理与方法 . 北京：科学出版社
中华人民共和国统计局 . 2003. 中国城市统计年鉴（1991 ~ 2001）. 北京：中国统计出版社
中国植被编辑委员会 . 1995. 中国植被 . 北京：科学出版社
周成虎，骆剑承，杨晓梅，等 . 1999. 遥感影像地学理解与分析 . 北京：科学出版社
朱建华，刘政凯，俞能海 . 2000. 一种多光谱遥感图像的自适应最小距离分类方法 . 中国图象图形学报，5（1）：21 ~ 23
朱述龙，张占奎，2003. 遥感图像获取与分析 . 北京：科学出版社
Box E O. 1981. Macroclimate and plant forms: an Introduction to Predictive Modeling in Phytogeography. The Hague: Dr. W. Junk Publishers
Carbon D. 2003. International Commitment & co-operation: Keys to a successful CEOP. Newletter, 3: 1 ~ 2
Deering D W. 1978. Rangeland reflectance characteristics measured by aircraft and spacecraft sensors. College Station: Texas A&M University
Defries R S, Townshenda J R G. 1994. NDVI-derived land cover classification. International Journal of Remote Sensing, 15 (17): 3567 ~ 3586
Dickinson R E, Henderson-Sellers A, Kennedy P J, et al. 1993. Biosphere Atmosphere Transfer Scheme (BATS) version 1e as coupled to the NCAR Community Climate Model, NCAR Tech. Note, NCAR TN387 + STR, 72pp, Natl. Cent. for Atmos. Res., Boulder, Colo.
Feeney M, Rajabifard A, Williamson I P. 1994. Spatial data infrastructure frameworks to support decision-making for sustainable development. Proceedings of the 5th Global Spatial Data Infrastructure (GSDI) Conference, Cartagena, Colombia, May 22 ~ 24
Flygare A M. 1997. A Comparison of contextual classification methods using Landsat TM. International Journal of Remote Sensing, 18: 3835 ~ 3842
Gopal S, Woodcock C E, Strahler A H. 1999. Fuzzy neural network classification of global land cover from a 1° AVHRR data set. Remote Sens Environ, 67: 230 ~ 243
Hansen M C, DeFries R S, Townshend J R G, et al. 2000. Global land cover classification at 1km resolution using a decision tree classifier. International Journal of Remote Sensing, 21: 1331 ~ 364
Holdridge L R. 1947. Determination of world plant formations from simple climatic data. Science, 105: 367 ~ 368
Hunt E R Jr, Piper S C, Nemani R, et al. 1996. Global net carbon exchange and intra-annual atmospheric CO_2 concentrations predicted by an ecosystem process model and three-dimensional atmospheric transport model. Global Biogeochemical Cycles, 10 (3): 431 ~ 456
Kaufmann R K, Seto K C, Schneider A, et al. 2007. Climate response to rapid urban growth: evidence of a human-induced precipitation deficit. J of Climate, 20: 2200 ~ 2306
Los S O, Collatz G J, Sellers P J, et al. 2000. A global 9-year biophysical landsurface dataset from NOAA AVHRR Data. Journal of Hydrometeorology, 1: 183 ~ 199
Loveland T, Merchant J, Ohlen D. 1991. Development of a Land-Cover characteristics database for the conteminous. U. S. Photogramm Eng Remote Sensing, 57: 1453 ~ 1463
Loveland T R, Reed B C, Brown J F, et al. 2000. Development of a global land cover characteristics database and IGBP DISCover from 1-km AVHRR data. International Journal of Remote Sensing, 21: 1303 ~ 1330
Mathews E. 1983. Global vegetation and land use: new high resolution databases for climate studies. J Climate Appl Meteor, 22: 474 ~ 487

Muchoney D, Morak J, Chi H. 2000. Application of the MODIS global supervised classification model to vegetation and land-cover mapping of central America. International Journal of Remote Sensing, 21: 1115 ~ 1138

Neilson R, King G, Koerper G. 1992. Toward a rule-based biome model. Landscape Ecology, 7: 27 ~ 49

Prentice I C, Cramer W, Harrison S P, et al. 1992. A global biome model based on plant physiology and dominance, soil properties and climate. Journal Biogeography, 19: 117 ~ 134

Reich P B, Walters M B, Ellsworth D S. 1992. Leaf lifespan in relation to leaf, plant and stand characteristics among diverse ecosystems. Ecological Monographs, 62: 365 ~ 392

Running S W, Hunt E R. 1993. Generalization of a forest ecosystem process model for other biomes, Biome-BGC, and an application for global-scale models. Scaling processes between leaf and landscape levels. *In*: Ehleringer J R, Filed C B. Scaling physiological Processes: leaf to Globe. San Diego: Academic Press

Running S W, Loveland T R, Pierce L L, et al. 1995. A remote sensing based vegetation classification logic for global land cover analysis. Remote Sens Environ, 51: 39 ~ 48

Sellers P J, Mintz Y, Sud Y C, et al. 1986. A Simple Biosphere model (SiB) for use within general circulation models. J Atmos Sci, 43: 501 ~ 531

Sellers P J, Randall D A, Collatz G J, et al. 1996. A revised land surface parameterization (SiB2) for atmospheric GCMs Part I: Model formulation. J of Climate, 9: 676 ~ 705

Todd S W, Hoffer R M. 1998. Responses of spectral indices to variations in vegetation cover and soil background. PE &RS, 64 (9): 915 ~ 921

Tucker C J, Townshend J R G, Goff T E. 1984. Continental land cover classification using meteorological satellite data. Science, 227: 369 ~ 375

Wen C G, Tateishi R. 2001. 30-second degree grid land cover classification of Asia. International Journal of Remote Sensing, 22 (18): 3845 ~ 3854

Wilson M F, Hederson-Sellers A. 1985. A global archive of landcover and soils data for use in general circulation climate models. J of Climate, 5: 119 ~ 143

Woodward F I, Smith T M, Emanuel W R, et al. 1995. A global land primary productivity and phytogeography model. Global Biogeochemical Cycles, 9: 471 ~ 490

Zha Y, Gao J, Ni S. 2003. Use of Normalized Difference Built-up Index in Automatically Mapping Urban Areas from TM Imagery. International Journal of Remote Sensing, 24 (3): 583 ~ 594

Zhang J, Dong W J, Wang C Y, et al. 2001. Dynamic of China's cultivated land and landcover changes of its typical regions based on remote sensing data. Journal of Forestry Research, 12 (3): 183 ~ 186

第 7 章　气候 - 陆面植被相互作用遥感

7.1　陆面过程参数化遥感

陆面过程就是指发生在陆地表面和土壤圈中控制地、气之间的能量、水分、动量和物质交换的过程。在能量交换中主要包括发生在土壤 - 植被 - 大气之间的辐射过程（短波直射、散射、辐射、反射、透射和长波辐射），以及 CO_2、CH_4、N_2O 和 SO_2 等温室气体的释放和吸收。气象和气候学家对陆面的研究越来越感兴趣。首先，陆面在调节大气组成和影响气候变化方面起十分重要的作用。由大气组成、气候或土地利用变化引起的陆面过程的变化会反过来影响大气和气候变化。其次，利用全球大气环流模式（GCM）和区域气候模式（RCM）模拟研究气候变化，都需要以陆 - 气的能量交换作为近边界条件（lower boundary condition），这一条件可以用陆面过程模拟（LSM）来实现。LSM 能提供诸如温度、湿度、土壤湿润度、雪盖、径流和植被特征等陆面信息，综合反映复杂地表过程相互作用。如果不采用陆面过程 - 大气耦合的方案就难以达到对未来气候的高分辨率、高精度预测的要求。

7.1.1　大规模陆面过程试验研究

在大尺度的陆面过程试验研究中，遥感试验和研究是最重要的研究项目。大尺度的陆面研究试验包括从 1986 年开始到现在十几年在全球开展的多项大规模陆面观测实验研究，研究内容涉及遥感、生态水文、微气象等，主要目标如中尺度模式的分析、水热平衡、水化学、植物与土壤生理、能量 - 水分 - 物质交换、沙漠风暴、边界层气象等的研究。研究陆面地表类型包括：北半球的草原（莫斯科南森林草原、中国黑河的荒漠草原、中国内蒙古半干旱草原、美国 Kansas 温带草原区）；稀树草原（尼日尔的萨赫勒）；森林区（法国西南的海岸松林、瑞典的北方森林、莫斯科西北部的针叶林、莱茵河流域上游的山地森林、加拿大 Albert 的北方森林、美国密西西比流域）；中国黑河的冰川至沙漠绿洲；西格陵兰的 Sisimuit 冰盖区，青藏高原的积雪冻土；灌木（西班牙）；农业区（法国西南部、莫斯科南部、德国的 Hildesheimer Borde 农业区）；南半球澳大利亚的汇水区的草场、林地和半干旱区灌溉绿洲，南美巴西亚马孙的热带雨林。从上面列出的全球不同地区正在进行和已经结束的各类大范围、大尺度的陆面过程试验研究中，我们可以看出在陆面过程研究中遥感过程研究的重要性。这些大尺度的陆面过程试验和已开展的 WCRP（World Climate Research Programme，1980），

GEWEX（Global Energy and Water Cycle Experiment，1990）和IGBP（International Geosphere-Biosphere Programme，1998）计划紧密相关。

7.1.2　遥感陆面过程参数化技术分析

现在有大约一半运行着的静止卫星提供近于连续的全球云覆盖和温度数据。在近地极地轨道上运行的遥感卫星包括LANDSAT，NOAA，SPOT，Terra（EOS－AM1）等。收集各种可见光和近红外光谱区的遥感数据，特别是NOAA/AVHRR数据对于研究生物大气相互作用，生态系统动态和生物/水文循环的意义十分重大，这些过程包括土地覆盖变化、生物作用、辐射收支、水分温度变化、地表地貌特征和土壤特性变化等。除了光学遥感传感器外，其他传感器如微波传感器、激光传感器（如激光雷达等）也得到较大发展。在空间分辨率上，LANDSAT从4波段80m地面分辨率的MSS发展为7波段30m地面分辨率的TM，而中等分辨率的成像光谱仪把波谱分成36个波段。

以Dickinson等（1993）提出的“生物圈－大气传输方案”（BATS）的陆面过程模式为例，其每一个模式格点输入值包括：地表辐射特征、地表覆盖状况、土壤类型及其他物化参数，计算土壤、雪、海冰的温度，计算土壤湿度、蒸散和地表及地下水径流，地表植被覆盖度、混合像元的地表蒸腾，各种地表特征反射率，植被水分收支(包括露水、降水截留和由气孔阻力及土壤干旱状况限制的蒸腾)，导标拖曳系数，以及叶温、叶变量参数（包括叶面积指数、叶通量、叶气孔导度)。三维的研究全球C循环和陆面生态过程模拟的BIOME-BGC（biome bioGeo chemical cycles）输入的变量包括：每个网络输入值：经纬度、高程、植被类型、叶面积指数、土壤结构类型、土壤深度、土壤C含量；要求以每日输入值：空气最高温度、最低温度、降水量（等量水分)；经计算或可选择的输入值：日照长度、日太阳辐射、PAR、每日平均相对湿度、在土深10cm的土壤温度、大气CO_2浓度。输出变量包括：每日输出值，水通量包括蒸发蒸散、流出、水分含量、日出前的叶/土壤水势；日总光合作用、光呼吸、暗呼吸、净C交换、吸收PAR（APAR)；每年输出值，NPP年呼吸总量、年净C交换、PAR转换效率、植物^{13}C。最新的耦合植被动态和生物地球化学的模式还包括计算叶绿素含量、总N量和叶结构特征、C同化等一系列参数化过程。

在陆面过程模式参数化过程中，遥感信息既可以作为初始变量或边界条件，又可以用来检验模型的有效性。遥感信息主要包括如下关键变量。

1）反射率（入射太阳辐射和光合有效辐射)。实际上，反射率在GCM或RCM模式中常被用作输入变量，目前的遥感信息可以提供从分辨率在100m～1km不等分辨率的地表的反射率信息。对于入射的太阳辐射来说，目前可从光学遥感的模型中加以计算，主要的误差来自大气中气溶胶的贡献影响的不确定。光合有效辐射PAR（0.4～0.7μm）有别于入射太阳辐射，对于PAR的计算一般从入射太阳辐射的相关性中加以求取，或者通过FPAR和PAR的关系来反推PAR的值。

2）净长波辐射（NLR)。通过净地表的温度场和4维同化的数据（4DDA）计算向上和向下的辐射通量，再用于计算NLR。

3）蒸散。目前在全球尺度利用遥感信息计算地面的蒸散仍有许多不确定性，现在往往通过地面的实验和生物物理的相关模型，以及运用地面气象资料和遥感信息来共同解决地表蒸散的问题。

4）降水。降雨（雪）是陆面过程模式中计算水量平衡的一个非常重要的输入变量。但是它随时间和地点变化大而且非常难精确地测定。在气候模式中如果能保证月误差在 ±0.3mm/d 或 10% 的实际降水量，那就是相当小的误差范围了。但是目前大部分的区域尺度范围内降水输入变量的误差至少在 50% 左右。主、被动的微波遥感是获取降水资料的有效的办法，这些资料包括星载的降水雷达（TRMM）、星载的 SAR 资料和 SSM/I 的资料。

5）土壤的水力学参量。具体包括土壤的孔隙率、水阻、导水率特别是垂直廓线，以及由于土壤深度变化引起的土壤学的参数变化等，还有诸如地表湿度、温度。

6）地表粗糙度和地形。在计算蒸散和感热通量时，需要空气动力学阻抗，而计算空气动力学阻抗则依赖于地表粗糙度的信息（Z_0），Z_0 可粗略地解释为冠层从气流中吸收动量的效率。可通过冠层的有效高度来加以求取。

7）对动量通量来说，地形影响次网尺度的气压阻力的变化是十分明显的。其次诸如地表径流，地形坡度等均对水量平衡产生影响，DEM 高程数字模型可以有足够的垂直分辨率来给出次网格的地形参数，地形对热量 – 水分平衡的再分配。

8）近地面气象参数。这类参数既包括近地面温度、湿度、云量和类型、降水、风速等，又包括辐射亮温、红外的比辐射率、雪中水含量、雪线、永久冻土、地表湿度和冰流等。

9）植被参数。如地表植被类型、植被季节动态、植被指数、叶面积指数、植被的光合作用（区分 C3、C4 植物）、呼吸效率、植被的地表生物量和净生产力等。现在 AVHRR 已有覆盖全球的遥感数据，需要建立以 SPOT 数据为主的数据网加强对陆面植被特征的解释能力。其他如利用被动式微波传感器来探测半干旱区的植被，目前 MODIS 资料的应用起到至关重要的作用。另外，现有 LANDSAT4 号、5 号在观测植被生态系统的空间构成相当重要。

7.1.3 植被季节动态的遥感分析

遥感信息高时间分辨率有利于植被季节动态的研究，研究植被的长势状况与光合作用的强弱，一般使用（近红外 – 红色波段）/（近红外 + 红色波段）的方法。对于活性变低的植物，是利用其红外反射相对于红光来说降低这一特点，来获取植被指数。用此植被指数可作农作物的活性调查，也可用于提取病虫害耕地的信息。

植被的季节动态是陆面过程研究的重要内容，不同季节植被的特征差异显著。植物长期适应于一年中温度水分条件的节律 – 物候季相。例如，大多数植物在春季温度开始升高时发芽、生长、继之出现花蕾，夏秋季高温下开花、结果和果实成熟，秋末低温条件下，即进入休眠。

然而植被的物候变化与气候条件有关，气候条件又反映了该植被所处的纬度、海陆位置和地形条件（海拔高度）等，因而不同的植被类型差异明显。本节选择了有代表性的几种植被类型，研究其全年的 NDVI 的变化。陆地生态系统东亚地区典型植被类型的 NDVI 的季节变化如图 7.1 所示。从图 7.1 中可以看出，在常绿叶林中全年平均 NDVI 值在 0.4 以上［图 7.1（a)］，表现为该类植被的典型特征，全年有植被覆盖，有较高的地上现存量，叶绿素含量较高。在阔叶落叶林中，落叶季节的 NDVI 在 0.3 以下，平均在 0.2 左右［图 7.1（b)］。生长季节，植被覆盖良好，因而在其最茂盛生长季的 7 月，平均的 NDVI 大于 0.4，接近于 0.5。在草地生态系统中从当年 10 月到次年的 4 月，草本植物处于枯黄期，大部分地上部分死亡，因此呈现出较低的植被 NDVI，而在生长季的 5 ~9 月，反映出较高的 NDVI 值，其中典型草原区的 NDVI 值最高值出现在 8 月，接近于 0.4［图 7.1（c)］。原因在于该类型植物降水集中于 7 月底到 8 月初，植被长势最好。常绿针叶林植物的叶子呈针叶，全年常绿，但也表现出不同季节内 NDVI 的差异，从 10 月至次年 4 月，由于温度和降雨的影响，针叶树的物候处于冬期，叶量减少，且叶绿素含量下降，因而呈现出较低的 NDVI 值，平均在 0.2 左右，进入夏期的生长季节，林分叶量增加，叶绿素含量增加，因而呈现较高的 NDVI 值，最高

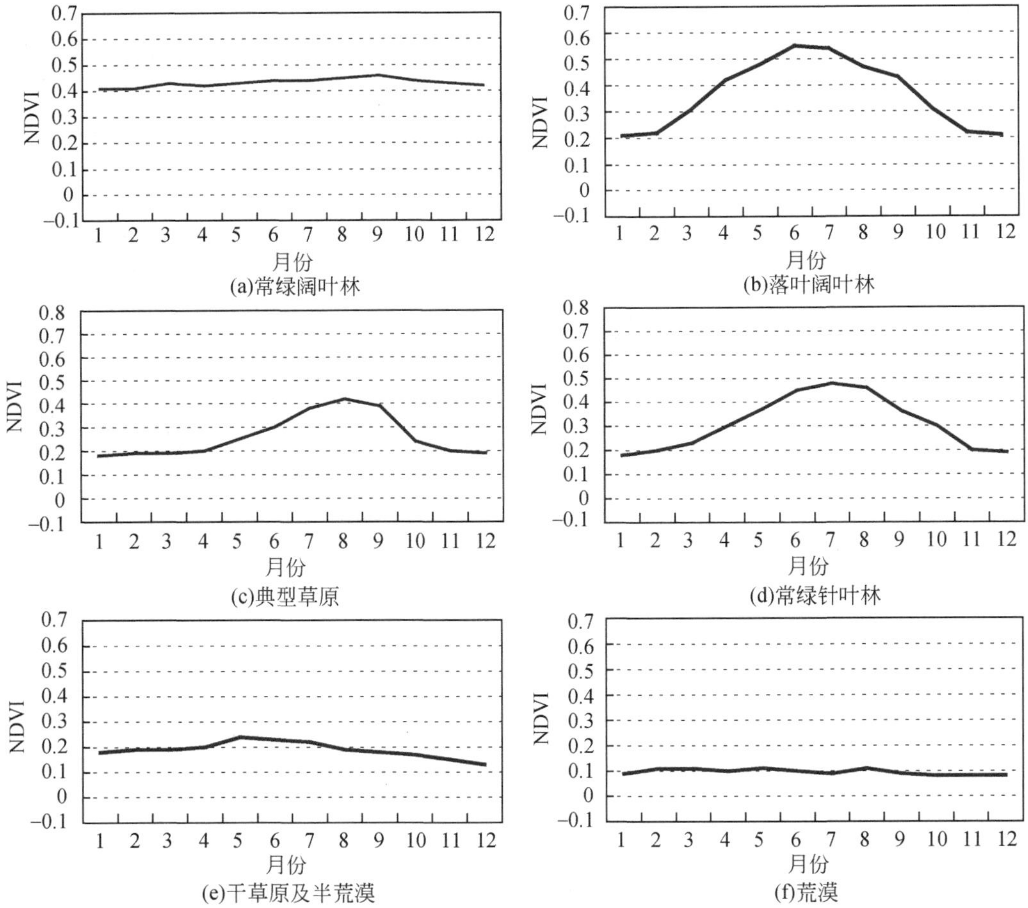

图 7.1　东亚地区典型植被类型的 NDVI 年变化

值接近于0.5［图7.1（d）］。在干草原和半荒漠区中，全年地表植物覆盖不大，植物以干草原类和半荒漠草类为主，由于夏季干旱少雨，地表植被生长受季节，林分中叶量增加，叶绿素含量增加，因而呈现较高的NDVI值，最高值接近0.5［图7.1（e）］。在干草原和半荒漠生态系统中，全年地表NDVI值0.1左右，生长季由于极少植物覆盖，也低于0.1，反映出荒漠生态系统中生物量低下，植物覆盖度低，地表裸露的典型荒化特征。

7.2 全球生态－气候响应遥感

近年来，地球物理学家、气候与生态学家已经开始密切关注全球变化条件下地表植被与气候相互作用的物理机制。一方面，全球植被覆盖的空间分布与全球生物气候条件密切相关，气候的变化会引起植被分布格局和植被生长发育的改变（IPCC，1995；Vemap Members，1995；Braswell et al.，1997；Schimel et al.，2000）；另一方面，全球植被通过粗糙长度、反照率和蒸腾对气候具有明显的反馈作用（Hoffmann and Jackson，2000；Bonan et al.，1992；Dickinson and Henderson-Sellers，1988；Woodward et al.，1995；Sellers et al.，1996）。目前，大气环流模式和区域气候模式对研究植被和气候的相互作用起到了重要的作用，但是在模式输入的生物物理参数中，如叶面积指数和水汽、CO_2气孔导度等空间分布特征以及与生物气候的相互关系还没有分析清楚，这在很大程度上影响了模式模拟的精度（Azzali and Menenti，2000；Chase et al.，1996）。因此迫切需要对LAI等植被参数与气候因子的关系进行研究。近年来，随着遥感技术的发展，利用遥感信息使大尺度植被参数的空间分布特征的研究成为可能（Nemani et al.，1996；张佳华等，2000a，2000b），这样可以进一步揭示不同空间和时间分辨率下植被特征与气候特征的相互关系。LAI的动态变化可以较好地反映植被的结构和数量特征的变化，因而可以更好地反映植被和气候的相互作用（Dickinson et al.，1993，1998；Pitman et al.，1999），也可以作为植被生物量的敏感性指标。鉴于目前国内外很少开展应用LAI数据研究全球植被与气候因子的相关关系，本节就这一方面进行深入的探讨，并揭示在季节和年际间出现相关特征差异的物理机制。

7.2.1 数据处理和研究方法

研究利用在2000年发布的NOAA/AVHRR卫星反演的LAI的逐月平均资料，空间分辨率是1°×1°，时间序列是1982～1990年。生物气候资料包括月平均降水和月平均空气温度，时间序列是1982～1990年，通过插值的方法使空间分辨率为1°×1°。利用相关分析的方法进行LAI与生物气候的相关分析研究。研究采用了两种相关分析的方法计算LAI与生物－气候之间的相关关系，一种是没有去除植被年内季节变化的总体相关，即考虑植被与气候年内的季相节律变化。

计算方法如式（7.1）所示。

$$R_t = \frac{\sum_{i=1}^{9}\sum_{j=1}^{12}(L_{ij}-\bar{L})(A_{ij}-\bar{A})}{\sqrt{\left[\sum_{i=1}^{9}\sum_{j=1}^{12}(L_{ij}-\bar{L})^2\right]\left[\sum_{i=1}^{9}\sum_{j=1}^{12}(A_{ij}-\bar{A})^2\right]}}(i=1,2,\cdots,9;j=1,2,\cdots,12) \tag{7.1}$$

其中：

$$\bar{L} = \frac{1}{i\times j}\sum_{i=1}^{9}\sum_{j=1}^{12}L_{ij},\bar{A} = \frac{1}{i\times j}\sum_{i=1}^{9}\sum_{j=1}^{12}A_{ij} \tag{7.2}$$

式中：R_t为总体相关；L_{ij}为i年j月的LAI值；$\bar{L}$为i年j月全部LAI的平均值；A_{ij}为i年j月的降水或温度值；$\bar{A}$为i年j月全部的降水或温度月平均值。

另一种方法是去除植被年内季节变化的距平相关，即只考虑植被与气候年际的变化，以反映植被对气候的响应特征。其中，i年j月的LAI、降水和温度月距平值的计算公式为

$$L'_{ij} = L_{ij} - \bar{L}_j = L_{ij} - \frac{1}{i}\sum_{i=1}^{9}L_{ij} \tag{7.3}$$

$$A'_{ij} = A_{ij} - \bar{A}_j = A_{ij} - \frac{1}{i}\sum_{i=1}^{9}A_{ij} \tag{7.4}$$

距平相关计算方法如式（7.5）所示。

$$R_a = \frac{\sum_{i=1}^{9}\sum_{j=1}^{12}(L'_{ij}-\bar{L}')(A'_{ij}-\bar{A}')}{\sqrt{\left[\sum_{i=1}^{9}\sum_{j=1}^{12}(L'_{ij}-\bar{L}')^2\right]\left[\sum_{i=1}^{9}\sum_{j=1}^{12}(A'_{ij}-\bar{A}')^2\right]}} \tag{7.5}$$

其中：

$$\bar{A}' = \frac{1}{i\times j}\sum_{i=1}^{9}\sum_{j=1}^{12}A'_{ij},\bar{L}' = \frac{1}{i\times j}\sum_{i=1}^{9}\sum_{j=1}^{12}L'_{ij} \tag{7.6}$$

式中：R_a为距平相关；$\bar{L}_j$为9年j月LAI的平均值；L'_{ij}为i年j月的LAI的距平值；$\overline{L'}$为i年j月全部LAI距平的平均值；$\bar{A}_j$为9年j月LAI的平均值；A'_{ij}为i年j月的降水或温度的距平值；$\overline{A'}$为i年j月全部的降水或温度距平的平均值。

7.2.2 计算结果分析

植被叶面积指数LAI与气候因子的年内总体相关及年际间变化的距平相关结果如图7.2所示。由图7.2可见，温度和LAI的总体相关的最高值（大于0.75）出现在北半球的中高纬度地区。原因在于冬季这些区域的植被生长由于气温下降和日照减少而受到了严重的影响。南半球中纬度的温度和LAI的总体正相关较之北半球的相关系数小，原因是在南半球植物开始生长发育的时期，温度对生长刺激的影响小于北半球。由于在南美洲的阿根廷东北部和智利的大部分地区存在年内最大的温度和LAI循环变化，因而也出现了强的LAI与空气温度的总体正相关。

较低的LAI与空气温度总体正相关出现在热带和亚热带地区，部分原因是在该区

全年温度都超过了用于植被生长的平均温度。较高的 LAI 与空气温度的总体负相关出现在巴西的东部、撒哈拉沙漠地区、南非的西南部、印度、东南亚部分地区和澳大利亚的大部分地区，原因是这些地区夏季的高温抑制了植被生长。

LAI 与空气温度的距平相关（图略）结果表明 LAI 与空气温度的距平相关系数的值小于其总体相关，但整体相关态势和总体相关有些相似。最大的 LAI 与空气温度的正距平相关（0.4～0.6）出现在东南亚南部、非洲撒哈拉地区的南部和巴西中部等热带地区，部分的原因是由于降雨的增多，云量增加，这些地区的总辐射减少，进而引起植被光合作用下降，同时伴随温度下降，因此温度与 LAI 就呈现正距平相关。根据热带地区植物生长季温度与降水的距平相关图可以明显地看出，在这一地区出现的温度与降水的负距平相关。其他相对较高的 LAI 与空气温度的正距平相关值出现在青藏高原东部的高山草甸、东西伯利亚、美国西北部等地区，主要原因是在这些区域年际植被的生长仍然受到温度的限制。最大的 LAI 与温度的负距平相关出现在南半球 15°S 以南的地区，亚洲和北美洲中部的部分地区。一个主要的原因是伴随 LAI 的增加，土壤湿度增加，进而降低了波文比（指显热通量和潜热通量的比值），导致了地表温度下降。

降水对于植被的季节变化的影响可通过 LAI 对降水的总体相关揭示出来。图 7.2

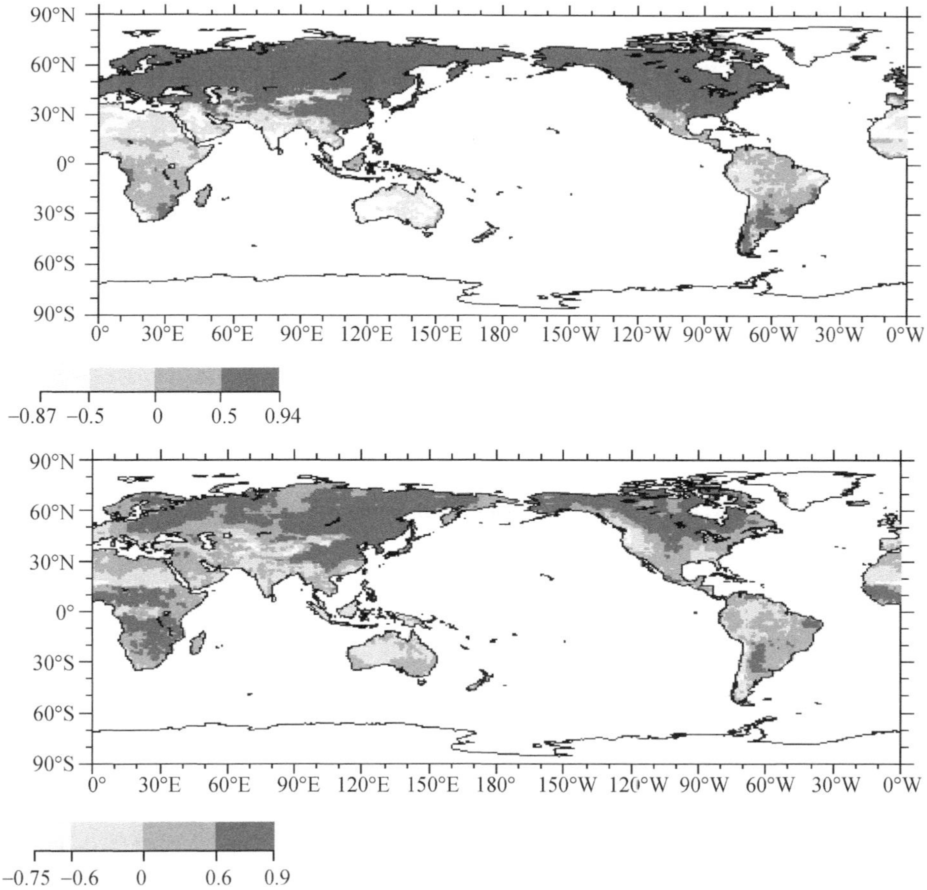

图 7.2　LAI 与空气温度、降水的总体相关

显示最大正相关值（大于0.78）出现在亚洲东部，北美洲北部腹地和撒哈拉地区，原因在于这些地区LAI和降水的年内变化同期下降或达到最高值。

强的负相关出现在南北半球的中高纬度，如美国的西北部、亚洲的中部和南美的智利，原因在于这些地区降水的最高值往往出现在冬季，而LAI的最高值一般出现在夏季。许多地区LAI与降水的总体相关接近于零或具有很弱的相关性，如位于我国华南热带阔叶林区的闽东南地区和台湾岛、印度与东南亚地区，以及位于热带雨林地区的巴西中部。主要原因是在这些地区LAI与降水都缺乏明显的年内季节循环，季相不明显，因此也难反映出LAI与降水的总体相关关系。

降水对于植被的年际变化的影响可通过LAI和降水的距平相关显示出来（图略）。最明显的特点是出现在西伯利亚、亚洲北部和北美洲西北部等北半球高纬度地区的LAI与降水的强负距平相关。目前这一现象的原因尚难以确定，一个可能的原因是由于在北半球极地和亚极地地区，夏季植被生长季节由于降水增多，伴随降水的云量增加使得辐射减少，进而影响了植被生长。此外，研究也计算了该区植物生长季温度与降水的距平相关图，可以明显地看出，这一地区出现的温度与降水的负距平相关。

除了北半球高纬度典型的LAI和降水的负距平相关外，其他地区的负距平相关呈明显的减少趋势。部分地区出现了LAI和降水的正距平相关，如我国华北和东北地区、非洲的撒哈拉地区和南非中东部、澳大利亚的东南部、美国的中南部、巴西东端和南美中南部等地区，但这些地区的正距平相关平均只有0.3～0.5。

7.2.3 植被生态–气候响应分析

一般来说，对于植被的生长变化以及温度和降水变化来说，年内季节振荡大于年际振荡，因此总体相关（包含年内季节循环）要比距平相关（去除年内季节循环）值大，这一点已由前节的分析揭示出来。

高的温度和LAI的总体正相关关系出现在北半球的中高纬度，反映在这些地区植物生长的主要限制因子是温度。这样，在这些地区生长的植被类型主要是以季相明显的落叶林和草原类型。出现高的温度和LAI的负相关关系的地区，温度不是限制植物生长的第一因子，反之，湿度可能成为植被生长的主要竞争因子。因此，在这些区域生长的主要植被类型包括萨王纳草原和灌木林地。

高的LAI与温度的距平相关出现在东南亚南部、非洲撒哈拉地区的南部和巴西东部等地区。事实上，在热带雨林地区真正控制植被生物量的大小是植被的光合有效辐射（PAR），即太阳总辐射中参与光合作用的部分（Clark and Clark，1994）。一旦出现多云和降雨天气，PAR通量下降会导致植被光合作用下降，进而反映植被光合作用强弱指标的LAI下降，同时多云和降雨天气也会导致空气温度下降（Prince et al.，2000）。由此，在热带地区LAI和温度的距平相关会出现正值，而温度和降水会出现负相关。这一重要的结论，在客观上，使我们重新认识到全球变化温度升高后，热带地区可能是一个潜在的碳吸收源即碳汇，这一结果与文献（Yang and Wang，2000）的结果相吻合。

最大的LAI与空气温度的距平负相关出现在南半球15°S以南的地区及亚洲和北美

洲中部的部分地区。一个可能的原因是随LAI的增加，土壤湿度增加，进而降低了波文比，使地表温度下降所致。另一个可能的原因是，从气候角度来说，这些地区位于半干旱的生态环境，由于温度升高，增加了水分胁迫，从而抑制了植被生长（Braswell et al.，1997）。这一结果表明，在未来气候变暖的情景下，这些地区可能变得更不利于植被的生长，而这些地区的碳的积累下降，进而对全球变暖起正反馈作用。

在陆地生态系统中，降水的季节和年际变化对于植被的季节变化和年际的变化有强烈的影响。例如，LAI与降水的总体正相关的最大值出现在亚洲东部、北美洲北部腹地和热带非洲的北部的Sahel地区，在这些地区植被生物量和降水的年内变化同期出现高值。而出现在北半球的亚洲中部和北美洲西北部，以及南美智利的强负相关反映在这些地区降水和植被生长的季节循环呈现相反的趋势。而对于呈弱相关或零相关的热带地区来说，可能的原因还包括在这些地区丰沛的降水量已超过植被生长的需水量。

在LAI与降水的距平相关关系，最明显的特点是出现在北半球高纬度地区如西伯利亚、亚洲北部和北美洲西北部的强负距平相关。目前这一现象的原因很不确定。其中一个原因如前所述，即由于在北半球极地和亚极地地区，夏季植被生长季节由于降水增多，伴随降水的云量增加使得辐射减少，进而影响了植被光合作用及生长所致；另一些原因如在北半球极地和亚极地的寒冷地区，由于夏季降水增多，而气温较低，因而植被的蒸腾相对不足，地表出现季节性积水，影响到根的呼吸和植被的生长（Parry et al.，1988）；其他可能的原因包括云对LAI数据的影响，以及在这一地区影响植被生长的主导因子是温度而非降水，由于在这一地区温度和降水的距平相关呈现负相关，由此LAI与降水也随即呈负相关关系。

7.3 区域生态对东亚季风的响应

亚洲季风是地球气候系统的重要组成部分，与全球的气候和天气密切相关，而且目前全球有近60%的人口处在季风区，其中东亚季风区是全球最大的季风区域（Lau and Li，1984；Lau，1992；Yasunari，1991；Wang et al.，2000）。ENSO对全球年际气候振荡的影响在很大程度上表现在对东亚季风区的作用（Webster et al.，1998）。

中国是受亚洲季风特别是东亚季风影响强烈的国家，干旱和洪水的灾害与东亚季风的强弱密切相关（Tao and Chen，1987；Chen et al.，1992）。夏季风爆发的时间，雨季开始日期和演变规律对我国东部季风区农作物产生极大的影响。因此，研究季风的演变过程及其对植被生态系统的影响，显得十分重要。在我国东部季风生态系统的植被和气候相互作用过程，一方面季风气候的变化在各种时间尺度上影响着生态系统的结构、动态和生物量变化；另一方面，区域气候模拟结果证明，植被生态系统的变化也可影响季风系统。

目前，在全球和区域尺度利用从遥感数据中提取的归一化植被指数研究植被与气候的相关关系已经陆续开展起来。也有学者利用遥感信息研究ENSO与非洲的NDVI变动关系（Anyamba and Eastman，1996）。国内也开展了这方面的研究（符淙斌和周嗣松，1992；温刚，1998）。但由于我国位于东亚季风区，加之特殊的地理位置和复杂的生态气候条件，研究我国东部季风区的气候和生态系统的相互作用呈现复杂性。特别是原来利用 NDVI 数据作为植被生物量的指示值存在一定的误差，LAI 对于反映植被的特征较之 NDVI 有更好的代表性。它可以反映植被的密度和空间覆盖等多种信息，目前已成为可反映植被生态系统生物量的最有价值的替代数据；利用遥感反演的 LAI 信息，可以进一步分析不同空间和时间分辨率的植被特征与气候特征的相互关系；LAI 随时间的动态变化可以较好地反映植被的结构和数量特征的变化，因而可以更好地反映植被和气候的相互作用（Dickinson et al.，1998；Pitman et al.，1999），从而相对地提高研究精度。

7.3.1 数据特征和研究方法

本节利用2000 年由美国 NASA 哥达空间飞行中心（GSFC）的陆面气候项目第二研究组发布的 NOAA/AVHRR 卫星反演的 LAI 的逐月平均资料，空间分辨率是 1°×1°，时间序列是 1982～1990 年。LAI 定义为：对于连续植被，假定植被组分是密度均匀的，LAI 是叶面积与植被所遮阴的地面面积之比。该数据通过利用 NDVI-FPAR（光合有效辐射比）-Vcover（植被覆盖度）-LAI 建立转换关系，提高了卫星遥感反演 LAI 的精度。生物气候资料包括月平均降水，来源于美国环境预报中心的 CMAP 数据，CMAP 数据是各种卫星观测和降雨标准观测站以及模式输出的数据（Xie and Arkin，1997），通过插值的方法使空间分辨率转为 1°×1°，时间序列是 1982～1990 年；月平均空气温度来源于欧洲中期天气预报中心（ECMWF），空间分辨率为 1°×1°，时间序列是 1982～1990 年。

7.3.2 结果与分析

1. LAI 与中国季风区气候的年际间相关特征分析

首先我们定义如果在当年降水的前锋移到我国北方的大部分地区，则称为强季风年，一般来说，强的季风会带来强的降水过程。按照这一定义，我们计算了研究区内 1982～1990 年 9 年的降水，结果 1986 年最小，而 1990 年最大，所以称 1986 年为弱的季风降雨年，而 1990 年为强的季风降雨年。图 7.3（a）、图 7.3（b）显示北纬 26°～44°、东经 111°～116°范围内的 1986 年和 1990 年的不同季节降雨状况。

结果表明，在 1986 年的弱季风年内，降雨在向我国北部延伸时，其强度显著低于 1990 年的强的季风降雨年。图 7.4（a）、图 7.4（b）给出这一研究区域弱的季风年（1986 年）和强的季风年（1990 年）生长季的 LAI 的逐月变化。

从图 7.4 中可以明显看出，研究区域内这两年植被生长状况的差异。在强的季风降雨年（1990 年），植被生长状况较弱的季风降雨年 1986 年要好。图 7.5（a）、图 7.5（b）分别给出研究区域内 1986 年和 1990 年的植被生长季节 3～5 月（MAM）和6～8 月

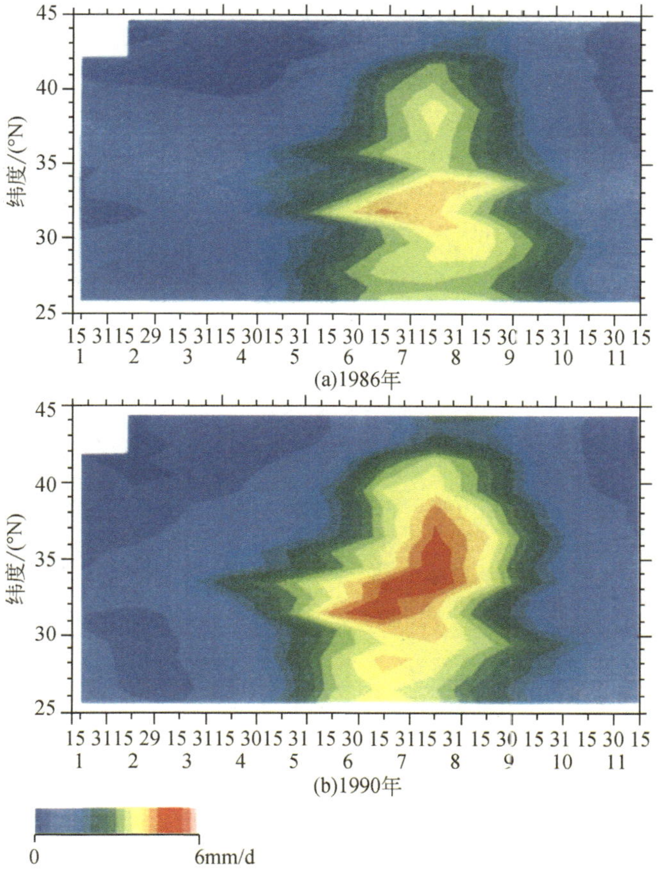

图 7.3　1986 年与 1990 年不同季风强度的降水分分布比较

(JJA) LAI 的动态比较曲线。结果显示，在植物生长季的 3 ~ 5 月和 6 ~ 8 月，1990 年植被的 LAI 比 1986 年高；从横坐标显示的纬度带来看，特别是在季风区的北部（中纬度地区），更明显地表现出在强的季风降雨年内，研究区北部会出现植被生长的高值。它表明高的年际的降雨差异是季风区降雨的一个典型特征，而且在这一时间尺度上，降雨的差异又是季风生态系统植被变化的驱动因子。

2. LAI 与中国季风区气候的年内季节循环的相关性

我国东部地区是典型的季风气候，降雨的分布主要受夏季风降雨的影响，而在冬季则主要受西北干冷空气的控制。夏季来自于太平洋和印度洋的暖湿气流带来了丰沛的降水（Tao and Chen, 1987）。

利用 9 年的 LAI 和气候资料研究年内不同季节的降水和生态系统的相关性（图略），早在 3 ~ 4 月，在北纬 23° ~ 29°的我国华南地区，华南前汛期降水开始出现（Qian and Yang, 2000a；Qian and Lee, 2000b），同时降雨也出现在华南地区，这可以称为第一次稳定阶段，它大约持续 1 个月。同时植被开始生长，叶面积指数增大。到了 5 月底 6 月初，当夏季风移动到北纬 29° ~ 36°的我国长江流域的大部分地区，使得

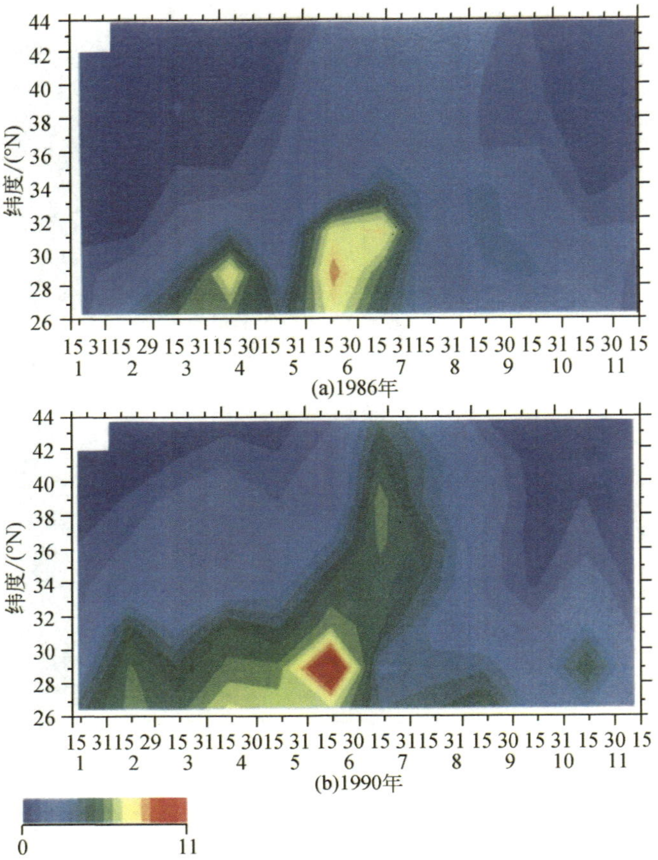

图 7.4 1986 年与 1990 年不同季风强度的 LAI 分布比较

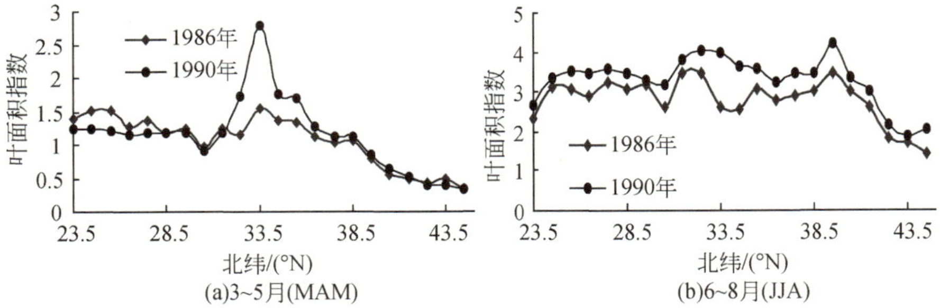

图 7.5 1986 年与 1990 年研究区内的不同月份 LAI 比较

这一地区出现大面积降雨，也就是出现了长江的梅雨季节，这可以称为第二次稳定阶段，它大约持续 1 个月，此时植被生长旺盛，叶面积指数快速增长。到了 7 月中旬，当夏季风移动到北纬 36°～44°的我国北方，并控制了我国北方的大部分地区时，这一地区出现了大范围的降雨天气，此时植被生长迅速，叶面积指数也达到全年的最高值，这可称为第三次稳定阶段。这一阶段一直继续到 8 月中下旬，分析北纬 44°～47°我国东北地区的降雨，结果显示，伴随降雨过程，LAI 也随后达到高值。从 9 月开始，季风雨带快速南下，降雨在北方结束，此时，我国北方生态系统的植被生物量减少，LAI快速降低，然后整个冬季都维持在非常低的水平。在降雨达到最高值时，叶面积指数并没有同时达到最高，反映出植被对气候变化得响应有20～30天的滞后作用。

3. 区域生态过程对东亚季风响应分析

中国东部生态系统植被的年际和年内不同季节生长状况的变化对东亚季风均存在着较好的响应，年际的植被生长状况受不同年份的降水变化影响明显。发生年际降雨差异的原因很多，一般来说，旱涝都是发生在一些异常的大尺度环流背景下，江淮地区的持续旱涝与中纬度及热带地区500mb上位势高度异常，以及整个东亚季风活动（强度、开始和跳跃日期）紧密相关。近年来研究更表明，东亚季风特别是夏季风的强弱是与La Nina和EI Nino呈显著年际相关特征（Ailikun and Yasunari，2001）。因此，可以利用气候预报的结果，结合卫星遥感信息揭示季风区植被与气候的相关关系，来预测季风区不同年份植被生长的状况以及农作物的长势和收成。

植被年内季节变化也对年内季节尺度降雨产生响应，而对于年内季节尺度降雨差异的原因，前述已表明，中国东部夏季的强季风会带来丰富的降水。一般来说，雨带由华南到长江，再由长江到华北，甚至可达东北（Tao and Zhang，1998）；而冬季主要受干冷的西北气流的影响。从华南前汛期到中国东部进入汛期，降水出现三个稳定的阶段和两个明显的转变期（Tian and Yasunari，1998），我们对植被数据的分析结果和这一论述吻合。同样，在研究年内不同季节植被的LAI和降雨的差异时，明显地显示出强的季节降水差异会直接影响植被的生长变化，使植被LAI的变化呈现出响应于降水变化的三个阶段的特征。因此，年内季节尺度的降雨变化也是驱动植被生长变化的原因，进一步表现出季风驱动生态系统的特征（Tian and Yasunari，1998）。

本节的研究是利用GSFC发布的NOAA/AVHRR卫星反演的LAI的逐月平均资料，应当看到它在时间分辨率上还有一定局限，而且本节的研究也是对1986年和1990年的个例分析。未来对地观测系统（EOS）上午星发射后，LAI中逐日和8日平均的全球LAI数据将作为EOSDIS的标准数据集免费发布，将提高LAI数据的时空分辨率，可对包括我国在内的东亚季风区植被对气候的响应进行更详细的研究（张佳华和符淙斌，2002）。

7.4 青藏高寒生态区植被-气候相互作用

7.4.1 引言

我国特有的青藏高寒生态区是全球气候变化响应的先兆区和关键区之一。青藏高原是中国、南亚、东南亚地区等主要国际江河的发源地和上游流经地区，地处我国气候系统的上游，其大地形和热力作用对东亚及全球气候与水分循环具有重要影响。青藏高原植被覆盖面积占到总面积的51%，高原陆面植被地表反照率、拖曳系数、植被蒸发及不同植被覆盖下的土壤湿度等的变化可对高原周边环流及降水产生很大影响。如果不考虑高原上的植被，大气湿度和地面潜热输送均减小，削弱了扰动发展和高原上东西方向波的传播，可能会影响高原低涡和西南涡的东移，进而影响夏季江淮地区的降水和温度。高原植被大面积破坏后，西风急流偏西偏北，使北方冷空气难以到达。同时高原植被变化产生的夏季热源差异，导致原来高原热源产生的上升运动产生时空的不确定性，进而改变原有高原上空低层大气的对流活动，使其外围形成补偿下沉气流和雨带发生异常，进而使高原加热的作用发生差异。尤其在全球变暖背景下，高原地区地表覆盖属性异常变化引发地面反照率大幅度波动，导致地表辐射平衡和热力分布空间不均性差异增加，高原及其附近地区温度场、气压场、风场、散度场以及降水量分布出现一系列调整，对东亚季风、长江流域夏季降水和一些旱涝等灾害性天气产生显著影响。

青藏高寒草地对气候变化的响应非常敏感。气候的微小波动会对青藏高寒生态系统产生强烈影响，导致高寒生态系统的格局、过程与功能发生改变。青藏高寒草地为中国第二大草地。其中，藏北高寒草地位于青藏高原腹地，西藏的北部，占西藏总土地面积的 32.82%，总面积达约 30 万 km^2，是青藏高寒草地生态区的主要组成部分。同时由于藏北高原孕育世界上独特的高海拔高寒草原和草甸类型，高原冻土和高原湖泊广泛发育，气候变化引起的冻土环境和湖泊的植被退化及盐渍化的改变，对气候和环境产生重要的反馈作用；藏北高原地区脆弱的冻土环境的改变对我国西部重要工程青藏铁路的影响已经引起高度重视。因此，藏北高寒生态区可以作为气候变化区域响应的先兆区和敏感区之一，具有长期监测和预测研究的价值。

此外，青藏高原功能中，高原高寒草地的生态优势突出，对维持高原的“亚洲水塔”具有重要作用。藏北草地是西藏重要的高寒草地牧场，对西藏农业可持续发展和边疆的经济发展及社会稳定也具有重要意义。同时，青藏公路和青藏铁路大部分路段均经过高寒草地地区，该区也是国家重要工程青藏铁路的生态屏障。青藏铁路建设引发的生态问题，以及气候变化对青藏铁路和青藏公路周边脆弱生态环境的影响已引起高度重视。

值得一提的是，藏北地区独特的高海拔地貌和高寒环境特征，使得该区的植被退化与我国的北方农牧交错带和西北干旱/半干旱地区的植被退化进程不同。极度严酷的生境条件造成了高寒草地生态系统。一方面，受高原多种天气和气候系统的影响，雪灾、冰雹、霜冻、风暴、干旱等自然灾害频繁发生；另一方面，藏北高寒草地土壤中富砂质、砾石，加之大风频繁，极易造成草地植被退化和沙化。因此，与其他低海拔地区的草地生态系统不同，藏北高寒地区的草地生态系统具有更易受气候影响、更加脆弱、极易退化且不易恢复的特点。其集中表现为以下几个方面。

（1）干旱加剧下的草地干旱植被退化

干旱是藏北高寒生态区重要的气候特征，特别是中西部地区更为频繁。从历史气候资料分析，藏北地区干旱的分布存在明显的地理倾斜，即从西部向中东部逐渐减少，西部干旱频率可高达 65%，东部则为 10% 左右。干旱使地表的潜热交换减少，植被的气孔导度减少，进而影响潜热的蒸发，使得植被的生长受到限制，地表的植被覆盖减少，影响地表的反照率和粗糙度。另外干旱使得向上的湍流交换减少，水文循环进一步减慢，进一步加剧了大气的干旱化，导致降水的减少，使高寒生态区干旱化进一步加剧和扩大。

（2）风速加大作用下的草地风蚀植被退化

由于藏北高寒生态区冬春季受西风环流控制，大风天气比同纬度其他地方显著增多，给高寒生态区造成了很大影响。藏北地区大风及风沙天气在地理分布上大致呈现出从东向西、从南向北增加的趋势，这与海拔增加趋势和地形地势的总体分布是一致的。多数情况下，植被的减少或消失，升高了地表和近地表的温度，提高了近地表的风速，降低了近地表的大气湿度，进而导致了地表径流和潜在蒸散的增加。上述结果将直接减少土壤水分，加速了用于蒸发和蒸腾的能量递减速度。大风及风沙主要表现在使草地生态受到影响，加剧土壤蒸发，使墒情锐减，加重干旱；吹蚀表土，引起土壤沙化，造成严重的风蚀现象；而且对青藏铁路运输产生巨大的破坏和影响。

（3）温度升高作用下的草地冻融植被退化

藏北高寒生态区具有多年冻土厚度薄、地温高和太阳辐射强等特点。从 20 世纪 70 年代开始，气温趋于转暖，加之高原地区人为活动增多，大面积的岛屿冻土区呈区域性退化趋势。冻土退化引起的冻土环境变化并不仅限于冻土层内，更表现在天然地表和草场严重退化。多年冻土是寒区植被赖以生存的基础，由于冻土退化加速，并随着自然环境气温的升高，寒区植被赖以生存的水分补给源消失，导致地表植被的不断死亡，优良草场退化或消失，地下的土层逐渐暴露于空气，由此又会导致一系列恶性循环。藏北地区由于冻土退化引起草场退化占草地面积的 25%。在藏北高原剧烈的温差环境条件下，物理风化作用加强，导致植被退化加剧，给高原地区生态环境造成了一系列恶劣影响。

1）温度升高和降水减少同时作用下的盐渍植被退化。藏北地区多高山湖泊和高寒草甸，由于气候变暖和气候干旱，藏北的许多盐湖和湿地减少，地表干旱和盐渍化严重，继而发生盐渍植被退化。随着气候进一步的变暖，该区的湿地和盐湖以及高寒草甸的面积迅速减小，导致大面积盐渍植被退化的发生。

2）人类活动引起的草地退化。近年来，由于藏北高寒草地过度放牧，牲畜的大量增加对藏北局部草场的压力越来越大，草地退化和沙化现象越来越严重。藏北高寒牧区超载率达到 59.18%，过度放牧引起的草地退化和沙化现象也越来越严重。随着区域内人口的增加和人类活动的频繁，车辆碾轧、挖沙采石、滥挖药材、不合理的矿产开发等行为也给草原生态带来严重的破坏，造成草地退化。

目前，依据全球气候变化研究，以及藏北各气象台站观测数据进行的预测，在未来 10 年内，大风时数在藏北有不同程度的增加。从降水量来看，自 20 世纪 60 年代以来，藏北地区的降水量持续减少，至七八十年代，年降水量已低于正常值的 80%，目前该区的降水量略有增加。但未来由于气温升高，降水量减少，气候仍将向干旱化方向发展，而在自然状态下植被退化不可能自行逆转。因此，未来该区的植被退化进程还将继续发展，并且直接后果将可能使藏北高原草地成为新的沙尘暴源区。

一方面多种气候要素和胁迫影响藏北高寒生态区的植被退化，另一方面藏北高原植被退化又加剧了高原干旱气候和区域水循环异常。但是气候变化下，藏北高寒草地动态的机制和作用强度如何？如何分析不同时空尺度下藏北高寒草地生态过程及其对气候的响应？如何区分藏北高寒草地退化的气候和人为因素影响的不确定性？回答这些问题，就必须在综合分析多源遥感资料、气候信息，结合野外观测试验和气候－植被响应模式模拟的基础上，开展高寒草地退化的响应机制研究，阐明气候变化和人类活动对该区高寒生态退化进程的影响，深入研究高寒生态区对气候变化响应的不确定性。

草地生态系统是陆地生态系统的重要组成部分，草地还具有防风固沙、涵养水源、防止水土流失、调节小气候、净化空气等生态功能。全球气候变暖及不合理的人类活动，致使藏北那曲某些地区草地出现退化趋势。草地退化已给那曲地区的生态环境带来了巨大的影响。人类影响的增加加速了土壤侵蚀，导致耕地和草地生产力的降低和损失。本节主要依据多年 NDVI 数据，研究那曲地区的多年草地植被动态变化，从而指示出此地区草地覆盖、地上生物量及生产力的动态变化和空间分布。

7.4.2 藏北植被研究数据与方法

本节遥感数据采用美国 NASA Pathfinder AVHRR 陆地数据集的 8km 旬 NDVI 数据，时间为 1981～2001 年（1994 年 NDVI 资料不全，因此在 NDVI 序列中不包括该年的数据)，对西藏那曲地区草地 NDVI 进行了分析，得出该区域植被 NDVI 的空间分布以及随时间变化的特征，为进一步研究植被生物量的变化机制以及为应对措施的提出奠定基础。

1. 植被指数简介

植被指数是卫星遥感中最具明确意义的指数之一，是基于植被叶绿素在 0.69μm 处的强吸收，通过红外与近红外波段的组合实现对植被信息状态的表达。反映植被覆盖和生物量的一个重要植被指数是归一化植被指数，NDVI 与绿色叶片生物量、叶面积指数、植物光合能力、植物总的干物质积累以及年净初级生产力等均有很好的相关性 (Curran，1980；Tucker et al.，1983；Sellers，1985；Asrar et al.，1984)，能够较准确地反映植被的生长状况、生物量、覆盖程度以及光合作用强度等，因此，NDVI 常被直接或间接地用于研究植被活动。其计算公式为

$$\mathrm{NDVI} = \frac{\mathrm{NIR} - \mathrm{Red}}{\mathrm{NIR} + \mathrm{Red}} \tag{7.7}$$

式中：Red 为可见光红光波段（0.58～0.68μm）的反射率；NIR 为近红外波段（0.725～1.1μm）的反射率，分别对应 NOAA/AVHRR 的第 1、2 波段。

NDVI 的取值范围为 [－1，1]，一般认为生长季节 NDVI 在 0.1 以上表示有植被覆盖，增加表示绿色植被的增加；0.1 以下则表示地表无植被覆盖，如裸土、沙漠、戈壁、水体、冰雪和云（Shabanov et al.，2002）。上界 0.8 以上基本上为纯植被。这使得 NDVI 指数在陆地植被的应用中存在饱和度的问题。在本节中 NDVI 趋势研究应用了 NDVI 第三代产品，其数值为 0～254，该产品在一定程度上解决了 NDVI 对于陆地目标饱和的问题，拉伸了 NDVI 对陆地目标的有效值域（丁明军和沈振西，2005）。

2. 数据预处理

NOAA/AVHRR 旬 NDVI 数据是通过国际上通用的 MVC 法（最大值合成 maximum value composite）获得的（Pan et al.，2003；Eidenshink and Faundeen，1994；Stow et al.，2004；Hope et al.，2003）。该方法在通过云检测、质量检查等步骤后，逐像元地比较几张 NDVI 图像并选取最大的 NDVI 值为合成后的 NDVI 值。对大气散射各向异性的考虑，MVC 倾向于选择最“晴空”的（最小光学路径）、最接近于星下点和最小太阳天顶角的像元。在有晴空像元存在的情况下，消除了最受云和大气、太阳高度角影响的像元。

MVC 法假设每旬中 NDVI 值最大的那一天天气是晴朗的，不受云层的影响，就取这个最大值作为这个旬的 NDVI 值。用公式表示为

$$\mathrm{NDVI}_i = \mathrm{MAX}(\mathrm{NDVI}_{ij}) \tag{7.8}$$

式中：NDVI_i 为第 i 旬的 NDVI 值；NDVI_{ij}为 i 旬 j 天的 NDVI 值。

影像初始投影为 goode interrupted homolsine projection，我们将其投影转换为等经纬度投影（geographic lat/lon projection）。

3. 藏北地区多年 NDVI 动态变化研究方法

由于半干旱地区的植被受降雨影响，植被状况变化和降水量一样在年际也发生波动，而且随植物生长季节不同植被在年内存在季节性变化，图 7.6 为那曲气象站点所在像元 NDVI 的年内和年际变化，所以植被 NDVI 趋势动态变化研究需要植物生长季节内连续的多年影像数据集。

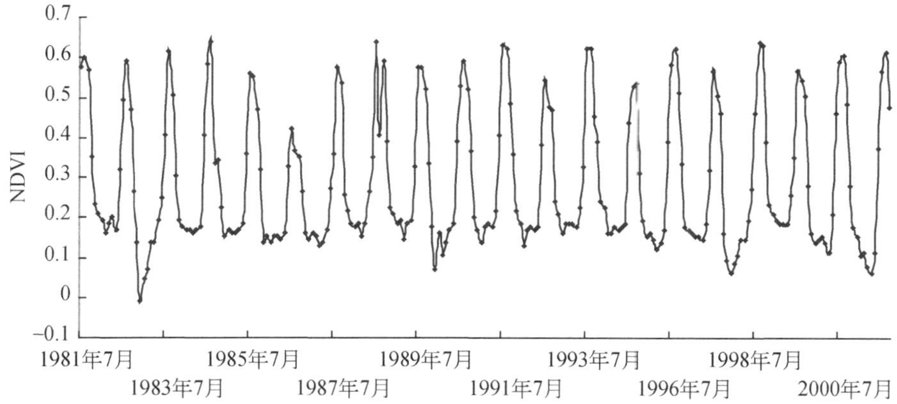

图 7.6　1981 ~ 2001 年那曲的年内和年际 NDVI 值变化

在研究区域通过分析发现年 NDVI 的最大值出现在 7 ~ 9 月（图 7.7），本研究取 7 月、8 月和 9 月 9 个旬 NDVI 值的平均值作为一个生长季的植被峰值，这样可以在一定程度上降低个别图像的噪声，以它作为研究草地 NDVI 年际变化趋势的基础。

对于植被生长高峰期的 NDVI 值来说，每一个 $64\mathrm{km}^2$ 像元上 20 年的最佳拟合线趋势斜率，可以用最小二乘法来计算（Micael，2000）。其计算公式为

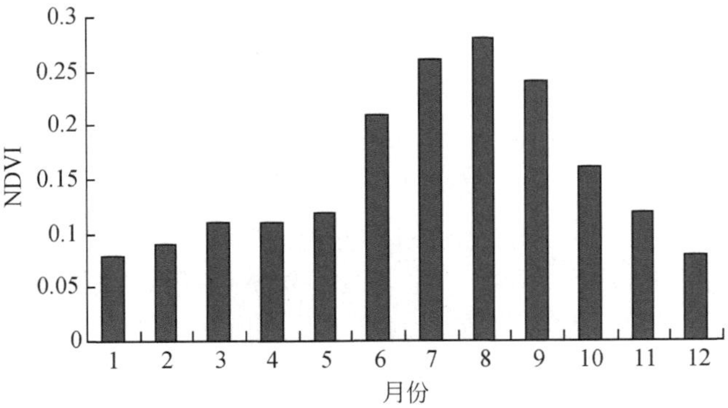

图 7.7　1981～2001 年月平均 NDVI 值

$$b = \frac{n\sum_{i=1}^{n} x_i y_i - \sum_{i=1}^{n} x_i \sum_{i=1}^{n} y_i}{n\sum_{i=1}^{n} x_i^2 - (\sum_{i=1}^{n} x_i)^2} \tag{7.9}$$

式中：b 为趋势斜率；x、y 分别为年份以及该年的 NDVI 值。负的回归系数表明，植被覆盖和生产力下降，反之，正的回归系数则表明植被覆盖和生产力增加。对那曲地区所有像元获得趋势斜率的像元数进行统计（图 7.8），从图 7.8 可以看出，NDVI 变化趋势基本上呈正态分布，表明该区域 NDVI 既有增大也有减少。通过分析实验区 20 年间 7 月、8 月和 9 月 NDVI 平均值的拟合线性趋势斜率，发现该斜率几乎全部落在 -0.15～0.15，因此把此范围内的 NDVI 变化幅度设定为高原地表自然波动变幅；同时对全高原峰值拟合线性趋势斜率进行统计分析得到：方差为 0.13，在此把无变化的边界向外延伸 2 倍方差得到 ±0.26，把此值作为区域植被覆盖或生物量轻微变化与显著变化的界限。基于此我们把每个像元 20 年间 NDVI 的线性趋势系数划分为 5 个等级进行描述：显著增长：大于 0.41；轻微增长：0.15～0.41；无变化：-0.15～0.15；轻微减少：-0.15～-0.41；显著减少：小于 -0.41。

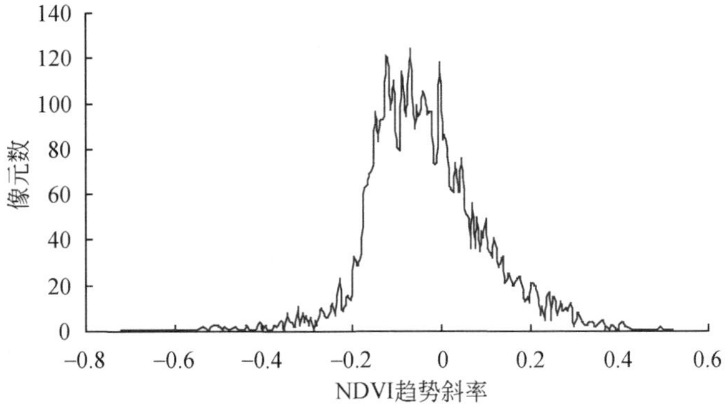

图 7.8　1981～2001 年那曲地区 NDVI 趋势斜率像元数统计

7.4.3 藏北地区植被动态分析

1. 藏北植被 NDVI 空间分布特征

绘制那曲地区 20 年 NDVI 峰值平均值的空间分布，即表示那曲地区植被覆盖或者生物量的空间分布，如图 7.9 所示。结果表明，在研究区内 NDVI 值在空间上具有明显的空间差异性，呈现出东部高，西部低的态势，NDVI 值排序依次是农作区和森林区 > 高寒草甸 > 高寒草原 > 高寒荒漠草原。

在研究区的东部，主要是分布的农作区和少量林区、高寒灌丛和高寒草甸，NDVI 最大，大于 180，与整个研究区相比，这些地区海拔相对较低，气候条件较好，植被覆盖度最大。在那曲地区中部，这里主要分布着高寒草原，NDVI 为 160 ~ 180，在整个研究区中，这些地区植被生长条件居中，植被覆盖度较好。西部地区植被生长条件极端恶劣，主要分布着高寒草原植被、高寒荒漠草原植被，覆盖度很低，NDVI 为 140 ~ 160。而水域的 NDVI 值比较小，趋近于 1。

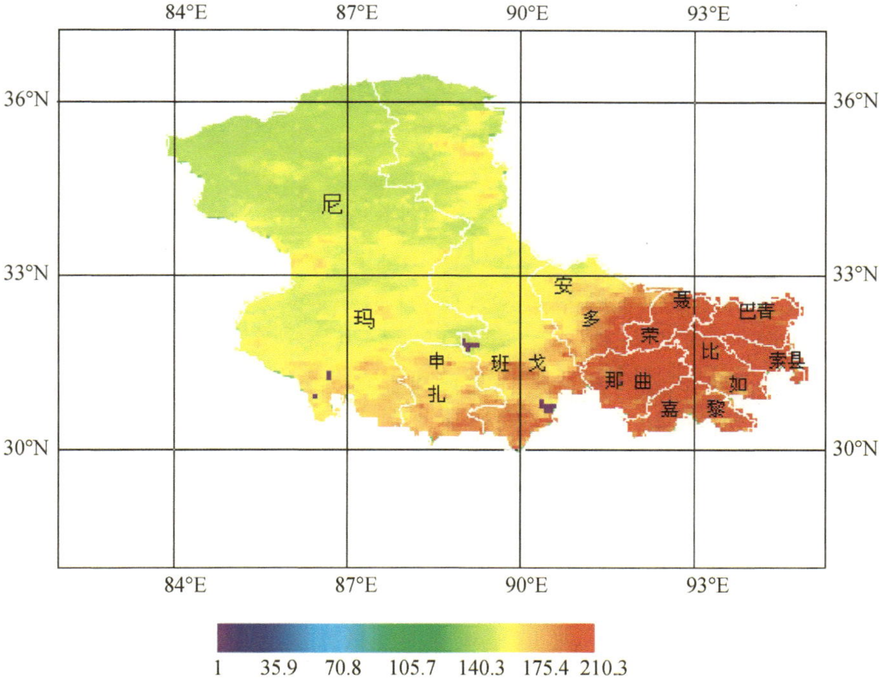

图 7.9　1981 ~ 2001 年藏北那曲地区植被最大 NDVI 均值的空间分布

2. 藏北植被 NDVI 的年际动态变化

通过对研究区各像元的变化趋势统计分析得出（表 7.1），NDVI 趋势以无变化区域为主，占研究区总面积的 77.27%；显著增加的区域为 16 个像元，占研究区总面积的0.27%；轻微增加的区域占研究区总面积的7.71%；轻微减少的区域占研究区面积的13.06%；显著减少的区域占研究区总面积的0.69%。研究区内植被NDVI趋势呈下降的区域明显大于植被NDVI趋势增加的区域。

表7.1　藏北那曲地区NDVI趋势变化像元统计

趋势变化	趋势线系数值	变化的像元数	比例/%
显著增加	>0.41	16	0.27
轻微增加	0.15~0.41	516	8.71
无变化	-0.15~0.15	4578	77.27
轻微减少	-0.41~-0.15	774	13.06
显著减少	<-0.41	41	0.69
合计		5925	

NDVI趋势变化的空间分布图（图7.10，见书后彩图）显示，那曲地区20年NDVI趋势变化的东西差异还是很明显的。20年间，NDVI趋势变化显著增加或显著减少的像元都分布在地势比较低的东部区域，这里人类活动比较频繁，区域增减趋势也比较明显。而在海拔较高的西部地区NDVI变化趋势处于轻微变化或不变，这些地区大都属于以牧为主的地区或者无人区。NDVI变化趋势呈增加的像元主要分布在高寒草甸区，行政上主要是那曲、聂荣、安多的南部和班戈的东南部；显著减少的像元主要分布在森林区，轻微减少在行政上主要分布在东部的嘉黎、比如、索县和巴青等县市，在西部无人区的荒漠草原也有分布。

3. 藏北植被动态成因分析

基于像元水平的植被生长峰季的NDVI线性趋势时空分析表明，研究时段内，那曲地区植被NDVI变化趋势总体趋于稳定，变化呈减少的区域高于呈增加的区域，增减幅度在空间上存在明显的区域分异。造成植被覆盖变化的原因除了气候因素外还有人为因素，区域不同主导因素也不相同。

（1）气候响应驱动力

a. 年平均气温

年平均气温反映的是一个地区热量资源多年的平均状况，那曲地区年平均气温地域差异很大，由东南向西北递减，随海拔的升高递减。由于受目前全球气候变暖的影响，青藏高原的气温略有升高，近20年来那曲地区气温升高、气候变暖趋势明显。图7.11为年均气温变化曲线图。

b. 多年降水变率

降水变率表示降水变化的大小，从而表明降水量的稳定性和可利用的价值。降水变率小，降水则比较稳定；降水变率大，旱涝发生的概率就大，对农牧业生产的影响也越大。其计算公式为

$$R = \frac{1}{N \cdot \bar{x}} \sum_{i=1}^{n} |x_i - \bar{x}| \tag{7.10}$$

那曲地区各地年降水变率为10% ~17% (表7.2),降水最为稳定的是嘉黎,降水变率仅为10%,而越向西降水变率越大,靠近那曲西部的申扎降水变率是17%,说明越向西,降水越不稳定。

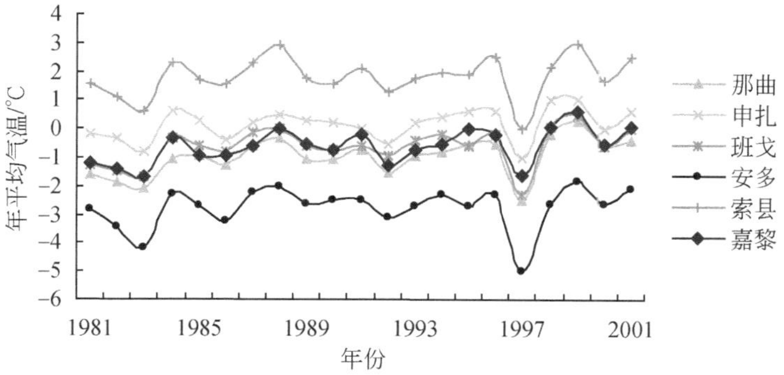

图7.11 年均气温变化曲线图

表7.2 那曲地区各气象站降水变率(1961~2001年,安多站1966~2001年)

降水变率	那曲	申扎	班戈	安多	索县	嘉黎
1月	85	87	89	82	70	49
2月	76	93	85	64	65	41
3月	74	95	73	76	58	36
4月	64	75	67	65	56	32
5月	50	70	78	65	41	33
6月	30	50	44	36	25	22
7月	27	28	28	29	28	20
8月	35	27	29	34	31	29
9月	34	42	36	29	25	26
10月	60	82	75	63	51	45
11月	97	108	99	86	84	65
12月	89	106	92	99	74	89
年	14	17	16	13	12	10

6~9月是那曲地区降水最集中的月份,也是牧业生产的关键时期。各月降水比率的最小值也出现在这个时期内,这个时期降水多而稳定,发生干旱的可能性比较小。

降水量的空间分布也不均匀,降水量最高的区域是东部的嘉黎一带,分布趋势是由东向西、由南向北递减(图7.12)。

对6个气象站点的降雨及蒸发量进行20年线性趋势分析,提取的气象站点所在像元代表的植被类型及NDVI变化趋势,如表7.3所示。年总降水斜率都大于零,表明降水呈增加趋势,蒸发量呈减小趋势。

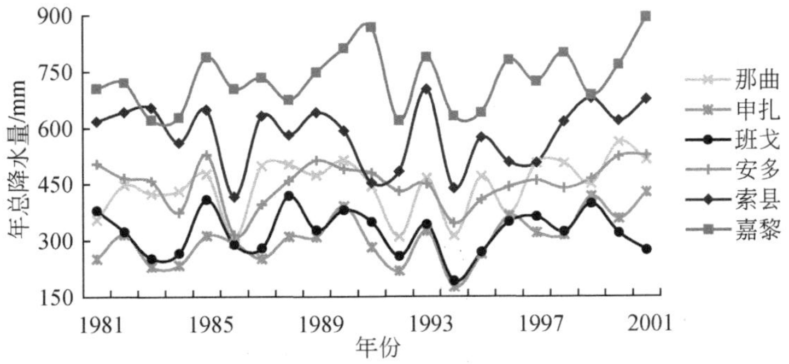

图 7.12　年总降水量变化曲线图

表 7.3　6 个气象站点的 NDVI 峰值趋势斜率和降水量、蒸发量变化斜率（1981～2001 年）

项目	那曲 高寒草甸	申扎 高寒草原	班戈 高寒草原	安多 高寒草甸	索县 高寒草甸	嘉黎 高寒草甸
NDVI 趋势斜率	0.27	0.11	-0.0037	-0.018	-0.070	-0.27
年总降水斜率	4.35	5.88	0.068	1.68	0.43	4.80
蒸发量	-10.39	-4.38	-9.34	-15.64	-0.36	-8.37

c. 降水量的年内分配

已有研究表明，这种年际和年代际气象要素累计值或平均值的变动往往不能很好地解释草地退化的气候学原因，同样的降水量，在年度内不同的分配状况往往也会造成不同的干旱和荒漠化，从而引起草地退化。因此，本研究也做了降水在年度内不同时段分配格局、配置状况及其变动趋势的研究，这样才能更合理地解释气候变化与生态变化之间的关系和机理。

采用空间统计分析中的空间自相关分析方法——Moran 指数方法（Zhang et al.，2007），其公式为

$$I = \frac{n}{\sum_{i=1}^{n}\sum_{j\in N_i} W_{ij}} \cdot \frac{\sum_{i=1}^{n}\sum_{j\in N_i} \mathbf{W}_{ij}(x_i - \bar{x})(x_j - \bar{x})}{\sum_{i=1}^{n}(x_i - \bar{x})^2} \tag{7.11}$$

式中：x_i、x_j 分别为变量 x 在时间 i 和 j 的值；$\mathbf{W}_{ij}$ 为空间相邻权重矩阵；n 为样本单元个数；N_i 为 i 单元的相邻单元个数。Moran 指数是区间［-1，+1］的相对值，I 值越高，变量的自相关性就越大。也就是说，如果年内降水具有较高的 I 值，就说明该要素在时间维上的分布与其时间位置密切相关，即存在明显有序的时间分布格局和相近观测值的密集分布区。I 值为负时，说明分布呈现出极为粗糙或剧烈跌宕起伏的“插花”状态，$I \to 0$ 时，说明观测值趋近于与时间位置无关的均匀随机分布。比较年度间 I 值的变化趋势，能够说明降水在年度内时间分配格局和均匀度的变化。

分析图 7.13 可得出如下结论：6 个地区的 Moran 指数值都较大，说明这 6 个地区降水和时间的自相关性较强。那曲地区年降水主要集中在 5～9 月，Moran 指数越大，

年降水量集中在 5 ~9 月的量就越多，对植被生长越有利。由图 7. 13 可知，申扎和那曲近 20 年来，Moran 指数呈增加趋势，这一结论与图 7. 10 和表 7. 3 中的 NDVI 呈增加的趋势相吻合。另外几个站点，Moran 指数值近 20 年变化趋势不明显，年度内降水随时间分配的不均匀程度的年际变化不会对植被产生显著影响。

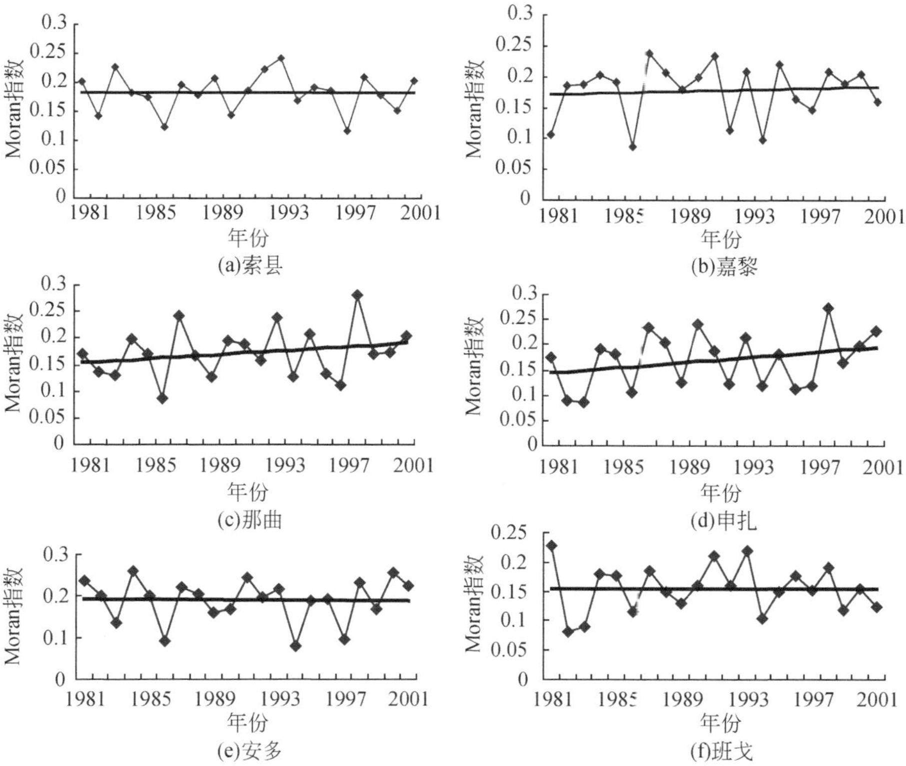

图 7. 13　降水自相关 Moran 指数变化趋势

为了进一步研究降水年内分配情况对高原生态状况的影响，分别按全年和生长季 5 ~9 月，统计了 6 个地区平均连续无降水日数。该指标的意义在于，不论多年平均降水量如何变化，如果平均连续无降水日数增大，就意味着降水（或无降水）集中度的增大，即降水年度内的分配不均匀程度增高，气候及下垫面会呈现干湿极端化趋势，就会促进草地退化。生长季内的平均连续无降水日数大小对于植被的生长具有重要的生理、生态意义。如生长季内平均连续无降水日增加，将导致土壤墒情恶化，不利于植被的生长，也会间接促使草地退化。从统计结果来看（图 7. 14），年平均连续无降水日数比较稳定，说明 6 个地区的生长季内降水不均匀程度并没有加剧，并不会促使草地植被的持续退化。

d. 风速不小于 5m/s 的起沙风日数变化趋势

风力是风蚀荒漠化和沙质荒漠化发展的主要动力，也是产生沙尘暴的直接原因。那曲地区 8 级以上大风日数频率月分布见表 7. 4，是全国同纬度地区中大风日数最多的地区之一。大风使牧草遭受机械损伤，刮走大量枯草，沙尘附在牧草叶面上影响光合作

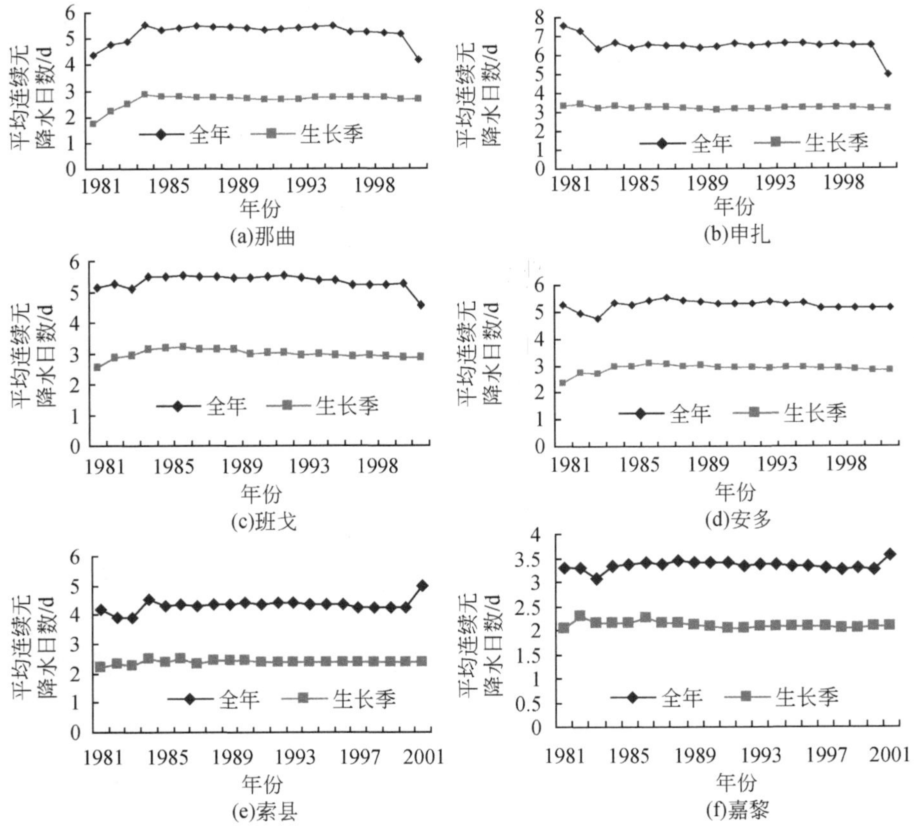

图 7.14　平均连续无降水日数分布及变化趋势

用，使牧草生长受到限制从而降低牧草产量。同时，大风还加剧土壤水分蒸发，使墒情锐减，加剧了土壤干旱。特别是那曲西部地区，土壤属高山草原土和高山荒漠草原土，以沙壤为主，土壤团粒结构差、有机质含量低、土壤草根层发育弱，受风蚀作用较强导致土壤沙化，成为草地退化/沙化的直接动力。大风日数分布具有明显的空间变化和季节变化特征：空间分布变化表现为大风日数从西北部向东南部递减；季节分布变化表现为大风日数主要集中在 11 月至次年 4 月。

表 7.4　那曲地区大风日数频率月分布

月份	那曲	安多	申扎	班戈	索县	嘉黎
11	6.5	7.2	7.7	5.4	5.0	5.3
12	9.7	8.6	10.8	8.0	6.5	9.3
1	12.6	11.9	13.3	12.1	8.3	8.6
2	13.6	11.7	13.4	12.3	11.3	10.2
3	18.2	15.2	15.1	14.9	15.5	10.0
4	11.9	10.8	9.8	10.4	12.0	9.5
年平均大风日数	100.3	151.7	133.3	107.3	89.3	43.2

资料来源：刘雪松等，2003

据风洞试验研究，对于流动沙丘而言临界风速达到5m/s时即可扬尘起沙，对6个气象站点风速不小于于5m/s的年累计起沙风日数和年平均风速进行了统计（图7.15和图7.16），结果显示，1981～2001年起沙风日数和年平均风速呈明显的降低趋势，这说明风力作用对草地退化或者荒漠化的影响会有所减弱。

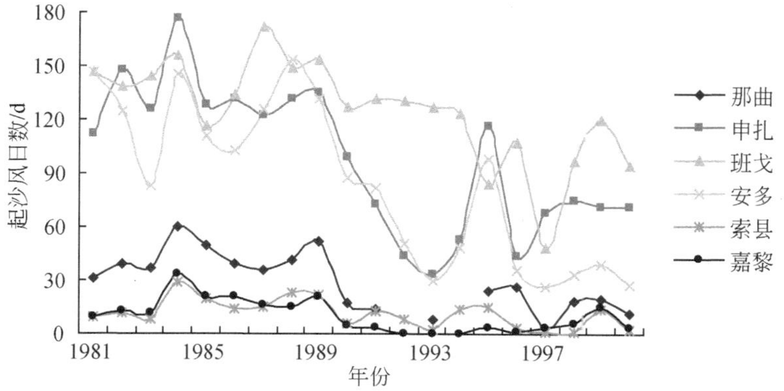

图7.15　年累计起沙风日数变化

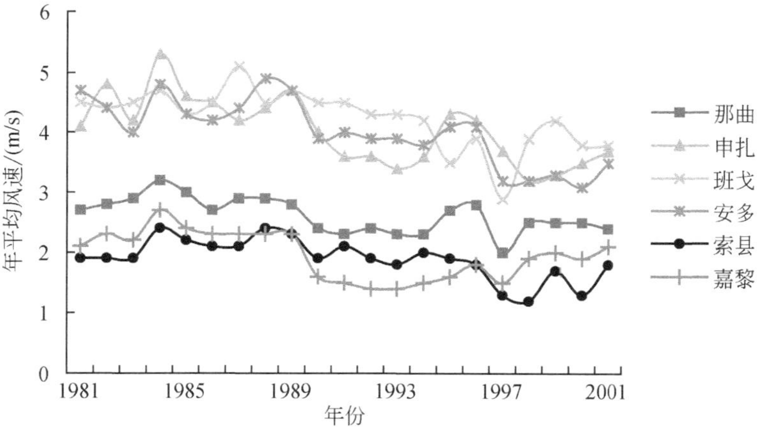

图7.16　年平均风速变化

综上气候因子的分析得出，那曲地区属于气候改善区，1981年以来一直呈现出温度升高和降水增加的趋势，温湿条件的改善，有利于植被生长。在聂荣南部、那曲北部、安多东南部、班戈南部、申扎等地的高寒草甸和高寒草原地区，气候条件改善的同时，由于人类生产力水平提高以及环保意识增强，这些地区代表植被覆盖程度的NDVI变化趋势普遍升高，植被生物量有所增加。

对于东部的班戈、索县、比如、嘉黎等地区，在气候条件改善的同时，NDVI线性趋势反而表现为负，有可能的解释是由于人类活动、管理或者土地利用变化等的影响，具体分析见以下研究。

（2）NDVI生长峰季值和不同气候因子的相关性

本节使用6个气象站来评价各气候因子对植被生长年际变化的影响和NDVI对气候

因子的响应。利用历年 NDVI 峰季值和各气候因子之间的相关系数分析各气候因子与 NDVI 的关系。NDVI 年内变化和降水量呈显著性相关（表7.5），时间为1981 年7 月至2001 年9 月，样本量 $n=237$，通过信度为0.001 的相关性检验，而 NDVI 年际变化和降水量以及其他气候因子的相关性比较复杂，地区不同表现出不同的相关性，具体分析如下。

表7.5　NDVI 月最大值和月降水量相关系数

相关系数	那曲	申扎	班戈	安多	索县	嘉黎
R	0.81	0.67	0.86	0.74	0.77	0.71

嘉黎处于寒温带半湿润气候条件下，草地 NDVI 与降水量和相对湿度呈负相关，说明水分对这个地区的草地植被生长影响并不占主导地位；此地区人口密度较大，草地 NDVI 与人口数量也呈显著负相关。

索县也处在寒温带半湿润气候条件下，但年降水量要稍低于嘉黎地区，在这个地区，与草地 NDVI 相关性最显著的是7～9 月总降水量，相关系数达到0.53（Zhang et al.，2007）；生长季积温（5～9 月）也很重要，仅次于7～9 月总降水量，说明在此地区水分和温度对草地植被生长都具有重要意义。

那曲县的西部、安多、班戈和申扎地区气候条件为亚寒带半干旱和高原寒带干旱气候，这些地区寒冷、干旱、多风，温度、降水、风速和蒸发对草地植被生长都有很大影响。在那曲，与 NDVI 相关性最显著的是潜在蒸散，相关系数达到 -0.63，其次是平均最低气温和7～9 月积温。在班戈，潜在蒸散是影响草地 NDVI 的最主导因子，相关系数达到 -0.63，降水量也很重要，仅次于潜在蒸散。在安多，潜在蒸散和生长季连续无降水日数对草地生长都是主导因子。在申扎，潜在蒸散对草地 NDVI 是最主导因子，而蒸发量和年平均风速仅次于潜在蒸散，由图7.16 可知，申扎是这6 个地区中年平均风速最大的地区，因而风速和蒸发对此地区草地生长有很大的影响，表现为风速和蒸发量越大越不利于草地植被生长。

a. 潜在蒸散计算方法

潜在蒸散计算采用的是世界粮农组织推荐的 Penman-Menteith 模式（Allen et al.，1998），即

$$\mathrm{ET}_0 = \frac{0.408\Delta(R_n - G) + \gamma \dfrac{900}{T+272} u_2 (e_s - e_a)}{\Delta + \gamma(1 + 0.34u_2)} \tag{7.12}$$

式中：ET_0 为潜在蒸散量（mm/d）；R_n 为地表净辐射［$\mathrm{MJ/(m^2 \cdot d)}$］；$G$ 为土壤热通量［$\mathrm{MJ/(m^2 \cdot d)}$］（在逐日计算公式中，$G \approx 0$）；$T$ 为2m 高度处平均气温（℃）；u_2 为2m 高度处风速（m/s）；e_s 为饱和水汽压（kPa）；e_a 为实际水汽压（kPa）；Δ 为饱和水汽压曲线斜率（kPa/℃）；γ 为干湿表常数（kPa/℃）。

b. 地表净短波辐射计算采用公式

$$R_{ns} = (1 - \alpha)\left(a_s + b_s \frac{n}{N}\right) R_a \tag{7.13}$$

式中：R_{ns}为地表净短波辐射［MJ/(m^2·d)］；α为反射率［无量纲］（取α=0.23）；a_s为阴天（n=0）地表短波辐射与大气层外太阳辐射的比例系数；a_s+b_s为晴天（$n=N$）地表短波辐射与大气层外太阳辐射的比例系数；n为实际日照时数（h）；N为最大可能日照时数（h）；R_a为大气层外太阳辐射［MJ/(m^2·d)］。

c. 地表净长波辐射计算公式

$$R_{nl}=\sigma(\frac{T^4_{max,k}+T^4_{min,k}}{2})(0.34-0.14\sqrt{e_a})(1.35\frac{R_s}{R_{so}}-0.35) \tag{7.14}$$

式中：R_{nl}为地表净长波辐射［MJ/(m^2·d)］；σ为斯蒂芬－波尔兹曼常数［4.903×10^{-9}MJ/(K^4·m^2·d)］，$T_{max,k}$为日最高气温（K）；$T_{min,k}$为日最低气温（K）；e_a为实际水汽压（kPa）；R_s为地表短波辐射［MJ/(m^2·d)］；R_{so}为晴天地表短波辐射［MJ/(m^2·d)］。

其中：

$$R_s=(a_s+b_s\frac{n}{N})R_a \tag{7.15}$$

$$R_{so}=(0.75+2\times10^{-5}\times Z)R_{\varepsilon} \tag{7.16}$$

式中：Z为海拔（m），其他符号同上。

d. 地表净辐射计算公式

$$R_n=R_{ns}-R_{nl} \tag{7.17}$$

式中：R_n为地表净辐射［MJ/(m^2·d)］，其他符号同上。

（3）人类活动响应驱动力

草地覆盖、生物量和生产力的变化是在气候驱动力和人文驱动力共同作用下形成的。自然环境的变化是影响草地覆盖变化、草地退化的基本原因，而不合理的人类活动则是草地退化的主要驱动因素。那曲地区的草地退化，一方面与上述的气候因素有关，另外人类不合理的社会、经济活动则加剧了草地的退化过程。人类不合理的社会、经济活动导致的草地退化分析如下。

人文驱动力子系统不仅包括人口的数量、增长速度、传统观念、市场意识和文化素质等因素，同时还涉及社会生产力、生产关系乃至政府部门的政策方针等。在人文驱动力子系统中，最活跃的要素就是人口数量，它的变化与发展很容易作用于其他要素，一定程度上决定了人文驱动力的方向和大小。例如，人口的快速增长将导致人口质量的相对下降，市场竞争意识的增强，经济政策变化以及草地生产方式转变，促进人文驱动力正增长（刘淑珍等，1999）。

分析那曲地区的人口数量变化可以得出：尽管那曲地区人口密度较低（表7.6），但人口增长速度很快，由1980年的23.86万人增长到2003年的38.72万人，平均年增长率为2.60%（西藏自治区1980～2003年平均人口增长率1.92%）。那曲地区1980年以来的人口增长趋势如图7.17所示，各县1989年以来的人口变化见表7.6。随着人口的快速增长，生活需求量也越来越大，而草地的承载能力有限，结果肯定会导致对自然资源尤其是草地资源的掠夺性开发，出现人畜矛盾，最终导致草畜矛盾的尖锐，引起草地退化、沙化。

表 7.6　2002 年那曲地区各县人口数量与人口密度

人口指标	那曲地区	那曲	嘉黎	比如	聂荣	安多	申扎	索县	班戈	巴青	尼玛
人口总量/万人	37.68	8.26	2.55	4.70	2.95	3.39	1.68	3.56	3.34	3.77	3.50
人口密度/(人/km^2)	0.95	5.14	1.93	4.10	2.03	1.30	0.42	5.94	0.33	3.65	0.23
1989~2003 平均年增长率/‰	20.5	23.12	24.33	24.70	19.24	17.15	20.44	21.49	22.68	24.22	—

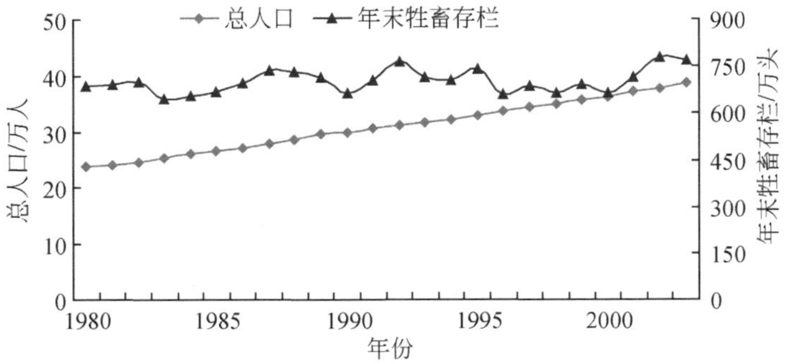

图 7.17　那曲地区 1980~2003 年人口数量与牲畜数量变化曲线

由表 7.6 可以看出，那曲地区人口密度差异很大，东部县人口密度明显高于西部县，人口主要集中在东部的那曲、索县、比如、巴青、嘉黎和聂荣等县。在索县、比如、巴青和嘉黎等县虽然气候条件有所改善，但由于人口增长过快，这几个县的人口年平均增长率均排在前列（表 7.6），人畜矛盾日益尖锐化。为了填补空缺，满足生活需求，牧民开始对自然资源尤其是草地资源进行开发。人类过度利用草地资源，造成一些天然植被萎缩，加上农作区内一些农田由于管理不当、森林区过度砍伐，致使植被覆盖程度下降，造成植被生物量减少，而植被的退化具有促进气候恶化的反馈作用，从而导致恶性循环，致使植被覆盖持续下降，植被生物量不断减少。

由于同期自然环境因子没有显著变化，而气温和降水的增加还有利于覆盖增加，导致这一覆盖变化的原因主要是人为破坏，特别是不合理土地利用。分析认为在那曲东部地区，草地态势与人为因子的关系较与气象因子的关系更为直观和显著。

在研究区内，由于 6 个气象站点主要分布在研究区的东部，因而所分析的降水、气温、风力等气候条件的变化可能只能代表东部地区，对于海拔比较高的研究区西部并没有说服力。那曲西部的高寒草原和高寒荒漠区的 NDVI 线性趋势变化幅度较小，即植被生物量变化幅度较小，该区域内人类活动较少，其变化可能更多地体现了自然条件的改变。

7.5 小　　结

遥感技术的发展为陆面过程参数化研究提供了有力的工具。定量化遥感的发展使遥感数据在次网格参数化日臻完善。现在已经有了覆盖全球的几套遥感数据集。它们已用于分析陆面生态过程和物理过程的地面辐射收支，地表温度、湿度和能量收支，以及对植被生产力的日益深入的研究（张佳华等，2003）。所建立的数据不仅为气候模式提供了精确的陆面特征参数，而且也为这些模型模拟预测结果的验证提供了依据。

前面研究表明 NOAA/AVHRR 反演的 LAI 等数据给我们提供了重要的数据，可研究全球植被的季节和年际的动态变化（陈述彭和赵英时，1990 ）。但是地表的卫星遥感观测受很多噪声的影响，其中包括来自于大气圈水汽、云量和气溶胶干扰，观测角、太阳天顶角和辐照度变化，仪器不稳定和轨道漂移等多种因素。但我们所用的数据已通过采用 FASIR 订正技术，在去除系统误差方面做了重大的改进，保证用于研究分析的精度（Los et al. , 2000）。

本节利用 NOAA NDVI 多年数据对藏北地区的植被动态变化和空间分布进行了研究。分析造成植被变化的气候原因和人为原因，不同区域 NDVI 动态变化的主导因素不同。藏北那曲东部地区，NDVI 变化受人类活动因素影响比较显著；那曲中部地区，同期自然环境因子没有显著变化，气温和降水的增加有利于覆盖增加；气象站点的数据分析对那曲地区西部的气候变化没有说服力，此地区同时也是无人区，不受人类活动太大的影响，因而藏北地区西部的 NDVI 变化可能更多地表现出青藏高原植被的自然变动。

参考文献

陈述彭，赵英时 . 1990. 遥感地学分析 . 北京：测绘出版社

丁明军，沈振西 . 张镱锂等 . 2005. 青藏公路与铁路沿途 1981 ~ 2001 年植被覆盖变化 . 资源科学，27（5）：128 ~ 133

符淙斌，周嗣松 . 1992. 我国大陆植被变化的气象卫星遥感 . 科学通报，37（16）：1486 ~ 1488

刘淑珍，周麟，仇崇善，等 . 1999. 西藏自治区那曲地区草地退化沙化研究 . 拉萨：西藏人民出版社

温刚 . 1998. 利用 AVHRR 植被指数数据集分析中国东部季风区的物候季节特征 . 遥感学报，2（4）：271 ~ 275

西藏自治区统计局 . 1990. 西藏社会统计年鉴 . 北京：中国统计出版社

西藏自治区统计局 . 2000. 西藏统计年鉴 . 北京：中国统计出版社

张佳华，符淙斌 . 2002. 利用遥感反演的叶面积指数研究中国东部生态系统对东亚季风的响应 . 自然科学进展，12（10）：1098 ~ 1100

张佳华，符淙斌，王长耀 . 2000a. 遥感信息结合植物光合生理特性研究区域作物产量水分胁迫模型 . 大气科学，24（5）：683 ~ 693

张佳华，符淙斌，王长耀 . 2000b. 利用遥感信息研究区域冬小麦气孔导度的时空分布 . 气象学报，58（3）：347 ~ 353

张佳华，徐祥德，延晓冬，等，2003. 多圈层陆面过程参数化研究中遥感信息应用的进展和方向 . 应用气象学报，14（6）：746 ~ 755

Ailikun B，Yasunari T. 2001. ENSO and Asian Monsoon：Persistence and transitivity in the seasonal March. J Meteor Soc Japan, 79 (1): 145 ~ 159

Allen R G, Pereira L S, Raes D, et al. 1998. Crop evapotranspiration. FAO Irrigation and drainage paper 56, Rome

Anyamba A, Eastman J R. 1996, Interannual variability of NDVI over Africa and its relation to El Nino/ Southern Oscillation. International Journal of Remote Sensing, 17 (13): 2533 ~ 2548

Asrar G, Fuchs M, Kanemase E T, et al. 1984. Estimating absorbed photosynthetic radiation and leaf area index from spectral reflectance in wheat. Agronomy Journal, 76: 300 ~ 306

Azzali S, Menenti M. 2000. Mapping vegetation-soil-climate complexes in southern Africa using temporal Fourier analysis of NOAA-AVHRR NDVI data. International Journal of Remote Sensing, 21 (5): 973 ~ 996

Bonan G B, Pollard D, Thompson S L. 1992. Effects of boreal forest vegetation on global climate. Nature, 359: 716 ~ 718

Braswell B H, Schimel D S , Linder E, et al. 1997. The Response of global terrestrial ecosystems to interannual temperature variability. Science, 278: 870 ~ 872

Chase T N, Pielke R A, Kittel T G, et al. 1996. Sensitivity of a general circulation model to global changes in leaf area index. J Geophys Res, 101: 7393 ~ 7408

Chen L, Dong M, et al. 1992. The characteristics of interannual variation on the East Asian monsoon. J Meteor Soc Japan, 70: 397

Clark D A, Clark D B. 1994. Climate-induced annual variation in canopy tree growth in Costa Rican tropical rain forest. J of Ecology, 82: 865 ~ 872

Curran P J. 1980. Multispectral remote sensing of vegetation amount . Progress in Physical Geography , 4: 319 ~ 341

Dickinson R E, Henderson-Sellers A. 1988. Modelling tropical deforestation: A study of GCM land-surface parameterization. Quart J Roy Meteor Soc, 144 (B): 439 ~ 462

Dickinson R E, Shaikh M, Bryant R, et al. 1998. Interactive canopies for a climate model. J of Climate, 11: 2823 ~ 2836

Dickinson R E, Henderson-Sellers A, Kennedy P J, et al. 1993. Biosphere Atmosphere Transfer Scheme (BATS) version 1e as coupled to the NCAR Community Climate Model, NCAR Tech. Note, NCAR TN387 + STR. 72pp, Natl. Cent. for Atmos. Res. , Boulder, Colo

Eidenshink J C, Faundeen J L. 1994. The 1km AVHRR global land data set: First stages of implementation. International Journal of Remote Sensing, 15: 3343 ~ 3462

Hoffmann W A , Jackson R B. 2000. Vegetation-climate feedbacks in the conversion of tropical savanna to grassland. J of Climate, 13: 1593 ~ 1602

Hope A, Boynton W, Stow D, et al. 2003. Inter-annual growth dynamics of vegetation in the Kuparuk River watershed based on the normalized difference vegetation index. International Journal of Remote Sensing, 24 (17): 3413 ~ 3425

IGBP. 1990. A study of global change. The International Geosphere-Biosphere Programme: The initial core projects. Report 12, Stockholm

IGBP. 1998. The terrestrial carbon cycle: implications for the Kyoto Protocol. Science, 280: 1393 ~ 1394

IPCC. 1996. Climate Change: Impact, Adaptations and Mitigation of Climate Change: Scientific technical Analysis. In: Waston R T, Zinyowera M C, Moss R H, et al. IPCC Second Assessment Report. Cambridge, UK: Cambridge University Press: 25

Lau K M. 1992. The East Asian summer monsoon rainfall variability and climate teleconnection. J Meteor Soc Japan, 70: 211 ~ 223

Lau K M, Li M T. 1984. The monsoon of East Asia and its global association – A survey. Bull Amer Meteor Soc, 65: 114 ~ 125

Los S O, Collatz G J, Sellers P J, et al. 2000. A global 9-Year Biophysical Landsurface Dataset from NOAA AVHRR Data. J of Hydrometeorology, 1: 183 ~ 199

Micael C R. 2000. Is Northern China winning the battle against desertification? Satellite remote sensing as a tool to study biomass trends on the Ordos Plateau in Semiarid China. AMBIO, 29 (8): 468 ~ 476

Nemani R R, Running S W, Pielke R A, et al. 1996. Global vegetation cover changes from coarse resolution satellite data. J Geophys Res, 101: 7157 ~ 7162

Pan Y Z, Li X B, Gong P, et al. 2003. An integrative classification of vegetation in China based on NOAA AVHRR and vegetation-climate indices of the Holdridge life zone. International Journal of Remote Sensing, 24 (5): 1009 ~1027

Parry M L, Carter T R , Konijin N T. 1988. The impact of climatic variations on agriculture. Volume 1: Assessments in cool temperature and cold regions. Dordrecht: Kluwer Academic Publishers

Pitman A J, Zhao M , Desborough C E. 1999. Investigating the sensitivity of a land surface scheme's simulation of soil wetness and evaporation to spatial and temporal leaf area index variability within the global soil wetness project. J Meteor Soc Japan, 77: 281 ~290

Prince S D, Goward S N, Goetz S, et al. 2000. Interannual Atmosphere-Biosphere Variation: Implications for observation and modeling. J Geophys Res, 105: 20055 ~20063

Qian W H, Yang S. 2000a. Onset of the regional monsoon over Southeast Asia. Meteorology and Atmos Phys , 74 (5): 335 ~344

Qian W H, Lee D K. 2000b. Seasonal march of Asian summer monsoon. Inter J Climatology, 20: 1371 ~1378

Schimel D, Melillo J, Tian H, et al. 2000. Contribution of increasing CO_2 and climate to carbon storage by ecosystems in the United States. Nature, 287: 2004 ~2006

Sellers P J. 1985. Canopy reflectance, photosynthesis, and transpiration. International Journal of Remote Sensing, 6: 319 ~332

Sellers P J, Bounoua L, Collatz G J, et al. 1996. Comparison of radioactive and physiological effects of doubled atmospheric CO_2 on climate. Science, 271 (8): 1402 ~1406

Shabanov N, Zhou L, Knyazikhin Y, et al. 2002. Analysis of Inter-annual Changes in Northern Vegetation Activity Observed in AVHRR Data From 1981 to 1994. IEEE Transactions on Geoscience and Remote Sensing , 40 (1): 115 ~130

Stow D, Hope A, McGuire D, et al. 2004. Remote sensing of vegetation and land-cover change in Arctic Tundra Ecosystems. Remote Sens Environ, 89: 281 ~308

Tao S, Chen L. 1987. A review of recent research on the east Asia summer monsoon in China. *In*: Krishnamuti T N. Monsoon Meteorology. Oxford: Oxford University Press. 60 ~70

Tao S, Zhang Q. 1998. Response of the Ease Asian summer monsoon to ENSO events. Sci Atmos Sinica, 22: 399 ~407

Tian S F, Yasunari T. 1998. Climatological aspects and mechanism of Spring Persistent Rains over central China. J Meteorol Soc Jp, 76 (1): 57 ~71

Tucker C J, Vanpraet C, Boerwinkel E, et al. 1983. Satellite remote sensing of total dry matter production in the Senegalese Sahel . Remote Sens Environ, 13: 461 ~474

Vemap Members. 1995. Vegetation/ecosystem modeling and analysis project: comparing biogeography and biochemistry models in a continental-scale study of terrestrial ecosystem responses to climate change and CO_2 doubling. Global Biogeochemical Cycles, 40: 407 ~437

Wang B, Wu R, Fu X. 2000. Pacific-East Asian teleconnection: How does ENSO affect East Asian climate? J of Climate, 13: 1517 ~1536

Webster P J, Magana V O, Palmer T N, et al. 1998. Monsoons: processes, predictability, and the prospects for prediction. J Geophys Res, 103: 14451 ~14510

Woodward F I, Smith T M, Emanuel W R. 1995. A global land primary productivity and phyotogeography model. Global Biogeochemical Cycles, 9: 471 ~490

Xie P P, Arkin A. 1997. Global precipitation: A 17-year monthly analysis based on gauge observations, satellite estimates, and numerical model outputs. Bull Amer Meteor Soc, 78: 2539 ~2558

Yang X, Wang M. 2000. Monsoon ecosystems control on atmospheric CO_2 interannual variability: inferred from a significant positive correlation between year-to-year changes in land precipitation and atmospheric CO_2 growth rate. Geophysical Research Letters, 27: 1671 ~1674

Yasunari T. 1991. The monsoon year-A new concept of the climatic year in the Tropics. Bull Amer Meteor Soc, 72: 937

Zhang J H, Yao F M, Zheng L Y et al. 2007. Evaluation of grassland dynamics in the Northern-Tibet plateau of China using remote sensing and climate data. Sensors, 7 (12): 3312 ~3328

第 8 章　土壤风力侵蚀因子遥感定量模型

8.1　中国土壤风力侵蚀强度定量遥感

8.1.1　土壤风力侵蚀强度遥感调查

在利用 TM 影像、全国土地利用数据、土壤质地、数字高程模型、野外调查及相关资料分析的基础上，按照图 8.1 所示的流程，确定土壤风力侵蚀强度。风蚀区的强度分为 6 个级别。①微度侵蚀。沙地中出现斑状风蚀坑，梁窝状沙丘迎风坡基本无风蚀，农耕地中有零星的风蚀斑。风蚀地貌面积占总面积的 5% 以下。斑点状流沙，占总面积的 5% 以下。植被覆盖度包括风蚀区的水体大于 50% 。②轻度侵蚀。平沙地出现长的风蚀沟，梁窝状沙丘迎风坡出现风蚀破口，农耕地中出现较密线性风蚀沟。风蚀地貌面积占总面积的 5% ~25% 。片状流沙、灌丛沙堆，占总面积的 5% ~25% 。植被覆盖度为 20% ~50% 。③中度侵蚀。平沙地出现较大的风蚀坑，梁窝状沙丘迎风坡风蚀破口达 1/2 处，农耕地中出现中等深度的风蚀洼地。风蚀地貌面积占总面积的 25% ~50% 。大面积的片状流沙、密集的灌丛沙堆，占总面积的 25% ~50% 。植被覆盖度为 10% ~

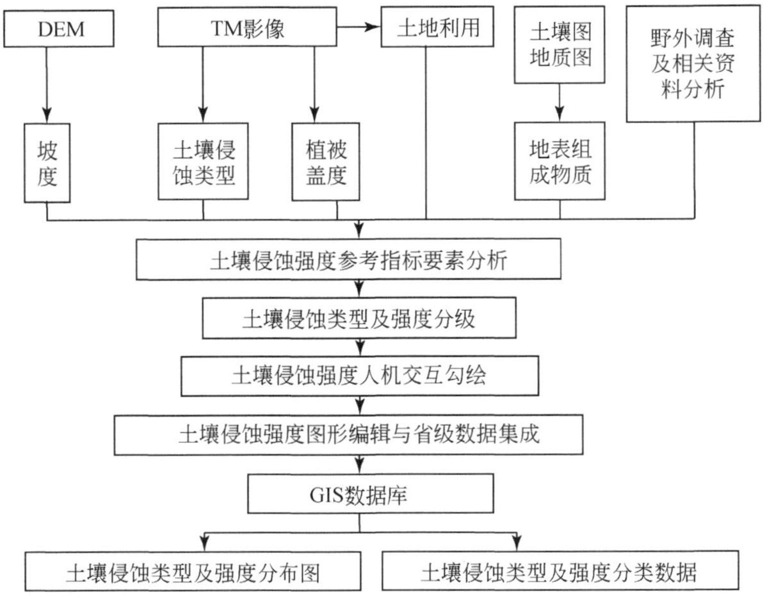

图 8.1　土壤侵蚀遥感调查流程

20%。④强度侵蚀。平沙地出现大风蚀坑，梁窝状沙丘迎风面风蚀破口达到丘顶，农耕地中出现大型碟形洼地，风蚀地貌面积占总面积的50% ~70%。或密集高大的流动沙丘、沙丘链，沙丘占总面积的50% ~70%。植被覆盖度为5% ~10%。⑤极强度侵蚀。出现深层块状风蚀洼地、风蚀深槽，风蚀地貌面积占总面积的70%以上。或流动平沙地与流动沙丘面积占总面积的70%以上。植被覆盖度为1% ~5%。⑥剧烈侵蚀。出现极深层片状风蚀盆地、风蚀大深槽、风蚀谷，流动沙丘面积占总面积的90%以上。植被覆盖度小于1%。包括裸岩和石、砾质戈壁。

8.1.2　土壤风力侵蚀强度遥感调查结果

图8.2显示了全国土壤风力侵蚀遥感调查结果。剧烈侵蚀区面积为52万km^2，分布于塔克拉玛干沙漠南缘、塔干沙漠东部、新疆北部的古尔班通古特沙漠、新疆东部地区、内蒙古西部的腾格里沙漠和巴丹吉林沙漠。极强度侵蚀区面积为39万km^2，主要分布于塔克拉玛干沙漠、腾格里沙漠和巴丹吉林沙漠。强度侵蚀区面积为37万km^2，主要分布于北疆古尔班通古特沙漠、新疆东部地区、柴达木盆地、腾格里沙漠和巴丹吉林沙漠。中度侵蚀区面积为38万km^2，主要分布于以上所述沙漠的边缘处，在毛乌素沙地、内蒙古中部的浑善达克沙地、内蒙古东部和辽宁西部的科尔沁沙地，此外青藏高原北部也有零星分布。轻度侵蚀区面积为35万km^2，微度侵蚀区面积为29万km^2，它们主要分布于内蒙古中部的浑善达克沙地、内蒙古北部的呼伦贝尔地区、科尔沁沙地，新疆沙漠地区和柴达木盆地有分布，此外河北省中部、四川省北部和西藏部分地区有少量零星分布。

土壤侵蚀区大部分落在400 mm年降水量线以内，而且强度侵蚀、极强度侵蚀和剧烈侵蚀大部分位于200 mm年降水量线以内。强度侵蚀、极强度侵蚀和剧烈侵蚀所在地区的土地利用方式中，除绿洲外几乎为天然裸露，植被覆盖度极低或者无植被覆盖，年降水量在200 mm以下。微度侵蚀、轻度侵蚀和中度侵蚀一部分位于内蒙古中部、北部，这部分地区降水量为200 ~400 mm，土地覆盖方式为中覆盖度草地和高覆盖度草地，二者大致呈现等比例分布。第二部分地区为科尔沁沙地地区，该区的降水量为400 ~800 mm，雨水相对充足，但土地覆盖方式以沙地、低覆盖度草地和耕地为主，土地微度侵蚀和轻度侵蚀面积占该区总面积的95%以上。

土壤侵蚀大致可以分出4个区域：新疆地区、内蒙古西部、内蒙古中部和内蒙古东部地区。新疆除天山地区、阿尔泰山地区、昆仑山脉南部地区和绿洲区的土壤侵蚀不以风力侵蚀为主外，其他地区均发生中度至剧烈程度的土壤风力侵蚀。尤其是新疆东部地区，土壤侵蚀程度剧烈，风蚀盆地、风蚀大深槽、风蚀谷随处可见，植被覆盖度小于1%，土地主要为裸岩和石、砾质戈壁。内蒙古西部地区土壤侵蚀也以极强烈至剧烈为主，流动沙丘占总面积90%以上。植被覆盖度小于5%，土地为沙漠和石、砾质戈壁。内蒙古中部和内蒙古东部两个地区土壤侵蚀为微度至中度侵蚀，土地利用为风沙地和中低覆盖草地。

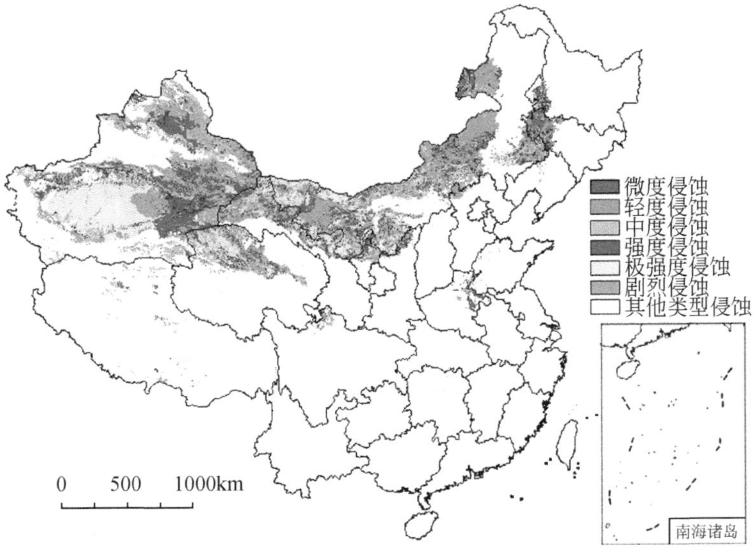

图 8.2　土壤风力侵蚀遥感调查结果①

资料来源：中国资源环境数据库

8.1.3　土壤风力侵蚀强度指数

1. 影响土壤风力侵蚀的因子分析

西北地区有 50% 以上的土地发生土壤风力侵蚀，内蒙古有 65% 以上的地区发生风力侵蚀。其危害非常严重，直接导致土地沙漠化和荒漠化，致使生态环境恶化，耕地面积萎缩，耕地质量下降。土壤风力侵蚀的影响因子有风速、土壤干燥度、地表植被指数、土壤质地和坡度。对其进行研究可以揭示土壤风力侵蚀的驱动因素和动力过程，对导致土壤风力侵蚀强度加重的原因进行分析，以探讨出抑制和减轻甚至消除土壤风力侵蚀的措施。

（1）风场强度空间分布

风场强度是影响风对土壤颗粒搬运的重要因素。中国北方地区冬季受强大的冬季风所控制，来自北方的冷空气南侵，带来大风天气。春季西伯利亚的冷空气爆发南移，沿途伴有大风天气。

根据刘连友等（1998）的资料表明，砂质壤土、壤质砂土和固定风砂土的启动风速分别为 6.0m/s、6.6m/s 和 5.1 m/s。风速只有在超过某一临界值的情况下才有可能搬运土壤中的颗粒物质至空中，在地表土壤性质一定的情况下，超过临界值风速的大风日数越长，对土壤表面的侵蚀程度就越深。通过对全国 616 个气象站点 1981 ~ 1990 年的数据进行处理，统计一年的 12 个月中日均风速大于 6.0 m/s 天数的分布状况，结果如表 8.1 所示。在统计的 616 个站点中，有 365 个站点存在日均风速大于 6.0 m/s 的

① 中国科学研究院 – 水利部合作项目：全国土壤侵蚀遥感调查

天数。在这365个站点中，11月至翌年5月大于6.0 m/s天数占年总大于6.0 m/s天数60%的站点有289个，占80%的站点有170个，说明11月至翌年5月是一年中主要的风期。

统计11月至翌年5月中日均风速大于6.0 m/s的天数，并用地理信息系统方法进行空间内插，结果如图8.3所示。

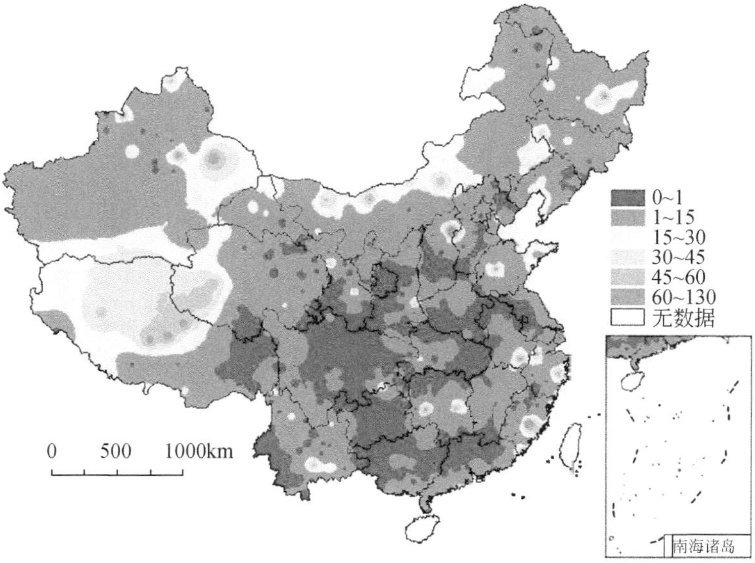

图8.3 风场强度分级

表8.1 日均风速大于6m/s天数的分布状况

11月至翌年5月大于6 m/s的天数占全年大于6 m/s天数的百分比/%	=0	>0	>50	>60	>70	>80	>90
满足条件站点数/个	251	365	327	289	236	170	135
满足条件站点百分数/%	41	59	90	79	65	47	37

可以看出，由西北向东南方向，在11月至翌年5月的大于6.0 m/s的天数逐渐减少。大致有5个强风区域，第一部分为新疆东部、甘肃西部和内蒙古西部地区；第二部分为内蒙古中部、阴山北部地区和燕山－太行山西部地区，来自西北方向的强风受高大山体的阻挡，这一区域呈带状分布于山体西北部；第三部分为辽宁中部、南部和黑龙江东部以及内蒙古东部的呼伦贝尔地区，这一地区风速较前二者低，大部分地区大于6.0 m/s风速的天数在30天以内；第四部分为新疆南部、西藏北部和青海西部地区，此区面积大，几乎覆盖西藏全部和新疆南缘地区，风速也最强，区域内11月至翌年5月大于6.0 m/s的天数大于30天，局部地区大于60天；第五部分为东南沿海部分地区。

（2）干燥度的空间分布

地表土壤含水量的变化也是影响风力对土壤颗粒搬运的重要因素（Chenpil，1956；

Chen et al. , 1996）。降水量少，气温偏高，土壤变得干燥，风易将粉尘物质带入空中。土壤的干燥度与降水量、温度直接相关，利用式（8.1）对土壤表面的干燥度进行定量研究：

$$D = 0.16 \sum \geqslant 10℃/P \tag{8.1}$$

式中：D 为干燥度；P 为降水量。对数据进行空间内插，结果如图 8.4 所示。

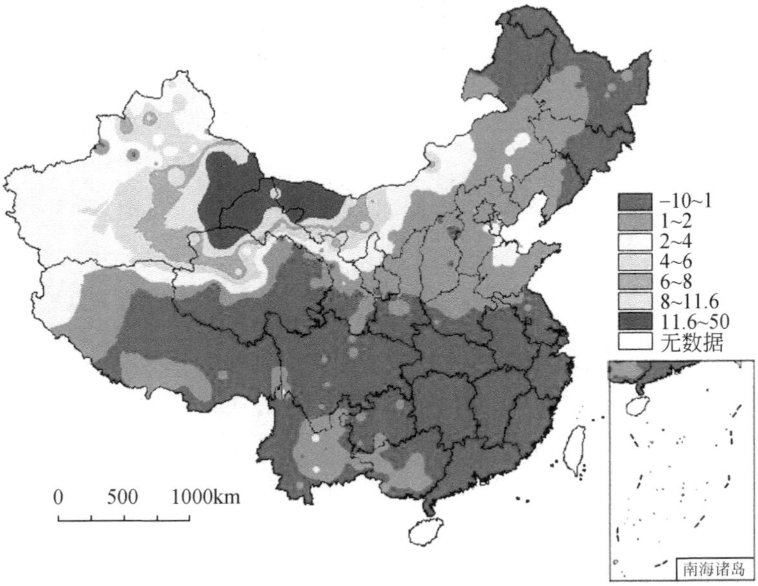

图 8.4　干燥度指数分级

秦岭以南、淮河流域、长江流域、珠江流域和西南地区东部处于气候湿润区；淮河以北、华北平原、东北南部、东北中部、大兴安岭至太行山脉以东地区处于半湿润地区；华北地区西部、西南地区西部、新疆北部处于半干旱地区；内蒙古中部、内蒙古西部、新疆南部、新疆中部和青海西部地区属于干旱地区。

（3）植被指数的空间分布

地表植被覆盖是影响土壤风力侵蚀的又一重要因素，对于水域、冰雪和植被覆盖度高的地区，不发生土壤的风力侵蚀（Bilbro and Fryrear，1994）。相反，地表裸露、植被稀少，直接使土壤受风侵蚀的可能性加大。利用气象卫星 NOAA 数据，对植被指数进行计算，计算归一化植被指数的公式为

$$\mathrm{NDVI} = \frac{(\mathrm{CH2} - \mathrm{CH1})}{(\mathrm{CH2} + \mathrm{CH1})} \tag{8.2}$$

式中：CH1 和 CH2 分别为 NOAA 卫星的第一和第二通道数据。

NDVI 并不是植被覆盖率，但通过相应的运算，可以计算地表的植被覆盖率。植被的茎、叶、主干对提高地表的粗糙度、降低地表风速有重要作用；同时，植物的原地的残余物、植物的根及土壤有机体含量对土壤可蚀性的影响也非常重要（Soddoway et al. , 1965）。从 1992 年和 1993 年冬季 NDVI 最大值的平均值的分布状况可以看出，干

旱区和半干旱区的 NDVI 值降至最低点，半湿润区的 NDVI 值也降至较低水平，西南地区西部、西北地区、华北西部、华北北部、东北中部和东北北部的大部分地区冬季和春季处于低温和干燥的状态下，植被覆盖降至最低点，地表裸露，大量农耕土壤、沙漠和冲积物等暴露在空气当中（图略）。但在夏季，半湿润区的 NDVI 值明显增大，半干旱区的 NDVI 值也增大，而干旱区的 NDVI 值却没有多大变化，只在绿洲地区或者是地下水资源较丰富的地区出现 NDVI 值增大的现象。图 8.5（见书后彩图）显示了 1992 年和 1993 年夏季 NDVI 最大值的平均值。土地利用遥感调查的结果也显示了冬季在植被指数低的西北地区、华北地区西部、青藏高原北部地区，土地利用方式为裸露的未利用地类型，土壤风力侵蚀也几乎全部发生在这一范围。西北地区的山地，由于受垂直地带性规律的影响，随着海拔增高，山地阳坡降水量相对增大，植被覆盖度增大，相应地土壤风力侵蚀程度降低。在新疆的天山和阿尔泰山部分地区几乎不存在风力侵蚀。

（4）土壤质地的空间分布

不同粒度的土壤颗粒具有不同的抗剪切力，按粒度分布的不同，将土壤按质地进行划分，其空间分布如图 8.6 所示。研究表明，黏质土壤易形成团粒结构，抗剪切能力上升，相同条件下，沙质土壤的起沙风速大于壤质土壤的起沙风速（Chenpil，1956）。同时砾质结构的土壤和戈壁土壤的风蚀速率小于沙地土壤的风蚀速率（胡孟春，1997）。而基岩质地表的供沙率极低，对风蚀的影响不大。

如图 8.6 所示，黏质土壤主要分布于东部季风区，西南地区和东北地区也有零星分布，这与这些地区湿润的环境有关。壤质土壤的分布面积最广泛，成为主要的土壤质地类型，但其黏土含量由西北向东南呈增大趋势。沙质土壤主要分布于沙漠地区，而砾质土壤则主要分布于西北干旱区的戈壁地带。

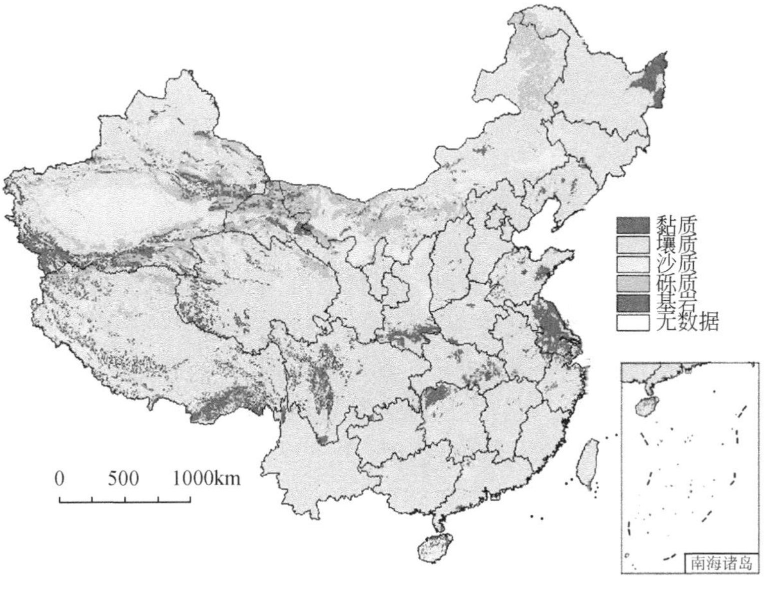

图 8.6 土壤质地空间分布

资料来源：中国科学院沙漠研究所，1996

（5）坡度的空间分布

图 8.7 显示了地表坡度的空间分布，高值区几乎均位于地貌上的第一阶梯与第二阶梯交界区，还有第二阶梯与第三阶梯的交界区。坡度对风力侵蚀的影响比较复杂，通过坡度值与土壤风力侵蚀遥感调查结果的对比，发现坡度越大，侵蚀程度越轻，大兴安岭至燕山山脉沿线坡度相对较陡，风力侵蚀程度较轻；天山山脉沿线和昆仑山脉沿线地表坡度很大，土壤侵蚀程度也很轻。这除了与地表土壤的组成有关外，还与地表粗糙度有关，这些地区地表破碎，地形起伏巨大，一定程度上使得土壤粗糙度增大，而土壤可蚀性随着土壤粗糙度的增大而降低（Chenpil，1956；Saleh，1997），加上山体本身的垂直地带性特征，因此，高大且陡峭地区的风力侵蚀程度整体变弱。

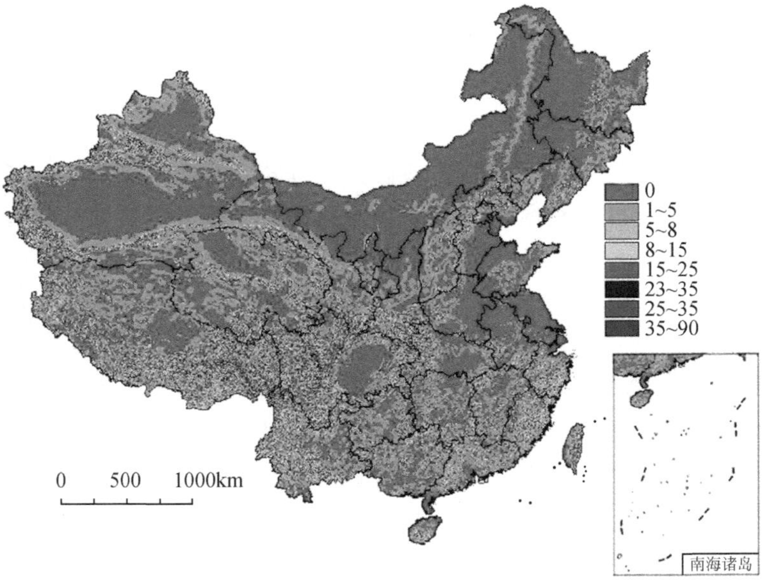

图 8.7　坡度分布

资料来源：中国资源环境数据库

2. 土壤风力侵蚀动力指数分析

当植被指数最大时，例如，在森林、高覆盖度草原、作物生长旺季的农田，不会有土壤表层的颗粒被风力侵蚀搬运；当风场强度很弱时，也不存在风力侵蚀；同样，当土壤湿度很大时，土壤颗粒团成块状，也不发生风力的侵蚀过程。土壤质地和地表坡度也对风力侵蚀有明显的影响。主成分分析方法可以提取少数几个不相关的综合性指标而保持其原指标所提供的大量信息。利用主成分分析方法对风场强度、干燥度、植被指数、土壤质地和地表坡度这 5 个指标进行分析，得到驱动土壤风力侵蚀的多因子信息。图 8.7 为坡度分布图。

以风场强度、干燥度、植被指数、土壤质地和地表坡度这 5 个指标为变量，利用式（8.3）进行标准化处理：

$$y_i = \frac{x_i - \bar{x}}{s} \quad (i = 1,2,\cdots,n) \tag{8.3}$$

式中：x_i 为因子的第 i 值；$\bar{x}$ 为因子均值；s 为因子标准差；n 为因子的样本数，其中

$$\bar{x} = \frac{1}{n}\sum_{i=1}^{n} x_i \tag{8.4}$$

$$s = \sqrt{\frac{1}{n-1}\sum_{i=1}^{n}(x_i - \bar{x})^2} \tag{8.5}$$

在标准化后数据的基础上建立各变量的关系数据阵，如式（8.6）所示。

$$\boldsymbol{R} = (r_{i,j})_{p\times p} \tag{8.6}$$

式中：$r_{i,j}$为第 i 个因子与第 j 个因子间的相关系数；p 为因子数目。

后再计算矩阵 $\boldsymbol{R}$ 的特征根 $\lambda_1 \geqslant \lambda_2 \geqslant \cdots \geqslant \lambda_m$ 及相应的单位特征向量，如式（8.7）所示。

$$\boldsymbol{\alpha}_1 = \begin{bmatrix}\delta_{11}\\ \delta_{21}\\ \vdots \\ \delta_{p1}\end{bmatrix}, \boldsymbol{\alpha}_2 = \begin{bmatrix}\delta_{12}\\ \delta_{22}\\ \vdots \\ \delta_{p2}\end{bmatrix}, \cdots, \boldsymbol{\alpha}_p = \begin{bmatrix}\delta_{1p}\\ \delta_{2p}\\ \vdots \\ \delta_{pp}\end{bmatrix} \tag{8.7}$$

将特征向量作线性组合，如式（8.8）所示。

$$F_i = \boldsymbol{\alpha}_{1i}X_1 + \boldsymbol{\alpha}_{2i}X_2 + \cdots + \boldsymbol{\alpha}_{pi}X_p \quad (i = 1,\cdots,p) \tag{8.8}$$

在输出的 m 个主成分后，依据式（8.9）进行综合指数的计算。

$$Y = \boldsymbol{\alpha}_1 Y_1 + \boldsymbol{\alpha}_2 Y_2 + \cdots + \boldsymbol{\alpha}_m Y_m \tag{8.9}$$

式中：Y_i 为第 i 个主成分；α_i 为第 i 个特征向量。计算方法如式（8.10）所示。

$$\boldsymbol{\alpha}_i = \lambda_i / \sum_{i=1}^{m} \lambda_i \tag{8.10}$$

将风场强度指数、干燥度、植被指数、土壤质地和地表坡度这 5 个指标的值代入计算提取它们的主成分，并根据特征向量计算每个主成分的权重值，输出综合评价指数，结果如图 8.8 所示。

从风场强度、干燥度、植被指数、土壤质地和地表坡度这 5 个指标所提取的风力侵蚀信息代表正在进行的可能侵蚀强度，而不代表正在发生的侵蚀强度。可以将其定义为风力侵蚀指数，以指示风力侵蚀的动力强度（soil wind erosiondynamic intensity，SWEDI）。

从全国来看，SWEDI 大致以 400 mm 降水线为界，可以分出东部区和西部区。西部为干旱与半干旱区，SWEDI 值为 0.8 ~ 1.3；东部区主要为湿润区，SWEDI 值小于 0.8。这与土壤风蚀的遥感调查结果是一致的。

东部地区的风场强度指数和干燥度均较低，植被指数值高，土壤质地以壤质为主，黏土含量相对于西部区较大，使得土壤风蚀能力大大减弱。西部地区地表干燥，植被覆盖度低，加上风场强度指数高，使得 SWEDI 值普遍较高。沿西北至东南方向过渡，SWEDI 值降低，这与风速指数、干燥指数和植被指数所反映的规律一致。在高 SWEDI 值的西部区与低值的东部区存在土壤风力侵蚀动力指数的过渡带。此区内的风速有所

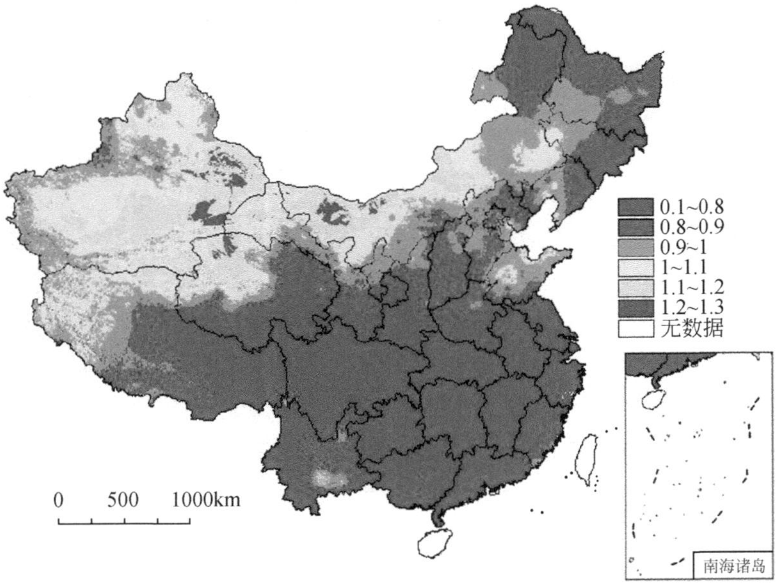

图 8.8　土壤风力侵蚀动力指数分级

降低，湿润度有所增加，但此区也是受人类活动影响程度较深的地区，大量草地和林地被开辟为耕地或发生沙漠化和荒漠化，冬季和早春的植被覆盖度反而下降，土壤风力侵蚀动力指数增大，表现为浑善达克沙地、毛乌素沙地、腾格里沙漠等处于农牧交错带的沙漠化土地面积扩大的速度在增大（朱震达，1985；朱震达和王涛，1990）。土壤侵蚀遥感调查结果也显示了这一特征，西北干旱区内主要为强度风力侵蚀，东南湿润区不发生风力侵蚀，而在半干旱半湿润区，风力侵蚀强度为中度至轻度侵蚀。

在西北干旱区，SWEDI 主要受干燥度、植被指数和风速影响。降水量少且集中于夏秋季，而冬季和春季降雨稀少，不利于植被生长，地表裸露，加上冬春季多大风天气，风力侵蚀程度剧烈。SWEDI 值为 1.1 ~ 1.3 的区域大部分分布在西北地区。SWEDI 高值区分布在新疆东部、北部和南部，内蒙古西部、甘肃西北部、青海西北部，陕西和宁夏北部。特别是沙漠地区，植被覆盖度极低，降水稀少，地表十分干燥，土壤质地为沙质，风力侵蚀强度为强烈、极强烈至剧烈侵蚀等级。例如，北疆的古尔班通古特沙漠、南疆的塔克拉玛干沙漠、内蒙古西部的巴丹吉林沙漠和腾格里沙漠等，SWEDI 的极值区也大部分分布在这些地区。此外，新疆东部、甘肃西部和内蒙古西部以及西北地区山前冲积洪积扇边缘的戈壁也是 SWEDI 的高值区，这些地区的土壤侵蚀强度属于极强烈至剧烈侵蚀等级。西北地区的高大山体受垂直地带性规律影响，风蚀强度存在不同程度的减弱现象，天山南北麓、祁连山区、贺兰山东坡、阴山南麓等地区 SWEDI 值均明显降低。在西北干旱区的绿洲地区，植被覆盖度大，加上人工灌溉和地下水资源相对丰富使土壤含水量较高，SWEDI 值比邻区高。但在陕甘宁所处的黄土高原区，冬春季节耕地裸露，加上此时土壤干燥，风力加强，SWEDI 值明显高于东部湿润区。

在内蒙古温带半湿润、半干旱区，包括内蒙古中部、东部和北部。SWEDI 值主要受风速影响。该区的降水量较大，大部分地区年降水量为200～500 mm，科尔沁沙地的部分地区甚至有800 mm的年降水量，植被指数也相对于西北干旱区大，但此区风场强度大，加上不合理的土地利用，毁草、毁林、开荒等人为扩大耕地面积的行为，地表在春季和冬季裸露，风蚀程度变强。过度放牧，使植被覆盖度降低，同时也使土壤表层的机械结构遭到破坏，风蚀程度加深。

在青藏高原区，SWEDI主要受地表干燥度和地表覆盖状况影响。虽然高原区风场强度很大，但由于大风多发生于冬季和春季，此时受海拔影响，地表温度极低，土壤水分处于固结状态，冻土分布广泛，还分布有大片的永冻层，土壤固结，不易被风蚀；加上部分地区被雪所覆盖，减轻了大风对其下覆土壤的侵蚀。高原东部植被和降水条件较好，SWEDI值低，高原北部和西部降水较少，土壤较为干燥，SWEDI值相对较高。

在华北地区，SWEDI主要受土壤干燥度和植被指数影响。此区降水量为400～800mm，但该区降水变率大，且春季和冬季降雨少，此时植被指数相当低，而风场相对夏秋季强，SWEDI也出现了较高值。特别是由于水资源供求矛盾上升，地下水开采严重，地下水水位下降，土壤干燥度增加，而大面积的耕作又使土壤机械结构改变，土壤抗蚀能力减弱。在冬季和春季，来自北方的冷空气南侵，产生大风天气，浮尘、扬沙和沙尘暴天气发生频率较高，成为沙漠化发生地区。

在东北地区，SWEDI值很低。这与此区的相对高湿润度和高植被指数有关，虽然部分地区有较强的风场强度，但SWEDI值仍然很低。但是，在东北地区南部的辽河流域和靠近科尔沁沙地地区，由于水资源的紧张和过度的开垦耕地，地表干燥，SWEDI值较大。

在华东、华中和华南地区，SWEDI值最低。土壤含水量大，土壤黏土质含量高，大部分地区植被常年覆盖，加上风场强度较小，SWEDI值不大。但是在海岸带地区，特别是沙质海岸，植被指数低，地表裸露，加上沿海地区风场强度非常大，SWEDI值增大。

土壤风力侵蚀动力指数与实际的土壤侵蚀现状并不完全一致，因为目前沙漠化和荒漠化土地利用现状是环境长期演化的结果，而SWEDI代表目前正在进行的侵蚀强度。SWEDI值高的地区并不全部代表重沙漠化地区，而是反映此区易于沙漠化并正在进行的土壤风力侵蚀程度剧烈。同样，在已沙漠化地区，土壤风力侵蚀动力指数并不都是高值区，这是因为此区可能处于沙漠化过程的休眠期。

土壤风力侵蚀动力指数对于指导沙漠化治理有重要意义，可以对强烈侵蚀区进行空间划分，有利于突出重点，集中力量进行治理。同时对不同的侵蚀主导因素进行分区研究，对于以风速为主导因素的沙漠化过程，如处于主风向带上的内蒙古中部和西部、新疆东部，可以以防护林墙来减小风速；对于以植被覆盖度低为主的沙漠化过程，可以以恢复草场的方式降低地表裸露度；而在湿润度低的地区，如新疆绿洲地区，应防止不合理利用水资源导致地下水位下降而引起的地表干燥度增加，要提高水资源的利用效率，减少地面无效蒸发。

8.2 中国风场强度因子定量分析

风作为一个重要的自然力，它影响景观的空间分布和变化。风将包括热能、水分、粉尘、气溶胶、污染物、雪、声音、种子和其他小的昆虫从一个景观单元带入到另一个景观单元中（Forman and Godron，1986），从而促使单元内部发生新的变化。风作为一种场，在能量流动的过程中，促使物质流动的发生，而土壤风力侵蚀过程就是一种显著的物质流动过程。它在微观上表现在土壤颗粒物质被搬运，土壤发生侵蚀和堆积；而在宏观上则表现为土地发生沙化和荒漠化，并使风蚀景观单元扩展，内部结构发生明显改变。它还导致大气能见度下降，以及由此而引起的空气污染，而且对地气辐射平衡及环境变化带来深远影响。将风作为一种驱动景观发生变化的能量，可以从机制上探讨风蚀景观的发生过程，从而对其进行监测和预测。

在中国，受东亚冬季风的影响，在最近几百万年以来发生了粉尘堆积事件，促成了正在变化着的黄土高原，并最终形成了戈壁荒漠、沙漠与黄土间的三大过渡区景观分布（Liu，1985）。在这个过程中，风是促使土壤颗粒分布发生变化的最重要的驱动因子，特别是不同能量的风的搬运过程中产生土壤粒度的分选作用，促使土地粗化和沙化。

利用 GIS 方法进行观测数据的空间分析并对风场进行强度计算，可以研究风蚀景观的空间变化过程。同时，对不同时相数据的空间分析，可以探讨风场强度的变化过程，特别是土地覆盖和土地利用方式变化对风场强度的响应机制。本节使用中国近 400 个气象站点 1999 年中每日的 4 个观测记录数据，利用 GIS 进行风场强度的计算，在分析风速和风向时空分布的基础上探讨风作为一种景观驱动力的空间分布。

8.2.1 中国风场强度的空间分布

1. 风向变化及其对风蚀景观空间分布的影响

通过对每个月各个风向上的频率进行统计，将频率最高的风向确定为该月的主要风向，利用 GIS 的空间分析工具进行内插。图 8.9 显示了 1999 年 1 月中国地表风向的空间分布状况。在东北地区，风向主要表现为由西向东，沿风向上分布有内蒙古的浑善达克沙地和科尔沁沙地，沙地由西向东入侵；在华北地区，风向主要为由北向南；在西北地区主要为西北 - 东南方向，在这一方向上，分布了戈壁、沙漠和黄土三大过渡型风蚀景观。在西北地区西部，受西风带影响，地表产生由西向东的气流。在青藏高原地区，受冬季高压影响，绕高原四周产生反向气流。由于受东亚冬季风影响，中国北方地区冬季受冷高压控制，在 11 月至次年 3 月，均有类似 1 月的风向分布。

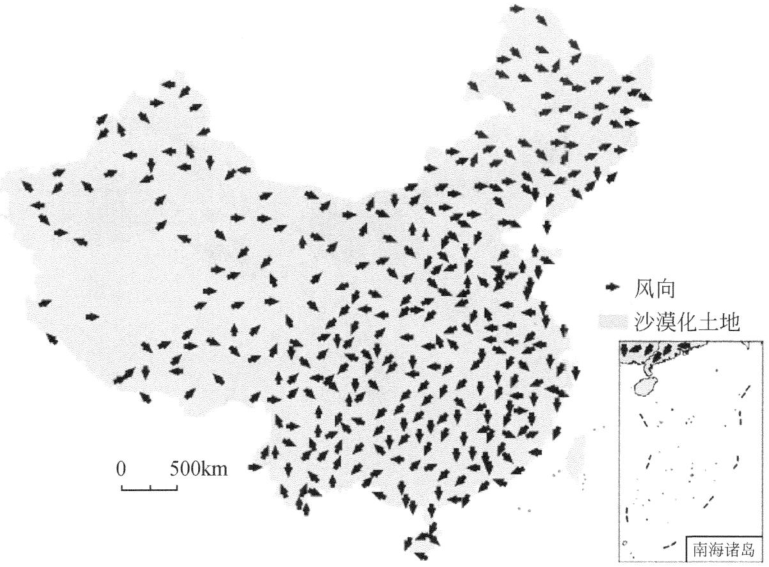

图 8.9　1999 年 1 月中国风向图

受西风带和冬季风影响，特别是在 3 ~ 5 月因西伯利亚和蒙古高压爆发产生南下气流的影响，中国北方产生大范围的沙尘天气，大量粉尘被搬运至较远处沉降。主要有两股气流：一个是从新疆西部向东移动，经过甘肃、陕西后产生向东和向南的两个分支；另一股气流从蒙古共和国中部入境，有两个分支：第一个分支向东经过内蒙古东部，由东北东部出境，第二个分支向南经过华北平原，影响南方部分地区。这与沙尘暴移动路线的研究结果相一致（Qiu et al.，2001）。以上气流几乎经过北方地区所有的沙地，对风蚀景观的产生和发展产生重要影响（图 8.9）。

2. 风场强度分布

（1）平均风速所反映的风场强度

对日观测数据进行处理，生成年平均风速数据并进行空间内插（图 8.10）。平均风速呈现出明显的南北差别。东北地区、西北地区和青藏高原地区平均风速大部分都在 3m/s 以上，大部分地区平均风速处于 3 ~ 4m/s；而华北地区南部、华南和西南地区东部年平均风速都在 3m/s 以下，大部分地区年均风速处于 2 ~ 3m/s；年均风速大于 4m/s 的地区仅分布在内蒙古、新疆和西藏。与中国土壤风力侵蚀遥感调查的结果对比表明，大部分土壤风力侵蚀区都发生在年均风速大于 3m/s 的地区；而对于年均风速大于 4m/s 的地区，除西藏外，主要为土壤发生严重风力侵蚀的地区。

（2）风场强度因子的计算

利用风力侵蚀预报模型 RWEQ（revised wind erosion equation）中的方法来计算风场强度值，设定临界风速值为 5m/s（Skidmore，1965；Skidmore and Wagner，1999）。将全年的计算值累加，再除以该年的总天数就得到风场强度因子的值。计算 1999 年 400

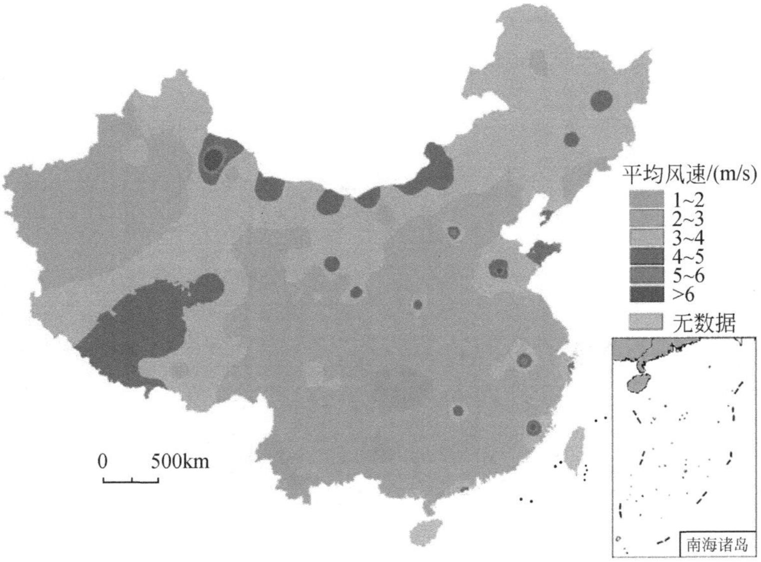

图 8.10 1999 年中国平均风速分布

个气象站点的数据并进行空间内插（图 8.11）。1999 年有 365 天的记录，每天有 4 个观测值，故每个站点总样本数为 1460。

图 8.11 与图 8.10 有大致的分布趋势，但图 8.11 更加详细，且部分地区内部差异扩大。例如，在东北地区，图 8.11 显示了西部、南部和东部地区与中部和北部地区的差别，这一点从平均风速上较难区分。此外，图 8.11 还比图 8.10 显示出更丰富的风场带状过渡型分布的特征。在各个地区，受各种因素影响的风场强度差异也较好地在

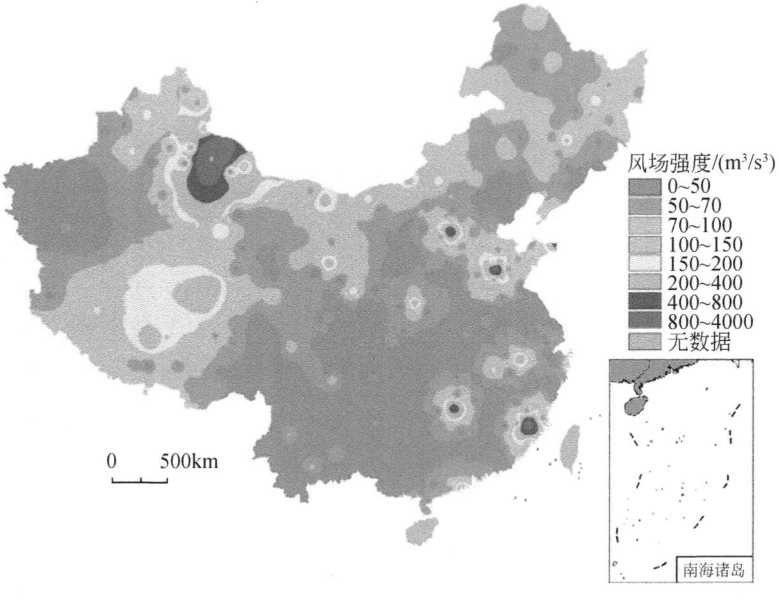

图 8.11 1999 年中国风场强度因子（W_f）分布

图8.11中表现出来。特别是由中国北方向南方的过渡区域分布明显，风场呈带状分布，显示出较强的由北向南减弱的梯度特征。在青藏高原向其四周扩展的地区，风速也呈明显的过渡型分布。这些特征都与风蚀景观的过渡型分布特征有较好的一致性。在个别地区，如山东省东部、辽宁省南部、吉林省东部、华南沿海地区，风场强度均表现为异常的高值，这与这些地区独特的大气环流特征较为一致。而在新疆南部和西藏北部地区，风场强度表现为异常的低值，这可能与该年份的大气环流异常有关或是受气象站点的限制，这有待进一步分析。

强风场主要分布于青藏高原和西北地区，整体上与平均风速的分布状况一致（图8.10）。由于采用了风速乘以风速减去临界风速值的平方这种形式，使得风速在超临界值与低于临界值这两种状态下计算结果的差异明显拉大。

8.2.2 风能参数的分布

大量的风速频率分布函数被应用到风场强度研究中来（Nfaoui et al.，1998；Abdulla，1998；Merzouk，2000；Persaud et al.，1999），其中风速 Weibull 分布是一个被广泛应用于风速频率分布的双变量函数。对于风能的计算来说，Weibull 分布函数提供了对风速数据的方便描述（Skidmore and Tatarko，1990）。通过对中国近400个气象站点的数据进行计算，再利用 GIS 进行空间内插，对没有数据的地方进行风速频率分布的估计，最后计算风速 Weibull 分布函数的空间分布数据。对于 Weibull 分布来说，有以下方程：

$$P(v < v_i < v + \mathrm{d}v) = P(v > 0)\left(\frac{k}{c}\right)\left(\frac{v_i}{c}\right)^{k-1}\exp\left[-\left(\frac{v_i}{c}\right)^k \mathrm{d}v\right] \tag{8.11}$$

式中：c 为 Weibull 分布的幅度参量（单位与风速的单位相同）；k 为 Weibull 分布的形状参量（没有量纲）；v 为风速；v_i 为特定风速；$\mathrm{d}v$ 为风速的增量；$P(v>0)$ 为风速大于0的频率；$P(v<v_i<v+\mathrm{d}v)$ 为风速介于 v 和 $v+\mathrm{d}v$ 之间的频率。可利用最大似然方法对 Weibull 分布的两个参量 k 和 c 进行估计（Stevens and Smulders，1979），公式为

$$k = \left[\frac{\sum_{i=1}^{n} v_i^k \ln(v_i)}{\sum_{i=1}^{n} v_i^k} - \frac{\sum_{i=1}^{n} \ln(v_i)}{n}\right]^{-1} \tag{8.12}$$

$$c = \left(\frac{1}{n}\sum_{i=1}^{n} v_i^k\right)^{1/k} \tag{8.13}$$

式中：v_i 为第 i 个时间步长时的风速；n 为非零数据的样本总数。

Seguro 和 Lambert（2000）提出了修正过的最大似然方法，这种方法适合于风速的频率已知的情况，计算公式为

$$k = \left[\frac{\sum_{i=1}^{n} v_i^k \ln(v_i) P(v_i)}{\sum_{i=1}^{n} v_i^k P(v_i)} - \frac{\sum_{i=1}^{n} \ln(v_i) P(v_i)}{P(v \geqslant 0)}\right] \tag{8.14}$$

$$c = \left[\frac{1}{P(v \geqslant 0)} \sum_{i=1}^{n} v_i^k P(v_i)\right]^{1/k} \tag{8.15}$$

式中：v_i 为第 i 个时间步长时的风速；n 为非零数据的样本总数；$P(v_i)$ 为风速值等于 v_i 状态的频率；$P(v>0)$ 为有风状态的频率。

研究结果表明，以上两种方法计算的结果与传统的图析法得出的结果有很好的一致性，且这两种方法利于用计算机求解（Seguro and Lambert，2000）。图 8.12 显示了用 Weibull 分布方法计算的黑龙江省泰来县气象观测站点（站点编号为 50844）1999 年春季和夏季的不同级别风速的相对频率图。在春季，该地区受来自西伯利亚和蒙古的冷空气爆发向东南方向移动的影响较强，风场强度大；而在夏季，暖湿的夏季风在向西北方向移动过程中强度减弱，风场强度也降低，此时风场强度不如冬季强。不同风速的频率分布结果显示，在春季，高风速值所占的频率高；而在夏季，低风速所占频率较高。该地区风速 Weibull 分布的幅度值 c 在春季为 4.83m/s，在夏季为 4.01 m/s。

可以看出，不同风速级别上的相对频率分布可以较好地用 Weibull 分布函数来计算。利用以上方法对中国 400 个气象站点 1999 年的风速分布数据进行计算，图 8.13 和图 8.14 分别显示了 Weibull 分布的形状参量和幅度参量的空间分布。

1999 年中国年风速 Weibull 分布的形状参数值在大部分地区为 1.50 ~ 3.0（图 8.13），这与文献所列的 k 值的分布区间一致（Torres et al.，1999；Garacia et al.，1997）。总的趋势表明，k 值由西北向东南方向增加。其中，中国北方地区，包括东北地区、西北地区、西南地区，k 值大致为 1.75 ~ 2.0。而在中国南方大部分地区和华北南部，k 值为 2.0 ~ 3.0。在北方局部地区如新疆北部和西藏南部，k 值大于 2.0，而在南方部分地区，如华中的部分地区，k 值小于 2.0。

Weibull 分布的幅度参量 c 反映一定时期内频率最高的风速，与风场强度和风能直接相关。大部分地区的 c 值为 2.0 ~ 5.0 m/s（图 8.14），整个 c 值的空间分布与图 8.10 所示的年均风速的空间分布较为一致。由西北至东南方向上，c 值呈减少趋势。中国有三大高值区：东北地区，大部分地区 c 值为 3.5 ~ 5.0 m/s；青藏高原区，c 值为 3.0 ~ 6.0 m/s，自高原中心向西北方向和东南方向呈梯度性递减分布；第三个区域覆盖西北地区北部和内蒙古自治区。该区域与蒙古高压的分布位置较为密切，呈环绕状分布于蒙古共和国的西南部、南部和东南部。此外在山东半岛以及华南沿海地区，c 值在局部地区也达到 6.0 m/s。

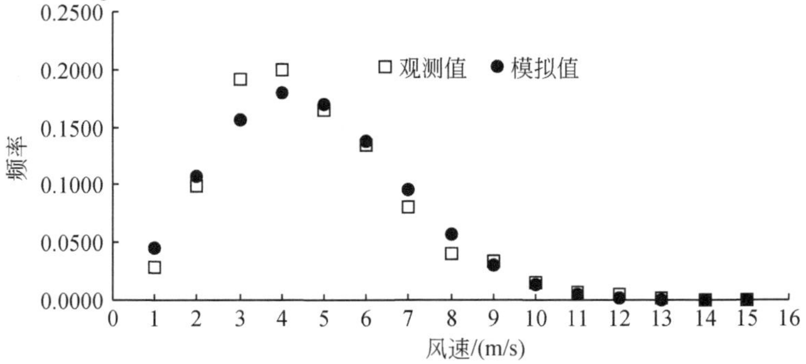

图 8.12　黑龙江省泰来县 1999 年不同风速频率的观测值和 Weibull 函数模拟值的对比

8.2.3 中国风蚀景观分布与风场强度的空间关系

从风蚀景观的空间分布来看，大部分沙地和沙化土地分布于干旱和半干旱地区，而该地区的风场强度也最强（Zhang et al.，2001），如内蒙古中部和西部、新疆东部、青海和甘肃西北部的风场强度都表现为高值区（图 8.10、图 8.11 和图 8.14）。此外，内蒙古东部地区虽然为半湿润地区，但沙地分布却十分广泛，体现出强风场的存在是土地沙化的最主要驱动力。在青藏高原地区，大量沙地也开始出现，从中国沙尘暴的空间分布数据可以看出，该地区的土壤风蚀较为剧烈，初步分析表明强风场的存在也是土壤发生风蚀的最主要原因。

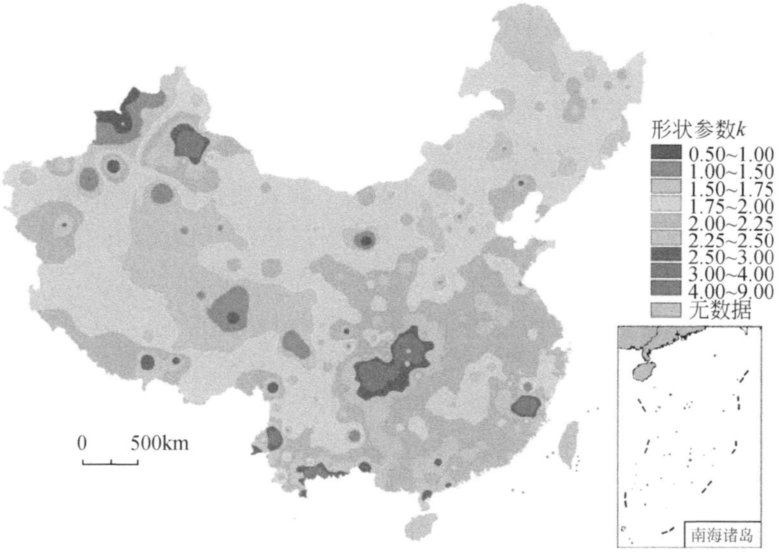

图 8.13 中国风速 Weibull 分布的形状参数 k

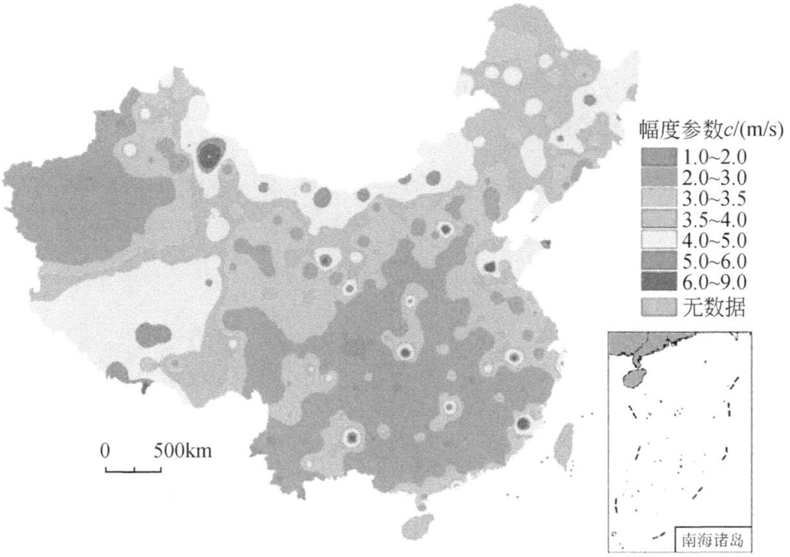

图 8.14 中国风速 Weibull 分布的幅度参数 c

从风蚀景观的空间变化来看，沙地与草地特别是低覆盖度草地的变化是风蚀景观变化类型中最突出的变化。在1995～2000年沙地变化面积类型中，沙地与草地间的变化部分主要分布于沙地与草地的过渡地带。风场强度的高值区也主要位于中国北方广大沙地与草地（图8.11、图8.12和图8.16）。

8.2.4 风能资源的空间分布

随着社会经济的发展，对能源的需求量日益增长。大量的燃煤电厂和燃油电厂陆续建立，导致了由温室气体增加所造成的全球变暖及其所带来的环境问题；另一方面，水库的建立不可避免地产生由于库区居民的搬迁所带来的经济问题，同时也对河流生态环境产生重大影响，因此对洁净能源的利用需求变得更加突出。

风能作为一种清洁能源，它是可再生的，将会更多地被利用。在中国西北干旱区，水资源相对贫乏，而燃煤发电又耗费大量水，利用风能可以减少对水资源的利用。同时这些地区又是土壤风力侵蚀强度大的地区，地表风场强度大是其中一个最主要原因，一年中地表风速大于风力侵蚀临界值的天数长，地表覆盖度低，土壤易被吹蚀。研究资料表明，大规模风力发电厂的建设有利于地表风速的降低。同时在青藏高原和内蒙古自治区西部的广大地区，由于煤、石油、水能和核能的储量较小，风能成为满足经济发展需求的一个重要选择。而我国目前对风能的利用率较低，在利用量较大的新疆维吾尔自治区，风能利用率也不到整个能源比重的2.0%。在内蒙古自治区、东北、华北西北部、西北五省和青藏地区，风能的利用率极低。此外，由于风速的空间分布和时相分布极不均匀，电的储备成本上升，在内蒙古自治区，许多牧民生活用电大部分来自于风力发电，一般只能满足照明用电的需求，限制了牧区经济的发展。这样，就需要对风能的空间分布及其利用性进行分析，从而对建设较大型风力发电场的选址和安装提供决策支持，提高对风能的利用效率。

GIS技术可以用来分析风能的空间分布，并且在空间数据的时间序列的基础上对风能资源的时空变化规律进行分析和评价。

1. 全国风能密度空间分布

本节在中国近400个气象站点1999年中每日的4个观测记录数据的基础上进行风能的计算。采用以下公式计算风能：

$$P_w = \frac{1}{2}\rho\sum_{i=1}^{N} N_i V_i^3 \tag{8.16}$$

式中：N_i 为第 i 等级风速出现的次数；V_i 为对应风速；N 为所有等级风速出现的总次数；ρ 为空气密度。

空气密度是一个随时间变化的量，受海拔、气温、水汽压等因素影响较大，但在计算区域风能时一般采用平均的空气密度值，本书采用1.27 kg/m^3 作为空气密度值。利用GIS提供的空间数据处理功能，对所有站点的数据进行自动计算，并进行空间内插，结果如图8.15所示。

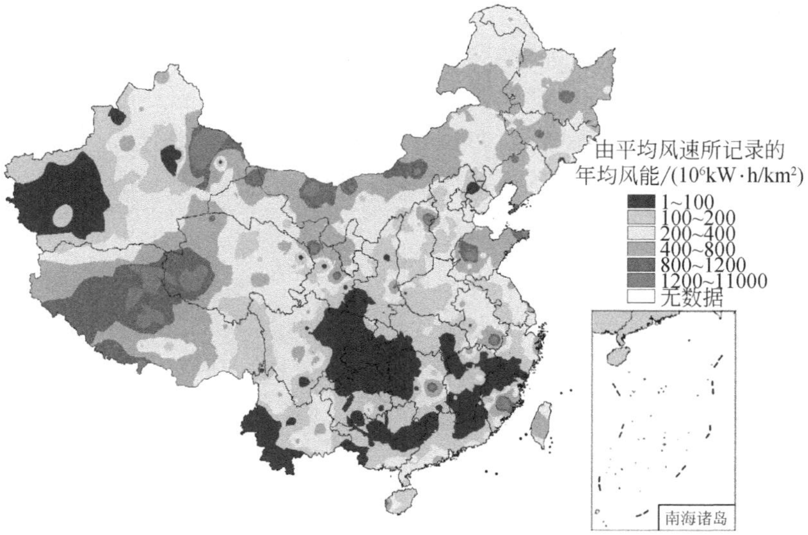

图 8.15　1999 年中国风能密度的空间分布

只有在风速超过某一特定值时风能才能被加以利用，我国风力发电机的启动风速一般为 3.0m/s，当年均风速为 3.0 m/s 时，每平方千米每年的风能为 300.4×10^6 kW · h。以此作为评价风能资源是否丰富的标准，则可将我国划分出五大风能高值区。

第一个地区是青藏高原区，主要位于青海省西部和西藏大部分地区包括其北部、西部、中部和南部，平均每平方千米风能大于 400×10^6kW · h 地区的面积占青海和西藏两省总面积的 60% 以上，平均每平方千米风能大于 800×10^6 kW · h 地区的面积占青海和西藏两省总面积的 30% 以上，高海拔是该区风力强劲的主要因素。第二个地区位于新疆东部、内蒙古西部和中部、甘肃北部地区，该区位于蒙古和西伯利亚高压爆发后向东南方向移动过程中主要经过的地区，风场强度大，对土壤表面的吹蚀作用强烈，该区也成为我国年沙尘暴天数最多的地区之一。第三个地区位于黑龙江省南部和东部、吉林省西部和辽宁省的中西部，该区的特点是风能处于中等水平，平均每平方千米风能面积大于 200×10^6 kW · h 地区的面积较少，而平均每平方千米风能面积大于 800×10^6kW · h 地区的面积也并不大，总体上处于 $200\times10^6\sim800\times10^6$kW · h 这一范围。第四个地区位于山东半岛，主要分布于山东省，省内有 80% 以上地区的年均每平方米风能大于 400×10^6kW · h，其东部海岸带地区的每平方千米年均风能大于 800×10^6 kW · h。第五个地区位于我国华南沿海地区，主要分布于浙江省、福建省和广东省的沿海地带，该区在夏季强热带风暴登陆范围广，受强台风天气影响时间长，风力大，风能巨大但可利用性较差。

2. 全国风能有效性评价

一年中大于 3.0m/s 的天数是评价风能可利用性的重要指标。利用每个站点逐日的观测数据，统计 1999 年风速大于 3.0m/s 的总时间，作为该站点风能利用的相对有效时间。同时对每个月的相对有效时间进行分类，结果如图 8.16 所示。全国五大风区

1999 年风速大于 3.0 m/s 的时间均在 3000 小时以上，其中第一区和第二区中心位置 1999 年风速大于 3.0m/s 的时间均在 4000 小时以上，显示了我国高风能区一年中的风能发电时间较长，可以进行长期利用。此外，在五大地区的外围，有相当规模地区 1999 年风速大于 3.0m/s 的时间为 1500 ~ 3000 小时，在有条件的地区，可以对这些风能进行开发，特别是在特殊地形条件如在山口地区，风能的可利用性更强。

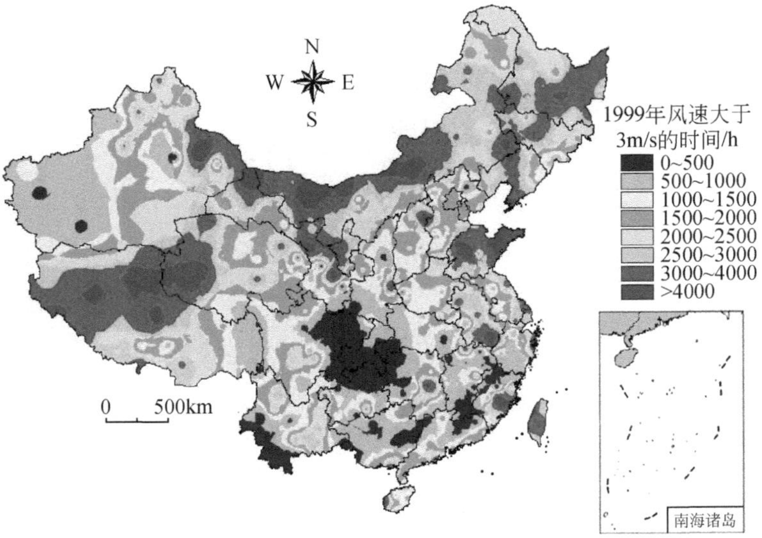

图 8.16　1999 年全国风速大于 3m/s 的小时数

风能的月份分布特征也是影响风能有效利用的重要因素，以每月风速大于 3 m/s 为标准的总小时数为标准，统计五大风区所在省（自治区、直辖市）内每月超过这一指标值的区域面积（图 8.17）。

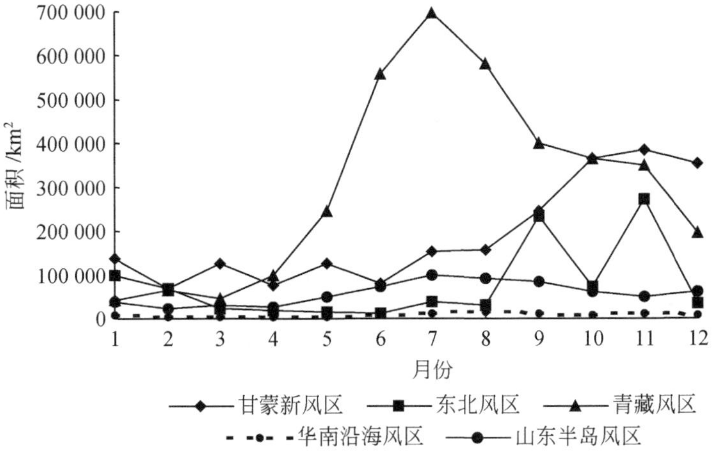

图 8.17　五大风区所在省份 1999 年每月大于风速 3m/s 的总时间超过 360 小时的区域面积

青藏区和甘蒙新区成为最主要的两个风区。对于青藏风区，风能主要分布于 5 ~ 12

月，在3月达到最低；对于甘蒙新风区，风能主要分布于9~12月，但在1~8月风能也能维持在一个较高的水平，有利于持续利用。对于东北风区，风能利用的最佳月份是9~11月，1月、2月、12月则较差，而3~8月则较不利于风能的利用。对于山东半岛风区，6~9月风能相对较好的时期，而且在1~5月和10~12月风能资源也比较丰富。对于华南沿海地区，风能则主要集中于7~9月，此时也是该地区台风活动较频繁的时期，风能强劲，但利用难度较大。

本节研究在风能的空间分析中没有考虑地形对风速的影响，而在一些山谷地区，特别是隘口和峡谷处，如新疆达坂城地区，年均风速在8.3 m/s以上，每月均有大风天气。类似的地方还有北京延庆盆地、甘肃河西走廊等地区。实际上，这些特殊地区的风能往往先成为被利用的对象，有待进一步分析。

8.3 中国土壤可蚀性因子定量遥感

8.3.1 中国土壤可侵蚀性因子值的估计

目前国内对于土壤可侵蚀性因子进行观测的报道较少，刘连友等（1998）对耕作土壤可蚀性颗粒进行风洞模拟测定。根据中国土壤数据库，已有的有关可侵蚀性的数据如土壤粒度数据，包括土壤黏粒、粉砂和砂粒的含量数据，土壤有机质数据和土壤碳酸钙数据。对于大区域评价来说，可以利用这些数据对土壤可侵蚀性因子进行计算，本节采用了Fryear等（1994）的上述方法。

对于RWEQ（revised wind erosion equation）方程中的土壤可蚀性因子，通过大量实验分析，Fryear等（1994）建立以下方程来描述土壤可蚀性因子EF的值：

$$EF = \frac{29.09 + 0.31S_a + 0.17S_i + 0.33S_a/Cl - 2.59OM - 0.95CaCO_3}{100} \quad (8.17)$$

式中：S_a为土壤砂粒含量（5.5~93.6）；S_i为土壤粉砂含量（0.5~69.5）；S_a/Cl为土壤砂粒和黏土含量比（1.2~53.0）；OM为有机质含量（0.18~4.79）；$CaCO_3$为碳酸钙含量（0.0~25.2）。

粒度数据来自刘明亮（2001）的博士论文，原图为8km分辨率栅格数据。有机质数据来自农业部土壤环境司土肥站的全国1:400万有机质含量等级图。利用式（8.17）计算土壤可侵蚀性因子的值，结果如图8.18（见书后彩图）所示。土壤碳酸钙数据来自于农业部土壤环境司土肥站的全国1:400万碳酸钙含量等级图，由于该图所分的碳酸钙含量数据较粗，在计算EF值时没有考虑碳酸钙对土壤可蚀性因子的贡献。

土壤可蚀性因子值可以分为4个区域。一是沙漠区，广大沙漠区的EF值大于0.61，相对于其他区域是最大的，这与沙土中壤土、黏土和有机质的含量直接相关。二是西北荒漠区（不含沙质荒漠区），主要分布于贺兰山以西、昆仑山脉以北的地区，EF值为0.58~0.61，而天山山脉、阿尔泰山脉等高山地区和绿洲地区的EF值较低。三是青藏高原区，主要位于高原北部和西部，大部分地区的EF值为0.55~0.58。第四个区域主要位于半干旱地区，分布于贺兰山以东、大兴安岭－太行山沿线以西的地区，EF 值主要为0.50～0.58。

8.3.2 碳酸钙的空间分布及其与土壤可侵蚀性因子的关系

土壤中的碳酸钙会对土壤层产生胶层作用，使得土壤颗粒更易形成团块，土壤的可蚀性降低。当其含量超过一定值后，会在土壤层中形成钙积层。钙积层的存在使得植被较难生长，但其本身可降低土壤风力侵蚀。

影响土壤碳酸钙含量有多种因素，但就地理分布来说，其分布规律十分明显。因为碳酸钙是土壤矿物中较易被含碳酸和有机酸的水分溶解并随水迁移。图8.19显示了全国土壤调查所输出的土壤碳酸钙含量数据。土壤碳酸钙含量的空间分布呈西北多东南少的趋势，与降水量的空间分布关系明显。降水量小于400mm的半旱区，土壤表层碳酸钙的含量大部分大于5%；在华北地区和华南地区，降水量大于600mm地区土壤表层碳酸钙的含量大致小于1.0%；对于降雨大于900mm的华南地区，其含量小于0.25%。除了与降水有关的地带性规律外，碳酸钙在土壤中含量还与地形、母质、地下水状况等因素有关。另外，人为耕作活动对土壤碳酸钙的影响也十分突出。在西北地下水较丰富地区，因为水质本身含钙量较高和因灌淤而引起的积累作用，碳酸钙含量显示出异常的高值。而对于东北地区的灰色森林土、暗棕壤及棕色针叶林土地区，土壤碳酸钙含量均较少。

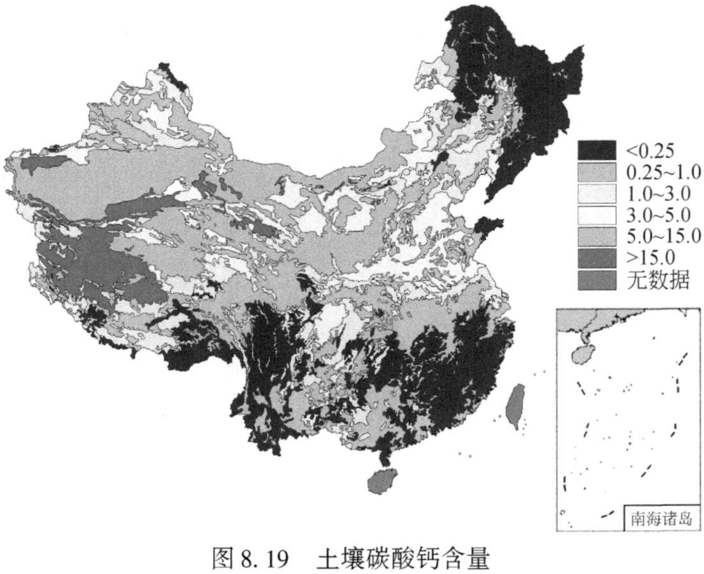

图8.19　土壤碳酸钙含量

8.3.3 土壤可侵蚀性因子值的变化与土壤风力侵蚀的关系

在RWEQ中，土壤可侵蚀性因子值与土壤风力侵蚀强度成正比，EF值的增大必然导致风蚀速率的增大。同时，土壤风力侵蚀过程也会对土壤性质发生影响，其物质成分、结构等均会随着侵蚀过程的加剧而发生重大变化。

1. 大尺度风蚀过程对土壤可蚀性的影响

在中国北方，黄土、沙漠与戈壁呈带状分布，这本身就是土壤风力侵蚀的结果。遥感调查结果表明，2000 年中国干旱和半干旱区的戈壁面积为 47.93 万 km^2，沙地面积为 58.77 万 km^2，黄土高原的面积为 64 万 km^2（中国科学院科学数据库/黄土高原水土保持统计数据库）。刘东生和张宗祜（1962）认为：这种景观分布与其下覆基岩无关；三个类型各自的结构相似和成分一致；对于黄土，由北至南其结构变细和厚度逐渐变薄。这三个类型所形成的景观格局也是随着风蚀过程的演化而发生格局的变化，最主要的证据是在沙漠和黄土交界地区存在大量黄土与沙漠的交错层理。一方面，靠近沙漠的黄土随着风蚀过程的加剧，细颗粒被吹蚀而逐渐沙化，甚至最终演化为沙土；另一方面，由于流动沙丘的移动，沙粒层会覆盖黄土层。对于荒漠与沙漠的过渡带，在沙漠向东南方向移动的过程中，沙粒被风搬运后，原地暴露出原始风化壳，地表石砾化，也就是说原有的沙地演化为戈壁。

在戈壁地区，其表面多为石砾质覆盖，可蚀性颗粒含较小，图 8.18 中计算的 EF 值主要为 0.58 ~ 0.61；对于沙漠地区，可蚀性颗粒含量最为丰富，在强风场的存在下，表层的颗粒物均会发生迁移，使流动沙丘发生移动，其 EF 值最大，均在 0.61 以上；对于黄土区，由于砂粒含量较小，黏土含量相对较高，EF 值为 0.53 ~ 0.55，小于沙漠和戈壁区。胡孟春（1997）的研究表明，酒泉地区洪积戈壁的起沙风速为 10m/s 左右，敦煌地区的冲洪积戈壁的起沙风速为 7m/s 左右，而流沙的起沙风速仅为 6m/s 左右。在相同风速下，流动沙丘的起沙量是戈壁的 1000 倍以上。

2. 中尺度风蚀过程对土壤可蚀性的影响

中尺度风蚀过程主要指戈壁和沙地以外的土地，由于自然因素或人为影响，土地利用方式发生变化，从而导致土壤机械组成发生变化甚至发生土地沙化的过程。在西北干旱区，土壤类型主要为风沙土、栗钙土、棕钙土、灰钙土、灰漠土和灌淤土；在半干旱区，土壤类型主要为风沙土、栗钙土、棕钙土、黑钙土等，这些地区的土地利用方式主要为沙地、戈壁、草地和耕地。中尺度的土壤可蚀性变化指在某种土壤和土地利用类型下的变化。例如，在西北干旱区的一个主要土壤可蚀性变化过程如图 8.20 所示。

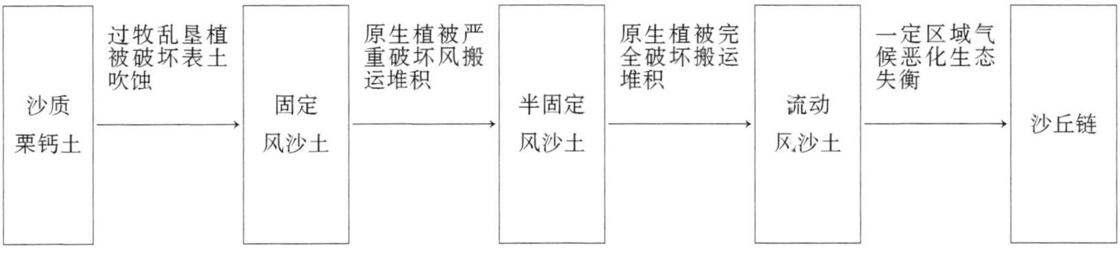

图 8.20　西北干旱区土壤可蚀性变化

资料来源：组瑞平等，2001

在图8.20的变化过程中，土壤有机质、黏土甚至粉砂含量均会降低，而土壤砂粒的含量会上升（表8.2）。

表8.2　科尔沁沙质草地退化引起的土壤性质变化　（单位：%）

项目	正常草地	轻度退化草地	中度退化草地	严重退化草地	草地破坏
土壤类型	沙质栗钙土	固定风沙土	半固定风沙土	半流动风沙土	流动风沙土
黏粒含量	>10	10	4	2~3	<1
有机质含量	>1.05	1.05	0.39	0.27	0.05

资料来源：刘新民等，1996

3. 小尺度的土壤可蚀性变化过程

这种类型是指土地利用类型的一级类型可能没有发生变化，对于草地，表现为由高覆盖度草地变为中低覆盖度草地；对于耕地，表现为其土壤质量有所下降。另外，土壤类型并没有发生明显的变化，没有在土壤的高级类型间发生变化，如不会在风沙土、栗钙土、棕钙土、黑钙土等类型之间发生转换。

这种尺度的土壤可蚀性变化表现在由于土地利用方式的不适宜，或是由于在自然风蚀过程下，土壤的结构和机械性质、化学组成等发生了变化，但并没有使土壤类型发生明显变化。

8.4　中国土壤结皮因子定量分析

土壤结皮（soil crust）为土壤颗粒物特别是黏土、粉砂与有机质颗粒的胶结作用而在土壤表面生成一层物理、化学和生物性状均较特殊的土壤微层。土壤结构、由风力侵蚀和水力侵蚀所造成的侵蚀和堆积以及植被覆盖均会对结皮的类型和结构产生影响（段争虎等，1996；李新荣等，2001；Graef and Stahr，2000）。土壤结皮影响土壤生物活动、水分循环等过程。在土壤水分方面，它会影响地表径流、降雨拦截、水分的渗透和过滤、土壤表面蒸发、土壤持水力和土壤湿度等（Moore，1981；Lange et al.，1986；Verrecchia et al.，1995；Zombre et al.，1996；Kidron and Yair，1997；Yair，2001），尤其是对于减少地表下渗和增加地表径流，其作用十分明显（Hoogmoed and Stroosnijder，1984）。Moore（1981）的研究表明，结皮的形成大大降低土壤水力传导系数。McIntyre（1958）认为，土壤表面哪怕仅有0.1 mm厚的结皮将会使土壤渗透率由8000 mm/d减少为700 mm/d，并使水力传导系数减少2000倍。土壤表面黏土颗粒结构的变化形成一个"黏盘"会使下渗量减少80%（Moore，1981）。进一步，土壤下渗率的降低将最终影响土壤储水效率并降低灌溉效率，最终由于径流的增加而加大了土壤水力侵蚀（Hoogmoed and Stroosnijder，1984；Bradford et al.，1987）。

土壤结皮既可以减少土壤表面可侵蚀颗粒的数量，使土壤表面单位面积内风力可侵蚀面积下降，又可以降低土壤颗粒的磨蚀作用，并在一定方面有利于沙丘的固定

(Danin，1991)，防止和减弱土壤风力侵蚀（Zobeck，1991)。研究结果表明，完全结皮的土壤表面的风力侵蚀量仅为不发生结皮的土壤表面侵蚀速率的1/6（Woodruff and Siddoway，1965)。

中国土壤风力侵蚀面积巨大（Zhang et al.，2001)，所驱动的风蚀荒漠化较严重，加上土壤风力侵蚀过程所驱动的沙尘暴事件的大面积发生，风力侵蚀灾害成为非常重要的环境和社会问题。土壤风力侵蚀预报模型研究成为目前国际上一个快速发展的领域，而模型中关于土壤结皮的研究是一个突出的问题。国内在这一方面开展的工作较少，在宁夏中卫市沙坡头地区开展了结皮成因的研究工作（段争虎等，1996)。对于广大的土壤风力侵蚀的土壤结皮的整体分析缺乏研究，土壤结皮的空间分布成为中国土壤风力侵蚀研究的突出问题。

但沙坡头的研究结果也表明，结皮的存在减少了降水的渗透，使得地下水位下降，根系深的植被缺水而死去，同时结皮的存在也使植物的种子较难发育（段争虎等，1996)。

此外，风力侵蚀过程，特别是由于受风所挟带沙粒磨蚀作用的影响，土壤结皮的厚度会越来越薄。结皮完全破坏使结皮下的松散土壤暴露，土壤风力侵蚀强度又会加强。在结合风蚀模型和土壤数据的基础上，本节在GIS技术支持下计算了中国土壤结皮指数，对其空间分布格局进行探讨，并对其影响因素进行分析。

8.4.1 风蚀结皮分类及研究现状

结皮可以按成因方式分为物理性结皮、化学性结皮和生物性结皮三种。其中物理性结皮是指受雨滴溅蚀作用的影响，土壤表面颗粒的粒度会发生重新分布，从而形成一层结皮（吴发启和范文波，2001)。结皮的强度可以是非常坚硬，也可以是非常脆弱。在降雨发生时，土壤变得湿润，土壤团块受雨滴的机械压实作用而发生消除或破碎（McIntyre，1958；Chen et al.，1980)。这种土壤团块的瓦解过程是土壤结皮形成的第一步，它同时也伴随着土壤化学黏合物的含量的减少（Levy et al.，1986)。当雨滴的能量越大时，结皮的形成速率越快；当雨滴动能越大时，土壤表层渗透性能下降的越剧烈。降雨（暴雨）开始时土壤表面的水分含量影响土壤团块的破碎。土壤物理结皮会阻止降雨的下渗量，增加表面径流强度，从而增加土壤水力侵蚀。因此对于土壤物理结皮，除了对结皮进行破坏外，还可以通过增加土壤含水量的办法来减少结皮的形成（Stroosnijder and Hoogmoed，1984)。

化学性结皮是指土壤表面受水盐循环作用，而在表面生成的一层盐层，而这些盐层又呈结晶态存在，在土壤表面形成一层硬壳。主要的类型包括石膏（$CaSO_4$）（Watson，1985)、卤化物盐类、碱类（Na_2CO_3)、碳酸钙（$CaCO_3$)。

生物性结皮是指受土壤表层微生物的作用，特别是在其纤维状结构和生理活动的影响下，这些有机体起到黏合作用，使土壤颗粒集聚到一块，形成稳定的团块。这些微生物包括真菌类（fungi)、蓝藻（cyanophyceae）等。生物结皮中的氨基氮、氧、有机碳、营养元素等可以改进土壤养分。此外，土壤结皮中的菌类和细小植物也为土壤中其他成分的生成提供了物质基础（Shields and Drouet，1962；李新荣等，2001；杨晓晖等，2001)。

土壤结皮除了有一个形成过程外，其本身受到环境变化影响而产生一个消失的过程。受机械耕作、植被生长、灌溉等作用，结皮的厚度、强度等性质降低。特别是在风力侵蚀的作用下，结皮表面受砂粒的磨蚀作用而变薄，直至结皮消失。

对结皮的研究开始于对其厚度的分析，观测其厚度为 0.1 ~ 15mm（Valentin and Bresson，1992）。随后的研究则扩展到结皮的体积密度和孔隙度，一些工作集中于研究雨滴对结皮形成过程的影响。为研究结皮的形成过程和渗透过程，结皮不可以被看作是一个整体，而是从结构上受扰乱的多个层的组合，它的物理性质在从表面到土壤深层未受影响层是过渡的（Christian，1997），特别是结皮的密度，它不是统一的，而是随着深度的变化而变化，其基本上符合指数函数分布：

$$\rho_c = \rho + \Delta\rho_0 \cdot e^{-\gamma \cdot z} \tag{8.18}$$

式中：ρ_c 为不同深度下的土壤结皮密度；ρ 为未扰动的土壤层的密度；$\Delta\rho_0$ 为表层土壤体积密度变化的最大值；r 为描述土壤与雨滴相互作用的系数；z 为深度。

另外，研究表明，结皮的孔隙度也是随着深度的增加而逐渐增加的（Epstein and Grant，1973；Christian，1997）。而 Mauled 等（1990）的研究表明这种增加是呈指数函数的关系，公式为

$$\rho_c = \rho + \{\Delta\rho_0 / [1 + (\alpha \cdot z)^v]^\mu\} \tag{8.19}$$

式中：ρ_c 为不同深度下的土壤结皮的孔隙密度；ρ 为未扰动的土壤层的孔隙密度；$\Delta\rho_0$ 表层土壤孔隙密度变化的最大值；α、v 和 μ 为土壤 - 降水系统间的参数。

随着土壤结皮研究的深入，结皮的成因、结构、厚度和孔隙度等指标均被用来对结皮进行重新分类。遥感技术也被越来越多地应用到土壤结皮的研究中来。大量的工作均间接或直接地利用遥感方法对土壤结皮的光谱特征进行分析（O'Neill，1994；Karnieli and Tsoar，1995；Pinker et al.，1995；Tsoar et al.，1996；张元明等，2005）。

8.4.2 中国土壤结皮因子的分布

以《中国自然地理图集》中的界线为依据，中国干旱区与半干旱区的总面积约为 454.9 万 km^2，其中半干旱区的面积为 183.6 万 km^2，干旱区的面积为 271.3 万 km^2。在中国北方的广大干旱、半干旱区，降雨稀少导致地表植被覆盖度低，大部分地区土壤裸露。而北方地区风场强劲，土壤风力侵蚀面积广大，风力侵蚀强度剧烈。这样，结皮的存在就成为一个影响土壤风蚀的重要因子。中国北方地区降水量虽然较少，年降水量小于 400mm 的地区占国土面积的近 40%，而降水量小于 200mm 地区占到 28%，但多年降雨变率大，降雨较集中于 6 ~ 8 月，降雨强度相对较大，在雨滴的作用下土壤结皮较易形成。已有的研究表明，在半干旱区，受气候影响生物结皮较为广泛分布（Yair，2001）。我国半干旱区面积巨大，土壤生物结皮发育面积也会广泛分布。此外，在西北干旱、半干旱区，盐壳的发育面积也较为广泛。

通过对不同黏土和有机质含量的土壤进行风洞实验，Hagen（1991）建立了土壤结皮因子（soil crust factor，SCF）的定量描述公式

$$SCF = \frac{1}{1 + 0.0066(CL)^2 + 0.021(OM)^2} \tag{8.20}$$

式中：CL 为黏土含量（5.0～39.3）；OM 为有机质含量（0.32～4.74）。

利用 GIS 方法，将中国土壤黏土含量和有机质含量数据进行空间数字化。土壤黏土含量数据来自刘明亮（2001）博士论文，数据格式为 8km 分辨率栅格（图 8.21）；土壤有机质数据来自于农业部土壤环境司土肥站，原始数据的比例尺为 1∶400 万（图 8.22）。在这种数据的基础上，利用式（8.20）对中国土壤结皮因子（SCF）进行计算，结果如图 8.23 所示。

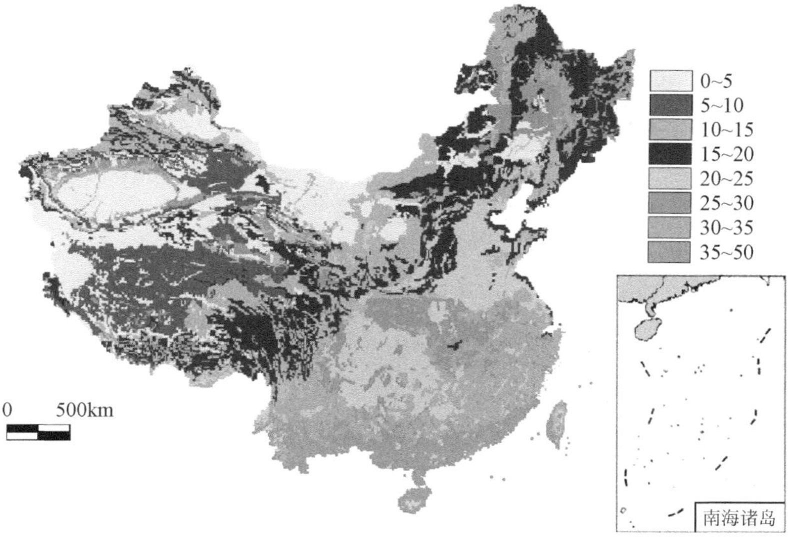

图 8.21　土壤黏土含量分布

资料来源：刘明亮，2001

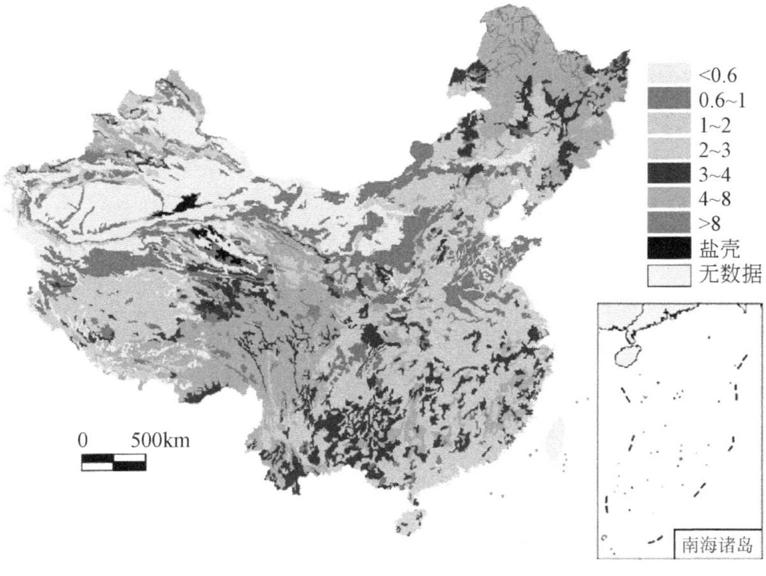

图 8.22　土壤有机质含量分布（1∶400 万）

资料来源：农业部土壤环境司土肥站

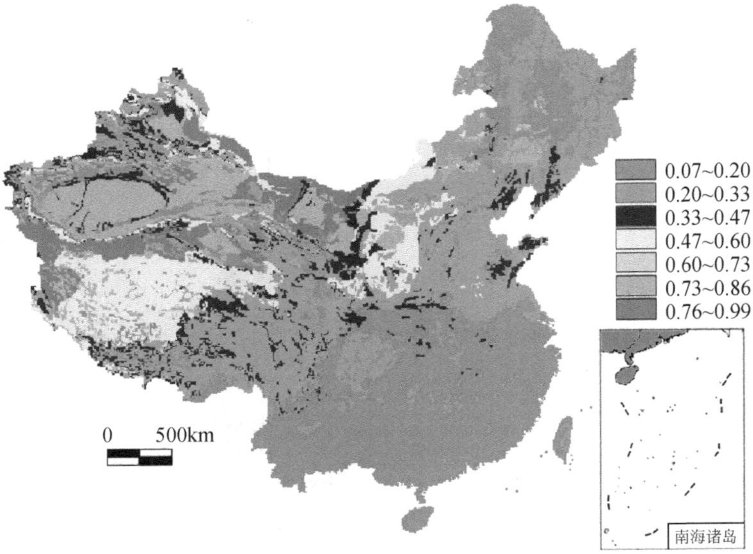

图 8.23　土壤结皮指数分布

土壤结皮因子的值越大，土壤形成结皮的能力越差。利用式（8.20）计算的土壤结皮因子在中国为 0.07 ~ 0.99。SCF 值在空间上的变化十分明显，在半干旱区，主要为 0.5 左右；而在干旱区，SCF 值整体上大于 0.6；在半湿润地区，SCF 值为 0.3 左右；而在湿润地区，SCF 值整体上小于 0.2。由西北至东南方向，土壤形成结皮的能力在加强。

在华南地区、西南地区东部和东北北部部分地区，SCF 的值小于 0.2。SCF 只是指土壤形成结皮的潜在能力，往往只在植被覆盖度较小时有意义；当植被覆盖度接近 100% 时，土壤很难有结皮存在，土壤表面形成结皮的实际意义降低。这样，真正意义上的结皮只有在半湿润区、半干旱区和干旱区广泛存在。即使这样，中国南方地区的 SCF 值比较低，从这一角度看，土壤风力侵蚀的潜力也非常低，一般的风蚀过程只集中于海岸带。

在华北地区、东北地区和西南地区西部，SCF 值为 0.20 ~ 0.33，这些地区多处于半湿润地区和半干旱区的大部分地区。

在半干旱地区，SCF 值大部分为 0.33 ~ 0.60；高值区主要位于华北地区西部、西北地区东部和西藏西部。这里的土地利用类型以中低覆盖度草地为主，土壤风蚀强度以轻度和中度为主。

在沙漠区，SCF 值大部分为 0.60 ~ 0.73，无论是半干旱区还是干旱区的沙地，其 SCF 值均比较接近，反映了沙漠土壤在性质分布上的一致性。

在戈壁区，SCF 值大部分大于 0.86，广泛分布于贺兰山以西、昆仑山脉以北的广大干旱区。戈壁区土壤粗颗粒物质含量大，黏土和有机质含量少，加上生物活动少，形成结皮的黏合物质含量稀少，使戈壁的结皮能力降低。

8.4.3 土壤结皮随时间的变化及其对土壤风力侵蚀的影响

土壤结皮有一个形成、加厚、磨蚀和消失的过程。对于物理性结皮，在雨滴的不断作用下，土壤表面的结皮会形成并加厚，当降雨消去，结皮会变干，硬度会增大。当风力侵蚀发生时，有结皮的土壤的侵蚀速率会大大降低。但随着土壤风蚀作用的发展，空气中的颗粒对结皮表面产生撞击，结皮会因磨蚀作用而变薄，最后直到消失。如果结皮没有继续产生，土壤风蚀强度会恢复到最初水平。这样，对结皮的保护就成为降低风蚀的一种措施。

对于土壤风蚀较严重的中国北方地区，降水主要发生于6～9月，此时为结皮的主要形成时间，也是植物生长的旺季，同时也是土壤风力侵蚀相对较轻的时期。而对于10月至翌年5月，降水稀少，地表趋于干燥，植被覆盖度降低，而风场强度又增大，此时是风力侵蚀强度较大时期，土壤结皮会受空气中颗粒物质的磨蚀而厚度变薄。尤其是3～4月，气温上升，地表更加干燥，风速加强，土壤风力侵蚀处于相对最强的时期。在自然状况下，土壤结皮状况也因为10月至翌年2月的磨蚀变差，土壤抗风蚀力相对达到最低。因此，对结皮的保护成为风蚀防治的重要内容。

然而，以下两个过程对土壤结皮产生严重的破坏作用：一是农耕区的耕作制度对结皮产生破坏作用（Asuncion and Rosa，2000）；二是低覆盖地区过度放牧使得土壤表层遭践踏，结皮遭到破坏（朱震达，1998）。

美国自19世纪70年代对中西部干旱、半干旱大平原地区进行大规模盲目开垦，加之20世纪30年代的持续干旱，大面积的土壤风力侵蚀灾害发生。苏联在20世纪50年代中期开始对干旱肥沃的中亚地区进行大规模的开垦，导致席卷中亚的“黑风暴”，并促使土地沙漠化。20世纪70年代，非洲和中亚地区的干旱事件，也促使了土壤风蚀灾害的大暴发。

将遥感调查的1995年土壤风力侵蚀强度数据与1995年全国土地利用数据进行空间叠加分析。以风蚀为主的耕地面积为119 406km^2，这些耕地主要分布于中国干旱和半干旱地区。对于北方广大农业耕作区，在秋季农作物收获后进行的土地翻耕，使土壤表面的结皮受到彻底破坏，土壤表面疏松，风蚀强度比不翻耕前增大数倍，直接使土壤表层细颗粒物质被吹走，而多年耕作会使土壤中的细颗粒成分丧失殆尽。这种翻耕作用会使土壤因细颗粒物质含量降低而导致结皮能力下降。在春季，气温上升，地表更加干燥，土壤可蚀性程度上升，而此时正是中国西北广大地区进行耕作的时期，对土地的翻耕、施肥和除草等措施又会破坏土壤表面的结皮，而此时的植被覆盖度相对较低，使土壤风蚀强度加大。

在半干旱和干旱区的牧区，10月至翌年4月间植被覆盖度低，大部分为中低覆盖度草地（李晓兵和史培军，2000）。此时草地的承载力有限，对这些草地的大面积放牧，会发生羊群等对土壤表面的践踏作用。这种作用使土壤的机械结构受到破坏，土壤结皮受到破坏，甚至是完全破坏。当草地发生过度放牧时，这种践踏所造成的对结皮的破坏规模会增大，大区域的超载必然对大区域的土壤表面结皮产生破坏，从而强化了大区域的土壤风力侵蚀事件（朱震达，1998）。

以内蒙古自治区为例，12个盟中只有呼伦贝尔盟、兴安盟和锡林郭勒盟没有超载，其余盟市均超载，农区、农牧交错区超载尤为严重（战金艳等，2004）。这些地区是土壤风侵蚀面积分布最广的地区之一，也是影响中国北方沙尘暴的面积最广大的供沙区之一。据吉林省长岭羊草草原的研究表明，过度放牧不仅对草地群落产生强烈的影响，而且还对土壤的理化性质产生影响（李建东和郑慧莹，1995）。由于牲畜的践踏会引起土壤表面的压实，给土壤的通气、透水性和蓄水能力带来不良影响，还会使土壤表土层在受破坏后发生碱化（赵哈林等，1997）。合理的耕作制度，如发展免耕技术，同时定量研究放牧对土壤结皮的影响，是大面积风蚀防治研究的重要内容。

本节只是简单地探讨了土壤结皮的定量描述方法，今后还应该发展结皮的定量描述模型、开展结皮的发生学分类并深入研究我国土壤风力侵蚀区土壤结皮的季节变化规律。

8.5 中国积雪因子定量遥感

8.5.1 中国积雪量的空间分布及其对风蚀的影响

1. 积雪对土壤风力侵蚀的影响及其研究现状

积雪的存在减少了暴露于空气中的土壤的面积，它影响着气候变化和水资源的空间分布，对雪灾的发生有直接作用。积雪对土壤风力侵蚀的影响表现在使暴露于空气中的土壤表面面积减少，甚至完全覆盖而使土壤侵蚀量降低为零。同时，由于融雪作用，对不同土壤层间的水分循环产生影响，一方面直接使土壤不同层的颗粒结构发生重组；另一方面也对植物的生长、土壤微生物活动以及植物残余物的分解有重要作用。

在土壤风力侵蚀方程 RWEQ（revised wind erosion equation）中，采用了雪盖因子 SD 来半定量地描述雪对土壤风力侵蚀的影响。SD 被定义为一定时间（如一个月内）土壤被雪所覆盖的时间频率值，如果该月内均有雪覆盖，则 SD 的值为 0，不发生土壤风力侵蚀；如果有 50% 的时间内有雪覆盖，则 SD 的值为 0.5，即土壤风力侵蚀量为正常水平的一半。在中国，积雪对于土壤风蚀的影响研究程度还较低。自然对于影响中国北方地区的沙尘天气的发生频率与积雪的关系有所阐述，但还需要进行充分的研究。

2. 中国降雪量的多年分布

通过对全国761个气象站点自建站以来至1990年的降雪量数据进行统计，分别计算每10年的年降雪平均值，包括20世纪50年代、60年代、70年代和80年代这4个时相。并对降雪量进行分级，分别按小于1mm、1~10mm、10~50mm、50~100mm、100~150mm、150~120mm和大于200mm进行统计（表8.3）。

统计结果表明，20世纪50年代虽然只有582个站点的数据，但年降雪量大于150mm的站点是最多的，达到21个，降雪量大于10mm的站点占站点总数的33.3%，是最多的一个时期。60 年代的降雪量大幅下降，大大小于 70 年代和 80 年代的水平，年降雪量大于 150mm 的站点数只有 11 个。到 70 年代，降雪量大幅度上升了，但总体上小于 50 年代的水平。到 80 年代，降雪量相比于 70 年代是下降了。全国总的趋势表明，50 年代至 80 年代的降雪量呈明显下降的趋势。这与已有的研究较为一致（李培基，1995）。

表 8.3　20 世纪 50 ~ 80 年代观测的降雪量介于一定范围内的站点的个数

时段	降雪量/mm								总计
	< 1	1 ~ 5	5 ~ 10	10 ~ 50	50 ~ 100	100 ~ 150	150 ~ 200	> 200	
50 年代	187	117	84	133	28	12	10	11	582
60 年代	184	195	97	98	27	21	4	7	633
70 年代	181	205	96	102	26	12	10	9	641
80 年代	183	208	88	116	28	19	8	8	658

3. 降雪量的空间分布

将站点的数据进行内插，结果如图 8.24 所示。我国积雪主要分布于东北地区、内蒙古自治区东部、新疆维吾尔自治区北部、华北地区西部、西北地区东部、西南地区

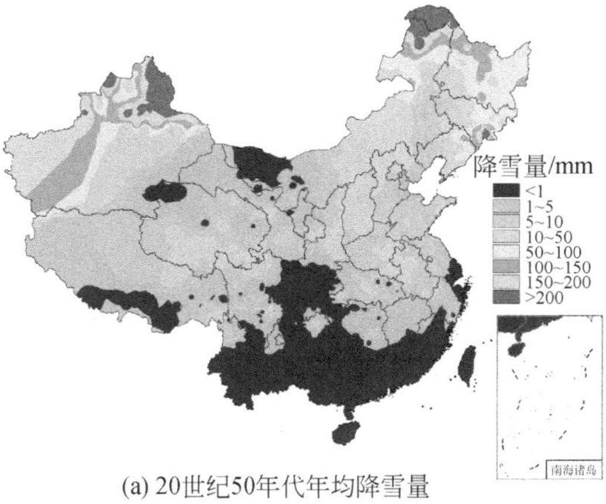

(a) 20世纪50年代年均降雪量

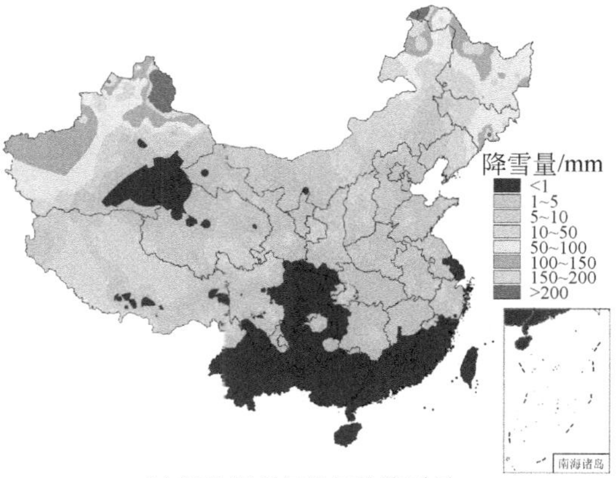

(b) 20世纪60年代年均降雪量

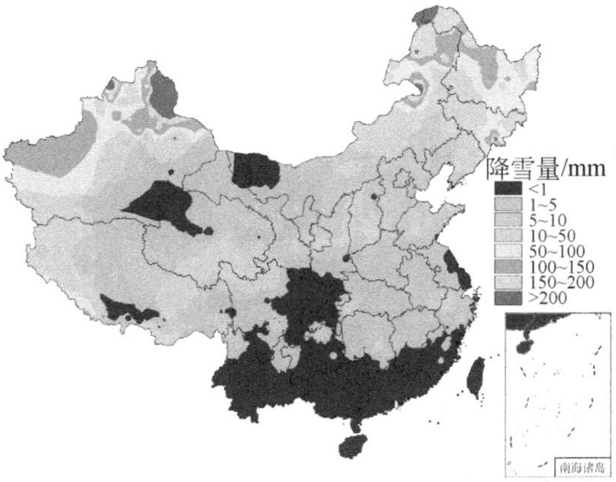

(c) 20世纪70年代年均降雪量

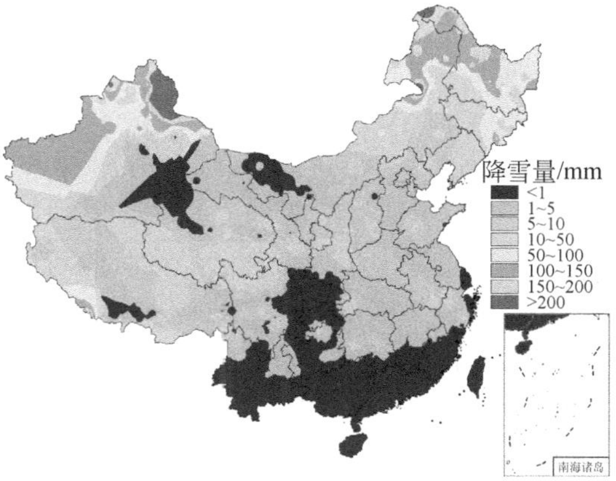

(d) 20世纪80年代年均降雪量

图 8.24　20 世纪 50 ~ 80 年代平均降雪量空间分布

西部和青藏高原地区。从温度的影响因素来讲，新疆北部、东北地区和内蒙古自治区北部以及青藏高原地区均具有由暖温带向寒温带过渡的特征；而从水汽的输送来讲，在半干旱地区和半湿润地区及其过渡带，形成一个降雪的高值区。

图 8.24 显示了 20 世纪 50 ~ 80 年代中国降雪量的空间分布状况。由于受站点因素的影响，新疆和西藏自治区西部的降雪量值偏差较大。从整体上看，并没有大的变化。华北平原地区的降雪量明显偏少了，50 年代绝大部分地区的年均降雪量大于 5mm，而到 90 年代，平原区的降雪量大部分小于 5mm。

在半干旱地区和半湿润地区存在一个降雪区，该区的年均降雪量为 10 ~ 50mm。从内蒙古中部、西北地区东部到西南地区中部和东部，这一降雪带的宽度明显缩小。到 20 世纪 80 年代，西北地区东部的绝大部分地区的年降雪量已小于 10mm。

对于内蒙古自治区，其中部的降雪量也明显偏少了；其北部和东部地区的降雪量反而增大，年降雪量为 100 ~ 150mm 的地区在由北向南扩展。而东北地区的降雪量在这 40 年中并没有发生明显变化。

4. 积雪厚度的计算方法

计算积雪厚度的模型可分为两个部分：雪的堆积过程和雪的融解过程。一般来说，很难有足够的降雪量数据，在这种情况下只能根据降水和气温的数据来估计一定时期内的降雪量。估计融雪量的模型，可以分为两类：一类是利用简单的日融解速率模型来描述；另一类是基于能量收支角度的物理模型。Martinec（1960）首次提出了日融解速率模型，该模型假定融雪率与超过临界值的大气温度直接相关：

$$M = K\frac{(T - T_m)}{2} \tag{8.21}$$

式中：M 为融雪率（mm/d）；K 为融雪因子［mm/（℃ · d)］；T 为日均温度（℃）；T_m 为融雪能够发生的临界温度（℃）；K 为经验常数，是所有其他因素的总作用量的体现，它的值依据区域和季节的不同而改变，它同时还会随辐射、积雪密度和反射率而改变。

能量收支模型（Male and Gray，1981）计算由辐射所带来的能够使积雪达到融化的能量，要求有长波和短波辐射和潜热等数据。而这些数据很难有常规观测值，虽然可以通过更为常规的记录如湿度和气温等进行估计，但结果并没有比第一种方法提供更好的融雪量估计（Bathurst and Cooley，1996）。

在大量的水力模型中，以上的两种方法被广泛引用作为子模型。数字高程模型（DEM）被应用到流域内的盆地和山区（Lind strom et al.，1997）。GIS 也被更多地应用，从而对地形因子如坡度、坡向和高程的影响进行分析。Schadler 等（1998）也较成功地将能量收支模型应用于对瑞士境内的积雪的研究。但以上两种模型中对结果进行空间检验的技术仍显不足。

在考虑积雪对土壤风力侵蚀的影响时，采用 RWEQ 的方法时往往设定在一定时期内积雪有一个平均的厚度，而且并不考虑积雪融化过程对土壤风力侵蚀的影响，这两点假设与实际情况偏差太大。采用 WEPS（wind erosion prediction system）中的计算方法可以对每日的融雪量和积雪量进行模拟，从而有效地分析积雪对土壤风力侵蚀的影响。

WEPS 模型的水力子模型中融雪量计算部分的功能与 CREAMS（chemicals runoff and erosion from agricultural management systems）模型和 EPIC（erosion productivity impact calculator）中相应部分的功能相似。如果任何模拟的一天里土壤表面有雪存在，当最大日气温超过 0℃时，用以下公式对融雪量进行计算

$$
\begin{aligned}
SN_{mlt} &= 4.57T_{max}, SN_{mlt} < SN_{act} \\
SN_{mlt} &= SN_{act}, SN_{mlt} \geqslant SN_{act}
\end{aligned} \tag{8.22}
$$

式中：SN_{mlt} 为日融雪率（mm/d）；SN_{act} 为积雪量（mm）；T_{max} 为日最大空气温度（℃）。

对于积雪量，则有

$$
\begin{aligned}
SN_{act} &= SN_{act} + SN_{new} - SN_{mlt}, SN_{mlt} < SN_{act} \\
SN_{act} &= 0, SN_{mlt} \geqslant SN_{act}
\end{aligned} \tag{8.23}
$$

式中：SN_{act}为积雪量；SN_{new}为降雪量。

根据式（8.22）和式（8.23）基础公式，利用覆盖全国的 400 个气象站点 1999 ~ 2000 年每日的观测数据进行积雪量的模拟。

5. 内蒙古自治区地表积雪厚度的时间变化序列

利用以上模型，对 1999 ~ 2000 年内蒙古自治区的气象数据进行计算，由于该区的降雪从 10 月开始，从 1999 年 9 月 20 日起，将初始积雪深度赋值为 0，根据每日的降雪量和气温，对融雪量进行计算，从而计算积雪量。至 2000 年 5 月 2 日，所有站点的降雪量已经为 0，而积雪量也为 0，此时终止计算。对每个站点此间日积雪量大于 5mm 的天数进行统计，结果如图 8.25 所示。

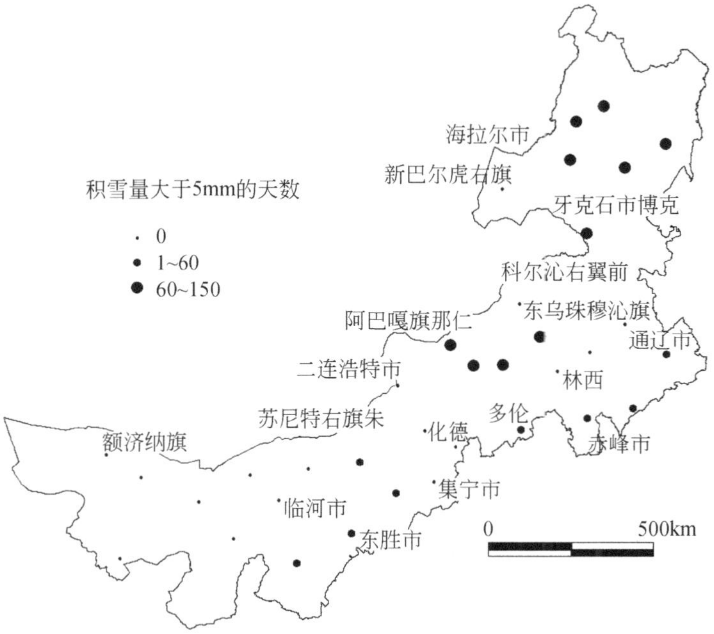

图 8.25　1999 年 9 月至 2000 年 5 月内蒙古各站点日积雪量大于 5mm 的天数

依据1999年9月至2000年5月各站点日积雪量大于5mm的天数，将内蒙古积雪量分为三个地区，这三个区域的分布与温度和降雪的空间分布较为一致（图8.26～图8.28）。

第一个区域是北部大兴安岭地区和中部锡林郭勒盟，大于5mm的天数超过60天。图8.26列出了由该区域气象站点数据所计算的积雪量－时间过程曲线。该区域积雪时间长，而在区域内部，从北向南，日均积雪量减少，积雪天数降低。其中以牙克石市图里河、额尔古纳右旗和海拉尔市三个站点处的积雪时间最长，从1999年10月至2000年4月均有积雪分布。而南部的锡林郭勒盟的积雪时间也为1999年11月至2000年3月（图8.26）。

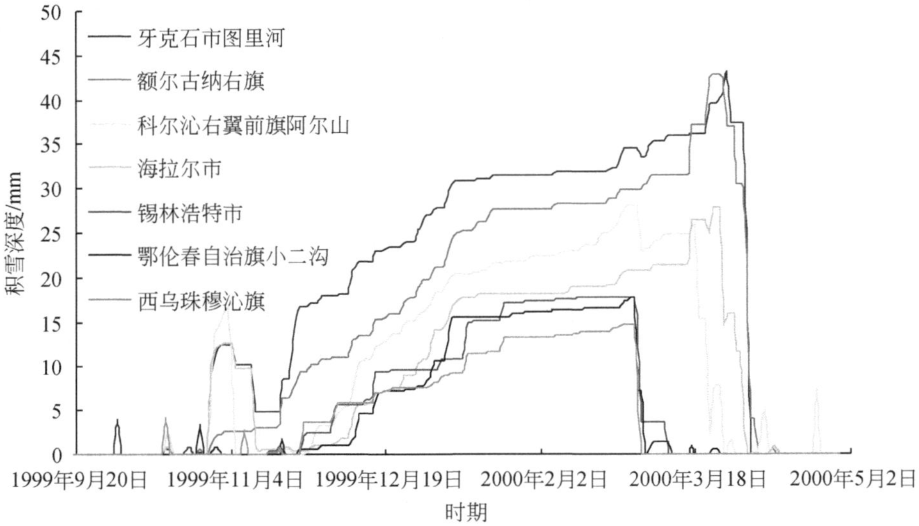

图8.26　内蒙古北部和中部高降雪区各站点的积雪量时间序列

第二个区域位于内蒙古中部、东部和南部地区，包括科尔沁地区、鄂尔多斯地区、阴山以北的东部地区等（图8.27）。主要积雪时间为1999年12月至2000年2月。

第三个区域位于内蒙古西部地区，包括阴山山脉以西的所有地区。在内蒙古中部大兴安岭南部地区的积雪时间较短。积雪时间主要集中于2000年1～2月，积雪时间远小于第一个区域，而平均积雪量也非常小。区域内部从东至西，积雪时间减少，积雪量也减少。对于阿拉善左旗巴彦毛道、阿拉善右旗、额济纳旗、吉兰泰和额济纳旗拐子湖，1999年9月至2000年5月的降雪量近似为0，积雪时间小于1天（图8.28）。

6. 积雪对土壤风力侵蚀的影响程度分析

对于土壤风力侵蚀，积雪的存在大大减少了风力侵蚀强度。对于积雪量大于一定厚度的地区如内蒙古北部大兴安岭地区，在风场强度相对较大的10月至翌年5月，地表为雪所覆盖，土壤风力侵蚀量可以估计为零。而对于积雪程度极低的地区如内蒙古西部，地表裸露，而10月至翌年5月又是风力强劲的时期，土壤风力侵蚀强度必然增大。这样，从内蒙古东北部向西部过渡的地区，积雪时间在减少，平均积雪量也在减少，这使得土

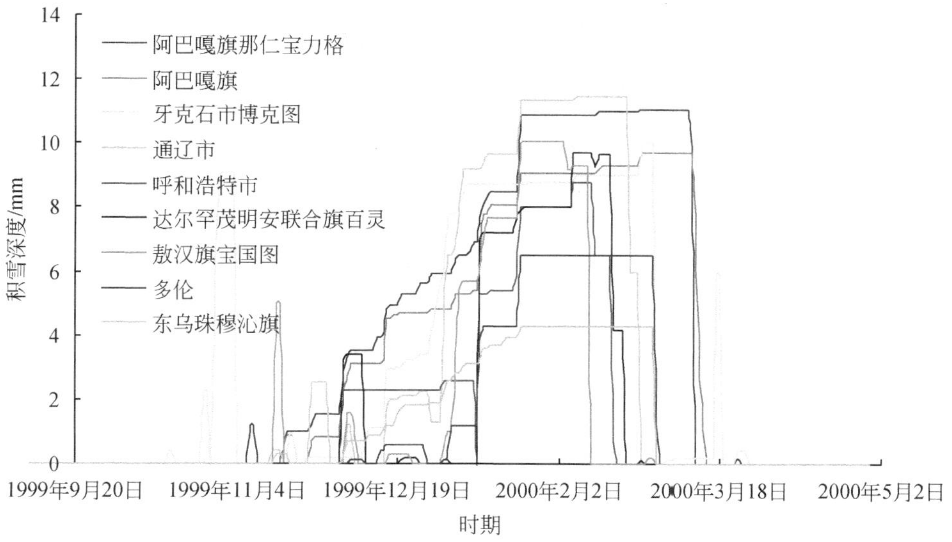

图 8.27　内蒙古中部和东部中等降雪区各站点的积雪量时间序列

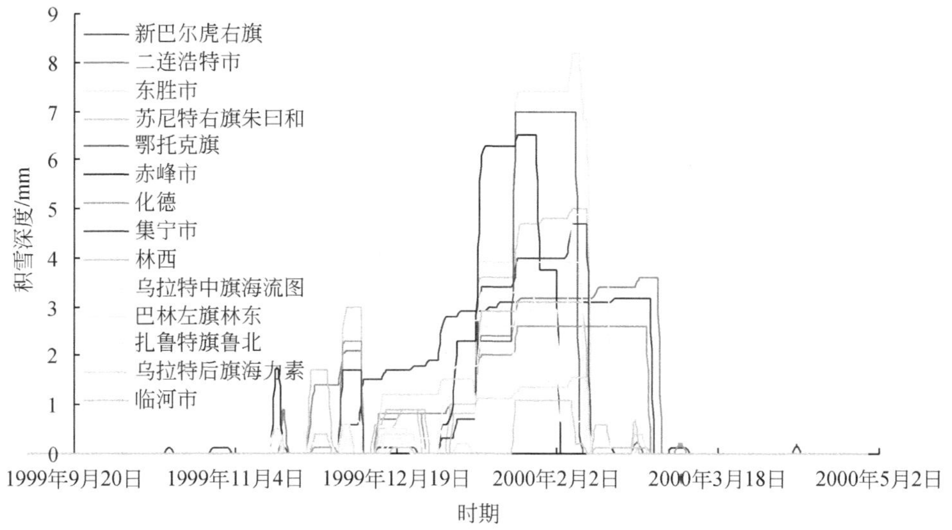

图 8.28　内蒙古中部和中西部低降雪区各站点的积雪量时间序列

壤暴露的时间增长，在风场强度保持强劲的状况下，土壤风力侵蚀强度会增大。

内蒙古自治区从 1999 年 12 月至 2000 年 3 月，较广地区为积雪所覆盖。从 1999 年 12 月始，月均温度处于下降趋势，融雪量降低，积雪量上升。当降雪量减少时，积雪量就维持在一个稳定的水平。到了 2000 年 3 月，气温回升，融雪量猛烈增大，降雪量不足，积雪量快速下降。对于 1999 年 12 月至 2000 年 3 月以外的时期，气温较高，降雪事件多不连续，积雪量经历快速增大和衰减的过程。此时期内多个站点的积雪量，在初期较平稳上升，至中后期保持平衡，在后期快速衰减，大部分于 10 日内全部融化。

图 8.29 列出了降雪量与利用遥感手段调查的土壤风力侵蚀强度的叠加图，随着降雪量的增大，风蚀强度在减少，甚至没有明显风蚀。这种现象可归因于积雪覆盖度时间增长，从而使风力侵蚀量下降。

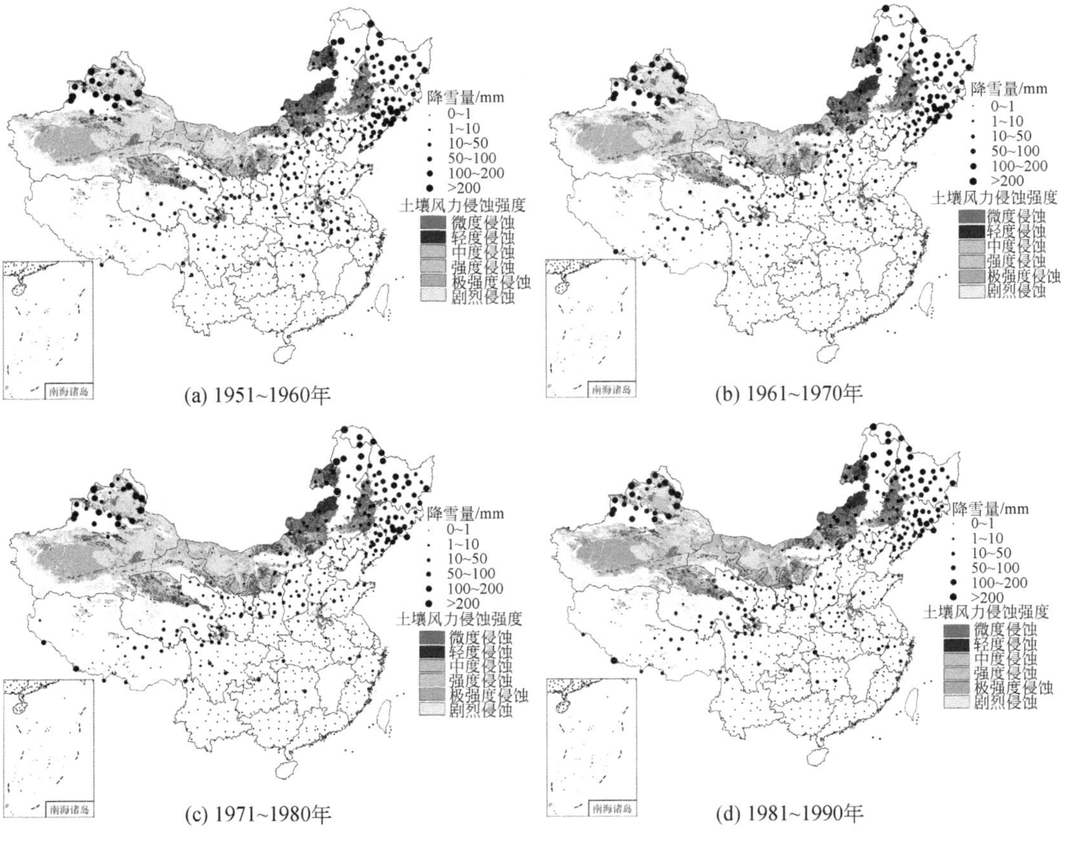

图 8.29　1951 ~ 1990 年降雪量的 10 年平均值分布与土壤风力侵蚀强度叠加图

7. 积雪的进一步模拟

将积雪时间、平均积雪深度和降雪量当作三个变量，分别对变量间的关系进行分析。它们之间的相关关系如图 8.30 和图 8.31 所示。

对于降雪量和积雪时间，降雪量越大，积雪时间就越长，图 8.30 明显印证了这一点。降雪量与日积雪量大于 1mm 的天数间的相关系数为 0.788，与日积雪量大于 5mm 的天数的相关系数为 0.811，与日积雪量大于 10mm 的天数的相关系数为 0.863。表明降雪量与深层积雪的总天数的相关系数很大。而深层积雪的存在比浅层积雪更影响土壤风力侵蚀。

对于平均积雪深度和积雪时间，平均积雪深度越大，积雪时间就越长，图 8.31 也印证了这一点。积雪时间与平均积雪深度的相关性大于其与降雪量的相关性。平均积雪深度与日积雪量大于 1mm 的天数的相关系数为 0.852，与日积雪量大于 5mm 的天数的相关系数为 0.911，与日积雪量大于 10mm 的天数的相关系数为 0.966。表明平均积雪深度与深层积雪的总天数的相关系数最大。

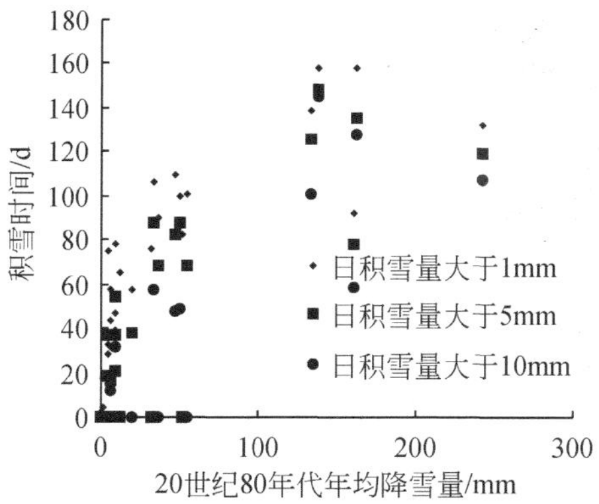

图 8.30　积雪时间与降雪量的关系

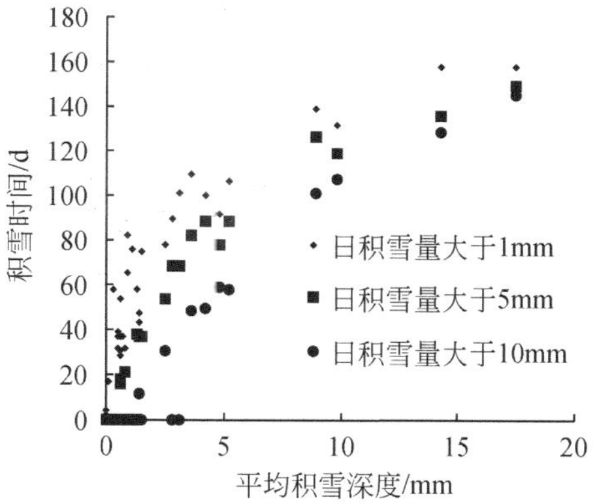

图 8.31　积雪时间与平均积雪深度的关系

平均积雪深度和降雪量呈明显的线性相关关系，降雪量越大，平均积雪深度也越大（图 8.32）。两者之间的关系可用式来表示

$$D_{snow} = 0.627Q_{snow}, \quad R^2 = 0.802 \tag{8.24}$$

这样，可以在一定程度上用降雪量来对积雪时间和平均积雪深度进行估计，从而为评价区域风力侵蚀强度提供数据支持。

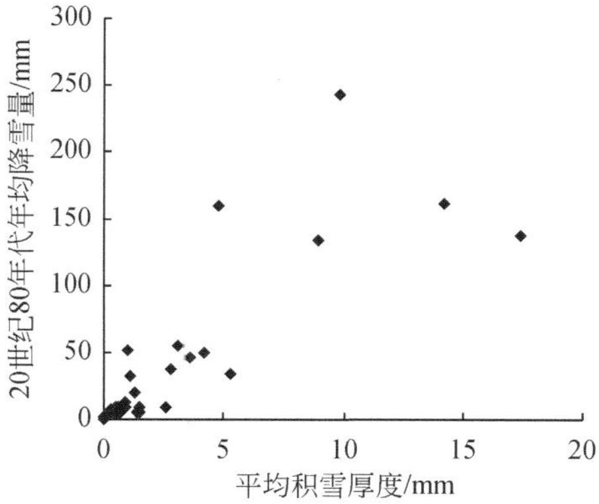

图 8.32　平均积雪深度与降雪量的关系

8.5.2　将积雪的遥感监测引入至土壤风力侵蚀预报系统

土壤风力侵蚀是大区域事件，大面积积雪的存在可以减弱这一事件的危害程度。由于雪具有较高的反射率，与除云以外的多数其他自然表面有明显不同，为利用遥感方法进行大区域积雪监测提供了理论基础（曹梅盛和李培基，1994；曹梅盛，1995；李震和施建成，2001；柏延臣和冯学智，1997；曾群柱等，1998；周咏梅等，2001）。

对于积雪，图 8.33（a）显示了其在不同波段下的反射率，在可见光的波段内（0.38 ~ 0.72μm），新雪的反射率在 90% 以上；在近红外波段（0.72 ~ 1.4μm），新雪的反射率也在 50% 以上；而在中红外波段（1.3 ~ 3.0μm），其反射率小于 30%，且波动很大。利用积雪与云和其他地物在不同波段反射率的不同可以进行积雪面积的测量和深度的估算。图 8.33（b）则反映了不同颗粒程度下的雪的反射率。

根据积雪的光谱分布特征，加上目前卫星传感器的波段分布，越来越多的遥感数据可被用来对积雪进行估计（图 8.34）。表 8.4 显示了 MODIS 传感器中可被用来观测积雪的波段及其与 TM 和 AVHRR 的对应波段。下面分别对气象卫星、TM 影像和 MODIS在积雪方面的应用进行简要介绍。

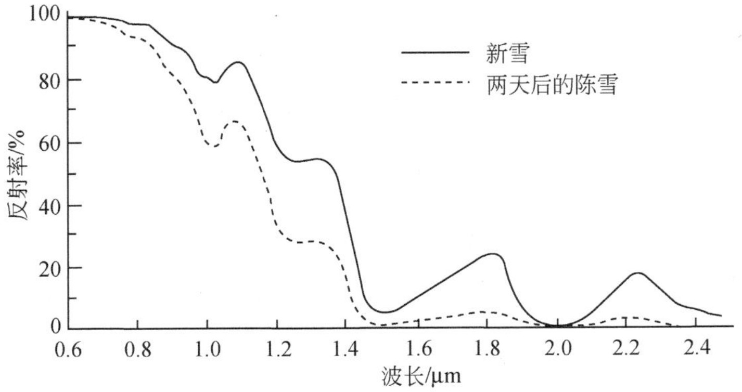

(a) 雪的反射光谱曲线(斯韦思和戴维，1984)

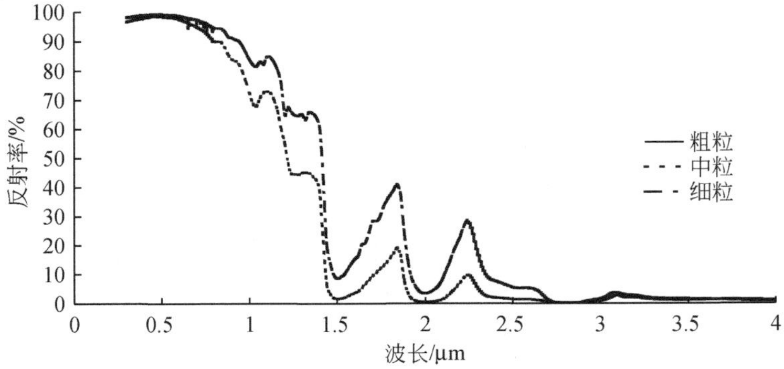

(b) 不同颗粒级别雪的反射率(引自httl://asterweb.jpl.nasa.gov/speclib)

图 8.33　不同状态下雪的反射率

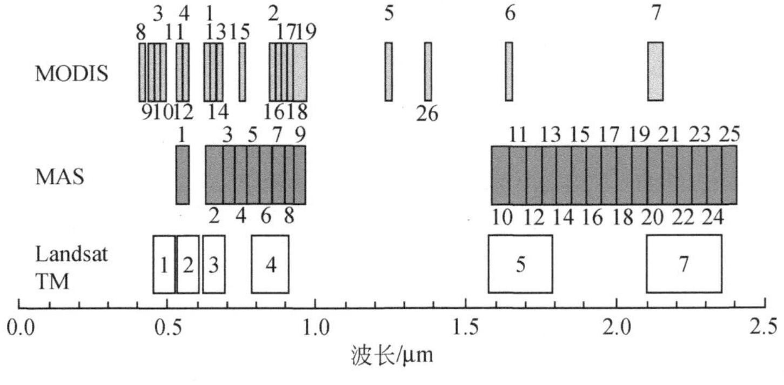

图 8.34　MODIS、MAS 和 TM 的波段分布

表 8.4　可用于积雪遥感的 MODIS 波段及其与 TM 与 AVHRR 的对应波段

MODIS 波段	中心波长	空间分辨率/m	TM 波段	AVHRR 波段
4	0. 555	500	2	
6	1. 640	500	5	
7	2. 130	500	7	
16	0. 869	1000	4	2

续表

MODIS 波段	中心波长	空间分辨率/m	TM 波段	AVHRR 波段
20	3.750	1000		3
26	1.375	1000		
31	11.030	1000	6	4/5
32	12.020	1000		5

1. 利用低分辨率气象卫星对积雪进行监测

利用 TIROS-1 气象卫星对积雪进行遥感监测始于 1963 年，至 20 世纪 60 年代中期，利用 ESSA-3 卫星可以对每周的积雪进行绘图，它的先进照相系统 AVCS，光谱范围为 0.5 ~ 0.75μm，属于可见光范围。自 1966 年以来，利用 NOAA 系列卫星上的多种传感器如扫描辐射计（scan radiorneter，SR）、甚高分辨辐射计（very high resolution radiometer，VHRR）和目前的 AVHRR（advanced very high resolution radiometer），可以进行北半球范围内的积雪观测。

国内主要利用 NOAA 气象卫星的 AVHRR 数据进行积雪面积的估计。AVHRR 共有 5 个通道：CH1（0.58 ~ 0.68μm）、CH2（0.725 ~ 1.1μm）、CH3（3.55 ~ 3.93μm）、CH4（10.3 ~ 11.3μm）和 CH5（11.5 ~ 12.5μm），其中 CH1 和 CH2 波段可以用来对积雪进行分析。根据积雪和云在 CH1 通道的高反射率使其与其他地物相区分，再利用其他波段进行云和雪的区分。最主要的方法是阈值法和差值法，主要的阈值为通道 CH1 的值大于某一值，郭铌和倾继祖（2000）采用 CH1 的值大于 30 为基准判断是否有雪，在此基础上进一步判断 CH1 和 CH2 这两个通道的反射率差值。利用类似的方法，国内对积雪进行了长年的监测。

这一方法的优点是数据源易获取、方法简单、可进行较快周期的循环观测。缺点是分辨率低，特别是对于积雪深度大于一定值后，很难对雪深进行较准确估计，周永梅等（2001）的研究表明了结合地表观测数据，可以对 20cm 深度以下的积雪进行较好估计。

2. 利用高分辨率陆地卫星进行积雪监测

Landsat 卫星 TM 影像有 7 个波段：TM1（0.45 ~ 0.52μm）、TM2（0.52 ~ 0.60μm）、TM3（0.63 ~ 0.69μm）、TM 4（0.76 ~ 0.90μm）、TM 5（1.55 ~ 1.75μm）、TM 6（10.3 ~ 12.5μm）和 TM7（2.08 ~ 2.35μm），其中 TM5 波段处雪的反射率很低，而在 TM1、TM2、TM3 和 TM4 处的反射率均较高。TM 影像成为研究积雪分布的较好数据，通过建立类似于 NDVI 的归一化积雪指数（NDSI），可以将积雪与其他物体区分出来（Dozter and Marks，1987），计算 NDSI 的公式为

$$\mathrm{NDSI} = \frac{\mathrm{TM2} - \mathrm{TM5}}{\mathrm{TM2} + \mathrm{TM5}} \tag{8.25}$$

式中：TM2 和 TM5 分别为 TM 影像第 2 和第 5 波段的反射率。

当 NDSI 值大于或等于 0.40，且第 4 波段的反射率大于 11% 时，可以认为是有积雪存在。

图 8.35（见书后彩图）中的（a）和（b）分别显示了昆仑山脉中段、塔里木盆地所在的于田绿洲南部高山区的 TM432 和 TM532 遥感影像。在 TM432 影像上，积雪和云均呈现白色且处于山脊地区，林地呈深红色或鲜红色，草地呈浅红色；在西北干旱区，大量盐碱地甚至裸土地也由于高的反射率而在 TM432 影像上呈现白色。在 TM532 影像上，积雪呈现蓝色，而云一般为白色，积雪和云较能明显区分。

利用 TM 影像进行积雪估计的优点是分辨率高，达 30m，可以对积雪区边界进行较准确分析；缺点是周期较长，每 16 天才可能有一次估计，这可能会导致不能在最佳时间内对积雪进行有效估计。

3. 利用中分辨率 MODIS 数据进行积雪监测

MODIS 卫星有 36 个波段，其中有 8 个波段可被用来对积雪进行估计，其第 4 和第 6 波段可分别与 TM 的第 2 和第 5 波段相对应，在利用 MODIS 进行归一化积雪指数的计算时采用了这两个波段的数据（李震和施建成，2001），公式为

$$\text{NDSI} = \frac{\text{Band4} - \text{Band6}}{\text{Band4} + \text{Band6}} \tag{8.26}$$

式中：Band4 和 Band6 分别为 MODIS 的第 4 波段和第 6 波段的反射率。

当 NDSI 大于或等于 0.40 且第 2 波段的反射率大于 11% 时，就可以认为有积雪存在。同时，MODIS 第 1 波段和第 2 波段还被用来计算植被指数 NDVI，以判断积雪所存在的森林背景（Hall et al.，1995）。

另外，微波遥感在积雪的研究中起到了非常重要的作用，微波传感器它可以穿透云层，直接对积雪进行观测。但由于国内很难获取微波数据源，本书就不再分析了。

参考文献

柏延臣，冯学智. 1997. 积雪遥感动态研究的现状及展望. 遥感技术及应用，12（2）：59～65

曹梅盛. 1995. 青藏高原 NOAA/NEGDIS 数字化积雪监测的评价. 冰川冻土，17（4）：299～302

曹梅盛，李培基. 1994. 中国西部积雪微波遥感监测. 山地研究，12（2）：230～234

丑纪范，刘纪远，张增祥，等. 2000. 关于我国华北沙尘天气的成因与治理对策. 地理学报，55（5）：513～521

段争虎，刘新民，屈建军. 1996. 沙坡头地区土壤结皮形成机理的研究. 干旱区研究，13（2）：31～36

郭铌，倾继祖. 2000. 气象卫星资料对积雪的遥感监测与分析. 遥感技术与应用，15（4）：237～240

胡孟春. 1997. 甘肃河西走廊地区扬沙量的初步估算. 见：方宗义，朱福康，江吉良，等. 中国沙尘暴研究. 北京：气象出版社

李建东，郑慧莹. 1995. 松嫩平原盐碱化草地改良治理的研究. 东北师范大学学报（自然科学版），1：110～114

李培基. 1995. 高亚洲积雪分布. 冰川冻土，17（4）：291～298

李晓兵，史培军. 2000. 中国典型植被类型 NDVI 动态变化与气温、降水变化的敏感性分析植物. 生态学报，24（3）：379～382

李新荣，贾玉奎，龙利群，等. 2001. 干旱半干旱地区土壤微生物结皮的生态学意义及若干研究进展. 中国沙漠，21（3）：4～12

李震，施建成. 2001. 高光谱遥感积雪制图算法及验证. 测绘学报，30（1）：67～73

刘东生，张宗祜．1962．中国的黄土．地质学报，42（1）：1～14
刘连友，王建华，李小雁，等．1998．耕作土壤可蚀性颗粒的风洞模拟测定．科学通报，43（15）：1663～1666
刘明亮．2001．中国土地利用/土地覆盖变化与陆地生态系统植被碳库和生产力研究．北京：中国科学院遥感应用研究所博士论文
刘新民，赵哈林，赵爱芬．1996．科尔沁沙地风沙环境与植被．北京：科学出版社
刘玉洁，郑照军，王丽波．2003．我国西部地区冬季雪盖遥感和变化分析．气候与环境研究，8（1）：114～123
斯韦思 P H，戴维 S M．1984．遥感定量方法．北京：科学出版社
吴发启，范文波．2001．土壤结皮与降雨溅蚀的关系研究．水土保持学报，15（3）：1～3
杨晓晖，张克斌，赵云杰．2001．生物土壤结皮．生态学报，21（3）：474～480
战金艳，邓祥征，岳天祥，等．2004．内蒙古农牧交错带土地利用变化及其环境效应．资源科学，26（5）：80～88
张元明，陈晋，王雪芹，等．2005．古尔班通古特沙漠生物结皮的分布特征．地理学报，60（1）：53～60
赵哈林，根本正之，大黑俊哉，等．1997．内蒙古科尔沁沙地放牧草地的沙漠化机理研究．中国草地，3：15～23
周咏梅，贾生海，刘萍．2001．利用 NOAA-AVHRR 资料估算积雪参数．气象科学，21（1）：117～121
朱震达．1985．中国北方沙漠化现状及发展趋势．中国沙漠，5（3）：3～11
朱震达．1998．中国土地荒漠化的概念、成因与防治．第四纪研究，2：145～155
朱震达，王涛．1990．从若干典型地区的研究对近十余年来中国土地沙漠化演变趋势的分析．地理学报，45（4）：430～440
俎瑞平，高前兆，钱鞠，等．2001．2000 年来塔里木盆地南缘绿洲环境演变．中国沙漠，21（2）：122～128
Abdulla H A. 1998. Wind energy potential in Aden-Yemen. Renewable Energy，13：255～260
Asuncion U，Rosa M P. 2000. Effects of tillage and management practices on soil crust morphology under a Mediterranean environment. Soil & Tillage Research，54：191～196
Bathurst J C，Cooley K R. 1996. Use of the SHE hydrological modelling system to investigate basin response to snowmelt at Reynolds Creek，Idaho. J Hydrol，175：181～211
Bilbro J D，Fryrear D W. 1994. Wind erosion losses as related to plant silhouette and soil cover. Agronomy Journal，86（3）：550～553
Bradford J M，Ferris J E，Remley P A. 1987. Interrill soil erosion processes：Effect of surface sealing on infiltration，runoff，and soil splash detachment. Soil Sci Soc Am J，51：1566～1571
Chen W，Dong Z L，Yang Z. 1996. Wind tunnel test of the influence of moisture on the erodibility of loessal sandy loam soils by wind. Journal of Arid Environments，34：391～402
Chen Y，Tarchitzky J，Brouwer J，et al. 1980. Scanning electron microscope observations of soil crusts and their formation. Soil Sciences，130（1）：49～55
Chenpil W S. 1956. Influence of moisture on erodibility of soil by wind. Soil Science Society of American Proceeding，20：288～292
Christian H R. 1991. Bulk density of surface crusts：depth functions and relationships to texture. Catena，29：223～237
Danin A. 1991. Plant adaptation to desert dunes. Journal of Arid Environments，21（2）：193～212
Dozier J，Marks D. 1987. Snow mapping and classification from Landsat Thematic Mapper data. Ann of Glaciol，9：97～103
Epstein E，Grant W J. 1973. Soil crust formation as affected by raindrop impact. *In*：Hadas A，Swartzendruber D，Rijtema P E，et al. Physical Aspects of Soil Water and Salts in Ecosystems. New York：Springer-Verlag：195～201
Forman R T，Godron M. 1986. Landscape Ecology. New York：John Wiley & Sons：315～317
Fryrea D W，Krammes C A，Williamson D L，et al. 1994. Computing the wind erodible fraction of soils. Journal of Soil and Water Conservation，49（2）：183～188
Fryrea D W，Saleh A，Bilbro J D，et al. 1998. Revised Wind Erosion Equation（RWEQ）. Wind Erosion and Water Conservation Research Unit，USDA-ARS，Southern Plains Area Cropping Systems Research Laboratory. Technical Bulletin No. 1
Garacia A，Torres J L，Prieto E，et al. 1997. Fitting wind speed distributions：a case study. Solar energy，62（2）：139～144

Graef F, Stahr K. 2000. Incidence of soil surface crust types in semi-arid Niger. Soil & Tillage Research, 55: 213 ~ 218

Hagen L J. 1991. A wind erosion prediction system to meet user needs. J Soil and Water Conserv, 46: 106 ~ 111

Hall D K, Riggs G A, Salomonson V V. 1995. Development of methods for mapping global snow cover using moderate solution imaging spectro-radiometer data. Remote Sens Environ, 54: 127 ~ 140

Hoogmoed W B, Stroosnijder L. 1984. Crust formation on sandy soils in the Sahel. I. rainfall and infiltration. Soil Till Res, 4: 5 ~ 23

Karnieli A, Tsoar H. 1995. Spectral reflectance of bio-genic crust developed on desert dune sand along the Israel-Egypt border. International Journal of Remote Sensing, 16: 369 ~ 374

Kidron G J, Yair A. 1997. Rainfall - runoff relationship over encrusted dune surfaces, Nizzana, western Negev, Israel. Earth Surface Process Landforms, 22: 1169 ~ 1184

Lange O L, Kilian E, Ziegler H. 1986. Water vapor uptake and photosynthesis of lichens: performance differences in species with green and blue-green algae as phycobionts. Oecologia, 71: 104 ~ 110

Levy G, Shainberg I, Morin J. 1986. Factors affecting the stability of soil crusts in subsequent storms. Soil Science Society of America Journal, 50: 196 ~ 201

Lindstrom G, Johansson B, Persson M, et al. 1997. Development and test of the distributed HBV - 96 hydrological model. J Hyd, 201: 272 ~ 288

Liu T S. 1985. Loess and environment. Beijing: China Ocean Press

Male D M, Gray D M. 1981. Snow-cover ablation and runoff. *In*: Gray D M, Male D M. Handbook of snow, principles, processes, management and use. Toronto: Pergamon Press: 360 ~ 436

Martinec J. 1960. The degree-day factor for snowmelt-runoff forecasting. IUGG General Assembly of Helsinki, IAHS Commission of Surface Waters, IAHS Publ. No. 51: 468 ~ 477

McIntyre D S. 1958. Soil splash and the formation of surface crusts by raindrop impact. Soil Sciences, 85: 261 ~ 266

Merzouk N K. 2000. Wind energy potential of Algeria. Renewable Energy, 21: 553 ~ 562

Moore I D. 1981. Effect of surface sealing on infiltration. ASAE Trans, 24: 1546 ~ 1552

Mualem Y, Assouline S, Rohdenburg H. 1990. Rainfall induced soil seal dynamic model with kinetic energy instead of cumulative rainfall as independent variable. Catena, 17: 289 ~ 303

Nfaoui H, Buret J, Sayigh A M. 1998. Wind characteristics and wind energy potential in Morocco. Solar Energy, 63 (1): 51 ~ 60

O'Neill A L. 1994. Reflectance spectra of microphytic soil crust in semi-arid Australia. International Journal of Remote Sensing, 15: 675 ~ 681

Persaud S, Flynn D, Fox B. 1999. Potential for wind generation on the Guyana coastlands. Renewable Energy, 18: 175 ~ 189

Pinker R T, Karnieli A. 1995. Characteristic spectral reflectance of semi-arid environment. International Journal of Remote Sensing, 16: 1341 ~ 1363

Qiu X F, Zeng Y, Miao Q L. 2001. Temporal-spatial distribution as well as tracks and source areas of sand-dust storm in China. Acta Geographica Sinia, 56 (3): 316 ~ 322

Saleh A. 1993. Soil roughness measurement: chain method. Journal of Soil and Water Conservation, 48: 527 ~ 529

Schadler B, Gellens D, Barbieux K, et al. 1998. Snow cover in the Swiss Alpine region impacts as a result of climate change, Proc. 2nd Int. Conf. on Climate and Water, Espoo, Finland, 1: 76 ~ 85

Segure J V, Lambert T W. 2000. Modern estimation of the parameters of the Weibull wind speed distribution for wind energy analysis. Journal of Wind Engineering, 85: 75 ~ 84

Shields L M, Drouet F. 1962. Distribution of terrestrial algae within the Nevada test site. American Journal of Botany, 49 (6): 547 ~ 554

Skidmore E L, Tatarko J. 1990. Stochastic wind simulation for erosion modeling. Trans ASAE, 33 (6): 1893 ~ 1899

Skidmore E L, Wagner T. 1999. Climate databases for wind erosion prediction models. *In*: Richardson C W, Hohnson G L, Ferreira V A, et al. Proc. Workshop on Climate and Weather Research, Denver, CO. July, 17 ~ 19

Skidmore E L. 1965. Assessing wind erosion forces; directions and relative magnitudes. Soil Sci Soc Am Proc, 29 (5): 587 ~ 590

Soddoway F H, Chepil W S, Armbrust D V. 1965. Effect of kind, amount, and placement of residue on wind erosion control. Trans ASAE, 8 (3): 327 ~ 331

Stevens M J, Smulders P T. 1979. The estimation of the parameters of the Weibull wind speed distribution for wind energy utilization purposes. Wind Energy, 3 (2): 132 ~ 145

Stroosnijder L , Hoogmoed W B. 1984. Crust formation on sandy soils in the Sahel. II. Tillage and its effect on the water balance. Soil and Till Res, 4: 321 ~ 337

Tsoar H, Karnieli A. 1996. What determines the spectral reflectance of the Negev-Sinai sand dunes. International Journal of Remote Sensing, 17: 513 ~ 525

Torres J L, Garcia A, Prieto E, et al. 1999. Characterization of wind speed data according to wind direction. Solar Energy, 66 (1): 57 ~ 64

Valentin C , Bresson L M. 1992. Morphology, genesis and classification of surface crusts in loamy and sandy soils. Geoderma, 55: 225 ~ 245

Verrecchia E, Yair A, Kidron G J. 1995. Physical properties of the psammophile cryptogamic crust and their consequences to the water regime of sandy soils, north-western Negev Desert, Israel. Journal of Arid Environments, 29: 427 ~ 437

Watson A. 1985. Structure, chemistry and origins of gypsum crusts in southern Tunisia and the Central Namib Desert. Sedimentology, 32: 855 ~ 875

Woodruff N P, Siddoway F H. 1965. A wind erosion equation. Soil Sci Soc Am Proc, 29 (5): 602 ~ 608

Yair A. 2001. Effects of biological soil crusts on water redistribution in the Negev Desert, Israel: a case study in longitudinal dunes. Belnap J and Lange O. Biological Soil Crusts: Structure, Function, and Management. Berlin: Springer-Verlag: 303 ~ 314

Zhang G P, Zhang Z X, Liu J Y, et al. 2001. Spatial distribution of wind erosion and its driving factors in China. Journal of Geographical Sciences, 56 (2): 146 ~ 158

Zobeck T M. 1991. Abrasion of crusted soils: Influence of abrader flux and soil properties. Soil Sci Soc Am J, 55 (4): 1091 ~ 1097

Zombre P N, Pallo F, Mulders M A, et al. 1996. Excursion to the Kaya region, Burkina Faso. *In*: Proceedings of the ISSS International Symposium (Working Groups RS and DM) on Monitoring Soils in the Environment With Remote Sensing and GIS, Ouagadougou, Burkina Faso: 569 ~ 592

第9章　土壤风力侵蚀遥感与影响

9.1　中国沙地空间分布及其变化监测

土壤风力侵蚀是土壤颗粒在风营力的搬运下发生的迁移和堆积过程，土地风蚀的结果表现为土地的沙漠化、荒漠化和土地退化（申元村，2001）。采用沙地与非沙地这一分类方式，可以较好地描述土壤风力侵蚀所造成的土地沙化过程。沙地因为植被覆盖度较低，利于对地表信息进行遥感调查；同时沙地的地貌特征如沙丘、洼地等也为遥感调查提供了目视解译的信息；加上沙地与戈壁的光谱特征有很大区别，可以将沙地的空间信息提取出来。通过对2000年覆盖全国的TM卫星影像，利用基于GPS定位的沙地典型区分布与TM图像光谱特征，建立基于TM影像的沙地解译标志，并进行人机交互式目视判读，从而提取全国沙地的空间分布信息。

遥感技术为研究全国沙地的空间分布提供了保证。但现有的有关全国沙地的遥感资料是利用了20世纪80年代的部分遥感数据，显示风蚀荒漠化土地面积为160.7万km^2，全国沙漠化面积为130.8万km^2（CCICCD，1996）。一方面，由于遥感数据的精度在近10年以来发生很大改进，空间分辨率显著提高；另一方面，由于自然环境的演变和人类活动程度的加深，全国沙地的空间分布也必然发生较大变化，需要对目前全国沙地的空间分布状况进行调查。基于这一点，本章选用覆盖全国的具有30m分辨率的TM数据（部分地区采用20m分辨率的中巴资源卫星数据），对全国沙地的空间分布进行分析。

除了分析沙地在空间上的变化以外，对于沙地在时间上的变化进行分析也是非常重要的。已有研究表明，风蚀荒漠化扩展速度在加快，20世纪50年代末期到70年代中期平均扩展速度为1560 km^2/a（朱震达，1999），70年代中期至80年代中期增至2100 km^2/a（朱震达和王涛，1990），至90年代中期已达到2460 km^2/a（申元村，2001）。本章利用1995年和2000年两期数据，分析两个时段内沙地的变化情况，从而分析了20世纪90年代中期至末期全国沙地的空间变化。但是，由于人类活动的影响，一些地区出现了沙漠化土地的逆向变化，表现在部分地区由于利用地下水资源，使沙地变为耕地，植被覆盖度增大；另一种形式表现为治沙工程的开展使得沙地变为林地或草地，这一部分的研究目前开展的比较少。本章通过对1995年和2000年两期全国沙地空间分布数据的对比，分析沙地与其他土地类型间的变化方式及其空间分布状况，并对导致这一变化的原因进行分析。

9.1.1 数据及方法

为了利用遥感方法调查全国2000年的沙地分布状况，采用了2000年陆地卫星TM数据、GPS定位数据、沙地的景观照片、2000年NOAA影像等数据，在人机交互式目视判读的基础上，进行全国沙地分布的遥感解译。为分析全国1995～2000年沙地的变化状况，利用了覆盖全国的1995年的TM影像数据、GPS定位数据、沙地的景观照片和NOAA影像等数据，对1995年全国沙地的空间分布进行遥感调查。并利用地理信息系统的空间叠加分析功能，对1995年和2000年的沙地分布数据进行对比，分析沙地的空间变化情况。

根据遥感解译的其他景观类型数据，利用GIS的空间统计方法，对1995～2000年变为沙地的土地类型进行空间分析，探讨土地沙化的方式和过程。同时分析由沙地变为其他景观类型的土地的空间分布，分析由于自然环境改变和人为活动导致的沙地逆向变化过程。

9.1.2 2000年中国沙地空间分布的遥感调查

2000年中国沙地空间分布的遥感调查结果显示了沙地总面积为59万km^2，其分布广泛，主要分布于我国包括西北、内蒙古和东北西部的广大干旱、半干旱地区。集中于贺兰山、乌鞘岭以西的西北内陆干旱地区，在这些地区沙地连片分布，面积巨大，占沙地总面积的90%以上。其余大部分沙地分布在贺兰山、乌鞘岭以东、大兴安岭、太行山以西、黄土高原以北的地区，该区面积占沙地总面积的8%左右。另外，处于半湿润区的科尔沁地区也有大量沙地分布。

沙地主要分布于各个大的沙漠，已有的数据表明，主要沙漠面积总和为60.01万km^2（CCICCD，1996）。这与2000年遥感调查的沙地分布面积大体上相同。主要有塔克拉玛干沙漠、古尔班通古特沙漠、巴丹吉林沙漠、腾格里沙漠、柴达木盆地中的沙漠、库姆塔格沙漠、毛乌素沙地、浑善达克沙地、科尔沁沙地和库布齐沙地等。其中塔克拉玛干沙漠中沙地的面积分布最大，占中国沙地总面积的55%。柴达木盆地中的沙地，古尔班通古特沙漠、巴丹吉林沙漠、腾格里沙漠中的沙地面积分别占中国沙地总面积的8%、8%、6%和5.5%。

从行政单元上看，主要有7个省（自治区）有沙地分布，它们是新疆、内蒙古、青海、甘肃、宁夏、西藏、陕西。表9.1列出了主要省（自治区）的沙地分布情况。新疆有35.2万km^2的沙地，主要分布在新疆南部的塔克拉玛干沙漠和新疆北部的古尔班通古特沙漠；宁夏有0.1万km^2的沙地，主要分布在西部靠近腾格里沙漠地区，如中卫沙坡头地区，在东部靠近毛乌素沙地的盐池地区也有分布；青海省有4.36万km^2的沙地，主要分布在柴达木盆地；甘肃省有2.7万km^2的沙地，分布在西部和西北部，主要处于巴丹吉林沙漠、腾格里沙漠、柴达木盆地中的沙漠的边界地区，也在河西走廊地区和西部的戈壁地区大量分布；陕西省有0.45万km^2的沙地，主要分布在北部地区，处于毛乌素沙地的边缘；内蒙古有14.38万km^2的沙地，在内蒙古的大部分地区都有分布，巴丹吉林沙漠、腾格里沙漠、库姆塔格沙漠、毛乌素沙地、浑善达克沙地、科尔沁沙地和库布齐沙地等都分布在这里；西藏有0.2万km^2的沙地，主要分布在藏南谷地。

遥感调查的中国沙地的空间分布状况与中国自然地理条件有很好的可比性。干旱、强风场、低植被覆盖度、土壤砂质分布和地形等因素是中国沙地空间格局的重要驱动因子（朱震达和王涛，1990）。同时沙地的空间分布也是环境长期变化的结果。探讨沙地的空间分布变化过程对于研究区域环境变化有重要意义。

表9.1　沙地在主要省（自治区）的面积统计

省（自治区）	沙地面积/万km^2	占沙地总面积比例/%	占全省面积比例/%
新疆	35.20	61.33	21.46
宁夏	0.10	0.17	1.92
青海	4.36	7.60	6.08
甘肃	2.70	4.70	6.67
陕西	0.45	0.78	2.18
内蒙古	14.38	25.06	12.58
西藏	0.20	0.35	0.17
合计	57.39	100.00	—

9.1.3　1995年与2000年中国沙地的变化状况

与调查2000年中国沙地分布的方法一样，利用相关数据对1995年的沙地分布进行遥感调查，并利用GIS的空间分析方法，对1995年与2000年中国沙地的变化状况进行分析，结果如图9.1和图9.2所示。几乎所有沙地都不同程度的发生了变化。局部地区沙地面积扩大，原有的景观类型转变为沙地。图9.2则显示了部分地区景观方式由沙地转变为其他景观类型。以往的研究集中于沙地总面积的单纯扩大或缩小，存在空间分布未知的缺陷；忽略了沙地在局部发生面积上的减少，而在其他地区又发生面积的增大，得出总变化面积可能为零的错误结论。利用遥感方法可以克服这个问题，表9.2显示了沙地向其他类型转化和其他景观类型向沙地转化的面积统计。

1995～2000年，有4706.1 km^2的土地转变为沙地，同时又有2156.4 km^2的沙地转变为其他景观类型。沙地面积净变化为2549.7 km^2，也就是说，沙地总面积扩大了2549.7 km^2。

在其他景观类型转变为沙地的过程中，有4200.7 km^2的草地转变为沙地，占总变化面积的89.3%；有136.2 km^2的耕地变为沙地，占总变化面积的2.9%；有303.5 km^2的未利用地转变为沙地，占总面积的6.4%；有65.7 km^2的林地和水域转变为沙地。

表9.2显示，在沙地转变为其他景观类型的过程中，有1573.7 km^2的沙地转变为草地，占转变总面积的73.0%，有311.6 km^2的沙地转变为耕地，占总面积的14.5%；有140.6 km^2的沙地变为林地和水域，占总面积的6.5%；有128.8 km^2的沙地转变为其他未利用地类型，占总面积的6.0%；此外有1.7 km^2的沙地转变为居民点。

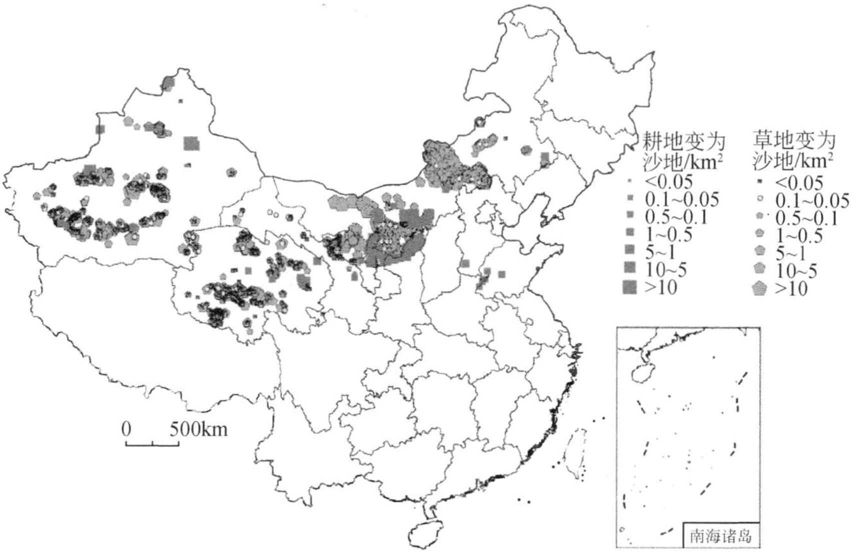

图 9.1　1995 ~ 2000 年变为沙地的景观类型分布

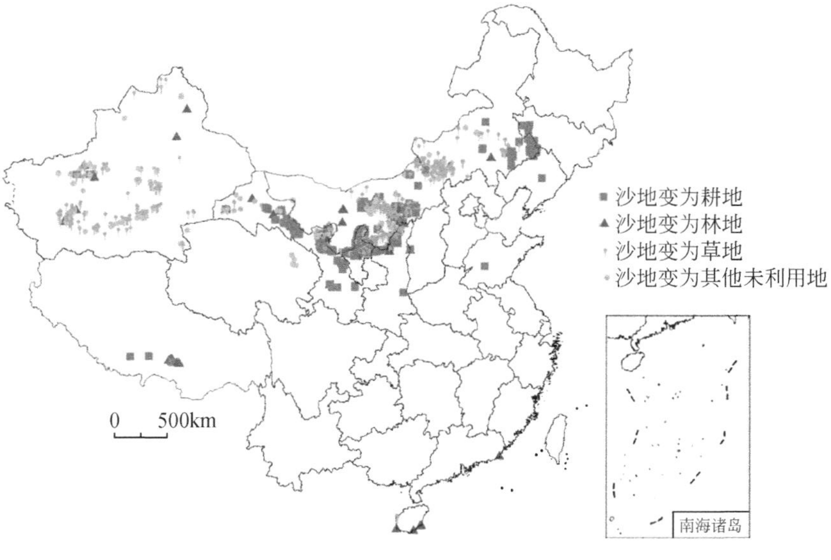

图 9.2　1995 ~ 2000 年由沙地变为其他类型土地的空间分布

表 9.2　沙地与其他景观类型间转化的面积统计　（单位：km^2）

转换类型	面积	转换类型	面积
沙地变为耕地	311.6	耕地变为沙地	136.2
沙地变为林地	75.9	林地变为沙地	26.3
沙地变为草地	1573.7	草地变为沙地	4200.7

续表

转换类型	面积	转换类型	面积
沙地变为水域	64.7	水域变为沙地	39.4
沙地变为居民点	1.7	居民点变为沙地	0.0
沙地变为其他未利用地	128.8	未利用地变为沙地	303.5
总计	2156.4	总计	4706.1

从图9.1和图9.2可以看出，土地变为沙地或是沙地变为其他景观类型，这些变化都有明显的空间分布特征。大致有沙地－绿洲型、沙漠型、沙地－黄土过渡型、沙地－草地型和高原风蚀型。

沙地－绿洲型是指主要发生在绿洲边缘部位的土地沙化过程。位于贺兰山、乌鞘岭以东，大兴安岭、太行山以西的广大干旱区，处于绿洲与沙地的交界处，通常位于绿洲与沙地间的防护林带和草地。该类型景观变化主要方式有耕地变为沙地、草地变为沙地、水域变为沙地和其他未利用地变为沙地。作为缓冲带，这一过渡区受人类活动影响程度较深。人为的开垦防护林带和草地或是过度开采地下水资源，使防护林带和草地面积减少，有的地区耕地与沙地直接相邻，沙地扩大速度增大。而在这一地区，同时进行的防护林建设也会使部分地区的沙地面积缩小，但幅度较小。沙地－绿洲型变化过程几乎包括目前所有的绿洲，如新疆南部昆仑山脉北部受融雪作用所补给水源的绿洲、天山山脉南麓和北麓受融雪补给的绿洲、阿尔泰山山脉南麓绿洲、还有受祁连山山脉融雪补给的河西走廊绿洲，都有不同程度的绿洲土地变为沙地（图9.1）。

沙漠型是指在沙漠内部，由于气候特别是水分条件的变化，已有的沙地因植被覆盖度增大变为草地，或者是产生相反的过程。这些变化广泛分布在中国几大沙漠中。草地与沙地相互发生变化，有一部分沙地变化为草地，但由草地变化为沙地的面积超过沙地变化为草地的面积（图9.1和图9.2）。沙漠中沙地与草地间的相互变化也有明显的区域分布特征。图9.1和图9.2显示了处于极端干旱的沙漠如塔克拉玛干沙漠、柴达木盆地中的沙漠、库姆塔格沙漠和巴丹吉林沙漠的西部地区，几乎不存在沙地变化为草地的情况。而处于半干旱区的古尔班通古特沙漠、腾格里沙漠、毛乌素沙地和浑善达克沙地，由于降水的年际变化，使沙地向草地，或是草地向沙地的变化相当明显。变为沙地的大部分草地均分布在这里。同时，在相对较湿润的科尔沁沙地，草地面积分布较为广泛，沙地呈离散状分布。

沙地－黄土型是指处于沙地与黄土区交界地区的土地沙化过程，主要分布于我国黄土高原与鄂尔多斯高原交界处，黄土高原北部与毛乌素沙地间的过渡带最为典型（图9.1）。表现为沙地向黄土区扩展，原有的耕地、草地等面积缩小，部分地区土壤完全沙化。靠近沙地的地区，已有草地变化为沙地；而靠近黄土区则表现为已有耕地变为沙地。就全国来说，这里也是土壤风蚀较强的地区（朱震达和王涛，1990），处于生态脆弱带，土地沙化威胁耕地资源和草地资源。

沙地－草原型是指由于草原发生草场退化而导致的草地沙化过程。主要分布于内蒙古中部和东部地区，如浑善达克沙地、科尔沁沙地和库布齐沙地等地区，沙地与草地相连，相互均发生入侵性变化（图9.1和图9.2）。因为大量的天然草地被开垦为耕地，部分地区沙地与耕地直接相邻。大量的草场退化，地表裸露，风蚀严重，致使土地变化为沙地，沙地面积在整个区域中所占比重增大，不断表现沙漠的特征。

河谷型主要分布于青藏高原南部的山谷地区。受气候影响，山间盆地的冬半年时间长，西风强劲、寒冷干旱、光照强、降水少、昼夜温差大、地面物质很容易风解沙化。同时受地形影响，山谷局部地区风速增强，强风吹蚀河谷中的砂质土壤，产生大片的风蚀沙地，并随风向迅速扩展。西藏拉萨河与雅鲁藏布江河交汇地区2000年景观分布状况表明，河谷中的耕地和沙地成为重要的景观分布类型。“一江两河”地区耕地面积占西藏自治区总面积的48.93%，主要分布于河谷之中，由于土壤的沙化导致耕地面积的缩小成为重要的沙化过程（刘纪远，1996）。2000年西藏自治区耕地面积仅为4500km^2，而沙地的面积为1900km^2，相当于耕地面积的42%。在拉萨河与雅鲁藏布江河交汇地区，沙地向耕地扩展，直接威胁耕地资源。

9.1.4 景观变化对沙地变化的驱动作用

总的趋势可以看出，1995～2000年，沙地局部缩小、整体扩大。对于导致这种变化趋势的原因包括自然的和人为的因素。自然原因如气候变化是导致沙地变化的最主要因素，通过对1951～1994年气象数据的空间分析表明，土壤干旱、植被稀少、风场强度大等自然因素是驱动中国风力侵蚀区的主要因子，植被、土壤、风速等自然因子与中国沙地的发展过程直接相关。人类活动则主要通过土地的开发利用来影响沙地的变化。例如，可以抑制沙地面积的扩大，通过改造甚至可以使沙地面积缩小。但不合理的景观也会加速沙地面积的扩大。通过1995～2000年景观变化的遥感调查结果可以反映由于不合理景观方式所引发的沙地面积扩大；另一方面，还可以分析由于人类活动的影响，沙地逆向变化为耕地、草地、林地等景观类型状况的空间分布。

1. 景观动态变化对沙地变化的影响

表9.3列出了沙地显著分布的几个省（自治区）1995～2000年景观类型变化的面积统计。对耕地来说，7个省（自治区）耕地总面积减少了4839.8km^2，而耕地减少的地区主要分布于城市边缘，也有相当一部分的耕地变为沙地（表9.2）。但是，大部分地区的耕地增大了，扩展了13 879.5km^2，这些地区则主要分布于耕地与草地、耕地与林地的过渡带。同时又有一部分沙地受人类活动的改造，被开垦为耕地。总体来说，耕地面积净增加了9039.7km^2，而增加的土地则主要是以牺牲草地和林地为代价的。

表 9.3 1995～2000 年各省（自治区）景观类型面积变化统计（单位：km^2）

省（自治区）	变化方式	耕地	林地	草地	城镇	水域	沙地	其他未利用地
新疆	扩展	5 075.0	424.3	1 271.8	510.1	949.6	890.3	1 626.3
	缩小	1 421.1	256.0	7 542.8	1.0	268.3	112.4	1 049.0
	净变化	3 653.9	168.3	-6 271.0	509.1	681.3	777.9	577.3
宁夏	扩展	992.4	60.2	227.8	65.3	117.2	48.7	114.8
	缩小	185.9	93.1	978.8	4.3	68.2	298.0	30.2
	净变化	806.5	-32.9	-751.0	61.0	49.0	-249.3	84.6
青海	扩展	415.6	102.6	472.2	123.0	370.3	336.1	335.2
	缩小	70.8	132.0	1 223.7	5.6	193.4	11.7	460.1
	净变化	344.8	-29.4	-751.5	117.4	176.9	324.4	-124.9
甘肃	扩展	414.1	144.8	207.7	65.7	47.5	21.3	46.5
	缩小	232.8	38.6	498.7	0.0	35.7	75.4	73.0
	净变化	181.3	106.2	-291.0	65.7	11.8	-54.1	-26.5
陕西	扩展	437.3	198.1	207.8	192.6	168.0	84.9	5.3
	缩小	509.7	88.9	522.5	0.7	93.0	75.0	4.4
	净变化	-72.4	109.2	-314.7	191.9	75.0	9.9	0.9
内蒙古	扩展	6 538.2	460.7	4 676.6	45.9	70.3	3 021.3	1 547.1
	缩小	2 413.2	3 110.3	7 852.1	0.0	246.5	1 401.4	2 064.7
	净变化	4 125.0	-2 649.6	-3 175.5	45.9	-176.2	1 619.9	-517.6
西藏	扩展	6.9	31.4	0.9	8.3	28.5	9.3	0.0
	缩小	6.3	8.9	44.1	0.0	16.7	3.9	3.2
	净变化	0.6	22.5	-43.2	8.3	11.8	5.4	-3.2
总计	扩展	13 879.5	1 422.1	7 064.8	1 010.9	1 751.4	4 411.9	3 675.2
	缩小	4 839.8	3 727.8	18 662.7	11.6	921.8	1 977.8	3 684.6
	净变化	9 039.7	-2 305.7	-11 597.9	999.3	829.6	2 434.1	-9.4

注：表中负号代表减少。

对草地来说，扩展了 7064.8km^2，这些地区大部分位于沙漠内部和戈壁边缘，主要是由于局部自然环境的改善，如降雨和气温的变化，已有的沙地变为低覆盖度草地。但是，又有 18 662.7km^2 的草地变为其他景观类型。而这些草地中有相当一部分转变为沙地，草地面积的净减少量为 11 597.9km^2。自然的原因可能为环境恶化，气候变干所致；而人为方面的原因则是由于过度放牧导致土地植被覆盖度降低，风蚀作用加强，从而使草地面积缩小；同时也是由于一些质量较好的草地被开发为耕地。大部分地区的林地面积小幅度的增大了，而内蒙古林地面积却减少了 3110km^2，这使得整体上存在风蚀沙地的主要省份的林地总面积减少了 2305.7km^2。

由于社会经济的发展，城镇面积扩大了；水域面积也发生增大，主要表现在水库面积的增大。

2. 景观变化方式的区域分异及对土地沙化的影响

在中国风蚀沙地区，由于景观变化方式的差别，土地沙化的方式也发生变化。自然和人为不合理景观方式的存在，使得景观类型由其他类型转变为沙地，沙地面积增大。在干旱区的绿洲地区，景观变化主要趋势是耕地扩大，草地面积缩小，林地无明显变化，在这种趋势下，沙地向绿洲靠近，绿洲外围的草地面积缩小，缩小的部分往往转变为沙地。在沙漠地区，受气候因素影响，特别是受降水量变化的影响，景观变化主要表现在草地与沙地间的相互变化，人为因素较少。而在沙漠与黄土地交界地区，景观类型变化主要表现在草地变化为沙地，也突出地表现在耕地变为沙地。

在草原与沙地的过渡地区，景观类型变化主要表现在草地与沙地间的变化，而这一地区往往是因为过度放牧，导致草地退化，土壤风蚀强度增大，土地沙化。

在青藏高原高寒风沙区，景观变化主要表现在其他未利用地如基岩裸地受高原强烈的物理风化影响而发生土地沙化；同时，强风场特征使得在河谷地带发生耕地和草地的沙化。

3. 抑制土地沙化的措施

草地过度放牧、水资源利用不当和自然环境变化等原因使其他景观类型面积锐减，直接导致沙地面积的扩大。扩大的沙地向草地入侵，有部分耕地被吞食。然而在中国风蚀区，耕地整体面积却增加了，新增加的部分往往是占用草地。草地面积的锐减使耕地与沙地在空间上更加接近，加速了已有耕地破坏，由于人口对耕地需求的压力，开垦草地的速度又会加速，这使不合理景观方式与土地沙化过程进入一个恶性循环，加剧了中国土地沙化进程，土地退化趋势严重。

以目前遥感调查的较为客观的景观方式和土地沙化空间分布数据，可以在减小沙化程度的前提下对土地利用方式的转变进行指导。

对于新疆维吾尔自治区，土地沙化主要分布于绿洲外围。对原绿洲外围草地的大量开垦使得绿洲面积增大，而草地面积的大量减少又是土地沙化的直接原因。应该抑制绿洲的扩大，严格控制对草地的开垦。由于利用来自山区融雪的洪水灌溉已有沙地，部分地区沙地变为耕地，同时对绿洲内部的沙地进行综合治理，使得局部地区草地面积有所增大，沙地面积有所减小。这表明了通过改善景观方式可以促进沙地面积的减小。

对于甘肃省，扩大的沙地主要分布于河西走廊地区的张夜、武威、民勤等绿洲。这些绿洲在面积上没有明显扩大，这是因为大部分地区耕地已经直接与沙地相邻，绿洲边缘草地面积较小，耕地扩大的空间较小。但是，由于流域内水资源分配不均衡，上游截水并扩大用水，而且上游一些地区水田的扩大，下游地区水资源缺乏，部分地区绿洲面积缩小，土地沙化的趋势严重。在该地区，抑制土地沙化的措施是合理的利用水资源，防止绿洲缩小。

对于青海省，也是表现在草地面积的缩小和耕地面积的扩大，由于人口方面的压力，耕地面积增加，草地面积缩小，沙地面积扩大。在三江源地区，部分地区不合理的采矿使土壤侵蚀程度加重，同时，过度放牧也会使草地面积缩小，沙地面积扩大，而且土地沙化会使水资源质量下降，应引起注意。由于海拔较高，温度和降水条件较差，这里的耕地质量和产量均处于全国较低水平，增加耕地所增加的收益较低，不能满足现有的需求，故应该控制耕地面积的变化。

对于宁夏，表 9.3 显示出沙地面积发生缩小，但沙地面积缩小的部分是大量利用黄河水资源对贺兰山东部冲积和洪积扇上的沙地进行大规模开垦所致。同时，由于对南部山区草地的开垦，草地面积减少较快。从水资源合理配置与利用的角度，应该尽量通过植树种草，扩大地表覆盖度，来减少沙化土地的面积。

对于陕西省，表 9.3 显示耕地面积缩小，一方面是由于城镇占用，另一方面也是由于黄河中游水土流失严重，土壤侵蚀的加剧使部分地区耕地面积缩小。从土地沙化的角度来看，沙地向黄土区扩展，也使部分耕地变为沙地。同时，由于对沙地与黄土过渡区的草地进行开垦，耕地与沙地相互接近，对于防风固沙草地区的开垦成为土地沙化的主要原因。应该实施全流域水土保持的退耕还草还林工程；同时也要加强土壤风力侵蚀的防治，对草地资源进行保护，以抑制沙地向东南方向的扩展。

内蒙古自治区在 7 个省（自治区）当中，沙地扩大面积最大、草地面积减小最多、耕地面积增加速度最快。大量的农田被风沙掩埋，大量的天然草场变为沙地，以前所命名的沙地现在向沙漠转变。如图 9.1 所示，大量的沙地在空间上开始成片状分布。从原因上讲，自然方面存在气候变化的因素，但主要表现在经济方面，耕地的经济收益超过粗放利用的草地是致使耕地盲目扩大的根本原因，主要扩大的地区分布在大兴安岭 – 太行山 – 阴山沿线以西的草原地区，这里又是沙地与草地交错程度最深的地区。对草场的过度利用，使草地发生过载，草场质量下降，这里也是土壤风力侵蚀程度较强的地区（朱震达和王涛，1990）。应该加紧进行景观利用方式的转变，以遏制土地沙化迅猛加重的势头。以遥感调查的数据为基础，对于发生严重侵蚀的地区，全部实行退耕还草、还林和合理的牧业规划；同时进行土壤风力侵蚀治理，减小沙地的面积，恢复原有草地。

对于西藏自治区，利用遥感技术继续加强沙化土地的调查，深入探讨高原土地沙化的动力机制，进而进行地表植被覆盖的保护，防止耕地发生进一步沙化。

建立基于遥感技术的沙地解译判读信息，并在此基础上进行全国沙地时空分布的调查，可以分析沙地的空间分布，较明确地计算沙地的面积。同时有利于进行沙化土地的多年动态变化监测，从而分析沙地的空间扩展，或是沙地的面积减小情况，有利于对驱动土地沙化的不合理景观进行分析。最终对土壤风蚀的治理提供积极的建议，对景观动态变化进行监测，对大型水土保持工程的效果进行评价，掌握较为真实的信息，在土地沙化治理的实践中发挥合理的生态景观规划所能起到的作用。

9.1.5 沙地时空变化分析

1995 年和 2000 年中国沙地空间分布的遥感调查结果显示了中国沙地总面积为 59 万 km^2，主要分布在各主要沙漠，并分析了沙地在 7 个主要省（自治区）的空间分布。1995 ~ 2000 年有 4706.1km^2 的土地转变为沙地，同时又有 2156.4km^2 的沙地转变为其他景观类型，沙地总面积扩大了 2549.7km^2。对变化为沙地的土地进行分析，发现草地占主要部分，但耕地所占的比重也非常突出。对由沙地变化为其他土地的状况也进行了分析，表明有部分沙地变化为草地和耕地（图 9.2）。

根据景观变化的空间分布特征，将目前的土地沙化分为沙地－绿洲型、沙漠型、沙地－黄土过渡型、沙地－草地型和高原风蚀型等5种变化类型，并分析了每种类型的分布和细节特征。景观变化方式对土地沙化的影响有明显的区域分异特征，沙地－绿洲型、沙漠型、沙地－黄土过渡型、沙地－草地型和高原风蚀型等地区的沙化过程存在差异。

通过对中国发生土地风蚀沙化的主要省份 1995 ~2000 年景观变化研究发现，景观利用方式是促使土地发生沙化的一个重要因素。这些省份的沙地总面积占中国沙地面积的99.0%以上，这些地区在5年的时间里耕地增大了9039.7km^2，草地的净减少量为11 597.9km^2。耕地的增加部分大部分为对草地的侵占；同时，土地变为沙地也主要发生在草地区。人为的耕地面积扩大是促使土地沙化的重要原因。以改善景观利用方式的角度来分析土地沙化过程，对中国风蚀区主要省份控制土地沙化的加剧和进一步减少沙化土地面积的治理措施有重要意义。

9.2 中国绿洲区耕地和沙地变化

9.2.1 绿洲区耕地变化与土地沙化问题

绿洲的英文名称“Oasis”来源于拉丁语，指利比亚荒漠中的肥沃土地，指荒漠中能“住”（Oweh）和能“喝”（Sea 笠普特语）的地方。《辞海》、《地理学辞典》、《环境科学大辞典》、《简明大不列颠百科全书》、《中国的沙漠和绿洲》、《甘肃绿洲》、《绿洲动力学模型及承载能力研究——以新疆玛纳斯绿洲为例》、《新疆绿洲》和《中国绿洲》等都对绿洲进行了定义。总体上可以归纳为：干旱区背景下，由山地半荒漠系统、盆地荒漠系统所包围的具有相对清晰边界的自然植物或灌溉经济系统。其中《新疆绿洲》一书中将绿洲的特征概括为环境上封闭、地域上分散、存在维水、生态脆弱、经济单一、气候特殊。绿洲作为一个封闭的系统，其在一定意义上应该有着明确的边界。对于单个绿洲，则应有一定的形状和统一的面积（高华君，1987；黄盛璋，1990；邓永新等，1992；张林源和王乃昂，1994；韩德麟，1995；贾宝全，1996；钱云和郝毓灵，2000；贾宝全等，2000；傅小锋，2000；潘晓玲，2001；申元村，2001）。

绿洲的面积首先与绿洲的定义有关，较多地分为天然绿洲面积和人工绿洲两种。其中天然绿洲是指几乎没有受到人类活动的影响，靠自然因素形成，并随着自然因子的作用而演化的绿洲。人工绿洲是指通过人类活动，包括灌溉等生产建设活动而形成的绿洲。这样，对于天然绿洲和人工绿洲的定义多是从定性的角度，确定某一区域可能为绿洲，而其边界缺乏明确的定义。

大量的文献给出了新疆人工绿洲的面积（钱云和郝毓灵，2000；申元村，2001），面积为5万~7万km^2，占全疆面积的3%~5%。根据20世纪70年代的土壤普查和80

年代的土地详查，钱云等得出人工绿洲的面积为 6.82 万 km^2，天然绿洲的面积为 7.93 万 km^2，总计 14.76 万 km^2，占新疆土地的 8.89%。

对于甘肃河西走廊绿洲的面积，陈仲全和詹启仁（1995）的工作表明其面积为 1.7 万～1.9 万km^2。

对于宁夏绿洲，申元村（2001）的计算表明其为 9637 万 km^2。对于阿拉善高原绿洲、柴达木盆地绿洲和内蒙古河套平原绿洲的面积则还缺少足够的数据进行对比。

对于已有的绿洲面积计算，虽然考虑了将天然绿洲和人工绿洲分别归类为几种土地覆盖类型，后按类型统计面积总和，但定性问题仍然较突出。一方面，人工绿洲指在一定时期后由于人类活动的加深而受到开发，天然绿洲的面积将大大缩小，其与人工绿洲的界线问题也突出起来（李吟屏，1985；奚国金，1988；樊自立，1993；赵建新，1993；韩德麟，1995；贾宝全和阎顺，1995；刘秀娟，1995；王永兴等，1999；贾宝全等，2000；潘晓玲，2001；王让会等，2001）；另一方面，大部分绿洲与周围荒漠间有草地缓冲区，而这些草地除了受气候变化产生界线推移外，其本身也有一个覆盖度的问题，何种覆盖度的草地才算是绿洲。有报道将覆盖度为 10%～30% 的草地定为绿洲与荒漠间的缓冲区，而这种分类的依据还需要更多的工作进行验证。此外，近 20 年来，随着社会经济的发展，耕地的扩展速度突出，加上土地受沙漠化的影响，传统方法所确定的绿洲的面积必然发生很大变化，有必要进行新的研究。

针对绿洲演化过程是一种土地利用变化过程这一事实，利用最新的遥感数据，对 20 世纪 90 年代至 2000 年中国绿洲区土地利用进行分析，并对其动态变化进行探讨，从而对中国绿洲耕地面积进行计算，对绿洲土地沙化过程进行分析。

9.2.2 基于土地利用角度的绿洲定义

1. 绿洲系统

绿洲作为一个地理系统，尤其作为一个封闭的系统，应该有明确的边界。从天然绿洲到人工绿洲是一种土地利用变化过程，原有的草地、林地、沼泽地等被开垦为耕地；而耕地又转变为城镇建设用地。伴随着人工绿洲的扩大，其土地利用结构也在改变。同时，耕地由于经营不合理而发生盐碱化或是受强烈风蚀作用而发生沙化，并最终导致耕地的撂荒，使人工绿洲面积缩小。在开荒、撩荒、草地沙化、构筑防护林等一系列土地利用变化过程中，人工绿洲会达到一个土地利用动态平衡。此时的土地利用格局则控制着绿洲的演化过程。

2. 绿洲系统在 TM 影像上的光谱特征

遥感信息因其覆盖面积大、实时性强、速度快、周期性和准确可靠以及省时、省力、费用低等优点，已被应用于干旱区土地资源和土地利用现状调查（马立鹏，1996）。以 Landsat－TM 数据最为广泛，表 9.4 列出了 TM 影像 7 个波段数据的主要用途。在目前的应用中，以 TM432 和 TM453 合成方式较为普遍，表 9.5 分别就这两种合成方式下的影像特征进行了概括性描述。

表 9.4 TM 的光谱波段及主要用途

波段	波长范围/μm	主要用途
1	0.45 ~ 0.52	水体穿透性良好，很适用于海岸制图。用于区分针叶林与阔叶林，区分土壤与植被也较理想
2	0.52 ~ 0.60	对应健康植被的绿反射区，很适合于植被的绿反射峰测量研究，也适应用于水体污染监测
3	0.63 ~ 0.69	探测植物叶绿素吸收的差异，是区分土壤边界和地质体边界的最有用的可见光波段
4	0.75 ~ 0.90	适合于绿色植被类型，作物长势和生物量调查
5	1.55 ~ 1.75	很适合于庄稼缺水现象的探测和作物长势分析，还适合于区分某些岩石种类、云层、地面冰积和雪盖等，适合于区分水陆界限以及雨后的土壤温度测量
6	10.4 ~ 12.5	热强度测定分析
7	2.08 ~ 2.35	适用于地质制图，对区分健康植物和缺水现象也是有用的

表 9.5 绿洲区各土地利用类型在 TM 影像上的光谱特征

土地类型	TM432 影像特征	TM453 影像特征
耕地	呈鲜红色和红褐色，呈规则的条块状分布或斑块状，边界清晰，受作物耕作制度的不同呈现明显的季节差异	鲜红、紫红或青红色，呈规则的条块状分布或斑块状，边界清晰，受作物耕作制度的不同呈现明显的季节差异
林地	深红色至红褐色	红色、暗红色、蠕红、无规则几何形状，受林地种类和盖度影响
草地	呈暗红色	淡红色、灰黄色、深灰色，形状不规则
城镇	青灰色	黑灰色，形状规则
河流	蓝色至深蓝色、线条状	黑色，条形，有明显边界
湖泊	深蓝色至黑色区域	黑色，有明显边界
水库	深蓝色至黑色，影像上有大坝存在	黑色，有明显边界，影像上可识别有大坝存在
冰川积雪	白色，位于山脊线附近	深紫色，位于山脊线附近，云的颜色呈白色
沙地	青灰色，有条状、格状、窝状、新月状等纹理	青绿色，有条状、格状、窝状、新月状等纹理
戈壁	暗灰色，有季节河冲积作用所形成的扇状纹理	黑绿色、有不规则条纹
盐碱地	白色	粉色、紫红色、紫黑色
裸岩石砾地	白色至灰白色	大面积绿色、黑绿色，有明显的区别于其他地物的条纹

在绿洲外围的荒漠区，暴露于空气中的岩石表面会生成一层很薄、深黑色、光滑、由氧化铁（含少量氧化锰和硅石）的物质层，又称“漆皮”。Kenea（2001）的研究表明，这层漆皮会大大降低岩石的反射率，在可见光（VIS）波段会减小70%，在短波红外（SWIR）波段会减少20%，并且酸性岩石与铁锰质岩石相比，前者更明显。

在 TM432 波段合成的假彩色图像上，山地系统、冲积洪积作用所形成的冲积扇或台地、盆地系统成为三个主要的地貌单元。图 9.3 显示了新疆皮山县绿洲的三维遥感影像，由昆仑山脉、塔里木盆地南部绿洲、塔克拉玛干沙漠等自然地理单元，构成了山地－绿洲－荒漠系统。从划分绿洲的角度，可以分为山地垂直带系统、绿洲系统和外围盆地荒漠系统。对于山地垂直带系统，主要的土地利用类型包括冰川及永久积雪、裸岩、林地、草地、戈壁。对于绿洲系统，主要的土地利用类型有耕地、林地、草地、沼泽地等类型。对于外围荒漠系统，主要包括较难利用的土地，其类型主要是戈壁、沙地、盐碱地、裸岩石砾地、裸土地和沙漠深处的草地。

3. 基于土地利用的人工绿洲与天然绿洲的划分

按照人工绿洲的定义，从土地利用的角度，人工绿洲只包含山前洪积和冲积扇、冲积平原和盆地中的耕地、城镇及工矿建设用地以及人工草地。因此，绿洲与人工绿洲间就是土地利用上的一个总集与子集的关系，而人工绿洲外围的高覆盖度草地、天然林地、沼泽地、湖泊、河流等作为绿洲中的非人工绿洲部分，其应该属于天然绿洲。表 9.6 列出了人工绿洲与天然绿洲各自所包含的土地利用类型。从土地利用的角度，一个绿洲可以是人工绿洲和天然绿洲的综合体，也可以是一个天然绿洲，但很难是一个纯粹意义上的人工绿洲（表 9.6）。反过来说，天然绿洲中越来越多的部分向人工绿洲转化，人工绿洲的面积向绿洲总面积接近，却很难完全等同。

一般意义上，天然绿洲除了包括人工绿洲所占的所有土地类型外，还应该包括人工绿洲外围的草地、林地、沼泽地。而对于受人为因素影响的湖泊以及水库是否应该包含在人工绿洲的范畴，目前还没有明确的定义。

从天然绿洲到人工绿洲是一种土地利用变化过程，一方面，原有的草地、林地、沼泽地等被开垦为耕地；而耕地又转变为城镇建设用地。伴随着人工绿洲的扩大，其土地利用结构也在改变，最后达到一个土地利用动态变化的平衡。而此时的土地利用格局则控制着绿洲的演化过程。

绿洲化过程则是一种土利用变化过程。韩德麟（1995）将绿洲化定义为在人类有效干预下，使得绿洲在得到维护、巩固的基础上，绿洲数量不断增加，规模不断扩大，绿洲内部效益不断提高，处于高水平良性循环过程。这种定义突出了绿洲化过程是一种人工绿洲扩大的过程。

表 9.6　人工绿洲与天然绿洲的土地利用类型

类型	土地利用一级类型	土地利用二级类型	含　义
人工绿洲	耕地	水田	指有水源保证和灌溉设施，在一般年景能正常灌溉，用以种植水稻等水生作物的耕地，包括实行水稻和旱地作物轮种的耕地
		旱地	指无灌溉水源及设施，靠天然降水生长作物的耕地；有水源和浇灌设施，在一般年景下能正常灌溉的旱作物耕地；以种菜为主的耕地；正常轮作的休闲地和轮歇地

续表

类型	土地利用一级类型	土地利用二级类型	含　义
人工绿洲	林地	人工林	指未成林造林地、迹地、苗圃及各类园地（果园、桑园、茶园等），也包括人工林地中的用材林、经济林、防护林等
	草地	人工草地	—
	建设用地	城镇	指大城市、中等城市、小城市及县镇以上的建成区用地
		居民点	指城镇以下的居民点用地
		工矿用地	指独立于各级居民点以外的厂矿、大型工业区、油田、盐场、采石场等用地以及交通道路、机场、码头及特殊用地
	水域	指水库、坑塘	指人工修建和蓄水区常年水位以下的土地
天然绿洲	林地	有林地	指郁闭度大于30%的天然林
		灌木林地	指郁闭度大于40%、高度在2m以下的矮林地和灌丛林地
		疏林地	指郁闭度为10%～30%的稀疏林地
	草地	高覆盖度草地	指覆盖度大于50%的天然草地、改良草地和割草地。此类草地一般水分条件较好，草被生长茂密
		中覆盖度草地	指覆盖度为20%～50%的天然草地和改良草地，此类草地一般水分不足，草被较稀疏
	水域	湖泊	指天然形成的积水区常年水位以下的土地
		河流	指天然形成或人工开挖的河流及主干渠常年水位以下的土地
		滩地	指河、湖水域平水期水位与洪水期水位之间的土地
	未利用地	沼泽地	指地势平坦低洼、排水不畅、长期潮湿、季节性积水或常年积水，表层生长湿生植物的土地

考虑到绿洲的定义，可将位于干旱区内山前洪积、冲积平原和盆地中的草地、耕地、林地、沼泽地、城镇及工矿建设用地等的整体看作是天然绿洲的范围，而其边界则可在一定意义上等同于绿洲的边界，这一定义排除将沙漠中的零星草地当作绿洲。而在干旱区，耕地、城镇建设和人工绿地等大部分位于天然绿洲之内。所以，为了研究中国绿洲的土地利用变化，可以利用整个干旱区的耕地、城镇建设等土地利用变化来反映绿洲的土地利用演化状况。如果人工草地所占面积很小，可以将绿洲区耕地和城镇、农村居民点及工矿建设用地当作为人工绿洲的面积。因此，就可以分出三个界线以确定绿洲的范围。一是干旱区与非干旱区的界线，绿洲分布于这一界线以西的地区。二是划分山区与非山区的界线，借助于1:25万DEM数据和TM影像，将山前冲积和洪积扇以上的部分，即河流流出山口的部分以上地区均划分为山地地区，其余为绿洲分布区。经过以上两个界线，所界定的绿洲区的分布范围如图9.3所示。对于人工绿洲来说，其主体部分为耕地和居民点，而人工草地和林地等所占比重较小。

9.2.3 中国绿洲区耕地分布

按照绿洲的定义，图 9.4 显示了 2000 年中国绿洲耕地分布状况。耕地主要分布于 4 个省（自治区）：新疆、甘肃、宁夏和内蒙古。新疆绿洲的耕地面积为 59 364km^2（没有扣除耕地中的非耕地），以天山山脉为界可分为北疆和南疆两个部分：北疆包括准噶尔盆地北部、西部与阿尔泰山脉南坡、准噶尔盆地南部与天山北坡、伊犁河谷地；南疆则包括塔里木盆地北部与天山南部、塔里木盆地南部与昆仑山阿尔金山北坡、吐鲁番盆地与哈密盆地三个部分。

对于甘肃省，所在绿洲又称河西走廊绿洲，耕地面积为 11 686km^2。内蒙古绿洲耕地面积为 5377km^2，主要分为两个部分：第一部分为阿拉善高原绿洲，位于河西走廊北部与贺兰山西部；第二部分为后套平原绿洲。宁夏绿洲耕地的面积为 7977km^2，主要分布于银川平原和武忠平原，也称河套平原的前套平原。

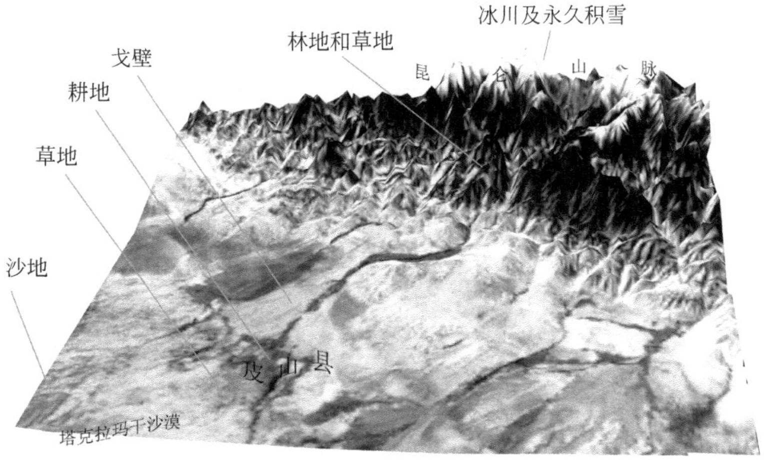

图 9.3　新疆皮山县所在绿洲 2000 年三维 TM432 影像（经 DEM 校正）

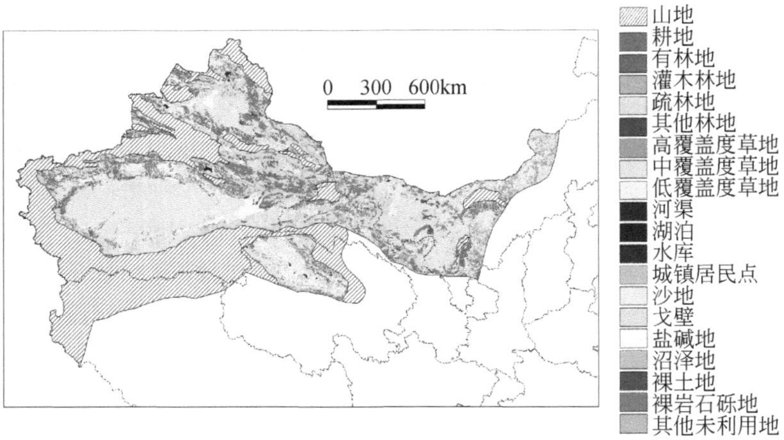

图 9.4　中国绿洲区 2000 年土地利用分布

表9.7列出了不同省（自治区）2000年土地利用状况，宁夏绿洲的垦殖率最高，达0.304，其次是甘肃，为0.058，新疆和内蒙古分别为0.036和0.021，青海最低，为0.004。

从未利用地所占的比例来看，甘肃所占面积比例为72.62%，所占比例最大；青海为68.58%，内蒙古为65.95%，新疆为61.60%；宁夏所占比例最小，为17.98%。

对于沙地所占的比例，内蒙古最大，为27.82%；其次是新疆，为21.48%；青海、甘肃和宁夏分别占15.64%、13.47%和10.4%。

表9.7 2000年绿洲区相关地区土地利用面积分布

土地类型	甘肃		内蒙古		青海		宁夏		新疆	
	面积/km^2	比例/%	面积/km^2	比例/%	面积/km^2	比例/%	面积/km^2	比例/%	面积/km^2	比例/%
耕地	11 686	5.8	5 377	2.1	782	0.4	7 977	30.4	59 364	3.6
林地	2 104	1.1	2 036	0.8	2 640	1.2	1 372	5.2	38 083	2.3
度草地	2 044	1.0	12 808	5.1	1 371	0.7	568	2.2	115 063	7.0
度草地	7 938	4.0	36 590	14.5	14 434	6.8	6 059	23.1	117 208	7.2
度草地	28 683	14.3	26 487	10.5	43 694	20.6	4 122	15.7	242 399	14.8
水域	1 557	0.8	1 549	0.6	3 413	1.6	699	2.7	52 083	3.2
城镇	973	0.5	855	0.3	347	0.2	707	2.7	4 347	0.3
沙地	27 061	13.5	70 044	27.8	33 191	15.6	2 726	10.4	351 811	21.5
未利用地	118 829	59.2	95 993	38.1	112 337	52.9	1 988	7.6	657 131	40.1
总计	200 875	100.0	251 739	100.0	212 209	100.0	26 218	100.0	1 637 489	100.0

从城镇和耕地的比值来看，甘肃、内蒙古、青海、宁夏和新疆的比值分别为0.08、0.16、0.44、0.09和0.07。青海和内蒙古的比值均非常高，原因是这些地区也是工矿业比较发达的地区，一些工矿区直接处于荒漠之中，而耕地、草地和林地的面积比例非常小，由于利用储藏量较少的地下水，一些零星绿地和菜地开始出现。这些地区成为典型的工矿业绿洲，在新疆，表现为沙漠区的多个石油城的建设；在内蒙古则表现为多个采矿点的分布。

9.2.4 绿洲区耕地面积的动态变化

对20世纪90年代至2000年的绿洲区耕地变化进行分析表明（表9.8），耕地总面积中未变化的面积为68 707km^2，有11 830km^2的耕地转换为其他土地类型。在耕地的损失中，转变为草地的面积占60%，转变为未利用地的面积占18%，有12%的耕地转变为城镇，剩下有10%的耕地转变为林地和水域。

在绿洲区耕地有15%的面积转变为其他土地利用类型，除了耕地转变为城镇是一种正常的土地利用变化过程外，大面积的耕地转变为草地和未利用地是一种土地退化过程。表现在对绿洲边缘草地的大面积开垦，而这些地区土壤风力侵蚀强度较大，土地在管理和防护措施没有保障的状况下极易发生退化。退化的耕地由于产量下降而弃耕，之后转变为低覆盖度草地，甚至是沙地。

将新增加的耕地当作是一种土地开垦过程，则从20世纪90年代至2000年有15 702km^{2}的土地被开垦为耕地。其中有11 603km^{2}的草地转变为耕地，占开垦耕地面积的74%；未利用地占19%，林地和水域占7%（表9.9）。

表9.8　绿洲所在干旱区各土地利用类型间的变化　（单位：km^2）

土地利用	耕地	林地	草地	水域	城镇	未利用地
耕地	68 707	845	7 089	429	1 371	2 096
林地	865	35 448	6 666	296	63	1 573
草地	11 603	8 024	845 246	3 230	497	77 091
水域	289	191	1 901	60 694	50	4 689
未利用地	2 945	1 748	45 531	5 295	408	1 510 457

表9.9　绿洲中水田和旱地的面积变化　（单位：km^2）

变化类型	水田	旱地	林地	草地	水域	城镇	未利用地
水田转化	4 181	134	13	43	13	39	15
转变为水田	4 181	146	17	508	80	0	215
旱地转化	146	64 247	832	7 046	415	1 332	2 081
转变为旱地	134	64 247	849	11 095	208	0	2 730

9.2.5　中国绿洲所在干旱区沙地的变化

1. 沙地与其他土地利用类型间的空间格局分析

土壤风力侵蚀是土壤颗粒在风营力的搬运下发生的迁移和堆积过程，土地风蚀的结果表现为土地的沙漠化、荒漠化和土地退化。采用沙地与非沙地这一分类方式，可以较好地描述土壤风力侵蚀所造成的土地沙化过程。沙地因为植被覆盖度极低，利于对地表信息进行遥感调查；同时沙地的地貌特征如沙丘、洼地等也为遥感调查提供了目视解译的信息；加上沙地与戈壁的光谱特征，可以将沙地的空间信息提取出来。利用遥感手段对土地利用现状进行调查成为越来越重要的方式（石承苍和雍国玮，1982；刘纪远，1987，1996；李天顺，1988；雷莉萍和戴昌达，1989；李伯衡，1991；王深法等，1991；王西川，1992；蔡运龙，1993；骆惠琴和李文学，1993；张彦忠和张福祥，1994；蔡煜东等，1995；张增祥，1997）。通过对2000年覆盖全国的TM卫星影像，利用基于GPS定位的沙地典型区分布与TM图像光谱特征，建立基于TM影像的沙地解译标志，并进行人机交互式目视判读，从而提取全国沙地的空间分布信息。

遥感技术为研究全国土壤风力侵蚀区的空间分布提供了保证。现有的有关全国沙地的遥感资料是利用了20世纪80年代的部分遥感数据，表明了风蚀荒漠化土地面积为160.7万km^2，全国沙漠化面积为130.8万km^2（朱震达，1985，1999；朱震达和王涛，1990；朱震达等，1998）。一方面由于遥感数据的精度在近20年以来发生很大改进，空间分辨率显著提高；同时由于自然环境的发展和人类活动程度的加深，全国沙地的空间分布也必然发生较大变化，需要对目前全国沙地的空间分布状况进行调查。基于这一点，立足于中国资源环境数据库中的土地利用数据（遥感数据源为覆盖全国的具有30m分辨率的TM数据，部分地区采用20m分辨率的中巴资源卫星数据），对全国沙地的空间分布进行分析。

沙地作为一种土地利用类型，与别的土地利用类型在图斑上所表现的空间关系体现于沙地图斑的空间格局（周兴佳，1989；黄培佑，1990；张林源和王乃昂，1994；张立运和夏阳，1999）。沙地图斑的形状、密度、孔隙度等指标是评价土地沙漠化的重要依据；而沙地与其他图斑的连通性也是分析区域土地沙漠化过程的重要指标之一。

沙地与耕地、草地、林地等土地利用类型间的空间接触关系是影响沙地演化的重要因素。在如气候等因素推动的沙漠化趋势加重的背景下，沙地与不同土地利用类型间会发生转换，且主要表现在其他土地利用类型转化为沙地。其宏观特征突出于沙地的扩张会随着土地利用类型不同而产生差异。由于林地的存在，阻挡了风沙，沙地不易向林地扩张；对于草地，临界风速值提高，土地不易沙化（尤其是高覆盖度草地）；而对于耕地，在其他作物生长相对不旺盛的季节，特别是在中国北方，同时也是风速相对最强、土壤相对较干燥的时期，风蚀作用强烈，沙地向耕地扩张的速度会加快。对于沙地的防治和治理，其主要的途径也表现于增加沙地与林地的接触面积，减少耕地直接与沙地相接触的面积。

通过统计每个省份沙地与其他土地利用类型间的接触面积，可以分析在沙漠化趋势一致的条件下，沙地扩张的潜力，从而分析沙地的变化规律，为沙漠化防治和治理提供对策。

利用GIS的空间分析工具，对20世纪90年代内蒙古、陕西、宁夏、新疆、青海和甘肃等6个省（自治区）沙地的空间分布进行分析，统计沙地的图斑数、面积、周长，并针对沙地进行平均周长、平均面积、形状指数、边界密度、孔隙度和破碎程度等指标计算，计算方法为

$$\mathrm{SI} = \frac{P}{2\sqrt{\pi A}} \tag{9.1}$$

式中：SI为形状指数（没有量纲）；P为沙地图斑总周长（km）；A为沙地图斑总面积（km^2）。

边界密度定义为沙地总周长与总面积的比值（km^{-1}）。孔隙度为沙地图斑总数与其总面积比值（个/km^2）。破碎程度表示为沙地图斑总数与其总周长的比值（个/km）。

沙地的平均周长和平均面积是指示沙地发展的重要指标，土地沙漠化发展的最终结果表现为沙地面积扩大，并伴随沙地周长的加大（表9.10）。在所列的6个地区中，沙地面积最大的为新疆（344 071km^2），其次是内蒙古（114 366km^2）、青海（42 896km^2）和甘肃（27 299km^2）面积较大，而陕西（5784km^2）与宁夏（2867km^2）则较小。相对于沙地图斑的平均面积来看，新疆最大，为200.51km^2；甘肃、内蒙古和青海次之，分别为14.10km^2、9.4km^2和8.53km^2；陕西和宁夏较小，分别为3.85km^2和2.65km^2。各省沙地图斑平均周长的分布与其平均面积分布并不一致，表现在甘肃沙地的平均周

长与新疆非常接近，青海沙地的平均周长大于内蒙古，而陕西省沙地图斑的平均周长也大于宁夏和内蒙古。

对于沙地的形状指数，甘肃、青海和陕西的值比较接近，且均大于1.0；而新疆、内蒙古和宁夏的值则均小于1.0。

对于边界密度，甘肃、宁夏、青海和陕西的值均大于1.0，且大小比较接近；而内蒙古与新疆的值均小于1.0，尤其是新疆，其边界密度值只有0.11。

表9.10　20世纪90年代6个省（自治区）沙地空间格局指数

省（自治区）	图斑数/个	面积/km^2	周长/km	平均面积/km^2	平均周长/km	形状指数	边界密度/km^{-1}	孔隙度/(个/km^2)	破碎程度/(个/km)
甘肃	1 936	27 299	35 858	14.10	18.52	1.39	1.31	0.07	0.05
内蒙古	12 164	114 366	76 355	9.40	6.28	0.58	0.67	0.11	0.16
宁夏	1 083	2 867	4 983	2.65	4.60	0.80	1.74	0.38	0.22
青海	5 028	42 896	53 053	8.53	10.55	1.02	1.24	0.12	0.10
陕西	1 504	5 784	10 874	3.85	7.23	1.04	1.88	0.26	0.14
新疆	1 716	344 071	37 347	200.51	21.76	0.43	0.11	0.01	0.05

对于孔隙度指数，新疆和甘肃最低，均小于0.1，而新疆则仅达到0.01；宁夏和陕西最高，分别为0.38和0.26；内蒙古和青海则接近于1.0。

对于破碎程度指数，同样也是新疆和甘肃最低，分别为0.05和0.05；宁夏最高，为0.22；内蒙古、陕西和青海分别为0.16、0.14和0.10。

不同土地利用类型间的镶嵌状况表明了沙地与周围土地利用类型间的空间异质性和对比程度。而沙地与不同的土地利用类型间的镶嵌状况则反映了沙地与其他土地利用类型间的交错程度。利用GIS的空间分析方法，对与沙地相邻的不同土地利用类型间的边界长度进行统计，结果如表9.11所示。

对于6个省（自治区）中的所有沙地，其边界长度的4.36%为耕地、2.520%为林地、58.33%为草地、2.03%为水域、0.48%为居民点、32.29%为未利用地。草地成为与沙地相邻频率最高的类型，其次是未利用地，而林地所占的比例非常小，甚至小于耕地所占的比例。居民点所占比例最小，但其与沙地相邻的边界长度为1051 km，绝对数量较大。耕地所占比例大于林地和水域，表明了耕地与沙地的相邻程度大于林地和水域。

在6个省（自治区）中，耕地与沙地的边界占沙地总边界的比例在陕西达到最大，为22.43%，在宁夏为7.96%，在内蒙古、新疆和甘肃则分别为4.97%、3.36%和4.35%，青海最小，仅为0.20%（表9.11）。这表明，如果沙漠化趋势一样，则陕西耕地所面临的土地沙化潜力相对最大，宁夏次之，其次是内蒙古、甘肃和新疆。而从绝对数量上看，内蒙古耕地与沙地相邻的长度最大，其次是陕西，新疆和甘肃比较接近，而宁夏和青海则最小。

对于林地，与沙地的边界占沙地总边界的2.52%，宁夏、陕西和新疆均高于平均值，内蒙古、青海和甘肃则均低于平均值。其中宁夏为15.12%，大大高于其他省（自治区）。青海最低，仅为0.61%。对于林地与沙地相邻的绝对长度，内蒙古达到最大，为1719 km，新疆次之，为1574 km，青海最小，为325 km，宁夏、陕西和甘肃比较接近，分别为737 km、638 km和478 km。

对于草地，与沙地的边界占沙地总边界的58.33%，内蒙古、陕西和宁夏均高于平均值，新疆则较接近于平均值，青海和甘肃小于平均值。内蒙古所占比率最大，为81.28%，而甘肃仅占到25.71%。对于草地与沙地相邻的绝对长度，内蒙古最大，为61 575 km，其次是青海和新疆，分别为24 347 km和20 877 km，宁夏最小，为3351 km，甘肃和陕西比较接近，分别为9191 km和7525 km。

表9.11　20世纪90年代沙地与其他土地类型的接触状况

土地类型	内蒙古		陕西		宁夏		新疆		青海		甘肃	
	面积	比例/%	面积	比例/%	面积	比例/%	面积	比例/%	面积	比例/%	面积	比例/%
耕地	3 763	4.97	2 417	22.43	388	7.96	1 253	3.36	106	0.20	1 556	4.35
林地	1 719	2.27	638	5.92	737	15.12	1 574	4.22	325	0.61	478	1.34
草地	61 575	81.28	7 525	69.82	3 351	68.77	20 877	55.93	24 347	45.91	9 192	25.71
水域	1 680	2.22	158	1.47	60	1.23	335	0.90	2 079	3.92	98	0.27
城镇	914	1.20	17	0.16	39	0.80	27	0.07	10	0.02	44	0.13
未利用地	6 104	8.06	23	0.20	298	6.12	13 258	35.52	26 167	49.34	24 381	68.20
总计	75 755	100.00	10 778	100.00	4 873	100.00	37 324	100.00	53 034	100.00	35 749	100.00

对于城镇，内蒙古所占比率最大，达到1.20%，与沙地的相邻长度为914 km；宁夏也比较显著，比率达到0.80%，但相邻长度仅为39 km；其他省份所占比率均小于0.20%，并且除甘肃外，与沙地相邻长度均很小。

对于未利用地，甘肃所占比率最大，达68.20%；其次是青海，占49.34%；新疆占35.52%；内蒙古和宁夏分别比较接近，分别为8.06%和6.12%；陕西最低，仅占0.20%。就绝对长度来看，青海最大，为26 167 km，陕西最小，仅为23 km。

2. 沙地与其他土地利用类型间的动态变化分析

沙地、戈壁、裸岩石地和裸土地构成了中国绿洲外围的主要土地利用方式。绿洲与其外围的土地存在“拉锯式”变化。当气候适宜时，绿洲范围会扩大，气候不适宜时则会减少。在人类活动的干扰下，这种拉锯式变化会得到加强，幅度会增大。表9.12列出了干旱地区和半干旱地区20世纪90年代至2000年沙地与其他土地利用类型间的面积转化状况。

除了分析沙地在空间上的变化以外，对于沙地在时间上变化的分析也是非常重要的。已有的研究表明，风蚀荒漠化扩展速度在加快，20世纪50年代末期到70年代中期平均扩展速度为1560 km^2/a，70年代中期至80年代中期增至2100 km^2/a，至90年代中期已达到2460 km^2/a（朱震达，1985，朱震达和王涛，1990）。

干旱区未变化的沙地面积为503 310 km^2，有34 766 km^2的沙地变化为草地，同时又有 8772km^2 的草地转化为沙地，沙地净增加了 25 994 km^2。沙地与草地所呈现的“拉锯式”变化严重不对称，草地变沙地与沙地变草地的面积之比为 1∶4，草地沙化、绿洲面积缩小的趋势明显。而在半干旱区，草地变沙地与沙地变草地面积之比为 9∶10，体现出明显的拉锯式变化。虽然两者面积变化较为平衡，但最终的趋势还是沙地面积在扩大和草地面积在减少。

表 9.12　干旱和半干旱地区 20 世纪 90 年代至 2000 年沙地变化（单位：km^2）

地区	变化类型	耕地	林地	草地	水域	城镇居民点	未利用地
半干旱地区	沙地变为其他类型	183	119	5 675	149	19	809
	其他类型变为沙地	193	136	6 286	169	17	602
	净变化	9	16	611	20	-20	-207
干旱区	沙地变为其他类型	520	363	8 772	429	57	16 115
	其他类型变为沙地	254	321	34 766	187	22	41 401
	净变化	-266	-42	25 994	-242	-35	25 286
	总面积变化	-257	-26	26 605	-222	-55	25 079

9.2.6　新疆绿洲区的耕地变化与沙化过程

1. 新疆绿洲耕地的演变

钱云和郝毓灵（2000）通过资料整理，认为在侏罗纪（1.35 亿～1.80 亿年），新疆曾有比较湿润的气候，土地覆盖应以森林草原为主。从白垩纪末至早第三纪（7000 万～2500 万年以前），新疆气候向干旱化趋势发展。从第三纪晚期到第四纪早更新世（73 万年前），伴随着青藏高原的大幅度隆升，新疆地区的山体也开始上升，来自印度洋的西南季风与来自大西洋的西风受到阻挡，使得盆地变得干旱，促使荒漠的产生。而更新世以来青藏高原的进一步抬升，使得青藏高原高压形成，在新疆形成下沉气流，气候更加干旱。另一方面，由于地形效应使昆仑山、天山和阿尔泰山脉降水量相对增大，加上冰雪融水，发源了一些大的河流，在盆地与山区之间，由于地表水和地下水浸灌，地表出现稳定的生态系统。

《新疆屯垦史》的作者方英楷（1989）认为 5 万年前，新疆已有原始人居住，从 1 万年至 7000 年前有了原始农业和畜牧业，4000 年前新疆已是我国最早种植小麦、大麦等的地区。而 4000～2500 年前这一时期则是农业发展时期，农作地区扩大，作物品种扩展，并成为西方农作物向东方传播或反向传播的通道。至 2500 年前，城郭国家开始出现，伴随着与中原地区的经贸往来，农业也发达起来，耕地开垦速度增大。

在此之后，新疆绿洲耕地的发展可以分为三个阶段（沈竞琪等，1982；奚国金，1988；方英楷，1989；杨发祥，1990；王永兴，2000；樊自立，1993；赵建新，1993；张宏和樊自立，1998；俎瑞平等，2001）：

缓慢发展阶段：指从公元前 1 世纪至清朝前期，在近 2000 多年时间里，新疆虽发展了屯垦，耕地面积也扩大了，但受战争影响，耕地的规模发展缓慢。并且历经了从狩猎—游牧—牧农结合—以农业为主的交替演变过程。

中速发展阶段：指从清朝初期至1949年，对绿洲的不断开发使耕地面积增长较为迅速。清朝时期对绿洲进行了史无前例的开发，甚至改变了以前“以天山为界，南为农耕而居，北为牧游至行”的局面，至清末（1911年），新疆耕地总面积达到7036 km^2。之后随着社会生产力的提高，绿洲的开垦速度也进一步提高，至1949年，耕地增加到12 106 km^2。

高速发展阶段：指从1949年以来，耕地面积飞速扩大，至1997年，耕地面积增加到39 669 km^2。从20世纪90年代至2000年，有555km^2 的林地被开垦为耕地，有6869 km^2 的草地被开垦为耕地，有621 km^2 的城镇及居民点变化为耕地（表9.13）。从20世纪90年代至2000年，有4627 km^2 的耕地变化为草地，其中17.2%转化为高覆盖度草地，35.3%转化为中覆盖度草地，47.5%转化为低覆盖度草地，而转化为中低覆盖度草地占到了82.8%。低覆盖度草地的覆盖度小于20%，在新疆表现为沙化土地，而新疆大面积耕地转化为草地是一种耕地退化过程，有明显的荒漠化倾向。对于沙地，从20世纪90年代至2000年，有5896 km^2 的草地变为沙地，其中高覆盖度草地占0.6%，中覆盖度草地占7.7%，低覆盖度草地占91.7%。又有3014 km^2 的沙地变化为草地，其中高覆盖度草地占2.2%，中覆盖度草地占6.4%，低覆盖度草地占91.4%。从土地利用的角度，新疆土地变化存在一个主线：草地—耕地—低覆盖度草地—沙地的变化过程。而这种过程则印证了一个土地利用变化方式：对草地的大面积开垦，在防护措施不到位的状况下土壤发生风蚀（或盐碱化），在产量下降的状况下弃耕，然后耕地退化为低覆盖度草地，而低覆盖度草地更进一步变化为沙地。这样就产生了一个土地利用变化的“退化链式过程”，在这种变化进行的过程中土地的环境质量降低、等级下降，并最终导致土地变化为沙地。

从相反的角度，由于气候变化导致水热条件变化或是利用地下水资源，部分沙地转化为中低覆盖度草地甚至高覆盖度草地，而高覆盖度草地则又可能被开垦为耕地，这样就形成一个“返回链”，相对于以上的“退化链式过程”来讲，原有的土地利用类型又可能回溯到更高级的类型。这样，在绿洲与其外围的沙地之间形成了一个“土地利用双链循环”，在大环境因素下形成的绿洲-荒漠景观会在气候变化的基础上对土地利用变化施加影响。而已有研究表明，由于人类活动的影响，大区域土地利用的变化对区域气候变化也有显著作用（闫敏华等，2000）。

表9.13　20世纪90年代至2000年新疆土地利用变化　（单位：km^2）

土地利用	耕地	林地	草地	水域	城镇居民点	沙地	未利用地	合计
耕地	0	535	4 627	219	734	0	829	6 944
林地	555	0	2 359	180	125	1	267	3 487
草地	6 869	1 993	0	2 156	1 606	5 896	5 386	23 906
水域	73	99	1 022	0	21	19	2 375	3 609
城镇、居民点	621	119	1 049	62	0	1	240	2 092
沙地	0	1	3 014	87	2	0	1 018	4 122
未利用地	947	526	3 837	3 216	302	2 156	0	10 984
合计	9 065	3 273	15 908	5 920	2 790	8 073	10 115	55 142

2. 新疆沙地变化的空间分异

通过以上分析，在绿洲与其外围荒漠的过渡带内（甚至是绿洲内部的荒漠化地区）存在草地－沙地的“拉锯式”变化。对于天然绿洲，这种拉锯式变化主要表现于草地－沙地的变化；而对于人工绿洲，则体现在耕地—草地—沙地的变化。在气候变得适宜的状况下，天然绿洲范围会扩大，绿洲外围草地向沙地扩展；人工绿洲则体现于在草地扩展的同时，耕地会向草地扩展，而耕地新增加的部分与草地新增加的部分的关系就成为衡量耕地开垦适宜性的一个指标。当耕地的增加量小于或等于草地的净增加量，总体上讲绿洲仍处于成长的过程，反之绿洲就会不断退化。而绿洲的退化最重要的一点就表现在沙地向绿洲外围草地入侵。

从20世纪90年代至2000年，新疆新增加的草地面积为15 908km^2，流失的草地面积为23 906km^2，草地的总面积减少了，而耕地总面积净增加了2110km^2。另一方面，沙地净增加了3951 km^2。图9.5和图9.6显示了变为沙地的土地及由沙地转化而来的土地利用类型的空间分布。虽然上述草地—耕地—沙地间的面积变化是针对整个新疆，但从图9.5和图9.6中可以看出，几乎所有这些变化均发生在绿洲与其外围沙地交界地区。

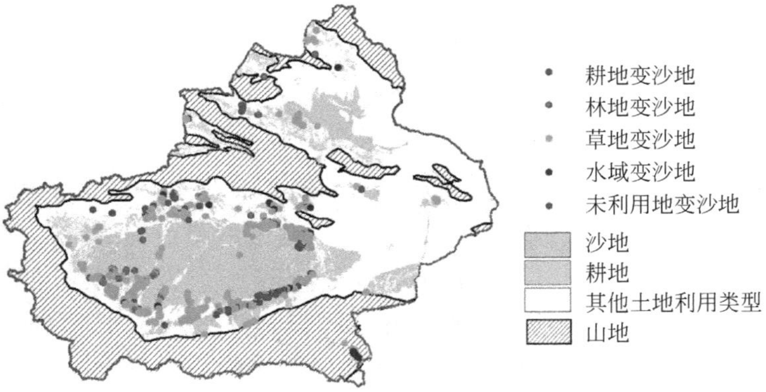

图9.5　20世纪90年代至2000年新疆变为沙地的土地利用类型及其分布

体现于以下几点结论：

1）绿洲外围的沙地在向人工绿洲外围的草地入侵。

2）耕地在向绿洲外围的草地入侵。

3）人工绿洲与其外部沙地间的草地面积大幅度缩小。

4）天然绿洲的面积缩小了。

这种不合理的土地利用退化加速了绿洲的退化，而从控制论的角度，可以依据环境质量变化对土地利用进行合理调整，对于处于退化过程的绿洲，可以减少耕地的面积，反之可以适当增加对草地的开垦。

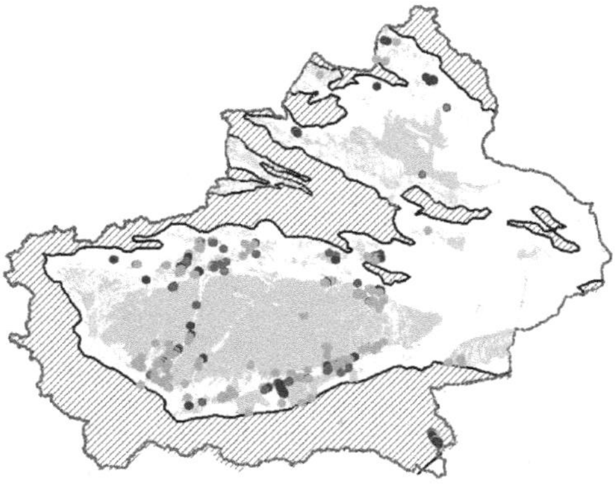

图 9.6　20 世纪 90 年代新疆沙地变为其他土地利用类型

9.2.7　甘肃河西走廊绿洲耕地变化与沙化过程

河西走廊绿洲地处青藏高原、内蒙古高原和黄土高原的结合地带（图 9.7，见书后彩图）。东起古浪峡口一带，西至疏勒河下游与新疆交界地区。主要的绿洲有石羊河的武威绿洲、黑河的张掖绿洲、北大河的酒泉绿洲、疏勒河的安西绿洲和党河的敦煌绿洲。

遥感数据表明，2000 年河西走廊绿洲区耕地面积为 11 686 km^2。此外，在图 9.7 中所示的绿洲地区，林地面积为 2104 km^2；草地面积为 38 665 km^2，其中大部分为低覆盖度草地，面积为 28 683 km^2；水域的面积为 1557 km^2；城镇面积为 973 km^2；未利用地面积为 145 890 km^2。

表 9.14 列出了 1990～2000 年甘肃河西走廊绿洲区各土地利用类型间的转换矩阵，草地和未利用地转化为耕地成为最主要的土地利用变化方式，其转换面积分别为 237.1 km^2 和 209.0 km^2，分别占总土地利用转化面积的 30.0% 和 26.4%。另外 4 个较为突出的转换类型为：未利用地变为草地、耕地变为草地、耕地变为城镇和水域变为耕地，它们所占的总动态变化面积比例分别为 11.0%、7.7%、6.1% 和 5.2%。

将土地转换为耕地的过程看作是对土地的开垦过程，则耕地的开垦量为 496.3 km^2，其中对草地的开垦为 47.7%，对未利用地的开垦为 42.1%。而且变为耕地的图斑面积占土地利用变化图斑总面积的 62.8%，这表明了开垦耕地成为河西走廊绿洲区的主要的土地利用变化方式。

将耕地转化为其他土地利用类型过程看作是耕地的流失，则耕地的流失面积为 119.1 km^2。其中，耕地转化为草地和城镇的面积分别占 51.0% 和 40.6%。这表明该地区的城市化速度比较突出；耕地变为草地，尤其是低覆盖度草地，这更可能是由于耕地的侵蚀剧烈而导致耕地被迫弃耕，成为低覆盖度草地。

表 9.14 1990～2000 年甘肃河西走廊绿洲区土地利用变化转换矩阵 （单位：km^2）

土地利用	耕地	林地	草地	水域	城镇	未利用地	合计
耕地	0	3.5	60.7	3.8	48.3	2.8	119.1
林地	9.1	0	17.4	0.2	0.1	4.1	30.9
草地	237.1	13.6	0	4.2	6.6	21.8	283.3
水域	41.1	0.1	1.9	0	0	1.6	44.7
未利用地	209	3.8	86.4	5.9	7.3	0	312.4
合计	496.3	21	166.4	14.1	62.3	30.3	790.4

对于沙地的变化，变为沙地的土地利用类型面积为 5647 hm^2，同时有 1337 hm^2 的沙地转化为其他土地利用类型，沙地净增加量为 4310 hm^2（表 9.15）。沙地的增加面积占总土地利用转换面积的 5.5%，土地沙化的趋势十分明显。

表 9.15 1990～2000 年甘肃河西走廊绿洲区沙地与其他土地利用类型间的转换

（单位：km^2）

面积	变为沙地	由沙地转化
耕地	581	7
林地	196	277
草地	4730	362
水域	69	0
未利用地	71	691

而在土地沙化过程中，草地转化为沙地成为最主要的变化方式，占沙地总转换面积的 67.7%。另外几种转换类型为沙地转化为其他未利用地、耕地转化为沙地、沙地转化为草地、沙地转化为林地和林地转化为沙地，分别占总转换面积的 9.9%、8.3%、5.2%、4.0% 和 2.8%。

9.2.8 宁夏绿洲耕地变化与土地沙化过程

宁夏绿洲位于贺兰山脉与鄂尔多斯高原间的黄河冲积平原上（图 9.8，见书后彩图），2000 年遥感调查的宁夏绿洲耕地的面积为 7977 km^2。

表 9.16 列出了 20 世纪 90 年代至 2000 年宁夏平原绿洲区的土地利用动态变化矩阵。对于耕地，有 109 km^2 转化为其他土地利用类型，其中有 41 km^2 转化为城镇居民点；有 1 547 km^2 的其他土地利用类型转化为耕地，其中草地占 80.2%，未利用地占 13.3%，耕地面积净增加了 1 438 km^2。从 20 世纪 90 年代至 2000 年，耕地的增加量占 2000 年耕地总面积的 18.0%，平均每年增加率超过一个百分点。

表 9.16 宁夏平原绿洲区 20 世纪 90 年代至 2000 年土地利用变化 （单位：km^2）

土地利用	耕地	林地	草地	水域	城镇	未利用地	合计
耕地	0	8	41	8	41	11	109
林地	29	0	30	3	1	47	110
草地	1241	78	0	106	40	217	1682
水域	71	6	34	0	1	6	118
未利用地	206	12	121	27	13	0	379
合计	1547	104	226	144	96	281	2398

宁夏的沙地主要分布于西南部与腾格里沙漠毗邻地区、东部与鄂尔多斯高原相邻地区、北部耕地区和西部贺兰山洪积冲积扇边缘地区。除处于腾格里沙漠边缘的沙地外，其余大部分地区为固定或半固定的沙地。

对于沙地的变化，有 467hm^2 的耕地转化为沙地，其中又有 17 098hm^2的沙地转化为耕地。将沙地开垦为耕地，导致了沙地面积净减少了 16 631hm^2，故耕地开垦过程成为宁夏沙地变化的重要驱动因子（表 9.17）。

表 9.17 20 世纪 90 年代至 2000 年宁夏绿洲沙地与其他土地利用类型间的面积转化

（单位：hm^2）

土地利用	变为沙地	由沙地转化
耕地	467	17 098
林	1 974	932
草	14 940	7 739
水域	117	259
其他未利用地	1 581	347

变为耕地的沙地主要分布于贺兰山洪积扇地区，图 9.9 和图 9.10 显示了 20 世纪 80 年代末期和 2000 年该地区的 TM 影像。大片的沙地被开垦为耕地，沙地总面积已非常小。

图 9.9 宁夏平原西部 20 世纪 80 年代末期 TM 影像

图 9.10 宁夏平原西部 2000 年 TM 影像

9.2.9　内蒙古绿洲耕地变化与沙化

遥感调查的内蒙古绿洲耕地面积为5377km^2，主要分为两个部分：第一部分为阿拉善高原绿洲和额济纳旗绿洲，前者位于河西走廊北部与贺兰山西部，后者位于甘肃绿洲的北部，流域的下游；第二部分为后套平原绿洲，也称河套绿洲。第一部分绿洲内耕地面积不到总面积的1%，其土地经营方式以牧业为主。第二部分河套绿洲位于阴山山脉南部和鄂尔多斯高原的北部，属于黄河冲积平原（图9.11）。

对于耕地，从20世纪90年代至2000年，有646km^2耕地变为其他土地利用类型，其中变为城镇的面积比例仅有1%，变为草地的面积占到76.3%。有397km^2的其他土地利用类型转化为耕地，其中草地占66.2%，未利用地占30.0%。耕地的流失和开垦面积相对于耕地总面积来讲，在平原绿洲区的变化值并不大，耕地只净增加了249km^2，变化不明显（表9.18）。

表9.18　20世纪90年代至2000年平原绿洲区土地利用变化　（单位：km^2）

土地利用	耕地	林地	草地	水域	城镇	未利用地	合计
耕地	0	10	492	13	9	122	646
林地	12	0	54	0	0	3	69
草地	263	32	0	14	22	3 344	3 675
水域	3	0	13	0	0	178	194
未利用地	119	3	1 137	24	0	0	1 283
合计	397	45	1 696	51	31	3 647	5 867

对于沙地，平原绿洲区的沙地变化则主要体现在草地变化为沙地和沙地变化为草地，有185 516hm^2的草地转化为沙地，沙地转化为草地的面积为63 892hm^2，突出了草地向沙地转化的一种土地沙化过程。耕地与沙地间的转化不太明显，但也有5646hm^2的沙地转化变耕地，而只有671hm^2的耕地退化为沙地（表9.19）。

表9.19　20世纪90年代至2000年平原绿洲区沙地面积变化　（单位：hm^2）

土地利用	变为沙地	由沙地转化
耕地	671	5 646
林地	318	240
草地	185 516	63 892
水域	53	188
其他未利用地	8 094	6 456

9.2.10　中国绿洲区土地覆盖动态和沙化分析

对于中国绿洲区20世纪90年代至2000年的耕地，未变化的面积为68 707km^2，有

图 9.11　内蒙古河套平原绿洲区 2000 年三维土地利用图

11 828km^2 的耕地转换为其他土地类型。在耕地的损失中，转化为草地的面积占 60%，转化为未利用地的面积占 18%，转化为城镇的面积占 12%，剩下 10% 的耕地转化为林地和水域。耕地转化为城镇是一种正常的土地利用变化过程，而大面积的耕地转化为草地和未利用地是一种土地退化过程。表现在对绿洲边缘草地的大面积开垦，而这些地区土壤风力侵蚀强度较大，土地在管理和防护措施没有保障的状况下极易发生退化。退化的耕地由于产量下降而弃耕，之后转化为低覆盖度草地，甚至是沙地。但耕地的开垦面积大于撂荒的耕地面积，从 20 世纪 90 年代至 2000 年有 15 701km^2 的土地被开垦为耕地。其中有 11 603km^2 的草地转化为耕地，占开垦耕地面积的 74%；未利用地占 19%；林地和水域占 7%。

绿洲区所在的干旱区 2000 年未变化沙地面积为 503 310km^2，有 34 766km^2 的沙地转化为草地，同时又有 8772km^2 的草地转化为沙地，沙地面积净增加了 25 994km^2。沙地与草地所呈现的“拉锯式”变化严重不对称，草地变沙地与沙地变草地的面积之比为 1∶4，草地沙化、绿洲面积缩小的趋势明显。而在半干旱区，草地变沙地与沙地变草地面积之比为 9∶10，体现出明显的“拉锯式”变化。虽然两者面积变化较为平衡，但最终的趋势还是沙地面积的扩大和草地面积的减少。

总的来看，在开荒和土地沙化的背景下，中国绿洲区存在以下土地利用变化趋势：

1）绿洲外围的沙地在向人工绿洲外围的草地入侵，沙地面积扩大了；

2）耕地在向绿洲外围的草地入侵，耕地总面积在扩大；

3）人工绿洲与其外部沙地间的草地面积大幅度缩小；

4）天然绿洲的面积缩小了。

9.3　青藏高原土壤风力侵蚀与影响

9.3.1　西藏自治区的土壤风力侵蚀研究状况

西藏自治区是我国土壤风力侵蚀强度较严重的地区，目前对该地区风蚀研究开展的工作较少，且集中于风蚀灾害的分析，对于风蚀过程和土地沙化过程缺少足够的数据支持。利用20世纪90年代的全国沙漠化调查数据，对“一江两河”地区的土壤沙化问题进行较深入的研究（李森等，1994；董光荣等，1996）。董玉祥（1997）也利用了同样的资料对整个西藏地区的沙漠化灾害进行了较系统的研究，认为西藏地区沙漠化灾害面积为19.97km^2，并将沙漠化灾害分为重度、中度和轻度三级，耕地受灾面积为3.07万hm^2，占全区耕地总面积的13.8%，区内沙漠化草地产草量平均下降约40%，沙漠化灾害严重。

对于西藏土地沙漠化的驱动分析，董玉祥和唐国家（1994）利用计算的气候因子分布，认为西藏地区从20世纪60~90年代存在干暖化趋势，而这种趋势所产生的一系列过程，导致土壤风蚀强度增强，同时认为人类活动也是重要的驱动因子。

以上研究分析了沙漠化土地的空间分布及其与气候、土壤、人类活动等因子之间的关系，较系统地分析了西藏地区土壤风蚀的背景条件。但并没有提出明确的基于调查数据的土地沙漠化过程动态结果，而只是沙漠化土地在一个时期内的表征，而所提出的西藏地区土壤风蚀存在加强的趋势也就需要进一步的资料了。

9.3.2 西藏自治区的土壤风力侵蚀遥感分析

遥感调查的土壤风力侵蚀结果表明，1995年水力侵蚀的面积为25.29万km^2，占总面积的21.05%（图9.12），主要分布于西藏东部和南部。冻融侵蚀的面积为92.01万km^2，占总面积的76.57%，主要分布于西藏北部、西部和中部，在南部和东部的高海拔地区也有分布。风力侵蚀的面积为2.86万km^2，占总面积的2.38%，主要分布于西藏高原北部和中部，在中部和南部的谷地也有大量分布。在风力侵蚀中，微度风蚀面积占5.3%，轻度风蚀面积占30.6%，中度风蚀的面积占55.5%，强烈风蚀面积占8.6%。

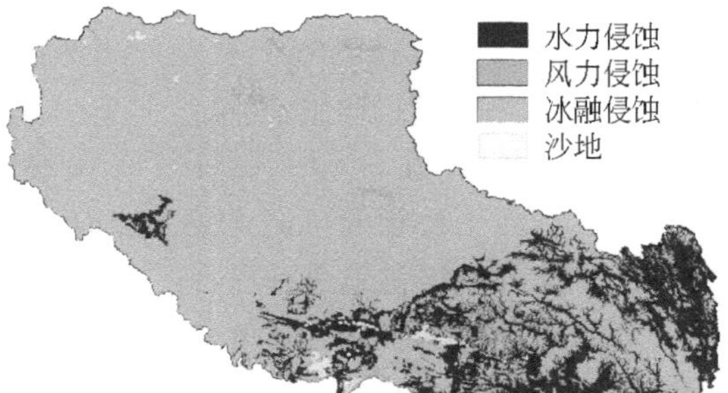

图9.12 遥感调查的土壤侵蚀类型分布

9.3.3 西藏土壤风蚀与土地利用变化

从20世纪90年代至2000年西藏的土地利用动态变化较小，变化的面积不到总面积的0.1%。表9.20列出了土地利用变化的转换矩阵。林地面积变化幅度相对最大，表现在大量草地和水域转变为林地，林地面积净增加了 12 338 hm^2。耕地没有增加，反而是由于城镇化而发生一定程度的减少，共计减少了 877 hm^2。对于草地，有 6627 hm^2 转化为林地，有 1024 hm^2 转化为城镇。对于未利用地，有 960 hm^2 转化为林地。

表 9.20　20 世纪 90 年代至 2000 年西藏的土地利用动态变化 （单位：hm^2）

土地利用	耕地	林地	草地	水域	城镇	未利用地	合计
耕地	0	0	0	292	585	0	877
林地	0	43	191	36	0	861	1 131
草地	0	6 627	0	619	1 024	0	8 270
水域	0	5 839	0	0	0	68	5 907
城镇	0	0	0	0	305	0	305
未利用地	0	960	0	0	0	0	960
合计	0	13 469	191	947	1 914	929	17 450

西藏 20 世纪 90 年代沙地面积为 191 942 hm^2，主要分布于三个地区：一是高原西北部，沙地面积为 34 837 hm^2，占西藏沙地总面积的 18.1%；二是西藏中部“一江两河”地区，包括拉萨河和年楚河的下游河谷，以及雅鲁藏布江中游河谷地区，沙地面积为 56 684 hm^2，占西藏沙地总面积的 29.5%；三是高原南部地区，沙地面积为 100 421 hm^2，占西藏沙地总面积的 52.3%（图 9.13）。

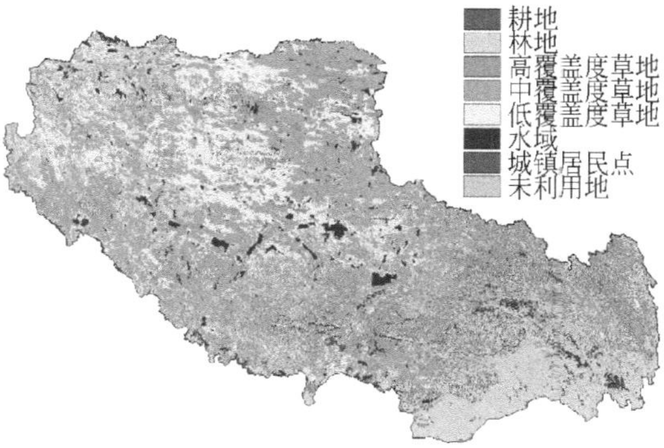

图 9.13　西藏自治区 2000 年土地利用图

沙地的总图斑数为 228，其中面积小于 100 hm^2 的图斑为 112 个，其总面积为 3983 hm^2；面积为 100 ~ 1000 hm^2 的图斑为 91 个，其总面积为 29 868 hm^2，面积为 1000 ~ 10 000 hm^2 的图斑为 20 个，其总面积为 60 577 hm^2；面积大于 10 000 hm^2 的图斑为 5 个，其总面积为 97 477 hm^2。从面积总和来看，西藏的沙地以大块沙地为主，单块面积大于 10 000 hm^2 的沙地的面积占沙地总面积的 51%；单块面积为 1000 ~ 10 000 hm^2 的沙地的面积占沙地总面积的 32%。

从 20 世纪 90 年代至 2000 年，沙地的变化均表现为沙地向林地的单一变化。没有其他类型的土地转变为沙地，只有 942 hm^2 的沙地转变为林地。而 1995 ~ 2000 年的遥感调查数据也表明，有 336 hm^2 的沙地转化为林地。表明了西藏沙地变化方向，即由于人为活动的治理和开发，沙地呈逆向变化。

9.3.4 西藏风蚀作用的主要类型

将地貌数据与沙地的空间分布数据进行叠加，发现西藏的沙地主要分为三种类型：湖积平原型、洪积平原型和河流谷地型。

湖积平原型主要指发生于湖泊滩地的土地沙化过程。由于许多湖泊处于汇水型封闭系统，湖泊往往位于盆地的中心，来自四周的冲积和洪积物向湖盆迁移。离湖泊越近，沉积物颗粒越细。在靠近湖泊的滩地，沉积物在水流的分选作用下结构单一化。在强风场的作用下，这些细颗粒物质发生扩展，形成大片沙地。20 世纪 90 年代这一类型的沙地总面积为 347 km^2，主要分布于高原北部的那曲地区和西部的阿里地区，其中在阿里地区则主要分布于北部日土县的邦达错、改则县的黑石北湖和托和平错；在那曲地区则主要分布尼玛县的戈木错。这些湖泊主要被沙地和盐碱地所包围，在 20 世纪 90 年代和 2000 年 TM432 影像上几乎没有明显的动态变化。古气候研究表明，青藏高原的湖泊在近 1 万年以来伴随着气候波动而发生明显缩小和扩展变化，伴随着湖泊水位的下降，湖泊面积缩小，湖泊趋于封闭，原来的湖底暴露而发生沙化或盐碱化。

洪积平原型则主要是指位于高大山系间的低平原处，由于沉积作用，使平原沉积物的颗粒变细，在风的作用下，沙粒在平原内部扩展，形成大片沙地。该类型的特点是沙地面积大，甚至占据平原的大部分地区。该类型沙地面积占西藏自治区沙地面积的 52.8%，主要分布于日喀则地区东南部的定结、岗巴和亚东三县。在 20 世纪 90 年代和 2000 年 TM432 影像上，沙地也几乎没有明显的动态变化。

河谷型，表现在由于物理风化强烈，风化壳物质受温度和水分条件的变化大量裂解，形成砂粒。在高原强风场的存在下，加上河谷风的加强作用，使砂粒沿着风向在河谷蔓延。往往是从河滩向山坡，甚至是次一级支流的河谷延伸。该类型的沙地面积占全区沙地总面积的近 30%，主要分布于雅鲁藏布江、拉萨河和年楚河所形成的“一江两河”地区（图 9.14）。雅鲁藏布江河谷地区的沙地面积占 85% 以上，几乎全部分

图 9.14　拉萨河与雅鲁藏布江中游河谷区的沙地

布于河流北部；拉萨河河谷两侧均有沙地分布，占沙地面积的近10%。“一江两河”地区的耕地面积为1765 km^2，占全区的48.93%，而该地区的沙地面积为571 km^2，它与耕地一起占据了“一江两河”的河谷地区，沙地的扩张将会使耕地面积减少，给社会经济发展带来压力。20世纪90年代至2000年遥感分析结果表明了沙地转化为林地已成为土地沙化逆向变化的趋势。

此外，工程型风力侵蚀也开始变得突出起来。这里的工程型风力侵蚀是指在工程建设中，如铁路、公路等工程在建设过程中由于开挖、填土等过程造成对地表植被和土壤层的破坏，使得下覆盖风化壳裸露，在强风场的作用下，风蚀剧烈，地表细颗粒物质在短时间内被吹蚀殆尽，地表呈石砾质荒漠化趋势。这种侵蚀的特点是土地表面的石砾化，而不是沙化。

9.3.5 青藏高原风蚀的气候驱动因子

图9.15列出了土壤风力侵蚀动力指数分布，表明了强风力侵蚀区主要位于高原北部和西部，而影响这一结果的关键因素表现于植被指数和干燥度。加上整个高原的强风场背景，风蚀动力指数与土壤发生风蚀的潜在条件一致。

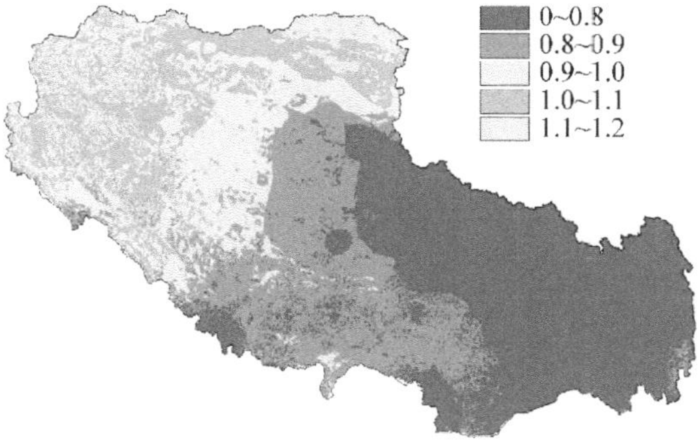

图9.15 西藏自治区的SWEDI值分布

20世纪90年代至2000年的土地利用动态变化结果表明草地、耕地、林地等土地类型的变化量很少，基本处于稳定状态。这也表明了该地区植被状况也处于稳定少动的状态。对于土壤质地、土壤含水量、土壤表面粗糙度等因子，其在高原内部的变化也较少。

对于西藏地区的气温和降水，已有的研究表明，在“全球变暖”的背景下气候干暖化，平均每10年增加0.10～0.30℃，降水平均每10年减少10～40mm（林震耀和赵晰奕，1996）。而气温、降水和风速是计算沙漠化气候因子的重要指标，降水的增强和气温的升高均会促进沙漠化趋势的发展（魏文寿，1999）。对于风速，根据第9章中有关沙漠化过程气候因子的计算，当风速减少时，气候因子的值会呈三次方形式减少。而当降水量增大时，沙漠化趋势也会发生逆转。

图9.16显示了西藏中部地区拉萨市自新中国成立以来的年均风速值。1950～2000年风速处于明显下降的过程，在20世纪50年代风速较大；至60年代又变弱；而70年代和80年代又是相对较强的时期；进入到90年代，风速大幅度下降。从50年代至90

年代末，拉萨地区的年均风速下降了近1.0m/s，由50年代的接近2.5m/s降至90年代末的1.5m/s左右。

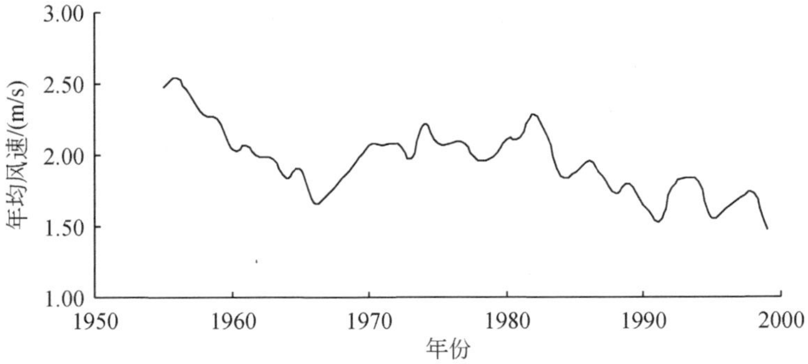

图9.16　拉萨市（站点编号：55591）年均风速变化

魏文寿（1999）通过新疆87个站点的气象资料对气象因子和区域沙漠化过程间的关系进行了分析，提出了式（9.2）方程来描述降水与风蚀和温度相关的荒漠化过程气候因子模型

$$C = \frac{kU^3}{3.16\left[\sum_{i=1}^{12}\left(\frac{P_i}{1.8T_s + 22}\right)^{\frac{10}{9}}\right]^2} \tag{9.2}$$

式中：U为风速；k为区域条件常数；P_i为一年中第i个月的降水量；T_s为地表温度；C为气候因子值（魏文寿，1999）。

为了研究某个区域内部C值的多年动态变化，本书认为可以忽略k的取值，简化为

$$C_R = \frac{U^3}{\left[\sum_{i=1}^{12}(P_i)^{\frac{10}{9}}(1.8T_s + 22)^{-\frac{10}{9}}\right]^2} \tag{9.3}$$

式中：C_R为新建的区域气候因子。其与C值的关系用下式来描述：

$$C_R = 3.16\frac{C}{k} \tag{9.4}$$

当C_R因子值高时，沙漠化程度会加深，土壤风力侵蚀会增强；反之，沙漠会向逆向发展，流动沙丘会趋于固定。

在已有的覆盖西藏大部分地区的19个气象站点的基础上，对20世纪50～80年代的沙漠化过程区域气候因子值进行计算，结果如表9.21所示（按80年代的值进行排序）。在各个年代，气候因子C_R的值在西藏北部和西部偏大，在东部和中部偏小。这与该区土壤风力侵蚀遥感调查结果和土壤风力侵蚀动力侵蚀指数（SWEDI）分布较为一致。

从20世纪50～60年代，对10个站点的数据进行比较，其中有8个站点的C_R值减少了，表明了西藏的沙漠化程度在此期间减弱了。

从20世纪60～70年代，对16个站点的数据进行比较，其中有14个站点的C_R值增大了，大部分站点增加幅度超过50%。表明了该时间内沙漠化趋势增强了。

从20世纪70～80年代，19个站点中，有14个站点的C_R值减少了，表明了该时期的沙漠化趋势又减弱了。

表 9.21　西藏各主要气象站点 20 世纪不同年代的沙漠化气候因子值的分布

名称	站点号	经度/(°)	纬度/(°)	20 世纪 50 年代	20 世纪 60 年代	20 世纪 70 年代	20 世纪 80 年代
噶尔	55 228	80.089	32.504		31.85	11.75	8.01
改则	55 248	84.050	32.300			4.27	2.27
申扎	55 472	88.700	30.933		0.98	2.17	1.11
班戈	55 279	90.016	31.367	1.70	1.47	2.37	0.71
隆子	55 696	92.467	28.417		0.31	0.46	0.54
拉孜	55 569	87.683	29.167			0.43	0.48
普兰	55 437	81.183	30.300			8.71	0.47
定曰	55 664	87.083	28.633	0.67	0.54	0.35	0.36
亚东县	55 773	89.083	27.733	0.32	0.26	0.53	0.18
拉萨市	55 591	91.133	29.667	0.13	0.07	0.10	0.13
安多	55 294	91.667	32.250		0.75	1.73	0.09
当雄	55 493	91.100	30.483		0.09	0.24	0.08
那曲	55 299	92.050	31.467	0.46	0.21	0.37	0.07
曰喀则市	55 578	88.879	29.278	0.11	0.04	0.06	0.04
察隅	56 434	97.467	28.650		0.06	0.09	0.03
索县	56 106	93.783	31.900	0.02	0.02	0.09	0.02
林芝	56 312	94.467	29.567	0.02	0.02	0.02	0.02
昌都	56 137	97.167	31.150	0.02	0.01	0.03	0.02
丁青	56 116	95.600	31.417	0.04	0.02	0.03	0.01

就不同 C_R 值的区域分布来看，其与 SWEDI 值的分布有一定的对应关系。C_R 值最大的两个站点噶尔和改则均分布于 SWEDI 值最高的西部阿里地区；C_R 值相对较大的两个站点申扎和斑戈均分布于 SWEDI 较大的那曲地区；其次是西南部的日喀则地区、中部的拉萨市和东南部山南地区的西部，其 SWEDI 值相对于东部的昌都地区和林芝地区高，其所在的站点如隆子、拉孜、定日、拉萨和当雄等站点，其 C_R 值均高于西藏东部地区。

9.3.6　青藏高原风蚀沙化的治理

根据西藏土地沙化的三种方式（湖积平原型、洪积平原型和河谷型）的特征，可以通过增加地表植被的方式来降低风蚀强度，并通过灌溉方式来固定沙地，并进一步使沙地变为林地或草地，甚至是耕地。西藏有着得天独厚的水资源，通过利用水资源来防治土壤风力侵蚀应该成为最主要的方式。这对于中国北方半干旱区和西北干旱区的土壤风力侵蚀治理来讲，具有突出的便利条件。

对于湖积平原型沙化过程，高原湖泊星罗棋布，可以就地取水，利用风能进行发电，再利用这些电能进行灌溉，走植被固沙的道路。在近期，应该集中对西藏西北部如阿里地区等进行治理，因为这里的植被条件相对最差，风蚀强度相对最强，其灾害也最明显。

对于河谷型沙化过程，可以充分利用西藏“一江两河”地区的水资源进行沙地的开发，大规模地将沙地开发为林地或耕地。这里的土地面积占全区的5.52%，人口占全区的36.0%，人口密度是全区平均水平的6.5倍，是全区经济发展的中心。治理沙地可以提供更多的耕地，从而满足社会发展所带来对土地的要求，缩小对经济发展的制约因素。这里的水资源也是全区最充沛的，但秋冬季节和早春盛行西风，风场强度大，地表干燥，土壤易被风蚀，导致风沙地貌发育。可以进行大型水利工程的论证，以研究如何充分利用水资源，从而有效地对沙地进行治理，对土壤风力侵蚀进行预防。

此外，由大型工程所带来的地表植被破坏，风蚀强度加大，地表石砾化，也威胁着草地资源，需要更多的研究工作。

9.3.7 讨论

西藏沙地面积变化的遥感调查结果表明了沙地处于逆向变化过程，沙地向林地转化成为主要的沙地变化方式。另外，沙地大部分转化为园林地和人工林地类型。20世纪70年代以来的沙漠化气候因子值偏小，表明了自然因素所导致的土地沙化趋势在减弱。几乎所有沙地都没有明显扩张现象，这可能与 C_R 因子值直接相关。在另一方面，这也表明了目前是进行大规模治理的最佳时间，目前的风速、降水和温度等条件有利于沙地的固定。结果显示，几乎有所减少的沙地均分布于西藏中部“一江两河”地区，该地区的沙地占沙地总面积的29.5%，西藏西北部和南部的沙地没有明显的缩小。在“一江两河”地区，沙地的减少量仅占该地区沙地总面积的1.7%，沙地总体上减少的规模并不明显。这就需要在目前的状况下进行大规模的治理，特别是对平原河谷区的沙地进行治理，从而缓解西藏经济发展所面临的后备耕地不足问题。

9.4 内蒙古土壤风力侵蚀动态遥感与影响

土壤风力侵蚀是地球环境演化的一个重要过程，自从地球存在大气和陆地以后，这种过程就一直存在。美国国家航天局（NASA）的“水手”9号和“海盗”1号、2号宇宙飞船探明了火星、金星上亦存在着类似地球上的风蚀现象。表明风蚀存在的条件非常简单，只要存在强劲的风和裸露的土壤，风蚀就自然成为一种广泛的和持久的环境演化过程。据古全球变化（Past Global Changes，PAGES）的研究资料（刘东生，1999），对于地球系统，在侏罗纪以前，气温和降水较为适宜，全球生物大量繁衍；而白垩纪以来，全球大地构造发生重大变化，板块运动强烈，在气候方面表现为干暖化趋势开始发展；第三纪以来，全球干旱化趋势更加严重；至第四纪，气候变化幅度加快，沙漠和戈壁大量分布，干旱和半干旱地区面积大大扩展，从非洲大陆至亚洲大陆，荒漠成为重要的土地覆盖方式。就中国来说，第四纪黄土的风成说表明了近240万年以来中国北方甚至亚洲中部的风蚀在不断地进行着，在中国黄土高原堆积了百米厚的风蚀颗粒（刘东生，1962）；而中国西部的雅丹地貌、戈壁景观，甚至整个中亚的半干旱区草原也自然成为土壤颗粒搬运的场所。近来的古全球变化研究又表明了中国北方黄土地层下覆盖的广大红黏土层也可能是风蚀的产物，其厚度在大部分地区比黄土层还厚，而它的时代又可推至近800万年以前（孙东怀和鹿化煜，2007）。这样，中国乃至整个亚洲干旱和半干旱区的浩瀚沙漠和戈壁也就都应有各自的演化历史，一种风力侵蚀所推动的演化史。

对于现代风蚀过程，其本身又加上人类活动这一促动因子，其发展过程是自然因子和人为因子双重作用的结果。人为因素最突出的表现为土地利用方式的驱动，不合理的土地利用方式可以提高风力侵蚀的强度，而风蚀加重的结果则验证了土地利用方式的不合理性，其本身又会促使土地利用方式发生转变，形成由风蚀灾害所推动的土地发生风蚀沙漠化和荒漠化。利用遥感方法，对土地利用的空间分布及其动态变化进行分析，从而研究其与土壤风蚀的作用程度关系，可以分析在这种土地利用结果下所必然导致的风力侵蚀发展的特定趋势。

对于自然因素，最敏感的是气候因子的变化，而土壤、植被、地形等因子的变化幅度和速度相对较小。气候变化的波动性表现为强烈的周期性和不确定性以及其变化的剧烈性。分析气候因子的时间变化序列有助于分析土壤风力侵蚀的发展趋势，特别是利用其周期性特征对风蚀的发展趋势进行预测。

内蒙古自治区是中国土壤风力侵蚀程度最深的地区之一。干旱半干旱区的界线、农牧交错带的界线、东亚夏季风的北界、东亚冬季风的爆发入境等地区均在这里，气候变化也最为敏感。大量的研究表明，内蒙古在全球增温背景下近50年来在多个地区平均气温有增加1℃的趋势（闫敏华等，2001）。在这种气候背景下，生态环境可能会更加脆弱。已有的研究表明，土地利用动态变化十分突出，表现为大量的草地被开垦为耕地；而对于草地，全区12个盟中有10个盟发生超载（包玉海等，1998；包玉海，1999）。在这种土地利用方式下，风力侵蚀必然会受到重大影响，有必要将该区列为风力侵蚀变化的重点地区进行研究。

9.4.1 内蒙古土壤风力侵蚀格局的动态及影响因素

1. 内蒙古土壤风力侵蚀的空间分布

（1）遥感调查的土壤侵蚀强度分布

内蒙古土壤侵蚀的方式主要有三种：风力侵蚀、水力侵蚀和冻融侵蚀。其中风力侵蚀的面积为71.7万km^2，占土壤侵蚀总面积的62.7%，主要分布于内蒙古中部和西部绝大部分地区，此外在东部的科尔沁地区也大量分布。水力侵蚀的面积为30.9万km^2，占土壤侵蚀总面积的27.0%，主要分布于东部的绝大部分地区和中部的河套平原地区。冻融侵蚀的面积为11.7万km^2，占土壤侵蚀总面积的10.2%，全部分布于内蒙古北部地区

(图 9.17)。

对于风力侵蚀，微度侵蚀的面积为 12.2 万 km^2，占 17.1%，主要分布于内蒙古东部地区的科尔沁地区、呼伦贝尔盟和锡林郭勒盟；轻度侵蚀区面积为 18.5 万 km^2，占 25.7%，与微度风蚀的分布范围较为一致；中度侵蚀区面积为 11.2 万 km^2，占 15.6%，除分布于以上地区外，在鄂尔多斯高原大量分布；强烈侵蚀区面积为 9.3 万 km^2，占 12.9%，主要分布于内蒙古西部，此外在以上地区也有明显分布；极强烈侵蚀的面积为 9.9 万 km^2，占 13.8%，几乎全部分布于内蒙古西部，在其他地区仅有零星分布；剧烈侵蚀区的面积为 10.6 万 km^2，占 14.8%，几乎全部分布于内蒙古西部，在其他地区仅有零星分布。

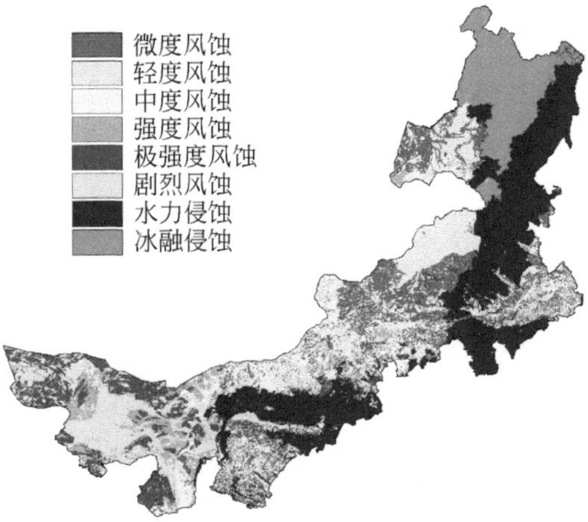

图 9.17　内蒙古土壤风力侵蚀空间分布

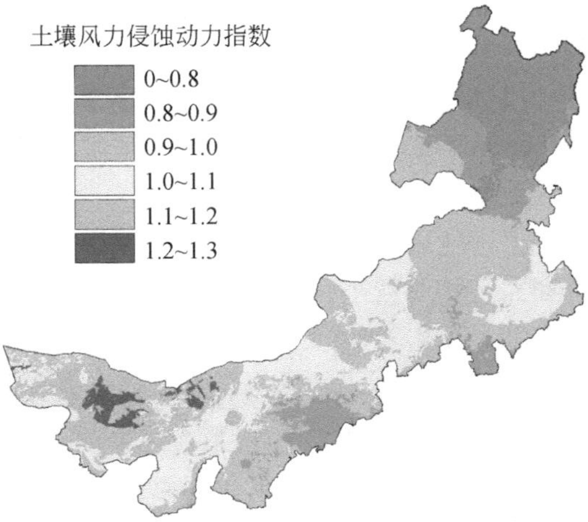

图 9.18　内蒙古土壤风力侵蚀强度指数的分布

(2) 土壤风力侵蚀动力指数的空间分布

土壤风力侵蚀动力指数（SWEDI）的空间分布更能说明土壤风力侵蚀正在发生的强度，因为它的计算同时考虑了影响风力侵蚀的主要因子的现状，表明正在发生风蚀时的因子值（图 9.18）。

根据 SWEDI 的计算结果，可将土壤风力侵蚀分为 6 个等级，分别代表不同的风力侵蚀动力强度，结果如表 9.22 所示。

表 9.22　内蒙古风力侵蚀动力指数值的面积分布

风力侵蚀强度类型	SWEDI	所占面积/km^2	面积比重/%
微度侵蚀	<0.8	168 923	14.80
轻度侵蚀	0.8～0.9	113 231	9.92
中度侵蚀	0.9～1.0	325 130	28.48
强度侵蚀	1.0～1.2	301 211	26.39
极强度侵蚀	1.2～1.3	201 624	17.66
剧烈侵蚀	≥1.3	31 352	2.75
总计		1 141 471	100.00

微度侵蚀（基本无侵蚀）的地区主要分布于内蒙古北部大兴安岭地区，而根据温度的季节变化，该区存在永冻层，它主要以冻融侵蚀为主。加上该区降水量较为充足，在夏季降水量大，在山地地区的陡坡地，在一定范围内水力侵蚀也存在。

轻度侵蚀地区，主要分布于两个区域：一是分布于仅次于微度侵蚀的较南部的地区；二是分布于毛乌素沙地东南部，该区降水量大于200mm，地下水位低，植被指数较高，风力侵蚀并不十分剧烈，但在冬季，由于植被覆盖度低，风场较强，风力侵蚀也易发生。

中度侵蚀地区，主要分布于内蒙古中东部和南部地区。总体上处于草被覆盖较好的地区。但由于比轻度侵蚀区更接近强风场中心，其风力侵蚀强度较大。

强度侵蚀，主要分布于内蒙古东部科尔沁地区、中部地区和西部的部分地区。除科尔沁地区外，大部分地区均处于半干旱地区，而该区的植被覆盖度较低，大部分地区小于30%，风场非常强劲。

极强度侵蚀，主要分布于内蒙古西部，在内蒙古中部也有分布。该区大部分面积的植被覆盖小于10%，从土地利用上讲基本为沙地和戈壁；而风场强度又可以说是全国最强的地区之一，同时这里也是荒漠化程度最深的地区之一。

剧烈侵蚀，几乎全部分布于内蒙古西部。处于强风场的中心位置，并极为干旱。

2. 1995 ~ 2000 年内蒙古土壤风力侵蚀强度动态变化

与1995年土壤风力侵蚀遥感调查的方法一样，利用2000年全国土壤风力侵蚀遥感调查数据，分析内蒙古1995 ~ 2000年土壤风力侵蚀的动态变化。

近5年来，内蒙古全区风力侵蚀总体上加重了，表现在：轻度风力侵蚀面积减少了309.75 km^2，减幅为0.17%；中度侵蚀面积增加了23 402.84 km^2，强度侵蚀面积增加了6686.99km^2，增幅分别为20.89%和7.21%。

将内蒙古各盟的边界数据与风力侵蚀空间变化数据进行叠加，以统计各盟市的风力侵蚀变化状况，结果表明，有近70%的旗县风力侵蚀强度大了。其中伊克昭盟、通辽市、锡林郭勒盟增加最多。通辽市风力侵蚀面积比1995年增加2752.09 km^2，增幅为9.96%，增加较大。赤峰市风力侵蚀面积比1995年增加了1785.54km^2，增幅为9.10%。锡林郭勒盟风力侵蚀面积比1995年增加21 520.71km^2，增幅为16.89%。乌兰察布盟风力侵蚀面积增加较小，为241.18km^2，增幅0.79%。伊克昭盟风力侵蚀面积增加了2234.92km^2，增幅为4.11%，是全区风力侵蚀面积增加较多的盟市之一。阿拉善盟是全区风力侵蚀面积最大、风力侵蚀也最剧烈的地区，全盟风力侵蚀面积增加315.52 km^2，增幅为0.14%。

除此之外，内蒙古部分盟区的风力侵蚀面积有所减少，呼伦贝尔盟风力侵蚀面积比1995年减少1509.00km^2，减幅为3.66%。兴安盟风力侵蚀面积比1995年减少71.02km^2，减幅为1.85%。利用“3S”技术提取土壤风力侵蚀的动态变化图斑，从而对土壤风力侵蚀强度的空间变化进行分析。在土壤侵蚀的6级分类中，土壤侵蚀强度由低级向高级转变的图斑当作土壤风力侵蚀的加重；而将反向变化视为土壤风力侵蚀的减轻；将其他类型侵蚀转换为风力侵蚀当作风力侵蚀面积的增加；将风力侵蚀转换为其他类型的侵蚀（如水力侵蚀、冻融侵蚀和工程侵蚀）当作是风力侵蚀区面积的减少。依据上述规则生成了土壤风力侵蚀强度的空间变化图（图9.17）。土壤风力侵蚀强度的动态变化从图9.17上可以清楚地反映出来，内蒙古西部、中部和东部呈现出不同的变化特征。内蒙古西部在这里主要指贺兰山脉以西的地区，总体上侵蚀强度加重了，但增加比率不大。主要因为该盟风力侵蚀面积现已占全盟总面积的97%以上，除个别较好的绿洲以外，几乎全部是侵蚀区。而且该区的侵蚀强度已经是极强度侵蚀和剧烈侵蚀（图9.17）。在内蒙古中部（贺兰山脉以东、大兴安岭至太行山脉以西），土壤风力侵蚀整体上加重了，内蒙古80%以上的风力侵蚀加重区均位于这里。该区侵蚀强度降低的区域也十分明显地分布于呼伦贝尔盟，在其他地区面积较少，但均有分布。内蒙古东部的土壤风力侵蚀动态则主要分布于科尔沁沙地所在的地区，总体上侵蚀强度也加重了。

3. 1995～2000年内蒙古土壤侵蚀强度动态变化的空间格局

从图9.17中可以发现，土壤风力侵蚀动态变化有5种格局：西部区、中部区、呼伦贝尔盟、科尔沁沙地区和东部区。西部区主要处于贺兰山脉以西地区，土壤风力侵蚀强度几乎全部是增大的，风力侵蚀区域没有扩展，也没有明显减少。中部区指贺兰山脉以东、太行山脉以西的地区，不包括呼伦贝尔盟，该区风力侵蚀强度总体上加强，风力侵蚀强度降低的地区面积不大，但在该区内部较零星地均匀分布，风力侵蚀的扩展和转型则在南部地区较为明显。对于呼伦贝尔盟，土壤风力侵蚀的扩展和转型均不明显，而风力侵蚀强度的减弱和增强面积十分突出。在科尔沁地区，部分地区土壤风力侵蚀加重了，但有一部分地区也减轻了。在东部区（指大兴安岭至太行山脉以东地区，不包括科尔沁地区），土壤风力侵蚀强度基本上没有发生变化。

4. 土地利用变化空间格局及对风力侵蚀的驱动作用

据丁国栋等的研究成果，当植被覆盖度发生变化后，土壤风力侵蚀强度将随着风速的增加以指数方式快速响应（张军涛，2000）。当土地利用发生变化时，土地覆盖、土壤水分等因素会随着发生变化，土壤风力侵蚀强度也会随之变化。新中国成立以来，内蒙古的土地利用变化发生了重大变化，主要体现在耕地的增加和草地的减少这两个方面。而当土地利用由草地转化为耕地、沙地或是更低覆盖度的草地，会导致植被覆盖度下降，此时土壤风力侵蚀强度就会呈指数方式增大。

但新中国成立以来至20世纪90年代有关的土地利用数据主要来自于统计调查，其准确性较难评定。虽然总体趋势是耕地在不断增加，而草地在不断减少，其空间分布的变化信息不够。不能定量的角度分析土地利用变化对土壤风力侵蚀的驱动作用。

近10年中国土地利用变化遥感调查项目为分析近10年来中国土地利用时空变化特征提供了数据支持。在立足于中国资源环境数据库的基础上，本节提取20世纪80年代末和2000年两期覆盖内蒙古的土地利用数据，进行土地利用变化的空间变化分析。这两期数据在数据方法上一致，有利于数据的空间对比。文中土地利用数据全部来自于这两期遥感调查的土地利用结果。

（1）20 世纪 90 年代至 2000 年内蒙古主要土地利用动态变化类型及对土壤风力侵蚀的影响

利用遥感方法所调查的内蒙古 1990 ~ 2000 年的土地利用变化数据，提取土地利用变化的动态信息，并进行面积统计，生成各种类型土地利用间的面积变化转移矩阵，结果如表 9.23 所示。以面积作为权重因子进行分析，发现内蒙古土地利用变化的主要方式有 11 种。

表 9.23　内蒙古 20 世纪 90 年代至 2000 年土地利用变化的转移矩阵　（单位：km^2）

土地类型	耕地	林地	高覆盖度草地	中覆盖度草地	低覆盖度草地	水域	建设用地	沙地
耕地	0	307	695	2 133	555	67	51	26
林地	2 359	0	310	2 288	71	26	159	6
高覆盖度草地	6 998	530	0	4 527	1 730	283	916	93
中覆盖度草地	3 191	363	1 216	0	2 925	156	555	786
低覆盖度草地	458	57	205	485	0	38	85	2 472
水域	173	28	63	80	17	0	30	12
沙地	72	18	110	350	1 188	35	14	0

将这 11 种土地利用变化类型的面积列入表 9.24 中。对这些变化对植被变化造成的影响进行分析，发现都与土壤风力侵蚀有直接关系。有 8 种类型会加重土壤风力侵蚀，而后两种则会降低土壤风力侵蚀。

表 9.24　20 世纪 90 年代至 2000 年土地利用变化的主要转换类型对土壤风力侵蚀的影响方式

	土地利用变化	对风力侵蚀的主要表现机制	成因
1	高覆盖度草地转变为耕地	除作物生长旺季外，土壤表面覆盖度减少；表面剪切风速值增大，土壤可蚀性增强；土壤细颗物含量降低，土壤粗化，其结层能力下降	人为开垦
2	高覆盖度草地转变为中覆盖度草地	土壤表面覆盖度减少；表面剪切风速值增大	过度放牧 气候变干
3	中覆盖度草地转变为耕地	除作物生长旺季外，土壤表面覆盖度减少；表面剪切风速值增大，土壤可蚀性增强；土壤细颗物含量降低，土壤粗化，其结层能力下降	人为开垦
4	中覆盖度草地转变为低覆盖度草地	土壤表面覆盖度减少；表面剪切风速值增大	过度放牧 气候变干
5	低覆盖度草地转变为沙地	土壤表面覆盖度减少，土壤表面物理结层因践踏而破坏，地表供沙能力上升	过度放牧 气候变干
6	林地转变为耕地	防风作用减弱，地表剪切风速增大	毁林开荒
7	林地转变为中覆盖度草地	防风作用减弱，地表覆盖度降低，地表剪切风速增大	砍伐森林
8	耕地转变为中覆盖度草地	原作物生长旺季之外地表覆盖度加大	耕地退化 退耕还草

续表

	土地利用变化	对风力侵蚀的主要表现机制	成因
9	高覆盖度草地转变为低覆盖度草地	土壤表面覆盖度减少；表面剪切风速值增大	过度放牧 气候变干
10	中覆盖度草地转变为高覆盖度草地	土壤表面覆盖度增大，表面剪切风速降低，粗糙度增大；土壤有机质增加，土壤可蚀性降低	气候变湿 草场恢复
11	沙地转变为低覆盖度草地	土壤表面覆盖度增大，流沙的爬移速率受到限制；土壤有机质增大，土壤可蚀性降低	气候变湿 人工治沙

高覆盖度草地转化为耕地的面积为6998 km^2，成为内蒙古土地利用变化最主要的类型，主要分布于内蒙古东部除科尔沁以外的地区。中覆盖度草地转化为耕地的面积为3191 km^2，主要分布于内蒙古东部地区，集中于科尔沁沙地所在地区，在内蒙古中部也有明显分布。当草地开垦为耕地后，冬季的植被覆盖度降至极低值，土壤表面的剪切风速加大，更大面积的土壤表面裸露使可侵蚀的面积增大，土壤侵蚀速率上升。耕地转化为中覆盖度草地的面积为2133 km^2，集中分布于呼伦贝尔盟地区，耕地弃耕所造成的退耕作用是重要的原因，随着土壤表面植被覆盖度加大，土壤风力侵蚀强度会减弱。

高覆盖度草地转变为中覆盖度草地的面积为4527 km^2，主要分布于内蒙古中部地区。土壤表面植被覆盖度由50%以上下降为20%～50%，土壤裸露面积增加。中覆盖度草地转变为低覆盖度草地的面积为2925 km^2，主要分布于内蒙古中部地区，植被覆盖度由20%～50%下降为20%以下。高覆盖度草地转变为低覆盖度草地的面积为1730 km^2，也主要分布于内蒙古中部地区，植被覆盖度由50%下降为20%以下。内蒙古中部地区是风场强度非常大的地区，土壤风力侵蚀强度大于东部地区，土壤裸露面积的增加造成风力侵蚀强度的增大，土壤风力侵蚀由轻度侵蚀向强度侵蚀过渡。

低覆盖度草地转变为沙地的面积为2472 km^2，主要分布于内蒙古中部和西部地区，植被覆盖度由20%下降为5%以下，大部分地区为流动沙丘。土地利用发生转变后，土壤风力侵蚀强度由强度侵蚀向极强度侵蚀和剧烈侵蚀发展。

林地转化为耕地的面积为2359 km^2，林地变为中覆盖度草地的面积为2133 km^2，主要分布于内蒙古东北部地区，这种转化类型不会明显降低地表植被覆盖度，但会使树木的防风作用减弱，地表剪切风速增大，也会造成风力侵蚀强度的加大。但由于内蒙古东北部地区是湿润地区，土壤风力侵蚀动力指数较小，故实际的侵蚀强度不大，主要以冻融侵蚀为主，几乎不发生显著的土壤风力侵蚀。

中覆盖度草地转变为高覆盖度草地以及沙地转变为低覆盖度草地的面积分别为1216 km^2 和1188 km^2，主要分布于内蒙古中部地区，植被覆盖度的增加会使土壤风力侵蚀强度下降或者是转化为其他类型的侵蚀。

总的趋势表明，内蒙古的土地利用变化以耕地开垦、草地退化为主，大部分地区的土壤风力侵蚀加强了，土地利用变化总体上是在加重土壤风力侵蚀。

（2）土地利用动态的空间格局及其对土壤风力侵蚀格局的控制

a. 土地利用动态的空间格局

利用GIS的空间分析工具，将土地利用变化的动态图斑放大，生成5km分辨率栅格，结果如图 9.19 所示。以上部分所列的几种土地利用动态变化方式形成了一定的空间格局，大体上可以分为 6 种格局。每种格局对应于特殊的土地利用变化类型。

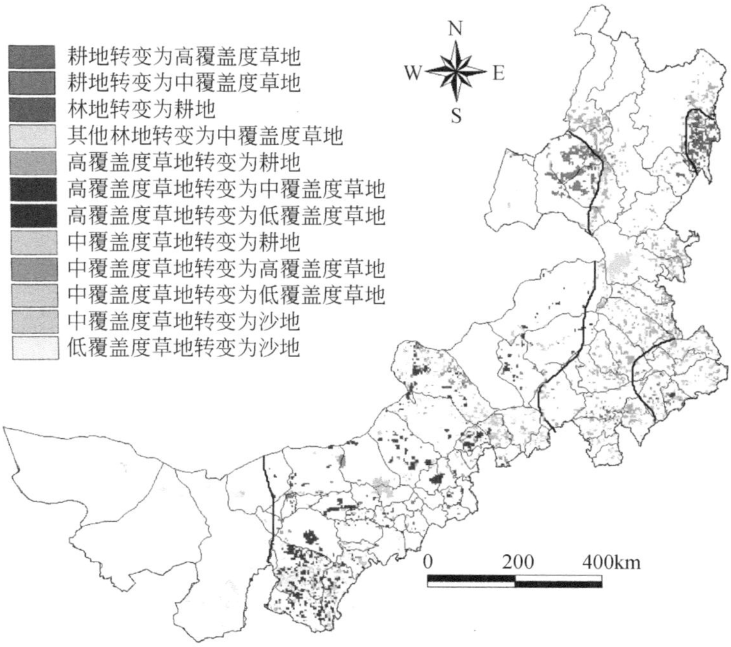

图 9.19　内蒙古 20 世纪 90 年代至 2000 年土地利用变化的主要类型及空间分布

第一种格局为沙地型，土地利用变化方式几乎完全表现在低覆盖度草地转变为沙地。该类型位于内蒙古西部，阴山以西与贺兰山沿线以西的地区。土地类型主要为沙地、戈壁和低覆盖度草地，其中沙地和戈壁的面积占总面积的 85% 以上。内蒙古的主要沙漠均分布于此，自东向西为乌兰布和沙漠、腾格里沙漠和巴丹吉林沙漠。低覆盖度草地与沙地间的转化在腾格里沙漠边缘及其内部最明显，而且也存在相互“拉锯式”动态变化，这可能与东亚夏季风的活动强度有很大关系。该区域向西主要为中央戈壁，各种类型的土地利用动态都少有发生。

第二种动态格局为草地退化型，位于大兴安岭以西、贺兰山以东的广大地区。主要表现为高覆盖度草地转变为中覆盖度草地、中覆盖度草地进一步转变为低覆盖度草地、中覆盖度和低覆盖度草地转变为沙地。该格局区域内又可分为三个子区域：阴山以北、大兴安岭以西的地区为第一子区域，该区域的土地利用动态表现在高覆盖度草地向低覆盖度草地转化，而低覆盖度草地又转变为沙地，在子区域的东部表现为高覆盖度草地转变为中覆盖度草地，在其中部表现为中覆盖度草地和低覆覆盖草地转变为沙地，在其西部则表现为高覆盖度和中覆盖度草地转变为低覆盖度草地；第二个子区域位于阴山地区和黄河以北的地区，土地利用动态变化方式主要表现为中覆盖度草地转变为耕地和高覆盖度草地转变为低覆盖度草地；第三个子区域位于贺兰山以东、黄河以南的地区，表现为高覆盖度草地转变为中低覆盖度草地和中低覆盖度草地转变为沙地，这样就形成了高覆盖度草地—中低覆盖度草地—沙地的一个连续变化过程。

第三种格局为耕地退化型，位于大兴安岭以西的呼伦贝尔地区。土地利用动态变化方式表现为耕地转变为高覆盖度草地和耕地转变为中覆盖度草地。与此同时，该区域内部仍有较少的高覆盖度草地和中覆盖度草地被开垦为耕地。

第四种动态格局为草地开垦型，主要分布于大兴安岭地区。土地利用变化方式主要表现为高覆盖度草地转变为耕地。大致也可以分为三个子区域：第一个子区域位于该区域的北部，表现为高覆盖度草地转变为耕地；第二个子区域位于该区域的中部，在其西部主要表现为高覆盖度草地转变为耕地，在其东部主要表现为林地转变为草地；第三个子区域位于该区域的南部，主要表现为高覆盖度草地转变为耕地和中覆盖度草地转变为耕地，局部还有林地转变为耕地。

第五种动态格局为混合型，主要位于科尔沁沙地，全区主要的土地利用动态变化方式在这里几乎均有分布，而最主要的几种转换类型是中覆盖度草地转变为耕地、高覆盖度草地转变为耕地、高覆盖度草地转变为低覆盖度草地和中覆盖度草地转变为沙地。

第六种动态格局为林地开垦型，主要分布于大兴安岭与松嫩平原交汇地区，其主体是嫩江地区。土地利用动态变化方式主要表现为林地转变为耕地，也有小部分草地转变为耕地。

总体上，内蒙古土地利用的动态格局可以分出三个大区域：一是贺兰山以西的地区，以低覆盖度草地向沙地变化为主；二是贺兰山以东、大兴安岭以西的地区，以高覆盖度草地转变为低覆盖度草地和中低覆盖度草地转变为沙地为主；三是大兴安岭以东地区，以中高覆盖度草地转变为耕地和林地转变为耕地为主。这三大区域的界线与我国干旱、半干旱、半湿润及湿润区的界线非常吻合，第一个区域全部位于干旱区，第二个区域主要位于半干旱地区，而第三个区域则主要位于半湿润区。

b. 土地利用动态的空间格局对土壤风力侵蚀格局的影响

对比图9.17和图9.19，土壤风力侵蚀的格局与土地利用变化格局（表9.25）在空间上有着一致性。对于土壤风力侵蚀的每一种格局，均有特殊的土地利用格局与之对应。

表9.25　土壤风力侵蚀格局区内风力侵蚀强度和土地利用变化的类型和面积统计

（单位：km^2）

格局	无风力侵蚀	减弱	加强	转为风力侵蚀	主要土地利用变化
1	0.0	449.3	5 665.4	205.9	草地转变为沙地，1 897.7 草地退化，8 955.5
2	667.5	6 136.6	44 287.6	2 963.4	草地转变为沙地，2 444.4 草地转变为耕地，2 196.9
3	0.0	9 851.2	10 353.7	3.1	耕地转变为草地，2 373.5 草地转变为耕地，7 362.9
4	10.3	62.3	920.1	649.7	林地转变为草地，2 255.5 草地转变为耕地，1 859.4
5	0.0	752.6	6 180.8	74.9	林地转变为耕地，1 073.3

在第一个区域土壤风力侵蚀格局区域，由于处于内蒙古西部，土壤风力侵蚀动力强（图9.17），土壤风力侵蚀最剧烈，20世纪90年代至2000年以来其侵蚀强度加大了；而土地利用格局则表现为低覆盖度草地向沙地的转变，局部有沙地转变为低覆盖度草地。

在第二个区域，土壤风力侵蚀恶化最严重，成为内蒙古中部荒漠化过程的重要推动因素，而土地利用格局也表现为草地的退化和沙化，大量的高覆盖度草地转变为中覆盖度草地，中覆盖度草地则进一步转变为沙地。

第三个区域处于呼伦贝尔草原，40%左右的地区基本上无明显风力侵蚀，50%左右的地区以轻度风力侵蚀为主，从20世纪90年代至2000年土壤风力侵蚀强度明显减弱。而这里的土地利用格局表现为大量的耕地转变为草地，耕地转为草地成为风力侵蚀强度减弱的重要因素。

第四个区域处于科尔沁沙地地区，土壤风力侵蚀加重了，对应的土地利用格局表现为大量的草地尤其是中覆盖度草地被开垦。该区虽然处于半湿润地区，但其土壤风力侵蚀动力强度大，草地的开垦使得在冬季和春季植被降低，大量土壤裸露，故土壤风力侵蚀加强。

第五个区域主要以水力侵蚀和冻融侵蚀为主，土壤风力侵蚀区面积较小，从20世纪90年代至2000年没有明显变化。该地区的土地利用类型主要是林地和高覆盖度草地，土地利动态变化格局主要表现为林地转变为耕地、草地转变为耕地和林地转变为草地。由于处于湿润区，毁林开荒和开垦草地并没有明显加重土壤风力侵蚀，但会加重土壤水力侵蚀。

c. 20世纪90年代不同土地利用下的土壤风力侵蚀

土地的经营方式和管理过程，直接影响土壤风力侵蚀的强度及其季节变化。在风蚀预报模型WEPS中，通过管理子模型来考虑土地经营方式和管理过程对土壤水分、植被长势、植被残余物分解、土壤表面结层、土壤粗糙度的变化进行分析。对于某一田块来说，因为有着大致相同的地形特征，加上土地利用方式也相同，土壤风力侵蚀强度可以被认为是一个均一的值（Zobeck et al.，2000）。传统风蚀模型的计算仅限于耕地，对于土地利用也仅考虑到不同类型的作物种植方式对土壤风力侵蚀的影响，主要通过WEPS的作物子模型体现出来。反过来，土壤风力侵蚀过程也会对不同的种植方式作物的产量产生影响。

对于土地利用的一级分类，如耕地、林地、草地、水域、城镇、未利用地6种类型来说，在相同气候和地理环境下，其土壤风力侵蚀强度也必然会因为不同的土地利用方式而变化。表9.26显示了内蒙古20世纪90年代的土地利用类型面积分布。耕地面积占全区面积的9.27%，主要分布于东部和中部地区。林地面积占全区面积的14.5%，主要分布于北部地区。草地面积占全区面积的60.0%，主要分布于东部和中部地区，其中高覆盖度、中覆盖度和低覆盖度草地面积分别占45.8%，31.6%和22.6%，呈自东向西过渡式分布。未利用地面积占到了全区的25.0%，其中的66.0%以上为沙地、戈壁和裸岩石砾地。这种土地利用的分区也必然在一定程度上控制了土壤风力侵蚀强度的区域差异。

表 9.26　20 世纪 90 年代土地利用面积统计表　　（单位：km²）

土地类型	面积	土地类型	面积	土地类型	面积
耕地	105 986	低覆盖草地	126 171	工矿建设用地	469
有林地	121 466	河渠	1 699	沙地	114 413
灌木林地	20 467	湖泊	6 119	戈壁	32 522
疏林地	19 222	水库	425	盐碱地	73 615
其他林地	4 747	滩地	7 262	沼泽地	22 395
高覆盖草地	256 122	城镇	1 133	裸土地	1 546
中覆盖草地	176 860	农村居民点	9 154	裸岩石砾地	41 536

将土地利用类型数据与土壤风力侵蚀数据进行叠加，结果如表 9.27 所示。对于耕地，其总面积的 50.4% 为中度侵蚀，强度侵蚀占 9.2%，极强度侵蚀占 9.0%，总体上耕地的侵蚀状况非常严重。

表 9.27　不同土地利用类型下的土壤风力侵蚀类型面积

土地类型	总计	微度侵蚀		轻度侵蚀		中度侵蚀		强度锓蚀		极强度侵蚀		剧烈锓蚀	
		面积/km²	比例/%	面积/km²	比例/%	面积/km²	比例/%	面积/km²	比例/%	面积/km²	比例/%	面积/km²	比例/%
耕地	31 407	2 966	9.4	6 793	21.6	15 818	50.4	2 894	9.2	2 835	9.0	101	0.3
有林地	2 924	1 738	59.4	503	17.2	218	7.5	274	9.4	33	1.1	158	5.4
疏林地	3 777	761	20.1	2 280	60.4	365	9.7	192	5.1	90	2.3	89	2.4
灌木林地	996	204	20.5	468	47.0	263	26.4	48	4.8	9	0.9	4	0.4
其他林地	168	71	42.3	76	45.2	7	4.2	12	7.1	2	1.2	0	0.0
高覆盖度草地	132 621	55 519	41.9	60 917	45.8	10 710	8.1	4 606	3.5	750	0.6	119	0.1
中覆盖度草地	154 630	31 211	20.2	80 095	51.8	29 292	18.9	11 138	7.2	2 439	1.6	455	0.3
低覆盖度草地	80 332	6 950	8.7	14 539	18.1	29 500	36.7	21 912	27.3	4 437	5.5	2 994	3.7
总草地	367 584	93 680	25.5	155 552	42.3	69 502	18.9	37 656	10.2	7 626	2.1	3 568	1.0
水域	9 330	5 395	57.8	1 811	19.4	1 242	13.3	575	6.2	197	2.1	110	1.2
城镇	3 423	757	22.1	1 336	39.0	733	21.4	269	7.9	135	3.9	193	5.7
沙地	156 814	4 210	2.7	4 705	3.0	12 112	7.7	28 816	18.4	30 120	19.2	76 851	49.0
戈壁	62 617	149	0.2	456	0.7	2 749	4.4	12 002	19.2	43 938	70.2	3 323	5.3
未利用地	78 013	12 536	16.1	10 590	13.6	8 977	11.5	9 954	12.8	14 232	18.2	21 724	27.8
合计	1 084 636	216 147	19.9	340 121	31.4	181 488	16.7	130 348	12.0	106 843	9.9	109 689	10.1

对于林地，不同亚类的土壤风蚀状况也不同，其他林地风蚀程度最弱，有 87.5% 处于轻度风蚀区；其次是疏林地，其面积的 80.5% 处于轻度风蚀区；第三是有林地，其总面积的 76.6% 处于轻度风蚀；灌木林地的 67.5% 处于轻度风蚀区。

草地总面积是随着土壤风力侵蚀类型强度的增大而减少的。其中，随着土壤风力侵蚀强度的增大，中覆盖度草地的面积渐渐高于高覆盖度草地的面积，而低覆盖度草地的面积又逐渐高于中覆盖度草地的面积。这表明了在土地利用的驱动下，低覆盖度草地比高覆盖度草地有着更强的土壤风力侵蚀（图 9.20）。

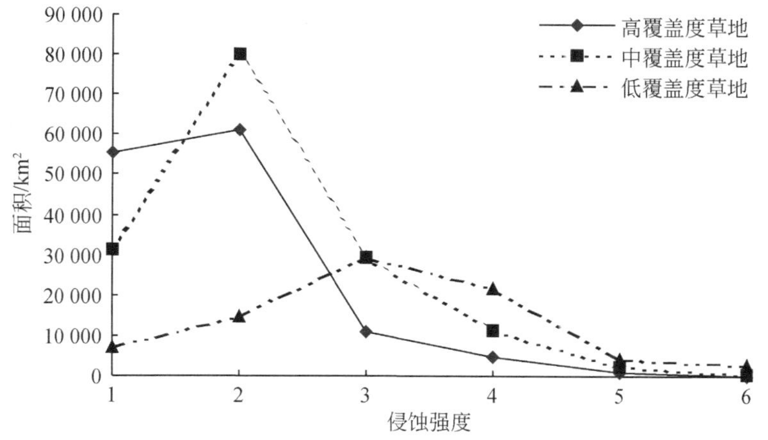

图 9.20　不同风力侵蚀强度下的草地面积

横坐标数值 1 ~ 6 分别代表土壤侵蚀强度的 6 个级别：微度侵蚀、轻度侵蚀、中度侵蚀、强度侵蚀、极强度侵蚀、剧烈侵蚀

最易发生土壤风力侵蚀的是沙地、戈壁等未利用地类型，其在植被覆盖和土壤表面结层两个方面的程度是最低的。遥感调查的土地利用数据也表明了沙地和戈壁是随着土壤侵蚀强度的增加而增大的（表 9.27）。对于沙地，随着土壤风力侵蚀强度的增大，其所占的面积比重也是增大的。而且，沙地和戈壁绝大部分均分布于强度侵蚀地区，其中，沙地的 86.6% 分布于强度或者是强度以上风力侵蚀的地区，戈壁的 94.7% 分布于强度或者是强度以上风力侵蚀的地区。

（3）土地利用变化对土壤风力侵蚀空间、时间分布的影响

当土地利用发生变化时，土地覆盖、土壤水分等因素也会随着发生变化，土壤风力侵蚀强度也会跟着变化。而当土地利用由草地转变为耕地、沙地或是更低覆盖度的草地，导致植被覆盖度下降，此时土壤风力侵蚀强度会呈指数方式增大。

a. 新中国成立以来至 20 世纪 90 年代内蒙古的主要土地利用动态变化

据包玉海（1999）总结整理，在此期间内蒙古土地利用变化主要体现在耕地的增加和草地的减少这两个方面。耕地的增加有 4 次高潮：第一次介于 1949 ~ 1952 年，耕地增加了 1200 万亩；第二次是 1959 ~ 1961 年，耕地增加了 1056 万亩；第三次是 1966 ~ 1976年，耕地增加了 1500 万亩，第四次是 1988 ~ 1998 年，耕地处于不断增加的过程。而对于草地：20 世纪 60 年代草地总面积为 13.2 亿亩，可利用草场为 10.3 亿亩；80 年代初草地面积为 11.82 亿亩，可利用草场面积为 9.54 亿亩；90 年代初草地面积为 10.56 亿亩，可利用草场面积为 8.47 亿亩。

以上所列的新中国成立以来至 20 世纪 90 年代有关的土地利用数据主要是来自于统计调查，其准确性较难评定。但总的趋势是耕地在不断增加，而草地在不断减少。

b. 20 世纪 90 年代至 2000 年内蒙古主要土地利用动态变化类型

利用遥感方法所调查的20世纪90年代和2000年的土地利用变化数据，提取土地利用变化的动态信息，并进行面积统计，生成各种类型土地利用变化转移矩阵，如表9.28所示。以面积作为权重因子进行分析，发现内蒙古土地利用的主要方式有11种（表9.29）。

表9.28　20世纪90年代至2000年内蒙古土地利用变化的转移矩阵　（单位：km^2）

土地类型	耕地	林地	高覆盖草地	中覆盖草地	低覆盖草地	水域	城镇居民点	沙地	戈壁	其他类型
耕地	0	307	695	2 133	555	67	51	26	0	293
林地	2 359	0	310	2 288	71	26	159	6	0	3
高覆盖草地	6 998	530	0	4 527	1 730	283	916	93	0	277
中覆盖草地	3 191	363	1 216	0	2 925	156	555	786	0	423
低覆盖草地	458	57	205	485	0	38	85	2 472	899	614
水域	173	28	63	80	17	0	30	12	0	412
城镇居民点	8	45	134	447	115	15	0	4	0	57
沙地	72	18	110	350	1 188	35	14	0	19	84
戈壁	0	0	0	0	0	0	0	0	0	0
其他类型	687	13	321	818	527	663	86	93	104	0

c. 土地利用变化与土壤风力侵蚀的关系

表9.29所示的11种土地利用变化类型几乎都与土壤风力侵蚀有直接关系，表现在前9种类型的产生都会加重土壤风力侵蚀，而后两种则会降低土壤风力侵蚀，但是后两种所占面积比例较小。表明内蒙古的土地利用变化与土壤风力侵蚀的关系是一种反向过程，即土地利用变化总体上是在加重土壤风力侵蚀。

表9.29　20世纪90年代至2000年内蒙古土地利用变化的主要转换类型和面积分布

面积排序	土地利用变化类型	面积/km^2
1	高覆盖度草地转变为耕地	6 998
2	高覆盖度草地转变为中覆盖度草地	4 527
3	中覆盖度草地转变为耕地	3 191
4	中覆盖度草地转变为低覆盖度草地	2 925
5	低覆盖度草地转变为沙地	2 472
6	林地转变为耕地	2 359
7	林地转变为中覆盖度草地	2 288
8	耕地转变为中覆盖度草地	2 133
9	高覆盖度草地转变为低覆盖度草地	1 730
10	中覆盖度草地转变为高覆盖度草地	1 216
11	沙地转变为低覆盖度草地	1 188

表9.30中列出了这11种土地利用变化类型对风力侵蚀的主要表现方式。

表 9.30　20 世纪 90 年代至 2000 年内蒙古主要土地变化类型对土壤风力侵蚀的影响方式

土地利用变化类型	对风力侵蚀的主要表现机制	成因
草地转变为耕地	除作物生长旺季外，土壤表面覆盖度减少，表面剪切风速值增大；土壤有机质减少，土壤可蚀性增强；土壤细颗物含量降低，土壤粗化，其结层能力下降	人为开垦
高覆盖度草地转变为中覆盖度草地	土壤表面覆盖度减少，表面剪切风速值增大	过度放牧 气候变干
低覆盖度草地转变为沙地	土壤表面覆盖度减少，土壤表面物理结层因践踏而破坏，地表供沙能力上升	过度放牧 气候变干
林地转变为耕地	防风作用减弱，地表剪切风速增大	毁林开荒
林地转变为中覆盖度草地	防风作用减弱，地表覆盖度降低，地表剪切风速增大	砍伐森林
耕地转变为中覆盖度草地	原作物生长旺季之外地表覆盖加大	耕地退化 退耕还草
中覆盖度草地转变为高覆盖度草地	土壤表面覆盖度增大，表面剪切风速降低，相对于风的粗糙度增大；土壤有机质增加，土壤可蚀性降低	气候变湿 草场恢复
沙地转变为低覆盖度草地	土壤表面覆盖度增大，流沙的爬移速率受到限制；土壤有机质增大，土壤可蚀性降低	气候变湿 人工治沙

9.4.2　土壤风力侵蚀的影响因子

1. 土地利用动态的空间格局对土壤风力侵蚀的影响

内蒙古土地利用动态主要表现为三大方式：中高覆盖度草地转变为耕地、高覆盖度草地转变为中低覆盖度草地和中低覆盖度草地转变为沙地。从土壤风力侵蚀的角度，土地在经历这三种方式的转变后，其土壤风力侵蚀强度是增大的，最突出的原因是地表植被覆盖度的下降（图 9.21）。

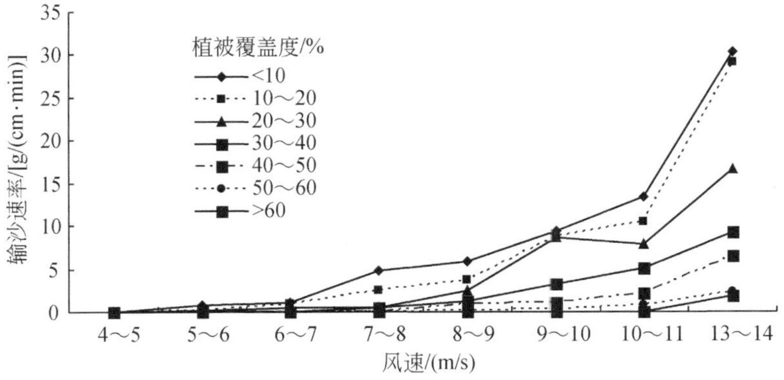

图 9.21　不同植被类型和风速下土壤的输沙率

资料来源：丁国栋，2004

特别地，在土地利用动态空间格局的控制下，形成了以下几种土地利用变化序列。

在第一个区域，表现为低覆盖度草地 - 沙地 - 低覆盖度草地的循环过程。局部降水量的增大使沙地变为低覆盖草地草地；人类放牧活动、气候变干或是土壤风力侵蚀(如沙丘移动）的影响又使部分低覆盖草地草地变为沙地。

在第二个区域，表现在高覆盖度草地变为中覆盖度草地，中覆盖度草地进一步变为沙地。这一过程体现了自然的风蚀过程（如随着强度的加深和时间延长而发生草地退化)、人为过度放牧和气候变化影响这三大方面的综合控制。这种过程是一种荒漠化过程，高覆盖度草地一旦变为沙地，很难恢复。

在第三个区域，目前的变化过程表现为耕地变为草地，加上先期的草地变耕地过程，就形成了一个高覆盖度草地 - 耕地 - 中覆盖度草地的时间变化序列。

在第四个区域，表现为草地变耕地的过程，加上林地变草地过程，则表现为一个林地 - 草地 - 耕地的变化过程，而耕地变化为低覆盖度的草地甚至是沙地，这在目前还不明显，但所造成的土壤风力侵蚀的强度是增大的，未来由于侵蚀时间的加长和气候的进一步变干，这种趋势在所难免。

第五个区域在地理单元上处于科尔沁沙地地区，在土地利用方式上也存在一个草地 - 耕地 - 沙地的时间变化序列。

对于第六个区域，目前仅表现为毁林开荒所导致的林地转变为耕地。

2. 气象因子的多年变化及对风蚀的影响

(1) 与风蚀有关的气象因子的定量描述

在土壤风力侵蚀方程 RWEQ 中，采用以下方程对风场强度进行描述

$$W = \sum_{i=1}^{N} U_2(U_2 - U_t)^2 \tag{9.5}$$

式中：W 为风场强度因子（m^3/s^3）；U_2 为离地面 2m 高处的风速；U_t 为 2m 高处的临界风速，一般设置为 5m/s；N 为一段时期内（通常为 15d）数据的观测次数。

用以下公式进一步进行处理

$$W_f = \frac{W}{500} \times N_d \tag{9.6}$$

式中：W_f 为新的风场强度因子（m^3/s^3）；N_d 为选定时间段内的天数（d）。

进一步，WEPS 模型中选用了以下公式进行气象因子值的计算

$$\mathrm{WF} = W_f \frac{\rho}{g}(\mathrm{SW})\mathrm{SD} \tag{9.7}$$

式中：WF 为气象因子（kg/m）；W_f 为风场强度因子（m^3/s^3）；ρ 为空气密度（kg/m^3）；g 为重力加速度［kg/（ms)^2］；SW 为土壤湿度因子，（无量纲）；SD 为雪覆盖因子（无量纲）。

对于土壤湿度因子，采用了以下方程进行描述：

$$\mathrm{SW} = \frac{\mathrm{ET_p} - (R + I)\dfrac{R_d}{N_d}}{\mathrm{ET_p}} \tag{9.8}$$

式中：ET_p 为潜在蒸发量（mm）；R_d 为一段时期内降雨或灌溉的天数；$(R+I)$ 为降雨和灌溉总量（mm）；N_d 为此段时期的天数（一般为 15d）。

而对于 ET_p，则采用了 Samani 和 Pessarakli（1986）的方法，公式为

$$ET_p = 0.0162\left(\frac{SR}{58.5}\right)(DT + 17.8) \tag{9.9}$$

式中：SR 为一定时期内的太阳总辐射（cal①/cm²）；DT 为平均温度。

对于积雪对风蚀的影响，RWEQ 模型中采用 SD 因子来进行描述。SD 值表述为一段时期内积雪存在的频率。当一段时间内积雪存在的时间占该时期一半时间，则 SD 的值为 0.5。

（2）风速的变化

风速值的变化与风蚀量呈三次方的关系，风速值的多年变化趋势成为影响土壤风力侵蚀的重要因子。图 9.22 显示了内蒙古阿巴嘎旗（站点号 53192）近 50 年来（1953～1999年）年均风速变化的时间序列。风速的变化幅度明显，波动频率大。从 20 世纪 60 年代以来，风速呈下降趋势，由接近 4.0m/s 的水平降至 3.0m/s 的水平，年均风速下降了 1.0m/s。风速的波动呈现出明显的周期特征，并且表现出不同的尺度与结构。

为此，引用了小波分析方法对风速变化时间序列进行分析，而已有文献表明，通过小波分析可以得到时间序列在任一时刻的频率特征以及在时间—频率上的变化特征（崔锦泰，1995）。图 9.23 表示了阿巴嘎旗风速值在时间系列上对应于不同尺度的结构特征和变化规律。图中 $d_1 \sim d_6$ 分别为 6 个月、1 年、2 年、4 年、8 年和 16 年尺度的小波系数变化曲线；$a_1 \sim a_6$ 分别是 $d_1 \sim d_6$ 的近似小波系数变化曲线；s 为原始数据变化曲线。结果显示了风速变化的小幅周期十分明显。而 16 年的周期也非常突出，且总的趋势也表明了风速存在一个下降的过程。

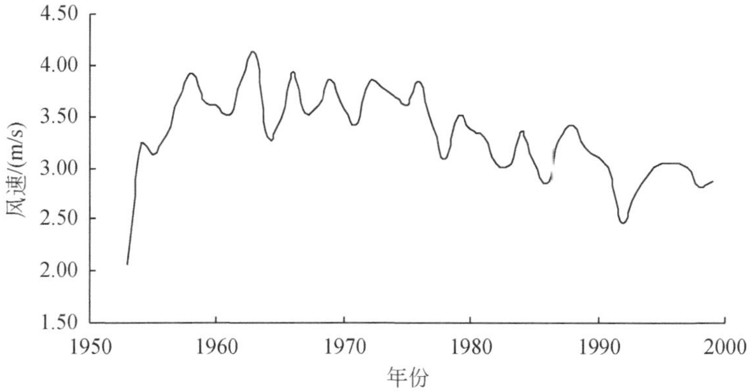

图 9.22　内蒙古阿巴嘎旗（站点号 53192）近 50 年来年均风速的变化图

阿巴嘎旗风速数据的小波分析结果显示了较强的 10 年风速变化周期，为此提取

① 1cal≈4.2J。

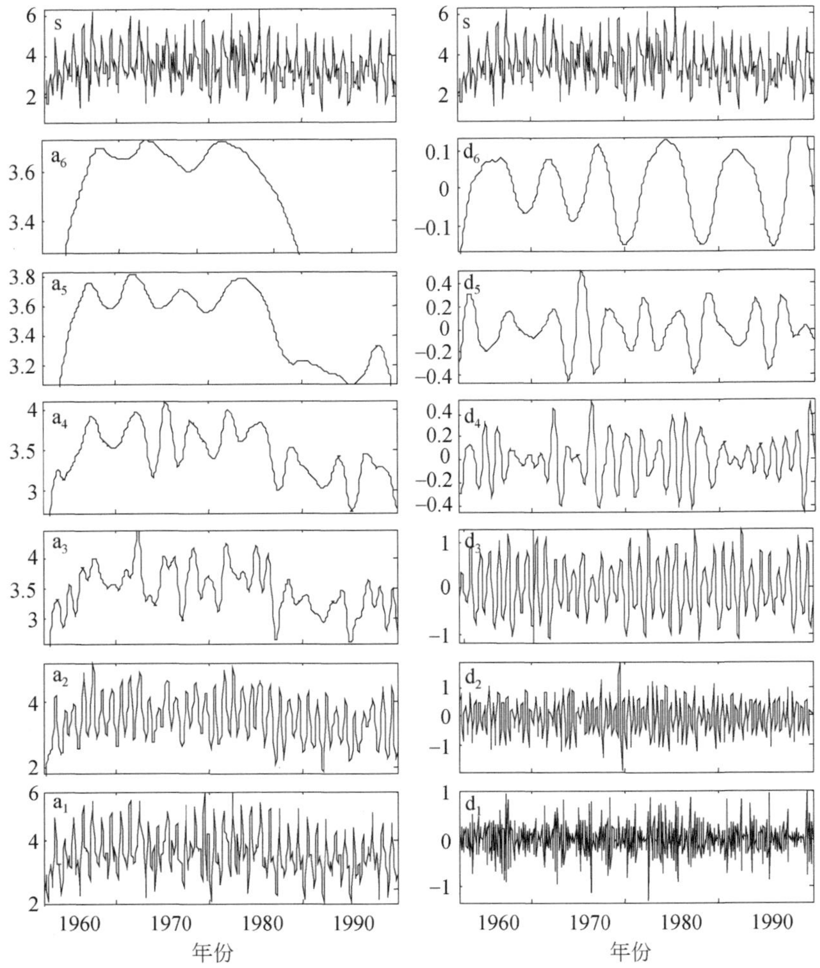

图 9.23　内蒙古阿巴嘎旗（站点号 53192）1953～1990 年月均风速变化的小波分析结果

1951～2000 年覆盖内蒙古的气象数据中的风速数据，进行每 10 年平均风速的计算，并将结果进行空间内插，结果如图 9.24 所示。就总体趋势上看，平均风速是逐渐下降的。在 20 世纪 50 年代，强风场主要分布于内蒙古西部和中部，此外在呼伦贝尔盟西部地区也较强；在科尔沁地区也较强，年均风速均大于 3.6 m/s。到 60 年代，西部和中部地区变化不明显，而东部地区平均风速明显减少。至 70 年代，中部和西部地区的平均风速均增大了，总体状况高于 50 年代，并成为近 50 年来风场强度最大的时期。至 80 年代，风场强度在整体上又减弱了。中部和西部地区强风场区面积减小，呼伦贝尔地区的年平均风速几乎全小于 3.6 m/s。而在科尔沁地区，风速降低不明显。在原有的低风速地区，平均风速也进一步缩小。至 90 年代，平均风速又更大幅度地降低。年平均风速大于 3.6m/s 的地区则几乎仅分布于内蒙古中部和西部靠近蒙古共和国地区。内蒙古东部大部分地区的平均风速处于 3.1m/s 以下。

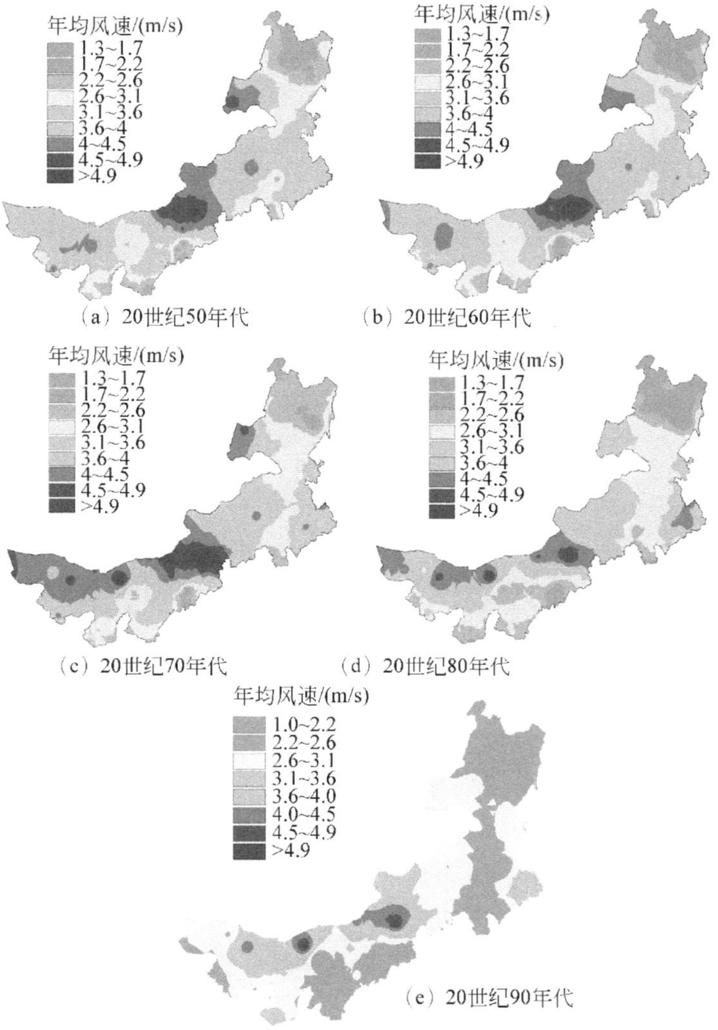

(a) 20世纪50年代　(b) 20世纪60年代

(c) 20世纪70年代　(d) 20世纪80年代

(e) 20世纪90年代

图 9.24　内蒙古自治区近 50 年来 10 年均风速变化

(3) 降水的多年变化

降水是影响土壤温度的重要因子，是间接衡量土壤干燥程度的重要指标。图 9.25 显示了内蒙古阿巴嘎旗（站点号 53192）近 50 年来（1953 ~ 1999 年）年降水量的变化状况。降水没有风速那样突出的变化趋势，其波动的周期性也较为突出，且比风速变化的周期更短。

同样地利用小波分析方法对内蒙古阿巴嘎旗（站点号 53192）近 50 年来降水量的变化进行分析，结果如图 9.26 所示，图中的各项符号说明与图 9.23 相似。结果显示了降水在 16 年的尺度上也有明显的周期性特征。

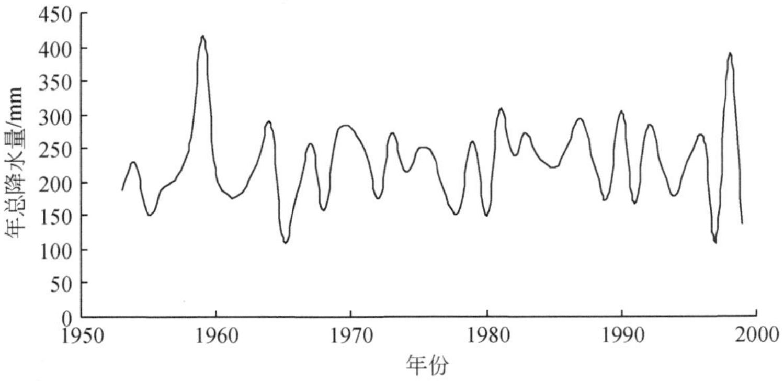

图 9.25　内蒙古阿巴嘎旗（站点号 53192）近 50 年来降水量的变化图

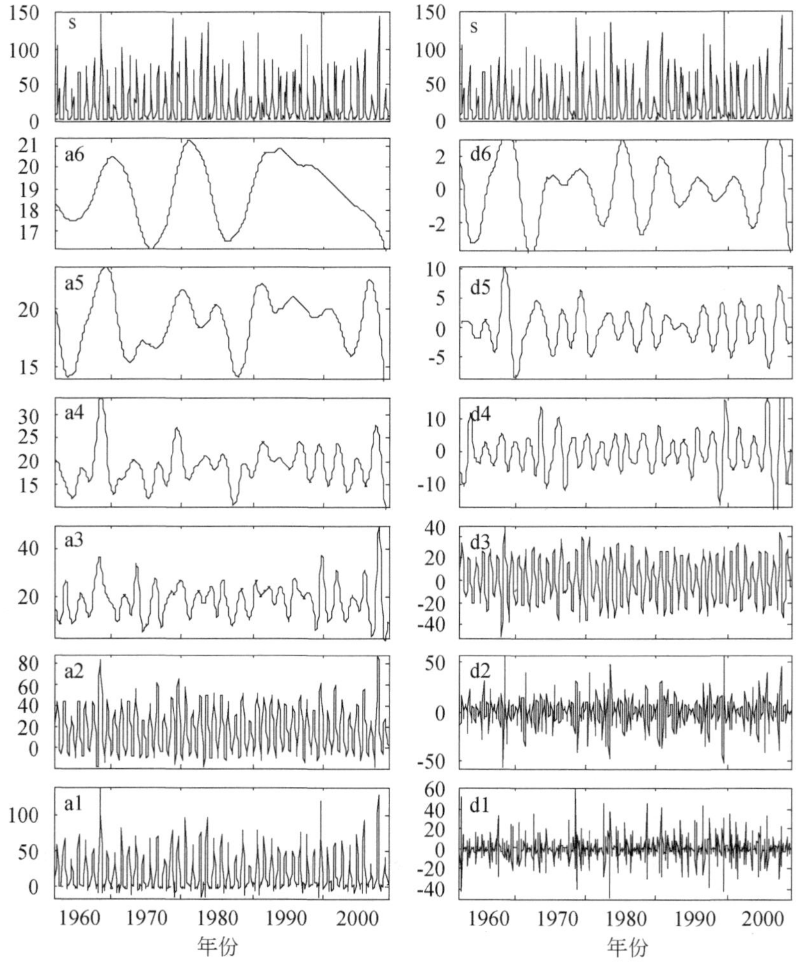

图 9.26　内蒙古阿巴嘎旗（站点号 53192）50 年来月降水量变化的小波分析图

与风速的分析相似，提取1951～2000年覆盖内蒙古的气象数据中的降水数据，进行每10年平均降水量的计算，并将结果进行空间内插，结果如图9.27（见书后彩图）所示。总体上，20世纪50～90年代，降水量是一个逐渐减少的过程，而80年代则是一个降水量较为丰沛的时期，其降水量的空间分布表明此时的降水量是50年代以来最好的。而80年代同时是我国粮食高产时期。此时全国的降水量普遍处于较高水平。

在降水量线的变化过程中，200mm和400mm降水量线的变化是最快速的。对于200mm的降水量线，其20世纪50年代时平均位置处于内蒙古中部与西部交界区，而此后逐渐向内蒙古中部地区接近，在20世纪90年代达到最东的位置。降水小于200mm的面积在90年代也达到最大。

对于400mm降水量线，其在20世纪50年代曾位于内蒙古东部与中部交界的地区，而在60年代则快速向东移动，大于400mm降水量的地区仅占到内蒙古东部的很少部分地区。而在70年代，400mm降水量线几乎移出内蒙古，整个内蒙古处于降水量小于400mm的时期。在80年代，该降水量线快速向西移动，超过了50年代的水平。至90年代，该降水量线又向东移动，使得大于400mm降水的地区又缩小，并且整体上低于50年代的水平。

（4）温度的多年变化

温度的变化是影响土壤蒸发量的重要因子，进而控制了土壤干燥状况。温度升高会使土壤水分减少，土壤颗粒更加分散，使土壤可蚀性增大。图9.28显示了内蒙古阿巴嘎旗（53192）近50年来温度的变化，温度呈增高的趋势，近50年来的增温幅度在1℃左右。同时，温度变化也呈明显的周期性波动特征。

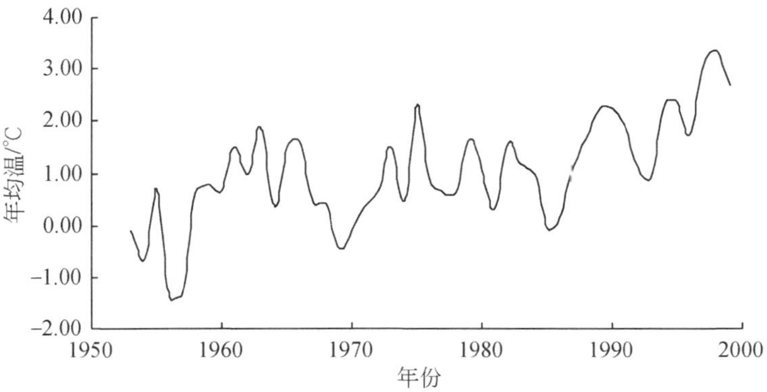

图9.28　内蒙古阿巴嘎旗（站点号53192）近50年来温度的变化图

同样地利用小波分析方法对内蒙古阿巴嘎旗（53192）近50年来温度的变化进行分析，结果如图9.29所示，图9.29中的各项符号说明与图9.23相似。结果显示了气温在16年的尺度上有明显的周期性特征，而且气温与风速和降水相比，其在16年、8年、4年、甚至是2年尺度上的变化频率更具有周期性特征。

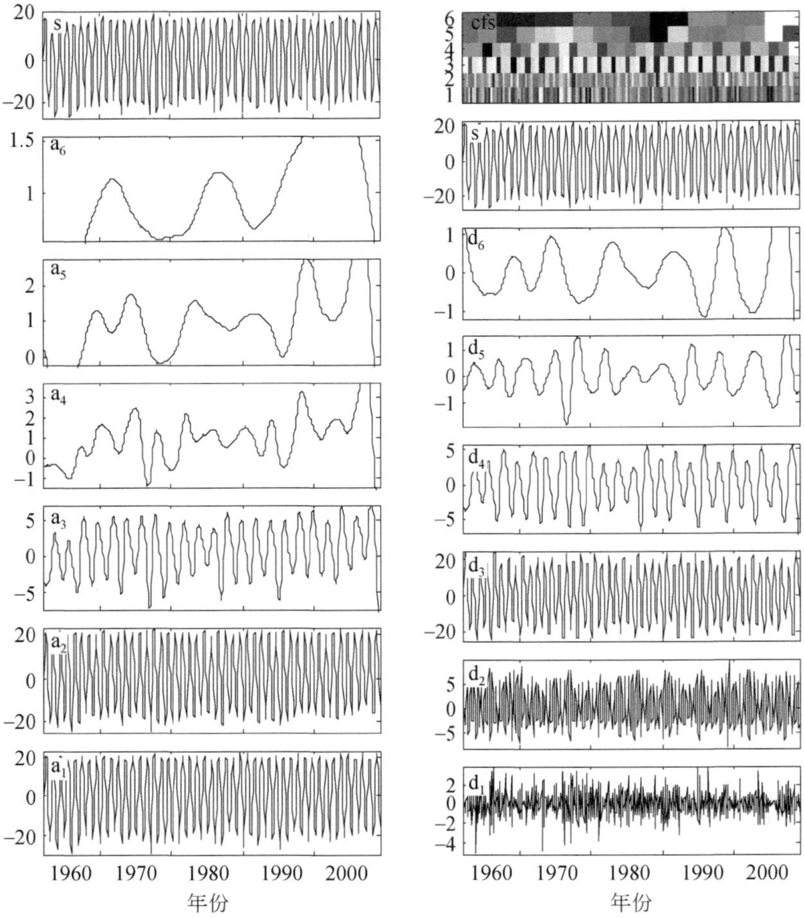

图 9.29　内蒙古阿巴嘎旗（站点号 53192）50 年来月均温度的变化的小波分析图

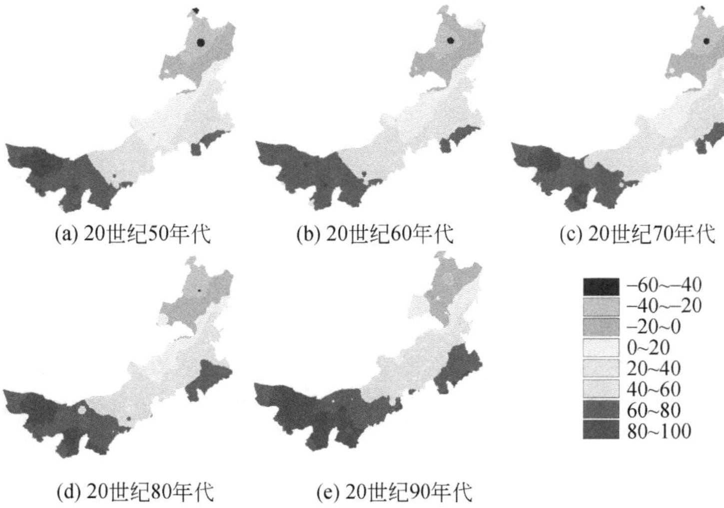

图 9.30　内蒙古 20 世纪 50～90 年代温度的变化（1951～2000 年）

提取 1951 ~ 2000 年气象数据中的温度数据，进行每 10 年平均降水量的计算，并将结果进行空间内插，结果如图 9.30 所示。整体上，近 50 年以来，内蒙古的年平均温度处于上升的趋势。在东部地区，年均温小于 0℃的地区向北缩小；在西部地区，年均温大于 0℃的地区向东逐渐扩大。

（5）干燥度的多年变化

根据 1951 ~ 2000 年的气温和降水数据，进行大于 10℃的年积温的计算，然后利用经验公式进行干燥度的计算，并计算每 10 年平均的平均干燥度，并将结果进行空间内插，结果如图 9.31 所示。

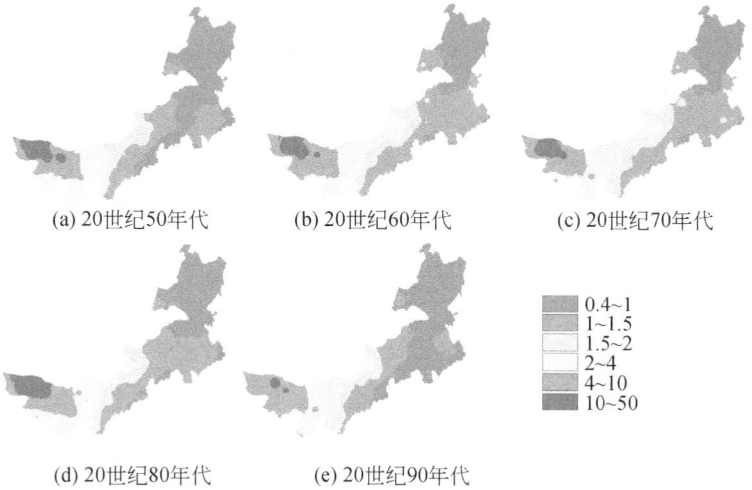

图 9.31　内蒙古 20 世纪 50 年代至 90 年代干燥度的变化（1951 ~ 2000 年）

（6）新中国成立以来沙漠化过程气候因子的变化

以内蒙古阿巴嘎旗为例，将风速、气温、降雨数据代入式（9.3）之中，对区域气候因子（C_R）进行计算，结果如图 9.32 所示。

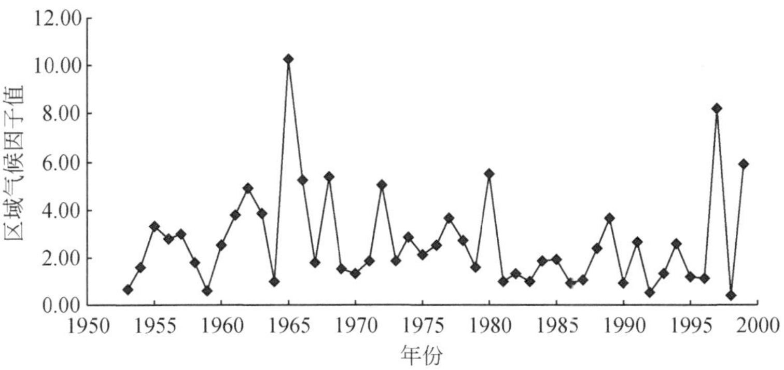

图 9.32　内蒙古阿巴嘎旗（站点号 53192）20 世纪 50 ~ 90 年代区域气候因子值变化（1951 ~ 2000 年）

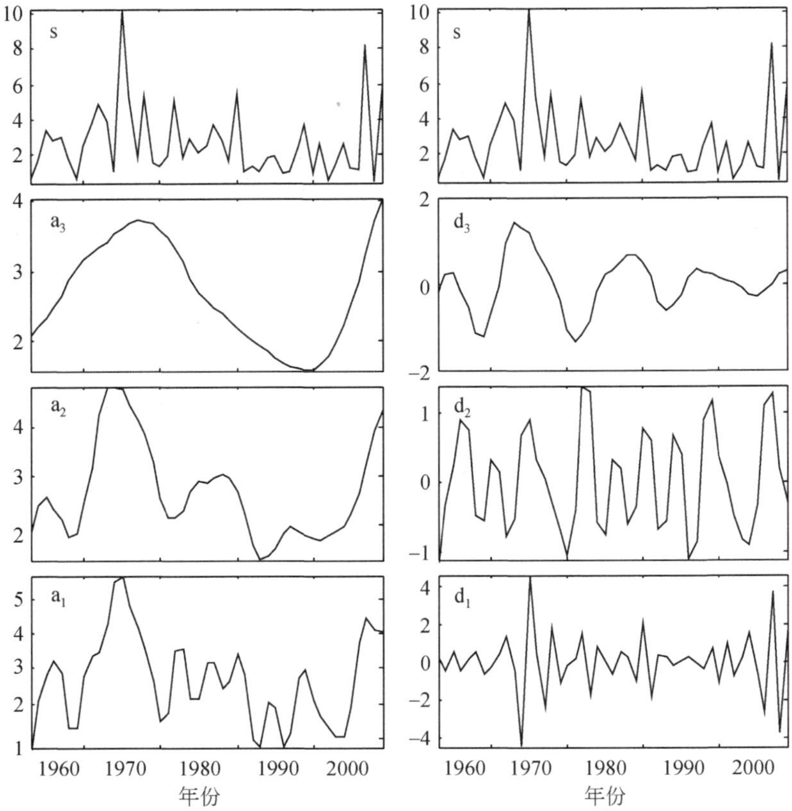

图 9.33　内蒙古阿巴嘎旗（站点号 53192）近 50 年来 C_R 值的小波分析图

近 50 年来的数据表明，C_R 因子值从 20 世纪 50～60 年代处于增大的过程，这与此时期风速的快速增大较为一致。而就降水量来讲，50 年代的降水量大于 60 年代的降水量。此外，气温也有一个快速增大的过程。在风速、降水量、气温三个因子共同作用下，C_R 因子值必然大幅度增大，也与计算结果相吻合。C_R 在 60 年代中期达到最大值，这与三个因子值的相对高值区对应。60 年代期间 C_R 因子值存在剧烈变化，也与三因子的变化相对应。

之后，C_R 值逐渐减少，在 20 世纪 60 年代末期和 70 年代初期，达到一个相对最小值。此时，气温也达到一个相对最低值，降水有所增加，风速也有减弱的趋势但并不如前两者明显。至 70 年代，C_R 虽然较 60 年代低，但对比于其他时期还是达到一个相对较高值期。

20 世纪 80 年代末开始，C_R 值处于降低趋势。在 80 年代中期 C_R 值达到最低值。此时的降水量处于高值期，气温处于下降过程，而风速也有较明显下降。

20 世纪 80 年代末期至 90 年代初 C_R 值又开始减小，在 90 年代后期，C_R 值又快速增大，在 1997 年 C_R 值达到 8.25，而至 1998 年又降低为 0.37，至 1999 年又回升到 5.9。风速的值是降低的，但并没有导致 C_R 值的降低，主要是受气温和降水的变化所影响，使 C_R 值增加。特别是 1998 年同时也是我国洪水多发期，C_R 值大幅度下降，在阿巴嘎则降至近50年来的最低点。

利用小波分析方法对所计算的 C_R 因子值进行周期分析，结果如图9.33所示。1953年以来的 C_R 因子值存在一个近30年的大周期，在20世纪50年代和80年代达到最低值，在1968年达到最低值。进入90年代后，C_R 值快速上升。

对内蒙古 C_R 因子的空间插值，进行以10年变化尺度的时空变化分析，结果如表9.31和图9.34（见书后彩图）所示。

对于20世纪50年代（1951～1960年），C_R 值小于0.5的地区面积占全区面积的21.84%，主要分布于北部大兴安岭地区，在东部及东南部与其他省份接壤地区也有分布。C_R 值为0.5～1.0的地区面积占全区面积的16.50%，主要分布于东部、东南部和南部地区。C_R 值为1.0～5.0的地区面积占全区面积的35.72%，主要分布于内蒙古中部地区，在科尔沁地区也有小面积分布，这部分的面积分布最大，成为内蒙古最主要的 C_R 因子影响区域之一。C_R 值为5.0～10.0的地区面积占全区的8.27%，主要分布于中部地区和中西部地区。C_R 值大于10.0的地区面积占全区的17.67%，全部分布于西部地区。

进入20世纪60年代（1961～1970年），C_R 值小于0.5的地区面积占全区面积的18.88%，比50年代减少了2.96%，其分布区域向东北方向收缩，在东部和东南部的分布面积非常小。C_R 值为0.5～1.0的地区面积占全区面积的14.77%，减小了1.73%，其分布区域向东部收缩，并向北部50年代的 C_R 值小于0.5的地区扩展。C_R 值为1.0～5.0的区域的面积占全区面积的34.55%，减小了1.17%，其分布区域在西北部收缩，在东部和东南部扩展，尤其在科尔沁地区扩大最明显。C_R 值为5.0～10.0的地区面积占全区面积的9.32%，比50年代扩大了1.05%，扩展的地区主要位于中部和中西部地区。C_R 值大于10.0的地区的面积占全区面积的22.48%，比50年代增大了4.82%，其在西部的面积变化不大，主要是在内蒙古中部地区发生大面积扩展。

在20世纪70年代（1971～1980年），C_R 值小于0.5的地区的面积占全区面积的19.74%，比50年代减少了2.1%，但比60年代又增加了0.86%，其界线向北收缩，向西扩张。C_R 值为0.5～1.0的地区的面积占全区的14.18%，比50年代减少了1.32%，比60年代减少了0.59%，相比于60年代，其主要是在科尔沁地区发生了大面积的收缩。C_R 值为1.0～5.0的面积为35.02%，比50年代减小了0.7%，比60年代又增加了0.47%，增加的地区主要位于科尔沁地区，使该地区 C_R 值为1.0～5.0的面积占该地区面积的60%以上。C_R 值为0.5～10.0的地区的面积占全区面积的7.92%，比50年代减少了0.35%，比60年代减小了1.4%，减少地区域主要分布于西部地区。C_R 值大于10.0的地区面积占全区面积的23.14%，比50年代增加了5.47%，比60年代也增加了0.66%，表现在其面积由西部地区向中部地区扩展。

表 9.31　内蒙古 20 世纪 50～80 年代 C_R 因子值的空间变化统计表

C_R 值	20 世纪 50 年代/%	20 世纪 60 年代/%	20 世纪 70 年代/%	20 世纪 80 年代/%
<0.5	21.84	18.88	19.74	41.77
0.5～1.0	16.50	14.77	14.18	15.46
1.0～5.0	35.72	34.55	35.02	20.08
5.0～10.0	8.27	9.32	7.92	5.31
10.0～50.0	4.00	9.48	11.51	5.39
>50.0	13.67	13.00	11.63	11.98

进入 20 世纪 80 年代（1971～1980 年），C_R 值小于 0.5 的地区的面积占全区面积的 41.77%，成为面积最大的地区，表现在由北部向南部快速扩展、由东南向西北大幅度过渡。C_R 值为 0.5～1.0 的地区的面积占全区面积的 15.46%，比 50 年代减少了 1.04%，但比 60 年代和 70 年代分别增加了 0.69% 和 1.28%，其分布区域由内蒙古西部向东部挺进，几乎全部移出原来的地区。C_R 值为 1.0～5.0 的地区面积占全区的 20.08%，比 50 年代减小了 15.64%，比 60 年代减小了 14.47%，比 70 年代减小了 14.94%，其向西有所扩展，但主要表现于占据了中部已有的高值区。C_R 值为 5.0～10.0 的地区面积占全区面积的 5.31%，比 50 年代减少了 2.96%，比 60 年代减少了 4.01%，比 70 年代减小了 2.61%，其面积在中部急剧萎缩，在西部有所扩展。C_R 值大于 10.0 的地区面积占全区的面积 17.37%，比 50 年代减少了 0.3%，比 60 年代和 70 年代分别减少了 5.1% 和 5.77%，表现为向西部收缩，特别 C_R 值为 10.0～50.0 的地区面积变化最剧烈，向西收缩程度最大。

20 世纪 50～80 年代，C_R 值在大多数区域均经历了从 50 年代的低值转为 60 年代的较高值，至 70 年代则最高，而 80 年代又达到最低。对于内蒙古北部，按上图分类的不同级别 C_R 值所对应的区域分布变化不大，在内蒙古北部，其分布也不大；而在内蒙古中部和中西部，C_R 值变化最大。图 9.35 显示了 50～80 年代 C_R 值的变率。

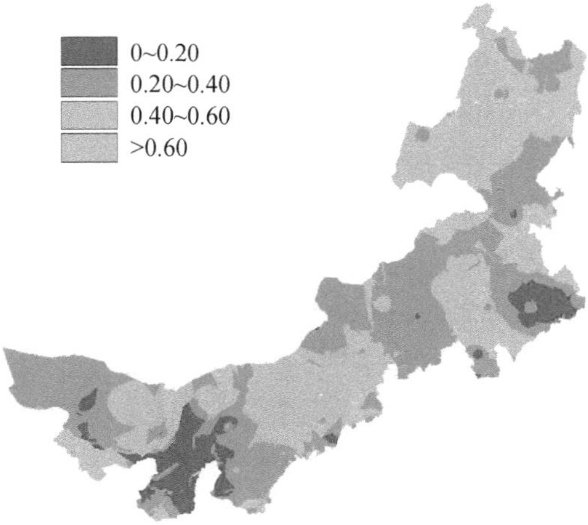

图 9.35　内蒙古 20 世纪 50～80 年代 C_R 值的变率

总体上，内蒙古的 C_R 值变率比较大，大部分地区的变率值大于0.20，表明了沙漠化气候因子变化的剧烈性，这与气温、降水、风速等因子的变化幅度是一致的。在内蒙古西部，中部和东部的大部分地区，C_R 的变率值均小于0.40，其中以阿盟、乌海和科尔沁的部分地区变化幅度最小，相对变率小于0.2。C_R 值变率较大的地区位于西部与中部、东部与中部、北部呼伦贝尔盟这三个区域。

从 C_R 值的多年分布来看，从内蒙古西部至东部，其值逐渐减少，表明气候因素对沙漠化的影响程度减弱。C_R 值与沙地的空间分布有一定的联系。在西部，沙漠化因子值非常大，风蚀过程强烈，土地利用方式以风蚀沙地和戈壁为主；在内蒙古中部，C_R 值为1.0～10.0，风蚀强度较为减弱，土地利用方式以中低覆盖度草地为主，沙地面积较西部为小；在内蒙古北部大兴安岭及其周边地区，C_R 值较小，大部分地区小于1.0，土地利用以高覆盖草地和林地为主，几乎没有沙地分布；在科尔沁地区，C_R 值比周围地区高，沙地所占的面积比例也高于周边地区。

（7）讨论

内蒙古土壤风力侵蚀强烈，有62.7%的土地以风力侵蚀为主。风蚀区中，有50%以上的耕地发生中度以上侵蚀。而土地变为沙地成为最重要的风蚀灾害。

土地利用变化成为驱动土地沙化的重要驱动力，20世纪90年代至2000年近10年的土地利用变化遥感分析表明，土地利用变化有11种主要的类型，并在空间分布上表现为6种格局。这些类型和格局均体现于对土壤风力侵蚀的加强。在土地利用变化类型中，由人类活动参与的土地利用变化成为主要的类型，如过度放牧和开垦耕地所造成的草地变耕地、林地变耕地、高覆盖度草地变低覆盖度草地等。

通过对气候因素的分析，表明了气候因子对土地沙化的驱动作用在近50年来处于下降的过程。气候因子作用最强的时间处于20世纪80年代以前，而20世纪80年代之后的驱动作用下降。

可以认为，气候变化并不是内蒙古土地发生沙化的主要原因，最根本原因是不合理的土地利用方式，以及由此带来的土地利用恶性循环。

参 考 文 献

包玉海．1999．内蒙古土地利用变化研究．北京：中国科学院遥感应用技术研究所博士学位论文

包玉海，乌兰图雅，香宝，等．1998．内蒙古耕地重心移动及其驱动因子分析．地理科学进展，17（4）：47～54

蔡煜东，李伟，许伟杰．1995．遥感土地覆盖类型识别的自组织神经树模型．环境遥感，10（2）：132～136

蔡运龙．1993．海南岛土地利用的遥感调查与机助制图．国土资源遥感，（4）：17～27

陈仲全，詹启仁．1995．甘肃绿洲．北京：中国林业出版社

崔锦泰．1995．小波分析导论．西安：西安交通大学出版社

邓永新，樊自立，韩德林．1992．干旱区人工绿洲规模的预测研究．干旱区研究，9（1）：53～58

丁国栋．2004．区域荒漠化评价中植被的指示性及盖度分级标准研究．水土保持学报，18（1）：158～160

董光荣，董玉祥，李森，等．1996．西藏“一江两河”中部流域土地沙漠化防治规划研究．北京：中国环境科学出版社

董玉祥．1997．沙漠化经济损失估值初步研究——以西藏自治区为例．中国沙漠，17（4）：383～388

董玉祥，唐国定．1994．中国干旱半干旱地区风蚀气候侵蚀力的计算与分析．水土保持学报，8（3）：1～7

樊自立．1993．塔里木盆地绿洲形成与演变．地理学报，48（5）：421～426

方英楷 . 1989. 新疆屯垦史 . 乌鲁木齐：新疆青少年出版社
傅小锋 . 2000. 干旱区绿洲发展与环境协调研究 . 中国沙漠，20（2）：197 ~ 200
高华君 . 1987. 我国绿洲的分布与类型 . 干旱区地理，10（4）：23 ~ 29
韩德麟 . 1995. 关于绿洲若干问题的认识 . 干旱区资源与环境，9（3）：15 ~ 17
黄培佑 . 1990. 沙漠化的活跃地带 – 绿洲界处区研究 . 中国生态学会通讯，（4）：12 ~ 16
黄盛璋 . 1990. 论绿洲研究与绿洲学 . 中国历史地理论丛，2：1 ~ 24
贾宝全 . 1996. 绿洲景观若干理论问题的探讨 . 干旱区地理，19（3）：58 ~ 65
贾宝全，阎顺 . 1995. 绿洲 – 荒漠生态系统交错带环境演变过程初步研究：以新疆吐鲁番盆地为例 . 干旱区资源与环境，9（3）：58 ~ 64
贾宝全，慈龙骏，杨晓晖，等 . 2000. 人工绿洲潜在景观格局及其与现实格局的比较分析 . 应用生态学报，11（6）：912 ~ 916
姜德华，王国清 . 1991. 新疆库车绿洲灌溉农业发展模式 . 自然资源，（6）：27 ~ 32
雷莉萍，戴昌达 . 1989. TM 图像在县级土地资源调查与开发规划中的应用研究 . 环境遥感，4(4)：255 ~ 272
李伯衡 . 1991. 论 TM 图像在土地利用和农作物布局动态监测中的定位定性精度 . 国土资源遥感，（4）：3 ~ 8
李森，董光荣，董玉祥，等 . 1994. 西藏“一江两河”中部流域地区土地沙漠化防治目标、对策与治沙工程布局 . 中国沙漠，14（2）：55 ~ 63
李天顺 . 1988. 平原区土地类型的遥感分析 . 遥感信息，（3）：11 ~ 13
李吟屏 . 1985. 和田地区沙漠与绿洲的变迁 . 新疆大学学报（哲学社会版），（3）：70 ~ 80
林震耀，赵晰奕 . 1996. 青藏高原气温降水变化的时间特征 . 中国科学（D）辑，26（4）：354 ~ 358
刘东生 . 1962. 中国的黄土 . 地质学报，42（2）：1 ~ 14
刘东生 . 1999. 第四纪环境演化研究 . 北京：科学出版社
刘纪远 . 1987. 应用遥感技术进行西藏当雄县牧区土地利用现状详查的方法研究 . 环境遥感，2（4）：243 ~ 256
刘纪远 . 1996. 中国资源环境遥感宏观调查与动态研究 . 北京：中国科学技术出版社
刘秀娟 . 1995. 绿洲的形成机制和分类体系 . 新疆环境保护，17（1）：1 ~ 6
骆惠琴，李文学 . 1993. 利用 TM 图像进行干旱荒漠带牧区土地资源调查 . 遥感技术与应用，8（3）：31 ~ 34
马立鹏 . 1996. TM 影像在河西地区荒漠化土地调查中的应用 . 中国沙漠，16（4）：401 ~ 406
潘晓玲 . 2001. 干旱区绿洲生态系统动态稳定性的初步研究 . 第四纪研究，21（4）：345 ~ 351
钱云，郝毓灵 . 2000. 新疆绿洲 . 乌鲁木齐：新疆人民出版社
申元村 . 1986. 柴达木盆地的农业条件与发展前景的初步研究 . 自然资源，（4）：60 ~ 67
申元村 . 2001. 中国绿洲 . 郑州：河南大学出版社
沈竟琪，高前兆，胡智育 . 1982. 塔里木盆地南部历史时期沙漠化的初步研究 . 中国沙漠，2（1）：21 ~ 28
石承苍，雍国玮 . 1982. 卫星遥感技术在牧区土地利用现状调查中的应用 . 遥感技术动态，（2）：12 ~ 19
孙东怀，鹿化煜 . 2007. 晚新生代黄土高原风尘序列的粒度和沉积速率与中国北方大气环流演变 . 第四纪研究，27（2）：251 ~ 262
王让会，马映军，彭茹燕 . 2001. 西北干旱区山地 – 绿洲 – 荒漠系统信息传递耦合关系 . 干旱地区农业研究，19（2）：100 ~ 105
王深法，王人潮，吴加平，等 . 1991. TM 资料在中国南方土地利用调查中的精度分析 . 国土资源遥感，（3）：47 ~ 54
王西川 . 1992. 豫东平原土地利用的遥感调查 . 国土资源遥感，（2）：3 ~ 11
王永兴，张小雷，阚耀平 . 1999. 绿洲地域系统及其演变规律的初步研究 . 干旱区地理，22（1）：62 ~ 67
王永兴 . 2000. 绿洲生态系统及其环境特征 . 干旱区地理，23（1）：7 ~ 12
魏文寿 . 1999. 现代沙漠对气候变化的响应与反馈：以古尔班通古特沙漠为例 . 科学通报，45（6）：636 ~ 641
奚国金 . 1988. 历史时期塔里木盆地南部绿洲分布中国干旱半干旱地区自然资源研究 . 北京：科学出版社
闫敏华，邓伟，马学慧 . 2001. 大面积开荒扰动下的三江平原近 45 年气候变化 . 地理学报，56（2）：159 ~ 170
杨发祥 . 1990. 新疆绿洲型城镇的分布类型与兴衰 . 干旱区地理，13（2）：58 ~ 61

张宏，樊自立．1998．气候变化和人类活动对塔里木绿洲演化的影响．中国沙漠，18（4）：308～313
张军涛．2000．中国中温带半湿润－半干旱区环境变化的生态地理学研究．北京：中国科学院地理科学资源研究所博士学位论文
张立运，夏阳．1999．塔克拉玛干沙漠南缘生态环境特点及治理问题．干旱区资源与环境，8（3）：72～79
张林源，王乃昂．1994．中国的沙漠和绿洲．兰州：甘肃教育出版社
张彦忠，张福祥．1994．TM数据用于亚热带桔果林区的土地利用分类和专题信息提取．国土资源遥感，（2）：28～33
张增祥．1997．西藏自治区中部地区资源环境遥感监测与综合评价研究．北京：宇航出版社
赵建新．1993．新疆绿洲演变规律探讨．新疆社会经济，（1）：57～59
周兴佳．1989．新疆喀什、和田地区绿洲沙害及其防治．自然资源，（4）：24～31
朱震达．1985．中国北方沙漠化现状及发展趋势．中国沙漠，5（3）：3～11
朱震达．1999．中国沙漠、沙漠化、荒漠化及其治理的对策．北京：中国环境科学出版社
朱震达，刘恕，邸醒民．1998．中国沙漠化及其治理．北京：科学出版社
朱震达，王涛．1990．从若干典型地区的研究对近十余年来中国土地沙漠化演变趋势的分析．地理学报，45（4）：430～440
俎瑞平，高前兆，钱鞠，等．2001．2000年来塔里木盆地南缘绿洲环境演变．中国沙漠，21（2）：122～128
CCICCD. 1996. China Country Paper to Combat Desertification. Beijing：China Forestry Publishing House
Kenea N H. 2001. Influence of desert varnish on the reflectance of gossans in the context of Landsat TM data，southern Red Sea Hills，Sudan. International Journal Remote Sensing，22（10）：1879～1894
Samani Z A ，Pessarakli M. 1986. Estimating potential crop evapotranspiration with minimum data in arizona. Transactions of the ASAE，29（2）：522～524
Zobeck T M，Parker N C，Haskell S，et al. 2000. Scaling up from field to region for wind erosion prediction using a field－scale wind erosion model and GIS. Agriculture，Ecosystems and Environment，82：247～259

彩　　图

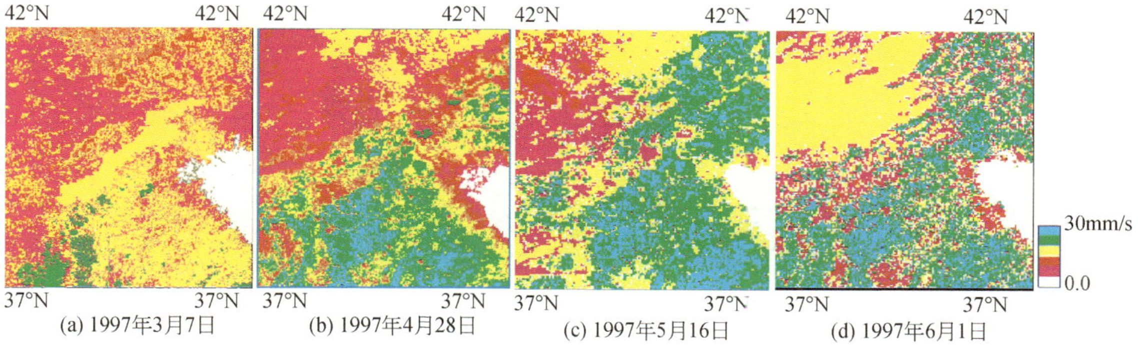

图 2.17　利用遥感气孔导度模型计算的冬小麦气孔导度

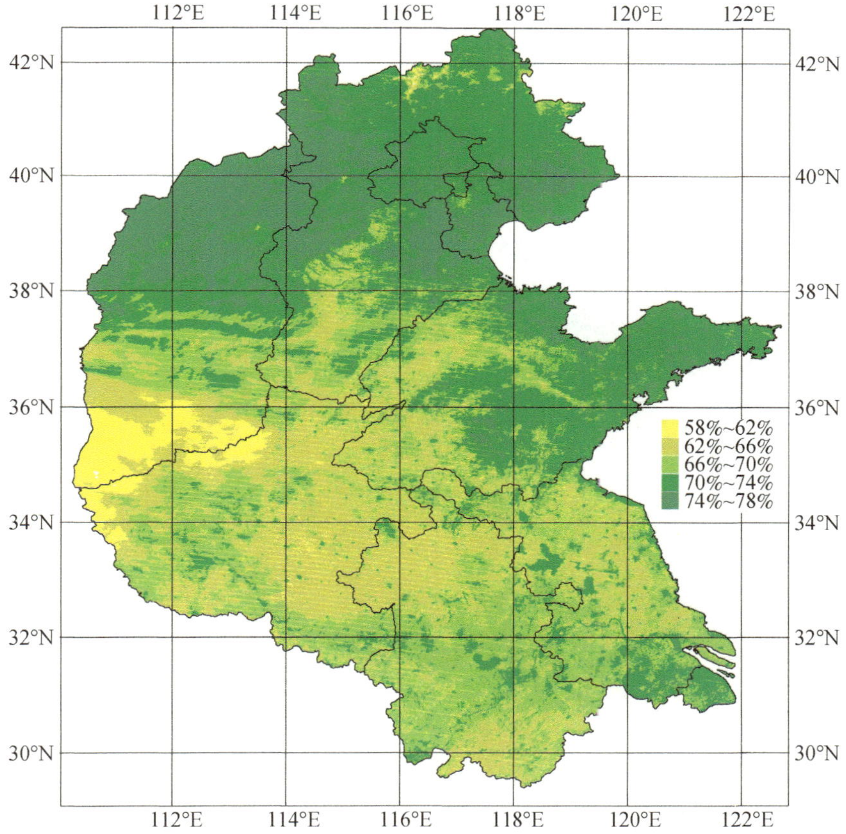

图 3.15　华北平原植被水分信息示意图（利用 MODIS 数据）

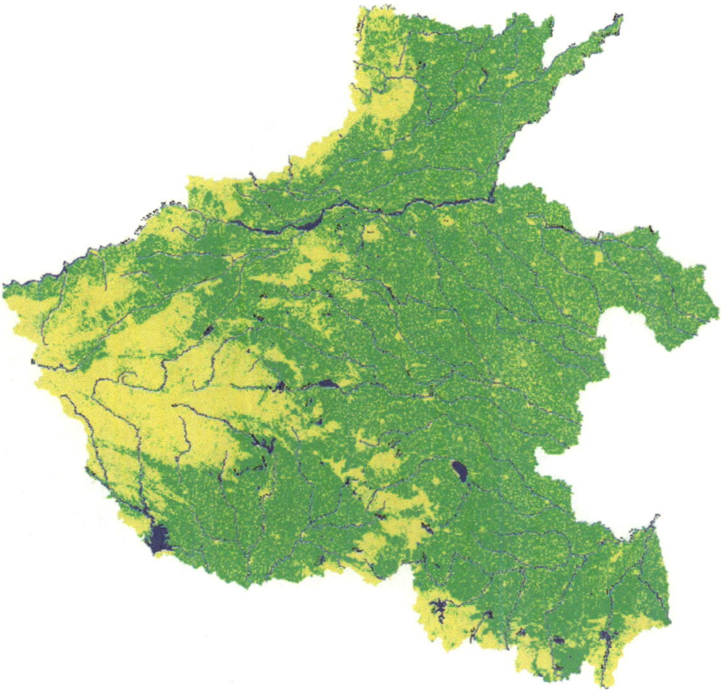

图 4.4　河南省耕地分布

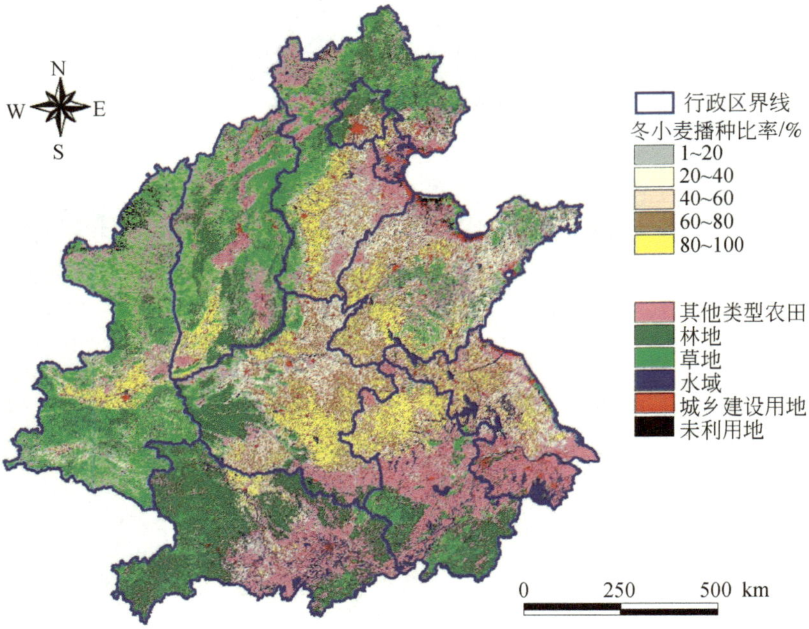

图 4.11　基于 MODIS 和 ETM 的 2003 年中国粮食主产区种植面积的空间分布

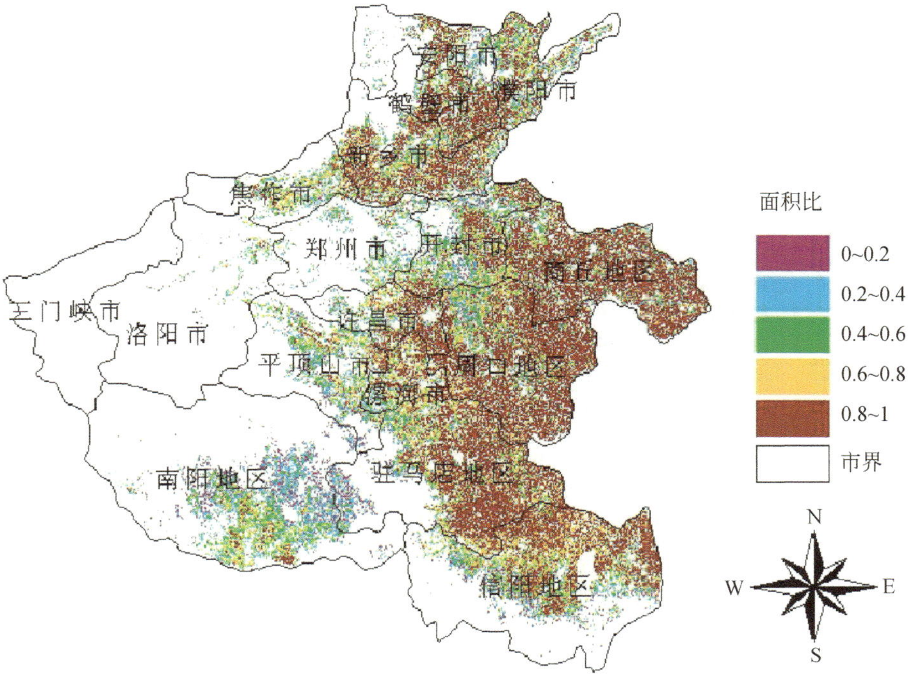

图 4.17 河南省 2002 年冬小麦种植面积比分布图

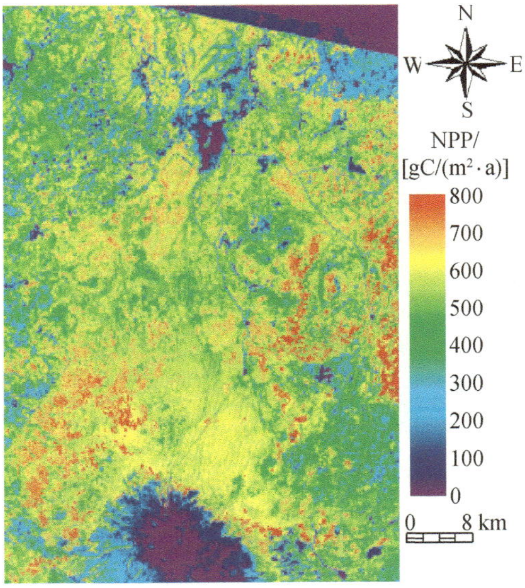

图 5.14 未经过辐射校正的长白山地区 NPP 模拟结果

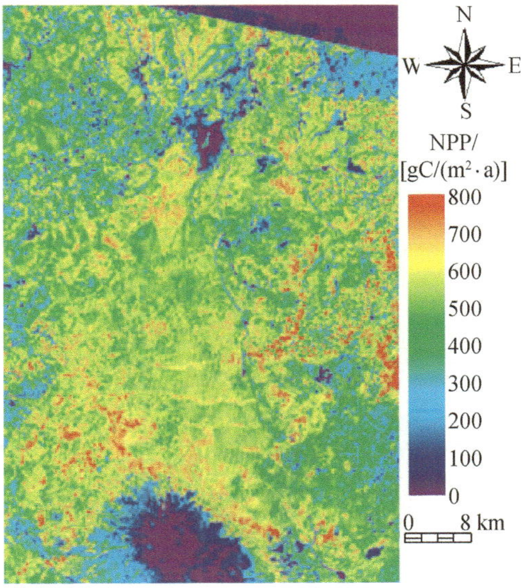

图 5.15 经过辐射校正的长白山地区 NPP 模拟结果

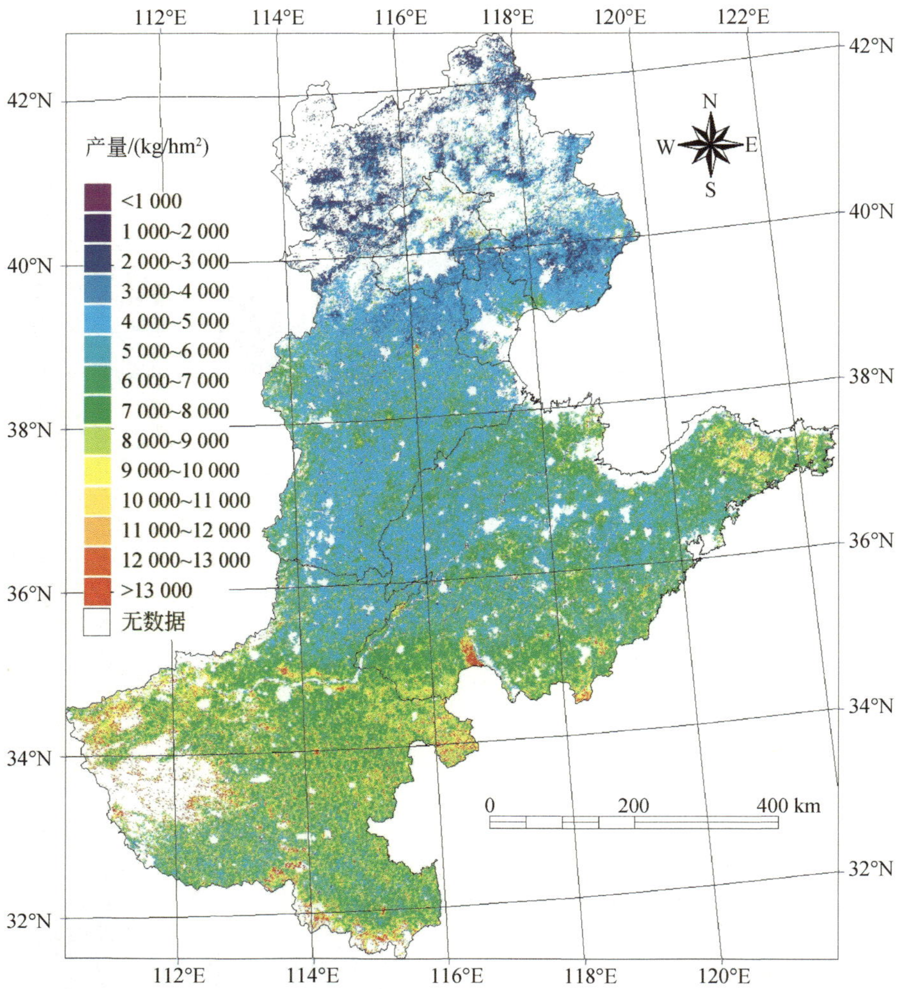

图 5.32　华北平原 2006 年冬小麦产量空间分布图

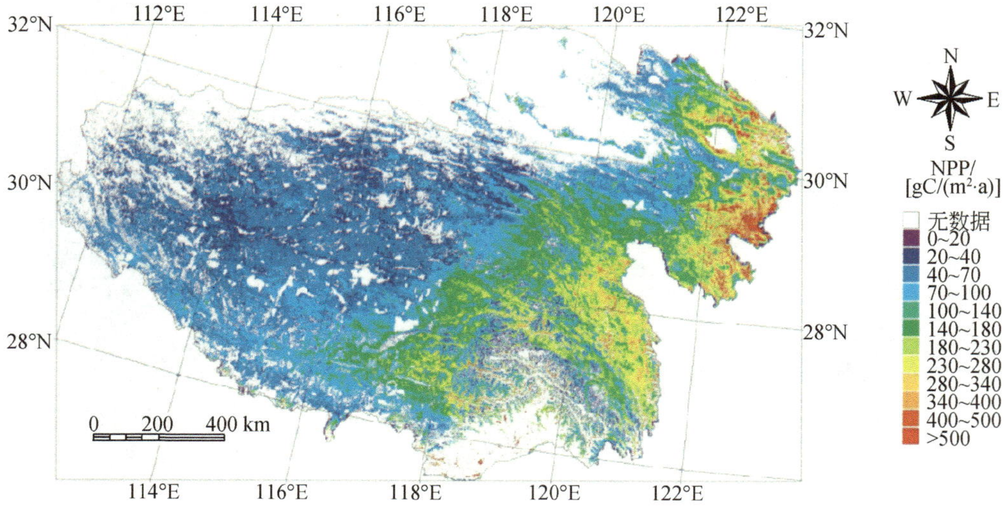

图 5.35　青藏高原 2006 年草地净第一性生产力空间分布图

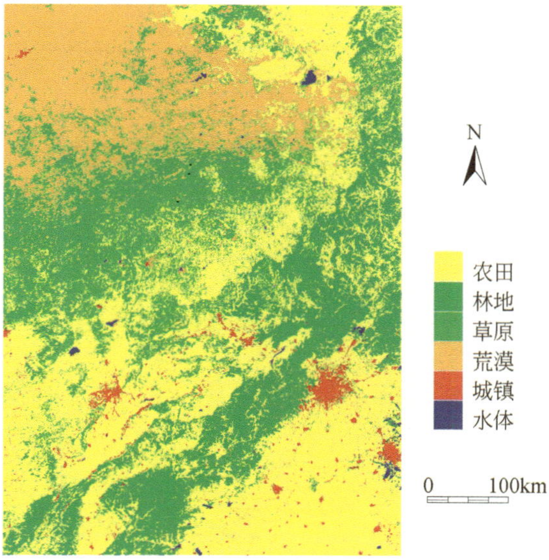

图 6.4　研究区土地覆盖分类图（分类特征为 Ref + NDVI + DEM + Entropy）

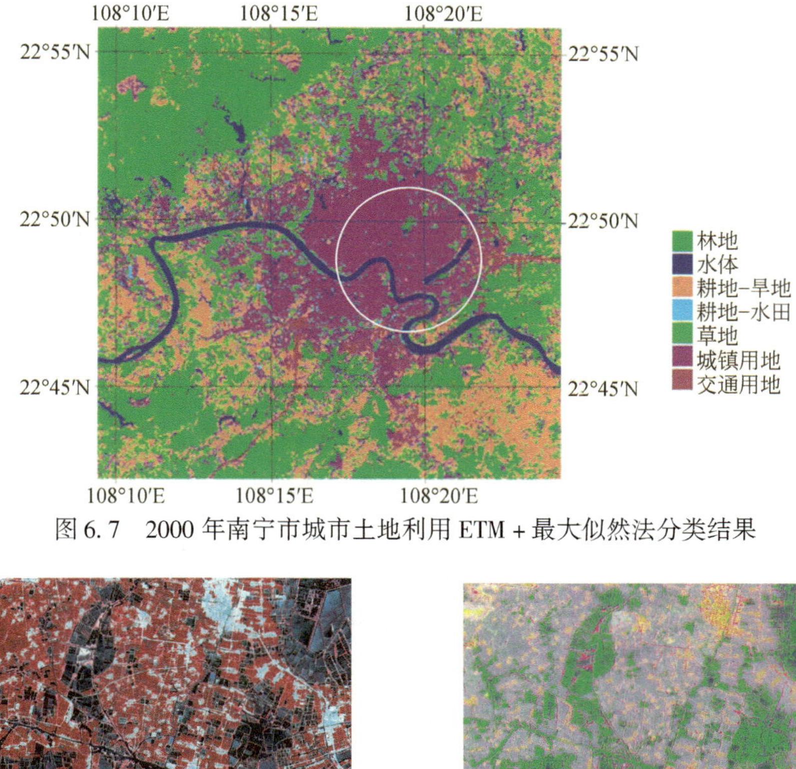

图 6.7　2000 年南宁市城市土地利用 ETM + 最大似然法分类结果

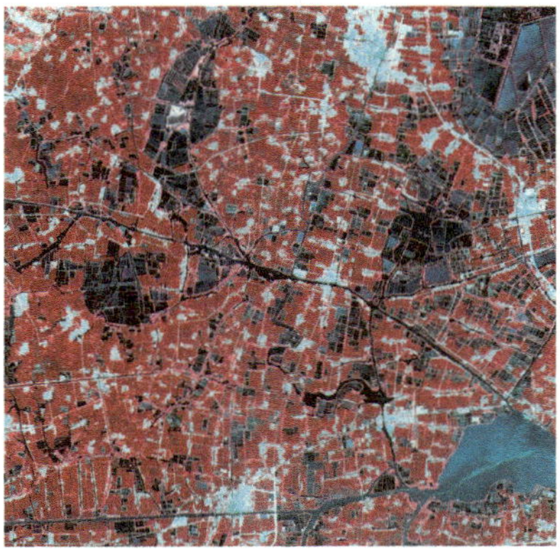

图 6.13　增强和锐化后的图像

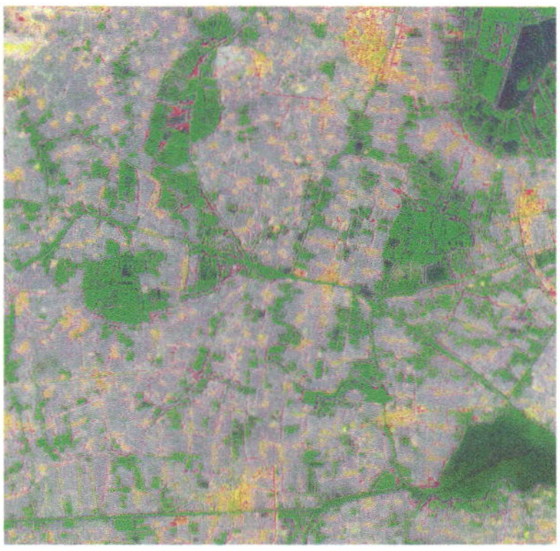

图 6.14　穗帽变换后的图像

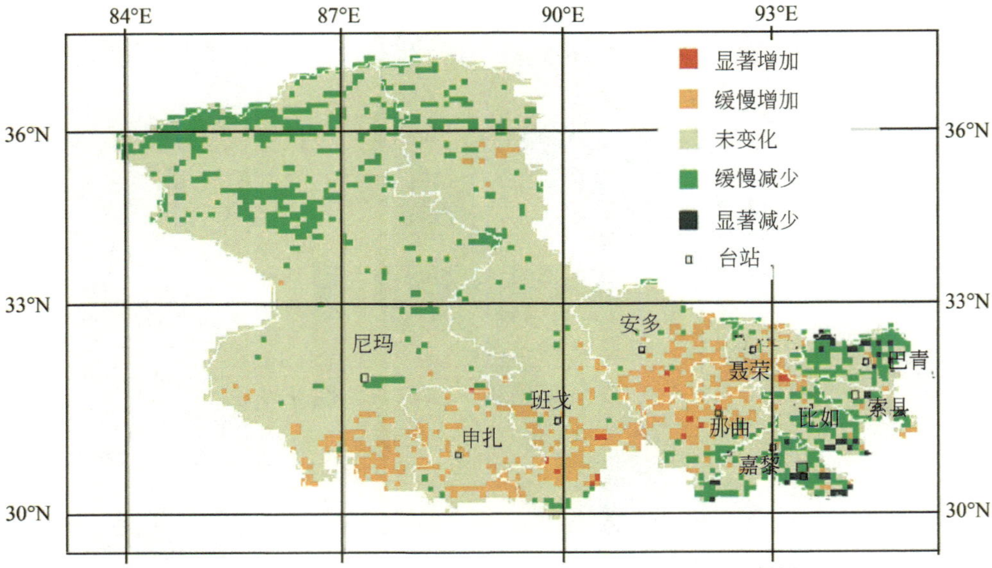

图 7.10　藏北 1981～2001 年每个像元植被生长峰季的 NDVI 线性趋势

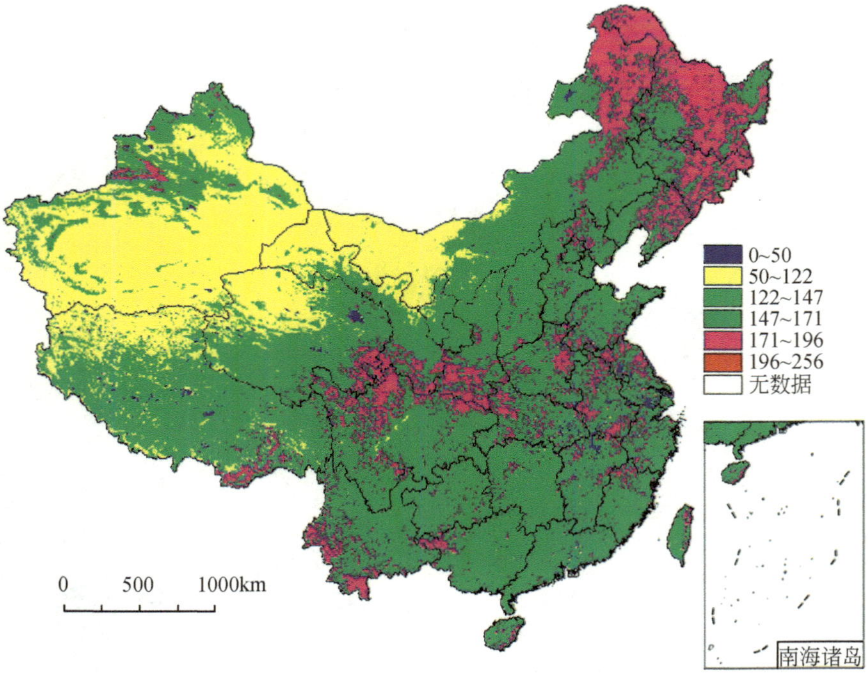

图 8.5　植被指数分级（1992 年和 1993 年夏季最大值）

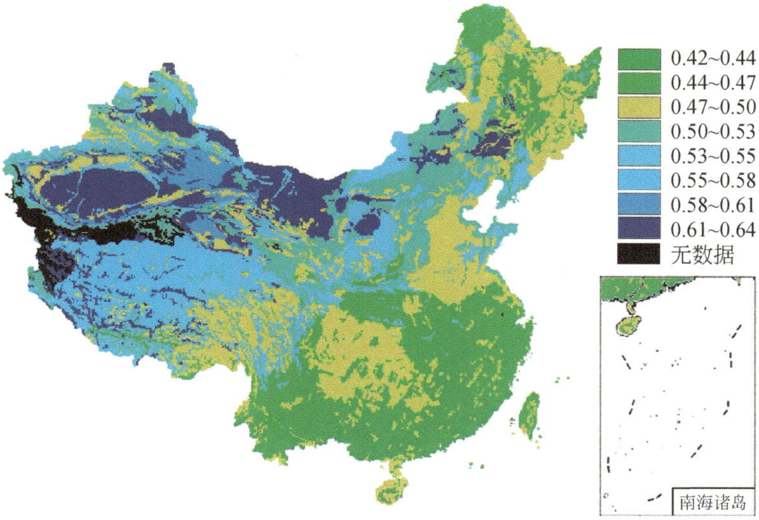

图 8.18　土壤可侵蚀因子（EF）的空间分布

(a) TM432波段合成　　(b) TM532波段合成

图 8.35　昆仑山脉中段 TM 影像（2000 年）

图 9.7　甘肃河西走廊绿洲区 2000 年土地利用图

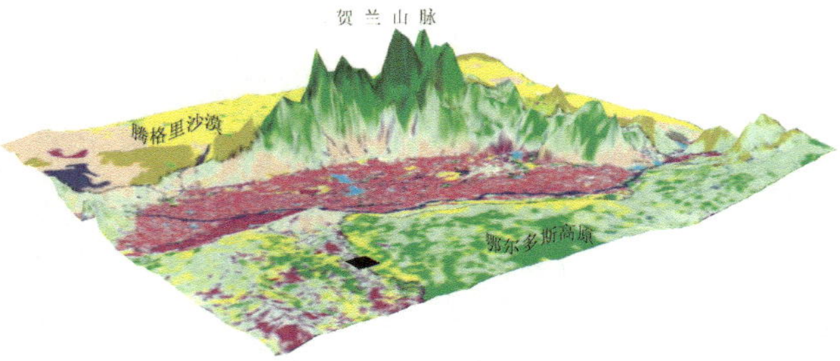

图 9.8　宁夏绿洲 2000 年三维土地利用图

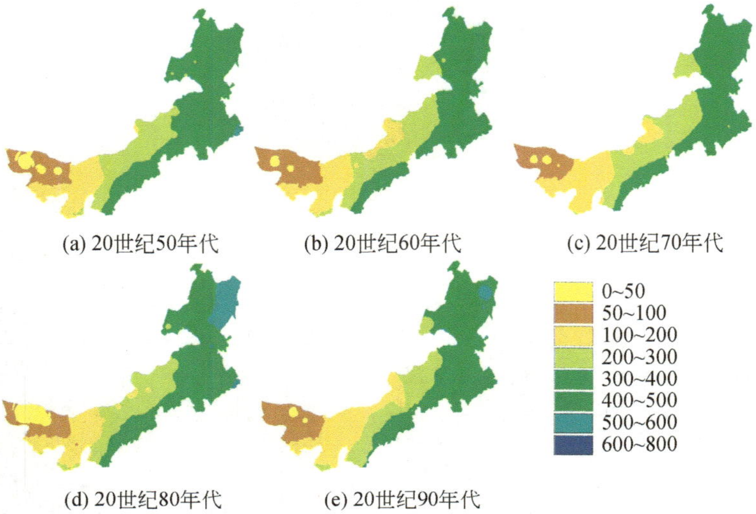

图 9.27　内蒙古 20 世纪 50～90 年代降水量的变化（1951～2000 年）

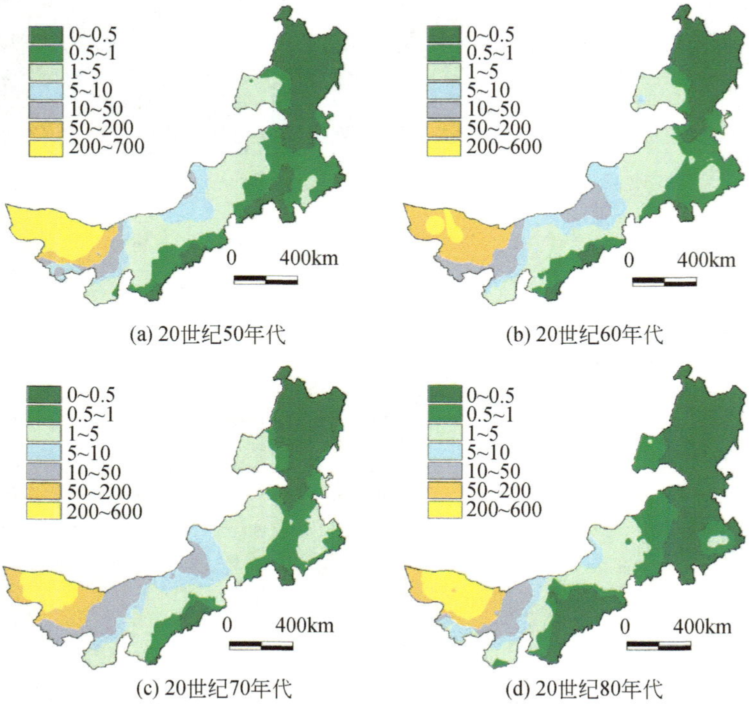

图 9.34　内蒙古 20 世纪 50～80 年代沙漠化气候因子空间分布